J. C. POGGENDORFF

BIOGRAPHISCH-LITERARISCHES HANDWÖRTERBUCH DER EXAKTEN NATURWISSENSCHAFTEN

Unter Mitwirkung der Akademien der Wissenschaften zu Berlin, Göttingen, Heidelberg, München und Wien

herausgegeben von der

Sächsischen Akademie der Wissenschaften zu Leipzig

Band VIIa · Supplement

4. Lieferung

Bearbeitet von

Prof. Dr. Dr. h. c. RUDOLPH ZAUNICK†

AKADEMIE-VERLAG · BERLIN

1971

Erschienen im Akademie-Verlag GmbH, 108 Berlin, Leipziger Straße 3–4

Lizenznummer: 202 · 100/411/71
Gesamtherstellung: VEB Druckerei „Thomas Müntzer", 582 Bad Langensalza/DDR
Bestellnummer: 3013/S/4 · ES 18 A
EDV 761 472 0
Printed in German Democratic Republic
24,–

Ernst Haeckel. Festrede, geh. 1914. Mit einem Prolog von M. v. d. Porten u. einer Autotypie darstellend die Begrüßung Haekkel-Ostwald in Jena 1911 (Flugschriften des dtsch. Monistenbundes, Nr. 30, Ortsgruppe Hamburg, 11. 1.) [101]. — Ernst Cohen: Jacobus Henricus van't Hoff (Leipzig 1912) siehe Reg. S. 238 [3]. — Wilhelm Burkamp: Die Entwicklung des Substanzbegriffes bei Ostwald (Leipzig 1913) 118 S. (Diss. Univ. Kiel) [14]. — Oskar A. H. Schmitz: Die Weltanschauung der Halbgebildeten: Zukunft 83 (1913) 388–396 [3]. — Yves Delage: Les Grands Hommes d'Ostwald et le Manifest des 93: La Revue ancienne (ancienne Revue des revues) **110** (1915) 235–251 [Neuchâtel, Bibl. publ.]. — W. Herz: Grundzüge der Gesch. der Chemie (Stuttgart 1916) 105, 107, 109, 120 [3]. — Richard Meyer: Victor Meyer (Leipzig 1917) 2, 294, 313–316, 454–455 [3]. — Béla Révész: Gesch. des Seelenbegriffes u. der Seelenlokalisation (Stuttgart 1917) 253–254 [3]. — Hans von Eckardt: Vom balt. Kulturleben: Illustr. Ztg., Leipzig **150** (1918) 152 m. Bildn. [3]. — Svante A. Arrhenius: Ostwalds Arbeit in der chem. Verwandtschaftslehre: Naturwiss. **11** (1923) 730–731 [3]. — Die Philosophie der Gegenwart in Selbstdarst. hrsg. von R. Schmidt **4** (Leipzig 1923) 127–161 m. Bildn. u. Faks. [3; 14]. — Charles M. van Deventer: Grepen uit de Historie der Chemie (Harlem 1924) siehe Reg. 539 [1a]. — K. Matthäus: Über einen Zusammenhang zwischen der Ostwaldschen Viskositätsgleichung u. dem Poisseuilleschen Gesetz: Kolloid-Z. **36** (1925) 281–282 [15]. — Johannes Reinke: Mein Tagewerk (Freiburg i. Br. 1925) 213, 266, 482 [3]. — E. Schlegel: Wilhelm Ostwalds biol. Kundgebung: Dtsch. Z. Homöopathie **5** (1926) 218–222 [3]. — Otto Lerche: Die große Mode von vorgestern: Gelbe Hefte **6** (1929/1930) 221–227 [15]. — Wilhelm Ostwald: Die Pyramide der Wiss.: Greif-Alm. [5] **1930** (Stuttgart 1930) 88–92 m. Bildn. [101]. — Ostwald unter den Ingenieuren: VDI-Nachr. **10** (1930) Nr. 8 S. 2 [101]. — E. H[ermann] Riesenfeld: Svante Arrhenius (Leipzig 1931) Bild 3 nach S. 32 (Große Männer, 11) [3]. — M. Centnerszwer: Roczniki Chem. **12** (1932) 869–874 [UB Basel]. — Haller: Die Entwicklung des Zeugdrucks: Melliand Textilber. **13** (1932) 197–199, 253–254 [Zürich, Kunstgew. Mus.]. — Jan William Wark and Ahwyn Birchmore Cox: The physical Chemistry of flotation IV. A criticism of Ostwald's theory of flotation: J. physic. Chem. **37** (1933) 815–819 [27]. — J. Gebbing: Die Wiederbeseelung der Welt (Leipzig [1934]) Bildn. S. 64 [101]. — R. Houwink: Über die Ostwaldsche Isokolloidtheorie bei der Aufklärung des Feinbaues von Harzen: Kolloid-Z. **68** (1934) 371–372 [101]. — Ernst Mayer: Kleine Einführung in die Ostwaldsche Farbenlehre. 3 Briefe an einen jungen Freund (Berlin-Schöneberg 1935) 32 S. m. Abb. [101]. — Alwin Mittasch: Kurze Gesch. der Katalyse in Praxis u. Theorie (Berlin 1939) siehe Reg. S. 138 [3]. — Otto Hönigschmid: 30 Jahre chem. Atomgewichtsforschung: Angew. Chem. **53** (1940) 177-180 [3]. — J. B. Parry: Aesthetic appeal on Ostwald's chromatic standards: Nature [London] **147** (1941) 782–783 [15]. — A. F. Kapustinski: Die Entstehung der physikal. Chem. als selbständige wiss. Disziplin [russ.]: Mitt. Akad. Wiss. UdSSR **18** (1948) 58–61 [3]. — Florence E. Wall: Wilhelm Ostwald, a study in mental metamorphosis: J. chem. Educat. **25** (1948) 2–3 [7]. — Henry Monmouth Smith: Torchbearers of Chemistry (New York 1949) 186 [16]. — Alwin Mittasch: Gesch. der Ammoniaksynthese (Weinheim 1951) 22, 481–487 m. Bildn. S. 64/65 [3]. Lynde Ph. Wheeler: Josiah Willard Gibbs. The history of a great mind (New Haven 1951) 99–103 [16]. — George Jaffé: Recollections of three great laboratories: J. chem. Educat. **29** (1952) 230–238 [7]. — Karl Kisskalt: Theorie u. Praxis der med. Forschung, 3. Aufl. (Wiesbaden 1952) 183, 216, 219, 221, 246 [3]. — Henry M. Leicester and Herbert S. Klickstein: A source book in Chemistry 1400–1900 (New York–Toronto–London 1952) 490–493 [3]. — U. H. Franck: Wilhelm Ostwalds Anregungen für die physikal. Chem. elektrobiolog. Vorgänge: Z. Elektrochem. **57** (1953) 883–889 [15]. — Wilhelm Ostwald: Wie man Chemiker wird (1905 gehaltene Ansprache): J. chem. Educat. **30** (1953) 606–608 [7]. — Milton K. Munitz: Creation and the "New" Cosmology: Brit. J. Philos. Sci. **5** (1954) 32–46 [1]. — John Bradley: On the operational interpretation of classical chemistry: Brit. J. Philos. Sci. **6** (1955) 32–42 [1]. — Hans-Günther Körber: Einige Gedanken Wilhelm Ostwalds zur Organisation der Wiss. Nach einem unveröffentl. Manuskript ausgewählt: Forsch. u. Fortschr. **31** (1957) 97–103 [3]. — A. Hermann: Wilhelm Ostwald, Svante Arrhenius u. van't Hoff. Die Begründer der Physikal. Chem.: Physik.Bl. **20** (1964) 524–527 m. 3 Bildn. [3]. — Was nicht in den Annalen steht. Chemiker-Anekdoten. Hrsg. Josef Hausen. 3. Aufl. (Weinheim 1964) 78, 80 [101]. — Ferenc Szabadváry u. Ralph E. Oesper: Wilhelm Ostwald's happiness formula: J. chem. Educat. **42** (1965) 678–679 [12]. — H. W. Flemming: Griesheimer Versuche zur Stickstoffgewinnung aus der Luft (Frankfurt/M.-Hoechst 1966) 42 S. (Dokumente aus Hoechster Archiven, Beitr. zur Gesch. der Chem., 18) [292]. — Milestones of modern chemistry. Original reports of the discoveries. Selected and introduced by Eduard Farber (New York–London 1966) 143, 163, 204–212 [3].

Bildn. Illustr. Ztg., Leipzig **133** (1909) 1211 [Photo von Nicola Perscheid - Berlin]. — Die

Woche **14** (1912) 652 [Gruppenbild] [14]. — Umschau **17** (1913) 757 m. Faks. [Ha 2]. — Valerian Tornius: Das Land der Deutschherren (Leipzig–Berlin 1917) m. Bildn. S. 32 [14]. — Umschau **26** (1922) 702–703 m. Bildn. u. Faks. [3]. — Plakette mit Reliefkopf von Viktor Oppenheimer. In: Von unseren dtsch. bildenden Künstlern in Mähren u. Schlesien (Brünn 1929) Abb. 24 [1a]. — Altersbildn. (Photo) Brustbild von vorn: Greif-Alm. **1930** (Stuttgart–Berlin 1930) 89 [11]. — Die Großen Deutschen im Bild. Hrsg. von Alfred Hentzen u. Niels von Holst (Berlin 1936) 405 (Pastellbild von A. Klamroth) [3]. — Pastell von Anton Klamroth, Großbothen, Wilhelm-Ostwald-Archiv. In: Sächs. Köpfe im zeitgenöss. Bild (Dresden [1939]) 134 [3]. — Therap. Ber. **30** (1958) 371 m. Bildn. [Ha 2].

OSWALD, Ferdinand. — Lernte Pharmazie u. a. bei C. J. B. Trommsdorff in Erfurt; war Apotheker u. Ratsherr in Oels in Schlesien. Er sammelte die Fauna der silurischen Diluvialgeschiebe von Oels, die 1861 von Ferdinand Roemer monographisch bearbeitet wurde. Mitarbeiter von Leopold von Buch u. Alexander von Humboldt. Mitbegründer der Dtsch. geol. Ges. Berlin.

*1795, Mai 6, Schmiedeberg;
†1854, Dez. 18, Oels in Schlesien.

Genealog. Deutsches Geschlechterbuch 27 = Hamburger Geschlechterbuch **7** (Görlitz 1927) 272–273 m. Bildn. [3].

Bibliogr. Cat. scient. Papers **4** (1870) 711 (15 Nr.); **17** (1921) 650 (6 Nr.) [3]. — Fossilium Catalogus I: Animalia. Pars 72: K. Lambrecht †, W. et A. Quenstedt, Palaeontologi, Catalogus biobiblio-graphicus ('s-Gravenhage 1938) 323 [3].

Nekr. Arch. Pharmaz. (2) **81** (1855) 337 [3].

Biogr. Ferdinand Roemer: Das mineralog. Museum der Univ. Breslau (Breslau 1868) [3]. — Über das Leben u. Wirken von Ferdinand Oswald (Nach der Schrift von Bredow, Die Sadewitzer Petrefakten. Progr. des Gymnasiums zu Oels 1857): Z. Geschiebeforsch. u. Flachlandgeol. **17** (1941) 118–120 [101].

OTTO, Ernst **von.** Mineral., Geol. — 1817 Stud. Naturwiss. Univ. Leipzig; betreibt dann mineralog. u. paläontol. Studien, die ihm die Verpachtung seines Gutes Possendorf bei Dresden ermöglichten. Bedeutende Sammlungen, welche an das mineral. Museum in Dresden, an das Hofmineralien-Kabinett Wien u. a. geschenkt bzw. verkauft wurden. Mitgl. zahlr. gelehrter Gesellschaften.

*1799, Dez. 16, Bautzen;
†1863, Jan. 26, Dresden.

Bibliogr. Cat. scient. Papers **4** (1870) 712–713 (15 Nr.) [3].

Nekr. Reichenbach: S.-Ber. Isis Dresden **1864** (1865) 8–9 [Ha 2].

Biogr. Alfred Jentzsch: Die geol. u. mineralog. Literatur des Königreiches Sachsen u. der angrenzenden Ländertheile von 1835–1873 (Leipzig 1874) 15, 20, 79, 96, 98, 108 [3]. — von Gümbel: ADB **24** (1887) 746–747 [3]. — Fossilium Catalogus I: Animalia. Pars 72: K. Lambrecht †, W. et A. Quenstedt, Palaeontologi, Catalogus bio-bibliographicus ('s-Gravenhage 1938) 323 [3; Ha 2].

OTTO, Nikolaus August. Ing. — 1848–1851 Kaufmannslehre in Rastätten; 1852–1854 in Frankfurt/M., 1854–1860 in Köln als Kaufmann tätig; seit 1864 gemeinsame Arbeit mit dem Ingenieur Eugen Langen in Köln an einem Gasmotor; 1869 Werkstätten auf dem Gelände der heutigen Gasmotorenfabrik in Deutz, die 1871 AG wurde; 1867 entstand die erste wirtschaftlich arbeitende Gasverbrennungskraftmaschine; 1877 wurde der nach dem Viertaktverfahren arbeitende Gasmotor (Otto-Viertaktmotor) patentiert; Dr. h. c. Univ. Würzburg.

*1832, Juni 10, Holzhausen (Nassau);
†1891, Jan. 26, Köln.

Nekr. A. Slaby: Z. VDI **35** (1891) 205–208 [105].

Biogr. F. M. Feldhaus: ADB **52** (1906) 734–735 [15]. — C. Matschoß: Männer der Technik (Berlin 1925) 195 [101]. — Arnold Langen: Nicolaus August Otto. Der Schöpfer des Verbrennungsmotors (Stuttgart 1949) 241 S., 52 Abb. [101]. — J. F. Drkosch: Das Patent des Nikolaus August Otto: Motor-Rev. **1951**, Nr. 2, S. 10 m. 1 Bildn. u. 1 Abb. [210]. — Arnold Langen: In: Rheinisch-Westfäl. Wirtschaftsbiogr. **5** (Münster 1953) 79–101 m. 1 Bildn. u. Faks., 1 Abb. [3]. — Conrad Matschoß: Große Ingenieure, 4. Aufl. (München 1954) 265–274 m. Bildn. [3]. — Theodor Heuß: In: Würdigungen, Reden, Aufsätze (Tübingen 1955) 140–147 [21]. — Riesel: Techn. Gemeinschaft **4** (1956) 50–51 m. 2 Abb. [3]. — Eugen Diesel, Gustav Goldbeck, Friedrich Schildberger: Vom Motor zum Auto. Fünf Männer u. ihr Werk (Stuttgart 1957) siehe Reg. [292]. — Technik in der Zeit. In memoriam Nik. Aug. Otto: Z. Wirtschaft

u. Kultur **1** (1957) 86 m. 1 Abb. [292]. – Goldbeck: Große Männer der Energie-Technik. Nikolaus August Otto, der Schöpfer des Verbrennungsmotors: Energie u. Techn. **10** (1958) 211–212 m. 4 Abb. [101]. – Ein Reisender in Kaffee u. Tee wurde Erfinder von Weltruf: Kaffee- u. Teemarkt **10** (1960) Nr. 17 S. 8–11 [292].

Zum 100. Geburtstag VDI-Nachr. **12** (1932) Nr. 23, S. 2 m. Bildn.; Otto-Gedenkfeier in Köln: ebda Nr. 25, S. 3 [101]. – Fr. Hassler: Erfinder u. Unternehmer. Zwei Doppeljubiläen in der Gesch. der Verbrennungs-Kraftmaschine: Technik voran!: **1933**, 58–68 m. 4 Bildn. [212]. – Maschinenbau **11** (1932) W89–W90 [101]. – Werk [Düsseldorf] **10** (1930) 280 [61]. – E. C. S.: Nature [London] **129** (1932) 892 [3]. – Langen: Rede, gehalten in der vom Kölner Bezirksverein des VDI am 14. Juni veranstalteten Feier: Schweiz. Mechaniker-Z. **8** (1932) 234–237 [LB Bern]; VDI-Z. **76**, 2 (1932) 687–689 m. Abb. des Grabmals [105].

Zum 50. Todestag Bi: Rdsch. Dtsch. Techn. **21** (1941) Nr. 4, S. 3–4 [101]. – P. Brüls: Städtereinigung **33** (1941) 1–2 [101]. – Buschmann: 80 Jahre Viertaktmotor: Motortechn. Z. **3** (1941) 1–3 m. 4 Abb. [101]. – Landgraeber: Fördertechnik **34** (1941) 44 [3]. – Willy Möbus: Der Siegeszug des Otto-Motors: Verkehrstechnik **22** (1941) 21 [89]. – Techn. Handel **3** (1941) 107 [101]. – J.: Wiss. u. Fortschr. **15** (1941) 15 [101]. – Der Otto-Motor erobert die Welt: Voraus (Berlin) **23** (1941) 25–26 [1a].

75 Jahre Otto-Motor E. Flatz: Gedenkrede auf Nikolaus August Otto: VDI-Z. **93** (1951) Nr. 34, 1059–1062; 75 Jahre Otto-Motor: ebda 1059 [101]. – E. Flatz: Gedenkrede auf Nicolaus August Otto. In: Gedenktagung, 75 Jahre Otto-Motor Köln, 19. Okt. 1951 (Köln 1952) 15–23 m. Titelbildn., 1 Abb. [101]. – Th. Heuß: ebda 35–38 [101]. – A. Nägel: ebda 13–14 [101]. – Hanns Peugler: Nikolaus Otto - der Schöpfer des Verbrennungsmotors: Ausbau **6** (1953) 322–330 m. 1 Bildn., 2 Abb. [292]. – Wilhelm Wilke: Motortechn. Z. **12** (1951) Nr. 5, 121–124 m. 1 Bildn., 6 Abb. [101]. – 75 Jahre Otto-Motor (Köln 1952) 75 S. m. Titelbildn., mehr. Taf. [1].

Zum 75. Todestag H. Wüger: Bull. Schweiz. elektrotechn. Ver. **57** (1966) 620 m. 1 Abb. [ETH Zürich].

Weitere Lit. C. Musmacher: Kurze Biogr. berühmter Physiker (Freiburg i. Br. 1902) 251–253 [1]. – A[dolf] Kistner: Deutsche Meister der Naturwiss. u. Technik **2** (München 1925) 157–175 [101]. – A. Nägel: Otto-Motor: Z. VDI **80**, 2 (1936) 1289 [3]. – Fr. W. Landgraeber: 80 Jahre Gaskraftmaschine: Elektrotechnik **1941**, Nr. 4, S. 56 [101]. – Goldbeck: Otto and the Otto Engine: Engineer **194** (1952) Nov. 21, 677–679 [8].

Bildn. Otto Mayr, in: Schätze im Deutschen Museum (Düsseldorf 1968) 108–109 m. 1 Bildn. u. 1 Abb. [3].

P

IV **PABST,** Wilhelm. Geol. – 1875–1880 stud. Univ. Göttingen u. Leipzig; 1880 Dr. phil. Univ. Leipzig; 1882–1889 o. Lehrer Chem. u. Naturwiss. Landwirtschaftsschule in Marggrabowa; seit 1889 Kustos der naturwiss. Sammlungen Herzogl. Museum Gotha; seit 1901 auch Oberlehrer Gymn. Ernestinum Gotha; 1902 Prof. Titel.

*1856, Aug. 30, Gotha;

†1908, Sept. 22, Jena.

Nekr. Leopoldina **44** (1908) 89 [3]. – Progr. Herzogl. Gymn. Ernestinum Gotha **1909** (Gotha 1909) 25–26 m. Schr.Verz. [39].

Biogr. Fossilium Catalogus I: Animalia Pars 72: K. Lambrecht †, W. et A. Quenstedt, Palaeontologi, Catalogus bio-bibliographicus (s-Gravenhage 1938) 325 [3].

II **PALITZSCH** (Pahlitzsch), Johann Georg. Astron. – Bauer im Dorf Prohlis bei Dresden; 1758 sah er zuerst den Halleyschen Kometen; Korrespondent der Petersburger Akademie.

*1723, Juni 11, Prohlis bei Dresden;

†1788, Febr. 22, Leubnitz bei Dresden.

Biogr. Johann Georg Palitzsch, Erbangesessener Landmann in Prohlis bey Dresden, der Physik u. Astronomie Beflissener: Lose, Schattenrisse edler Teutschen **3** (Halle 1784) 193–240 m. Silhouette [3]; dass. [ohne Verf.] nach Schattenrisse edler Teutschen **3** (1784): Sächs. Dorfztg. **4** (1842) 110–111, 119–120,

126–127 m. Bildn. [14]. — Delambre: Biographie universelle, ancieune et moderne **32** (Paris 1822) 427 [3]. — G. A. Jahn: Erinnerung an Palitzsch: Wöchentl. Unterhaltungen Astron. **1** (1847) 283–284 [15]. — J. N. Müller: Ehrenkränze (Stuttgart 1848) 527–539 [14]. — G. Klemm: Gelehrte sächs. Bauern. Johann Georg Palitzsch **2** (1861) 38–41 [14]. — M. S.: Dtsch. Jugendbl. **3** (1863) 107–109 m. Bildn. [14]. — O.: Nouvelle biographie générale **39** (1865) 93 [3]. — Friedrich Theile: J. G. Palitzsch. Ein Lebensbild (Leipzig 1878) 64 S. m. Schattenriß in Faks., eingeklebt Dr. Theile [Name faks.], Weihe des Denkmals von Palitzsch in Prohlis: Elbthalbote Nr. 118, Beil. vom 6. Okt. 1877, 1 Bl.; auch in: Lockwitzer Nachrichten aus alter u. neuer Zeit **1** (1877) 126–168 [14]. — Heydenreich: Arch. sächs. Gesch. N.F. **5** (1879) Misc. 6, 92–96 [14]. — Günther: ADB **25** (1887) 80–81 [3]. — J. G. Palitzsch, der gelehrte Bauer. Nach von Langsdorff u. Schwenke: Bunte Bilder aus dem Sachsenlande, 2. Aufl. **2** (Leipzig 1895) 74–78 m. Bildn. [14]. — Friedr. Aug. Leßke: Beitr. Zur Gesch. u. Beschreibung des Plauenschen Grundes bei Dresden **3** (Niedergorbitz **1903**). Vom Astronomen Palitzsch 370–371 [14]. — Ernst Thiene: J. G. Palitzsch, ein „Bauernprofessor“: Bunte Bilder aus dem Sachsenlande, 10. Aufl. 1 (Leipzig 1905) 121–127 m. Denkmal, Bildn. u. Grabdenkmal in Leubnitz [14]. — Franz Blanckmeister: Altsachsenland **1** (Leipzig 1908) 63-67 [3]. — Sachsenpost **4** (1909/1910) Nr. 160 S. 2–3 [14]. — Fritz Düvell u. Franz Dieterich: Kometen. Wiss. u. Aberglaube (Dresden 1910) 74–81 m. Bildn, Bleistiftskizze von Joh. Heinr. Schmidt [14]. — Dresdner Anz. **180** (1910) Nr. 142 S. 2 [14]. — Carl Max Fischer: „Der Sterngucker von Pruhls“: Dresdner Kalender **1914**, 149–152 m. Grabmal u. Denkmal [14]. — Rudolph Zaunick: Eine Handschrift des Prohliser Bauernastronomen Johann Georg Palitzsch (1723–1788): Mitt. Gesch. Med. ⟨u.⟩ Naturwiss. **14** (1915) 259 [3]. — Max Engelmann: Heimat-Kalender **1920** (Leipzig 1919) 54–58 [14]. — Ernst Uhle: Sächs. gelehrte Bauern des 17. u. 18. Jahrhunderts: Sächs. Heimat **4** (1920) 82–84 m. Silhouette [14]. — Max Rudolph: Sachsens berühmtester Bauer: Unsere Heimat. Halbmonatsbeil. zum Coswiger Anzeiger **2** (1921) 57–59 [14]. — Ein sächs. Bauer als Astronom: Rund um den Tharandter Wald **1** (1927) 247–248 [101]. — Max Engelmann, in: Sächs. Lebensbilder **1** (Dresden [1930]) 312–321 m. Bildn. [14; 101]. — Arno Scheer: Sächs. Bauernsternkundige: Heimatbl. Sachsen u. Thüringer **9** (1932) Nr. 6 S. 5–6 [101]. — W. Koch: Sächs. Bauernastronomen: Wurzener Erzähler **1934**, Nr. 9 [101]. — Alfred Flemming: Gelehrte sächs. Bauern: Heimat. Monatsbeil. Meißner Tagebl. **15** (1935) Nr. 4 S. 3–4 [Stadtarch. Meißen]. — Ernst Uhle: Von den sächs. gelehrten Bauern: Mitt. Landesver. Sächs. Heimatschutz **26** (1937) 133–136 [3]. — Alfred Teucher: Sächs. Bauernastronomen. Arnold, Gaertner, Palitzsch (Dresden 1938) 26–53 m. Silhouette [14; 101]. — Herbert Bert Wirthgen: Weltall **38** (1938) 91–99 m. 1 Bildn. u 1 Abb. [101]. — Karl Weitzel: Propyläen **36** (1939) 226–227 [101]. — Sächs. Bauernastronomen: Christoph Arnold - Christian Gärtner - Johann Georg Palitzsch: Bautzener Tagebl. **46** (1943) Nr. 62 u. 63 [129]. — Der Sterngucker von Pruhls: Union **1** (1946) Nr. 50 S. 5 [14]. — Walther Winkler: Dtsch. Bauernkalender (Berlin 1949) 31 m. Bildn. [101]. — Heinr. Sickert: Natur u. Heimat **5** (1956) 106–109 m. Bildn. [14]. — Alfred Teucher: Sächs. Heimatbl. **4** (1958) 588–594 m. Bildn. nach Bleistiftskizze von Joh. Heinr. Schmidt [14]; Palitzsch u. der Halleysche Komet: Wissen u. Leben **4** (1959) 224–226 m. Bildn. [14].

Zum 100. Todestag Dresdner Anz. **158** (1888) Nr. 52 S. 18 [14].

Zum 150. Todestag H. U. Sandig: Himmelswelt **48** (1938) 67–68 m. Bildn. von Graff 1782 [11]. — R. Schütze: Dtsch. landwirtschaftl. Presse **65** (1938) 109 m. Bildn. [101]. — Günther von Stempell: Dtsch. opt. Wschr. **59** (1938) 175–176 [101]. — Alfred Teucher: Alt-Rochlitzer Heimatklänge **1938** vom 19./20. Febr. — W[ilhelm] Otto Ullmann: Dresdner Neueste Nachr. **1938** Nr. 34 m. Bildn.; Leipziger Neueste Nachr. **1938** Nr. 50 S. 8 m. Bildn.; Dresdner Anz. **208** (1938) Nr. 33 S. 5.

Zum 200. Geburtstag M. Engelmann: Dresdner Anz. **193** (1923) Nr. 154 S. 2 [14]. — (Hermann Gebhardt): Kalender Erzgebirge **19** (1923) 38–41 m. Bildn. [14]. — Sächs. Bauernkalender **3** (1924) 79–80 m. 1 Silhouette, Faks., 1 Abb. (nach Sächs. Staats-Ztg. [Dresden] vom 9. Juni 1923) [3; 14].

Zum 230. Geburtstag Helmut Müller: Naturwiss. Rdsch. **6** (1953) 351 [14].

Weitere Lit. J. H. von Mädler: Gesch. der Himmelskunde **1** (Braunschweig 1873) 460–461; **2** (1873) 22, 548 [3]. — Rudolf Wolf: Gesch. der Astronomie (München 1877) 418, 703–704, 738 (Geschichte der Wiss. in Deutschland. Neuere Zeit, 16) [3]. — P. J. Möbius: Über die Anlage zur Math. (Leipzig 1900) 63 [15]. — Cornelius Gurlitt: August der Starke. Ein Fürstenleben aus der Zeit des deutschen Barock (Dresden 1924) I, 270; II, 81 [3]. — Erich Haenel u. Eugen Kalkschmidt: Das alte Dresden. Bilder u. Dokumente aus 2 Jahrhunderten (Leipzig 1934) 47 m. Bildn. S. 49 [3]. — Moritz Pretsch: Der Wettlauf nach den Sternen. Von zwei sächs. gelehrten Bauern: Sächs. Heimatbl. **14** (1937) Nr. 4 S. 3–4 m. 2 Silhouetten [101].

Bildn., Denkmal Weihe des Denkmals von Johann Georg Palitzsch in Prohlis: Elbtalbote

1877 vom 6. Okt., Beil. zu Nr. 118 [14]. — Z. M. Z. Einweihung des Palitzsch-Denkmals in Prohlis: Saxonia, hrsg. von Alfred Moschkau **3** (1878) 70 [14]. — Gemälde von Anton Graff 1768, Dresden, Math.-Physikal. Salon. In: Sächs. Köpfe (Dresden 1939) 50 [3]. — Deutsche Bildnisse 1500–1800. Ausstellung der Lucas-Cranach-Kommission (Halle/Saale 1961) 57 (Bildn. nach Anton Graff) [3]. — Anton Graff: 1736–1813 Gemäldegalerie Dresden. Ausstellung Apr.–Juni 1964 Schloß Pillnitz (hrsg. Staatl. Kunstsammlungen Dresden) (Dresden 1964) 40, Nr. 61, [101].

II **PALLAS,** Peter Simon. Naturforsch. — 1759 Dr. med. Univ. Leiden; naturwiss. Ausbildung in Holland u. England; 1768 von Katharina II. als Adjunkt an die Petersburger Akad. Wiss. berufen; bereiste 1768–1774 u. 1793–1794 große Teile des europäischen u. asiatischen Rußlands; lebte 1795–1810 auf der Krim (dort von der Kaiserin geschenkte Besitzungen); seit 1810 in Berlin.

*1741, Sept. 22, Berlin;

†1811, Sept. 8, Berlin.

Werke Th. Koeppen: Ucenye trudy P. S. Pallasa [Die wiss. Schriften von P. S. Pallas] (St. Petersburg 1895) 54 S. — P. S. Pallas: Reise durch verschiedene Provinzen des Russischen Reichs [St. Petersburg 1771–1776] 3 Bde (Graz 1966/1967) [11].

Bibliogr. Cat. scient. Papers **4** (1870) 743–744 (11 Nr.) [3]. — Žurnal ministerstva narodnago prosvěščenija **298** (1895) 400–437 [15]. Cat. gén. des mss. bibl. publ. de France, Dép. t. XXIX: Avignon par L.-H. Labande t. III. Ière partie (Paris 1897) 485–679. Autographes de la Collection Requien. Nr. 7398–7399 S. 575: P. S. Pallas [14]. — Finnougorskij Sbornik (Trudy komissii po izučeniju plemennogo sostava naselenija SSSR i sopredel'nych stran, 15) [Finno-ugrisches Sammelwerk (Arbeiten der Kommission für das Studium der rassischen Zusammensetzungen der Bevölkerung der UdSSR u. der angrenzenden Länder, 15) (Leningrad 1928) 28, 39, 63, 73, 84, 131, 133, 138, 263 [1]. — Cat. gén. Bibl. nat. **129** (1934) Sp. 461–468 (45 Nr.) [3]. — Arctic Bibliography **2** (1953) 1942–1944 [3]. — Brit. Mus. Gen. Cat. **178** (1963) 817–821 (72 Nr.) [3].

Briefe Patrin: Gedanken über Vulkane nach Gründen der pneumatischen Chemie: Ann. Physik **5** (1800) 191–205 (Brief von Pallas aus der Hamburger polit. Ztg. über einen Vulkanausbruch am 5. Sept. 1799 im Asowschen Meer S. 203) [3]. — Carl Erembert von Moll: Mitth. aus seinem Briefwechsel **2** ([Augsburg] 1830) 500 [3]. — Bref och Skrifvelser af och till Carl von Linné. Abt. 2 Teil 1: Utgieven af J. M. Hulth (Upsala–Berlin 1916) 289, 290, 291, 292, 297, 304, 306, 308, 310, 392, 394, 399, 401, 412 [3]. — Brief an seine Gattin. 19. Mai 1803 Soudac.: Goethes Autographen-Sammlung. Katalog (Weimar 1961) 172, Nr. 1237 [3]. — P. Hoffmann: Die Briefe von Pallas an G. F. Müller [Historiker u. Geograph an der Petersburger Akademie.] In: Lomonossow, Schlözer, Pallas. Deutsch.-russ. Wissenschaftsbeziehungen im 18. Jahrhundert (Berlin 1962) 310–314 (Quellen u. Studien zur Gesch. Osteuropas, 12) [3]. — E. Winter: Die Briefe von Pallas an J. A. Euler: ebda 304–309 [3].

Nekr. Allg. Ztg. **1811**, 1121, 1129–1130, 1137–1138 [15]. — Georges Cuvier: Recueil des éloges historiques ... **2** (Strasbourg et Paris 1819) 107–156 [3].

Biogr. Hartm. Ludw. Christian Bacmeister: Russische Bibliothek, zur Kenntniß des gegenwärtigen Zustandes in Rußland **1** (Petersburg–Riga–Leipzig) 49–51, 94–96, 150, 299–300, 384–397, 544–545; **2** (1774) 220, 379–382, 454–455; **3** (1775) 28–30, 72, 149–167 [3]. — Wilhelm Coxe: Reise durch Polen, Rußland, Schweden u. Dänemark. Aus dem Engl. von J. Pezzl **2** (Zürich 1786) 110–118 [3]. — Johann Georg Meusel: Das gelehrte Teutschland im 19. Jahrhundert **3** (Lemgo 1811) 4; **7** (Lemgo 1823) 56; **6** (Lemgo 1798) 13–15; **10** (Lemgo 1803) 394–395 [3]. — Karl Asmund Rudolphi: Peter Simon Pallas. Ein biogr. Versuch: Beyträge zur Anthropol. u. allgem. Naturgesch. (Berlin 1812) 1–78 m. Büste u. Schr.Verz. [14]. — E[dward] D[aniel] Clarke: Travels in various countries of Europe, Asia and Africa, 4. ed. **2** (London 1816) 127–129 m. Silhouette S. 143, 145, 146, 160–164, 266, 274 [3]; Reise durch Rußland u. die Tartaren in den Jahren 1800–1801. Übers. von Ph. Chr. Weyland (Weimar 1817) 497, 508–513, 595–616 (F. J. Bertuchs Neue Bibliothek der wichtigsten Reisebeschreibungen, Hälfte 2 der 1. Centurie, 13) [14]. — Eyriès: Biographie universelle, ancienne et moderne **32** (Paris 1822) 437–449 [3]. — H.-G. Bongard: Esquisse historique des travaux sur la botanique entepris en Russie depuis Pierre-Le-Grand jusqu'à nos jours: Recueil actes publ. Acad. Imp. Sci. St. Pétersbourg **1834** (1835) 94–95 [3]. — Friedrich Ratzel: ADB **25** (1887) 81–98 m. Lit.Ang. [3]. — Adolf Harnack: Gesch. der Preuß. Akad. Wiss. Berlin **1** (Berlin 1900) 554, 635, 831 [3]. — Arthur Stössner: Pallas' Ansichten über einzelne Kapitel der physischen Erdkunde. Ein Beitr. zur Gesch. der Geogr. (Eibau 1900) V, 53 S. (Phil. Diss. Univ. Leipzig) [15]. — Charles Joyeux: Arch. Parasitol. **16** (1912) 134–139 m. Lit.Verz. [15]. — Erich Hesse: Über das Erscheinungsjahr 1811 von Pallas' Zoographia Rosso-Asiatica: Ornithol. Mber. **24** (1916) 41–43 [101]. — Rudolph Zaunick:

Peter Simon Pallas (1741–1811), der Begründer der paläarkt. Wirbeltierkunde. Eine biobibliogr. Studie: Pallasia 3 (1925) H. 1–2 S. 1–37 m. Bildn., Faks., Schr.-Verz. S. 29–37 [101]. — K. Spangenberg, in: Handwörterbuch der Naturwiss., 2. Aufl. 7 (Jena 1932) 697 [3]. — Ewald Banse: Große Forschungsreisende. Ein Buch von Abenteurern, Entdekkern u. Gelehrten (München 1933) 129–135 m. Abb. u. Faks. [3; 14]. — C. D. Sherborn: On the dates of Pallas' Zoographia Rosso-Asiatica: Ibis 4 (1934) 164–167 [15]. — F. A. Kudrijavcev: [Aus der Geschichte der Erforschung Transbaikaliens]. (Materialien über die Expedition der Akademiker Pallas u. Georgi): Arch. ist. nauki i techn. 5 (1935) 569-599 [russ. m. dtsch. Zusammenfass.] [1a]. — Otto Zahn: Peter Simon Pallas, ein deutsches Forscher- u. Gelehrtenleben in Rußland: Geist. Arb. 3 (1936) Nr. 19, S. 12 [3]. — Fossilium Catalogus I: Animalia. Pars 72: K. Lambrecht †, W. et A. Quenstedt, Palaeontologi, Catalogus bio-bibliographicus ('s-Gravenhage 1938) 326-327 [Ha 2; 3]. — E. C. Smith: Nature [London] 148 (1941) 334–335 [15]. — B. E. Rajkov: Očerki po istorii evoljucionnoj idei v Rossii do Darvina [Untersuchungen zur Gesch. des Entwicklungsgedankens in Rußland bis Darwin] 1 (Moskva–Leningrad 1947) 9–45 m. 3 Abb. [Ha 2]. — Claus Nissen: Die botan. Buchillustration 1 (Stuttgart 1951) 224; 2 (1951) 135–136, 722 [3]. — Erwin Stresemann and Francis Hemming: Date of publication of Pallas' Zoographia Rosso-Asiatica: Ibis 93 (1951) 316–318, 319–321 [18]. — A. J. J. Van de Velde: Biol. Jboek. Dodonaea 22 (1955) 227-242 [Ha 2]. — Erwin Stresemann: Pallas' letzte Tage: Beitr. Vogelkunde 5 (1957) 207–209 [3]. — Kurt-R. Biermann: Ein Gemeinschaftsunternehmen der Berliner u. der Petersburger Akad.: Mber. Dtsch. Akad. Wiss. 2 (1960) 125–129 [Ha 2]. — E. I. Družinina: Pallas auf der Krim. In: Lomonossow, Schlözer, Pallas. Deutsch-Russ. Wissenschaftsbeziehungen im 18. Jahrhundert (Berlin 1962) 287–294 (Quellen u. Studien zur Gesch. Osteuropas, 12) [3]. — V. A. Golobuckij: Die „Reise" von Pallas als Quelle für das Studium der sozial-ökonom. Verhältnisse in Rußland: ebda 258–262 [3]. — R. Portal: Pallas im Ural (Mai bis August 1770). Übers. von P. Hahn u. F. Hoffmann: ebda 276–286 [3]; — I. G. Rozner: Die „Reise" von Pallas u. die „Beschreibung" von Georgi als Quellen für das Studium der Gesch. des Kosakentums am Jaik (Ural) am Vorabend des Bauernkrieges unter der Führung von E. Pugačev. Übers. von C. Grau: ebda 263–275 [3]. – E[rwin] Stresemann: Leben u. Werk von Peter Simon Pallas: ebda 245–257 [3]. — J. Vávra: Pallas u. die Anfänge tschechisch-russ. Wirtschaftsbeziehungen im 18. Jahrhundert: ebda 295–303 3].

Zum 100. Todestag Ludwig Darmstaedter: Gedenktage in der Gesch. der Naturwiss. Eine Umschau: Kosmos. Handweiser für Naturfreunde 8 (1911) (Stuttgart 1911) 87 [15]. — August Thienemann: P. S. Pallas u. der Stammbaum der Organismen: Zool. Anz. 37 (1911) 417–419 [3].

Weitere Lit. Johann Bernoulli: Reisen durch Brandenburg, Pommern, Preußen, Curland, Rußland u. Pohlen in den Jahren 1777 u. 1778 4 (Leipzig 1780) 23–25, 83–84 [Ha 2]. — William Coxe: Travels into Poland, Russia, Sweden and Danmark. Interspersed with historical relations and political inquiries 2 (London 1784) 396–410 [3]. — Denina: La Prusse littéraire sous Frédéric II. 3 (Berlin 1791) 140–141 [3]. — Johann Richter: Russ. Miszellen 1 (Leipzig 1803) H. 3 S. 140–152 [3]. — Adolph d'Archiac: Cours de paléontologie stratigraphique professé au Musée d'histoire naturelle 1, 1: Précis de l'histoire de la paléontologie stratigraphique (Paris 1862) 152–160, 163, 217 [BPU Genf]. — Karl W. W. Jessen: Botanik der Gegenwart u. Vorzeit in culturhistor. Entwicklung. Ein Beitr. zur Gesch. der abendländ. Völker (Leipzig 1864) 276, 300, 345, 389, 470 [3]. — F[erdinand] von Herder: Biogr. Notizen über einige in den Plantae Raddeanae genannte Sammler u. Autoren: Bot. Jahrb. 9 (1888) 443–444 [3]. — Sir Archibald Geikie: The founders of geology (London 1897) 80, 221, 285 [3]. — Karl Alfred von Zittel: Gesch. der Geol. u. Paläontol. bis Ende des 19. Jahrhunderts (München–Leipzig 1899) 79, 170, 191, 241, 274, 314, 449, 450, 557 [3]. — Friedrich Ratzel: Die Erde u. das Leben. Eine vergleichende Erdkunde 1 (Leipzig–Wien 1901/1902) 56 m. Bildn. [3]. — F. Th. Köppen: Bibliotheca zoologica rossica 2 (1907) 453 [12]. — August Thienemann: Die Stufenfolge der Dinge, der Versuch eines natürl. Systems der Naturkörper aus dem 18. Jahrhundert: Zool. Ann. 3 (1909) H. 3, 240, 250, 251, 252, 266, 272 [3]. — Edward Heawood: A history of geographical discovery in the 17th and 18th centuries (Cambridge 1912) 279, 375–376 (Cambridge geographical series) [14]. — Walther May: Große Biologen. Bilder aus der Gesch. der Biol. (Leipzig–Berlin 1914) 33–34 [101]. — Heinrich Schmidt: Gesch. der Entwicklungslehre (Leipzig 1918) 265–266 [3]. — F. A. Golder: Bering's Voyage. An account of the efforts of the Russians to determine the relation of Asia and America 1 (New York 1922) 353, 360 (American geogr. Soc. Res. Ser 1) [1]. — Karl Camillo Schneider: Euvitalistische Biol. Zur Grundlegung der Kultur (München 1926) VII, 220 S. [14]. — Karl Stählin: Aus den Papieren Jacob von Stählins. Ein biogr. Beitr. zur deutsch-russ. Kulturgesch. des 18. Jahrhunderts (Königsberg i. Pr. u. Berlin 1926) 297, 300-301, 325, 328, 361, 391, 425,

430 [3]. – Arnold Jacobi: Eduard Pöppig als Ornithologe: J. Ornithol. **76** (1928) 436–440 [15]. – Frank Dawson Adams: The birth and development of the geological sciences (London 1938) 378, 379, 381 [3]. – Jean Anker u. Svend Dahl: Werdegang der Biol. Übers. von L. Johnson (Leipzig 1938) 126 [3]. – Friedrich Hoffmann: Gesch. der Geognosie u. Schilderung der vulkan. Erscheinungen (Berlin 1938) 61–64 (Hinterlassene Werke von Friedrich Hoffmann, 2) [3]. – Rudolph Zaunick: Der Zoologe Carl Bergmann (1814–1865), die Bergmannsche tiergeogr. Regel u. ihre Vorläufer im Mittelalter u. im Altertum: Dtsch. Ges. Gesch. Med., Naturwiss. u. Techn.; Ber. Verh. **1938**, 15–18 [3]. – Bernhard Heckmann: Gesch. u. Wesen des Peitschenwurms (Trichuris, Trichocephalus dispar) u. dessen klinische Bedeutung (Quakenbrück 1940) 12 (Med. Diss. Univ. Göttingen) [3]. – Helmut Hölder: Geol. u. Paläontol. in Texten u. ihrer Gesch. (Freiburg–München 1960) 5, 34, 37, 117, 136, 366, 460 [101].

Denkmal Bernhard Hoeft: Pallas' Grabdenkmal u. die Berliner Akad. Wiss.: Z. Ver. Gesch. Berlin **54** (1937) 12–21 m. 2 Abb. [3].

II. III **PANDER,** Christian Heinrich. Geol. – 1812–1814 stud. med. Dorpat, 1816 Würzburg, dort 1817 Dr. med.; 1820 Begleiter der russ. Gesandtschaft als Naturforscher nach Buchara; 1822 Adjunkt, 1823–1828 o. Mitgl. Akad. St. Petersburg; 1828–1842 auf seinem väterl. Landgut Zarnikau in Livland; seit 1842 Verwalter des russ. Bergwesens in St. Petersburg; während dieser Zeit unternahm er viele geol. Reisen in Rußland u. im Ausland; 1818 Mitgl. Leopoldina.

*1794, Juli 12 a.St., Riga;

†1865, Sept. 10 a.St., St. Petersburg.

Bibliogr. Cat. scient. Papers **4** (1870) 749 (5 Nr.); **8** (1879) 559 (2 Nr.); **17** (1921) 693 (1 Nr.) [3]. – Cat. gén. Bibl. nat. **129** (1934) Sp. 728–729 (7 Nr.) [3]. – Günther Schmid: Goethe u. die Naturwiss. (Halle 1940) II, 10 Nr. 2123 S. 311 [3]. – Brit. Mus. Gen. Cat. **179** (1963) Sp. 322 (5 Nr.) [3].

Nekr. Beyrich: Z. Dtsch. geol. Ges. **18** (1866) 1–2 [3]. – William John Hamilton: Quart. J. geol. Soc. 1: Proc. geol. Soc. **22** (1866) Ann. Meeting XXXVI–XXXVII [3; Ha 2]. – Leopoldina **7** (1871/1872) 8 [Ha 2].

Biogr. Johann Georg Meusel: Das gelehrte Teutschland oder Lexicon der jetzt lebenden teutschen Schriftsteller **19** (Lemgo 1823) 57–58 [3]. – von Recke u. Napiersky: Allgem. Schriftsteller- u. Gelehrten-Lexikon der Provinzen Livland, Esthland u. Kurland **3** (Mitau 1831) 360–362 m. Schr.Verz.; Nachtr. u. Fortsetzungen **2** (Mitau 1861) 90 [3]. – Adolph Peter Carl Callisen: Medicin. Schriftsteller-Lexicon **14** (Copenhagen 1833) 286; **31** (1843) 138 [3]. – Christian Heinrich von Pander. In: Rigasche Biogr. **3** (Riga 1884) 98–100 [15]. – A. Erman: Über Dr. C. H. Panders paläontol. u. geol. Arbeiten: Ermans Arch. wiss. Kunde von Rußland **18** (1859) 384–445 [14]. – Karl Ernst von Baer: Nachrichten über Leben u. Schriften des . . ., mitgetheilt von ihm selbst. Veröffentlicht bei Gelegenheit seines 50jährigen Doctor-Jubiläums von der Ritterschaft Esthlands (St. Petersburg 1865) 406–407 [3]. – L. Stieda: ADB **25** (1887) 117–119 [3]. – Album Academicum der Univ. Dorpat. Bearb. von A. Hasselblatt u. G. Otto (Dorpat 1889) 52 [3]. – E. Loesch: Heinrich Christian Pander, sein Leben u. seine Werke. Eine biogr. Studie: Biol. Zbl. **40** (1920) 481–502 m. Schr.Verz. [Ha 2; Ha 8]. – Fossilium Catalogus I: Animalia. Pars 72: K. Lambrecht †, W. et A. Quenstedt. Palaeontologi, Catalogus bio-bibliographicus ('s-Gravenhage 1938) 327 [3]. – B. E. Rajkov: Christian Pander: Vydajuščysja biolog-evoljucionist 1794–1965 (Moskva–Leningrad 1964) 98 S. m. 3 Bildn., 11 Abb. (Christian Pander: Ein hervorragender Evolutionsbiologe) [Ha 2].

Zum 100. Geburtstag A. Pander u. S. Nikitin: Bull. Com. géol. St. Pétersbourg (Izvestija geol. Komiteta) **14**, 1895 (1896) 235–239 m. 14 Nr. Bibliogr. [Ha 2].

Weitere Lit. Parrot: Essai sur les ossements fossiles des bords du lac de Burtneck, en Livonie: Mém, Acad. Imp. Sci. St. Petersbourg (6) **4**, 2 (1838) Sci. nat. 2 [Ha 2]. – von Zittel u. Jos. Victor Rohon: Über Conodonten: S.-Ber. Bayer. Akad. Wiss., math.-phys. Kl. **16** (1886/1887) 108–136 m. 1 Abb. auf 2 Taf. [Ha 2]. – Karl Alfred von Zittel: Gesch. der Geol. u. Paläontol. bis Ende des 19. Jahrhunderts (München–Leipzig 1899) 172, 546, 600, 810, 826, 834 (Gesch. der Wiss. in Deutschland. Neuere Zeit, 23) [3]. – Walther May: Große Biologen. Bilder aus der Gesch. der Biologie (Leipzig–Berlin 1914) 54, 58, 60 (Bastian Schmidts naturwiss. Schülerbibliothek, 25) [101]. – Wilhelm Lubosch: Über Pander u. D'Altons vergleichende Osteologie der Säugetiere. Ein Kapitel aus der Naturphilos.: Flora N.F. **11** u. **12** (1918) 668–702 [Ha 2]. – Heinrich Schmidt: Gesch. der Entwicklungslehre (Leipzig 1918) 325, 359–360 [3]. – A. P. Bystrow: Zahnstruktur der Grossopterygier: Acta zool. (Stockholm) Årg. **20** (1939) 338 [9]. – A. A. Zvorykin: Biografičeskij slovar' . . . . **2** (Moskva 1959) 106 [Ha 2]. – Istorija akademii nauk SSSR **2** (Moskva–Leningrad 1964) siehe Reg. 754 [15].

II **PARACELSUS,** Philippus Aureolus **THEOPHRASTUS BOMBASTUS von HOHENHEIM.** Arzt, Naturforscher, Philosoph. – Zog die meiste Zeit seines Lebens als Wander- u. Wundarzt mit Schülern oder Soldaten durch ganz Europa; 1526–1528 Lehrer der Arzneikunst Univ. Basel.

*1493, Dez. 17, Maria-Einsiedeln (Schweiz);

†1541, Sept. 23, Salzburg.

Wegbereiter der neuzeitl. Med.

Werke Theophrast von Hohenheim, gen. Paracelsus: Sämtliche Werke. Abt. **1.** Medizinische, naturwissenschaftliche u. philosophische Schriften. Hrsg. von Karl Sudhoff 1–14 (München-Berlin 1922–1933) [3]. – Theophrast von Hohenheim, gen. Paracelsus [Ges. Werke] Abt. **2.** Theologische u. religionsphilosophische Schriften 1–7 (1923–1961) [3]. – (Theophrastus) Paracelsus: Sämtliche Werke. Nach der 10bändigen Huserschen Gesamtausg. [1589–1591] zum erstenmal in neuzeitl. Deutsch übers. m. Einl., Biogr., Literaturang. u. erklärenden Anm. versehen von Bernhard Aschner Bd 1–4 (Jena 1926–1932) [3]. – Theophrastus Paracelsus. Lebendiges Erbe. Eine Auslese aus sämtl. Schriften mit 150 zeitgenöss. Illustr. (Die Ausw. der Texte u. Bilder sowie die Bearb., der Einf., der Biographie u. das Wörterbuch besorgte Jolan Jacobi.) (Zürich-Leipzig 1942) LXIV, 315 S. [3]. – Theophrast Paracelsus [von Hohenheim genannt]: Pansophische Schriften (Berlin 1943) (Dokumente zur Morphologie, Symbolik u. Gesch., 4) [3]. – J. Strebel: Über den Codex Paracelsicus 664 Bernensis: Nova Acta Paracelsica **4** (1947) 94–98 m. 3 Taf. [25]; Über die Kölnischen Frühdrucke Paracelsischer Schriftwerke der Offizin Arnoldi Byrckmans Erben 1564/1567: ebda 112–121 [25]; Zu einer neugefundenen paracelsischen Handschrift von Toxites (Michael Schütz) anno 1577: Von den offenen Schäden u. Geschweren: Gesnerus **7** (1950) 50–58 m. 3 Abb. [Ha 2]. – Gerhard Eis: Späte Paracelsus-Excerpte aus unbekannten Handschriften: Centaurus **4** (1955) 148–162 [1; ZB Zürich]. – M. Kahir: Ein altes Versprechen eingelöst. Zur Neuausgabe der Kärntner Schriften des Paracelsus: Mensch u. Schicksal (Villach) **9** (1955) Nr. 15, 3–6 [300]. – Theophrast von Hohenheim gen. Paracelsus. Sämtliche Werke, 2. Abt.: Theologische u. religionsphilosophische Schriften. Bd. 4: Auslegung des Psalters Davids. Teil 1: Kommentar zu den Psalmen 75 (76) bis 102 (103). Bearb. von Kurt Goldammer (Wiesbaden 1955) LIII, 347 S. [101]. – Donald Brinkmann: Konstanzer Paracelsus-Drucke: Bodenseeh. **8** (1957) 362–366 [24]. – Paracelsus [Philippus Aureolus] Theophrast[us Bombastus] von Hohenheim, genannt . Sämtliche Werke. Abt. 2 Bd 5 Teil 2 (Wiesbaden 1957) Abt. 2. Theologische u. religionsphilosophische Schriften. Hrsg. unter Mitwirkung von Kurt Goldammer. Bd. 5. Auslegung des Psalters Davids. Teil 2. Kommentar zu den Psalmen 103 ⟨104⟩ bis 117 ⟨118⟩. Bearb. von Goldammer XX, 260 S. [28]. – Theophrastus Paracelsus: Das Buch der Erkenntnis des Theophrast von Hohenheim gen. Paracelsus. Aus der Handschrift mit einer Einl. hrsg. von Kurt Goldammer (Berlin 1964) 58 S. (Texte des späten Mittelalters u. der frühen Neuzeit, 18) [3].

Genealog. Deutscher Wappenkalender **9** (1935). Bildlicher Schmuck Gustav Adolf Cloß, Wortlaut u. begleitende Erklärungen Bernhard Koerner (Görlitz o. J.) **354** m. Abb. **331.** Beschreibung des Wappens [3]. – Hermann Roemer: Familiengeschichtliches um Paracelsus: Dtsch. Roland **29** (1941) 183–187 [11]; Die Vorfahren u. Vettern des Paracelsus: Schwaben **13** (1941) 443–446 [16]. – Karl Bittel: Zur Genealogie der Bombaste von Hohenheim: Münchener med. Wschr. **89** (1942) 359–360 m. Lit.Verz. [3]. – Helmstatt: Die Ahnentafeln süddtsch. Adelsgeschlechter: Landesbibl. Darmstadt Hs 1970, fol. 24 [17].

Bibliogr. G. Wyneken: Neuere Arbeiten über Paracelsus: Mh. Comenius-Ges. **13** (1904) 274–276 [3]. – Franz Strunz: Die Wiener Paracelsus-Handschriften: Wiener klin. Wschr. **20** (1907) 1080–1081 m. 1 Faks. Rezept [3]. – K. Polenske: Namen u. Werk des Paracelsus: Z. Spagyrik u. verw. Gebiete **2** (1931) 193–200 [101]. – Cat. gén. Bibl. nat. **130** (1935) Sp. 37–52 (69 Nr.) [3]. – Josef Benzing: Neues zum Konstanzer Reformationsdrucker Jörg Spitzenberg. Zugleich ein Beitr. zur Paracelsus-Bibliogr.: Schweiz. Gutenbergmuseum **44** (1938) 13–16 m. 2 Abb. [3]. – Ildefons Betschart: Nova Acta Paracelsica **1** (1944) 182–192 [25]. – K. Sudhoff: Bibliographia Paracelsica (Unchanged reprint of the Berlin 1894 ed.) (Graz 1956) XIII, 722 S. [101]. – Kurt Goldammer: Vorträge über paracelsische Quelleneditionen (Klagenfurt 1957) 23 S. (Paracelsus-Schriftenreihe der Stadt Villach, 7). – Karl-Heinz Weimann: Neu entdeckte Paracelsus-Handschriften: Sudhoffs Arch. Gesch. Med. u. Naturwiss. **41** (1957) 154–159 [3]. – Brit. Mus. Gen. Cat. **23** (1965) Sp. 16–41 [3].

Briefe D. Kerner: Ein Brief des Paracelsus an Erasmus von Rotterdam: Waage **1** (1959) 147–149 [292].

Biogr. Christian Wurtisen: Baßler Chronik (Basel 1580) 7. Buch, 18. Kap. S. [II–III] [3]. – Thaddä Anselm Rixner u. Thaddä Siber: Leben u. Lehrmeinungen berühmter Physiker. 1. Theophrastus Paracelsus (Sulzbach 1819) XVI, 168 S., Titelbildn. [3]. – Michael Benedikt Lessing: Paracelsus, sein

Leben u. Denken 1-3 (Berlin 1839) XVI, 250 S. m. Titelbildn. [11]. — Carl Aberle: Theophrastus Paracelsus u. dessen Überreste in Salzburg: Mitt. Ges. Salzburger Landeskunde **18** (1878) 186–218; Anm. 218–247 [3]. — Hugo Delff: ADB **12** (1880) 675–683; **15** (1882) 795 [3]. — Karl Kieswetter: Theophrastus Paracelsus, der Reformator der Medizin: Über Land u. Meer **71** (1894) 241–242 m. 1 Bildn. u. 5 Abb. [3]. — Karl Baas: Paracelsus u. seine Reformation: Münchener med. Wschr. **49** (1902) 1922–1925 [3]. — M. Höfler: Zum Todestage des Paracelsus: Zeit (Wien) **31/32** (1902) Nr. 417, S. 198–199 [300]. — Alb[ert] Stange: Paracelsus-Skizze. In: Das 20. Jahrhundert (München 1902) 569–571, 595–597 [29]. — Fr. Strunz: Theophrastus Paracelsus als Persönlichkeit: Beil. Allg. Ztg. **1902, 2** Nr. 145, 571–574 [14]; Paracelsus über das Reisen der Ärzte u. Naturforscher: Med. Woche **1902,** 333–338 [3]. — G. Hann: Theophrastus Paracelsus, seine Persönlichkeit u. sein Wirken: Carinthia I **93** (1903) 129–148 [3]. — Franz Strunz: Der geschichtl. Paracelsus: Christl. Welt **17** (1903) Sp. 606–611 m. 1 Bildn. [3]. — P. Schenk: Janus **1904,** 26–32 [14]. — Grenzboten **63, 3** (1904) 238–240 [3]. — Hans Benzmann: Gegenwart **71** (1907) 230–232 [3]. — Franz Strunz: Religion u. Geisteskultur **1** (1907) 322–337 [11]. — Friedrich Schönemann: Türmer **11, 2** (1909) 679–681 [3]. — A[lexander] Bauer: Naturhistor.-biogr. Essays (Stuttgart 1911) 85–108 [vorher: Wiener Ztg. **1893**] [14]. — Paul Richter: Paracelsus u. Paracelsuskritik: Med. Klin. **8** (1912) 339–340 m. 1 Bildn. [3]. — R. J. Hartmann: Türmer **15, 1** (1912/1913) 584–593 [3]. — Theodor Kirchhoff: Deutsche Irrenärzte **1** (Berlin 1921) 2–4 [101]. — Annie Harrar: Der Arzt der Armen: Türmer **24, 2** (1922) 260–262 [3]. — Emil Lenk: Tat **14** (1922) 232–234 [3]; Umschau **27** (1923) 519–520 [3]. — Ludwig Darmstaedter: Dokumente zur Gesch. der Naturwiss. Philippus Theophrastus Bombastus Paracelsus von Hohenheim, der größte Naturforscher der Renaissancezeit: Velhagen u. Klasings Mh. **40** (1925) 385–387 m. Bildn. u. Faks. [3]. — Bernhard Aschner: Was können wir aus dem Studium der Werke des Paracelsus u. der Gesch. der Medizin überhaupt für die heutige ärztl. Praxis lernen?: Wiener med. Wschr. **76** (1926) 1471–1473 [3]. — Heinrich Bornkamm: Zeitwende **2** (1926) 241–254 [101]. — W. Held: Aus der Gesch. der Medizin. Theophrastus Bombastus von Hohenheim, genannt Paracelsus. Die Paracelsisten. Der Ausklang: Leipz. popul. Z. Homöopathie **57** (1926) 379–382, 402–405, 424–429 [101]. — M. Solitaire: Des Theophrastus Paracelsus von Hohenheim letzte Lebenstage: Schatzgräber **5** (1926) H. 2 S. 18–27; H. 3 S. 19–32 [101]. — J. D. Achelis: Bemerkunhen zu Aschners Paracelsusübersetzung: Sudgoffs Arch. Gesch. Med. **19** (1927) 187–196 [3]. — Friedrich Gundolf: Wissen u. Leben Jg. **20** Bd 22/23 (1927) 321–329 [11]. — James H. Kempton: Paracelsus Vindicated: J. hered. **18** (1927) 259–262 [ZB Zürich]. — Paul Wegwitz: Tat **20** (1928/1929) 894–902 [3]. — Burghard Breitner: Wiener med. Wschr. **79** (1929) 1347–1350 m. 1 Bildn. [3]. — G. Feichtinger: Was bedeutet uns Paracelsus?: Biochem. Mbl. **6** (1929) 230–231 [101]. — Carl Gustav Jung: Paracelsus. Ein Vortrag, gehalten beim Geburtshaus an der Teufelsbrücke bei Einsiedeln am 22. Juni 1929: Lesezirkel (Zürich) **16** (1929) 117–125 m. Bildn. [ZB Zürich]. — E. Radl: Paracelso: Rev. de occidente (Madrid) **33** (1931) 1–35 [ZB Zürich]. — Alessandro Olivieri: L'homunculus di Paracelso: Atti R. Accad. Archeol., Lett. e belli Arti Napoli N.S. (1931–1932) 375–397 [ZB Zürich]. — Walter Artelt: Paracelsus im Urteil der Medizinhistorik: Fortschr. Med. **50** (1932) 929–933 [101]. — Aschner: Pflanzenheilkunde des Paracelsus (Acta Paracelsica 1931/1934): Biol. Heilkunst **13** (1932) 190–191 [3]. — Klemm: Von Namen u. Art des Paracelsus: Z. Spagyrik u. verw. Geb. **3** (1932) 218–226 [12]. — Aus der Vergangenheit der Univ. Würzburg: Festschr. zum 350jähr. Bestehen der Univ. Hrsg. von Max Bucher (Berlin 1932) 391, 419, 465, 474, 483, 512, 572, 585, 610, 638, 675, 692, 715 [3]. — Franz Strunz: Zur Lebensgesch. des Theophrast von Hohenheim, gen. Paracelsus: Bl. Dtsch. Philos. **6** (1932/1933) 337–350 [3]. — Ernst Darmstaedter: Paracelsus, de natura rerum. Eine krit. Studie: Janus **37** (1933) 1–18, 48–62, 109–115, 323–324 [25]; Paracelsus. Seine Bedeutung für unsere Zeit: Natur u. Kultur **30** (1933) 442–444 [300]. — Klemm: Paracelsus der Deutsche: Z. Spagyrik u. verw. Geb. **4** (1933) 321–362 m. 1 Bildn. u. 1 Abb. [12]. — Franz Strunz: Scientia **54** (1933) 149–158 [Bibl. CU Fribourg]. — Karl Erhard Weiß: Wie sich der hochgelahrt Theophrastus von Hohenheim, genannt Paracelsus, beider Arzneien Doktor, in sieben Defensionibus gegen seine Mißgönner verteidigt: Z. Spagyrik u. verw. Geb. **4** (1933) 210–216 [12]. — Paul Diepgen: Geist. Arb. **34** (1934) H. 2 S. 12 [101]. — Klemm: Von der geistigen Umwelt des Paracelsus: Z. Spagyrik u. verw. Geb. **5** (1934) 321–343 [12]. — E. Schütt: Paracelsus oder Beckmesser? Der Physikus am Scheidewege: Z. Medizinalbeamte u. Krankenhausärzte **47** (1934) 197–208 [25]. — Leopold von Caprivi: Türmer **37, 2** (1934/1935) 345–349 [3]. — Austriacus: Der Ring des Paracelsus: Wiener med. Wschr. **85** (1935) 1157–1159 m. 2 Abb. [3]. — L. Birchler: Die Kindheit des Paracelsus: Schweiz. med. Wschr. **65** (1935) 1210–1213 [101]. — Paul Diepgen, in: Die Großen Deutschen. Neue Dtsch. Biogr. **1** (Berlin 1935) 520–531 m. 1 Bildn. u. 1 Abb. [3]. — E. O. Rasser: Die Wahrheit über Theophrast von Hohenheim, genannt Paracelsus: Unsere Welt **27** (1935) 321–331 [1a]. – Oskar Remmler: Wann ist Paracelsus gestorben?: Z. Spagyrik u. verw. Geb. **6** (1935) 393–395 [12]. – Bodo Sartorius von Waltershausen: Paracelsus am Eingang der deutschen Bildungsgesch. (Leipzig 1935) VII,216 S. [3]. – E. H. G. Atzrott: Bombastus Philippus Aureolus Theophrastus von Hohenheim, gen. Paracelsus. Ein mittelalterl. Forscher- u. Wanderleben: Hippokrates **7** (1936) 388–393 [14]. – Klemm: Zu den Lebensdaten des Paracelsus: Z. Spagyrik u. verw. Geb. **7** (1936) 96–108, 122–132, 162–171, 202–206 m. 4 Bildn. [12]. – Franz Martin: Analecta Paracelsiana: Mitt. Ges. Salzburger Landeskunde **76** (1936) 171–172 [300]. – F. Medicus: Die wiss. Bedeutung des Paracelsus: Schweizer med. Wschr. **66** (1936) 17–20 [101]. – Franz Strunz: Paracelsus u. seine Zeit: Die 6. Salzburger Hochschulwochen **1936**, 115–119 [300]. – Karl Sudhoff: Paracelsus. Ein deutsches Lebensbild aus den Tagen der Renaissance (Leipzig 1936) 157 S. [3]. – Rudolf Thiel: Männer gegen Tod u. Teufel (Berlin 1936) 41–68 m. 1 Bildn. [3]. – Vom Wirken berühmter Ärzte aus 4 Jahrhunderten (Ludwigshafen 1936) 9–87 m. 1 Bildn., 2 Abb. [101]. – H. Carl: Paracelsus, Arzt, Naturforscher u. Philosoph: Schr.naturforsch. Ges. Danzig N.F. **20**, 2 1935–1937 (1937) 37–60 [Ha 2]. – Karl Jarmer: Was verstand Paracelsus unter „Erfahrung“? (Eine notwendige medizingeschichtl. Untersuchung): Fortschr. Med. **55** (1937) 185–188 [3]. – Hans Kern: Paracelsus — Goethe — Schiller: ebda 203–204. – P. Diepgen: Paracelsus u. unsere Zeit 202–203 [3]. – Antonius: Theophrastus Paracelsus. Den großen Geistern unseres Volkes: Fährmann **1** (1938) 77 [1]. – Ernst Bergmann: Dtsch. Werden **6** (1938) 4, 6–7 [101]. – B. J. Gottlieb: Die Sendung des Paracelsus: Dtsch. dent. Wschr. **58** (1938) 689 [101]. – W. Sulze: Deutsche Männer (Berlin 1938) 50 [101]. – Eugen Bircher, in: Große Schweizer Forscher. Hrsg. von Eduard Fueter (Zürich **1939**) 37–39 m. 1 Bildn. [3]; Schweizer Hochschulztg. **13** (1939) 381–391 [LB Bern]. – Karl Muster: Paracelsus, sein Leben u. sein System: Felsburger Bl. **7** (1939) 65–68; Die geisteswiss. Bedeutung des Paracelsus: ebda 68–70; Paracelsus, der Begründer der dtsch. Naturphilos.; ebda 70–72 [101]. – L. Birchler: Das Erbgut des Paracelsus: Gesundh. u. Wohlfahrt **20** (1940) 125–130 [LB Bern]. – Diepgen: Paracelsus-Feier in Salzburg: Mitt. Gesch. Med. u. Naturwiss. **39** (1940) 368 [3]. – Karl Leuthardt: Das Stadtarztamt zu Basel. Seine Entwicklungsgesch. bis zum Jahre 1529 (Zürich 1940) 37 (Med. Diss. Basel) [3]. – W. Stapel: Paracelsus, der Deutsche: Volkswart **16** (1940) 416–417 [101]. – Karl Bittel: Ist Paracelsus 1493 oder 1494 geboren?: Med. Welt **16** (1942) 1163–1165 [3]; Paracelsus im Bauernkrieg: Propyläen **39** (1942) 74–75 [101]. – Heinrich Heinrichs: Paracelsus u. die Juden: Hippokrates **13** (1942) 777–780, 815–818, 833–836, 869–872 [25]. – Karl Bittel: Las Paracelsus an der Univ. Basel oder auf einem freien Lehrstuhl?: Med. Welt **17** (1943) 13–15 [3]; Korrekturen zur Paracelsus-Biogr.: Hippokrates **14** (1943) 30–32 [25]. – F. Lejeune: War Paracelsus seiner Zeit voraus? Natur u. Kultur **40** (1943) 3–6 [300]. – Karl Bittel: Die Kindheit Theophrasts in Einsiedeln: Nova Acta Paracelsica **1** (1944) 37–44 [25]. – Ed. Jenny: Paracelsus, der Arzt: ebda 69–81 [25]. – Hans Karcher: Paracelsus, Stadtarzt von Basel [und sein Fortleben in Basel]: ebda 82–102 [25]. – Fritz Werle: ebda 169–181 [25]. – G. Deggeler: Paracelsus, der Mensch auf dem Wege zu sich selbst: Die Kommenden **1** (1947) Nr. 13, 10–11 [101]. – Kurt Goldammer: Neues zur Lebensgesch. u. Persönlichkeit des Theophrastus Paracelsus. 1. War Paracelsus Doktor der Theologie? 2. Die Ehelosigkeit des Paracelsus: Theol. Z. **3** (1947) 191–221 [UB Basel]. – Bernhard Milt: Neues zur Lebensgesch. u. Persönlichkeit des Theophrastus Paracelsus: Gesnerus **4** (1947) 116–119 [Ha 2]. – G. Vorberg: Schätzung u. Überschätzung des Paracelsus: Med. Mschr. **1** (1947) 126–128 [3]. – Joseph Schumacher: Das Überzeitliche in der Paracelsischen Geschichtsidee: Geistige Welt **3** (1948) 18–20 [3]. – Johannes Steudel: Theophrast von Hohenheims „wunderliche Weise“: Med. Mschr. **2** (1948) 315–320 [3]. – Paracelsus (Philippus) Theophrastus Bombastus von Hohenheim: Leben u. Lebensweisheit in Selbstzeugnissen. Ausgew. u. eingel. von Karl Bittel [Neudruck] 2. Aufl. (Leipzig 1949) 156 S. (Reclams Universal-Bibl., 7567, 7568) [3]. – Hugo Glaser: Wiens große Ärzte, 2. Aufl. (Wien 1950) 13–22 m. Bildn. [101]. – Anthony J. Lanza: Paracelsus (The 1950 Ramazzini oration): Ind. Med. Surg. **19** (1950) 441–443 [UB Basel]. – Otto A. Sommer: Die Bombaste von Hohenheim: Schwäb. Bauernkalender **1950**, 59–61 [24]. – Richard Bochalli: Vater u. Sohn „Paracelsus“ von Hohenheim: Hippokrates **22** (1951) 449–450 [3; 14]. – Elisabeth Bosch: Wer war Paracelsus?: Kneippbl. **54** (1951) Nr. 6, 88–89 [101]. – H. Carl: Paracelsus im Urteil Liebigs: Drogisten-Fachbl. **22** (1951) Nr. 13, 3–4 m. 1 Abb. [292]. – Pedro Lain Entralgo: Vida y obra de Paracelso: Arch. ibero-amer. hist. med. (Madrid) **3** (1951) Fasc. 2, 519–552 [12]. – Werner Pletscher: Paracelsus u. Markgraf Philipp I. von Baden: Z. Gesch. Oberrhein **99** (1951) 617–620 [3]. – J. Strebel: Histor. Glossen zum Namen „Hohenheim“: Praxis. Schweizer. Rdsch. Med. **40** (1951) 1075–1079 [LB Bern]. – Franz Strunz: Gründung der Internat. Paracelsus-Gesellschaft: Österr. Tierärzte-Ztg. (Wien) **4** (1951) 110–114 [300]; Europa. Msch. Salzburg **2** (1951) H. 16, 11–17 m. Abb. [300]. – D.

Brinkmann: Paracelsus u. das techn. Zeitalter: Schweiz. Bau-Ztg. **70** (1952) Nr. 46, 653–654 [LB Bern]. — Basilio de Telepnef: Eine Paracelsus-Biogr. aus der 2. Hälfte des 17. Jahrhunderts [von Adam A. Lebenwaldt, 1680]: Nova Acta Paracelsica **6** (1952) 129–130 [25]. — Owsei Temkin: The elusiveness of Paracelsus: Bull. Hist. Med. (Baltimore) **26** (1952) 201–217 [UB Basel]; The paradox of Paracelsus (History of medicine lecture, April 17, 1953): Yale J. Biol. Med. **25** (1952/1953) 538 [UB Basel]. — W. Artelt, in: Hellmuth Rößler u. Günther Franz: Biogr. Wörterbuch zur Dtsch. Gesch. (München 1953) 659–660 [3]. — Walter Frankel: Industr. Med. Surg. **22** (1953) Nr. 2, 86–87 [UB Basel]. — Kurt Goldammer: Die bischöfl. Lehrer des Paracelsus. Zum Hohenheimschen Werde- u. Bildungsgang: Sudhoffs Arch. Gesch. Med. <u.> Naturwiss. **37** (1953) 234–245 [3]; Paracelsus. Natur u. Offenbarung (Hannover 1953) 115 S. (Heilkunde u. Geisteswelt, 5) [3]. — C. Müller: Ein gynäkolog. Vermächtnis des Paracelsus: Schweizer. med. Wschr. **83** (1953) 410–412 [3]. — M. H. Piplau: Paracelsus, der große Deutsche: Mitt. Dtsch. Landwirtsch.-Ges. **68** (1953) Nr. 15, 117–118 m. Bildn. [292]. — Friedr. Sanides: Die Paracelsus-Trilogie E. G. Kolbenheyers: Med. heute **1953** H. 3, 54–57 [101]. — W. Leibbrand: Die Wende des Geistes: Merian **7** (1954) H. 6, 88–92 [101]. — Henry E. Sigerist: Große Ärzte, 3. Aufl. (München **1954**) 84–97 m. 2 Bildn., 1 Faks., 107, 113, 143, 152, 159, 274, 356, 425–426 [3]. — Gotbert Moro: Paracelsus-Tradition in Kärnten: Carinthia I **145** (1955) 410–415 [UB Innsbruck]. — Ildefons Betschart: ebda 427–446 m. 1 Bildn. [UB Innsbruck]. — Burghard Breitner: Der Abschied des Paracelsus: ebda 471–473; Über das ärztliche Ethos des Paracelsus: ebda **146** (1956) 152–154 [UB Innsbruck]. — F. von Quintus: Paracelsus - Genie der Arztkunst: Weiße Fahne **28** (1955) 168–169 [21]. — Robert Blaser: „Amplo stipendio invitatus“. Zur Frage der Stellung u. Besoldung des Paracelsus in Basel: Sudhoffs Arch. Gesch. Med. u. Naturwiss. **41** (1957) 143–153 [3]. — Burghard Breitner: Paracelsus. Der Reformator der Heilkunde. In: Österreichische Naturforscher, Ärzte u. Techniker (Wien 1957) 87–88 m. 1 Bildn., 1 Faks. Rezept [101]. — Kurt Goldammer: Die geistl. Lehrer des Theophrastus Paracelsus: Carinthia I, **147** (1957) 525–559 m. 8 Abb. [UB Innsbruck]. — Hans Biedermann: Paracelsus - ein Wegbereiter der modernen Wiss.: Universum, Natur u. Techn. **13** (1958) 572–575 m. 3 Abb. [101]. — K. Kerner: Zur Todeskrankheit des Paracelsus: Nachr. dtsch. Ges. Gesch. Med. **1958**, Nr. 12, S. 14 [3]. — Erwin H. Ackerknecht: The Quintessence of Paracelsus: Nature [London] **183** (1959) 1147–1148 [3]. — Dieter Kerner: Zur Todeskrankheit des Paracelsus: Materia med. Nordmark **11** (1959) 315–322 m. 2 Bildn. [Ha 2]. — Gotbert Moro: Die Pflege der Paracelsus-Tradition in Kärnten: Carinthia I **149** (1959) 202–208 [UB Innsbruck]. — Friedrich Markus Huebner: An der Lebensstätte des Paracelsus: Natur u. Kultur **52** (1960) 18–23 [12]. — D. Kerner: Zur Todeskrankheit des Paracelsus: Gesnerus **17** (1960) 30–41 m. 2 Bildn. u. Lit.Verz. [Ha 2]. — W[alter] Pagel: Paracelsus u. Techell us the Jew: Bull. Hist. Med. **34** (1960) 274–277 [B 4]. — Karl-Heinz Weimann: Die Paracelsus-Literatur seit Kriegsende. Ein Forschungsber.: Dtsch. Vjschr. Literaturwiss. u. Geistesgesch. **34** (1960) 290–305 [3]; Was wissen wir wirklich über die Wanderjahre des Paracelsus?: Sudhoffs Arch. Gesch. Med. u. Naturwiss. **44** (1960) 218–223 [101]; Paracelsus in der Weltliteratur. Beitr. zur Wirkungsgesch. Hohenheims: German.-roman. Mschr. N.F. **11** (1961) 241–274 [3]. — Heinrich Bornkamm: Das Jahrhundert der Reformation. Gestalten u. Kräfte (Göttingen 1961) 162–177 [3]. — Goldammer: Paracelsus - Arzt, Philosoph u. Theologe: Ärztl. Mitt. **46** (1961) 1495–1498, 1503–1505 [101]; Religion in Gesch. u. Gegenwart, 3. Aufl. **5** (Tübingen 1961) Sp. 93–94 [101]. — A. G. Watson: Two unrecorded items of 1603: Library (London) (3) **16** (1961) Nr. **4**, 299–302 m. Faks. [UB Basel]. — Walter Pagel: Das med. Weltbild des Paracelsus (Wiesbaden 1962) XVI, 160 S., 7 Abb., 9 Taf. [101]. — Felix Burkhardt: Der Schatz des Theophrastus zu Hohenheim. Nach den Akten des Staatsarchivs zu Ludwigsburg: Heimat, Z. Pflege von Landschaft, Volkstum, Kultur (Stuttgart) **14** (1963) 187–189 [24]. — Rolf G. Haebler: Paracelsus u. der undankbare Markgraf von Baden: Ekkehard, Jahrb. Badener Land **1963**, 23–33 m. Abb. [25]. — Gedenkschrift für Ildefons Betschart (München 1963); darin: Hildegard Danter: Der Begriff „Ardens“ bei Paracelsus 129–168; Donald Brinkmann: Die Temperamentenlehre im deutschen Bild des Paracelsus 169–175; Robert Blaser: Lästerung u. Lobpreisung des Paracelsus in Basel 177–227 [12].

Verschiedene Aufenthaltsorte des Paracelsus

Franz Strunz: Eine Paracelsus-Erinnerung in Böhmen: Dtsch. Arbeit **3** (1904) 900–906 [14]; Paracelsus in Österreich: Wiener klin. Wschr. **20** (1907) 767–772 [3]. — Albrecht Burckhardt: Wie lange u. in welcher amtl. Stellung war Paracelsus in Basel? Korresp.-Bl. Schweiz. Ärzte (Basel) **44** (1914) 356–368 [12]. — Henri Fleurent: Un épisode de l'histoire de la médecine: Paracelse à Colmar: Rev. d'Alsace **83** (1936) 119–128 m. 1 Bildn. [BCU Fribourg]. — F. S. Nohara: Paracelsus in St. Moritz: Med. Klin. **33** (1937) 1307–1308 [3]. — Stephan Raditz: Der alten Stadt Villach erstaunlicher Sohn: Mschr. Kultur u. Politik **3** (1938) H. 1, 46–50 [300]. — Walter Medweth: Paracelsus u. Villach. In: 700 Jahre Stadt Villach (Villach 1940) 138–145 m. 2 Abb. [300]. — Die Paracelsus-Ausstellung in Salzburg Sept. 1941: Salzburg. Museumsbl. **20** (1941) Nr. 1–4, 5–8 m. 1 Bl. Abb. [300]. — Wladimir Bazala: Paracelsus in Kroatien u. seine kroatischen Schüler: Med. Welt **16** (1942) 581–583 [101]. — Franz Martin: Paracelsus u. Salzburg. In: Aus Salzburgs Vergangenheit. Gesammelte Aufsätze von Franz Martin: Beih. Mitt. Ges. Salzburger Landeskunde **1942** (82/83) (1943/1944) 35–39 [3]. — R. A. B. Osterhuis: Paracelsus u. die Niederlande: Hippokrates **13** (1942) 150–155 [3]. — Bruno Roemisch: Paracelsus am dänischen Königshofe. Einfluß u. Nachwirkung: Dtsch. med. Wschr. **68** (1942) 1245–1246 [3]. — Karl Bittel: Paracelsus am Oberrhein: Straßburger Mh. **7** (1943) 226–233 m. 1 Bildn. nach einem Kupferstich von Balthasar Jenichen 1572 u. 1 Abb. der frühesten Druckschrift des Paracelsus, vermutl. 1529 [16]. — Paul Diepgen: Was wissen wir sicher über den Aufenthalt des Paracelsus in Skandinavien?: Dtsch. med. Wschr. **69** (1943) 603–605 [3]. — Basilio de Telepnef: Verzeichn. der von Paracelsus während seiner Studienjahre u. später auf seinen großen Wanderungen durch Europa besuchten Universitätsstädte. Nach Sudhoffs Gesamtausgabe zusammengestellt u. mit anderen Quellen kritisch verglichen: Nova Acta Paracelsica **3** (1946) 173–186 m. 3 Karten [25]; Wanderwege des Paracelsus von 1512–1525: ebda 147–164; Zeittafeln zu den Paracelsusreisen 1512–1524 nebst Beilage: ebda 165–172 [25]. — Ernest Wickersheimer: Paracelse à Strasbourg: Centaurus **1** (1950/1951) 356–365 m. Faks. [UB Basel]. — Karl Bittel: Paracelsus u. seine Vaterstadt Villach: Carinthia I **143** (1953) 549–572 m. 3 Abb. [UB Innsbruck]. — Walter Medweth: Die Bombaste u. Kärnten: ebda **145** (1955) 415–427 [UB Innsbruck]. — Gotbert Moro: Die Kärtner Chronik des Theophrastus Paracelsus, eine landeskundl. Quelle: Z. hist. Ver. Steiermark **46** (1955) 57–67 [3]. — Robert Blaser: Professoren der Univ. Basel aus 5 Jahrhunderten. Bildn. u. Würdigungen. Zur 500-Jahrfeier Univ. Basel ... hrsg. von Andreas Stähelin (Basel 1960) 33–34 m. 1 Bildn. [3]. — Karl Kuhn: Paracelsus in Nürnberg: Stimme Frankens **27** (1961) 139–140 m. 1 Bildn. nach einem Stich von Hirschvogel [75]. — Dieter Kerner: Paracelsus am Rhein: Mainzer Alm. **1962**, 145–152 m. 4 Abb. [UB Mainz]. — Lavoslav Glesinger: Paracelsus in Kroatien: Sudhoffs Arch. Gesch. Med. u. Naturwiss. **49** (1965) 17–27 [3].

Paracelsus u. Astrologie Emil Schlegel: Paracelsus u. die Gestirne: Magische Bl. **6** (1925) 108–114, 150–160 [3]. — Koch: Paracelsus u. die Astrologie: Mensch im All **13** (1939) 33–36 [101]. — J. Strebel: Die Paracelsische Astrologie: Nova Acta Paracelsica **2** (1945) 110–119 [25]. — G. W. Kühne-Hellmessen: Paracelsus über Spuk-Erscheinungen: Astrologie **2** (1952/1953) 75 [292].

Bergbau u. Mineralogie bei Paracelsus J. E. Hiller: Paracelsus u. die Boodt als Vorläufer neuzeitl. Mineral.: Naturwiss. **30** (1942) 563–565 [3]. — J. Schroeter: Die Stellung des Paracelsus in der Mineral. des 16. Jahrhunderts: Schweiz. mineral. ⟨u.⟩ petrogr. Mitt. **21** (1942) 313–331 [LB Bern]. — J. E. Hiller: Die Mineral. des Paracelsus Teil 1: Die naturphilos. Gedanken zur Genese u. Heilwirkung der Mineralien: Philosophia naturalis **2** (1952/1954) 293–331; Teil 2: Mineralien u. Bergbau bei Paracelsus 435–478 [292]. — M. Schweisheimer: Mining Industry and Paracelsus: Canad. Mining J. **80** (1959) Nr. 7, 81–82 [105].

Paracelsus u. die Chemie E. Ebstein: Paracelsus als medizin. Chemiker: Z. med. Chem. **4** (1926) 85–86 [101]. — F. Strunz: Theophrastus Paracelsus. In: [Günther] Bugge: Das Buch der großen Chemiker **1** (Berlin 1929) 85–98 m. 1 Bildn. u. 1 Faks.-Rezept [3]. — Frederic Walker: The Iconoclast: J. chem. Educat. **8** (1931) 885–895 m. 2 Bildn., Faks. u. Lit.Verz. [89]. — Franz Strunz: Die Alchem. u. das alchemist. Weltbild bei Theophrastus Paracelsus: Archeion **14** (1932) 76–87, 183–197 [Ha 2]. — Karl Wachtelborn: Paracelsus, der Alchemist: Z. Spagyrik u. verw. Geb. **3** (1932) 401–408 [12]. — Richard Koch: Phlogistontheorie u. Animismus: Techn.-Ind. ⟨u.⟩ Schweiz. Chemiker-Ztg. **17** (1934) 177–178 [UB Basel]. — Franz Strunz: Theophrastus Paracelsus in der Gesch. der Chem.: Österr. Chemiker-Ztg. **27** (1934) 12–14 [Le 1]. — Fritz Ferchl u. A. Süßenguth: Kurzgesch. der Chem. (Mittenwald 1936) 48, 49, 52, 73 m. Bildn. [3]. — Die Alchemie des Paracelsus: Z. Spagyrik u. verw. Geb. **9** (1938) 376–378 [12]. — Reijer Hooykaast: Die chem. Verbindung bei Paracelsus: Sudhoffs Arch. Gesch. Med. u. Naturwiss. **32** (1939) 166–175 [3]. — P. Walden: Paracelsus (1493–1541) u. seine Bedeutung für die Chemie: Angew. Chem. **53** (1940) 111–112; auch in: Chemiker-Ztg. **64** (1940) 86 u. Süddtsch. Apotheker-Ztg. **80** (1940) 83 [3; 101]; Paracelsus als Chemiker: Sci. pharmac. (Beil. Wiener pharmaz. Wschr.) **12** (1941) 37–38 [300]; auch in: Chemiker-Ztg. **65** (1941) 351–353 m. 1 Bildn. u. 1 Abb. [3]; Paracelsus u. die Entstehung der dtsch. Chem.: Straßburger Mh. **6** (1942) 580–588 [16]. — C. G. Jung: De Sulphure: Nova Acta Paracelsica **5** (1948) 27–40 [25]. — Franz Strunz: Was hat Paracelsus gewollt? Zur Gesch. der großen chem. Reformen: Prakt. Chem. [Wien] **1** (1950) 246–249 [300]. — H. Strebel: Zur Gesch. der Albumine sowie des Nachweises von Albuminen durch Säurefällung. Mit Kurzkommentar zur schweizer. Paracelsus-Ausgabe: Nova Acta Paracelsica **6** (1952) 47–51 [25]. – Richard Grüneberg: Chem. in der Schule **7** (1960) 50–52 m. 1 Bildn. [3].

Paracelsus u. die Pharmazie H. Vorwahl: Die Arznei des Paracelsus: Biol. Heilkunst **12** (1931) 789–791 [3]. – Karl Erhard Weiß: Die Signaturenlehre des Theophrast von Hohenheim, genannt Paracelsus, u. die Homöopathie: Z. Spagyrik u. verw. Geb. **5** (1934) 66–70 [12]. – L. Englert: Mensch, Arznei u. Arzneibereitung bei Paracelsus: Pharmaz. Ind. **2** (1935) 53–59 [101]. – Hans Fischer: Etwas über Pharmakotherapie des Paracelsus (Helleborus): Verh. Schweiz. naturforsch. Ges. **116** (1935) 399–400 [Ha 2]. – O. Zekert: Berühmte Apotheker, 2. Aufl. (Berlin–Wien 1955) 42, 124 [101]. – L. Elaut: Das Laudanum Theophrasti: Pharmac. Tijdschr. (Belgie) **33** (1956) 110–112. – F. Dobler: Die chem. Arzneibereitung bei Theophrastus Paracelsus am Beispiel seiner Antimonpräparate: Pharmac. Acta Helvet. **32** (1957) 181–193, 226–252 [101]. – Wolfgang Schneider: „Alkohol" bei Paracelsus: Pharmaz. Ztg. **104** (1959) 547–549 [3]. – Otto Zekert: Paracelsus in der Zeit: Österr. Apotheker-Ztg. **14** (1960) 721–725 [300]. – Wolfgang Schneider: Die dtsch. Pharmakopöen des 16. Jahrhunderts u. Paracelsus: Pharmaz. Ztg. **106** (1961) 1141–1145 m. 4 Bildn. [3]; Der Wandel des Arzneischatzes im 17. Jahrhundert u. Paracelsus: Sudhoffs Arch. Gesch. Med. u. Naturwiss. **45** (1961) 201–215 [3]; Das Interesse der Apotheker an Paracelsus: Österr. Apotheker-Ztg. **17** (1963) 317–318 [101]. – Dieter Kerner: Paracelsus u. die Melisse: Med. Welt **1965,** 1 554–557 m. 1 Bildn. u. 2 Abb. [3]. – Heinrich Marzell: Welche Pflanze verstand Paracelsus unter Brassatella?: Sudhoffs Arch. Gesch. Med. u. Naturwiss. **49** (1965) 80–85 [3].

Paracelsus' soziale Einstellung Menrad: Sozialistisches in den Schriften des Paracelsus: Dokumente des Sozialismus **1** (1902) 224–226 [1; 11]. – Ludwig Englert: Volksbewußtsein u. Heimatgefühl bei Paracelsus: Dtsch. Ärztebl. **63** (1933) 196–199; Das Bild vom Arzt bei Paracelsus: ebda **65** (1935) 1241–1247 [101]. – Paracelsus. Sozialethische u. sozialpolitische Schriften hrsg. von Kurt Goldammer (Tübingen 1952) XV, 331 S. [3]. – Kurt Goldammer: Friedensidee u. Toleranzgedanke bei Paracelsus: Carinthia I **145** (1955) 447–470 m. 10 Abb.; Paracelsus u. die soziale Frage: ebda **146** (1956) 155–178 m. 3 Abb. [UB Innsbruck].

Paracelsus u. andere Gelehrte E. Schlegel: Hahnemann u. Paracelsus: Z. Berliner Ver. homöop. Ärzte **26** (1907) 164–168 [11]. – Agnes Bartscherer: Theophrastus Paracelsus u. Widmanns Faust: Goethe-Jahrb. **33** (1912) 73–84, 197–203 [3]. – Bl. Schwäb. Albver. **30** (1920) Beil. zu 7/9 S. 15 (betr. Haus des Paracelsus in Eßlingen) [Ha 2]. – E. Kronenberg: Paracelsus u. Rademacher u. die heutigen Kurpfuscher. I. Paracelsus. IV. Kurpfuscher u. Paracelsus: Gesundheitslehrer **24** (1931) 93 (I), **94** (IV) [101]. – Theodor Haering: Cusanus – Paracelsus – Böhme: Z. Dtsch. Kulturphilos. **2** (1936) 1–25 [3]. – Paracelsus. Charakteristik seiner Zeitgenossen: Z. Spagyrik u. verw. Geb. **8** (1937) 379–380 [12]. – L. Jungmann: Paracelsus, Hahnemann u. Zimpel: ebda **9** (1938) 66–70 [12]. – E. Freerksen: Paracelsus u. Vesal als Überwinder der scholast. u. Begründer der gegenwärtigen Naturwiss. u. Medizin: Kieler Bl. **1942,** 27–44 [8]. – F. A. Paneth: Paracelsus and "Basil Valentine": Nature [London] **150** (1943–1944) 380 [7]. – R. Herbertz: Paracelsus bei Schopenhauer: Nova Acta Paracelsica **3** (1946) 86–94 [25]. – Linus Birchler: Lionardo u. Paracelsus: ebda **5** (1948) 41–44 [25]. – Erwin Scheidegger: Paracelsus u. Rademacher: ebda **6** (1952) 34–46 [25]. – J. Strebel: Paracelsus bei Sir James Jeans: ebda 137–143 [25]. – Hans Carl: Paracelsus u. Magnetismus: Erfahrungsheilkunde **2** (1953) 170–172 [292]. – H. Blüher: Theophrastus Paracelsus u. Samuel Hahnemann als nobilitierende Genien der Medizin: ebda 544–550 [292]. – Herbert Fritsche: Paracelsus u. Hahnemann: Naturheilpraxis **8** (1955) 55–57 [101]. – W. A. Murray: Erasmus u. Paracelsus. In: Bibliothèque d'humanisme et de renaissance: Travaux et documents **20** (1958) 560–564 [25]. – Donald Brinkmann: Augustin Hirschvogel u. Paracelsus: Carinthia I **149** (1959) 228–241 m. 12 Abb. [UB Innsbruck]. – Heinrich Bueß: Paracelsus u. Agricola als Pioniere der Sozial- u. Arbeitsmedizin: Dtsch. med. Wschr. **86** (1961) 2335–2340 [3]. – Dieter Kerner: Das Homunculus-Motiv bei Paracelsus u. Goethe: Ärztl. Sammelbl. (Stuttgart) **51** (1967) 323–327 [24]. – Karl-Heinz Weimann: Paracelsus u. Kardinal Matthäus Lang als Gegner im Gujak-Streit: Sudhoffs Arch. Gesch. Med. u. Naturwiss. **45** (1961) 193–200 [3]. – Karl-Heinz Weimann: Paracelsus u. Leibniz: ebda 275–277 [3]. – Gottfr. Schäffer: Paracelsus u. Fürstbischof Ernst von Passau: Bayer. Ärztebl. **17** (1962) 627–628 [12]. – Jakob Obersteiner: Noch einmal Weihbischof Nikolaus von Hippo – ein Jugendlehrer des Paracelsus: Carinthia I **153** (1963) 426–434 [3].

Zum 400. Todestag J. D. Achelis: Theophrast von Hohenheim u. die Gesch. der Medizin: Geist der Zeit **20** (1942) 57–64 [101]. – Th. Aettli: Paracelsus u. St. Moritz: Schweizer. med. Wschr. **71** (1941) 1121–1125 m. 1 Bildn. [101]. – Alice Suzanne Albrecht: Theophrastus Paracelsus. Von seiner Auffassung über Mensch u. Natur: Gesundheit u. Wohlfahrt **21** (1941) 341–351 [LB Bern]. — W. Artelt: Das dtsch. Paracelsus-Schrifttum zur 400. Wiederkehr seines Todestages. Eine Auslese: Zahnärztl. Mitt. **33** (1942) 189–191 [101]. — E. W. Balk: Der höchste Grund alles Tuns ist die Liebe: Propyläen **38** (1941) 179 [101]. — Jean Balzli: Paracelsus im Spiegel der Zeiten: Ars medici **31** (1941) 504–507 [LB Bern]. — Baradlai: Paracelsi Reisen u. Abenteuer in Ungarn: Süddtsch. Apotheker-Ztg. **81** (1941) 874 [101]. — A. Bartscherer: War Paracelsus in Ägypten?: Dtsch. Ärztebl. **71** (1941) 329–331 m. 4 Abb. [101]. — E. Belani: Paracelsus u. das Zink. Eine Episode aus Kärntens Vergangenheit: Bergland (Innsbruck) **23** (1941) H. 3/4 S. 25–26 m. 1 Bildn. u. Abb. des Grabmals m. Epitaph in Salzburg u. des Paracelsushofes in Villach [12]. — Alexander Berg: Z. ärztl. Fortbild. **38** (1941) 445–449 m. 2 Bildn. [3]. — F. Bircher: Wenn Paracelsus wiederkäme ...: Volksgesundheit **43** (1941) 295–296 m. Bildn. [ZB Zürich]. — Hans Böhmer: Kosmos **38** (1941) 213–216 m. 1 Bildn., 2 Abb. [1]. — Heinz Bottenberg: Kneipp-Bl. (München) **51** (1941) 81–82 [12]. — Peter Brauer: Heilpraktiker **1941/1942**, 193–194 [3]. — Walter A. L. von Brunn: Ärztl. Erfahrung bei Paracelsus: Münchener med. Wschr. **88** (1941) 1044–1045 [3]; Zur Elementenlehre des Paracelsus: Sudhoffs Arch. Gesch. Med. u. Naturwiss. **34** (1941) 35–51 [3]; Paracelsus u. die Chirurgie: Zbl. Chir. **68** (1941) 1762–1767 m. Bildn. [101]. — Otto Buchinger: Theophrastus Bombastus von Hohenheim, der Heiligen Schrift u. beider Arzneien Doktor: Quäker. Mschr. dtsch. Freunde **18** (1941) 139–141 [101]. — Albrecht Bruckhardt: Wie lange u. in welcher amtl. Stellung war Paracelsus in Basel?: Korresp.-Bl. Schweiz. Ärzte **44** (1914) 356–368 [12]. — G. M. B.: Eine Paracelsus-Ausstellung: Typogr. Mbl. **9** (1941) 308–309 [ZB Zürich]. — Robert Walter Corti: Schweizer Paracelsusfeier in Einsiedeln: Schweizer. Hochschul-Ztg. **15** (1941) 247–252 [LB Bern]. — C. Damur: Neue Schweiz. Rdsch. N.F. **9** (1941) 333–343 [LB Bern]. — Hans Derstroff: Zahnärztl. Mitt. **32** (1941) 367–369 m. 1 Bildn. [101]; Prakt. Gesundheitspflege Schule u. Haus **10** (1941/1942) 287–288. — Paul Diepgen: Der Arzt Paracelsus u. die moderne Medizin: Dtsch. zahnärztl. Wschr. **44** (1941) 557–561 [25]; Münchener med. Wschr. **88** (1941) 1041–1044 [3]; Paracelsus u. die moderne Heilkunde: Dtsch. Apotheker-Ztg. **56** (1941) 476–477 [101]; Theophrast von Hohenheim, genannt Paracelsus, der Arzt zwischen den Zeiten: Forsch. u. Fortschr. **17** (1941) 293–299 [3]; Was wissen wir von Paracelsus sicher u. was bedeutet er uns heute?: Gesundheitsführung **1941**, 287–289 m. 1 Abb. [101]. — A. Dietrich: Die Krankheitslehre des Paracelsus, betrachtet aus unserer Zeit: Hippokrates **12** (1941) 1093–1101 [101]. — Walter Dörr: Paracelsus u. die dtsch. Arzneimittellehre: Süddtsch. Apotheker-Ztg. **81** (1941) 431–432 [101]. — Gerhard Eis: Südostdtsch. Forsch. **6** (1941) 440–454 [101]. — J. Elster-Oertel: Monarch der Arkane u. aller Künste: Reclams Universum **57** (1941) 980–981 [101]. — L. Englert: Dtsch. Ärztebl. **71** (1941) 323–326 m. 1 Bildn. [101]; Paracelsus Mensch u. Arzt (Berlin 1941) 159 S. m. 2 Bildn., 4 Abb., 2 Karten, Faks.-Brief an Erasmus [101]. — F. M. G. De Feyfer: Nederl. T. Geneeskunde **85** (1941) 3923–3931 m. 1 Bildn., 2 Abb. [38]. — H. Fichtner: Gesundheitsfürsorge **15** (1941) 61–63 [101]. — Azeglio Filippini: Teofrasto di Hohenheim detto Paracelso: Policlinico (Roma) Sez. Pratica **48** (1941) 2049–2052 [Welcome Libr., London]. — Hans Fischer: Die kosmolog. Anthropologie des Paracelsus als Grundlage seiner Medizin: Verh. naturforsch. Ges. Basel **52**, 1940–1941 (1941) 267–317 [Ha 2]. — E. Fleischmann: Paracelsus, der Arzt u. Kämpfer: Dtsch. dent. Wschr. **61** (1941) 515–516 [101]. — H. Frieling: Ernst machen mit Paracelsus!: Natur u. Kultur **38** (1941) 177–179 [3]; Wer war Paracelsus?: Neue Gartenlaube **1941**, 970 m. 1 Bildn. nach einem Gemälde seiner Zeit [101]. — Reinhard Froehner: Dtsch. tierärztl. Wschr. **49** (1941) 461–463 m. 1 Bildn., 1 Abb. (Faks. aus Brief an Erasmus) [11]. — W. Ganzenmüller: Paracelsus u. die Alchemie des Mittelalters: Angew. Chem. **54** (1941) 427–431 [3]. — S. Gottlieb: Paracelsus als Kämpfer gegen das Judentum: Dtsch. Ärztebl. **71** (1941) 326–328 [101]. — Alfred Greil: Die paracelsische Renaissance: Schweizer med. Wschr. **71** (1941) 1134–1137 [101]. — E. Haehl: Paracelsus u. die Homöopathie: Dtsch. Z. Homöopathie **20** (1941) 277–279 [101]. — M. von Hagen: Theophrast von Hohenheim, ein dtsch. Arzt u. Gelehrter: Felke-Krauß-Ztg. **36** (1942) 65–66 m. Bildn. [1]; Heilpraktiker **1941**, 4–6 m. 1 Bildn., 2 Abb. [3]; Natur u. Kultur **38** (1941) 179–183 [3]. — E. Hartmann: Volksgesundheit **34** (1941) 292–295 m. Bildn. [ZB Zürich]. — Hans Hartmann: Paracelsus u. die Balneologie: Balneologe **8** (1941) 289–294 [3]; Paracelsus, der deutsche Arzt, u. die Paracelsus-Forschung: Gesundes Leben **5** (1941) Nr. 9, 129–132 m. 1 Bildn. [101]; Paracelsus – ein Ritter des deutschen Geistes: Dtsch. Adelsbl. **59** (1941) 622–623 [101]. — Heinz Heimsoeth: Paracelsus als Philosoph: Dtsch. Vjschr. Literaturwiss. u. Geistesgesch. **19** (1941) 369–378 [3]. — Heinrich Heinrichs: Paracelsus als Berg- u. Hüttenarzt: Werk **21** (1941) 205–208 m. 7 Abb. [61]. — Rudolf P. Hengeler: Paracelsus in der Taminaschlucht: Schweiz. Lehrerztg. **86** (1941) 474–476 [LB Bern]. — Ellen Hönncher: Auf des Paracelsus Spuren in Augsburg u. Schwaben: Z. histor. Ver. Schwaben **54** (1941) 361–376 m.

1 Bildn. [3]. — Hoffmann: Paracelsus, der Künder einer neuen Heilkunde: Landarzt 22 (1942) 485–489 [1a]; Paracelsus, ein Neuerer der Heilkunde im 16. Jahrhundert: Iris Correspondenz 22 (1941) 95–102 [1a]. — K. F. Hoffmann: Z. Stomatol. 39 (1941) 667–674; Paracelsus, der medizin. Revolutionär des 16. Jahrhunderts: Zahnärztl. Rdsch. 50 (1941) Sp. 1347–1350 [3]. — E. Hornung: Leipzig. pop. Z. Homöop. 72 (1941) 101–102 [101]. — Ed. Jenny: Paracelsus u. die Grundlagen der ärztl. Kunst: Schweizer med. Wschr. 71 (1941) 1125–1127 m. 1 Bildn. [101]; Paracelsus u. die Plethorafrage: Schweiz. Ärzte-Ztg. 23 (1942) 7–8 [LB Bern.] — H. Kaiser: Krankenhaus - Apoth. 14 (1941) 93–101 m. 1 Abb. [101]. — Hans Karcher: Paracelsus, Stadtarzt von Basel: Schweizer med. Wschr. 71 (1941) 1113–1121 m. 1 Bildn. [101]. — A. W. Kellner: Umschau 45 (1941) 609–611 m. Bildn. [3]. — C. Krause: Tierärztl. Rdsch. 47 (1941) 438–441 m. Bildn. u. Faks. [3]. — Otto Kunz: Der höchste Grund der Heilkunde ist die Liebe. Aus dem Wirken des Theophrastus Paracelsus: Bergland 24 (1942) H. 4–6, 14 [UB Innsbruck]. — E. Kusch: Antlitz u. Weg des Paracelsus: Neue Saat 4 (1941) 168–171 [101]; Der Arzt Paracelsus: Eckart 17 (1941) 235–237 [101]. — E. K.: Dtsch. Landfrau 34 (1941) 374 [101]. — Laignel-Lavastine: Quatrième centenaire de la mort de Paracelse: Bull. Acad. nat. (Paris) (3) 125, 2 (1940/41) 171–172 [1a]. — Fritz Lejeune: Paracelsus u. seine Zeit: Carinthia 131 (1941) 442–449 [3]; Die Zeit des Paracelsus. Eine politisch-geistesgeschichtl. Studie: Med. Welt 15 (1941) 1004–1008, 1057–1060 [3]. — E. Lindig: Reine Luft (Berlin) 24 (1942) 146 [15]. — W. Lohmann: Die Paracelsus-Feier in Salzburg: Dtsch. Mineralwasser-Ztg. 45 (1941) 330–331 [101]. — R. Malle: Wiener med. Wschr. 91 (1941) 803–806 [3]. — Hellmuth Max: Klin. Wschr. 20 (1941) 958–961 [3]. — A. E. Mayer: Davoser Revue 16 (1941) 199–204 [LB Bern]. — V. Meller-Christensen: Bibliothek for Laeger København 134 A (1941/1942) 83–92. — Hermann Menhardt: Die Archidoxa des Paracelsus: Carinthia 131 (1941) 449–459 [3]. — Erwin Metzke: Mensch, Gestirn u. Geschichte bei Paracelsus: Bl. Dtsch. Philos. 15 (1941) 241–306 [3]. — B. Migliorini: Paracelsus u. sein Einfluß auf den europäischen Wortschatz: Z. Pflege u. Förderung Sprachstudium 1942, Nr. 10 [14; 15]. — Möckel: Paracelsus u. die Psychiatrie: Psychiatr.-neurol. Wschr. 44 (1942) 12–14 [3]. — Ernst Müller: Ein schwäbischer Arzt der deutschen Renaissance: Schwaben 13 (1941) 417–432 m. 4 Abb. [16]. — Max Müthel: Der Begründer der deutschen Heilkunde: Medizinmechanik 63 (1942) 91–92 [101]. — R. Netzhammer: Schweizer med. Wschr. 71 (1941) 1109–1113 m. 1 Bildn. [101]. — S. Noerenberg: Paracelsus, der große Arzt u. Naturforscher: Dtsch. dent. Wschr. 61 (1941) 526–527 [101]. — J. R. Partington: Nature [London] 148 (1941–1942) 332–334 [7]. — W. E. Peuckert: Der höchste Grund der Arzney ist die Liebe, sagt Paracelsus: Koralle (Berlin) N.F. 9 (1941) 938–939 m. 2 Bildn. [11]; Die Begegnungen des Paracelsus. In: Das 20. Jahrhundert 3 (1941/1942) 303–306 [101]. — Franz Heinrich Pohl: Der getreue Eckart (Wien) 18 (1941) 373–376 m. 3 Abb. [300]. — [Ramsauer]: Paracelsus als Deutscher u. Arzt: Tierärztl. Mitt. 22 (1941) 421–422 [101]. — H. Schad: Hippokrates 12 (1941) 918–920 [3]. — Karl Schadlbauer: Tiroler Heimatbl. 19 (1941) 98-99 [300]. — R. Schär: Schweiz. Apotheker-Ztg. 79 (1941) 565–567 [101]. — F. O. H. Schulz: Fortbildung 49 (1941) 236–237 [101]. — K[arl] S[chwarber]: Die Paracelsus-Ausstellung der Basler Universitätsbibl.: Schweiz. Sammler 15 (1941) 121–127 [ZB Zürich]. — Erika Schwarz: Vielgeliebtes Salzburg: Bayerland 52 (1941) 171 [12]. — V. Spuhler: Schweiz. Arch. Tierheilkunde 83 (1941) 349–353 [ZB Zürich]. — Franz Spunda: Augarten (Wien) 6 (1941) 316–319 [300]. — Hermann Stadlinger: Chemiker-Ztg. 65 (1941) 349–350 m. 1 Abb., 1 Bildn. [3]. — Eugen Stähle: Paracelsus u. das Schwabenland: Schwabenland 17 (1941) H. 6, 14–16 [24]; Paracelsus der Arzt von heute: Hippokrates 12 (1941) 901–906 [3]. — Georg Sticker: Reichs-Gesundheitsbl. 16 (1941) 113–124 [3]; Nova Acta Leopoldina N.F. 10 1941 (1942) 32–122 m. 1 Bildn. [Ha 2]. — H. Stettbacher: Schweizerisches, Zeitgenössisches u. Pädagogisches im Leben u. Werk des Paracelsus: Schweizer. Lehrerztg. 86 (1941) 642–643 m. Lit.Verz. [LB Bern]. — J. Strebel: Über die drei Grundgesetze der paracelsischen Schriften: Schweizer med. Wschr. 71 (1941) 1127–1130 m. 1 Abb.; Quid est Archeus?: ebda 1130–1133; Paracelsus als Erbforscher, Eugeniker u. Praktiker der Vitaminlehre: ebda 1133–1134; Der Schalk in Paracelsus: ebda 1137–1138 [101]; Paracelsus u. die Augenheilkunde: Klin. Mbl. Augenheilkunde 107 (1941) 528–533 [3]; Der Schalk in Paracelsus: Med. Klin. 37 (1941) 1118–1119 [3]. — Franz Strunz: Chemiker-Ztg. 65 (1941) 421–425 m. 1 Bildn. [3]; Pause (Wien) 6 (1941) Nr. 9, 4–9, 37–39 [300]; Wer war Paracelsus?: Volk u. Welt 17 (1941) 15–18 [101]; Sci. pharmac. (Beil. Wiener pharmaz. Wschr.) 12 (1941) 38–39 [300]. — A. Süssenguth: Nachwort zum Paracelsus-Jubiläum: Natur u. Kultur 38 (1941) 257–260 [12]. — Szagunn: Ärztebl. Mitteldeutschl. 1941, 54 [101]. — C. Teschner: Die Pflanzenmystik des Theophrastus Bombastus Paracelsus von Hohenheim: Gartenbau im Reich 22 (1941) 163–164 [101]. — R. Tischner: Paracelsus u. Hahnemann: Allg. homöopath. Ztg. 189 (1941) 166–173 [101]. — H. Tr.: Im Lichte der Natur: Hygiene-Korrespondenz 8 (1941) H. 22, 1a m.

1 Bildn. [101]. — F. Vergin: Paracelsus redivivus: Z. Volksernähr. **17** (1942) H. 3, 40–41 [101]. — Paul Walden: Paracelsus u. seine Bedeutung für die Chemie: Angew. Chem. **54** (1941) 421–427 [3]; Paracelsus — Zaubermeister u. Wohltäter: Velhagen u. Klasings Mh. **56**, 1 (1941) 38–41 [101]. — Wallbaum: Paracelsusfeier in Salzburg am 24. Sept. 1941: Öffentl. Gesundheitsdienst **7** (1941/1942) 485–486 [101]. — Ilse Wegener: Die Frau **48** (1940/1941) 340–345 [3]. — F. H. Will: Warum feiern wir Paracelsus? Rdsch. Dtsch. Techn. **21** (1941) Nr. 33 S. 2 [101]. — Alfred Zander: Straßburger Mh. **5** (1941) 797–800 [16]. — Otto Zekert: Der Lebensweg des Paracelsus: Sci. pharmac. (Beil. Wiener pharmaz. Wschr.) **12** (1941) 39–41 m. 3 Paracelsus-Rezepten-Faks. [300]; Arch. Pharmaz. **279** (1941) 289–294 [3]. — W. Zimmermann: Paracelsusworte über Apotheke u. Arznei: Süddtsch. Apotheker-Ztg. **81** (1941) 437–438 [101]. — Der deutsche Arzt. Paracelsusfeier der Univ. Tübingen (Tübingen 1941) 44 S. m. 5 Beitr. [3]. — Book Review by C.B.F. Paracelsus, Magic into Science. By Henry M. Pachter (New York 1951): Amer. J. Psychiatr. **109** (1952–1955) 399–400 [7]. — Dtsch. Schwester **9** (1941) 117 m. Bildn. [101]. — Fausts Urbild: Paracelsus: Wiener Bühne **18** (1941) H. 20, 15 [300]. — Fortschr. Med. **59** (1941) 215 [3]. — Theophrastus Paracelsus, 1493–1541 (Salzburg 1941) 72 S. m. Abb. u. Schr.-Verz.; darin: Dingelday: 4–6; Walter Artelt: Paracelsus u. seine Zeit in Zeittafeln 7–13; Max Silber: Paracelsus u. Salzburg 42–50 [300]. — Prakt. Arzt **38**, N.F. **26** (1941) 311–312 [3]. — Paracelsus u. die Heilpflanzen: Wege zur Gesundheit **17** (1941) 91–92 [101]. — H. Tr.: Im Lichte der Natur. Paracelsus erfuhr die Weisheit des Herzens: ebda 169 [101]. — Die Revolution des Theophrast von Hohenheim: Chem. Ind. **64** (1941) 151–153 [101]. — Onoranze tedesche a Paracelso: Rinascita (Firenze) **4** (1940/1941) 770 [Fribourg BCU]. — Ricordo di Paracelso: Svastica **1** (1941) Nr. 30, 12–15 m. 4 Abb., Faks. [101].

Zum 450. Geburtstag Albien: Paracelsus u. die Juden: Tierärztl. Mitt. **24** (1943) 10 [101]. — Rudolf Bilz: Aus der Gesch. der Med. Die Umweltlehre des Paracelsus: Hippokrates **15** (1944) 87–92 [101]. — Karl Bittel: Hohenheim ist 1493 oder 1494 geboren: ebda **14** (1943) 618–620 [101]; „Paracelsus" genannt ... Seit wann u. weshalb führt Hohenheim diesen Namen?: Wiener med. Wschr. **13** (1943) 451–452 [101]. — Alfred Greil: Paracelsus redivivus: Nova Acta Paracelsica **1** (1944) 159–168 [25]. — Joseph Schumacher: Paracelsus' Stellungnahme zur Antike u. der Gedanke der Einheit, Ganzheit, Ordnung u. Schau: Med. Welt **17** (1943) 771–772 [3]; Das Übergeschichtliche bei Paracelsus: Europ. Wissenschaftsdienst **3** (1943) Nr. 6, 5–7; Nr. 7–10 [101]. — W. Tiegel: Wege u. Meilensteine dtsch. Kultur. Von Paracelsus zu August Bier: Daheim **80** (1943) Dez. 10–11 m. 5 Bildn. (Paracelsus, Röntgen, Koch, Bier, Virchow) [101].

Weitere Lit. Christian Friderich Sattler: Histor. Beschreibung des Herzogthums Würtemberg **2** (Stuttgart–Eßlingen 1752) 288–289 [3]. — H. A. Preu: Das System der Med. des Theophrastus Paracelsus (Berlin 1838) XX, 414 S. [3]. — H. Haeser: Lehrbuch der Gesch. der Med. u. der Volkskrankheiten (Jena 1845) 187, 306, 339, 396–397, 432–433, 441, 490, 544, 782 [3]. — Robert Blaser: Himmel u. Erde machen den Menschen. Weisheit des Paracelsus (Salzburg 1865) m. 60 Abb. — Karl Kiesewetter: Sphinx **2** (1887) 249–258. — Karl Itschner: Vom Vater der Medicin: Gegenwart **53** (1898) 322–324 [3]. — G. A. Wyneken: Mh. Comenius-Ges. **9** (1900) 51–54 [3]. — Paul Schenk: Paracelsus als Chirurg: Berliner klin. Wschr. **40** (1903) 839 [3]. — Wilhelm Schneidt: Die Augenheilkunde des Theophrastus Paracelsus von Hohenheim: Ärztl. Rdsch. **13** (1903) 349–354 [3]. — Franz Strunz: Ein vergessener Meister der Bildersprache u. Naturpoesie: Dtsch. Z. Politik, Volkswirtschaft, Literatur u. Kunst **5** (1903) 11, 465–468 [12]; Mh. Comenius-Ges. **12** (1903) 349–357 [3]; Chemiker-Ztg. **27** (1903) 1103–1104 [3]. — Paul Schenk: Janus **1904**, 27–32 [11]. — Alfred Martin: Von Paracelsus bis Scheuchzer. Ein Beitr. zur Gesch. der Balneol.- u. der Hydrotherapie in der Schweiz: Zbl. physikal. Ther. u. Unfallheilkunde **1** (1904/1905) H. 3, 74–78 [300]. — Oscar Rössler: Ein Kämpfer aus dem 17. Jahrhundert: Balneol-Ztg. **1905**, Nr. 10, 37–39 [3]. — Paul Schenk: Med. Klin. **2** (1906) 1319–1320 [3]. — E. Schlegel: Paracelsus über den psychosomatischen Betrieb u. die Relativität des Kleinen: Fortschr. Med. **1907**, 725–732 [27]. — Paul Richter: Über Paracelsus u. die tartarischen Krankheiten. Ein Beitr. zur Gesch. der Stoffwechselkrankheiten: Med. Klin. **5** (1909) 1456–1458, 1570–1572 [3]. — Paul Schenk: Paracelsus als Therapeut: Berliner klin. Wschr. **48** (1911) 2209–2211 [3]. — Paul Richter: Paracelsus im Lichte des Orients: Arch. Gesch. Math., Naturwiss. Techn. **6** (1913) 294–304 [3]. — Hermann Schelenz: Der Stein der Weisen: Illustr. Ztg., Leipzig **1952** (1919) 303–304 m. 1 Bildn., 4 Abb. [3]. — Will-Erich Peuckert: Der Schwärmer Paracelsus: Dtsch. Rdsch. **221** (1921) 122–134 [3]. — Franz Strunz: Der echte u. legendarische Paracelsus: Liter. Echo **24** (1921/1922) Sp. 648–657 [3]. — Theodor Kirchhoff: Dtsch. Irrenärzte **1** (1922) 2–4 m. Lit.Verz. [14]. — Eduard Bäumer: Die Ars spagyrica des Paracelsus u. Dr. med. Zimpels spagyrisches Heilsystem: Magische Bl. **5** (1924) 417–422 [3]. — K. Sudhoff: Janus **29** (1925) 166,

182 [25]. — Georg Sticker: Klin. Wschr. **5** (1926) 997–1001, 1045–1048 [3]. — Christian Geyer: Christentum u. Wirklichkeit **5** (1927) 7–11, 37–39, 58–62 [101]. — J. F. N. Splechtner: Die mystischen Grundsätze im Opus Paramirum des Theophrastus Paracelsus: Die Drei **7** (1927/1928) 932–941; **8** (1928/1929) 92–101 [24]. — E. Bergmann: Paracelsus u. Hörbiger: Schlüssel zum Weltgeschehen **4** (1928) 9–14 [101]. — Alphonse Maeder: Paracelsus. Von Krankheit u. gesundem Leben. In: Aus unbekannten Schriften. Festgabe für Martin Buber zum 50. Geburtstag (Berlin 1928) 101–107 [11]. — Emil Schlegel: Paracelsus u. seine Kunst: Biol. Heilkunst **1928**, 594–595, 646 [F 1]. — A. Sonnenfeld: Med. Klin. **24** (1928) 1109 [3]. — Franz Strunz: Theophrastus Paracelsus u. die Lehre vom Leben: Wiss. u. Kultur **3** (1930) 62–76 (Das Mittelalter in Einzeldarstellungen) [3]. — R. Koch: Paracelsus im Lichte der Geisteswissenschaft: Hippokrates **3** (1931) 469–493 [14]. — Georg Sticker: Der Arzt Paracelsus: Med. Welt **5** (1931) 1302–1304, 1338–1339, 1407–1410 [3]. — Emanuel Berghoff: Ein Verteidiger des Paracelsus im 17. Jahrhundert in Altösterreich: Wiener med. Wschr. **82** (1932) 1192–1194 [3]. — Walter Heilmann: Die Weissagungen des Paracelsus: Theosophie **20** (1932) 215–218, 262–264; **21** (1933/1934) 24–29, 78–81, 110–114, 170–176, 213–218, 266–271 [3; 101]. — Will-Erich Peuckert: Paracelsus u. die Pansophie: Bl. Dtsch. Philos. **6** (1932/1933) 350–365 [3]. — Ernst Darmstädter: Paracelsus, De natura rerum. Eine krit. Studie: Janus **37** (1933) 1–18, 48–62, 109–115 [25]. — Jegel: Bedeutung des Dr. Paracelsus für die Gegenwart: Jungarzt **1934**, H. 8, 33–37 [12]. — C. G. Jung: Die Wirklichkeit der Seele (Zürich 1934) 104–118 (Psychol. Abh., 4) [LB Bern]. — E. Seckendorf: Ein Urteil über Paracelsus in Randbemerkungen aus dem 16. Jahrhundert: Med. Mitt. **6** (1934) 51–56 [101]. — Walter Heilmann: Die Weissagungen des Paracelsus 21–23: Theosophie **22** (1934/1935) 175–181 m. 1 Abb., 214–220 m. 1 Abb., 264–275 m. 1 Abb. [3]. — L. Englert: Paracelsus über den Schmerz: Med. Mitt. **7** (1935) 138–142 [101]. — Fritz Chlodwig Lange: Theophrastus Paracelsus einst u. heute: Ärztebl. Bayern **2** (1935) 347–348 [12]. — Richard Schlösser: Münchener med. Wschr. **82** (1935) 1697–1698 [3]. — Ernst Seckendorf: Darf man Paracelsus den „medizinischen Luther“ nennen?: Med. Welt **9** (1935) 433–435 m. 4 Bildn. [3]. — Walter Kröner: Vom Altertum bis zu Paracelsus: Von Paracelsus bis Gustav Jaeger: Ärztebl. Bayern **3** (1936) 586–589, 601–604 [12]. — Richard Schlösser: Z. Spagyrik u. verw. Geb. **7** (1936) 4–7 m. 1 Bildn. [12]. — Alfred Brauchle: Naturheilkunde in Lebensbildern (Leipzig 1937) 26–34 m. Bildn. [3]. — J. Klemm: Paracelsus u. die biblische Magie: Mag. Bl. [später: Die Säule] **18** (1937) H. 5, 164–176 [1a]. — Erich Kunter: Die heilsame Kur des Doctors Paracelsus: Volk u. Welt **11** (1937) 63–66 [3]. — Wilhelm Mathiessen: Das Vermächtnis des Paracelsus: Z. Spagyrik **8** (1937) 290–294 [12]. — O. Naumann: Z. Seelenleben **41** (1937) 65–67 [101]. — Karl Sudhoff: Hohenheims musikal. Kenntnis: Münchener med. Wschr. **84** (1937) 543–544 m. 1 Bildn., 1 Abb. [3]. — Paracelsus, der einst Allgehaßte: Homöopath. Mbl. **62** (1937) 186 [101]. — Was Paracelsus vom Arzneimischen sagt: ebda 187–188 [101]. — Alpenländ. Ärztetagung in Salzburg, 24. u. 25. Sept. 1937: Wiener med. Wschr. **87** (1937) 981 m. Bildn. u. Faks. [3]. — Dr. C. G.: Prakt. Arzt **23** (1938) 577–583, 613–616, 637–642 [3]. — Ferdinand Hoff: Paracelsus u. die ärztl. Frage unserer Zeit: Münchener med. Wschr. **85** (1938) 1675–1679 [3]. — H. Lindemann: Theophrastus Bombast von Hohenheim, genannt Paracelsus im Spiegel der Gegenwart: Z. ärztl. Fortbild. **35** (1938) 504–508 [3]. — M. M.: Paracelsus u. romantische Medizin: Hochland **35** (1938) 413–415 [3]. — Marc Semenoff: Paracelse le médecin maudit: Presse méd. **46**, 1 (1938) 644 [F 1]. — M. Sills-Fuchs: Ärztebl. Bayern **5** (1938) 36–38 [101]. — G. Römer: Grundzüge der ärztl. Ethik des Paracelsus: Dienst am Leben **9** (1938) 18–21 [101]. — Johann Daniel Achelis: Über eine unechte Syphilisschrift Theophrasts von Hohenheim: Forsch u. Fortschr. **15** (1939) 225–226 [3]. — F. Hoff: Paracelsus u. die ärztl. Frage unserer Zeit: Biol. Heilkunde **16** (1939) 30, 44, 66 [75]. — Hans Krauß: Paracelsus über den Krebs: Mschr. Krebsbekämpf. **7** (1939) 40–45 [101]. — Erwin Metzke: Erfahrung u. Natur in der Gedankenwelt des Paracelsus: Bl. Dtsch. Philos. **13** (1939) 74–110 [3]. — B. P. Schliephacke: Der Lebenskampf des Paracelsus: Weiße Fahne **20** (1939) 327–329; die Medizin des Paracelsus u. seine Lehre von den fünf Krankheitsursachen: ebda 387 [21]. — Julius Schuster: Theophrast von Hohenheim u. die Erziehung des Leibes. Eine Betrachtung zu Ludwig Englerts Paracelsus-Buch: Leibesübung u. körperl. Erziehung **58** (1939) 478 [3]. — Paul Diepgen: Die Frauenheilkunde des Paracelsus: Hippokrates **11** (1940) 108–113 [101]. — Georg Wegener: Leib u. Seele, Mensch u. Natur in der Auffassung des Paracelsus: Natur u. Gesundheit **2** (1940) 209–211 [101]. — Bernhard Hörmann: Paracelsus in unserer Zeit: ebda 253–261 [101]. — Otto Kunz: Der höchste Grund der Heilkunde ist die Liebe. Aus dem Wirken des Theophrastus Paracelsus: Bergland **24** (1942) H. 4/6, 12–14 [UB Innsbruck]. — J. Strebel: Vererbungsstudien an Paracelsus: Schweiz med. Wschr. **73** (1943) 1582–1584 [LB Bern]. — Walter Bigler: Grundsätzliches zur Paracelsus-Forschung: Nova Acta Paracelsica **1** (1944) 21–27

[25]. — René Jaccard: Hommage à René Allendy [1887–1942]: ebda 17–20 m. Bildn. [25]. — Josef Strebel: Stand u. Aufgaben der Schweizer. Paracelsus-Forschung: ebda 28–36 [25]; Dr. Hans Locher über Paracelsus Anno 1851: ebda 135–154; Paracelsus, seine Weltschau in Worten des Werkes: ebda 155–158 [25]. — Karl Bittel: Die Basler Lektur des Theophrast: ebda 2 (1945) 15–32 [25]. — Basilio de Telepnef: Paracelsus auf den dtsch. Hochschulen (Erste Wanderung: Ende 1507 bis Ende 1512) ebda 33–74 [25]. — Donald Brinkmann: Paracelsus u. die Seele der modernen Technik: ebda 129–171 [25]. — Basilio de Telepnef: Karl Sudhoff, der Altmeister der Paracelsus-Forschung, vor 40 Jahren als Prof. nach Leipzig berufen: ebda 3 (1946) 187–194 [25]. — Fritz Werle: Die kosmische Weltanschauung: ebda 4 (1947) 12–29 [25]. — J. Strebel: ebda 55–58 [25]; Einige medizinhistor. Richtigstellungen von Dr. Oettli in Nr. 1/1946 der schweizer. Ärzteztg.: ebda 71–93 [25]. — Joseph Schumacher: Paracelsus u. die antike Medizin: Dtsch. med. Wschr. 72 (1947) 258–260 [3]. — René Jaccard: Situation de Paracelse dans le temps: Nova Acta Paracelsica 5 (1948) 18–26 [25]. — Josef Strebel: Paracelsus u. die tartarischen Krankheiten: ebda 112–120 [25]. — Martin Müller: Weg der Heilkunst. Vom Entwicklungsgang der Medizin in alter u. neuer Zeit, 2. Aufl. (München 1948) 88–92 [101]. — Johann Gottfried Rademacher: Rechtfertigung der . . . Erfahrungslehre 1 (Berlin 1948) 1–108 [3]. — Hermann Schumacher: Paracelsus in der Kritik: Med. Mschr. 2 (1948) 90–93 [3]. — Basilio de Telepnef: Sudhoffs Paracelsus-Schriften: Nova Acta Paracelsica 5 (1948) 139–142 [Wiederabdr. aus Sudhoffs Arch. Gesch. Med.: 27 (1934) 159–161] [25]. — Hans Urner: Paracelsus als Christ: Evang. Theol. 8 (1948/1949) H. 7, 289–307 [101]. — Jago Galdston: The psychiatry of Paracelsus: Offered in honour of the 70th birthday of Dr. Charles Singer: Bull. Hist. Med. 24 (1950) 215–218 [Med.-geschichtl. Inst. Zürich]. — Chr. Greve: Paracelsus Anteil an der Zahnheilkunde: Zahnärztl. Mitt. 38 (1950) 500–501 [101]. — Kurt Quecke: Über den heutigen Stand der Paracelsus-Forschung: Med. Mschr. 4 (1950) 303–304 [3]. — Wolfgang Schneider: Über die Signaturenlehre in Medizin u. Chem.: Pharmazie 5 (1950) 355–359 m. 1 Abb. [101]. — Hans Carl: Paracelsus der bedeutende Reformator der Medizin: Naturarzt 73 (1951) 97–98 [101]. — Bernhard Milt: Prognostikation auf 24 zukünftige Jahre von Theophrastus Paracelsus u. ein zeitgenöss. Deutungsversuch: Gesnerus 8 (1951) 138–153 [Ha 2]. — Altes – Neues über Paracelsus: Natur u. Kultur (München) 43 (1951) 71–72 [101]. — R. Aramus: Paracelsus als Esotheriker: Die Kommenden 6 (1952) Nr. 1, S. 6 [101]. — Hermann E. Helmrich: Paracelsus u. die Spagyrik: Nova Acta Paracelsica 6 (1952) 19–33 [25]. — Ildefons Betschart: Der Begriff „Imagination“ bei Paracelsus: ebda 52–67 [25]. — J. Strebel: Über den Wert der Synopsis in der Neuedition Paracelsischer Werke: ebda 131–136 [25]. — Erwin Richter: Einwirkung des Paracelsismus auf die Entwicklung des Votivwesens: Med. Mschr. 7 (1952) 115–118 [3]. — K. H. Weimann: Mundart u. Neuschöpfung in den Krankheitsnamen des Paracelsus: Z. Mundartforsch. 21 (1952/1953) 65–82 [292]. — Jago Galdston: The psychiatry of Paracelsus. In: Singer-Festschr. 1 (1953) 408–417 [101]. — Kurt Goldammer: Das neue Paracelsus-Bild. Die Entdeckung eines ärztl. Theologen: Hippokrates 24 (1953) 481–486 [3]. — Leo Norpoth: Kölner Paracelsismus in der 2. Hälfte des 16. Jahrhunderts: Jahrb. Köln. Geschichtsver. 27 (1953) 133–146 [38]. — Kurt Quecke: Das Arztbild des Paracelsus: Med. Mschr. 7 (1953) 661–664 [3]. — D. Brinkmann: Theophrastus Paracelsus u. das anthropol. Probl. der Übertragung: Acta psychotherapeutica, psychosomatica et orthopaedagogica (Basel) 3 (1955) Suppl. 44–48 [25]. — Kurt Goldammer: Friedensidee u. Toleranzgedanke bei Paracelsus u. den Spiritualisten: Arch. Reformationsgesch. 46 (1955) 20–46 [3]. — Richard Weber: Der Zauberer Paracelsus. In: Festschr. für Will-Erich Peuckert zum 60. Geburtstage von Freunden u. Schülern. Hrsg. von Helmut Dölker (Berlin 1955) 128–136 [1a]. — Hubert Erhard: Paracelsus, die Bienen u. die „Signaturen“: Gesnerus 13 (1956) 215–218 [LB Bern]. — Alfred Vogt: Theophrastus Paracelsus als Arzt u. Philosoph (Stuttgart 1956) 212 S. [UB Wien]. — H. Fischer: Schweiz. Apotheker-Ztg. 95 (1957) 463–478 [Le 1]. — K. Goldammer: Der cholerische Kriegsmann u. der melancholische Ketzer. Psychologie u. Pathologie von Krieg, Glaubenskampf u. Martyrium in der Sicht des Paracelsus. In: Psychiatrie u. Gesellschaft (Bern, Stuttgart 1958) 90–101 [3]. — Ernest Harms: Heinrich Damerows Interpretattion der psychiatr. Ideen des Theophrastus Paracelsus: Schweiz. Z. Psychol. u. ihre Anwendungen 18 (1959) 92–103 [LB Bern]. — Ernst Rothlin: Über Grundgedanken der ärztl. Erziehung u. der Behandlungsweise von Kranken bei Paracelsus: Carinthia I 149 (1959) 242–249 [UB Innsbruck]. — H. Carl: Paracelsus-Vorbild für eine natürl. Heilweise: Dtsch. Drogerie 14 (1960) 482–484 [101]. — C. A. Dannfald: Paracelsus, der König der Ärzte: Naturarzt 82 (1960) 37–39 [292]. — Wolfgang Klages: Beitr. des Paracelsus zur psychiatr. Krankheitslehre: Confinia psychiatrica 3 (1960) 238–252 [LB Bern]. — Walter Schindler: Das Badebüchlein des Paracelsus: Arch. physik. Therap. 12 (1960) 1–13 [3]. — Wettley: Psychiapathol. u. Dämonol. bei Paracelsus: Cesra-Säule 7 (1960) 17–23 [292]. — Gerhard

Eis: Hohenheims Priamel von den Elementargeistern: Anschnitt: **13** (1961) Nr. 4, 25–27 [105]. — E. Metzke: Erfahrung u. Natur in der Gedankenwelt des Paracelsus. In: Coincidentia oppositorum. Gesammelte Studien zur Philosophiegeschichte. Hrsg. von L. Gründer (Witten 1961) 20–58 [292]. — E. Strübing: Paracelsus, ein Wegbereiter der Ernährungsphysiol.: Ernährungsforschung **6** (1961) 611–642 [3]. — Paul Cranefield and Walter Federn: Paracelsus on goiter and cretinism. A translation and discussion of „De Struma vulgo der Kropf": Bull. Hist. Med. **37** (1963) 463–471 [B 4]. — Gerhard Eis: Zum dtsch. Wortschatz des Paracelsus: Z. dtsch. Wortforsch. **19** (1963) 146–152 [3]. — Karl-Heinz Weimann: Der pseudoparacelsische „Sermo ad filios": Arch. Reformationsgesch. **54** (1963) 234–237 [3]. — Gerhard Eis: Zur Beurteilung der Tierversuche des Paracelsus: Forsch. u. Fortschr. **38** (1964) 16–20 [3]. — Rudolf Ebmayr von Vestenbrugg: Paracelsus spricht zu den Ärzten: Zu freien Ufern **14** (1964) 238–242. — Franz Hartmann: Paracelsus als Mystiker: ebda 242–245 [12]. — A. Welker: Die Weisheit des Philippi Theophrasti Bombasti von Hohenheim, genannt Paracelsus: Zahnärztl. Praxis **15** (1964) 172 [292]. — Dieter Kerner: Paracelsus u. die Med.: Med. Welt **1965**, 554–557 m. 1 Bildn. u. 2 Abb. [3]. — Paul Martini: Theophrastus Paracelsus, die klinische Forschung u. das Studium der Medizin. In: Festschr. zur Eröffnung der Univ. Bochum. Hrsg. von Hans Wenke u. Joachim H. Knoll (Bochum 1965) 377–384 [3]. — Wolfgang Schneider: Grundlagen für Paracelsus' Arzneitherapie: Sudhoffs Arch. Gesch. Med. u. Naturwiss. **49** (1965) 28–36 [3].

Bildn., Medaillen Karl Sudhoff: Münchener med. Wschr. **83** (1936) 62–64 m. 2 Bildn. [3]. — Die Großen Deutschen im Bild. Hrsg. von Alfred Hentzen u. Niels von Holst (Berlin 1936) 83 [3]. — F. S. Nohara: Ein unbekanntes Paracelsus-Bildn.: Dtsch. med. Wschr. **65**, 1 (1939) 616–617 m. 1 Bildn. u. 1 Abb. [3]. — G. F. Hartlaub: Kunst-Rdsch. **49** (1941) 161–165 m. 8 Abb. [101]. — Neue Paracelsusforschungen. Paracelsus-Bildnisse: Natur u. Kultur (Wien) **40** (1943) 124 [101]. — Rudolf Henggeler: Alte u. neue Paracelsus-Medaillen: Nova Acta Paracelsica **2** (1945) 75–82 [25]. — J. Strebel: Ist Augustin Hirschvogel der Monogrammist der authentischen Bildnisstiche von Paracelsus?: Nova Acta Paracelsica **3** (1946) 133–146 [25]; Über Entstehung u. Bildkomponenten des sog. Rosenkreuzerportraits Hohenheims des Kölnischen Byrckman-Holzschnittes von Franz Hoghenberg 1567: ebda **4** (1947) 122–127 m. 1 Bildn. u. 2 Abb. [25]; Glossen zu einem neugefundenen Portrait Hohenheims u. zu den Hollar-Stichen: ebda 128–138 m. 1 Bildn. [25]; Auf der Fährte nach dem St. Galler Schobinger-Bildn. Paracelsi: ebda **5** (1948) 143–146; Ergänzungen: ebda 147–149 [25]. — J. Strebel u. D. Rittmeyer: Neues vom St. Galler Schobinger-Bildn. des Paracelsus: Gesnerus **5** (1948) 64–70 [Ha 2]. — J. Strebel: Neue Beitr. zur Ikonographie von Paracelsus: ebda **8** (1951) 236–245 m. Bildn. [Ha 2]; Neue Beitr. zur Ikonographie von Paracelsus: Verh. Schweiz. naturforsch. Ges. **131** (1951) 189–192 [LB Bern]. — Robert Herrlinger: Moderne Paracelsusbildn.: Ärztl. Praxis **4** (1952) Nr. 33, S. 12, [12]. — W. Hugelshofer: Beitr. zur Paracelsus-Ikonographie: Gesnerus **10** (1953) H. 1–2, 77–78 [25]. — Walter Ruske: Z. Chem. **1** (1961) 73, Bildn. Nr. 1 [101].

II **PARTSCH,** Paul Maria. Geol., Mineral. — Bis 1824 Privatmann in Wien. Während dieser Zeit machte er viele geognost. Reisen; dann Aufseher u. von 1835 an Kustos der vereinigten Hof-Mineralien-Kabinette in Wien.

*1791, Juni 11, Wien;

†1856, Okt. 3, Wien.

Bibliogr. Cat. scient. Papers **4** (1870) 768 (15 Nr.) [3]. — Cat. gén. Bibl. nat. **130** (1935) Sp. 808–809 (4 Nr.) [3]. — Brit. Mus. Gen. Cat. **181** (1963) Sp. 230–231 (8 Nr.) [3].

Nekr. L. J. Fitzinger: Wiener Ztg. **1856**, Nr. 236 vom 11. Okt., 3011–3013 [300]. — [Haidinger]: Jahrb. geol. Reichsanst. **7** (1856) 815 [3]. — Anton Schrötter: Alm. Akad. Wiss. Wien **8** (Wien 1858) 107–141 m. Schr.Verz. [3]. — Ebda **7** (1857) 77–78, 225 [Ha 2].

Biogr. K. C. von Leonhard: Aus unserer Zeit in meinem Leben **2** (Stuttgart 1856) 101, 283 [3]. — Archibald Geikie: Life of Sir Roderick Murchison **1** (London 1875) 167 [3]. — von Gümbel: ADB **25** (1887) 191–192 m. Schr.- u. Lit.Verz. [3]. — Fossilium Catalogus I: Animalia. Pars 72: K. Lambrecht †, W. et A. Quenstedt, Palaeontologi, Catalogus biobibliographicus ('s-Gravenhage 1938) 329 [3; Ha 2].

PAULLINI, Christian Franz. Med. — Schüler des Casimirianum zu Coburg; erlangte nach vielen Reisen innerhalb Deutschlands, nach England, Schweden, Norwegen u. Livland, in Wittenberg die Magisterwürde; wurde Mitgl. der Leopoldina. Der Großherzog von Toscana ließ ihm eine Professur in Pisa anbieten, was er ablehnte, um weitere Reisen mit Athanasius Kircher in Italien zu unternehmen.

Erst 1685 wurde er seßhaft in Eisenach, wo ihm das Amt eines Stadtphysicus übertragen wurde, das er bis zu seinem Tode ausübte. Schrieb viele Geschichtsbücher u. Chroniken, auch Medizinisches u. Naturwissenschaftliches.

*1643, Febr. 25, Eisenach;
†1712, Juni 10, Eisenach.

Werke Cynographia curiosa seu canis descriptio (Norimbergae 1685) [48], 258, [16] S. [14]. – Bufo juxta methodum et leges illustris academiae naturae curiosorum breviter descriptus, multisque naturae et artis observationibus, refertus (Norimbergae 1686) [14], 120 S. [14]. – Sacra herba, seu nobilis Salvia, juxta methodum et leges illustris academiae naturae curiosorum descripta (Augustae Vindelicorum 1688) [12], 414, [10] S. [14]. – Coenarum Helena seu Anguilla descripta (Francofurti, Lipsiae 1689) 200 S. [14]. – Talpa, juxta methodum et leges ... Academiae Leopoldinae descripta variisque observationibus et curiositatibus couspersa (Francofurti, Lipsiae 1689) 214 S. [14]. – Lagographia curiosa seu leporis descriptio (Augustae Vindelicorum 1691) [28], 408, [4] S. [14]. – Lycographia seu de natura et usu lupi libellus physico-historico-medicus (Frankfurt a.M. 1694) [14], 214, [4] S. [14]. – De Asino liber historico-physico-medicus, ad normam Imp. Acad. Caes. Leopoldinae nat. curios. scriptus (Francofurti ad Moenum 1695) [42], 281, [7] S. [14]. – Kristian Frantz Paullini: Neuvermehrte heilsame Dreck-Apotheke (wie nemlich mit Koth u. Urin fast alle Kranckheiten curiret worden) (Franckfurt am Mayn 1697) [36], 420, [4] S. [14]; Flagellum salutis, d.i. curieuse Erzählung wie mit Schlägen Kranckheiten curiret worden (Franckfurt am Mayn 1698) [22], 158, [4]; dass. nach der Ausgabe von 1698 (Stuttgart–Leipzig 1847) (I. Scheible, Der Schatzgräber, 2) [14]. – De Jalapa liber singularis (Francofurti ad Moenum 1700) [14], 417, [5] S. [14]. – De Theriaca coelesti reformata liber singularis, secundum leges et methodum Imp. Acad. Leop. nat. curiosor. scriptus observationibus ill. et confirmatus (Frankfurt a.M. 1701) [12], 347, [7] S. [14]. – Disquisitio curiosa an mors naturalis plerumque sit substantia verminosa? Revisa, aucta et emendata (Francofurti 1703) [10], 194, [8] S. [14]. – De lumbrico terrestri schediasma, variis memorabilibus, curiositatibus et observationibus illustratum (Francofurti 1703) [10], 208, [3] S. [14]. – Moschokargographia, seu nucis moschatae curiosa descriptio historico-physico-medica cum indicibus et autoris vita (Francofurti 1704) [12], 876, [10] S. m. Titelbildn. [14]. – Bauern-Physic (Frankfurt 1705) 87 S.; dass.: Kleine, doch curiöse u. verm. Bauern-Physic, von Neuen mit unterschiedlichen Stücken verm. u. verb. 3. Aufl. (Franckfurt, Leipzig 1719) 166 S. [14]. – Observationes medico-physicae, rarae, selectae et curiosae, quatuor centuris comprensae (Lipsiae 1706) [44], 590 S. [14].

Autobiogr. Esaias Dahlborn: Vita, Studia et Gloria Pauliniana, fida crena descripta ab Esaja Dahlborn, Pl. et M. D. 1703. Angeb.: Paullini. Nueis moschata curiosa descriptio (Frankfurt–Leipzig 1704) [47] S. [14].

Genealog. Martin Kessler: Die Ahnen der Ursula Schweicker geb. Cotta in Eisenach. Eine kritische Untersuchung zur Problematik der Cotta-Genealogie: Genealogie **7** (1964) 116, 117 [3].

Bibliogr. Cat. gén. Bibl. nat. **131** (1935) Sp. 675–680 (26 Nr.) [3]. – Brit. Mus. Gen. Cat. **182** (1963) Sp. 71–74 (51 Nr.) [3].

Biogr. Joachim Feller: Dissertatio solennis de fratribus Kalendaris edita a Christiano Francisco Paullini (Frankfurt/M. 1692) 36 S. [3]. – J. H. Zedler: Großes vollständiges Universal-Lexicon aller Wiss. u. Künste **26** (1740) Sp. 1569–1571 [3]. – Johannes Moller: Cimbria literata **2** (Havniae 1744) 622–633 m. Schr.Verz. [3]. – A. E. Büchner: Academiae Sacri Romani Imperii Leopoldino Carolinae naturae curiosorum historia (Halae Magdeb. 1755) 467 [3]. – (J.): Dictionaire des Sciences médicales. Biographie médicale **6** (1824) 382–383 m. Schr.Verz. [3]. – K. F. H. Marx: Zur Beurtheilung des Arztes Christian Franz Paullini: Abh. Ges. Wiss. Göttingen **18** (1873) 53–91 [Ha 2; 15]. – Hans Schröder: Lexikon der hamburg. Schriftsteller bis zur Gegenwart **6** (Hamburg 1873) 9–10 [3]. – B. Wilhelmi: Vortrag über den Eisenacher Arzt Christian Franz Paullini: Tagebl. 55. Versamml. Ges. Dtsch. Naturf. u. Ärzte Eisenach (Eisenach 1882) 91–97 [3]. – [B.] Wilhelmi: Über den Eisenacher Arzt Chr. Fr. Paullini (1643–1712): Z. math. u. naturwiss. Unterr. **14** (1883) 136–138 [3; 15]. – A. Dechambre: Dictionnaire encyclopédique des sciences médicales (2) **21** (1885) 650–651 [L 5]. – Wegele: ADB **25** (1887) 279–281 [3]. – Gustav Hummer: Der Paullinismus. Genesis u. Beziehung desselben zur zeitgenöss. Therapie: Therapeut. Mh. **21** (1907) 80–84 [3]. – H. Naegeli-Akerblom: ebda 192–193 [3]. – Pagel: Biogr. Lexikon der hervorragenden Ärzte aller Zeiten u. Völker **4** (Berlin–Wien 1932) 532 [3]. – Leo Kanner: Med. Life **41** (1934) 231–270 m. 3 Abb., Schr.Verz. [1a]. – Die Briefsammlung des Nürnberger Arztes Chr. J. Trew in der Univ.-Bibl. Erlangen. Hrsg. von Eleonore Schmidt-Herrling (Erlangen 1940) 456 [3]. – Curt Hoefner: Die Matrikel des Gymn. Casimirianum Academicum zu Coburg 1606–1803 (Würzburg 1958) 35 (Veröff. Ges. Fränk. Gesch., (4), 6) [3]. – Ursula Köhler: Die Dreckapotheke bei Zahnkrankheiten unter besonderer Berücksichtigung der „Neuvermehrten, heilsamen Dreckapotheke" von Christian Franz Paullini (o. O. 1965) 82 S. m. Bildn. S. 45a, 2 Abb., Schr.- u. Lit.Verz. (Med. Diss. Düsseldorf) [61]. — W. Schneider: Über Paullinis Dreckapotheke: Veröff. Int. Ges. Gesch. Pharmaz. 26 (1965) 131–138 [24].

Weitere Lit. Dissertationes historicae variorum monasteriorum diversi ordinis in dioecesi Padebornensi, Monasteriensi, Mindensi, Moguntinensi, et Ferdensi interpretes (Gissae Hass. 1694) [4], 199, [6] S. [14]. — K. C. von Leonhard: Aus unserer Zeit in meinem Leben **1** (Stuttgart 1854) 609 [3]. — Hermann Lövinson: Die Mindensche Chronik des Busso Watensted, eine Fälschung Paullinis (Paderborn 1890) XII, 64 S. [14]. — A. W. Tschirch u. E. O. von Lippmann: Pharmaco-historia: Handbuch der Pharmacognosie **1**, 3 (Leipzig 1933) 1671–1672 [3]. — Joachim Falck: Eine ärztl. Ermahnung zum Nähren der Säuglinge an der mütterl. Brust aus dem Jahre 1693: Münchener med. Wschr. **84** (1937) 53–54 [3]. — Hans Rudolf Schwarz: Die med. Flagellation unter besonderer Berücksichtigung von Meibom, Bartholin u. Paullini (Zürich 1963) 137 S. m. Lit.Verz. (Zürcher medizingesch. Abh., N.R., 9) [14].

III **PECK**, Reinhard. Meteorol. — 1848 Staatsexamen Berlin; 1873 Dr. phil. hon. Breslau; Pharmazeut u. seit 1871 meteorol. Beobachter; Sekretär der Naturforsch. Ges. in Görlitz.

*1823, Febr. 3, Görlitz;

†1895, März 28, Görlitz.

Bibliogr. Cat. scient. Papers **4** (1870) 798 (4 Nr.); **8** (1879) 579 (5 Nr.); **10** (1894) 1012 (3 Nr.); **17** (1921) 759 (Biogr.) [3].

Nekr. K. G. Limpricht: Jahrb. Schles. Ges. vaterländ. Cultur **73**, 1895 (1896) 13–14 [Ha 2]. — Uhl: Abh. naturforsch. Ges. Görlitz **21** (1895) 181–183 m. Titelbildn. m. Faks., 184–188 [Ha 2]. — Abh. u. Ber. Ver. Naturkunde Kassel **41**, 1895–1896 (1896) V [Ha 2].

Biogr. Fossilium Catalogus I: Animalia. Pars 72: K. Lambrecht †, W. et. A. Quenstedt, Palaeontologi, Catalogus bio-bibliographicus ('s-Gravenhage 1938) 332 [3; Ha 2].

Weitere Lit. G[ustav] Hellmann: Repertorium der Dtsch. Meteorol. (Leipzig 1883) 373–374 [3]. — Hermann Schelenz: Der Verein für Naturkunde in Cassel: Casseler Tagebl. **1906**, Nr. 595, 597 vom 20. u. 21. Dez. [4].

II **PEGEL** (Pegelius), Magnus. — 1556 stud., 1569 Magister, 1572 Doz. Univ. Rostock; 1579 Prof. Math. Univ. Helmstädt u. 1581 wieder in Rostock, dort Dr. med.; vom Kaiser Rudolf II. nach Prag berufen u. zuletzt beim Herzog Philipp II. von Pommern lebend.

*etwa 1547, Rostock;

†zwischen 1615 u. 1618, Stettin.

Biogr. Andencken Magni Pegelii, Med. Doct. u. Math. Prof. In: Etwas von gelehrten Rostockschen Sachen **6** (Rostock 1742) 615–621 m. Schr.Verz. [3]. — Christian Gottlieb Jöcher: Allgem. Gelehrten-Lexicon **3** (Leipzig 1751) 1345 [3]. — Nachricht, von dem Leben des berühmten Magnus Pegelius, u. besonders seinem Buche: Thesaurus rerum selectarum. Erneuerte Berichte von gelehrten Sachen in dem Jahre 1766 ausgefertiget von einigen Mitgliedern der Akad. zu Rostock **8** (Rostock 1766) 349–356 m. Schr.Verz. [3]. — Der Biograph. Suppl. zu Bd **8**: Verdienste der Prof. zu Helmstädt (1810) 85–86 [3]. — Johann Bernhard Krey: Andenken an die Rostockschen Gelehrten aus den drei letzten Jahrhunderten (Rostock 1816) Stück 4, 45–48 [3]; Beitr. zur Mecklenburgischen Kirchen- u. Gelehrtengeschichte nebst Nachträgen **1** (Rostock 1818) 277 [Prof.-Liste, 1591–1605] [15]. — Otto Krabbe: Die Univ. im 15. u. 16. Jahrhundert **1** (Rostock–Schwerin 1854) 736–737 [3]. — Krause: Magnus Pegel oder Pegelius: ADB **25** (1887) 315–318 [3]. — Rudolf Kobert: Einiges aus dem 2. Jahrhundert des Bestehens der med. Fakultät zu Rostock (Stuttgart 1907) 9 [15]. — Hermann Schelenz: Ein Rostocker U-Boot-Plan vor 300 Jahren: Mitt. Gesch. Med. ⟨u.⟩ Naturwiss. **16** (1917) 422 [3].

II **PEITHNER, Edler von Lichtenfels**, Johann Thaddäus Anton. Bergwiss. — Dr. iur. in Prag, dann Studium der Bergwissenschaften; Registrator des böhm. obersten Münz- u. Bergmeisteramts in Prag; 1762 Prof. Bergwerkswiss. Prag; 1763 Bergrat; 1772 Lehrer Bergakad. in Schemnitz; 1775 Hofrat bei der Hofkammer in Wien u. 1791 Bergweseninspektor in Prag; 1780 in den Reichsritterstand erhoben.

*1727, Apr. 8, Gottesgab in Böhmen;

†1792, Juni 22, Prag.

Bibliogr. Cat. gén. Bibl. nat. **132** (1935) Sp. 298 (1 Nr.) [3]. — Brit. Mus. Gen. Cat. **182** (1963) Sp. 888 (6 Nr.) [3].

Biogr. (Ignaz de Luca): Das gelehrte Oesterreich **1**, 2 (Wien 1778) 11–13 [300]. — Carl Friedrich Gottlob Hirsching: Historisch-litterarisches Handbuch berühmter u. denkwürdiger Personen **7**, 1 (Leipzig 1805) 230 [3]. — Johann Georg Meusel: Lexikon der vom Jahr 1750 bis 1800 verstorbenen teutschen Schriftsteller **10** (Leipzig 1810) 309–310 m. Schr.Verz. [3]. — Constant von Wurzbach: Biogr. Lexikon des Kaiserthums Österreich **15** (1866) 82–83 [3]. — R.: ADB **18** (1883) 542 [3]. — Franz Kirnbauer: Johann Thaddäus Anton Ritter von Peithner, ein bedeutender Montanist des 18. Jahrhunderts: Berg- u. hüttenmänn. Mh., Leoben **90** (1942) 178–182 m. 5 Abb. [300].

II **PESCHECK,** Christian. Math. — Zuerst Hauslehrer; seit 1704 Lehrer Math. Gymn. Zittau.
*1676, Juli 31, Zittau.
†1747, Okt. 28, Zittau.

Bibliogr. Cat. gén. Bibl. nat. **134** (1935) Sp. 510 (1 Nr.) [3].

Biogr. Christian Gottlieb Jöcher: Allgem. Gelehrten-Lexicon **3** (Leipzig 1751) 1414–1415 [3]. — Carl Joseph Bouginé: Handbuch der allgem. Litterargesch. **5** (Zürich 1792) 572–573 [3]. — Gottlieb Friedrich Otto: Lexikon der seit dem 15. Jahrhunderte verstorbenen u. jetztlebenden Oberlausizischen Schriftsteller u. Künstler **2** (Görlitz 1802) 772–778 m. Schr.Verz. [3].

II **PESCHEL,** Karl Friedrich. Naturwiss. — Seit 1816 Lehrer Math. Militär-Bildungsanst. Dresden; seit 1836 sächs. Hauptmann.
*1793, Mai 27, Dresden;
†1852, Febr. 25, Dresden.

Bibliogr. Cat. scient. Papers **4** (1870) 840–841 (3 Nr.) [3]. — Brit. Mus. Gen. Cat. **187** (1963) Sp. 468 (6 Nr.) [3].

Biogr. Johann Georg Meusel: Das gelehrte Teutschland **19** (Lemgo 1823) 93 [3]. — Joh. Wilh. Sigism. Lindner: Taschenbuch für Literatur u. Kunst im Königreich Sachsen **1** (1825) 64 [3]. — E. G. Gersdorf: Leipziger Repertorium der dtsch. u. ausländ. Literatur Jg. 10, **3** (Leipzig 1852) 363 [3]. — Neuer Nekrolog der Deutschen **30**, 1, 1852 (1854) 129–136 [3]. — Friedrich Hahn: Einige Gedanken über Kant u. Peschel. In: Zur Erinnerung an Imanuel Kant. Abh. aus Anlaß der 100. Wiederkehr des Tages seines Todes hrsg. von der Univ. Königsberg (Halle 1904) 91–105 [3]. — Fossilium Catalogus I: Animalia. Pars 72: K. Lambrecht †, W. et A. Quenstedt, Palaeontologi, Catalogus biobibliographicus ('s-Gravenhage 1938) 335 [3; Ha 2].

II **PETTENKOFER,** Franz Xaver; Pharmaz. — 1809 Dr. phil. Salzburg; 1811–1815 Feldapotheker bei den bayer. Truppen in Rußland u. Frankreich, dann Militäroberapotheker in München u. seit 1823 dort kgl. Leib- u. Hofapotheker, seit 1822 auch Medizinal-Assessor.
*1783, Dez. 3, Bobenhausen;
†1850, März 12, München.

Bibliogr. Cat. scient. Papers **8** (1879) 606 (6 Nr.) [3].

Biogr. Anton Lauer: Dtsch. Apotheker-Ztg. **93** (1953) 882–884 [101]; Franz Xaver Pettenkofer 1783–1850, in: Die Schelenz-Stiftung (Eutin 1953) 97–103 (Veröff. Internat. Ges. Gesch. Pharmaz. N.F. 1) [101].

II–IV, VI **PETTENKOFER,** Max Joseph von. Hygiene, Chem. — 1843 Dr. med. Univ. München; 1844 stud. bei Liebig in Gießen; 1845–1847 Ass. Bayer. Hauptmünzamt München; 1847 ao. Prof., 1853 o. Prof. med. Chem., 1865–1894 o. Prof. Hygiene Univ. München; 1894 emer.; 1896 Generalkonservator der wiss. Sammlungen des bayer. Staates; 1846 ao., 1856 o. Mitgl., 1889 Präsident Bayer. Akad. Wiss.; 1883 geadelt.
*1818, Dez. 3, Lichtenheim bei Neuburg;
†1901, Febr. 10, München (sd).

Neffe des vorigen.

Genealog. Karl Kißkalt: Ahnentafel u. Stammbaum Max von Pettenkofers: Arch. Hyg. Bakteriol. **125** (1940) H. 1, 1–20 m. 2 Taf. u. Lit.Verz. [3]. — H. Schauwecker: Max von Pettenkofers oberpfälzische Vorfahren u. die Pettenkofer in Berching: Oberpfalz **51** (1963) 147–153 m. 5 Abb. [292].

Bibliogr. Cat. scient. Papers **4** (1870) 861–862 (37 Nr.); **8** (1879) 606–607 (22 Nr.); **10** (1894) 1046 (9 Nr.); **17** (1921) 830 (10 Nr.) [3]. — Cat. gén. Bibl. nat. **135** (1936) 287–290 (22 Nr.) [3]. — Brit. Mus. Gen. Cat. **188** (1963) Sp. 265–267 (34 Nr.) [3].

Briefe Jakob Volhard: Justus von Liebig **2** (Leipzig 1909) 430–435, Schreiben von Pettenkofer an Liebig, München, den 25. Dez. 1869 [3]. — Erich Ebstein: Aus Max Pettenkofers Frühzeit (Brief an Ernst von Bibra, München, am 8. Jan. 1845): Dtsch. med. Wschr. **49** (1923) 665–666 (Praemedicus) [3]. — G. Sticker u. I. Fischer: Pettenkofer-Briefe: Wiener klin. Wschr. **37** (1924) Nr. 13, 317–321; Nr. 15, 367–369 [3]. — Alfons Fischer: Briefe deutscher Ärzte des 16. bis 20. Jahrhunderts über Fragen des Gesundheitswesens: Ärztl. Mitt. **33** (1932) 423–427 [101]; Briefe M. von Pettenkofers an den Münchener Bürgermeister von Erhardt: Münchener med. Wschr. 79 (1932) 1727 [3]; Über weitere bisher unveröffentl. Briefe Pettenkofers besonders über seinen Briefwechsel mit Liebig betreffend den hygien. Wert des Fleischextraktes: ebda 80 (1933) 1665–1670 m. 1 Bildn., 3 Abb. [3]; Über 31 bisher unveröffentl. Briefe Pettenkofers an seinen ehemal. Assistenten F. G. Renk: ebda 81 (1934) 800–802 [3]. – Briefwechsel Pettenkofers. Auszüge aus sämtl. im Archiv des Hygien. Inst. der Univ. München befindlichen Briefen (Hergestellt von Wolfgang Hessler) (München 1935) 278 S. [101]. – A. Barduagni: Una lettera inedita de Max von Pettenkofer (1818–1901) [to Angelo Celli]: Pag. Stor. Med. 9 (1965) 58–62.

50jähriges Doktorjubiläum Fr. Dornblüth: Koch oder Pettenkofer: Universum 9 (1893) 949–955 m. 1 Abb. [3]. – Emmerich: Zbl. allg. Gesundheitspfl. 12 (1893) 207–217 m. Bildn. [3]. – K. B. Lehmann: Max von Pettenkofer u. seine Verdienste um die wiss. u. prakt. Hyg.: Dtsch. Vjschr. öffentl. Gesundheitspfl. 25 (1893) 361–385 m. Schr.Verz. (117 Nr.); E. Roth: Von Pettenkofer als populärer Schriftsteller: ebda 386–396 [3].

Zum 75. Geburtstag Hans Buchner: Westermanns Mh. 76 (1894) 151–166 m. 1 Bildn. [3]. – Dr. S.: Über Land u. Meer 70 (1893) 826–827 m. Bildn. [15]. – A. S.: Beil. Allgem. Ztg. Nr. 149, 1893, 1. Juli Nr. 180, 1–3 [3]. – Die Pettenkofer-Feier: Münchener med. Wschr. 40 (1893) 536–538 [3]. – Universum 9 (1893) 1457–1459 [3].

Zum 80. Geburtstag Gesundheits-Ing. 23 (1900) 7–8 [45]. – Pettenkofer als Dichter: Internat. Litteraturber. 5 (1898) 387–390 [Kantonsbibl. Liestal].

Nekr. H. Albrecht: Max von Pettenkofer u. die Entwicklung der Gesundheitspflege in Deutschland: Techn. Gemeindebl. 3 (1901) 337–343 [1]. – Georg Biedenkapp: Erfinderschicksale berühmter Ärzte: Berl. Tageblatt 1902, 18. Juli Nr. 360 Abendausgabe S. 2 [11; 109]. – Rudolf Blasius: Mbl. öff. Gesundheitspfl. 24 (1901) 81–96 m. Bildn. u. Faks. [Ha 2]. – C. Blell: Gedächtnißrede auf Max von Pettenkofer: Verh. u. Mitt. Ver. öff. Gesundheitspfl. Magdeburg 28/29 (1900/1901) 9–14 m. Bildn. [3]. – H[ans] B[uchner]: Beil. Allgem. Ztg. 1901, Nr. 34 vom 11. Febr., 1 [3]. – Borsche: Gesundheits-Ing. 24 (1901) 79–81 [45]. – Bokorny: Umschau 5 (1901) 174–176 m. Bildn. [3]. – Hans Buchner: Bl. Volksgesundheitspflege 1 (1901) 145–149 [1]. – Du Bois-Reymond: Naturwiss. Rdsch. 16 (1901) 153–155 [3]. – Rudolf Emmrich: Dtsch. Rev. 27, 1 (1902) 81–92 [3]. – F. Erismann: Z. Schulgesundheitspflege 14 (1901) 146–154 [3]; Zukunft 35 (1901) 134–152 [3]. – F. C. Gerster: Hygiena 14 (1901) 161–162 m. Bildn.-Medaillon [12]. – A. Gottstein: Nation 18 (1900/1901) 312–314 [3]. – Max Gruber: Ber. Dtsch. chem. Ges. 36 (1903) 4512–4572 m. Bildn. u. Faks., Schr.Verz. [3]; Biogr. Jahrb. u. Dtsch. Nekrolog 6, 1901 (Berlin 1904) 1–8 m. Schr.- u. Lit.-Verz., Totenliste 79 [3]; Wiener med. Presse 42 (1901) 325–326 [3]; Wiener klin. Wschr. 14 (1901) 213–218 m. Bildn. [3]. – J. H. van't Hoff: Ber. Dtsch. chem. Ges. 34 (1901) 363 [3]. – Ferdinand Hueppe: Gedächtnisrede ... am 1. März 1901 im Verein dtsch. Ärzte in Prag: Prager med. Wschr. 26 (1901) 113–118 [3]. – Jaquet: Korresp.-Bl. Schweiz. Ärzte Jg. 31 (1901) 213–216 [12]. – Georg W. A. Kahlbaum: Verh. naturforsch. Ges. Basel 13 (1902) 326–337 [Ha 2]. – M. K[önig]: Reformbl. Berlin 4 (1901) 73–74 m. Bildn. [1a]. – Viktor von Lang: Alm. Akad. Wiss. Wien 51 (1901) 286–290 [Ha 2]. – K. B. Lehmann: Dtsch. Vjschr. öff. Gesundheitspflege 33 (1901) II–III (nach S. 840). Zuvor Nachruf von Dtsch. Ver.öff. Gesundheitspflege S. I [15]; Münchener med. Wschr. 48 (1901) 464–473 [3]. – Ludewig: Z. Veterinärkunde 13 (1901) 187–188 [3]. – Pagel: Dtsch. med. Presse 5 (1901) Nr. 4 vom 22. Febr., 29–30 m. Bildn. [11]. – W. Prausnitz: Klin.-therap. Wschr. 8 (1901) 259–260 [3]; Mitt. Ver. Ärzte Steiermark 38 (1901) 33–35 [Ha 2]. – Max Rubner: Arch. Hyg. 39 (1901) 313–321 [3]; Berliner klin. Wschr. 38 (1901) 268–270, 301–303, 321–326 [3]; Zum Andenken an Max von Pettenkofer (Berlin 1901) 29 S. – Adolf Schuster: Gesellschaft 17 (1901) Bd 3, 184–217 [14]. – R. Sendtner: Z. Unters. Nahrungs- u. Genußmittel 4 (1901) 285–287 [15]. – Carl von Voit: Rede im Auftr. der math.-physik. Cl. Bayer. Akad. Wiss. München am 16. Nov. 1901 (München 1902) 160 S. [3]. – E. Wiener: Wiener klin. Rdsch. 15 (1901) 118–119 [UB Wien]. – M. Wollny: Z. landwirtsch. Versuchswes. Österr. 4 (1901) 121–124 m. Bildn. [300]. – C. Zetzsche: Schulhaus 3 (1901) 93–95 [1a]. – Ziegelroth: Arch. physik.-diätet. Therap. 3 (1901) 57 [15]. – Allg. Wiener mediz. Ztg. 46 (1901) 89 [300]. – Beil. Allg. Ztg. 1901, Nr. 34, 1–2 [3]. – Zbl. Allg. Gesundheitspflege 20 (1901) 77–78 [15]. – Chemiker-Ztg. 25 (1901) 149 [Ha 15]. – Dtsch. Bau-Ztg. 35 (1901) 94–100 [3]. – Gesundheit 1901, Nr. 5, 54 [12]. – Sonette Max von Pettenkofers: Dtsch. Heimat 6 (1902) 151–153 (Text u. 3 Sonette) [15]. – Gaea 37 (1901) 300–303 m. Bildn. [Ha 2]. – Hyg. Rdsch. 11 (1901) 209 [15]. – Med. Woche 1901, 67–68 m. Bildn. u. Faks. [3]. – Mschr. Gesundheitspflege [Wien] 19 (1901) Nr. 2, 25–26 [F 1]. – Münchener med. Wschr. 15 (1901) 375 [3]. – Pharmaz. Zentralhalle 42 (1901) 132 [3]. – Wiener med. Wschr. 51 (1901) Sp. 335–338 [3]. – Woche 3 (1901) 295 m. Bildn. S. 304 (letzte Aufnahme in seinem Laboratorium) [15]. – Z. angew. Chem. 14 (1901) 181–182 [Ha 15]. – Z.

Fleisch- u. Milchhyg. **11** (1901) 161–162 [15]. — Z. Medizinal-Beamte **14** (1901) 142–143 [3]. — Illustr. Ztg., Leipzig **116** (1901) 237–238 m. Bildn. [3].

Biogr. Fr. Pecht: Moderne Restaurationsmethoden u. das Pettenkofersche Verfahren: Beil. Allg. Ztg. **1868**, 1165–1166, 1181–1182 [15]. — Karl Stieler: Ein Vorkämpfer wider die Cholera: Daheim **9** (1873) 792–794 m. Bildn. 789, Frühbildn. Holzschnitt von W. Roth [3]. — Max von Pettenkofers hygien. Vorlesungen: Allg. Ztg. **1874**, 839–840 [Ha 2]. — Luise von Kobell: Unter den vier ersten Königen Bayerns **2** (München 1894) 5 [3]; Gespräche mit Max von Pettenkofer: Dtsch. Rev. **21**, 2 (1896) 170–180 [3]; Münchner Portraits nach dem Leben gezeichnet (München 1897) 1–22 [1]. — Ludwig Pfeiffer: Aus dem Leben u. Wirken Max von Pettenkofers: Ärztl. Mschr. **2** (1899) 193–211 [28]. — Ed. Heyck: Daheim **36** (1900) Nr. 20, S. 19–23 m. 1 Abb. der Pettenkofer-Medaille [15]. — F. Erismann: Dtsch. med. Wschr. **27** (1901) 209–211 m. Bildn. u. Faks., 253–255, 285–287, 299–302, 323–327 [3]. — Adolph Kohut, in: Ernstes u. Heiteres von berühmten Ärzten, Apothekern u. Naturforschern (Berlin 1903) 67–80; dort auch: Liebig u. Pettenkofer. Mit ungedruckten Briefen Liebigs, Pettenkofers u. Pfistermeiers: 81–90 [11]. — Kruse: Für oder wider Pettenkofer?: Zbl. allg. Gesundheitspfl. **25** (1906) 279–310 [15]. — Nahida Lazarus u. Alfred Leicht: Moritz Lazarus' Lebenserinnerungen (Berlin 1906) 336 [3]. — Otto Neustätter: Max Pettenkofer (Wien 1925) 93 S. m. 1 Bildn. m. Faks. (Meister der Heilkunde, 7) [3]. — Reiter: Bl. Volksgesundheitspflege **25** (1925) 21 m. Bildn. [Ha 2; 15]. — Albert Neuburger: Die unser Leben verlängerten. In: Pfadfinder der Kultur. Männer u. Taten der Technik (München 1926) 290–300 [101]. — E[dgar] E[rskine] Hume: Max von Pettenkofer, his theory of the Etiology of Cholera, Tiphoid fever and other intestinal diseases, a review of his arguments and evidence (New York 1927) XV, 142 S., 8 Taf., 1 Bildn. [12]. — M. A. Bloch: Biogr. spraw. **1** (Leningrad 1929) 573–574 [15]. — Ludwig Darmstaedter: Aus der Heimat **42** (1929) 344–346 [Ha 2]. — Georg Feichtinger: Der erste Hygieniker: Biochem. Mbl. **8** (1931) 164–166 [101]. — Rudolf Thiel: Pettenkofer, der erste Hygieniker: Frohes Schaffen. Das Buch für Jung u. Alt **8** (Wien–Leipzig 1931) 465–474 m. 5 Abb. [101]. — F. Henrich, in: Handwörterbuch der Naturwiss. 2. Aufl. **7** (Jena 1932) 812 [3]. — Henry E. Sigerist: Große Ärzte. Eine Gesch. der Heilkunde in Lebensbildern (München 1932) 288–292 m. Bildn. u. Faks. [3]. — Karl Kißkalt: Pettenkofer u. die Hygiene: Bayerland **44** (1933) 634–636 m. 1 Bildn. 1 Abb., [101]. — Martin Gumpert: Das Leben für die Idee. Neun Forscherschicksale (Berlin 1935) 233–262 m. Bildn. [3]. — W. Rimpau: Die Entstehung von Pettenkofers Bodentheorie u. die Münchner Choleraepidemie vom Jahre 1854. Eine kritisch-histor. Studie (Berlin 1935) 110 S. [3]. — Fr. Haßler: Aus der Gesch. des Holzgases (Max Pettenkofer u. Carl Ruland): Beitr. Gesch. Techn. u. Ind. **25** (1936) 152–154 [3]. — Rudolf Thiel: Männer gegen Tod u. Teufel (München 1936) 361–379 m. Bildn. nach S. 352 [3]. — Friedrich Wolter: Die Bedeutung Max von Pettenkofers für die Epidemiologie: Umschau **41** (1937) 795–796 [3]. — Karl Kißkalt: Pettenkofers Geburtshaus als Forschungsstelle für ländl. Gesundheitspflege: Münchener med. Wschr. **85** (1938) 707–708 m. 2 Abb. [3]. — Friedrich Wolter: Max von Pettenkofers Bedeutung für die Seuchenverhütung: Prakt. Arzt **36** N.F. 24 (1939) 143–151 [3]. — W. Lohmann: Max von Pettenkofer u. sein Lebenswerk: Dtsch. Mineralwasser-Ztg. **45** (1941) 48–49 [101]. — Walther Zimmermann: Max von Pettenkofer, Altmeister der Lehre von der Gesundheitsführung: Süddtsch. Apotheker-Ztg. **82** (1942) 91–92 [Le 1]. — Karl Kißkalt: Max von Pettenkofer (Stuttgart 1948) 135 S. m. 13 Abb. u. 1 Faks. (Große Naturforscher, 4) [Ha 2]. — Karl Leutner: „. . . ich stürbe im Dienste der Wissenschaft“. Max von Pettenkofer – Begründer der experimentellen Gesundheitslehre: Dtsch. Woche **2** (1950) Nr. 49, S. 6 m. 1 Bildn. [3]. — Theodor Heuß: Deutsche Gestalten. Studien zum 19. Jahrhundert (Stuttgart–Tübingen 1951) 260–269 [101]. — Karl Leutner, in: Leutner: Deutsche, auf die wir stolz sind F. **1** (Berlin 1955) 246–250 m. Bildn. [14]. — Alfred Beyer: Max von Pettenkofer (Berlin 1956) 75 S. [3]. — Jonas: Ars medici (Gand) **12** (1957) 589–592 m. Bildn. [Ha 2]. — D. Music: Pettenkofer and Cholera in Slovenia: Zdrav, Vestn. **27** (1958) 454–462 m. Bildn. (serb.-kroat. m. dtsch. Zusammenfass.). — W. Barnowsky: Neue Familie **11** (1959) Nr. 11, 6–7 [101]. — Janás Halmai: Gyógyszerészet [Pharmazie, Budapest] **3** (1959) 475–476 [1]. — Rudolf Pummerer, in: Geist u. Gestalt. Biogr. Beitr. Gesch. Bayer. Akad. Wiss. **2** (München 1959) 154–155 [3]. — August Wilhelm Forst: ebda 239–242 [3]. — K. Kißkalt: Pettenkofer u. die Hygiene: Bayer. Ärztebl. **16** (1961) 79–83 m. Bildn. u. 2 Abb. [101]. — E. W.: Therap. des Monats **12** (1962) 294–295 [27]. — N. Ma.: Pettenkofer u. die Cholera. Eine Erinnerung: Heilpraktiker [München] Beil. zur Naturheilpraxis F. 1, **10** (1964) 8–10 [1]. — I. W.: Pettenkofers seltsamer Weg: Med. Mschr. **19** (1965) 193–194 [3]. — Die Kunst, das menschliche Leben zu verlängern. Dokumente bekannter Ärzte, Autographenausstellung im Foyer der Stadt- u. Landesbibl. Dortmund. Zusammenstellg. Hedwig Gunnemann (Dortmund 1965) 29–31 [60]. — M. Stürzbecher: Prüfungsaufgaben aus der Orts- u. Gewerbehygiene im Bayerischen Physikexamen bei Max von Pettenkofer u. Max von Gruber: Städtehygiene **17** (1966) Nr. 10, 221–223 [25].

Zum 90. Geburtstag Das Pettenkofer-Denkmal in München: Illustr. Ztg., Leipzig **129** (1909) Nr. 3438 vom 20. Mai 1909 m. Abb. 1060 [3]. – Gesundheit in Wort u. Bild **5** (1908) 152–153 m. Bildn. [1].

Zum 110. Geburtstag Erich Ebstein: Max Pettenkofer als junger Prof. u. Komödiant: Dtsch. med. Wschr. **54** (1928) 1813–1814 [3].

Zum 125. Geburtstag H. A. Gins: Desinfektion u. Schädlingsbekämpfung **35** (1943) 111 [9]; Techn. Assistentin **10** (1943) 130 m. 1 Bildn. [3]. – Karl Kißkalt: Max von Pettenkofer. Gedächtnisrede ... Sitzung Bayer. Akad. Wiss. am 19. Jan. 1944 (München 1944) 12 S. [Ha 2]; Die Wiss. der ländl. Gesundheitspflege u. ihr zukünftiger Stützpunkt im Pettenkoferhaus: Dtsch. Molkerei- u. Fettwirtsch. **1** (1943) 386 [101]. – G. zur Megede: Der Begründer der Hygiene in Deutschland: Dtsch. Wissensch.-Dienst **4** (1943) Nr. 23/24, 7–8 [101]. – Zwei Gedenktage. Robert Koch u. Max von Pettenkofer: Chemiker-Ztg. **67** (1943) 350 [3]. – Dtsch. Ärztebl. **74** (1944) 20 [101].

Zum 50. Todestag Werner Borgmann: Dtsch. med. J. **2** (1951) 69–72 m. Bildn. [Le 1]. – Hermann Eyer: Zbl. Bakteriol. Orig. **157** (1952) 547–549 [3]. – Hans Gasser: Geschichtl. Werdegang der Hygiene: Österr. Apotheker-Ztg. **5** (1951) 60–64 [101]. – G. Gruber: Dtsch. Schwesternztg. **4** (1951) 174–176 m. Bildn. [101]. – J. Hett: Kosmos **47** (1951) 49–51 m. Bildn. u. Faks. [15]. – K. Kißkalt: Arch. Hyg. Bakteriol. **134** (1951) 81–82 [3]; Med. Mschr. **5** (1951) 377 [101]. – Heinrich Kruse: Gas- u. Wasserfach, Wasser **92** (1951) 75–77 m. 1 Bildn. [3]. – Schelenz: Pharmaz. Zentralhalle **90** (1951) 255 [3]. – D. u. E. Schenk: Ein Streifzug durch die Hygiene: Dtsch. Drogisten-Ztg. **6** (1951) Nr. 10 S. 257 [1]. – Kurt Walther: Max von Pettenkofer, ein genialer Experimentator, Techniker u. Erfinder: Med. Techn. **5** (1951) 187–189 [101]; Röntgen- u. Labor.-Praxis **4** (1951) 134–136 [101]. – Gesundheits-Ing. **72** (1951) 52 m. Bildn. [3].

Weitere Lit. A. Becker, Fr. Pecht: Das Pettenkofersche Regenerationsverfahren: Z. Bildende Kunst **5** (1870) 273–278 [3]. – Georg Friedrich Louis Stromeyer: Erinnerungen eines deutschen Arztes **2** (Hannover 1875) 49, 169, 365 [3]. – F. Reber: Das Pettenkofersche Regenerationsverfahren in Italien: Allg. Ztg. Beil. **1892**, Nr. 68, Beil. 57, S. 5–7 [12]. – C. Axmann: Über vorbeugende Hygiene. Skizze. I. Infektion, Prophylaxis u. die von Pettenkofersche Formel x, y, z; II. Einige besondere Eigenschaften pathogener Mikroorganismen: Jahrb. Akad. gemeinnütz. Wiss. Erfurt N.F. **19** (1893) 135–160 [Ha 2]. – Walther Nic. Clemm: Liebigbriefe: Mitt. Gesch. Med. ⟨u.⟩ Naturwiss. **6** (1907) 117 [3]. – B. Reber: Ein Beitr. zur Kenntnis der freundschaftl. Beziehungen Liebigs: ebda 500–502 (2 Briefe M. von Pettenkofers an Liebig, München 19. Juni 1865 u. 15. Nov. 1865) [3]. – Rudolf Emmerich: Max Pettenkofers Bodenlehre der Cholera indica (München 1910) 748 S. m. 2 Taf. (Jubiläumsschr. zum 50jähr. Gedenken der Begründung der lokalistischen Lehre Max Pettenkofers, 3) [15]. – Friedrich Wolter: Die Hauptgrundsätze der epidemiologischen Typhus- u. Choleraforschung in Rücksicht auf die Pettenkofersche u. die Kochsche Auffassung der Typhus- u. Choleragenese (München 1910) 357 S. m. Tab., Fig., Karten (Jubiläumsschr. zum 50jähr. Gedenken der lokalistischen Lehre Max Pettenkofers, 2) [3]. – Max Rubner: Die Gesch. der Hygiene, in Handbuch der Hygiene von Rubner, Gruber u. Fischer **1** (Leipzig 1911) 17–40 [3]; Wandlungen in der Volksernährung (Leipzig 1913) 32 [3]. – Walther May: Große Biologen. Bilder aus der Gesch. der Biologie (Leipzig–Berlin 1914) 85 (Bastian Schmidts naturwiss. Schülerbibl., 25) [101]. – Friedrich Wolter: Die Entstehungsursachen der Kriegsseuchen, ihre Verhütung u. Bekämpfung auf Grund der Kriegserfahrungen von 1870/1871 (München 1914) XII, 221 S. m. 1 Karte, 1 Taf. (Jubiläumsschr. zum 50jähr. Gedenken der lokalistischen Lehre Max von Pettenkofers, 5) [3]. – F. Henrich: Über Wandlungen in den Grundanschauungen der Chemie. Unter Zugrundelegung der neuesten radiochem. Forschungen: Z. Balneol. **9** (1916) 57–66 [3]. – W. Herz: Grundzüge der Gesch. der Chem. (Stuttgart 1916) 98 [3]. – A. Neuburger: Unfallverhütung u. Gewerbehygiene: Prometheus **27** (1916) Nr. 26, S. 414–415 [3]. – W. Falta: Ist die Wärmebildung bei Diabetes mellitus krankhaft gesteigert? Eine historisch-krit. Studie: Dtsch. Arch. klin. Med. **123** (1917) 204–230, 331–364 m. Lit.Verz. [3]. – [Max von Gruber:] Monistischer Taschenkalender **10** (1920) 75–82 m. Bildn. u. Faks. [101]. – Adolf Strümpell: Aus dem Leben eines deutschen Klinikers (Leipzig 1925) 47 [3]. – Kißkalt: Das Hygienische Inst. In: Karl Alexander von Müller. Die wiss. Anstalten der Ludwig-Maximilian-Univ. zu München (München 1926) 72–78 [3]. – Das akadem. Deutschland **1** (Berlin 1930) 340 m. Bildn. 341 [3]. – Aus der Vergangenheit der Univ. Würzburg. Festschr. zum 350jähr. Bestehen der Univ. Hrsg. von Max Buchner (Berlin 1932) 676, 679, 724 [3]. – Karl Kißkalt: Die ersten Beurteilungen Robert Kochs durch die Schule Pettenkofers: Arch. Hyg. Bakteriol. **112** (1934) 167–180 [3]. – Friedrich Trefz: Koch u. Pettenkofer: Ärztebl. Bayern **2** (1935) 250 [101]. – Sozialhyg. Mitt.

19 (1935) 32–35 [12]. — H. Thiele: Zwei Streiter im Kampf gegen die Cholera-Seuche: Dtsch. Schwester 6 (1938) 314–316 m. 1 Abb. [101]. — H. J. Jusatz: Zur Entwicklungsgesch. der medizinisch-geogr. Karten in Deutschland: Mitt. Reichsamt Landesaufn. 15 (1939) Nr. 1, 11–22 [101]. — Friedrich Wolter: Vergleichende Epidemiologie in ihrer Auswirkung auf die Seuchen-Verhütung u. -Bekämpfung (Dresden–Leipzig 1940) XVI, 169 S. m. 6 Abb. [3]. — Anton Graßl: Max von Pettenkofer als Dichter: Arch. Hyg. Bakteriol. 125 (1941) 21–28 [3]. — Pfleiderer: Koch, Pettenkofer, Jaeger: Hippokrates 13 (1942) 797 [3]. — Kißkalt: Max von Pettenkofer. Der Begründer der wiss. Hygiene: Zivilversorg. 49 (1944) 8 [101]. — Eugène Cattelain: Point d'histoire sur quelques réactions classiques utilisées en biochimie pour caractériser les pigments et sels biliaires: Ann. pharmac. franç. 8 (1950) 579–585 [1]. — Karl Kißkalt: Theorie u. Praxis der med. Forschung 3. Aufl. (Wiesbaden 1952) 29, 31, 57, 99, 148, 154, 202, 216, 219, 235 [3]. — Friedrich von Müller: Lebenserinnerungen (München [1953]) 39, 43, 46–47, 49 [Ha 2]. — Heinz Degen: Vor hundert Jahren: Pettenkofers Cholerabericht: Naturwiss. Rdsch. 8 (1955) 411–412 [3]. — Walter Dreßler: Heilberufe 8 (1956) 142–143 [3]. — E. Kanz: Karl Kißkalt, ein Träger des Geistes Max von Pettenkofers: Med. Klin. 57 (1962) 2194–2195 [3]. — Bruno Leo Friton: Max von Pettenkofer u. die Cholera-Epidemie in der Kgl. Bayer. Gefangenenanstalt Laufen an der Salzach (1873). Zur Erinnerung an Ereignisse vor 90 Jahren: Münchener med. Wschr. 105 (1963) 2503–2505 m. 1 Bildn., 1 Abb. [3]. — M. Knorr: 100jähr. Jubiläum des Ordinariats für Hygiene: Arch. Hyg. Bakteriol. 149 (1965) 193–199 m. 3 Abb. [3; 101]. — Endre Molnár: Max von Pettenkofer [u. Józef Fodor]: Commun. Bibl. hist. med. hung. 41 (1967) 189–192 m. 1 Bildn. [28].

Bildn., Denkmäler C. Pa.: Illustr. Ztg., Leipzig 91 (1888) 641–642 m. Bildn. [14]. — Wilhelm Krebs: ebda 100 (1893) 562 m. Bildn. [14]. — Jul. Pagel, in: Das 19. Jahrhundert in Bildn. hrsg. von Karl Werckmeister 3 (Berlin 1899) 405–406 m. Bildn. Nr. 290, gemalt von Lenbach [3]. — Alexander Heilmeyer: Adolf Hildebrand (Bielefeld–Leipzig 1902) 92 m. 1 Abb. S. 84 (Künstler-Monogr., 60) [3]. — G. Kraemer: Aufruf zu einem Pettenkofer-Denkmal: Ber. Dtsch. chem. Ges. 35 (1902) 1404–1405 [3]. — Weißbart: Zur Frage der Errichtung eines Pettenkoferhauses in München: Bayer. ärztl. Korresp.-Bl. 6 (1903) 165 [12]. — „Jugend" (1902) nach einem Gemälde von Kaulbach, ein Bild seines Geburtshauses (Einöde Lichtenheim bei Neuburg im Moos) u. mehrere Sonette, die seinen 1886 für seine Freunde gedruckten „Chemische Sonette aus den Jahren 1844 u. 1845" entnommen sind: Mitt. Gesch. Med. u. Naturwiss. 1 (1902) 371 [3]. — Münchener med. Wschr. 49 (1902) Nr. 13 S. 558, gezeichnet von P. F. Messerschmidt (Ein Ex-libris des Ärztl. Vereins München) [3]. — M. von Gruber: Festrede, gehalten bei der Enthüllung des Pettenkoferdenkmals in München: ebda 56 (1909) 1236–1239 m. 1 Bildn. [3]; Monistischer Taschenkalender 10 (München 1920) 82 m. Bildn. u. Faks. [12]. — Georg Jacob Wolf: Ein Jahrhundert München 1800–1900. Zeitgenöss. Bilder u. Dokumente 2. Aufl. (München 1921) 3, 344–350 m. Bildn. von Lenbach [3]. — Ludwig Gehring: Personen u. Ereignisse der Würzburger Chronik von 1848 bis zur Gegenwart (Würzburg 1927) vor S. 321 (Würzburger Chronik, 4) [14]. — August Alckens: Die Denkmäler u. Denksteine der Stadt München (München 1936) 80–81 m. Abb. des Wandbrunnens m. Bronzemedaillons von A. von Hildebrandt [101]. — Die Großen Deutschen im Bild. Hrsg. von Alfred Hentzen u. Niels von Holst (Berlin 1936) 373 (Marmorbüste von Adolf von Hildebrand 1900) [3]. — Jahrb. Bayer. Akad. Wiss. 1956 (München 1956) 8 (Bildn. nach Gemälde von Kaulbach) [3]. — Geist u. Gestalt. Biogr. Beitr. zur Gesch. Bayer. Akad. Wiss. 3 (München 1959) 123 [3]. — W. Körting: Die Büste Pettenkofers in der Walhalla: Bayer. Ärztebl. 17 (1962) 573 [101].

II, III **PETZHOLDT,** Georg Paul Alexander. Naturwiss. — Dr. med.; prakt. Arzt in Dresden; seit 1846 Prof. Landwirtsch. u. Technol. Univ. Dorpat; wirkl. Staatsrat; emer. in Freiburg/Br. lebend.

*1810, Jan. 29, Dresden;
†1889, Apr. 23, Freiburg/Br.

Bibliogr. Verzeichniß der von Dr. Alexander Petzholdt hrsg. Schriften in chronolog. Reihenfolge von 1833–1883 (Dresden o. J.) 8 S. — Cat. scient. Papers 4 (1870) 863 (18 Nr.); 8 (1879) 608 (4 Nr.); 11 (1896) 1 (3 Nr.); 12 (1902) 572–573 (1 Nr.) [3]. — Cat. gén. Bibl. nat. 135 (1936) Sp. 324–325 (12 Nr.) [3]. — Brit. Mus. Gen. Cat. 188 (1963) Sp. 324–325 (20 Nr.) [3].

Biogr. [Autobiographisch] Reise im westlichen u. südlichen europäischen Russland i.J. 1855 (Leipzig 1864) XI, 501 S. [14]. — Biogr.-litterar. Mitth. über Georg Paul Alexander Petzholdt. Ein Beitr. zu einer deutschen Nationallitteratur: Neuer Anzeiger Bibliogr. 1857, 301–310 [3; 14].

III, V **PETZVAL,** Joseph. Math., Physik. — Dr. phil.; 1835–1837 Prof. in Budapest; 1837–1877 Prof. höh. Math.

Univ. Wien; 1849 Mitgl. der Akad. Wiss. Wien.

*1807, Jan 6, Szepesbéla;
†1891, Sept. 17, Wien.

Bibliogr. Cat. scient. Papers **4** (1870) 863–864 (16 Nr.); **8** (1879) 608 (1 Nr.); **17** (1921) 833 (Biogr.) [3]. – Cat. gén. Bibl. nat. **135** (1936) Sp. 336 (1 Nr.) [3]. – Brit. Mus. Gen. Cat. **188** (1963) Sp. 332 (3 Nr.) [3].

Zum 80. Geburtstag Fereniz Schmidt: Ter mészettudomany Közlöny **19** (1887) 62–67 [F 1].

Nekr. Petrik Géza: Magyarország Bibliographiája 1712–1860 **3** (Budapest 1891) 85 [15]. – Anton M. Haschek: Photogr. Optik. Zum Zwecke von Vorträgen ... zusammengestellt (Halle 1891) 27–29 [3]. – L. Sch[rank]: Photogr. Korresp. **28** (1891/1892) 497–498 [UB Wien]. – Eduard Sueß: Alm. Akad. Wiss. Wien **41** (1891) 182–184 m. Bildn. u. Faks. [3]. – Jahrb. Univ. Wien **1891–1892**, 65–66 [300]. – Természettudomány Közlöny **24** (1892) 647–648 [F 1].

Biogr. Paul Pretsch: On Prof. Petzvals researches in optics: J. photogr. Soc. London **4** (1857) 102–107 [Brit. Mus.]. – Friedrich Voigtländer: Akademiker Prof. Dr. Joseph Petzval in Wien, beleuchtet von Voigtländer. Eine Streitschrift über das von Petzval angeblich neu berechnete Landschafts-Objectiv (Braunschweig 1859) 113 S. [84]. – Constant von Wurzbach: Biogr. Lexikon des Kaiserthums Österreich **22** (Wien 1870) 154–155 m. Schr.Verz. [3]. – L. Gegenbauer: Ein vergessener Österreicher: Z. Österr. Ing.- u. Archit.-Ver. **54** (1902) 721–725, 737–741 [89]. – [Lajos] Ermenyi: Dr. Josef Petzvals Leben u. Verdienste **2** (Halle a. S. 1903) VIII, 86 S. m. 7 Bildn., 6 Abb., 2 Faks. [3]. – Wiener Ztg. **1903**, 26. Juli [300]. – L. Erményi: Petzvals Theorie der Tonsysteme: Z. Math. u. Physik **51** (1904) 281–332, 341–410 m. 6 Tab. [3]; Nachträgliches über Petzval: Photogr. Rdsch. **18** (1904) 239–245 m. 4 Bildn., 1 Abb. [3]. – E. Bl.: Josef Petzval: Central-Ztg. Opt. u. Mech. **26** (1905) 221 [J 59]. – József Szinnyei: Petzval József Miksa. In: Magyarirok élete és munkai **10** (1905) Sp. 1097–1101 [UB Budapest]. – (Anton Petzval). Von der Konsonanz der Töne. Humoristisches aus Petzvals Theorie der Tonsysteme: Kultur [Wien] **6** (1905) 218–235 [15; 300]. – A. von Obermayer: Aus den Vorlesungen Josef Petzvals über Ballistik. Ein Beitr. zur Gesch. der Ballistik. Nach Bruchstücken eines Manuskriptes u. Vorlesungsheften zusammengestellt: Z. Math. u. Physik **56** (1908) 282–313 m. 7 Fig. [3; 15]. – Viktor Teissler: Josef Petzval: Rev. Opt. théor. instrument **7** (1928) 381–394 m. Bildn. [15]. – Heinrich Mache: Österreichs große Physiker u. ihre Spitzenleistungen: Schriften Pädag. Institutes der Stadt Wien **13** (1936) o. S. m. Bildn. [12]. – Fritz Hansen: Joseph Petzval: Photogr. Chronik **49** (1942) 207–208 m. Bildn. [3]. – Josef Gicklhorn: Josef Petzval. Ein Wendepunkt im Ausbau der Photographie: Österreich. Naturforscher u. Techniker (Wien 1950) 133–134 m. 1 Bildn. [3]. – Erich Kurzel-Runtscheiner: Erfindungen aus Österreich (Wien 1950) 15 [101]. – W. Wallin: The control of Petzval curvature: J. opt. Soc. Amer. **41** (1951) 1029–1032 [1]. – János Seress: Petzval Jozsef <1807–1891>. A fényképezö optika magyar származásu feltalálójának mernöki, professzori és feltalálór müködése [Mit Zsfassgn. in anderen Sprachen] (Budapest [1954]) 61 S. m. 1 Bildn. u. Faks., 6 Abb. auf 4 Taf. [J. Petzval, der ungar. Erfinder der Photooptik u. Prof. Math.] (Budapesti tudománytörténeti kiadvanyok. 3) 15 S. Bibliogr. [Ha 2]. – Maria Habacher: Österreichische Erfinder. Werk u. Schicksal (Wien 1964) 31–35 m. 1 Abb. u. Lit.Verz. [101].

Zum 100. Geburtstag E. Bl.: Zentr.-Ztg. Opt. Mech. **28** (1907) 42–43 [1a]. – Paul Ernst: Petzvals Gnitharfe: Z. Realschulwes. Wien **32** (1907) 1–4 [1a]. – Albert Edler von Obermayer: Z. Österr. Ing.- u. Archit. Ver. **59** (1907) 270–274, 285–289 [TH Wien]. – M. von Rohr: Z. Instrumentenkde **27** (1907) 1–6 m. Titelbildn., 2 Fig. [3].

Zum 50. Todestag Fritz Hansen: Ein Jahrhundert deutscher Photo-Optik: Graph. Betrieb **16** (1941) 411–412 m. 1 Bildn. u. 1 Abb. [101]; Opt. Rdsch. **33** (1942) 4–5 m. Bildn. [101].

Zum 150. Geburtstag Heinrich Manlik: Universum, Natur u. Technik **12** (1957) 122–124 m. Bildn. [101].

Weitere Lit. J. M. Eder: Photogr. Museum u. photogr. Reliquien: Photogr. Rdsch. **9** (1895) H. 3, 73–78; H. 5, 157 [3]. – J. M. Eder: Das erste Petzvalsche Porträtobjektiv: Photogr. Korresp. **1899**, 274–276 [UB Wien]. – Moritz von Rohr: Theorie u. Gesch. des photogr. Objektivs (Berlin 1899) 323, 359 [15]. – J. M. Eder: Petzvals Orthoskop: Jahrb. Photogr. Reproduktionstechn. **14** (1900) 108–111 m. 1 Faks. u. 1 Fig. [3]. – Siegmund Günther: Gesch. der anorg. Naturwiss. im 19. Jahrhundert (Berlin 1901) 577 (Das 19. Jahrhundert in Deutschlands Entwicklung, 5) [3]. – Fleischmann: Z. Realschulwes. **30** (1905) 577–587 m. Bildn. [300]. – Kraft de la Saulx: Erinnerung an J. Petzval u. andere Zeitgenossen: Z. Österr. Ing.- u. Archit.-Ver. **54** (1905) 566–568 [300]. – Leo Koenigsberger: Mein Leben (Heidelberg 1919) 157, 164 [3]. – M. Berek: Zur Theorie des ursprüngl. Petzvalschen Porträtobjektivs: Central-Ztg. Opt. u. Mech. **42** (1921) 1–3, 15–16, 27–29 [101]. – Karl Pritschow: Die

Voigtländer Projektos-Objektive u. ihre Beziehung zu Petzval: Kino-Techn. 7 (1925) Messeheft 6–10 m. 1 Bildn. u. Faks.; 2 Abb. [101]. – Erich Stenger: 175 Jahre Voigtländer: Satrap 7 (1931) 169–176 m. 13 Bildn., 6 Abb. [101]. – Josef Maria Eder: Gesch. der Photogr. 4. Aufl. Bd 1, 1 (Halle 1932) 382–421 m. 11 Bildn., 6 Abb. [3]. – Josef Daimer: Österreichs Anteil an der Entwicklung des Lichtbildwesens: Bl. Gesch. Techn. 4 (1938) 4–21 m. 9 Bildn. u. 8 Abb. [101]. – Erich Stenger: 100 Jahre Photographie u. das Deutsche Museum in München: Z. VDI 83 (1939) 509–513 m. 2 Bildn., 8 Abb. [3]. – E. Stenger: Österreich in der Gesch. der Photogr.: Angew. Chem. 52 (1939) 192 [101]. – P. Funk: Meisterstücke an Portraitlinsen: Notring-Almanach. Ideen aus Österreich 1954, 96 m. Bildn. u. Faks. [101]. – Helmut Gernsheim and Alison Gernsheim: The history of photography (London–New York–Toronto 1955) 101–102 [3]. – Alois Nedoluha: Kulturgeschichte des techn. Zeichnens: Bl. Technikgeschichte 21 (1959) 109–183 m. Bildn. u. Faks., 1 Abb. 130/131 [101]. – F. Herneck: Wiener Physik vor 100 Jahren: Physik. Bl. 17 (1961) 455–461 m. Bildn. [3]. – Wolfgang Baier: Quellendarstellungen zur Gesch. der Fotografie (Leipzig 1965) siehe Reg. 697 m. Bildn. S 375 Faks. [3].

Denkmal Feierliche Übergabe des Petzval-Monumentes an die Univ. Wien: Photogr. Korresp. Wien 38 (1901) 756–758 [300]. – Zur Erinnerung an Josef Petzval. Vom Komitee für die Errichtung eines Petzval-Denkmals (Wien 1905) 23 S. (Titelbildn.) [Széchényi Bibl. Budapest]. – A. von Obermayr: Photogr. Korrespondenz [Wien] 44 (1907) 107–114, 155–162 [300].

II **PEUCER,** Kaspar. – 1554–1559 o. Prof. Math., 1560–1574 o. Prof. Med. Univ. Wittenberg; 1574–1586 als Kryptocalvinist eingekerkert (in Dresden, Leipzig, Rochlitz); dann fürstl. Leibarzt in Zerbst.

*1525, Jan. 6, Bautzen;
†1602, Sept. 25, Dessau.

Schwiegersohn Philipp Melanchthons.

Genealog. Dtsch. Geschlechterbuch Görlitz 58 (1928) 583–592 [3]. – Deutscher Wappen-Kalender 9 (1935) 362 m. Abb. S. 345 {Caspar Peucer 1525–1602 verh. 1) m. Magdalena Melanchthon, 2) m. verw. Barckmann. Sohn: Kaspar Peucer (jun.) (1551–1587) Arzt in Wittenberg} [3].

Bibliogr. Cat. gén. Bibl. nat. 135 (1936) Sp. 340–346 (41 Nr.) [3]. – Brit. Mus. Gen. Cat. 188 (1963) Sp. 332–334 (52 Nr.) [3].

Briefe Epistolae Non. April. Jul. Anno 1591 duae lectu dignissime, quarum prior Caspari Peuceri: Praefixa recognitis libris de divinatione: Continet gratiarum actionem pro conservatione in carere duodenali, liberatione ex eodem (Amberga 1593) 3–40 [15]. – Copey des Schreibens Doctoris Casparis Peuceri, aus dem Gefengnis zu Leipzig an den Churfürsten zu Sachsen, Hertzogen Augustum Anno 1579 den 27. Julij . . . Darinnen er sein Bekanntnus von den zweyen streittigen Articuln eröffne. o.O. 1603 [25 ungez. S.] [3]. – Johannes Voigt: Briefwechsel der berühmtesten Gelehrten des Zeitalters der Reformation mit Herzog Albrecht Preussen (Königsberg 1841) 497–513 [3]. – J. F. A. Gillet: Crato von Crafftheim u. seine Freunde 1 (Frankfurt a.M. 1860) 392–394, 437–438, 456–459; 2 (1860) 237–238 m. Beilagen von Briefen 482–525 [3]. – Hans Voelz: Neue Beiträge zum Briefwechsel von Melanchthon u. Mathesius: Arch. Reformationsgesch. 29 (1932) 131–132; 30 (1933) 212–213; 31 (1934) 47–50 [3]. – Johannes Voigt: Briefwechsel der berühmtesten Gelehrten des Zeitalters der Reformation mit Herzog Albrecht von Preussen (Königsberg 1941) 497–513 [3].

Nekr. Johan Brendel: Des trostreichen Sendbriffes summarische Erklerung. Uff den Ehrnvesten u. Hochgelarten Herrn Caspar Peucern, der Artzney Doctorem . . . bey desselben Begräbnuß den 2. Octobr. [1602] (Zerbst 1603) 42 S. [3].

Biogr. Testament D. Caspar Peucers. Von Ihme selbs in seinem Gefengnuß in mangelung nottürftiges Papirs uff eintzehle Zettelein lateinisch verfasset (Zerbst 1603) 8 S.; Hermann Müller: Caspar Peucers zweites Testament: Jahrb. protest. Theol. 3 (1877) 518–536 [3]. – Calinich: Zu Caspar Peucer's Testament: ebda S. 733–734 [3]. – Casparis Peuceri Historia Carcerum et liberationis diunae. Opera et studio Christophori Pezellii (Tiguri 1605) [16], 612 S. [3]. – Paulus Freher: Theatrum virorum eruditione clarorum (Nürnberg 1688) 1311–1312 [3]. – Valentin Ernst Löscher: Ausführliche Historia Motuum zwischen den Evangelisch-Lutherischen u. Reformisten 2 (Frankfurt–Leipzig 1708) 183, 185; 3 (Frankfurt–Leipzig 1724) 5, 9, 12, 18, 143, 153, 161, 169, 170, 202–203 [15]. – Sigismund Jacob Apinus: Vitae professorum philosophiae qui a condita Academia Altorfina (Norimbergae et Altdorfii 1728) 21–22 (Brief an Johannes Praetorius) [3]. – Johann Andreas Gleich: Annales ecclesiastici oder Gründliche Nachrichten der Reformations-Historie 1 (Dresden–Leipzig 1730) 40, § 16; S. 43, § 18 [14]. – Johann Christian Leupold: Lebensbeschreibung D. Caspar Peucers . . . als die erste Probe, deren außer ihrem Vaterland in öffentlichen Aemtern z. Schriften berühmt gewesenen Oberlausitzer (Budißin [1745]) 40 S. [3]. – Christian Gottlieb Jöcher: Allgemeines Gelehrten-Lexicon 3 (Leipzig 1751) 1475–1476 [3]. – Johann Christian Grohmann: Annalen der Univ. zu Wittenberg 1 (Meißen 1801) 157, 158, 168, 185 [3]. – Gottlob Friedrich Otto: Lexikon der seit dem 15. Jahrhunderte verstorbenen u. jetztlebenden oberlausizischen Schriftsteller u. Künstler 2 (Görlitz 1803) 785–792; Suppl.Bd (Görlitz–Leipzig 1821) 332–334 [14]. – Delambre: Biographie universelle, ancienne et moderne 33 (Paris 1823) 539–543 [3]. – Karl Adolf Menzel: Neuere Gesch. der Deutschen von der Reformation bis zur Bundes-Acte 4 (1832) 421–545 [3]. – Heinrich Carl Abraham Eichstädt: Narratio de Caspare Peucero. Phil. Melanchthonis Genero (Jenae 1841) 34 S. [15]. – Rettberg in: Allgemeine Encyklopädie der Wiss. u. Künste, hrsg. von J. S. Ersch u. I. G. Gruber (3) 19 (1844) 435–569 m. Schr.- u. Lit.Verz. [3]. – Fridericus Coch: De vita D. Caspari Peuceri Budissini (Marburg 1856) 64 S. [14]. – Robert Calinich: Kampf u. Untergang des Melanchthonismus in Kursachsen in den Jahren 1570–1574 u. die Schicksale seiner vornehmsten Häupter (Leipzig 1866) 113–124, 134–135, 173–310 [3]. – A. Werner: Dr. Caspar Peucer. Ein Märtyrer der Union. Nach Calinich, Kampf u. Untergang des Melanchthonismus in Kursachsen: Norddtsch. Protestantenbl. 4 (1871) 13–14 [9]. – Wagemann: ADB 25 (1887) 552–556 [3]. Köster: Zur Verlobung Caspar Peucers mit Magdalene Melanchthon. Urkundl. Mitt.: Z. Kirchengesch. 18 (1898) 463–464 [3]. – Nikolaus Müller: Philipp Melanchthons letzte Lebenstage, Heimgang u. Bestattung nach den gleichzeitigen Berichten der Wittenberger Prof. (Leipzig 1910) 89–94; über Peucers Kinder 122–123 [3]. – Walter Friedensburg: Gesch. der Univ. Wittenberg (Halle 1917) 263, 274–277, 280–285, 287, 290–292, 294, 296–298, 303, 304, 306 [Ha 2]. – Karl Wolf: Ein Gutachten Dr. Caspar Peucers über die politische Lage der reformierten Gebiete Deutschlands im Jahre 1594: Arch. Reformationsgesch. 31 (1934) 265–281 [3]. – Delio Cantimori: Umanesimo e Luteranesimo di fronte alla scholastica: Caspar Peucer: Studi Germ. 2 (1937) 417–438 [3]. – J. Moltmann: In: Religion in Gesch. u. Gegenwart, 3. Aufl. 5 (Tübingen 1961) Sp. 264 [101].

Weitere Lit. Melchior Adam: Vitae Germanorum medicorum (Heidelbergae 1620) 376–391 m. Schr.Verz. [3]. – Johann Christoff Beckmann: Historie des Fürstenthums Anhalt 7 (Zerbst 1710) 351–356 m. Schr.Verz. [3]. – Samuel Grosser: Lausitzische Merckwürdigkeiten 4 (1714) 173 [3]. – Johann Jacob Vogel: Leipzigisches Geschicht-Buch (Leipzig 1714) 250 [3]. – Johann F. Buddeus: Allgemeines histor. Lexicon 3, 2 (Leipzig 1731) 322–323 [3]. – J. F. Weidler: Historia Astronomiae (Vitembergae 1741) 367–368 [3]. – Friedrich Boerner: Memoriae professorum medicinae in academia Wittembergensi . . . T. 1 (Wittenberg 1755) XVI–XIX [3]. – Carl Joseph Bouginé: Handbuch der allgemeinen Litterargeschichte 2 (Zürich 1790) 253 [3]. – Abraham Gotthelf Kaestner: Gesch. der Math. 1 (Göttingen 1796) 131–132; 2 (Göttingen 1797) 352–355 (Gesch. der Künste u. Wiss., 7) [3]. – Christian Ernst Weiße: Gesch. der Chursächsischen Staaten 4 (1806) 121, 124 [3]. – Ern. Aug. Henr. Heimburg: De Caspare Peucero. Evangelicae doctrinae ingenuo ac constanti defensore. Oratio ad memoriam Augustanae Confessionis . . . (Jenae 1841) 36 S. [3]. – F. Hieronymus Fränkel: Zur Gesch. der Medizin in den Anhaltschen Herzogthümern 1 (Dessau 1858) 24–68 [3]. – August Kluckhohn: Der Sturz der Kryptocalvinisten in Sachsen 1574: Sybels histor. Z. 18 (1867) 88–89, 93, 104–109 [3]. – Franz X. von Wegele: Gesch. der Deutschen Historiographie seit dem Auftreten des Humanismus (München-Leipzig 1885) 209–210 (Gesch. der Wiss. in Deutschland, 20) [3]. – Georg Loesche: Johannes Mathesius 1 (Gotha 1895) 17, 86, 192, 198–199; 2 (1895) 223, 274, 303, 314, 340, 342 (S. 303: Brief von M. an Peucer, Joachimsthal, 14. Okt. 1554) [3]. – L[udwig] Darapsky: Altes u. Neues von der Wünschelrute (Leipzig 1903) 28 [1a]. – (Mallet†) u. Kawerau: Realencyklopädie für protestantische Theologie u. Kirche. 3. Aufl. (Leipzig 1904) 228–231 [3]. – F. R. Friis: Kulturhistoriske Studier. 2. Om Tyge Brahes Brevvexling. (Kopenhagen 1909) 65–98 [Kgl. Bibl. Kobenhavn]. – Hans Lorenz: Bilder aus Alt-Joachimsthal (St. Joachimsthal 1925) 116, 134, 136, 201 [15]. – Friedel Pick: Joh. Jessenius de magna Jessen. Ein Lebensbild aus der Zeit des 30jährigen Krieges (Leipzig 1926) 46, 47, 87, 145, 265 [3]. – Florian Cajori: The word "logarithm" used before the time of Napier: Archeion 12 (1930) 229, 231, 232, 233 [Ha 2; 29]. – Ernst Benz: Caspar Peucers slavische Beziehungen. Über die Beziehungen der Böhmischen Brüder zur Wittenberger Reformation: Z. slav. Philologie 16 (1939) 286–306 [3]. – Ernst Zinner: Gesch. u. Bibliogr. der astron. Literatur in Deutschland zur Zeit der Renaissance (Leipzig 1941) siehe Reg. 441 [3]; Entstehung u. Ausbreitung der coppernicanischen Lehre (Erlangen 1943) 264, 273, 274, 278, 283, 289, 291, 303, 306, 429, 430, 444, 451, 503, 513, 547 [101]; Astron. Instrumente des 11. bis 18. Jahrhunderts (München 1956) siehe Reg. 441 [Ha 2].

Bildn. Sächsiche Köpfe im zeitgenössischen Bild (Dresden [1938]) 24 (Kupferstich eines unbekannten Meisters im Staatl. Kupferstichkabinett Dresden) [3].

II **PEURBACH,** Georg von. Math., Astron. — Wahrscheinlich Schüler des Johannes von Gmunden; nach längerem Aufenthalt in Rom (bei Nikolaus von Cues), Ferrara (bei Bianchini), Bologna, Padua u. anderen Städten Italiens wird er Prof. Math. Univ. Wien; Lehrer von Regiomontanus.

*1423, Mai 30, Peuerbach, Oberösterreich;

†1461, Apr. 8, Wien.

Briefe Albin Czerny: Aus dem Briefwechsel des großen Astronomen Georg von Peurbach: Arch. österreich. Gesch. **72** (Wien 1888) 281–304 [3].

Bibliogr. Cat. gén. Bibl. nat. **135** (1936) Sp. 365–368 (28 Nr.) [3]. — Brit. Mus. Gen. Cat. **83** (1961) Sp. 976–978 (49 Nr.) [3].

Biogr. Pierre Gassendi: Tychonis Brahei ... vita. Accessit Nicolai Copernici, Georgii Peurbachii et Joannis Regiomontani astronomorum celebrium vita (Haag 1655) 333–373 [3]. — Christian Gottlieb Jöcher: Allg. Gelehrten-Lexicon **3** (Leipzig 1751) 1811 [3]. — Franz Constantin Florian von Khautz: Versuch einer Geschichte der Oesterreichischen Gelehrten (Frankfurt–Leipzig 1755) 33–57 [3]. — Delambre: Histoire de l'Astronomie du moyen âge (Paris 1819) 262–288 [3]; Biographie universelle, ancienne et moderne **33** (Paris 1823) 541–543 [3]. — G. H. Schubert: Peurbach u. Regiomontan, die Wiederbegründer einer selbständigen u. unmittelbaren Erforschung der Natur in Europa (Erlangen 1828) VIII, 115 S. [3]. — Gartz, in: Allg. Encyclopaedie der Wiss. u. Künste, hrsg. von J. S. Ersch u. J. G. Gruber (3) **19** (1844) 469–470 m. Schr.Verz. [3]. — Joseph Aschbach: Gesch. der Wiener Univ. **1** (Wien 1865) 479–493 [3]. — [S.] Günther: ADB **25** (1887) 559–561 [3]. — L. Gallois: Les géographes allemands de la renaissance (Paris 1890) 1–11 (Bibliothèque de la Faculté des Lettres de Lyon, 13) [3]. — Karl Großmann: Eine Ansprache Georgs von Peuerbach an seine Hörer [1457/1458]: Mitt. Österr. Inst. Geschichtsforsch. **42** (1927) 359–361 [3]. — Arnold C. Klebs: Incunabula scientifica et medica: Osiris **4** (1938) 246 [3]. — Hugo Hassinger: Johannes von Gmunden, Georg von Peurbach u. Regiomontanus. Die Vorbereiter des kopernikanischen Weltbildes, in: Österreich. Naturforscher u. Techniker (Wien 1950) 23–30 m. 1 Bildn., 3 Abb. [3].

Weitere Lit. Johann Friedrich Weidler: Historia astronomiae **1** (Vitembergae 1741) 298–303 [3]. — Abraham Gotthelf Kästner: Geschichte der Math. **1** (Göttingen 1796) 529–550; **2** (Göttingen 1797) 348–349, 351, 526 (Geschichte der Künste u. Wiss., 7) [3]. — Franz Anton Scharpff: Der Cardinal u. Bischof Nicolaus von Cusa ... (Tübingen 1871) 309–311 [15]. — Rudolf Wolf: Geschichte der Astron. (München 1877) 86–88, 108, 121, 126, 199, 211–212, 365 (Geschichte der Wiss. in Deutschland, Neuere Zeit, 16) [3]. — August Heller: Geschichte der Physik **1** (Stuttgart 1882) 130, 255, 256, 257, 261 [3]. — Albrecht Penck: Die Geogr. an der Wiener Univ.: Geogr. Abh. **5** (1896) VII–VIII [3]. — Ernest Lebon: Histoire abrégée de l'Astronomie (Paris 1899) 16–17, 262 [11]. — Siegmund Günther: Geschichte der Erdkunde (Leipzig–Wien 1904) 113 [15]. — E. Gerland: Der Kompaß bei den Arabern u. im christl. Mittelalter: Mitt. Gesch. Med. ⟨u.⟩ Naturwiss. **6** (1907) 18 [3]. — Wilhelm Lührs: Ein Beitr. zur Geschichte der Transversalteilungen u. des Nonius: Z. Vermess.-Wes. **39** (1910) H. 7, 181–183 [11]. — Des Claudius Ptolemaeus Handbuch der Astron. **1.** Aus dem Griechischen übers. u. mit erklärenden Anm. versehen von Karl Manitius (Leipzig 1912) XVII [3]. — A. Nippoldt: Ein Beitrag zur Frage der Ausrichtung der Kirchenachsen mit dem Magneten: Arch. Gesch. Math., Naturwiss. Techn. **7** (1916) 111, Fußnote [3]. — Walter Friedensburg: Geschichte der Univ. Wittenberg (Halle 1917) 211, 233, 280 [Ha 2]. — A. Goldmann: Heimatgaue [Linz] **4** (1923) 75–77 [300]. — Martin Nordgaard: The origin and development of our present method of extracting the square and cube roots of numbers: Math. Teacher **17** (1924) 223–238. — Lynn Thorndike: Science and Thought in the 15th Century. Studies in the history of medicine and surgery, natural and mathematical science, philosophy and politics (New York 1929) 142–150, 298 [15]. — Ernst Zinner: Die Geschichte der Sternkunde von den ersten Anfängen bis zur Gegenwart (Berlin 1931) 332, 349, 361, 364, 365, 371, 374, 382, 391–393, 396, 402–406, 454, 604, 613, 614 [15]; Leben u. Wirken des Johannes Müller von Königsberg genannt Regiomontanus (München 1938) siehe Reg. (Schriftenr. bayer. Landesgesch., 31) [15]. — Franz Kirnbauer: Die Entwicklung des Markscheidewesens im Lande Österreich (Wien 1940) 15, 86 (Bl. Technikgesch. [Wien], 7) [300]. — Ernst Zinner: Geschichte u. Bibliogr. der astron. Literatur in Deutschland zur Zeit der Renaissance (Leipzig 1941) siehe Reg. S. 441 [3]; Entstehung u. Ausbreitung der coppernicanischen Lehre (Erlangen 1943) 90–101, 104–107, 149–151, 178–180 u. an vielen anderen Stellen [101]; Astron. Instrumente des 11. bis 18. Jahrhunderts (München 1956) 143–144, 164–165, 292–296, 463–465 u. an vielen anderen Stellen [Ha 2].

II **PFAFF,** Christoph Heinrich. Physik, Chem. — 1782–1793 auf der Karlsschule Stuttgart; 1793 Dr. med. Stuttgart, 1801 Dr. phil. Kiel; 1797 ao. Prof., 1801 o. Prof. Med., Physik, Chem. Univ. Kiel.

*1773, März 2, Stuttgart;

†1852, Apr. 23, Kiel.

Bruder von Johann Friedrich Pfaff.

Autobiogr. Chr. Heinr. Pfaff: Lebenserinnerungen. Mit Gregorii Guilielmi Nitschii Memoria Christophori Henrici Pfaffii u. m. Auszügen aus Briefen von C. F. Kielmeyer, Fried. Brun geb. Münter, dem Grafen Fr. Reventlow auf Emkendorf u. Chr. H. Pfaff (Kiel 1854) XXXI, 330 S. [14]. — Aus den Lebenserinnerungen 1854 von Christoph Heinrich Pfaff: Bl. Schwäb. Albver. **16** (1904) 197–202 m. Bildn. [Ha. 2].

Bibliogr. Cat. scient. Papers **4** (1870) 866–871 (125 Nr.); **8** (1879) 609 (1 Nr.) [3]. — Cat. gén. Bibl. nat. **135** (1936) Sp. 621–622 (9 Nr.) [3]. — Brit. Mus. Gen. Cat. **188** (1963) Sp. 412–413 (21 Nr.) [3].

Briefe George Cuvier: Briefe an C. H. Pfaff aus den Jahren 1788–1792 . . . Nebst einer biogr. Notiz über G. Cuvier von C. H. Pfaff. Hrsg. von F. G. Behn (Kiel 1845) XVI, 309 S., Titelbildn. m. Faks. Widmung an Pfaff [3]. — Sammlung von Briefen gewechselt zwischen Johann Friedrich Pfaff u. Herzog Carl von Württemberg, F. Bouterwek, A. von Humboldt . . . Hrsg. von Carl Pfaff (Leipzig 1853) 75–166 (15 Briefe, Lebensbeschr. 75–85) [15].

Nekr. Gregor Guilelmus Nitzschius: Memoria Christophori Henrici Pfaffii defuncti die 23 mensis aprilis anni 1852. De auctoritate senatus academici Kiliensis scripsit. Progr. (Kiliae 1852) 20 S. [8]. — Neuer Nekrolog der Deutschen **30**, 1 1852 (1854) 295–297 [3]. — Altonaer Merkur **1852**, Nr. 99 S. 1. — Weser-Ztg. **1852**, Nr. 2612 vom 29. Apr., 2. Ausg. [46].

Biogr. Johann Georg Meusel: Das gelehrte Teutschland . . . **3** (Lemgo 1811) 31–33 m. Schr.Verz.; **7** (Lemgo 1823) 109–110 [3]. — D. L. Lübker u. H. Schröder: Lexikon der Schleswig-Holstein-Lauenburgischen u. Eutinischen Schriftsteller von 1796 bis 1828 **2** (1830) 435–440, Nachtr. u. Reg. (1831) 842 [3]. — Adolf Carl Peter Callisen: Medicinisches Schriftsteller-Lexicon der jetzt lebenden Verfasser **14** (1833) 468–483 m. Schr.Verz.; **31** (1843) 210–211 m. Schr.Verz. [3]. — E. G. Gersdorf: Leipziger Repertorium der deutschen u. ausländ. Literatur **10**, 4 (Leipzig 1852) 61 [3]. — Heinrich Wagner: Geschichte der Hohen Carls-Schule **1** (Würzburg 1856) 8, 18, 63, 94, 112, 113, 144, 147, 151, 157, 170, 174, 213; **2** (Würzburg 1857) 322, 403; Erg.Bd. (Würzburg 1858) 36 [3]. — Arch. Pharmaz. **155** (1861). Pfaffisches Vereinsjahr; darin: L. F. Bley: Vortrag zum . . . ehrenden Andenken an den verstorbenen Conferenzrath u. Prof. Dr. C. H. Pfaff in Kiel 90–92; Biogr. Denkmal für den verewigten Conferenzrath u. Prof. Dr. Ch. H. Pfaff in Kiel 102–107; Delffs: Flüchtige Blicke auf Christoph Heinrich Pfaffs wiss. Wirken 356–364 [3]. — Georg Friedrich Louis Stromeyer: Erinnerungen eines deutschen Arztes **2** (Hannover 1875) 245 [3]. —Karsten: ADB **25** (1887) 582–587 [3]. — Erich Ebstein: Chr. H. Pfaff in Göttingen (1793–1794): Janus **9** (1904) 553–556 [15]; Ärzte-Memoiren aus 4 Jahrhunderten (Berlin 1923) 144–158 m. Bildn. [101]. — Hans Schimank: Zur Gesch. der exakten Naturwiss, in Hamburg (Hamburg 1928) 132, 133 [101]. — M. A. Bloch: Biogr. spraw. **2** (Leningrad 1931) 574 [15]. — Alfred Krarup: Katalog over Universitetsbibliothekets haandscrifter **2** (Kopenhagen 1935) 219 [28]. — Carl Friedrich von Kielmeyer: Gesammelte Schriften, hrsg. von F. H. Holler unter Mitwirkung von Julius Schuster. Nach den Handschriften zum ersten Mal veröffentlicht (Berlin 1938) 304 S. m. Bildn. (Schöpferische Romantik, 1) [3]. — Festschr. 275jähr. Bestehen Christian-Albrechts-Univ. Kiel (Leipzig 1940) 83, 173, 199, 201, 202, 204, 211, 333, 334, 349, 351 [14]. — Walter Ipsen: Die einzige Schleswig-Holsteinische Pharmakopöe u. ihr Verfasser Christoph Heinrich Pfaff: Dtsch. Apotheker-Ztg. **102** (1962) 901–904 m. 1 Bildn., 10 Abb., 1 Karte [101].

II **PFAFF,** Johann Friedrich. Math. — 1775–1785 auf der Karlsakad. Stuttgart; 1785 stud., 1786 Dr. phil. Univ. Göttingen; 1788–1810 Prof. Math. Univ. Helmstedt; seit 1810 Prof. Univ. Halle; 1812 korresp. Mitgl., 1817 ao. Mitgl. Preuß. Akad. Wiss.

*1765, Dez. 22, Stuttgart;

*1825, Apr. 21, Halle.

Bibliogr. Cat. scient. Papers **4** (1870) 871 (2 Nr.) [3]. — Cat. gén. Bibl. nat. **135** (1936) Sp. 636 (4 Nr.) [3]. — Brit. Mus. Gen. Cat. **188** (1963) Sp. 419 (9 Nr.) [3].

Briefe Sammlung von Briefen gewechselt zwischen J. F. Pfaff u. Herzog Carl von Württemberg, F. Bouterwek, A. von Humboldt . . . Hrsg. von Carl Pfaff (Leipzig 1853) XII, 284 S. m. Bildn. u. Faks. [3]. — Aus unveröffentl. Briefen Dr. Friedrich Pfaffs an Dr. Franz Böhm. Ausgelesen von Ernst Schneider: Bad. Heimat **39** (1959) 111–113 [1].

Nekr. Gartz: Allg. Lit.-Ztg. **2** (Halle 1825) Sp. 61–64 [3]; Neuer Nekr. der Deutschen **3**, 2 1825 (1827) 1415–1418 m. Schr.-Verz. [3]. —Allgem. Repertorium der neuesten in- u. ausländ. Literatur. Bes. von Christian Daniel Beck für **1825**, 2 (Leipzig 1825) 228 [3].

Biogr. Johann Georg Meusel: Das gelehrte Teutschland ... **3** (Lemgo 1811) 32; **7** (Lemgo 1823) 111 [3]. — Carl Pfaff: Johann Friedrich Pfaff in seinem Verhältnisse zu Gauß bei des letzteren Aufenthalte in Helmstädt: Arch. Math. Physik **27** (1856) Lit.Ber. CVII, 4–10 [3]. — W. Sartorius von Waltershausen: Erwiderung an H. Dr. C. Pf.: ebda Lit. CIX, 1–6 [3]. — Heinrich Wagner: Geschichte der Hohen Carls-Schule **1** (Würzburg 1856) 8, 254, 262, 281; **2** (Würzburg 1857) 105, 305, 307, 309, 312, 315, 318, 319, 321, 400 [3]. — Cantor: ADB **25** (1887) 592–593 [3]. — Wilhelm Schur: Beitr. Gesch. Astron. in Hannover. Festschr. Feier 150jähr. Bestehen Ges. Wiss. Göttingen (Berlin 1901) 112 [3]. — K. Bopp: I. H. Lamberts Stellung zum Raumproblem u. zur Parallelentheorie in der Beurteilung der Zeitgenossen: S.-Ber. Bayer. Akad. Wiss. math.-physik. Kl. **1914**, 361–368 [Ha 2]. — E[ric] T[emple] Bell: Men of Mathematics (London 1937) 264, 276 [1]. — Gerhard Kowalewski: Große Mathematiker (München–Berlin 1938) 228–247 m. Bildn. u. Faks. [3].

II **PFAFF,** Johann Wilhelm Andreas. Math., Astron. — Dr. phil. Univ. Tübingen; 1800 Repetent am theol. Stift zu Tübingen; 1803–1809 o. Prof. reine u. angew. Math. Univ. Dorpat; 1809–1817 Prof. Math. Realinstitut Nürnberg; 1817–1818 Prof. Univ. Würzburg; seit 1818 Prof. Univ. Erlangen.

*1774, Dez. 5, Stuttgart;
†1835, Juni 26, Erlangen.

Werke J. W. A. Pfaff: Rußland. Bemerkungen eines Deutschen, der 5 Jahre dort lebte (Nürnberg 1813) IV, 120 S. [14].

Bibliogr. Cat. scient. Papers **4** (1870) 871–872 (20 Nr.) [3]. — Cat. gén. Bibl. nat. **135** (1936) Sp. 637 (1 Nr.) [3]. — Brit. Mus. Gen. Cat. **188** (1963) Sp. 420 (9 Nr.) [3].

Nekr. E. G. Gersdorf: Repertorium der gesamten deutschen Literatur **5** (1835) Anhang S. 27 [3]. — Neuer Nekrolog der Deutschen **13**, 1 1835 (1837) 575–578 m. Schr.Verz. [3].

Biogr. Johann Georg Meusel: Das gelehrte Teutschland ... **3** (Lemgo 1811) 33–34; **7** (Lemgo 1823) 111–112 [3]. — Joh. Frdr. von Recke u. K. Ed. Napiersky: Allgem. Schriftsteller- u. Gelehrten-Lexikon **3** (Mitau 1831) 410–413 m. Schr.Verz. [3]. — Cantor: ADB **25** (1887) 593–594 [3]. — Theodor Kolde: Die Univ. Erlangen unter dem Hause Wittelsbach 1810–1910 (Erlangen–Leipzig 1910) 127, 137, 221–222, 263, 316–317, 340, 425, 535 [3]. — Gertrud Woker: Die Katalyse. Die Rolle der Katalyse in der analyt. Chem. (Stuttgart 1910) 13, 14, 27, 39, 42, 43 [15]. — Weidner: Astrol. Rdsch. **27** (1935/1936) 15–19 m. Schr.Verz. [101].

III–VI **PFEFFER,** Wilhelm Friedrich Philipp. Botan., Pflanzenphysiol. — Ab 1863 stud. Univ. Göttingen, Marburg, Berlin, Würzburg; 1865 Dr. phil. Univ. Göttingen, 1871 PDoz. Univ. Marburg; 1873 ao. Prof. Univ. Bonn; 1877 o. Prof. Botan. Univ. Basel, 1878 Univ. Tübingen, seit 1887 Univ. Leipzig.

*1845, März 9, Grebenstein bei Kassel;
†1920, Jan. 31, Leipzig.

Bibliogr. Cat. scient. Papers **8** (1879) 610–611 (15 Nr.); **11** (1896) 4 (10 Nr.); **12** (1902) 573 (7 Nr.); **17** (1921) 838–839 (41 Nr.) [3]. — Verzeichn. der Druckschriften von W. Pfeffer 1865 bis März 1915: Jahrb. wiss. Bot. (Pfeffer-Festschr.) **56** (1915) 793–804 m. Titelbildn. u. Faks.; Die Schüler Pfeffers u. ihre in den Botan. Instituten zu Tübingen u. Leipzig unter seiner Leitung ausgeführten oder auf seine Anregung begonnenen Arbeiten 805–832 [Ha 8]. — Cat. gén. Bibl. nat. **135** (1936) Sp. 673–675 (17 Nr.) [3]. — Brit. Mus. Gen. Cat. **188** (1963) Sp. 443–445 (22 Nr.) [3].

Zum 70. Geburtstag Jahrb. wiss. Bot. **56** (1915) [Ha 8]. — Ernst Cohen: Wilhelm Pfeffer u. die physikal. Chem.: Naturwiss. **3** (1915) 118–120 [3]. — Friedrich Czapek: Die Bedeutung von Wilhelm Pfeffers physikal. Forschungen für die Pflanzenphysiol.; ebda 120–124 [3]. — G. Haberlandt: ebda 115–118 m. Titelbildn. u. Faks. [3]. — L. Jost: Die Bedeutung Wilhelm Pfeffers für die pflanzenphysiol. Technik u. Methodik: ebda 129–131; Übersicht über die Pfeffer-Festschr. u. Teil-Schr.Verz. 131–138 [3]. — H. Kniep: Wilhelm Pfeffers Bedeutung für die Reizphysiol.: ebda 124–129 [3]. — S.-Ber. naturforsch. Ges. Leipzig **45** (1918) X [3].

Nekr. F. Czapek: Alm. Akad. Wiss. Wien **70** (1920) 167–173 [Ha 2]. — Hans Fitting: Ber. Dtsch. botan. Ges. **38** (1920) (30)–(63) m. Schr.Verz. [Ha 2]. — Goebel: Jahrb. Bayer. Akad. Wiss. **1920**, 24–25 [3]. — Pringsheim: Ber. Dtsch. chem. Ges. **53** (1920) 36–39 [3]. — Wilhelm Ruhland: Ber. Sächs. Akad. Wiss., math.-phys. Kl. **75**, 2 (1923) 107–124 [3]. — Hessenland **34** (1929) 29–30 [101]. — Wilhelm Ostwald: Chemiker-Ztg. **44** (1920) 145 [3]. — Pharmaz. Ztg. **1920**, 105 [101].

Biogr. Richard Kukula: Biogr. Jahr. der dtsch. Hochschulen (Innsbruck 1892) 697–698; 1. Erg.H. (1893) 189 [3]. — Chronik verein. Friedrichs-Univ. Halle–Wittenberg vom 1. Apr. 1819 bis zum 31. März 1895 (Halle [1895]) 32 [Verleihung der Ehrendoktorwürde] [3]. — Deutschlands, Oesterreich-Ungarns u. der

Schweiz Gelehrte, Künstler u. Schriftsteller in Wort u. Bild (Leipzig–Gohlis 1908) 363 [3]. — Zum Adjunkten gewählt: Leopoldina **50** (1914) 57; Zum Vorstandsmitgl. der Fachsektion Botanik gewählt: ebda **52** (1916) 18 [Ha 2]. — Franz Gundlach: Catalogus Professorum Academiae Marburgensis. I. Die akadem. Lehrer der Philips-Univ. in Marburg von 1527 bis 1910 (Marburg 1927) 488 [3]. — Hans Fittig: Dtsch. Biogr. Jahrb. Überleitungsbd. **2**, 1917–1920 (Berlin–Leipzig 1928) 578–582; Totenliste 756–757 [3]. — M. A. Bloch: Biogr.spraw. **2** (Leningrad 1931) 575–576 [15]. — Ernst Lehmann: Biologe **4** (1935) 409–410 [12]. — Heinr. Grupe: Heimatjahrb. Kreis Hofgeismar **18** (1956) 46–49 m. 1 Abb. [292]. — A. Cybulla: Ehrung des großen hess. Botanikers Wilhelm Pfeffer am diesjähr. Dtsch. Apothekertag in Kassel: Dtsch. Apotheker-Ztg. **95** (1955) 379–380 m. 1 Bildn. [Ha 17]. — Wliliam R. Gill, G. H. Bolt: Pfeffers studies of the Root Growth Pressures exerted by plants: Agron. J. (Madison Wisc.) **47** (1955) 166–168 [7]. — Zur Erinnerung an bahnbrechende Botaniker aus Apothekerfamilien: Orion **10** (1955) H. 15/16, VIII, 25 [210]. — Oskar Pfalzgraf: Burschenschaftl. Bl. **72** (1957) 83 m. Bildn. [292].

Bildn. Büste (von Gustav Seitz) seit 1952 in Gatersleben. — E. Cohen: Jacobus Henricus van't Hoff, sein Leben u. Wirken (Leipzig 1912) 209 (Große Männer, 3) [3].

II, III **PHILIPPI,** Rudolph Amandus. Naturwiss. — Dr. med.; geognost. Reise durch Italien u. Sizilien; Prof. Naturgesch. Höhere Gewerbeschule Kassel; seit 1853 Prof. Botanik Santiago u. Grundbesitzer in Valdivia, Chile; unternahm versch. Forschungsreisen in Chile.

*1808, Sept. 14, Berlin-Charlottenburg; †1904, Juli 27, Santiago/Chile.

Bibliogr. Cat. scient. Papers **4** (1870) 882–887 (147 Nr.); **8** (1879) 614–616 (49 Nr.); **11** (1896) 8–9 (9 Nr.); **17** (1921) 849–850 (77 Nr.) [3]. — Cat. gén. Bibl. nat. **136** (1936) Sp. 23–26 (25 Nr.) [3]. — Brit. Mus. Gen. Cat. **188** (1963) Sp. 909–911 (25 Nr.) [3].

Zum 80. Geburtstag Hessenland **3** (1889) 63–66, 78–80 [4].

Nekr. Diego Barros Arana: (Santiago de Chile 1904) VII, 248 S. m. 1 Bildn., 1 Faks. Brief von 1895 [3]. — O. Boettger: Zool. Garten **45** (1904) 356 [Ha 2]. — Paul Fürstenberg: Verh. Dtsch. wiss. Ver. Santiago de Chile **5** (1904) 233–271 m. Bildn. u. Schr.Verz. 352 Nr. [Ha 2; 204]. — Viktor Hantzsch: Biogr. Jahrb. u. Dtsch. Nekrol. **9** (Berlin 1906) 186–191 [3]. — Th. Lincke: Rudolf Amandus Philippi, der älteste Deutsche u. größte deutsche Gelehrte in Chile: Illustr. Ztg., Leipzig **123** (1904) 426 m. Bildn. [3]. —Philipp Losch: Abh. Ber. Ver. Naturkunde Cassel **49** (1905) 143–158 [Ha 2]. — Carl Ochsenius: Dtsch. Erde **3** (1904) 148–149 [15]. — Karl Reiche: Ber. Dtsch. bot. Ges. **22**, 1904 (1905) 68–83 m. Bildn. u. Faks., Schr.Verz. [3]. — Beil. Allg. Ztg. **1904**, Nr. 174, 215 [15]. — Geographen-Kalender **3** (1905/1906) 199–200 [3]. — Globus **86** (1904) 239 [3]. — Leopoldina **40** (1904) 78 [Ha 2].

Biogr. Embacher: Lexikon der Reisen u. Entdeckungen (Leipzig 1882) 231 [F 1]. — Carl Ochsenius: R. A. Philippi: Nachr.Bl. Dtsch. malakozool. Ges. **21** (1889) 1–4 [15]. — R. A. Philippi in Santiago: Export **20** (1898) 402–405 m. Bildn. u. Faks. [15]. — Ferd. Friedr. Hornstein: Ansprache in der allgemeinen Sitzung: Verh. Ges. Dtsch. Naturforscher u. Ärzte, 75. Vers. Cassel 20.–26. Sept. 1903, Tl. 1 (Leipzig 1904) 8, 9 [Ha 2]. — Bernardo Gotschlich: Biografía del Dr. Rodolfo Amando Philippi (1808–1904) (Santiago/Chile 1904) VI, 185 S. m. Titelbildn. u. 13 Abb. einschl. Handschr. Proben [Ha 2]. — C[arl] Ochsenius: Rudolf Amandus Philippi: Leopoldina **42** (1906) 16–20, 53–56, 59–66 m. Schr.Verz. [Ha 2]. — Paul Fürstenberg: Deutsche Vereine in Chile: Festschr. Dtsch. wiss. Verein Santiago. Deutsche Arbeit in Chile **2** (Santiago de Chile 1913) 151 [204]. — Tornier: Rückblick auf die Paläontol.: S.-Ber. Ges. naturforsch. Freunde Berlin **1924** (1926) 59 [Ha 2]. — Albrecht Hase: Beitr. zur Gesch. der deutschen biol. Forschung in Ibero-Amerika seit Alexander von Humboldts Reisen bis 1916: Ibero-amer. Arch. **8** (1934/1935) 53–54 [3]. — Fossilium Catalogus I. Animalia. Pars 72: K. Lambrecht †, W. et A. Quenstedt, Palaeontologi, Catalogus biobibliographicus ('s-Gravenhage 1938) 336 [3; Ha 2]. — J[osé] M. Cei: Las laminas originales del Suplemento a los Batraquios chilenos de Philippi: primera impresion y comentario: Invest. Zool. Chilenas, Publicación del Centro de Investigaciones de la Universidad de Chile, Santiago **4** (1958) 265–288 [Stadt- u. UB Bern]. — Carlos Muñoz: Plant species described by R. A. Philippi during the last century: Taxon Intern. Assoc. plant taxonomy (Utrecht) **8** (1959) 75–76.

II, III **PLÜCKER,** Julius. Math., Physik. — Dr. phil.; 1825 Doz. u. 1829 ao. Prof. Univ. Bonn; 1833–1834 Prof. Friedrich-Wilhelms-Gymn. Berlin; 1834–1836 o. Prof. Math. Univ. Halle; seit 1836 o. Prof. Math. u. Physik Univ. Bonn.

*1801, Juli 16, Elberfeld; †1868, Mai 22, Bonn.

Bibliogr. Cat. scient. Papers 4 (1870) 946–948 (67 Nr.); 8 (1879) 635-636 (14 Nr.) [3]. – Sur les travaux de physique de Plücker: Bull. Bibliogr. Storia Sci. mat. fis. (Rom) 5 (1872) 206–207 [11]. – Eduard Riecke: Plücker's physikalische Arbeiten. In: Julius Plückers gesammelte physikalische Abh. (Leipzig 1896) XI–XVIII (Julius Plückers gesammelte wiss. Abh., 2) [3]. – Schoenflies, A. u. F. Pokkels: Bericht über Plückers wiss. Nachlaß: Nachr. Ges. Wiss. Göttingen, math.-physik. Kl. **1903** (1904) 279–281 [Ha 2]. – A. Schoenflies: Über den wiss. Nachlaß Julius Plükkers: Math. Ann. **58** (1904) 385–386 [3]. – Cat. gén. Bibl. nat. **139** (1936) Sp. 242–243 (4 Nr.) [3]. – Brit. Mus. Gen. Cat. **191** (1963) Sp. 579–580 (11 Nr.) [3].

Nekr. Alfred Clebsch: Abh. Ges. Wiss. Göttingen, math. Cl. Abt. 3, **16,** 1871 (1872) 1–40 m. Schr.Verz. 35–40 [Ha 2]; Trad. di Beltrami: Giorn. mat. Napoli **11** (1873) 153–179 [12]. – Proc. Roy. Soc. London **17** 1868–1869 (1869) LXXXI–LXXXII [Ha 2].

Biogr. John Tyndall: Faraday u. seine Entdeckungen: Eine Gedenkschrift. Autor. dtsch. Übersetzg. hrsg. von H. Helmholtz (Braunschweig 1870) 95 [3]. – Adolf Dronke: Julius Plücker, Prof. der Math. u. Physik an der Rhein. Friedrich-Wilhelm-Univ. in Bonn (Bonn 1871) 31 S. [38]. – G. W. A. Kahlbaum: Aus der Vorgeschichte der Spectralanalyse (Basel 1888) 36–37 [UB Basel]. – Karsten: ADB **26** (1888) 321–323 [3]. – H. Kayser: Handbuch der Spectroscopie **1** (Leipzig 1900) 73, 101, 144, 176, 231, 241, 244 [3]. – Ernst Kötter: Die Entwicklung der synthetischen Geometrie von Monge bis auf Staudt: Jber. Dtsch. Math.-Ver. **2** (1901) siehe Reg. 480 [15]. – E. T. Whittaker: A history of the theories of aether and electricity from the age of Descartes to the close of the nineteenth-century (London–Dublin 1910) 219, 220, 392, 393 [3]. – Friedrich Schulze, B. G. Teubner 1811–1911 (Leipzig 1911) m. Bildn. nach S. 288 [3]. – Friedrich von Bezold: Gesch. der Rheinischen Friedrich-Wilhelms-Univ. 1. Von der Gründung bis zum Jahr 1870 (Bonn 1920) 223, 310, 336, 400–401, 437 A, 515–516 [3]. – Friedrich Dannemann: Die Naturwiss. in ihrer Entwicklung u. in ihrem Zusammenhange **3, 4** (Leipzig 1923) 140, 367 [3]. – Wilhelm Ernst: Julius Plücker. Eine zusammenfassende Darstellung seines Lebens u. Wirkens als Mathematiker u. Physiker auf Grund unveröffentl. Briefe u. Urkunden (Bonn 1933) 91 S. (Diss. Univ. Bonn) [3]. – Henrik de Vries: Histor. Studien 2 (Groningen–Batavia 1934) IV, 282 S., 1 Abb., 14 Fig. [UB Amsterdam]. – E[ric] T[emple] Bell: Men of mathematics (London 1937) 447, 460, 528 [1]. – Heinrich Konen: Physikalische Plaudereien (Bonn 1937) 38, 368 m. Bildn. S. 38 [3]. – Georg Faber, Walther Gerlach in: Geist u. Gestalt. Biogr. Beitr. Gesch. Bayer. Akad. Wiss. **2** (München 1959) 28, 29 [3].

Zum 150. Geburtstag Bürger: Romerike Berge. Z. Heimatpfl. Bergisches Land **2** (1951/1952) 33–35 [101].

Weitere Lit. Bence Jones: The life and letters of Faraday **2** (London 1870) 233 [15]. – Gino Loria: Die hauptsächlichsten Theorien der Geometrie in ihrer früheren u. heutigen Entwicklung . . . Ins Deutsche übertr. von Fritz Schütte (Leipzig 1888) 19 [3]. – Ernest Lebon: Histoire abrégée de l'Astronomie (Paris 1899) 139, 261 [11]. – C. Musmacher: Kurze Biogr. berühmter Physiker (Freiburg i. Br. 1902) 187-188 [1]. – Nahida Lazarus u. Alfred Leicht: Moritz Lazarus' Lebenserinnerungen (Berlin 1906) 336 [3]. – Erich Ebstein: Ein unbekannter Brief von Immanuel Kant an Friedrich Plessing: Mitt. Gesch. Med. **10** (1911) 404 [3]. – P. van Geer: Een Krijgsgevangene uit Napoleontischen tyd, Jean Victor Poncelet, 1788–1867: Vragen van den Dag (Amsterdam) **1915,** Juni 431–443 [UB Amsterdam]. – Felix Klein: Vorlesungen über die Entwicklung der Math. im 19. Jahrhundert **1** (Berlin 1926) 96, 116, 119–126, 143, 155, 166, 171, 200, 318 [3].

II **PÖTSCH,** Christian Gottlieb. Naturwiss. – Seit 1776 Aufseher der kurfürstl. Naturalien-Sammlung Dresden u. seit 1804 kurfürstl. Finanzkommissar Dresden.

*1732, Mai 16, Schneeberg;

†1805, März 12, Dresden.

Bibliogr. Brit. Mus. Gen. Cat. **191** (1963) Sp. 911 (7 Nr.) [3].

Biogr. J. G. Aug. Kläbe: Neuestes gelehrtes Dresden (Leipzig 1796) 120–122 m. Schr.Verz. [3]. – Johann Georg Meusel: Das gelehrte Teutschland **6** (Lemgo 1798) 141–142 [3]. – Chr. J. G. Haymann: Dresdens . . . Schriftsteller u. Künstler (Dresden 1809) 138–144 [14]. – Fossilium Catalogus I: Animalia. Pars 72: K. Lambrecht †, W. et A. Quenstedt, Palaeontologi, Catalogus bio-bibliographicus ('s-Gravenhage 1938) 345 [3].

Weitere Lit. Friedrich August Weisz: Das gelehrte Sachsen (Leipzig 1780) 188–189 [15]. – G. Hellmann: Repertorium der deutschen Meteorol. (Leipzig 1883) 382 [3]. – Rudolph Zaunick: Dresden u. die Pflege der Geol. Vortrag Hauptverslg. Dtsch. geol. Ges. Dresden 2. Aug. 1934: Z. Dtsch. geol. Ges. **86** (1934) H. 9, 592–601 [3]. – Walther Fischer: Mineral. in Sachsen von Agricola bis Werner (Dresden 1939) siehe Reg. 334 [3].

II, III, VI **POGGENDORFF,** Johann Christian. Physik, Gesch. der Naturwiss. – 1812–1818 Lehre beim Apotheker Hasse in Hamburg, 1818–1820 Gehilfe beim Apotheker Spalkhaver in Itzehoe; 1820–1824 stud. Univ. Berlin; 1824 bis zum Tode Herausgeber der Annalen der Physik u. Chemie; 1834 Dr. phil. h. c. u. seit 1834 ao. Prof. Univ. Berlin; 1839 o. Mitgl. Preuß. Akad. Wiss.; 1844 Dr. med. h. c. Univ. Königsberg; 1863 wird von ihm der „Poggendorff", ein zweibändiges Biographisch-Literarisches Handwörterbuch zur Gesch. der exakten Wissenschaften beendet.

*1796, Dez. 29, Hamburg;

†1877, Jan. 24, Berlin.

Werke Geschichte der Physik. Vorlesungen. Mit 40 Holzschn. Nachdruck der Originalausgabe 1879 (Leipzig 1964) 937 S. [101].

Bibliogr. Cat. scient. Papers **4** (1870) 952–956 (135 Nr.); **8** (1879) 638–640 (32 Nr.); **11** (1896) 38 (6 Nr.) [3]. – Cat. gén. Bibl. nat. **139** (1936) Sp. 630–631 (9 Nr.) [3]. – Brit. Mus. Gen. Cat. **192** (1963) Sp. 5–6 (10 Nr.) [3].

Nekr. W. B[arentin]: Ann. Physik u. Chem. **160** (1877) V–XXIV m. Schr.Verz. [3]. – A. W. Hofmann: Ber. Dtsch. chem. Ges. **10** (1877) 103–104 [3]. – Arch. Sci. physiques natur., Genève N. S. **58** (1877) 218–223 [Ha 2].

Zum 100. Geburtstag B. Weinstein: Mechaniker **4** (1896) 369–370 [11].

Biogr. E. Gersdorf: Repertorium der gesamten deutschen Literatur **2** (1834) Anhang S. 33, Ernennung zum ao. Prof. [3]. – (Wilhelm Koner): Gelehrtes Berlin im Jahre 1845: Verzeichn. im Jahre 1845 in Berlin lebender Schriftsteller u. ihrer Werke (Berlin 1846) 271 [15]. – A. Philippe: Gesch. der Apotheker bei den wichtigsten Völkern der Erde. Aus dem Französ. übers. von Herm. Ludwig 2. Aufl. (Jena 1858) 457, 462, 515, 516, 517, 540, 576, 585, 624, 629, 631, 639, 698, 709, 764, 766, 871, 872 [39]. – Hans Schröder: Lexikon der hamburgischen Schriftsteller bis zur Gegenwart **6** (Hamburg 1873) 81–91 m. Schr.-Verz. [3]. – Emil Frommel: Johann Christian Poggendorff. Leichenrede. Nebst eigenhändigen Lebensnachrichten, Reden u. Briefen. Hrsg. von Valentin Rose (Berlin 1877) 79 S. [11]. – Karsten: ADB **26** (1888) 364–365 [3]. – Adolf Harnack: Gesch. Preuss. Akad. Wiss. Berlin **1** (Berlin 1900) 719, 725, 752, 784, 803, 806, 808–809, 812, 914, 941, 965, 967, 986, 990, 1044, 1048 [3]. – C. Musmacher: Kurze Biogr. berühmter Physiker (Freiburg/Br. 1902) 185–186 [1]. – Arthur von Öttingen: Robert Mayers wiss. Entwicklungsgang im Jahre 1841: Abh. Sächs. Akad. Wiss., math.-physik. Kl. **31** (1909) 163–176 [Ha 2]. – H. C. Örsted: Correspondance avec divers savants. Publ. par M. C. Harding **1** (Copenhague 1920) 152, 229, 361; **2** (1920) 349, 350, 399, 473, 474, 476, 482–489, 493, 538, 611 [15]. – M. A. Bloch: Biogr. spraw. **2** (Leningrad 1931) 582–583 [15]. – Paul Diergart: Johann Christian Poggendorffs Verdienste um Physik u. Chemie: Proteus **1** (1931) 156–157 [101]. – E. Drude in: Handwörterbuch der Naturwiss. 2. Aufl. **7** (Jena 1932) 1139 [3]. – Max Speter: Klärung der Multiplikator-Prioritätsfrage Schweigger-Poggendorff: Z. Instrumentenkde **57** (1937) 29–32 [101]. – Rudolph Zaunick: Poggendorffs Biogr.-Literar. Handwörterbuch u. die Pharmaziegeschichte. Die Vorträge der Hauptversammlung der Internat. Ges. Gesch. Pharmazie ... Eutin (Holstein): Internat. Ges. Gesch. Pharmazie **1956**, 167–172 [101; 292]. – Walter Gerlach in: Geist u. Gestalt. Biogr. Beitr. Gesch. Bayer. Akad. Wiss. **2** (München 1959) 83 [3]. – Hans Salié: Ein Standardwerk zur Gesch. der Naturwiss. Hundert Jahre Poggendorff: Forsch. u. Fortschr. **37** (1963) 202–205 m. Bildn. u. Faks. [Ha 2]; Poggendorff and Poggendorff. Translated by Ralph E. Oesper: Isis **57** (1966) 389–392 [L 5].

Weitere Lit. Hoffmann von Fallersleben: Mein Leben. Aufzeichnungen u. Erinnerungen **1** (Hannover 1868) 328–329; **2** 189; **3** 193 [3]. – Rudolf Wolf: Gesch. der Astron. (München 1877) 314, 426, 574, 768, 772, 787 (Gesch. Wiss. in Deutschland. Neuere Zeit, 16) [3]. – G. Hellmann: Repertorium der deutschen Meteorol. (Leipzig 1883) 383 [3]. – August Heller: Gesch. der Physik **2** (Stuttgart 1884) 313, 326, 351, 451, 579, 592, 614, 615, 618, 620, 621, 622, 642, 647–648, 690 [3]. – Briefwechsel J. Berzelius u. F. Wöhler. Hrsg. von O. Wallach **1** (Leipzig 1901) 32, 36–37. 43, 97, 120, 187, 231, 269, 275, 281, 284, 291, 330, 337, 346, 604, 626; **2** (1901) 246 [3]. – Leo Koenigsberger: C. G. J. Jacobi. Festschr. Feier 100. Wiederkehr seines Geburtstages (Leipzig 1904) 158, 355, 359–362, 365, 515 [3]. – J. M. Eder: Gesch. der Photogr. 3. Aufl. (Halle 1905) 100, 108, 119, 122, 136, 137, 149, 162, 225, 237, 281, 317, 330 (Bildn.), 427, 428, 429, 442 [15]. – Correspondance d'Alexandre d' Humboldt avec François Arago (1809–1853) (Paris 1909) 24, 47, 86, 139, 153 [3]. – Jakob J. Weyrauch: Robert Mayer zur Jahrhundertfeier seiner Geburt (Stuttgart 1915) 59–66 [3]. – A. Kistner: Eine Schenkung für Poggendorffs Handwörterbuch zur Geschichte der exakten Wiss.: Mitt. Gesch. Med. ⟨u.⟩ Naturwiss. **16** (1917) 440 [3]. – Jugendbriefe von Emil Du Bois-Reymond an Eduard Hallmann (Berlin 1918) 9, 117, 149 [3]. – St. Velinsky: Explication physiologique de l'illusion de Poggendorff: Année psychol. **27**, 1925 (1926) 107–116 m. 8 Fig. [3]. – Wilhelm Erman: Paul Erman. Ein Berliner Gelehrtenleben 1764–1851 (Berlin 1927) 159, 176 (Schr.Ver. Gesch.

Berlin, 53) [3]. — Moritz von Rohr: Joseph Fraunhofers Leben (Leipzig 1929) 153, 160, 162 197, [3]. — Bernhard Lepsius: Das Haus Lepsius (Berlin 1933) 309 [14]. — Alfred Krarup: Katalog over Universitetsbibliotekets Haandskrifter 2 (Kopenhagen 1935) 219, 3 Breve 4. 1. 1828–5. 3. 1834 [28]. — Was nicht in den Annalen steht. Chemiker-Anekdoten. Hrsg. Josef Hausen. 3. Aufl. (Weinheim 1964) 20 [101]. — Wolfgang Baier: Quellendarstellungen zur Gesch. der Fotogr. (Leipzig 1965) 21, 246 [3]. — J. Erik Jorpes: Jac. Berzelius. His Life and Work (Stockholm 1966) 58, 75, 96, 109, 114 (Bidrag till Kungl. Svenska Vetenskapsakademiens Historia, 7) [3].

Bildn. H. P.: Illustr. Ztg., Leipzig **62** (1874) 287–290 m. Bildn. [14].

POLLICH VON MELLERSTADT, Martin. Theol., Med. — Leibarzt Friedrichs des Weisen, der 1502 die Univ. Wittenberg gründete. P. war deren erster Rektor u. bekleidete den Lehrstuhl der scholastischen Theologie sowie der Medizin.

*um 1450, Mellrichstadt in Franken; †1513, Dez. 27, Wittenberg.

Genealog. Gg. Schübel: Drei Stammbücher einer uralten bedeutenden Schweinfurter Familie: Schweinfurter Heimatbl. **26** (1957) 61–63; Das vierte Stammbuch der alten, bedeutenden Schweinfurter Familie Pollich: ebda **27** (1958) 33–35, 37–38.

Bibliogr. Brit. Mus. Gen. Cat. **192** (1963) Sp. 349 (5 Nr.) [3].

Biogr. Melchior Adam: Vitae Germanorum Medicorum . . . (Heidelberg 1620) 6–8 [3]. — Friedericus Boerner: Memoriae professorum medicinae in academia Wittembergensi . . . **1** (Wittenberg 1755) IV–V [3]. — Lebensbeschreibungen u. litterarische Nachrichten von den Wittenbergischen Theologen seit der Stiftung der Univ. 1502, bis zur dritten 100-jährlichen Säkularfeyer 1802; aus den Matrikeln u. andern glaubwürdigen Urkunden. Ein Beitr. zur Kursächs. Reformations- u. Kirchengeschichte von M. Johann Christoph Erdmann (Wittenberg 1804) 5–6 [3]. — C. H. Fuchs: Die ältesten Schriftsteller über die Lustseuche in Deutschland von 1495 bis 1510 . . . (Göttingen 1843); darin 131–154: Defensio Leoniceniana (1499); 169–218: Castigationes (1500) [14]. — A. Hirsch: Martin Pollich: ADB **26** (1888) 393–394 [3]. — Leibarzt Friedrichs des Weisen, sein Begleiter auf der Wallfahrtsreise nach Palästina (1493) u. nebst Staupitz sein Hauptratgeber bei der Stiftung u. Einrichtung d. Univ. Wittenberg; auch deren erster Rektor. Gest. 1514. Epitaph mit latein. Inschrift im hohen Chor der Pfarrkirche, an der Ostseite. [Erz (Messing)-platte]. In: Zitzlaff, Begräbnisstätten Wittenbergs (Wittenberg 1896) 83–84 [3]. — Theodor Grüneberg: Martin Pollich von Mellerstadt, der erste Rektor der Univ.: 450 Jahre Martin-Luther-Univ. Halle-Wittenberg **1** (Halle 1953) 87–91 m. 2 Abb., Lit.Verz. [3]. — Karl Sudhoff: Martin Pollich von Mellerstadt. Die deutsche Literatur des Mittelalters. Verfasserlexikon hrsg. von . . . Karl Langosch **5** (Nachträge) (Berlin 1955) 915 [3].

Weitere Lit. Balthasar Mentz: Syntagma Epitaphiorum **1** (Magdeburg 1604) 16–17 [3]. — Johann Jacob Vogel: Leipzigisches Geschicht-Buch . . . (Leipzig 1714) 33 [3]. — Friedrich Boerner: De vita et meritis Martini Pollichii Mellerstadii . . . (Wolfenbüttel 1751) 24 S. m. Schr.Verz. [3]. — Gustav Bauch: Wittenberg u. die Scholastik: Neues Arch. Sächs. Gesch. **18** (1897) 285–339 [3]. — Gustav Bauch: Gesch. des Leipziger Frühhumanismus mit besonderer Rücksicht auf die Streitigkeiten zwischen Konrad Wimpina u. Martin Mellerstadt: Beih. 22 zum Zbl. Bibliothekswes. (1899) 194 S. [3]. — Carl Rabl: Gesch. der Anatomie an der Univ. Leipzig (Leipzig 1909) 5, 21, 22 [3]. — Karl Sudhoff: Die med. Fakultät zu Leipzig im 1. Jahrhundert der Univ. Jubiläumsstudien (Leipzig 1909) 68, 73, 83, 113, 122–152, 179 (Studien zur Gesch. der Medizin, 8) [3]. — Paul Schrekkenbach u. Franz Neubert: Martin Luther. Ein Bild seines Lebens u. Wirkens (Leipzig 1916) 177 m. Bildn. 56 [101]. — Walter Friedensburg: Gesch. der Univ. Wittenberg (Halle 1917) 10–12, 14, 19, 20, 29, 44–47, 50, 52, 53, 63, 73, 74, 76–78, 81–83, 90, 104, 110, 154 [3; 101]. — G. Hellmann: Beitr. Gesch. Meteorol. **2** (1917) 218, 225 [3]. — Friedel Pick: Joh. Jessenius de magna Jessen. Ein Lebensbild aus der Zeit des 30jährigen Krieges (Leipzig 1926) 31, 32, 87, 88 m. Bildn. S. 33 [3]. — Otto Scheel: Martin Luther. Vom Katholizismus zur Reformation **2** (Tübingen 1930) 316, 342, 343, 345, 346, 348, 350, 351, 353–354, 355, 369, 408, 409 [3]. — Ernst Zinner: Die Fränkische Sternkunde im 11. bis 16. Jahrhundert: Ber. u. Festber. 100jähr. Bestehen naturforsch. Ges. Bamberg **27** (1934) 95 [Ha 2]. — Arnold C. Klebs: Incunabula scientifica et medica: Osiris **4** (1938) 257–258 [3]. — Ernst Zinner: Gesch. u. Bibliogr. der astron. Literatur in Deutschland zur Zeit der Renaissance (Leipzig 1941) 18, 46, 102, 104, 106, 108, 110, 112, 114, 122 [3]. — Paul Diepgen: Gesch. der Medizin. Die histor. Entwicklung der Heilkunde u. des ärztlichen Lebens **1** (Berlin 1949) 249 [3]; Die alte Mainzer med. Fakultät u. die Wiss. ihrer Zeit (Mainz 1951) 6–7 (Mainzer Universitäts-Reden, 18) [3]. — Max Steinmetz: Die Univ. Wittenberg u. der Humanismus. In: 450 Jahre Martin-Luther-Univ. Halle–Wittenberg **1** (1952) 107, 108, 109, 111 [3]. — Gerhard Eis: Martin Pollichs Vorhersage für 1490: Libri, Intern. Libr. Rev. **4** (1953/1954) 103–129 m. 16 Taf. [3].

Bildn. I. Jordan u. O. Kern: Die Univ. Halle–Wittenberg vor u. bei ihrer Vereinigung Ein Beitr. zur Jahrhundertfeier am 21. Juni 1917 (Halle 1917) 45 S. m. Bildn. Taf. 4 [101]. – Johannes Walther: Aus der Gesch. der Univ. Wittenberg: Leopoldina **5** (1929) 2–3 m. Bildn. Pollichs nach Originalgemälde in der Lutherhalle zu Wittenberg auf Taf. 1 [3].

IV–VI **PRINGSHEIM,** Ernst. Physik. – 1877–1882 stud. in Heidelberg, Breslau u. Berlin; 1882 Dr. phil. Berlin; 1886 PDoz., 1896 Prof. Univ. Berlin; 1905 o. Prof. theoret. Physik Univ. Breslau.

*1859, Juli 11, Breslau;

†1917, Juni 28, Breslau.

Bibliogr. Cat. scient. Papers **11** (1896) 69 (3 Nr.); **17** (1921) 1020 (14 Nr.) [3]. – Cat. gén. Bibl. nat. **142** (1937) Sp. 1142–1143 (4 Nr.) [3]. – Brit. Mus. Gen. Cat. **195** (1963) Sp. 394 (2 Nr.) [3].

Nekr. Cl. Schaefer: Jber. Schles. Ges. vaterländ. Kultur **95,** N.F. 1 (1917) Nekrologe 32–36 [3]. – Clemens Schaefer: Physik. Z. **18** (1917) 558–560 m. Bildn. [25].

Weitere Lit. M. von Laue: Zum 40-jährigen Jubiläum des Wärmestrahlungsgesetzes: Naturwiss. **29** (1941) 137 m. Faks. (Brief E. Pringsheims u. O. Lummers an Planck vom 24. Okt. 1900) [Ha 2].

IV–VI **PULFRICH,** Carl. Opt. – 1877–1881 stud., 1881 Dr. phil., 1885 Ass. bei Clausius, Ketteler, Hertz; 1888 PDoz. Physik Univ. Bonn; 1890 wiss. Mitarbeiter im Zeisswerk Jena u. Leiter der Abt. für opt. Instrumente; 1926 Mitgl. der Leopoldina; Dr. Ing. e. h. TH München.

*1858, Sept. 24, Burscheid in Westf.;

†1927, Aug. 12, in der Ostsee ertrunken.

Bibliogr. Cat. scient. Papers **11** (1896) 77 (3 Nr.); **17** (1921) 1043–1044 (36 Nr.) [3]. – Cat. gén. Bibl. nat. **143** (1937) Sp. 1023 (2 Nr.) [3].

Nekr. Heinrich Keßler: Astron. Nachr. **231** (1927/1928) Sp. 277–280 [3]; Z. techn. Physik **8** (1927) 527–530 [15]. – Otto Knopf: Himmelswelt **38** (1928) 30–32 [11]. – F. Löwe: Vjschr. astron. Ges., Leipzig **63** (1928) 7–12 [15]; Zeiss-Werk-Ztg. **3** (1928) 12–14 m. Bildn. [101]; Z. Instrumentenkde **47** (1927) 561–567 m. Bildn. u. Faks., Schr.Verz. [3]. – M. von Rohr: Central-Ztg. Opt. u. Mech. **48** (1927) 243–244 m. Bildn. [101]. – Dtsch. opt. Wschr. **13** (1927) 597–598 m. Bildn. [3]. – Nordisk Astron. Tidsskr. 8 (1927) 125 [15]. – Z. Feinmech. u. Präzis. **35** (1927) 255 [J 59].

Biogr. O. von Gruber: Zur Erinnerung an Dr. Carl Pulfrich. In: Ferienkurs in Photogrammetrie (Stuttgart 1930) 1–4 m. Bildn. u. Faks., 14, 149, 178, 191–192, 207–208, 214–215, 225, 238, 240, 251, 263, 279, 290, 366 [101]. – O. Lacmann: Prof. Dr. Carl Pulfrich zum Gedächtnis: Int. Arch. Photogramm. **7,** 2 (1932) 1–7 [7]. – A. Sonnefeld: Ernst Abbes Verdienste um die Zeiss-Doppelfernrohre mit Umkehrprismen: Jenaer Jahrbuch **1955,** II, 177 m. Bildn. S. 179 [3]. – Franz Manek: Pulfrich u. der erste Stereoautograph Modell 1908: Jenaer Jahrbuch **1958,** Tl. 2 (Jena 1958) 7–18 m. 3 Faks. u. 5 Abb.; Pulfrich u. der Stereoautograph Modell 1909: Jenaer Jahrbuch **1959,** Tl. 1 (1959) 7–23 m. 2 Faks. u. 14 Abb. [3; Ha 2]; Pulfrich u. die Stereoautographen, Modell **1911** u. Modell 1914: Jenaer Jahrbuch **1960,** 327–340 m. 6 Faks. u. 7 Bildn. [Ha 2].

Zum 100. Geburtstag O. Hofmann: Vermessungstechnik **6** (1958) 259 [101]. – Rudolf Jobst: Mschr. Feinmech. ⟨u.⟩ Opt. **75** (1958) 364–365 [3]. – Friedrich Schneider: Jenaer Rdsch. **3** (1958) 127–128 m. Bildn. [3]. – H. Schoeler: Bildmess. u. Luftbildwes. **1958,** 122–125 [101]; Photogrammetria. Organe officiel de la Société internat. de photogrammétrie **15** (1958–1959) 1, 21–28 m. Bildn. u. Abb. [École polytechn. Lausanne]. – Kurt Schwidefsky: Zeis-Werk-Ztg. **1958,** 67–68 m. 1 Bildn., 1 Abb. [101].

Weitere Lit. Josef Maria Eder: Gesch. der Photogr. 4. Aufl. (Halle 1932) 562 m. Bildn. (Ausführl. Hdb. Photogr. Bd. **1,** 1) [3]. – Herbert Michler: Vorschlag zur Verbesserung des Pulfrichschen Kimmtiefenmessers: Ann. Hydrogr. **65** (1937) 240–241 [15]. – Horst Schoeler: Jena u. die Photogrammetrie: Zeiss-Nachr. **1959,** S. 7 [Ha 2]. – Carl Zeiss Jena. Einst u. Jetzt (Berlin 1962) 52, 58, 74–78, 80–83, 86, 91, 183 m. Bildn. S. 75 [14]. – Wolfgang Baier: Quellendarst. zur Gesch. der Fotogr. (Leipzig 1965) 428–429, 430 [3].

Bildn. Zeiss-Werk-Z. **3** (1955) H. 1, S. 59 [101].

II **PUSCH,** Georg Gottlieb. Geol. – 1816–1826 Prof. Chem. u. Hüttenkunde an der Bergakad. Kielce in Polen; nach Aufhebung dieser Akad. bis 1834 Assessor des Bergdepartements in Warschau, bis 1842 Münzmeister an der dortigen Münze u. seitdem Bergrat sowie Chef der Berg- u. Hüttensektion in Warschau.

*1790, Dez. 15, Kohren/Sachsen;

†1846, Okt. 2, Warschau.

Bibliogr. Cat. Scient. Papers **5** (1871) 46 (16 Nr.) [3]. – Brit. Mus. Gen. Cat. **196** (1963) Sp. 721 (3 Nr.) [3].

Nekr. F. Th. Köppen: Bibliotheka zoologica rossica **2** (1907) 436 [12]. – Leonard Horner: Quart. J. geol. Soc. **3** (1847) XXVII–XXX [Ha 2].

Biogr. Friedrich Hoffmann: Gesch. der Geognosie u. Schilderung der vulkanischen Erscheinungen (Berlin 1838) 188–189 [3]. – G. Hellmann: Repertorium der deutschen Meteorol. (Leipzig 1883) 395 [3]. – C. Schiffner: Aus dem Leben alter Freiberger Bergstudenten **1** (Freiberg Sa. 1935) 26–27 [3]. – Fossilium Catalogus I: Animalia. Pars 72: K. Lambrecht †, W. et A. Quenstedt, Palaeontologi, Catalogus bio-bibliographicus ('s-Gravenhage 1938) 348 [3; Ha 2].

Q

II, III **QUENSTEDT,** Friedrich August **von.** Mineral., Geol. – 1830 stud., dann Dr. phil. Univ. Berlin; Ass. mineral. Museum Berlin; 1837 ao. Prof., 1842 o. Prof. Mineral. u. Geognosie Univ. Tübingen.

*1809, Juli 9, Eisleben;
†1889, Dez. 21, Tübingen.

Bibliogr. Cat. scient. Papers **5** (1871) 54–55 (37 Nr.); **8** (1879) 678 (4 Nr.); **11** (1896) 84 (1 Nr.); **18** (1923) 5 (1 Nr. u. Biogr.) [3]. – Cat. gén. Bibl. nat. **144** (1937) Sp. 428–429 (11 Nr.) [3]. – Brit. Mus. Gen. Cat. **197** (1963) Sp. 182–183 (22 Nr.) [3].

Nekr. [W. T. Blanford]: Quart. J. geol. Soc. London **46** (1890) Proc. 51–52 [Ha 2]. – Oscar Fraas: Neues Jahrb. Mineral. **1** (1890) 1–7 [Anh. Nekr.] [15]; Jh. Ver. vaterländ. Naturkunde Württemb. **47** (1891) XXXIX–XLIV [3]. – H. B. Geinitz: Leopoldina **26** (1890) 120–121 m. Schr.Verz. [Ha 2]. – H. Haas: Illustr. Ztg., Leipzig **94** (1890) 92 m. Bildn. S. 91 [14]. – Engelbert Hofele: Diözesan-Arch. Schwaben **7** (1890) Nr. 10, S. 40 [24]. – E. Koken: Naturwiss. Rdsch. **5** (1890) 131–132 [Ha 2]. – István Lengyel: Természettudományi Közlöny **22** (1890) 642 [Nat. Bibl. Budapest]. – Emil Schlegel: Über Land u. Meer **62** (1889) 919-920 m. Bildn. [15]. – C. von Voit: S.-Ber. Bayer. Akad. Wiss., math.-physik. Cl. **20**, 1890 (1891) 430–434 [Ha 2]. – Chemiker-Ztg. **13** (1889) 1727 [3]. – Geol. Mag. [London] **7** (1890) 237–238 [1]. – Leopoldina **25** (1889) 219 [Ha 2].

Biogr. Emil Schlegel: Beil. Allg. Ztg. **1886**, 2578–2579 [15]. – A. Rothpletz: ADB **53** (1907) 179–180 [3]. – W. von Seidlitz in: Handwörterb. Naturwiss. 2. Aufl. **8** (Jena 1933) 142 [3]. – E. Hennig: Friedrich August Quenstedt. Gedenknachruf: Jh. Ver. vaterländ. Naturkde Württ. **92** (1936) XXXI–XLI m. Abb. einer Plakette; Teil-Schr.Verz. [3]; Quenstedt-Gedenkfeier: Bl. Schwäb. Albverein **49** (1937) 94 m. Abb. des Quenstedt-Denkmals [101]. – Otto Krimmel: Aus der Heimat. Naturwiss. Mschr. **50** (1937) 189–196 m. Bildn. u. Faks. [101]. – Emil Maier: Quenstedt-Feier am Denkmal auf dem Roßberg: Bl. Schwäb. Albverein **49** (1937) 122–123 m. Abb. der Feier am Denkmal [Ha 2]. – Fossilium Catalogus I. Animalia. Pars 2: K. Lambrecht †, W. et A. Quenstedt. Palaeontologi, Catalogus bio-bibliographicus ('s-Gravenhage 1938) 349 [3; Ha 2]. – Werner Quenstedt in: Schwäbische Lebensbilder **2** (Stuttgart 1941) 377–390 m. Bildn. u. Faks. [3]. – Ernst Müller: Schwäb. Paläontol. Eine geschichtl. Studie. In: Ernst Müller, Schwäb. Profile (Tübingen 1949) 270–290 [101]. – Karl Staesche: Ein Jahrhundert Paläontol. in Württemberg: Jh. Ver. vaterländ. Naturkde Württ. **113** (1958) 29–32 m. 1 Bildn. [3]. – Albert Maucher in: Geist u. Gestalt. Biogr. Beitr. Gesch. Bayer. Akad. Wiss. **2** (München 1959) 270, 272 [3].

Weitere Lit. Bernhard von Cotta: Die Geol. der Gegenwart (Leipzig 1866) 95, 197–201 [3]. – Charles Lyell: Life, Letters and Journals **2** (London 1881) 236 [3]. – Heinrich Eck: Verzeichn. der mineralog., geognost., urgeschichtl. u. balneograph. Literatur Badens, Württembergs, Hohenzollerns u. einiger angrenzender Gegenden: Mitt. Großherzogl. bad. geol. Landesanst. **1**, 1 (1890); **1**, 2 (1891); Nachtr. u. 1. Forts. (1893), 2. Forts. (1898), 3. Forts. (1901) m. Schr.Verz. [16]. – Karl Alfred von Zittel: Gesch. der Geol. u. Paläontol. bis Ende des 19. Jahrhunderts (München u. Leipzig 1899) 220, 312, 376, 377, 521, 522, 523, 615, 616, 621, 630, 668, 669, 716, 779, 800, 803, 806, 817, 818, 820, 826, 831, 835 [3]. – Robert von Mohl: Lebens-Erinnerungen 1799–1875 **1** (Stuttgart u. Leipzig 1902) 204, 209, 215 [3]. – Tornier: Rückblick auf die Paläontol.: S.-Ber. Ges. naturforsch. Freunde Berlin **1924** (1926) 59–60 [Ha 2]. – E[dgar] Dacqué: Zum 75. Todestag Albert Oppels: Z. Dtsch. geol. Ges. **92** (1940) 600–602

[15]. – Helmut Hölder: Vorschläge für die Behandlung von F. A. Quenstedts Nomenklatur: Paläontol. Z. **32** (1958) 18–23 [15]; Geol. u. Paläontol. in Texten u. ihrer Gesch. (Freiburg–München 1960) 6, 121, 283, 300, 304–307, 311, 382, 440, 441, 456, 467, 478 [101].

Bildn. Das akad. Deutschland **1** (Berlin 1930) 399 [3].

II–VI **QUINCKE,** Georg Hermann. Physik. – 1852–1858 stud. Univ. Berlin, Königsberg, Heidelberg; 1858 Dr. phil., 1859 PDoz. Univ. Berlin; 1872 Prof. Univ. Würzburg; 1875–1907 o. Prof. Physik Univ. Heidelberg.

*1834, Nov. 19, Frankfurt/O.;

†1924, Jan. 13, Heidelberg.

Bibliogr. Cat. scient. Papers **5** (1871) 64–65 (14 Nr.); **8** (1879) 681–682 (29 Nr.); **11** (1896) 86 (11 Nr.); **18** (1923) 8 (36 Nr.) [3]. – Cat. gén. Bibl. nat. **144** (1937) Sp. 842 (2 Nr.) [3].

Nekr. Alfred Kalähne: Physik. Z. **25** (1924) 649–659 m. Bildn. [15]. – Walter König: Naturwiss. **12** (1924) 621–627 m. Bildn. u. Faks. [3]. – W. Nernst: Verh. Dtsch. physik. Ges. (3) **5** (1924) 6–7 [101]. – Arthur Schuster: Nature [London] **113** (1924) 280–281 [15]. – A. S.: Proc. Roy. Soc. London (A) **105** (1924) Obit. Not. XIII–XV [15].

Biogr. S. Günther: Georg Quincke: Universum [**23**] (1907) 337–340 m. Bildn. [14]. – W. Herz: Grundzüge der Gesch. der Chem. (Stuttgart 1916) 125 [3]. – M. A. Bloch: Biogr. spraw. **2** (Leningrad 1931) 594–595 [15].

Zum 70. Geburtstag F. Braun: Ann. Physik (4) **15** (1904) I–VIII m. Bildn. u. Faks. [3].

Bildn. E. Warburg: Naturwiss. **13** (1925) 36 [3].

II, III **QUINTUS ICILIUS,** Ernst Wilhelm Gustav von. Physik. – 1847 Dr. phil. Univ. Berlin; 1849–1853 PDoz. Univ. Göttingen; seit 1853 o. Prof. Physik Polytechn. Hannover.

*1824, Sept. 20, Celle;

†1885, März 17, Hannover.

Bibliogr. Cat. scient. Papers **5** (1871) 65 (6 Nr.); **8** (1879) 683 (2 Nr.) [3]. – Brit. Mus. Gen. Cat. **197** (1963) Sp. 406 (2 Nr.) [3].

Nekr. F. Uppenborn: Zbl. Elektrotechn. **7** (1885) 195–196 [89].

Biogr. [Beförderungsnotiz in] Leipziger Repertorium der dtsch. u. ausländ. Lit. Hrsg. von E. G. Gersdorf **12, 1** (1854) 309 [3]. – Karsten: ADB **27** (1888) 47–48 [3]. – Geogr. Jahrb. **12** (1888) 386 [3]. – Hugo Schünemann: Jahrb. Geogr. Ges. Hannover **1929**, 1–6 m. Bildn. [Ha 2]. – Große Männer Niedersachsens (Hannover 1939) 33 (Niedersachsen, Gestalten u. Zeiten, H. 9/10) [101]. – Trommsdorff: Der Lehrkörper der TH Hannover 1831–1956 (Hannover 1956) 17 m. Bildn. [3].

R

II **RACKNITZ,** Joseph Friedrich Freiherr von. Geol. – 1761–1769 im sächs. Militärdienst, dann Kammerjunker; 1774 Kammerherr, 1790 Hausmarschall, 1809 erster Hofmarschall am sächs. Hofe.

*1744, Nov. 3, Dresden;

†1818, Apr. 10, Dresden.

Bibliogr. Cat. gén. Bibl. nat. **145** (1937) Sp. 522 (2 Nr.) [3]. – Brit. Mus. Gen. Cat. **197** (1963) Sp. 773–774 (5 Nr.) [3].

Nekr. [C. A. Böttiger]: Worte der Bruderliebe am Sarge des ersten Hofmarschalls ... am Grabe gesprochen, den 13. Apr. 1818 (o. O., o. J.) 7 unnum. S. [14].

Biogr. Fürstenau: ADB **27** (1888) 105–106 [3]. – Adolf Hantzsch: Hervorragende Persönlichkeiten in Dresden u. ihre Wohnungen (Dresden 1918) 119 (Mitt. Ver. Gesch. Dresdens, H. 25) [3]. – Rudolph Zaunick: Die Gesch. der Pflege der Mineral. in Dresden: Fortschr. Mineral., Kristallogr. Petrogr. **16** (1931) 144–145 [3]. – Walther Fischer: Zur Würdigung Abraham Gottlob Werners. Eine Darst. der Beziehungen Werners zu Dresdner Gelehrten der Goethezeit: Abh. naturforsch. Ges. Görlitz **32**, H. 1 (1933) 42–43 [3]. – Rudolph Zaunick: Dresden u. die Pflege der Geol. Vortr. Hauptverslg. Dtsch. Geol. Ges. Dresden 2. Aug. 1934: Z. Dtsch. geol. Ges. **86** (1934) H. 9, S. 592–601 [3]. – H. Chr. von Einbeck: Ein bedeutender sächs. Hofmarschall. Ein Dresdner Kulturbild um 1800: Sächs. Miniaturen, Beil. Das schöne Sachsen **5** (1935) Nr. 4, S. 1–3 [101]. – Walther Fischer: Die Mineralogie in Sachsen von Agricola bis Werner (Dresden 1939) siehe Reg.; Bildn. Taf. 11 [3].

Weitere Lit. Woldemar Frhr. von Biedermann: Goethe u. das sächs. Erzgebürge. Nebst Überblick der gesteinkundigen u. bergmänn. Thätigkeit Goethes (Stuttgart 1877) 75, 145 [3]. – Festschr. zum Jubil. des 150jähr. Bestehens der Loge zu den 3 Schwertern u. Asträa zur grünenden Raute im Orient (Dresden 1890) 15–17 m. Bildn. [14]. – Alwin Bergmann: Die große Landes-Loge von Sachsen u. ihre Bundeslogen. Festschr. Jahrhundertfeier 27. u. 28. Sept. 1911 (Dresden 1911) 76 m. Bildn. [14]. – Ferdinand Runkel: Gesch. der Freimaurerei in Deutschl. **3** (Berlin 1932) 381–382 m. Bildn. S. 368 [3].

Bildn. Georg Biermann: Deutsches Barock u. Rokoko **2** (Leipzig 1914) 498 [14]. – Goethe-Ausstellung Sächs. Kunstverein Dresden Juni/Juli 1932 (Dresden 1932) 35, Bildn. Nr. 97 [3]. – Neue Linie **9** (1938) H. 11, S. 24 (Bildn. von Anton Graff) [101]. – Anton Graff, Gemäldegalerie Dresden. Ausstellung Apr.–Juni 1964 Schloß Pillnitz (Dresden 1964) 41 Nr. 63 [101].

III, IV **RADDE,** Gustav Ferdinand Richard. Geogr., Forschungsreisender. – Erst Pharmaz.; 1852–1855 bereiste er die Krim; 1855–1860 Teilnehmer einer Expedition nach dem Baikalsee, Daurien, Amur usw.; 1862 m. K. E. von Baer in Südrußland; 1863 gründete er das Kaukasische Museum in Tiflis, dessen Direktor er bis zum Tode war; unternahm bis 1897 weitere zahlreiche Reisen u. leitete Expeditionen.

*1831, Nov. 27, Danzig;

†1903, März 15, Tiflis.

Bibliogr. Cat. scient. Papers **5** (1871) 72 (12 Nr.); **8** (1879) 686 (3 Nr.); **11** (1896) 91 (8 Nr.); **18** (1923) 20–21 (21 Nr.) [3]. – Cat. gén. Bibl. nat. **145** (1937) Sp. 563–566 (16 Nr.) [3]. – Brit. Mus. Gen. Cat. **197** (1963) Sp. 815–816 (26 Nr.) [3].

Briefe Briefe von Dr. Gustav Radde über seine Bereisung von Hoch-Armenien 1871: Petermanns Mitt. **18** (1872) 206–209 [3]. – Margarete Boie: Hugo Conwentz u. seine Heimat. Ein Buch der Erinnerungen (Stuttgart 1940) 192–211 (Briefe von Radde) [101].

Nekr. O. Drude u. O. Taschenberg: Gustav Radde. Sein Leben u. Werk: Leopoldina **39** (1903) 121–128, 135–146 m. Schr.Verz. [Ha 2]. – Rudolf Blasius: J. Ornithol. **52** (1904) 1–49 m. Schr.Verz. 45–49 [15]; Ornithol. Mschr. **28** (1903) 399–404 m. Bildn. u. Faks. [3].

Biogr. u. Raddes Reisen Gustav Raddes Vorlesungen über Sibirien u. das Amurland: Petermanns Mitt. **7** (1861) 261–268 [3]. – Entwurf eines physikal.-geogr. Gesamtbildes der südl. Grenzgebiete von Ost-Sibirien. Auf Grund eigener sowie anderer neuesten Beobachtungen u. Forschgn von Gustav Radde: ebda 449–457 [3]. – L. Schwarz: Die Sibirische Expedition der K. Russ. Geogr. Ges. Bericht über die Arbeiten der math.-geogr. Abt. Nach dem Russ. bearb. von J. Spörer: ebda **10** (1864) 408–424, 456–466 [3]. – Gustav Raddes Reisen unter den Swanen im Kaukasus: Globus **20** (1871) 177–182 m. 10 Abb. [3]. – Gustav Radde: ebda **25** (1874) 22–24 m. Bildn. [Ha 2]. – C. Arendts: Dtsch. Rdsch. Geogr. u. Statistik **2** (1880) 137–140 m. Bildn. [3]. – Ferdinand von Herder: Biogr. Notizen über einige in den Plantae Raddeanae genannte Sammler u. Autoren: Botan. Jahrb. **9** (1888) 446 [3]. – Rückblick auf die Reisen von Dr. Gustav Radde 1852–1890: Globus **58** (1890) 241–244, 273–275, 300–302 [Ha 2]. – Gustav Raddes Reisen u. Forschungen: Globus **56** (1889) 95 [Ha 2]. – Auszeichn. der K. Geogr. Ges. in Petersburg durch die große goldene Konstantin-Medaille: Geogr. Z. **5** (1899) 605 [3]. – Gustav Radde: Die Sammlungen des Kaukasischen Museums **6** (Tiflis 1912) Tl 1: K. F. Hahn: Autobiogr. von Dr. Radde [unbeendet] IV, 172 S. [russ.]; Tl. 2: Biogr. Dr. Raddes IV, 193 S. m. 32 Taf. [dtsch.] [11]. – Lakowitz: Zur Erinnerung an einen Danziger Naturforscher: Ostdtsch. Naturwart **4** (1931/32) 126–128 m. 1 Bildn. [F 1]. – Fossilium Catalogus I: Animalia. Pars 72: K. Lambrecht †, W. et A. Quenstedt. Palaeontologi, Catalogus bio-bibliographicus ('s-Gravenhage 1938) 350 [3; Ha 2]. – Lothar P. Manhold: Deutsche im Osten **2** (1939) H. 9, S. 65–72 m. Bildn. [101].

Zum 100. Geburtstag Erich Winguth: Gustav Radde: Auslanddeutsche **14** (1931) 686–688 [101].

Weitere Lit. Friedrich Hellwald: Centralasien. 2. Aufl. (Leipzig 1879) 289–290 m. Bildn. S. 281 [14]. – Ernst Schüz: Die Vogelwelt des südkasp. Tieflandes (Stuttgart 1959) 23–24 [101].

Bildn. H. L.: Gustav Radde: Illustr. Ztg., Leipzig **39** (1862) 448 m. Bildn. [14; 15].

II–IV **RAMMELSBERG,** Karl Friedrich. Chem. – 1833 stud., 1837 Dr. phil., 1841–1846 PDoz., 1846–1874 ao. Prof., 1874–1891 o. Prof. anorg. Chem. Univ. Berlin; 1883 Dir. Labor. Univ. Berlin; 1850 zugl. auch Lehrer Chem. Kgl. Gewerbe-Inst. Berlin; 1855 o. Mitgl. Preuß. Akad. Wiss. Berlin; 1891 i. R.

*1813, Apr. 1, Berlin;

†1899, Dez. 28, Groß-Lichterfelde bei Berlin

Bibliogr. Cat. scient. Papers **5** (1871) 82–88 (179 Nr.); **8** (1879) 690–694 (132 Nr.); **11** (1896) 97–98 (50 Nr.); **18** (1923) 40 (28 Nr.) [3]. – Cat. gén. Bibl. nat. **146** (1937) Sp. 200–202 (15 Nr.) [3]. – Brit. Mus. Gen. Cat. **198** (1963) Sp. 439–440 (23 Nr.) [3].

Nekr. Max Bauer: Centralbl. Mineral., Geol. u. Paläontol. **1900,** 221–233, 319–329 m. 1 Bildn. 208/209 u. Schr.Verz. 342–357 [15]. – A. H.: Mineral. Mag. London **12** (1900) 298–300 [Ha 2]. – H. Landolt: Ber. Dtsch. chem. Ges. **42** (1910) 4942–4970 m. Bildn. u. Faks. [3]. – C. Liebermann: Ber. Dtsch. chem. Ges. **33** (1900) 1–2 [3]. – H. A. Miers: J. chem. Soc. [London] **79** (1901) Transact. 1–43 m. Bildn. u. Faks. [Ha 2]. – G. Wyronboff: Bull. Soc. franç. Minéral. **24** (1901) 280–306 m. Schr.Verz. 283–306 [1]. – Umschau **4** (1900) 58–59 m. Bildn. u. Faks. [15]. – C. F. R.: Z. angew. Chem. **1900,** 31–32 [Ha 2].

Biogr. Wilhelm Koner: Gelehrtes Berlin im Jahre 1845. Verzeichn. im Jahre 1845 in Berlin lebender Schriftsteller u. ihrer Werke (Berlin 1846) 274–275 [15]. – Icilio Guareschi: La chimica e le arti: Annu. R. Univ. Torino **30,** 1905–1906 (1906) 13–54 [Bibl. Naz. Torino]. – M. Laue: K. F. Rammelsberg. Ein Berliner Professorenleben: Berliner Akad. Wschr. **1906/07** Nr. 32 S. 253–256 [3]. – Karl A. von Martius: Aus der Vorgesch. der Dtsch. chem. Ges.: Mitt. Gesch. Med. Naturwiss. **6** (1907) 358, 359 [3]. – Paul Martell: Zur Gesch. der Kgl. Gewerbeakad. zu Berlin: Akad. Rdsch. **4** (1916) 466 [3]. – M. A. Bloch: Biogr. spraw. **2** (Leningrad 1931) 596–597 [15]. – K. Spangenberg in: Handwörterb. Naturwiss. 2. Aufl. **8** (Jena 1933) 197 [3; 14]. – Mary Elvira Weeks : The discovery of the elements (Easton 1935) [14]. – Erik Amburger: Aus dem akad. Berlin. Versippung im Kreise der Mitgl. der Akad. der Wiss.: Nachr. Herold Berlin **9/10** (1951) 45–46 [101]. – Gelehrten- und Schriftstellernachlässe in den Bibliotheken der DDR **1** (Berlin 1959) 71, Nr. 491 [101]. – Walter Ruske: Berliner Chemiker aus 4 Jahrhunderten: Z. Chem. **1** (1961) 73–84 [3].

Zum 50jähr. Doktorjubiläum Carl Friedrich Rammelsberg. Festschr. ... hrsg. vom Akademischen Chemikerverein zu Berlin (Berlin 1887) 45 S. [1a].

II **RASCHIG,** Christoph Eusebius. Med. – Dr. med.; 1798–1825 Generalstabsmedicus in Dresden; 1815 zugl. Prof. Med. med.-chirurg. Akad. Dresden.

*1766, März 14, Dresden;
†1827, Mai 19, Dresden.

Bibliogr. Cat. scient. Papers **5** (1871) 98–99 (14 Nr.) [3].

Nekr. W. Lindner: Sächs. Provinzialbl. **1827,** Nr. 2, S. 17–21 [14]; Neuer Nekr. der Deutschen **5** (Weimar 1827) 513–516 [3]. – Allg. med. Ann. **1827,** S. 1583 [3].

Biogr. Dezeimeris: Dict. hist. méd. **3,** 2 (Paris 1837) 777 [3].

IV–VI **RASCHIG,** Friedrich August. Chem. – 1881–1885 stud. Univ. Berlin u. Heidelberg; 1885 Dr. phil. Univ. Berlin; 1885–1887 Ass. 2. chem. Univ. Labor. Berlin; 1887–1891 Chemiker Bad. Anilin- u. Sodafabrik Ludwigshafen; seit 1891 Besitzer einer chem. Fabr. in Ludwigshafen; 1917 Dr.-Ing. e. h. TH Darmstadt; 1918 Dr. rer. nat. Univ. Heidelberg.

*1863, Juni 8, Brandenburg/Havel;
†1928, Febr. 4, Duisburg.

Nekr. E. Erlenbach: Chem. Apparatur **15** (1928) 61 m. Bildn. [101]. – Arthur Rosenheim: Ber. Dtsch. chem. Ges. A **62,** 1 (1929) 109–126 m. Bildn. u. Faks., Schr.Verz. [3]. – W. Schlenk: ebda **61** (1928) 56–57 [3]. – A. Stock: Z. angew. Chem. **41** (1928) 167, 168 [3]. – M. Trautz: Z. Elektrochem. u. angew. physik. Chem. **34** (1928) 105 m. Bildn. [15]. – Dr. Raschigs Anschauungsstunde: Bodenreform **39** (1928) Sp. 68–69 [101]. – Chem. Ind. **51** (1928) 137 [3]. – Chemie en Industrie **6** (1928) 54–55 [TH Delft]. – Chemiker-Ztg. **52** (1928) 161–162 m. Bildn. [3]. – VDI-Nachr. **8** (1928) Nr. 7 S. 5 [101].

Biogr. Raschigs Ringe in der Gasindustrie: J. Gasbeleuchtung **59** (1916) 597–600 m. 4 Abb. [101]. – Berthold Rassow: Die chem. Industrie, die dtsch. Wirtsch. u. ihre Führer **1** (Gotha 1925) 109–110 [101]. – Hans Rech: Fritz Raschig. Lebensbild eines dtsch. Chemikers: Chem. Ind. **64** (1941) 137–140 m. Bildn. [101]. – Wilhelm Mathes in: Ludwigshafener Chemiker. Hrsg. von Kurt Oberdorffer **1** (Düsseldorf 1958) 78–108 m. 1 Bildn. [101].

II–IV **RATH,** Gerhard vom. Mineral., Geol. – Stud. in Bonn, Genf, Berlin; 1853 Dr. phil. Univ. Berlin; 1856 PDoz., 1863 ao. Prof., 1872 o. Prof. Univ. Bonn; bis 1880 Dir. mineral. Museums Bonn; 1888 emer.

*1830, Aug. 20, Duisburg;
†1888, Apr. 23, Koblenz.

Bibliogr. Cat. scient. Papers **5** (1871) 102–103 (38 Nr.); **8** (1879) 701–704 (115 Nr.); **11** (1896) 106–111 (118 Nr.); **12** (1902) 599 (17 Nr.); **18** (1923) 57–58 (55 Nr.) [3]. – Cat. gén. Bibl. nat. **146** (1937) Sp. 789–790 (10 Nr.)

[3]. — Brit. Mus. Gen. Cat. **198** (1963) Sp. 964–965 (9 Nr.) [3].

Nekr. Des Cloizeaux: Bull. Soc. franç. Minéral. **11** (1888) 255–261 m. Schr.Verz. 257–261 [27]. — H. Laspeyres: Gerhard vom Rath. Eine Lebensskizze: Verh. naturhistor. Ver. Rheinland **45** (1888) 31–81 m. Schr.Verz. 50–81 [Ha 2]. — J. Lehmann: Neues Jahrb. Mineral., Geol. u. Palaeontol. **2** (1888) 1–15 [15]. — J. Rein: Leopoldina **25** (1889) 82–85 [Ha 2]. — C. von Voit: S.-Ber. Bayer. Akad. Wiss., math.-physik. Kl. **19** (1889) 109–113 [Ha 2]. — W. W.: Dtsch. Rdsch. Geogr. u. Statistik **11** (1889) 92–94 m. Bildn. [3]. — Boll. R. Comitato geol. Italia **19** (1888) 208–211 m. Schr.Verz. [Ha 2]. — Geogr. Jahrb. **14** (1890/1891) S. 226 [3]. — Korresp. bl. Ver. siebenbürg. Landeskunde **11** (1888) 56 [3]. — Természettudomanyi Közlöny **21** (1889) 607–608 [Nat. Bibl. Budapest].

Biogr. G. vom Raths „Durch Italien u. Griechenland nach Palästina“: Globus **43** (1883) 44–45 [Ha 2]. — W. Bruhns u. K. Buß: Sach- u. Ortsverzeichn. zu den mineralog. u. geol. Arbeiten von Gerhard vom Rath (Leipzig 1893) V, 197 S. [15]. — A. Rothpletz: ADB **53** (1907) 209 [3]. — P. Groth: Entwicklungsgesch. der mineralog. Wissenschaften (Berlin 1926) 175, 177–178, 252 [3]. — Otto Wilckens: Geol. der Umgegend von Bonn (Berlin 1927) 256 [3]. — O. H. Erdmannsdörffer: Carl Heinrich Ferdinand Rosenbusch. Zu seinem 100. Geburtstage 24. Juni 1936: S.-Ber. Heidelberger Akad. Wiss., math.-nat. Kl. **1936** Abh. 3, S. 3, 4, 6, 10 [3]. — Fossilium Catalogus I. Animalia: Pars 72: K. Lambrecht †, W. et A. Quenstedt, Palaeontologi, Catalogus bio-bibliographicus ('s-Gravenhage 1938) 352 [3; Ha 2]. — F. Kolbeck: Aus dem Fremdenbuche des Werner-Museums der Bergakad. Freiberg: Bl. Bergakad. Freiberg **25** (1942) 18 [101].

III–V **RATHKE,** Heinrich Bernhard. Chem. — 1858 stud. Univ. Königsberg u. Heidelberg; 1865 Dr. phil. Univ. Königsberg; 1867 Ass. chem. Inst., 1869 PDoz. Univ. Halle; 1873 Lehrer Chem. Höh. Gewerbeschule Kassel; 1876 ao. Prof. Univ. Halle; 1882–1900 o. Prof. Univ. Marburg.

*1840, Jan. 20, Königsberg;
†1923, Aug. 14, Reichenhall.

Bibliogr. Cat. scient. Papers **8** (1879) 705 (16 Nr.); **11** (1896) 112 (9 Nr.); **18** (1923) 60 (18 Nr.) [3]. — Cat. gén. Bibl. nat. **146** (1937) Sp. 823–824 (9 Nr.) [3]. — Brit. Mus. Gen. Cat. **198** (1963) Sp. 994 (2 Nr.) [3].

Nekr. K. Schaum: Ber. Dtsch. chem. Ges. A **57** (1924) 83–92 m. Bildn. u. Faks., Schr.-Verz. [3].

Biogr. Chronik Friedrichs-Univ. Halle-Wittenberg **1879**, S. 11; **1882**, S. 8; **1900/01**, S. 45 [3]. — Richard Kukula: Bibliogr. Jahrb. der dtsch. Hochschulen (Innsbruck 1892) 729 [3]. — Richard Meyer: Victor Meyer (Leipzig 1917) 455–456 m. Bildn. S. 201 [3]. — Franz Gundlach: Catalogus professorum academiae Marburgensis. Die akad. Lehrer der Philipps-Univ. Marburg 1527–1910 (Marburg 1927) 470 m. Lit.Ang. [3].

Zum 80. Geburtstag Karl Schaum: Z. angew. Chem. **1** (1920) 25 [101].

III–VI **RATZEL,** Friedrich. Geogr. — Stud. Naturwiss. u. Geogr. in Karlsruhe, Heidelberg, Jena, Montpellier, Berlin, Cambridge/Mass.; 1868 Dr. phil. Univ. Heidelberg; 1869–1875 Reisen nach Italien, Ungarn, Nordamerika, Mexiko, Kuba; 1875 PDoz., 1876 ao. Prof. Geogr. Polytechn. München; 1886 o. Prof. Geogr. Univ. Leipzig.

*1844, Aug. 30, Karlsruhe;
†1904, Aug. 9, Ammerland (Wurmsee).

Werke Friedrich Ratzel: Glücksinseln u. Träume. Gesammelte Aufsätze aus dem Grenzboten (Leipzig 1905) VI, 515 S. m. 1 Bildn. [15]. — Friedrich Ratzel: Erdenmacht u. Völkerschicksal. Eine Auswahl aus seinen Werken (Stuttgart 1940) XXVII, 308 S. m. Titelbildn. [101].

Bibliogr. Viktor Hantzsch: Ratzel-Bibliogr. 1867–1905. Verzeichn. der selbstständigen Werke, Abh. u. Bücherbesprechungen Friedrich Ratzels (München, Berlin 1905) 58 S. [14]. — Cat. scient. Papers **18** (1923) 61–62 (14 Nr.) [3]. — Cat. gén. Bibl. nat. **146** (1937) Sp. 890–894 (23 Nr.) [3]. — Brit. Mus. Gen. Cat. **199** (1963) Sp. 51–53 (31 Nr.) [3].

Briefe Johannes Steinmetzler: Die Anthropogeogr. Friedrich Ratzels u. ihre ideengeschichtl. Wurzeln (Bonn 1956) 151 S. m. 2 Bildn. u. 2 Faks.Briefe an Kurt Hassert vom 6. Nov. 1888 u. 18. Nov. 1901 (Diss. Univ. Bonn 1956) [101].

Nekr. Zu Friedrich Ratzels Gedächtnis. Geplant als Festschr. zum 60. Geburtstage, nun als Grabspende dargebracht von Fachgenossen u. Schülern, Freunden u. Verehrern (Leipzig 1904) VIII, 471 S. m. Titelbildn. u. Faks., 1 Karte, 4 Taf., 2 Abb. [3]. — Th. Achelis: Gegenwart Jg. 33 Bd. **66** (1904) 148–150 [3]; Geogr. Anz. **5** (1904) 243–247 [3]. — Bruno Adler: Friedrich Ratzel. Sein Leben, seine Lehre u. meine persönl. Erinnerungen an ihn: Z. geogr. Abt. Ver. Liebhaber Naturkde,

Anthropol. u. Ethnogr. Moskau **1904**, 42–60 m. 1 Bildn. [14]. — Gustav Antze: Polit.-Anthropol. Rev. **3** (1904) 517–519 [15]. — Dmitrij N. Anutschin: Friedrich Ratzel. Mein Verkehr mit ihm: Z. geogr. Abt. Ver. Liebhaber Naturkunde, Anthropol. u. Ethnogr. Moskau **1904**, 61–65 [14]. — Jean Brunhes: Géographie **10** (1904) 103–108 [15; Ha 2]. — Karl Bücher: Bericht über das Studienjahr 1903/04 Univ. Leipzig (Leipzig o. J.) 8–10 [15]. — Max Eckert: Wiss. Beil. Leipziger Ztg. **1904**, 30. Aug. S. 409–411 [3]. — J. Früh: Neue Zürcher Ztg. **1904**, Beil. zu Nr. 225, 14. Aug. [ZB Zürich]. — Gedan: Sächs. Schulztg. **71** (1904) 563–564 [15]. — Harry Gravelius: Dresdner Anz. **174** (1904) Nr. 241 vom 30. Aug., S. 2 [14]. — Christian Gruber: Bayer. Z. Realschulwes. N.F. **13** (1905) H. 1, S. 1–15 [12]. — S. Günther: Beil. Allg. Ztg. **1904**, 3 S. 377–381 [14]. — Ludwig Gumplowicz: Gesch. der Staatstheorien (Innsbruck 1905) 530–540, 566 [3]. — Viktor Hantzsch: Biogr. Jahrb. u. Dtsch. Nekrolog **9**, 1904 (1905) 144–152 m. Titelbildn. u. Faks., 517 [3]. — Kurt Hassert: Kölnische Ztg. **1904**, 16. Okt., 2. Beil. Sonntagsausg. Nr. 1062 [38]; Geogr. Z. **11** (1905) 305–325, 361–380 [3]; Dtsch. Mschr. ges. Leben Gegenwart **7** (1904/05) 695–706 [3]. — Heinrich Heine: Neue Bahnen **15** (1904) 668–675, 716–734. — Hans Helmolt: Dtsch. Rdsch. **121** (1904) 140–143 [3]. — Otto Kämmel: Grenzboten **63** (1904) 420–421 [3]. — Rudolf Kittel: ebda 516–524 [3]. — Martha Krug-Genthe u. Ellen Churchill Semple: Bull. Amer. geogr. Soc. **36** (1904) 550–553 m. Bildn. [14]. — Karl Lamprecht: Ber. Verh. Sächs. Ges. Wiss., philol.-histor. Kl. **56**, 1904 (1905) 259–269 [3]. — Hans Lindau: Nation **22** (1904/05) 40–42 [3]. — von Maltzahn: Marine-Rdsch. **16** (1905) 217–220 [8]. — Olinto Marinelli: Riv. geogr. ital. **12** (1905) 8–18 [18]. — Fr. Nüchter: Bl. Schulpraxis in Volksschulen u. Lehrerbildungsanst. **15** (1904) 293–300 [12]. — E. Oppermann: Z. Schul-Geogr. Wien **26** (1905) 1–8 [12]. — Albrecht Penck: Zeit **1904**, Nr. 675 vom 13. Aug. Morgenbl. S. 1–2 [300]. — H. Reishauer: Mitt. Dtsch. u. Österr. Alpenver. N.F. **20** (1904) 189–190 [Ha 2]. — Franz Schulze: Pädagog. Studien **25** (1904) 435–443 [15]. — Sieger: Mitt. anthropol. Ges. Wien **35** (1905) 120–122 [Ha 2]. — Wilhelm Streitberg: Indogerm. Forsch., Beibl. **18** (1904) 136 [3]. — Paul Vidal de la Blache: Ann. Géogr. **13** (1904) 466–467 [12]. — Karl Weule: Dtsch. Erde **3** (1904) 150–151 [15]; Mitt. Ver. Erdkunde Leipzig **1904** (1905) 1–29 m. Bildn. u. Faks. [15; Ha 2]. — Arch. Rassen- u. Ges. Biol. **1** (1904) 736 [3]. — Geographen-Kalender **3** (1905/06) 201–203 [3]. — Illustr. Ztg., Leipzig **123** (1904) 234 m. Bildn. [3]. — Münchener Neueste Nachr. **57** (1904) Nr. 376 vom 13. Aug. S. 4 [12; 14]. — Velhagen u. Klasings Mh. **19**, 1 (1904/05) 237–238 m. Bildn. [3].

Biogr. Th. Achelis: Nord u. Süd **84** (1898) 263–276 m. Bildn. u. Faks. [3]. — Das goldene Buch des deutschen Volkes (Leipzig 1899) Wiss. 83 m. Faks. [14; 15]. — Friedrich Ratzel: Glücksinseln u. Träume (Erinnerungen aus seinem Leben): Grenzboten **63** (1904) 35–41, 94–104, 151–160, 212–223, 326–334, 385–394 [3]. — Friedrich Ratzel: Kleine Schriften **1** (München–Berlin 1906) XXI–XXXIII (Lebenslauf m. Titelbildn. u. Lit.-Verz.) [3]. — Richard Böttger: Friedrich Ratzel, ein neudeutscher Gelehrtentypus: Kulturfragen **3** (1907) 256–259 [14]. — Friedrich Ratzel: Bilder aus dem Kriege mit Frankreich (Wiesbaden 1908) 3–14 (Wiesbadener Volksbücher Nr. 118) [3]. — R. Braun-Artaria: Von berühmten Zeitgenossen. Lebenserinnerungen einer Siebzigerin (München 1920) 187–189 [3]. — Max Eckert: Friedrich Ratzel als akadem. Lehrer: Geogr. Z. **28** (1922) 253–261 [3]. — Friedrich Ratzel: Jugenderinnerungen. In: Der Morgen. Jugenderinnerungen dtsch. Männer, von ihnen selbst erzählt (Ebenhausen 1923) 283–320 m. Bildn. u. Faks. (Bücher der Rose) [101]. — Max Eckert in: Hirts Literaturbericht **1925–28**, 597–603 m. 3 Abb. [101]. — Wilhelm Ostwald: Lebenslinien. Eine Selbstbiogr. **2** (Berlin 1927) 95–96, **316** [3]. — Friedrich Ratzel zum Gedächtnis. Beitr. oberrhein. Landeskunde. Festschr. 22. Dtsch. Geographentag (Breslau 1927) 4 m. Abb. der Büste Ratzels [101]. — Heinrich Spiero: Deutsche Köpfe (Darmstadt u. Leipzig 1927) 9–10 [14]. — Ewald Banse: Lexikon der Geogr. 2. Aufl. **2** (Leipzig 1933) 354 [3]; Große Forschungsreisende (München 1933) 253–266 m. Bildn. u. Faks. [3]. — Friedrich Metz in: Badische Biogr. **6** (Heidelberg 1935) 537–543 m. Lit.Ang. [3]. — Karl Haushofer: Die Großen Deutschen **4** (1936) 200–214 m. 1 Bildn. [14]. — Heinrich Finke: Heinrich Hansjakob u. seine Anfänge als Historiker. Ein Vortr. mit der Alterskorrespondenz Hans Thoma, . . . u. Briefen von . . . Prof. Ratzel, . . . u. a. gesammelt von Anton Trunz (Freiburg 1938) 79 S. [14]. — Friedrich Metz: Friedr. Ratzel, Begründer der polit. Geogr.: Mein Heimatland **25** (1938) 314–318 m. Bildn. [3]. — Otto E. Gervais: Friedr. Ratzel. Der dtsch. Erzieher zur Geogr. des Menschen: Volkstum u. Heimat [Berlin] **48** (1939) 166–167 [101]. — Kurt Hassert: Große deutsche Geographen: Friedr. Ratzel: Atlantis **13** (1941) 337–376 m. Bildn. u. Faks. [101]. — F. Krökel: F. Ratzel als Leser Adalbert Stifters: Mitt. Bl. Adalbert-Stifter-Ges. [München] **1955**, 218–219 [292]. — Geist u. Gestalt. Biogr. Beitr. Gesch. Bayer. Akad. Wiss. **2** (München 1959) 281, 283–284, 285, 289; **3** (1959) Bildn. Abb. 154 [3]. — Harriet Grace Wanklyn: Friedr. Ratzel. A biographical memoir and bibliography (Cambridge 1961) IX, 96 S. [Brit. Mus.]. — Gerhard Engelmann: Die Geogr.

an der Univ. Leipzig im 19. Jahrhundert: Petermanns geogr. Mitt. **109** (1965) 40–41 m. Bildn. [3].

Zum 25jähr. Professorenjubiläum Thomas Achelis: Westermanns Mh. **90** (1901) 223–229 m. Bildn. u. Faks. [3]. — Max Eckert: Illustr. Ztg., Leipzig **117** (1901) 852, 854 [3]. — K. Hassert: Geogr. Anz. **2** (1901) 161–163 m. Bildn. [3]. — Daheim **38** (1902) Halbj. 1 (1901/02) Nr. 10, S. 6 m. Bildn. S. 5 [14].

Zum 25. Todestag Otto Maull: Z. Geopolitik **6** (1929) 614–618 [101]. — Hans Offe: Friedr. Ratzels Vermächtnis: Neue Sächs. Schulztg. **6** (1929) 249–250 [15]; Kulturleben an der Saar **8** (1929) 275–278 [StB Saarbrücken].

Zum 50. Todestag R. Hübner: Naturwiss. Rdsch. **7** (1954) 352. — W. K.: Journalist begründet polit. Geogr.: Journalist **4** (1954) Nr. 12 S. 18–19 [101].

Weitere Lit. Friedrich Ratzels Völkerkunde: Daheim **25** (1889) 156–158 m. 4 Abb. [3]. — S. Günther: Ratzels Grundlegung der polit. Geogr.: Nation **14** (1896/97) 92–94 [3]. — Heinrich Hertzberg: Friedrich Ratzels polit. Geogr.: Geogr. Z. **4** (1898) 397–408, 455–465 [3]. — Hans F. Helmolt: Anthropogeogr.: Zukunft **28** (1899) 597–601 [3]. — F. Lampe: Der 7. internat. Geographenkongr.: Umschau **3** (1899) 779–783 m. Bildn. u. Faks. S. 780 [15]. — M. Eckert: Friedr. Ratzel u. seine Bedeutung für den Geographieunterricht: Allg. Dtsch. Lehrerztg. **52** (1900) 545–547 [1]. — Richard Seyfert: Die Landschaftsschilderung (Leipzig 1903) 95–98 [3]. — Friedrich Ratzel: Gesch., Völkerkunde u. histor. Perspektive: Histor. Z. **93** (1904) 1–46 [15]. — Bruno Adler: Ratzel als Ethnograph. In: Živaja Starina [Lebendiges Altertum]. Periodičeskoe izdanie otdělenija etnografi imp. russkago geogr. občestva [Hrsg. Vladimir Lamanskij] **15** (1906) 63–73 [UB Wien]. — Otto Schlüter: Die leitenden Gesichtspunkte der Anthropogeogr., insbes. der Lehre Friedrich Ratzels: Arch. Sozialwiss. u. Sozialpolitik **22** (1906) 581–630 [3]. — Julie Adam: Der Natursinn in der dtsch. Dichtung. N.F. (Wien 1908) 115–118 [UB Wien]. — Hans F. Helmholt: Weltgeschichte. 2. Aufl. **1** (Leipzig, Wien 1913) 22–23, 573 m. Bildn. S. 14/15 [3]. — Ed. Hahn: Von der Hacke zum Pflug (Leipzig 1914) 29 [14]. — J. Partsch: Die Grenzen der Menschheit **1** (Leipzig 1916) 1, 2, 61 (Ber. Verh. Sächs. Ges. Wiss. Leipzig. philos.-histor, Kl. **68**, H. 2) [15]. — Hans Offe: Aus den volkstüml. Schriften Friedr. Ratzels: Vortrupp **6** (1917) 433–442 [15]. — Kurt Bürger: Der Landschaftsbegriff (Dresden 1935) 24 (Dresdner geogr. Studien, 7) [Ha 2]. — Sven Hedin: 50 Jahre Deutschland 6. Aufl. (Leipzig 1942) 27, 122 [101]. — Wilhelm E. Mühlmann: Über Ratzel als Anhänger des Diffusionismus in: Gesch. der Anthropologie (Bonn 1948) 143–144, 158, 190, 219, 255–256 [101]. — G. R. Crone: The men behind modern geography 6: Ferdinand von Richthofen u. Friedrich Ratzel: Geogr. Mag. **23** (1951) 370–372 [12]. — Hermann Overbeck: Das politischgeogr. Lehrgebäude von Friedrich Ratzel in der Sicht unserer Zeit: Erde **88** (1957) 169–192 m. Teil-Schr.Verz. [3]. — Friedrich Metz: Land u. Leute. Gesammelte Beitr. zur deutschen Landes- u. Volksforschg. (Stuttgart 1961) 62–66 [101].

Bildn. Umschau **3** (1899) 780 [14]. — Illustr. Universum-Jahrb. **1901**, 1138 [14]. — Der Sachse **1** (1901) 165 [14]. — Nachbar **61** (1909) Beibl. S. 61 [14]. — Leipziger Kalender **8** (1911) 212 (Abb. der Büste von Max Lange) [3]. — Wilhelm Bruchmüller: Kleine Chronik der Univ. Leipzig von 1409 bis 1914 (Leipzig 1914) 28 (Abb. der Büste Ratzels) [15]. — Am 55. Todestag von Friedrich Ratzel (9. Aug. 1959) wurde in Eichtersheim/Kraichgau eine Gedenktafel enthüllt.

II **RAU,** Johann Jacob. Theol., Astron. — 1741 stud. Ulm, 1744 Jena Philos. u. Theol.; dann Hofmeister in Augsburg; 1752 Pfarrvikar zu Wain, dann zu Weidenstetten u. Ballendorf; 1753 Prediger zu Ettlenschließ u. Lonsee, seit 1772 zu Neenstetten bei Ulm.

*1715, Juli 30, Ulm;

†1782, Okt. 21, Neenstetten.

Bibliogr. Brit. Mus. Gen. Cat. **199** (1963) Sp. 62–63 (11 Nr.) [3].

Biogr. Johann Georg Meusel: Das gelehrte Teutschland. 5. Aufl. **6** (Lemgo 1798) 228; **11** (1805) 627 [3]. — Albrecht Weyermann: Nachrichten von Gelehrten, Künstlern u. andern merkwürdigen Personen aus Ulm (Ulm 1798) 434 [3]. — S. Günther: ADB **27** (1888) 379 [3]. — Ernst Zinner: Astron. Instrumente des 11. bis 18. Jahrhunderts (München 1956) 478 [Ha 2].

II, III **RAUMER,** Karl Georg **von.** Mineral., Geol. — Stud. Göttingen, Halle, Freiberg; Dr. phil.; 1810 Assessor Oberbergdepartement Berlin; 1811–1813 Bergrat in Breslau u. Prof. Mineral. Univ. Breslau; dann Oberbergrat u. 1819–1823 Prof. Mineral. Univ. Halle; dann bis 1827 Lehrer am Dittmarschen Erziehungs-Inst. Nürnberg; seit 1827 Prof. allgem. Naturgesch. u. Mineral. Univ. Erlangen.

*1783, Apr. 9, Wörlitz;

†1865, Juni 2, Erlangen.

Genealog. P. E. Schramm: Hanauer Refugiés: Arch. Sippenforsch. (Limburg) **29** (1963) 74–77, 163–176 [292].

Bibliogr. Cat. scient. Papers **5** (1871) 109 (3 Nr.) [3]. — Cat. gén. Bibl. nat. **146** (1937) Sp. 100–102 (17 Nr.) [3]. — Brit. Mus. Gen. Cat. **199** (1963) Sp. 95–97 (28 Nr.) [3].

Nekr. E. Bornemann: Karl von Raumer, ein Vielverkannter: Dtsch. Turnztg. (Leipzig) **12** (1867) Nr. 1, S. 2–3; Nr. 3 S. 17–19; Nr. 5 S. 29–30; Nr. 7 S. 41–43; Nr. 13 S. 82–83; Nr. 16 S. 104–105 m. Bildn. S. 104 [39]. — Carl Dreher: Carl von Raumer. Vortrag in der freien Lehrerkonferenz Karlsruhe (Karlsruhe 1866) 27 S. [14]. — William John Hamilton: Quarterly J. geol. Soc. (London) **22** (1866) Proc. XXXVII–XL [3]. — Adolf von Harleß: Z. Protestantismus u. Kirche N.F. **51** (1866) 70–94 [3]. — Wilhelm Harnisch: Biogr. Bilder. 12. Karl von Raumer: Pädag. Arch. **8** (1866) 438–450 [3]. — A. von Scheurl: Zum Gedächtn. Karl von Raumers (Erlangen 1865) 31 S. [14; 15]. — Gottfried Thomasius: Rede am Grabe von Raumer (Erlangen 1865) 14 S. [14]. — Beil. Allg. Ztg. **1865**, Nr. 189 S. 3081–3082; Nr. 190 S. 3098–3099; Nr. 191 S. 3113–3114 [15]. — C.: Evang. Kirchen-Ztg. **78** (1866) Sp. 81–83 [3].

Biogr. Johann Georg Meusel: Das gelehrte Teutschland **19** (Lemgo 1823) 253 [3]. — Andreas Gottfried Schmidt: Anhaltsches Schriftsteller-Lexikon (Bernburg 1830) 311–312 [3]. — Karl von Raumers Leben von ihm selbst erzählt. 2. Aufl. (Stuttgart 1866) VIII, 344 S. [3]. — Palmer in: K. A. Schmid, Encyklopädie des gesammten Erziehungs- u. Unterrichtswesens **6** (Gotha 1876) 640–649 [3]. — von Gümbel: ADB **27** (1888) 420–423 [3]. — Adolf Harnack: Gesch. Preuß. Akad. Wiss. Berlin **1** (Berlin 1900) 698 [3]. — Kaufmann: Die Brüder Karl u. Friedrich von Raumer an der Univ. Breslau (1811–1819): Korresp. Bl. Gesamtver. Dtsch. Gesch.- u. Altertumsver. **59** (1911) Sp. 10–22 [3]. — Carl Schiffner: Aus dem Leben alter Freiberger Bergstudenten **1** (Freiberg 1935) 25 [3]. — W. Serlo: Männer des Bergbaus (Berlin 1937) 116–117 [3]. — Zeugnisse dtsch. Frömmigkeit von der Frühzeit bis heute. Hrsg. von Otto Eberhard (Leipzig 1938) 169–170 [101]. — Fossilium Catalogus I: Animalia Pars 72: K. Lambrecht †, W. et A. Quenstedt: Palaeontologi, Catalogus biobibliographicus ('s-Gravenhage 1938) 353 [3; Ha 2]. — Martin Schwarzbach: Karl von Raumer, Breslaus 1. Geologieprof. (Köln 1957) 31 S. m. 5 Bildn., 4 Abb., Schr. u. Lit.Verz. 28–30 [101]. — Walther Gerlach in: Geist u. Gestalt. Biogr. Beitr. Gesch. Bayer. Akad. Wiss. **2** (München 1959) 72 [3]. — G. Neumann: Naturwissenschaftler u. Christ. Karl von Raumer: Sonntag. Gemeindebl. Ev. luth. Landeskirche Sachsen **20** (1965) Nr. 36 S. [4] m. Bildn. [14].

Weitere Lit. Friedrich Hoffmann: Gesch. der Geognosie u. Schilderung der vulkan. Erscheinungen (Berlin 1938) 179–181 [3]. — Heinrich Steffens: Was ich erlebte **5** (Breslau 1842) 154, 155; **7** (1843) 13–19; **8** (1843) 11, 22, 27, 126–130, 412; **9** (1844) 78, 79, 80, 81, 279; **10** (1844) 318, 321 [3]. — Otto Taschenberg: Gesch. der Zool. u. der zool. Sammlungen an der Univ. Halle 1694–1894: Abh. naturwiss. Ges. Halle **20** (1894) 38, 69, 85 [Ha 2]. — Max Ring: Erinnerungen **1** (Berlin 1895) 75 [3]. — Karl Goedeke: Grundriß zur Gesch. der deutschen Dichtung **6**, **7** (Leipzig, Dresden, Berlin 1898) 271–273 m. Schr.- u. Lit.Verz. [3]. — K. A. von Zittel: Gesch. der Geol. u. Paläontol. bis Ende des 19. Jahrhunderts (München, Leipzig 1899) 124 [3]. — Theodor Kolde: Die Univ. Erlangen unter dem Hause Wittelsbach 1810–1910. Festschr. (Erlangen, Leipzig 1910) 317–323, 331, 369, 404, 429, 432, 450, 515, 536 [3]. — C. Hintze: Mineralogie. Festschr. Feier 100jähr. Bestehen Univ. Breslau **2** (Breslau 1911) 466–467 [3]. — Walter Schellhas: 750 Jahre Freiberg, Sachsens Berghauptstadt (Freiberg 1937) 44 S. [14]. — Wilhelm Schäfer: Freiheitl. Bestrebungen hallischer Prof. u. Studenten in der 1. Hälfte des 19. Jahrhunderts in: 450 Jahre Martin-Luther-Univ. Halle–Wittenberg **2** (Halle 1952) 257–273 [3]. — Walther Herrmann: Bergbau u. Kultur. Beitr. zur Gesch. des Freiberger Bergbaus u. der Bergakad. (Berlin 1953) 57–58 (Freiberger Forsch. H. D 2) [101]. — Hans-Joachim Schoeps: Erlangens Ruhm in verklungenen Tagen. Ein Studentenbrief von 1801: Die Erlanger Univ. **9** (1956) Beil. 2, S. 1–2 [29]. — Helmut Hölder: Geol. u. Paläontol. in Texten u. ihrer Gesch. (Freiburg–München 1960) 11, 446, 470 [101].

Bildn. Illustr. Ztg., Leipzig **45** (1865) 52 [14].

RAUWOLF, Leonhard. Med., Botan. — Stud. Botan. in Montpellier; 1562 Dr. in Valence; 1563 Reise nach Italien, zurück über die Schweiz nach Augsburg, wo er sich als Arzt niederließ, später in Aichard u. Kempten; 1573–1576 große Reise nach Tripolis, Bagdad; 1576 wieder in Augsburg, Leiter des Pestspitals.

*um 1540, Augsburg;

†1596.

Bibliogr. Cat. gén. Bibl. nat. **146** (1937) Sp. 1049–1050 (7 Nr.) [3]. — Brit. Mus. Gen. Cat. **199** (1963) Sp. 136–137 (14 Nr.) [3].

Biogr. Melchior Adam: Vitae Germanorum medicorum (Heidelberg 1620) 246–248 [3]. — Tobias Coberus: Observationum medicorum castrensium usgaricarum decades tres (Helmstad u. Gardelegen 1685) 16–21 [3]. — Johann Friedrich Gronovius: Flora orientalis (Lugduni Batavorum 1755) [S. 5–16] [3]. — N. F. J. Eloy: Dictionnaire historique de la médicine ancienne et moderne ... 4 (Mons 1778) 35–36 [3]. — Franz Anton Veith: Bibliotheca Augustana ... de vita et scriptis eruditorum ... 8 (Augsburg 1792) 148–154 [3]. — Johann Beckmann: Litteratur der älteren Reisebeschreibungen 1 (Göttingen 1808) 1–21 [3]. — Eyriès: Biographie universelle, ancienne et moderne 37 (Paris 1824) 142–143 [3]. — Ernst Heinrich Friedrich Meyer: Gesch. der Botanik 4 (Königsberg 1857) 270, 404 [3]. — Friedrich Ratzel: ADB 27 (1888) 462–465 [3]. — Max Radlkofer: Die humanist. Bestrebungen der Augsburger Ärzte im 16. Jahrhundert: Z. histor. Ver. Schwaben u. Neuburg 20, 1892–1893 (1893) 44–47 [3]. — Ludovic Legré: Léonard Rauwolf. Jacques Raynaudet (o. O. 1900) 15 S. [Bibl. Nat. Paris]. — Max Pannwitz: Deutsche Pfadfinder des 16. Jahrhunderts in Afrika u. Südamerika (Stuttgart 1912) 122–138 (Bibl. des 16.–18. Jahrhunderts) [3]. — Franz Babinger: Leonhard Rauwolf, ein Augsburger Botaniker u. Orientreisender des 16. Jahrhunderts: Arch. Gesch. Naturwiss. u. Techn. 4 (1912) 148–161 [3]. — Eilhard Wiedemann: Beitr. zur Gesch. der Naturwiss.: S.-Ber. Physik. med. Soz. Erlangen 48/49, 1916–17 (1918) 316, vgl. auch 342–344 [Ha 2]. — Chr. Voigt: Zwei Mittelmeerfahrten eines dtsch. Gelehrten in den Jahren 1573–1576: Hansa. Dtsch. naut. Z. 57 (1920) 112–113 [101]. — Franz Babinger: Zu Leonhard Rauwolfs Lebensbeschreibung: Arch. Gesch. Naturwiss. u. Techn. 9 (1922) 52 [3]. — Julius Schuster: Leonhard Rauwolf als Kämpfer gegen das Kurpfuschertum 1593: Arch. Gesch. Med. 14 (1923) 125–126 [3]. — Ludwig Darmstaedter: Aus der Heimat 40 (1927) 377–379 [Ha 2]; Naturforscher 4 (1927/28) 136–137 [3]. — Alfred Weitnauer: Der Mann, der den Kaffee fand: Das schöne Allgäu 7 (1939) 331 m. 1 Abb. [101]. — Claus Nissen: Die botan. Buchillustration 2 (Stuttgart 1951) 43, 146–147 [3]. — G. H. Klövekorn: L. Rauwolf: Die Medizinische 1953, 422–423 [101]. — F. W. Rieppel: Leonhard Rauwolf. Ein Beitr. zu seiner Biogr.: Dtsch. med. Wschr. 80 (1955) 653–655 m. 3 Abb. [3]. — J. Hampton Hoch: L. Rauwolf: J. South-Carolina med. Assoc. 51 (1955) 206 [Hist. med. Libr. London]. — Wolfg. Schneider: Die Erforschg. der Rauwolfia-Alkaloide von ihren Anfängen bis zur Gegenwart: Arzneimittelforschung 5 (1955) 666–672 [101]. — A. Engelhardt: Der Arzt u. Botaniker Leonhard Rauwolf: Ärzte-Praxis 7 (1955) Nr. 4 S. 22 [101]. — F. W. Rieppel: Zur Frühgesch. der Rauwolfia: Sudhoffs Arch. Gesch. Med. Naturwiss. 40 (1956) 231–239 m. 3 Abb. [3]. — Hans Schadewaldt: Zur Gesch. der Rauwolfia: Veröff. intern. Ges. Gesch. Pharmaz. 13 (1958) 139–155 [24]. — Joseph Wiesner: Leonard Rauwolf als Altertumsforscher: Sudhoffs Arch. Gesch. Med. Naturwiss. 43 (1959) 355–360 m. Lit.Verz. [3]. — Karl Frick: Zur Biogr. des Leonh. Rauwolf: ebda 46 (1962) 82–83 [101]. — K. Ganzinger: Rauwolf u. Fuchs. Ein Beitr. zur Gesch. der Botan. im 16. Jahrhundert. In: Veröff. intern. Ges. Gesch. Pharmaz., N.F. 22 (1963) 23–42 m. 6 Abb., 2 Faks. [101]. — Karl H. Dannenfeldt: Leonhard Rauwolf: A Lutherian Pilgrim in Jerusalem 1575: Arch. Reformationsgesch. 55 (1964) 18–36 [3].

REDEN, Claus Friedrich **von**. Geol. — 1762–1765 Bergdrost, 1766 Vize-Berghauptmann u. seit 1769 Berghauptmann zu Clausthal; 1777 Geheimer Kammerrat.

*1736, Apr. 6, Celle;

†1791, Okt. 8, Clausthal.

Biogr. Allgem. hannoversche Biogr. 3 (Hannover 1916) 452–463 m. Bildn. [15]. — W. Serlo: Männer des Bergbaus (Berlin 1937) 117–118 [3].

REDEN, Friedrich Otto Burchard **von**. Geol. — 1797 Bergdrost zu Clausthal; 1803 Vize-Berghauptmann zu Osnabrück; 1817 zweiter Berghauptmann, seit 1825 Berghauptmann zu Clausthal.

*1769, März 15, Clausthal;

†1836, Mai 26, Clausthal.

Sohn von Claus Friedrich von Reden.

Biogr. W. Serlo: Männer des Bergbaus (Berlin 1937) 118 [3].

REDEN, Friedrich Wilhelm Graf **von**. Begründer des neueren schles. Bergbaus. — 1770–1773 stud. Naturwiss. Univ. Göttingen u. Halle; 1774 Staatsexamen für Verwaltungsbeamte; dann Reisen nach Holland, Belgien, Frankreich, England; Studien bei Werner in Freiberg; 1781 preuß. Kammerherr u. Oberbergrat; begründete die oberschlesische Eisengroßindustrie; dazu 1789 Studium des Hütten- u. Maschinenwesens in England; 1779–1802 Dir. schles. Oberbergamt, seit 1795 als Berghauptmann; 1802–1807 Oberberghauptmann u. Chef des Berg- u. Hüttendepartements in Berlin, 1803 Bergwerksminister u. Grafentitel; 1807 i. R. zieht er sich auf sein Landgut Buchwald zurück.

*1752, März 23, Hameln;

†1815, Juli 3, Michelsdorf im Riesengebirge.

Onkel von Claus von Reden (1736–1791).

Bibliogr. Cat. gén. Bibl. nat. **147** (1938) Sp. 743–745 (9 Nr.) [3]. — Brit. Mus. Gen. Cat. **199** (1963) Sp. 754–755 (27 Nr.) [3].

Biogr. L. von Zedlitz-Neukirch: Neues Preuß. Adels-Lexicon **4** (Leipzig 1837) 95–96 [3]. — Eleonore Fürstin Reuß: Friederike Gräfin von Reden geb. Freiin Riedesel zu Eisenach. Ein Lebensbild in Briefen u. Tagebüchern **1** (Berlin 1888) 509 S. m. Titelbildn. u. Faks., 2 Abb.; **2** (1888) 468 S. [3]. — Grünhagen: ADB **27** (1888) 510–513 [3]. — Th. Eisenmänger: Graf Friedrich Wilhelm Reden. In: Bunte Bilder aus dem Schlesierlande **1** (Breslau 1903) 205–212 m. 1 Bildn., 1 Abb. [15]. — Franz Maria Feldhaus: Deutsche Techniker u. Ingenieure (Kempten u. München 1912) 104 [101]. — Wilhelm Rothert: Graf Reden. In: Hannover unter dem Kurhut 1646–1815 (Hannover 1916) 452–463 m. Bildn. (Allg. hannoversche Biogr., 3) [3]. — A. Schwemann: Friedr. Wilhelm Graf von Reden: Beitr. Gesch. Techn. u. Ind. **14** (1924) 22–39 m. 1 Bildn. [101]. — Conrad Matschoß: Männer der Techn. (Berlin 1925) 218–219 [101]. — E. Mummenthey: Kalibergmann **7** (1932) Nr. 13 S. 3–4 m. 2 Bildn., 3 Abb.; Nr. 14 S. 3–4 m. 1 Bildn., 4 Abb. [101]. — Franz Maria Feldhaus: Männer deutscher Tat (München 1934) 158 m. 1 Abb. des Reden-Kanals bei Berlin, 1806 als Tunnel für eine Förderbahn gebaut [101]. — Walter Serlo: Lebensbilder zur Gesch. des Bergbaus: Z. Berg-, Hütten- u. Salinenwesen in Preußen **82** (1934) 288–289 [3]. — C. Matschoß: Die Schöpfer der schles. Großindustr.: Rdsch. techn. Arbeit **15** (1935) Nr. 23 S. 15 m. Abb. einer Plakette von Reden [101]. — Jahade: Friedr. Wilh. Graf von Reden. Zur 120. Wiederkehr seines Todestages am 3. Juli: Das Werk, Mschr. Ver. Stahlwerke **15** (1935) 331–332 m. 2 Abb. [101]. — Walter Serlo: Männer des Bergbaus (Berlin 1937) 118–119 [3]. — Conrad Matschoß: Große Ingenieure. Lebensbeschreibungen aus der Gesch. der Techn. (München–Berlin 1937) 110–112 [3]. — Carl Schiffner: Aus dem Leben alter Freiberger Bergstudenten **2** (Freiberg 1938) 19–21 [3]. — Kurt Brüning: Friedrich Wilhelm Graf von Reden. In: Große Männer Niedersachsens [1939] S. 47 (Niedersachsen, Gestalten u. Zeiten H. 9/10) [101]. — Hans Henning: Friedrich Wilhelm Graf von Reden: Arch. Landes- u. Volkskde Niedersachsens **1941**, 234–249 m. Bildn. u. Lit.Verz. [101]. — Bergbau **54** (1941) Nr. 2, S. 29 [101]. — Friedrich Stumpe: Friedrich Wilhelm Graf von Reden im Urteil seiner Zeitgenossen: Niedersachsen **52** (1952) 71–72 [101]. — Anschnitt **5** (1953) Nr. 3, S. 10 m. 1 Bildn. [101].

Weitere Lit. Conrad Matschoß: Die Einführung der Dampfmaschine in Deutschland: ZVDI **49** (1901) 901–907 m. 2 Bildn., 1 Taf., 1 Fig.; 1002–1006 [15]; Die Entwicklung der Dampfmaschine **1** (Berlin 1908) 152–153 [3]; Friedr. der Große als Beförderer des Gewerbefleißes (Berlin 1912) 79, 86 [3]. — Konrad Wutke: Aus der Vergangenheit des Schles. Berg- u. Hüttenlebens (Breslau 1913) siehe Reg. S. 768 [101]. — Briefwechsel des Herzogs-Großherzogs Carl August m. Goethe. Hrsg. von Hans Wahl **1** (Berlin 1915) 215, 216, 220, 288, 434, 435, 450 [3]. — Max Schulz-Briesen: Der preuß. Staatsbergbau im Wandel der Zeiten **1** (1933) 47 m. Bildn. S. 48 [3]. — Ludwig Rüger: Die Bodenschätze Deutschlands (München 1937) 57 [101]. — Hans Jessen: Freiherr vom Stein u. die Redens: Wanderer im Riesengebirge **57** (1937) 136–139 m. 3 Bildn. [101]. — Wolfgang Baumgart: Goethe u. Schlesien: Schlesienbändchen **14** (1940) 17 m. Bildn. u. Faks. [3].

Bildn. Neue Berlinische Mschr. **14** (1805) Titelbildn. [3]. — Statue des Grafen Friedrich Wilhelm von Reden zu Königshütte in Oberschlesien: Illustr. Ztg., Leipzig **19** (1852) 377 [14]. — Z. Berg-, Hütten- u. Salinenwesen **1** (1854) 201–224 m. Titelbildn. [3]. — Erich Meyer-Heisig: Gleiwitzer Eisenkunstguß: Schlesien **1** (1939) 249–250 (Abb. der Eisengußbüste von Reden) [101]. — Werner Hentrich: Das Denkmal des Grafen von Reden: Anschnitt **6** (1954) H. 4, S. 7–11 m. 1 Bildn., 2 Abb. [101]. — Herbert Wefels u. Wilh. Treue: Gedanken über die Industrie-Medaille im 19. u. 20. Jahrhundert: Tradition **2** (1957) 197 [101]. — Hanns Freydank: Alexander von Humboldt u. der Bergbau: Z. Erzbergbau u. Metallhüttenwesen **12** (1959) 385 (Bildn. nach einer Zeichng. von Caroline von Riedesel, gestochen von Henry Meyer 1815) [3].

II **REDERN,** Sigismund Ehrenreich Graf **von**. Optik. — Kgl. Preuss. Oberhofmarschall; Ehrenmitgl. u. seit 1751 einer der Curatoren der Akad. Wiss. Berlin.

*1720.

†1789, Juli 1, Königsbrück.

Genealog. Vjschr. Heraldik, Sphragist. u. Geneal. **3** (1875) 133–151 m. Stammtaf. [15]. — H. v. R.: Das Wappen derer von Redern u. der Familien m. ähnlichen Namen: ebda 158–172 m. 6 Abb. [15]. — Der Familientag der Familie „von Reden“: Dtsch. Adelsblatt **1** (1883) 399 [1]. — Hermann von Redern: Gesch. des Geschlechts von Redern **1** (Görlitz 1936) XI, 230 S.; **2** (1936) V, 263 S. [Sigism. Ehrenreich R. S. 104–105] [14; 101].

Bibliogr. Cat. gén. Bibl. nat. **147** (1938) Sp. 749 (4 Nr.) [3]. — Brit. Mus. Gen. Cat. **199** (1963) Sp. 759–760 (3 Nr.) [3].

Biogr. Biographie universelle, ancienne et moderne **37** (Paris 1824) 216 [3]. – E. G. Gersdorf: Repertorium der gesammten deutschen Literatur für das Jahr 1841. Literar. Miscellen **28** (1841) 2 [3]. – Karsten: ADB **27** (1888) 521 [3]. – Die Registres der Berliner Akad. Wiss. 1746–1766 . . . Hrsg. von Eduard Winter (Berlin 1957) siehe Reg. [101].

REDINGER, Karl Martin. Botan. – 1925 stud., 1931 Dr. phil. Univ. Wien; 1931 an der Botan. Abt. Wiener Naturhistor. Museum; 1937 am Kaiser-Wilhelm-Inst. Biologie Berlin-Dahlem; 1938 an der Reichsanstalt für Tabakforschung in Forchheim.

*1907, Sept. 22, Wien;

†1940, März 26, Aflen, Steiermark.

Bibliogr. Brit. Mus. Gen. Cat. **199** (1963) Sp. 793 (2 Nr.) [3].

Nekr. Fritz Mattick: Ber. Dtsch. botan. Ges. **58** (1940) (70)–(77) m. Schr.Verz. (21 Nr.) [Ha 8].

REDLICH, Emil. Psychiatr., Neurol. – Stud., 1889 Dr. med., 1894 PDoz., seit 1900 Prof. Univ. Wien; zugleich 1898–1906 Leiter der Privat-Irrenanst. in Inzersdorf bei Wien; seit 1907 Vorstand der Nervenheilanst. Maria-Theresienschlössel der Rothschild-Stiftung Wien.

*1866, Jan. 18, Brünn;

†1930, Juni 7, Wien.

Bibliogr. Cat. scient. Papers **18** (1923) 89 (9 Nr.) [3]. – Josef Wilder: Verzeichn. der wiss. Publikationen von Prof. Emil Redlich: Mschr. Psychiatr. Neurol. **76** (1930) 264–268 [3]. – Cat. gén. Bibl. nat. **147** (1938) Sp. 781 (4 Nr.) [3].

Nekr. C. von Economo: Z. ges. Neurol. Psychiatr. **133** (1931) 325–328 m. Bildn. [25]. – Wagner-Jauregg: Wiener klin. Wschr. **43** (1930) 824 [3].

II, III **REDTENBACHER,** Jacob Ferdinand. Maschinenbau. – 1825–1829 stud., 1830–1834 Ass. polytechn. Schule Wien; 1834–1841 Prof. höh. Industrieschule Zürich; seit 1841 Prof. Polytechnikum Karlsruhe.

*1809, Juli 25, Steyer ob der Enns, Österreich;

†1863, Apr. 16, Karlsruhe.

Bibliogr. Cat. scient. Papers **5** (1871) 122 (2 Nr.) [3]. – Cat. gén. Bibl. nat. **147** (1938) Sp. 824–825 (4 Nr.) [3]. – Brit. Mus. Gen. Cat. **199** (1963) Sp. 830–831 (18 Nr.) [3].

Biogr. F. Grashof in: Badische Biogr. **2** (Heidelberg 1875) 161–163 [3]. – von Weech: ADB **27** (1888) 540–542 [3]. – Karl Keller: Ferdinand Redtenbacher als Begründer der Maschinenwiss. In: Festgabe Jubil. 40jähr. Regierung Großherzogs Friedrich von Baden (Karlsruhe 1892) 57–71 m. Abb. seines Reliefs [3]. – Conrad Matschoß: Männer der Techn. (Berlin 1925) 219 m. Bildn. [101]. – Wilhelm Exner in: Lebensbilder führender Österreichischer Polytechniker (Wien 1927) 47–56 m. Bildn. [101]. – F. Schnabel: Aus der Gesch. der TH Karlsruhe (Karlsruhe 1936) 3–16 m. Bildn.-Büste S. 8 [15]; Ferdinand Redtenbacher: Bl. Gesch. Techn. **4** (1938) 66–71 m. 1 Bildn. u. Faks. [101]. – Otto Kraemer: Ferdinand Redtenbacher in: TH Fridericiana Karlsruhe. Festschr. (Karlsruhe 1950) 79–84 m. Bildn. [3]. – Carl Hans Watzinger: Universum, Natur u. Techn. [Wien] **9** (1954) 408–411 m. 1 Abb. des Denkmals in Karlsruhe [101; 300]. – Johannes Körting: VDI-Z. **105** (1963) 449–451 m. 1 Bildn., Lit.Verz. [3].

Zum 70. Geburtstag Geistige Bedeutung der Mechanik u. geschichtl. Skizze der Entdeckung ihrer Principien. Vortrag . . . im Herbst 1859 von Ferdinand Redtenbacher. Biogr. Skizze u. Festber. Erinnerungsschr. . . . hrsg. von Rudolf Redtenbacher (München 1879) VII, 112 S. (Biogr. Skizze 7–74) [14].

Zum 100. Geburtstag Bericht über die Feier an der TH Fridericiana zu Karlsruhe am 26. Juni 1909 (Karlsruhe o. J.) 23 S. m. Bildn. u. Faks. [3]. – K. Keller: Bayer. Ind.- u. Gewerbebl. N.F. **42** (1910) 351–355, 363–367 [89].

Zum 125. Geburtstag Wgr.: RTA-Nachr. **14** (1934) Nr. 30 S. 2 m. Bildn. [101]. – F. Redtenbacher u. seine Bedeutung für die Maschinenbau-Wiss.: Reuleaux-Mitt. **2** (1934) H. 10 S. 71–72 [101].

Zum 75. Todestag H. Lorenz: Rdsch. Dtsch. Techn. **18** (1938) Nr. 16, S. 7 m. Bildn. [101].

Zum 150. Geburtstag E. Strobel: Ingenieur-Studium **5** (1959) 240 [292].

Weitere Lit. M. Rühlmann: Vorträge über Gesch. der techn. Mechanik (Leipzig 1885) 424–430 m. Bildn. [3]. – Das akadem. Deutschland **1** (Berlin 1930) 438, 544–545 m. Bildn. S. 544, 548; **3** (1930) 40, 297 [3]. – Franz Schnabel: Deutsche Gesch. im 19. Jahrhundert **3** (Freiburg 1934) 324, 325, 404, 443, 448–450 [3]. – Alois Nedoluha: Kulturgesch. des techn. Zeichnens Tl 2: Bl. Technikgesch. **20** (1958) 78–82 m. Bildn. [101].

Denkmal Redtenbacher u. das Redtenbacher-Denkmal in Karlsruhe: Illustr. Ztg., Leipzig **47** (1866) 323 m. Abb. [14].

II, III **REDTENBACHER,** Joseph. Chem. — 1834 Dr. med. Univ. Wien; dann Reisen ins Ausland, schließlich o. Prof. allg. u. pharmaz. Chem. Prag u. seit 1849 o. Prof. Univ. Wien; Mitgl. Akad. Wiss. Wien seit ihrer Gründung.

*1810, März 12, Kirchdorf ob der Enns, Österreich; †1870, März 5, Wien.

Vetter des vorigen.

Bibliogr. Cat. scient. Papers **5** (1871) 122–123 (24 Nr.); **8** (1879) 713 (1 Nr.); **12** (1902) 601 (1 Nr.); **18** (1923) 89 (7 Nr.) [3]. — Brit. Mus. Gen. Cat. **199** (1963) Sp. 831 (6 Nr.) [3].

Nekr. Anton Schrötter Ritter von Kristelli: Alm. Akad. Wiss. Wien **20** (1870) 230–247 [15; Ha 2].

Biogr. Ladenburg: ADB **27** (1888) 542–543 [3]. — Franz Maria Feldhaus: Dtsche Techniker u. Ingenieure (Kempten u. München 1912) 136 [101]. — Fritz von Konek: Arthur von Görgey: Chemiker-Ztg. **40** (1916) 585–586 [3]. — F. Kolbeck: Aus dem Fremdenbuche des Werner-Museums der Bergakad. Freiberg: Bl. Bergakad. Freiberg **25** (1942) 16 [101]. — Moritz Kohn: Joseph Redtenbacher. Transl. by Ralph E. Oesper: J. chem. Educat. **24** (1947) 366–368 m. 2 Bildn., 1 Abb. [210].

Zum 100. Geburtstag Ernst Ludwig: Pharmaz. Post [Wien] **43** (1910) 213–216 [BPU Genf].

II **REGIOMONTANUS** (eigentlich Müller), Johann. Math., Astron. — 1452 stud. Astron. bei Peurbach in Wien; 1461 zum Prof. Astron. Univ. Wien ernannt (nach dem Tode Peurbachs); ging mehrere Jahre nach Italien, hielt sich dann einige Zeit bei König Matthias in Ofen auf; 1471 in Nürnberg, von wo er 1475 vom Papst Sixtus IV. zwecks Kalenderreform nach Rom berufen wurde.

*1436, Juni 6, Königsberg (Franken); †1476, Juli 6, Rom.

Werke Der deutsche Kalender des Johannes Regiomontan, Nürnberg, um 1474. Faksimiledruck nach dem Exemplar der Preuß. Staatsbibl. Mit einer Einleitung von Ernst Zinner (Leipzig 1937) 20 S. Text, 60 S. Faks. (Veröff. Ges. Typenkunde des 15. Jahrhunderts, Rhe B, 1) [3]. — Ernst Zinner: Einige Handschriften des Johann Regiomontan (aus Königsberg in Franken): Ber. Histor. Ver. Bamberg **100** (1964) 315–323 [22].

Bibliogr. Cat. gén. Bibl. nat. **147** (1938) Sp. 967–978 (68 Nr.) [3]. — Brit. Mus. Gen. Cat. **166** (1963) Sp. 266–271 (82 Nr.) [3].

Briefwechsel Regiomontans Briefwechsel m. Bianchini u. a.: Abh. Gesch. math. Wiss. **12** (1902) 185–336 [25].

Biogr. Pierre Gassendi: Tychonis Brahei... vita. Accessit Nicolai Copernici, Geogii Peurbachii et Joannis Regiomontani astronomorum celebrium vita. 2. ed. (Haag 1655) 333–373 [3]. — Johann Gabriel Doppelmayr: Histor. Nachricht von den Nürnberger Mathematicis u. Zünften . . . (Nürnberg 1730) 1–23 [15]. — Johann Friedrich Weidler: Historia astronomiae **1** (Vitembergae 1741) 304–305 [3]. — I. S. Bailly: Histoire de l'astronomie moderne depuis la fondation de l'école d' Alexandrie jusqu'à l'époque de 1730 **1** (Paris 1779) 311–318 [3]. — Abraham Gotthelf Kaestner: Gesch. der Math. **2** (Göttingen 1797) 535–542, 520–526, 319–320 (Gesch. Künste u. Wiss. 7) [3]. — Delambre: Histoire de l'Astronomie du moyen-âge (Paris 1819) 262–265 [3]. — Delambre: Biographie universelle, ancienne et moderne **30** (Paris 1821) 381–386 [3]. — G. H. Schubert: Peurbach u. Regiomontan, die Wiederbegründer einer selbstständigen u. unmittelbaren Erforschung der Natur in Europa (Erlangen 1828) VIII, 115 S. [3]. — Breusing: Zur Gesch. der Geogr. 2: Regiomontanus, Martin Behaim u. der Jakobsstab. In: Z. Ges. Erdkunde Berlin **4** (1869) 97–106 [Ha 2]. — Alexander Ziegler: Regiomontanus, ein geistiger Vorläufer des Columbus (Dresden 1874) 103 S. m. Lit.-Verz. 44–49 [3]. — H. Petz: Urkundl. Nachrichten über den Nachlaß Regiomontanus u. B. Walters (1478–1522): Mitt. Ver. Gesch. Nürnberg **7** (1888) 237–262 [3]. — Ernest Lebon: Histoire abrégée de l'Astronomie (Paris 1899) 16–17, 19, 257 [11]. — Karl Bopp: Ein Sendschreiben Regiomontans an den Cardinal Bessarion: Arch. Gesch. Naturwiss. u. Techn. **1** (1909) 395–401 m. 2 Abb. [3]. — Ernst Zinner: Leben u. Wirken des Johannes Müller von Königsberg, genannt Regiomontanus (München 1938) XIII, 294 S. m. 46 Taf., 92 Abb. [3]; Die wiss. Bestrebungen Regiomontans: Beitr. Inkunabelkunde N.F. **2** (1938) 89–103 m. 3 Abb. [3]. — Georg Wolff: Johannes Müller aus Königsberg in Bayern: Unterr.-Bl. Math. Naturwiss. **45** (1939) 57–59 m. 2 Bildn. u. 3 Abb. [Ha 16]. — Hugo Hassinger: Johannes von Gmunden, Georg von Peurbach u. Regiomontanus in: Österr. Naturforscher u. Techniker (Wien 1950) 28–30 m. 1 Bildn., 3 Abb. [3]. — Francis J. Carmody: Regiomontanus' notes on Bitruji's astronomy: Isis [Cambridge] **42** (1951) 121–130 [16]. — Ernst Zinner: Neue Regiomontan-Forschungen u. ihre Ergebn.: Sudhoffs Arch. Gesch.

Med. Naturwiss. 37 (1953) 104–108 [3]. – Hellmuth Rössler u. Günther Franz: Biogr. Wörterb. zur Deutschen Gesch. (München 1953) 697 [3]. – Wilhelm Blaschke u. Günther Schoppe: Regiomontanus. Commensurator: Abh. Akad. Wiss. u. Lit. Mainz, math.-nat. Kl. **1956**, 445–529 [Ha 2]. – Wilhelm Blaschke: Regiomontanus. In: W. Blaschke, Reden u. Reisen eines Geometers (Berlin 1957) 101–111 [3].

Zum 450. Todestag G. Archenhold: Weltall **25** (1925/26) 175–176 [3].

Zum 500. Geburtstag Friedrich Bock: Regiomontanus u. der frühe Nürnberger Buchdruck: Bayerland **47** (1936) 435–437 m. 1 Bildn. [12]. – Alois Elsen: Die Entwicklung Königsbergs bis zur Zeit des Regiomontanus. Regiomontanus u. die Reichsstadt Nürnberg: ebda 441–448 m. Bildn. u. Abb. [12]. – Karl Fischer: Die Büchersammlung des Regiomontan: ebda 438–440 [12]. – P. G.: Drei fränkische Gedenktage: Frankenbund **1936** Nr. 5/6 S. 45–46, 63–64 [101]. – Wilhelm Hartmann: Regiomontanus, sein Leben u. sein Werk: Bayerland **47** (1936) 417–424 m. 2 Bildn. [12]. – Oskar Franz Schardt: Regiomontanus u. Nürnberg: ebda 425–434 [12]. Martin von Hase: Zwei Drucke des Johannes Regiomontanus von Wolfgang Stürmer in Erfurt. In: Otto Glauning zum 60. Geburtstag **1** (Leipzig 1936) 61–66 m. Abb. [15]. – W. Lorey: Umschau **40** (1936) 435–436 [3]. – Oskar Franz Schardt: Propyläen **33** (1936) 281–282 [101]. – A. Schmidtfull: Mainfranken **22** (1936) Nr. 5, S. 12–14 m. 2 Abb. [20]. – K. Stöckl: Weltall **35** (1936) 109–115 m. Abb. der Büste in der Walhalla [101]. – D. Wattenberg: Natur u. Kultur **33** (1936) 221–224 [101]; Sterne **16** (1936) 130–131 [101]. – Ernst Zinner: Philobiblon **9** (1936) 89–96 m. Schr.Verz. 121 Nr. [3]; Mitt. Gesch. Med., Naturwiss. Techn. **35** (1936) 11 [3]; Neue Regiomontan-Funde: Forsch. u. Fortschr. **12** (1936) 370–371 [Ha 2]; Himmelswelt **46** (1936) 85–94 m. 1 Bildn., 1 Abb. [LB Bern]; Matem. és természettudományi értesitö Magyar Tudományos Akad. **55** (1937) 280–288 [F 1]. – Ernst Zinner: Forsch. u. Fortschr. **12** (1936) 210–212 m. Bildn. [101]. – Regiomontanus-Feier in Königsberg: Astrol. Rdsch. **28** (1936/37) 127–128 m. 1 Abb. [101].

Zum 475. Todestag Meister Johannes Königsberger: Unterfränk. Heimatbl., Heimatkundl. Beil. **3** (1951) Nr. 12 u. 13 m. 2 Bildn. u. 3 Abb. [Ha 2].

Zum 525. Geburtstag Else Heiss-Heerdegen: In: Aus Kronach, Stadt u. Land. Fränk. Heimatkalender (Coburg) **1961**, 87–90 m. 1 Bildn., 1 Abb. [292].

Weitere Lit. F. A. Pouchet: Histoire des Sciences Naturelles au Moyen-Âge ou Albert le Grand et son époque (Paris 1853) 612–615 [3]. – François Arago: Oeuvres **3** (Paris 1855) 171-172 [3]. – Joseph Aschbach: Gesch. der Wiener Universität **1** (Wien 1865) 537–557 [3]. – Ferdinand Kaltenbrunner: Die Vorgesch. der Gregorianischen Kalenderreform (Wien 1876) 81–87 [3]. – Friedrich Hofmann: Ein geistiger Vorläufer des Columbus: Gartenlaube **1876**, 468–471 m. Abb. des Denkmals in Königsberg [3]. – Rudolf Wolf: Gesch. der Astron. (München 1877) siehe Reg. (Gesch. Wiss. in Dtschld., Neuere Zeit, 16) [3]. – Alexander Ziegler: Regiomontan u. Martin Behaim mit Hinblick auf ihre Verdienste um die großen ocean. Entdeckungen des 15. Jahrhunderts: Dtsch. geogr. Blätter **2** (1878) 102–119 [Ha 2]. – August Heller: Gesch. der Physik **1** (Stuttgart 1882) 130, 136, 218, 255, 256, 257 [3]. – L. Gallois: Les géographes allemands de la renaissance (Paris 1890) 1–11 (Bibliothèque de la Faculté des Lettres de Lyon, 13) [3]. – Rudolph Genée: Hans Sachs u. seine Zeit. Ein Lebens- u. Kulturbild aus der Zeit der Reformation (Leipzig 1894) 26, 31, 56 m. Bildn. S. 31 [15]. – Matteo Fiorini: Erd- u. Himmelsgloben, ihre Gesch. u. Konstruktion. Nach dem Italien. frei bearb. von Siegmund Günther (Leipzig 1895) 23, 24, 31 [3]. – Albrecht Penck: Die Geogr. an der Wiener Univ.: Geogr. Abh. **5** (1896) VIII [3]. – Maximilian Gurtze: Urkunden zur Gesch. der Math. im Mittelalter u. der Renaissance: Abh. Gesch. Math. Wiss. **12** (1902) siehe Reg. [3]. – A. Wolkenhauer: Über die ältesten Reisekarten von Deutschland aus dem Ende des 15. u. dem Anfange des 16. Jahrhunderts: Dtsch. geogr. Bl. **26** (1903) 129 [Ha 2]. – Bruno H. Bürgel: Das Astrolabium des Regiomontanus: Dtsch. Uhrmacher-Ztg. **28** (1904) 85–86 m. 1 Abb. [210]. – Siegmund Günther: Gesch. der Erdkunde (Leipzig u. Wien 1904) 30, 113, 114 [15]. – Richard Landau: Die ältesten med. Drucke. Eine bibliogr. Studie: Mitt. Gesch. Med. u. Naturwiss. **3** (1904) 246–259 [3]. – Joh. A. Repsold: Zur Gesch. der astron. Meßwerkzeuge von Peurbach bis Reichenbach (Leipzig 1908) 2, 12–15, 17, 18 [15]. – Wilh. Lührs: Ein Beitr. zur Gesch. der Transversalteilungen u. den Nonius: Z. Vermess. Wes. **39** (1910) 181–183 [11]. – Des Claudius Ptolemäus Handbuch der Astron. Aus dem Griechischen übersetzt u. m. Anm. versehen von Karl Manitius (Leipzig 1912) XVII–XX [3]. – E. Gerland: Gesch. der Physik. 1. Abt. (München, Berlin 1913) 120, 121, 185, 225–228, 230, 257, 258, 265, 266, 372, 525, 526 (Gesch. Wiss. in Dtschld., 24) [3]. – A. Nippoldt: Ein Beitr. zur Frage der Ausrichtung der Kirchenachsen m. dem Magneten: Arch. Gesch. Naturwiss. u. Techn. **7** (1916) 109–114, 236–244 [3]. – Wilhelm Heß: Das Horoskop des Astrologen Andreas Goldmayer auf die Stadt Würzburg: Arch. histor. Ver. Unterfranken u. Aschaffenburg **58** (1916) 73–152 [20]. – Walter Friedensburg: Gesch. der Univ. Wittenberg (Halle 1917) 154, 211 [3]. —Karl H. Panhorst: Deutschland u. Amerika (München 1928) 11–37 [3]. — Lynn Thorndike: Science and thought in 15th century. Studies in the history of medicine and surgery, natural and mathematical science, philosophy and politics (New York 1929) 142–150, 298 [15]. — Giuseppe Boffitto: Gli strumenti della scienza e la scienza degli strumenti con l' illustrazione della tribuna di Galilei (Firenze 1929) 71 m. 1 Abb. Taf. 32 [11]. — Ernst Zinner: Die Gesch. der Sternkunde von den ersten Anfängen bis zur Gegenwart (Berlin 1931) siehe Reg. S. 655 [15]. — Aus der Vergangenheit der Univ. Würzburg. Festschr. zum 350jähr. Bestehen der Univ. Hrsg. von Max Buchner (Berlin 1932) 414 [3]. — Ernst Zinner: Die Fränkische Sternkunde im 11. bis 16. Jahrhundert: Ber. u. Festber. 100jähr. Bestehen naturforsch. Ges. Bamberg **27** (1934) 5–12, 18–25, 27–29, 31–34, 76–78 u. öfter, m. Bildn. Taf. 2, Fig. 2 [Ha 2]. — Karl Peucker: Einige Bemerkungen zur Geogr. des Geodäten Charles Lallemand: Geogr. Wschr. **2** (1934) 1061–1066 [3]. — E. Zinner: Alte Wetterbeobachtungen: Meteorol. Z. **52** (1935) 443–444 [3]; Kolumbus u. die Ephemeriden des Regiomontanus: Petermanns Mitt. **81** (1935) 367 [3]. — Edgar Prestage: Die portugiesischen Entdecker (Leipzig 1936) 164, 231 m. Bild, S. 127 [14]. — Ernst Zinner: Das Leben u. Wirken des Nikolaus Koppernick, genannt Coppernicus (Berlin 1937) 150 (Abh. u. Ber. Dtsch. Museum 9, 6) [3]. — W. Koch: Das Häusersystem des Regiomontanus: Astrologie **19** (1937) 264–270 [101]. — Arnold C. Klebes: Incunabula scientifica et medica: Osiris **4** (1938) 277–281 [3]. — Rudolf Baumgardt: Fernando Magallan. Die Gesch. der ersten Weltumsegelung (Berlin 1938) 82–83 m. Bildn. S. 208 [14; 101]. — Willibald Pirckheimers Briefwechsel **1** (München 1940) II, 4, **11**, 177, 199–200, 456, 517, 519–520, 542 (Veröff. Kommission Erforsch. Gesch. Reformation u. Gegenreformation, Humanistenbriefe Bd. 4) [3]. — Ernst Zinner: Gesch. u. Bibliogr. der astronom. Lit. in Deutschland zur Zeit der Renaissance (Leipzig 1941) siehe Reg. S. 442 [3]. — Karl Fischer: Hartmann Schedels Weltchronik: Nürnberg. Schau **3** (1941) 2–4 m. 1 Bildn., 3 Abb. [101]. — Ernst Zinner: Entstehung u. Ausbreitung der coppernicanischen Lehre (Erlangen 1943) 90–94, 100–139, 148–158, 160–165, 178–180, 190–194, 328–339, 404–410, 438–441, 500–502 u. öfter; Bildn. S. 102 [101]. — Rembert Ramsauer: Nicolaus Coppernicus. Wandler des Weltbildes (Berlin 1943) 52–53 m. Bildn. [3]. — Newcomb-Engelmann: Populäre Astronomie. 8. Aufl. (Leipzig 1948) 60, 77, 422, 936–937, 943 [3]. — Ernst Zinner: Astron. Instrumente des 11. bis 18. Jahrhunderts (München 1956) siehe Reg. S. 660 [Ha 2]. — Werner Schultheiß: Martin Behaim u. die Nürnberger Kosmographen-Ausstellung anläßl. des 450. Todestages von Martin Behaim im German. Mus. Nürnberg 1957 (Nürnberg 1957) 7, 14–16 [Ha 117]. — Adolf Dresler: Gutenberg u. Regiomontanus. Die ersten gedruckten Kalender: Antiquariat **13** (1957) 18–20, 199–204 [3]. — Paul Herrmann: Zeigt mir Adams Testament. Wagnis u. Abenteuer der Entdeckungen. 2. Aufl. (Hamburg 1957) 52 m. 1 Abb. [14]. — A. Dresler: Regiomontans Nürnberger Kalender von 1474 u. der erste astronom.-math. Verlag: Druckspiegel F. 9, **13** (1958) 453–457 m. 1 Bildn. u. 2 Abb. [3]. — D. J. de S. Price: The first scientific instrument of the Renaissance: Physis (Firenze) **1** (1959) 26–30 m. Abb. [Bibl. Naz. Centr. Firenze]. — Regiomontanus' astrolabe at the National Maritime Museum: Nature [London] **183** (1959) 508–509 [3]. — V. Scholderer: A note on the astrolabe of Regiomontanus: The Library, Incorpor. Transact. bibliogr. Soc. (London) N.S. **15** (1960) 209 [1]. — Ernst Zinner: Nürnbergs wiss. Bedeutung am Ende des Mittelalters: Mitt. Ver. Gesch. Stadt Nürnberg **50** (1960) 113–119 [3]; Die Bücher Regiomontans in Spanien: Naturforsch. Ges. Bamberg **37** (1960) 9 [Ha 2].

Bildn. Friedrich Roth-Scholtz: Icones bibliopolarum et typographorum **1** (Nürnberg u. Altdorf 1726) Nr. 39 [14]. — Ludwig Bechstein: 200 Bildn. u. Lebensbeschreibungen berühmter deutscher Männer. 2. Aufl. (Leipzig 1857) Nr. 150 [3; 14]. — I. H. von Mädler: Westermanns Mh. **29** (1870/71) 365–372 m. 1 Bildn. [3]. — Illustr. Ztg., Leipzig **57** (1871) 394 m. Abb. des Denkmals in Königsberg/Franken S. 392 [14]. — J. Löwenberg: ebda **67** (1876) 44 [14].

II, III **REICH,** Ferdinand. Physik. — 1815 stud. Univ. Leipzig; 1816–1819 Bergakad. Freiberg; 1819 Hüttengehilfe bei den Freiberger Hütten; 1822–1824 stud. Univ. Göttingen u. Paris; dann an der Bergakademie Freiberg: 1824 Inspektor, 1827–1860 Prof. Physik, 1830–1842 Lehrer der Versteinerungskunde, 1842–1856 der Theoret. Chemie; 1846 Dr. phil. h. c. Univ. Leipzig; 1853 Bergrat, 1856 Oberhüttenamtsassessor; 1860 Oberbergrat; 1866 emer.

*1799, Febr. 19, Bernburg;

†1882, Apr. 27, Freiberg.

Bibliogr. Cat. scient. Papers **5** (1871) 135 (25 Nr.); 8 (1879) 716 (3 Nr.) [3]. — Cat. gén. Bibl. nat. **148** (1938) Sp. 226–227 (3 Nr.) [3]. — Brit. Mus. Gen. Cat. **200** (1963) Sp. 319–320 (7 Nr.) [3].

Nekr. Oskar Kaden u. Gerlach: Freiberger Bürger-Chronik 1882: Mitt. Freiberger Altertumsver. **19** (1882) 135–137 [3].

Biogr. Festschr. 100jähr. Jubil. Sächs. Bergakad. Freiberg 30. Juli 1866 (Dresden 1866) 37–38 [3]. — K.: ADB **27** (1888) 607–611 [3]. — A. Ledebur: Über die Bedeutung der Freiberger Bergakad. für die Wiss. des 18. u. 19. Jahrhunderts (Freiberg 1903) 25 m. Bildn. [3]. — Constantin Täschner: Ferdinand Reich. Ein Beitr. zur Freiberger Gelehrten- u. Akademiegesch.: Mitt. Freiberger Altertumsver. **51** (1916) 23–59 [3]. — E. Weeks: The Discovery of the elements. Indium: J. chem. Educat. **9** (1932) 1429–1434 [210]. — Curt Reinhardt: Alexander von Humboldt an Ferdinand Reich. Ein Brief [Berlin 8. Sept. 1834]: Mitt. Freiberger Altertumsver. **63** (1933) 89–92 [3]. — C. Schiffner: Aus dem Leben alter Freiberger Bergstudenten **1** (Freiberg 1935) 42–46 m. Bildn.; **2** (1938) 390–391; **3** (1940) 173 [3]. — F. D. Adams: The birth and the development of the geological sciences (London 1938) 246 [3]. — Otto Fritzsche: Zum 100jähr. Bestehen des Bergmänn. Vereins zu Freiberg: Bl. Bergakad. Freiberg **23** (1941) 17 [3]. — Ernest H. Huntress: Ferdinand Reich: Centennials, ses quicentennials and bicentennials of chemical interest during 1949: Proc. Amer. Acad. Arts Sci. Boston **77** (1948–1949) 38 [Ha 2].

REICHARDT, Johann Friedrich. Komponist u. Musikschriftsteller. — 1775–1794 Hofkapellmeister in Berlin; 1796–1806 Salineninspektor in Halle; 1808–1809 Hofkapellmeister in Kassel; nach kurzem Aufenthalt in Wien u. Schlesien lebte er dann auf seinem Besitztum in Giebichenstein.

*1752, Nov. 25, Königsberg;

†1814, Juni 27, Giebichenstein bei Halle.

Bibliogr. Cat. gén. Bibl. nat. **148** (1938) Sp. 257–258 (9 Nr.) [3]. — Brit. Mus. Gen. Cat. **200** (1963) Sp. 338–340 (49 Nr.) [3].

Briefwechsel Wilhelm Merian: Johann Friedrich Reichardt u. Isaac Iselin: Z. Musikwiss. **1** (1918) 698–701 m. 2 Briefen von Reichardt an Iselin (Berlin 1777 u. o. O. o. J.) [3]. — Max Hecker: Die Briefe Johann Friedrich Reichardts an Goethe. Aus dem Goethe: u. Schiller-Archiv: Jahrb. Goethe-Ges. **11** (1925) 197–252 [3]. — August Richard: Johann Friedrich Reichardts Briefe an Goethe: Allg. Musikztg. **56** (1929) 313–315 [14]. — Georg Schünemann: Reichardts Briefwechsel mit Herder: In: Festschr. Max Schneider zum 60. Geburtstag . . . hrsg. von Hans Joachim Zingel (Halle 1935) 110–117 [3]. — Herbert Sommerfeld: Drei Briefe von Karl Friedrich Fasch an Johann Friedrich Reichardt: Z. Ver. Gesch. Berlin **53** (1936) 57–61 [3]. — Goethe an Friedrich Reichardt in Giebichenstein, Weimar 5. Febr. 1801: Giebichensteiner Heimatbuch auf das Jahr 1939 (Halle 1938) 83 [3].

Biogr. Friedrich Nicolai: Beschreibung der Königl. Residenzstädte Berlin u. Potsdam . . . **3** (Berlin 1786) 3. Anh. S. 59 [3]. — Johann Georg Meusel: Teutsches Künstlerlexikon 2. Aufl. **2** (Lemgo 1809) 178–186 [3]. — H. M. Schletterer: Johann Friedrich Reichardt. Sein Leben u. seine musikal. Thätigkeit (Augsburg 1865) VIII, 662 S. [3]. — Schletterer: ADB **27** (1888) 629–648 [3]. — A. Niggli: Corona Schröter u. Johann Friedrich Reichardt: Neue Musikztg. **11** (1890) 131, 142 [15]. — Walther Pauli: Joh. Friedr. Reichardt, sein Leben u. seine Stellung in der Gesch. des deutschen Liedes (Berlin 1903) 228 S. [15]. — Hermann von Hase: Beitr. zur Breitkopfschen Geschäftsgesch.: Joh. Friedr. Reichardt: Z. Musikwiss. **2** (1919/20) 465–469 [3]. — Gustav Gugitz: Unbekanntes zu Johann Friedrich Reichardts Aufenthalt in Österreich: Z. Musikwiss. **2**, 1919/20 (1920) 529–534 [3]. — Hermann Güttler: Die Zuverlässigkeit der Selbstbiogr. Joh. Friedr. Reichardts (Berliner Musikal. Ztg. 1805): Z. Musikwiss. **9** (1926/27) 606–608 [3]. — Franzi Berten: Joh. Friedr. Reichardt: Musik im Leben **4** (1928) 9–10, 26–27 [101]. — Hermann Güttler: Johann Reichardt, ein preuß. Lautenist: C. R. Soc. int. musicol. 1. congrès de Liège **1930**, 118–124 [25]. — Erich Rosendahl: Joh. Friedr. Reichardt in Braunschweig: Braunschweig. Mag. **1931**, Sp. 59–64 [3]. — Walter Serauky: Türk u. Reichardt. Ein musikal. Freundschaftsbund: Jahrb. Giebichensteiner Heimatbund **2**, 1938 (1937) 36–38 [3]. — W. Serlo: Männer des Bergbaus (Berlin 1937) 119–120 [101]. — Joh. Friedr. Reichardt-Liederkomponist der Goethe-Zeit: Musikleben **1** (1948) H. 8 S. 196–197 [101]. — W. Kahl: Joh. Friedr. Reichardt u. die Idee der wahren Kirchenmusik: Z. Kirchenmusik **71** (1951) 64–67 [101]. — Wilhelm Zentner: Der „aufmerksame Reisende" Joh. Friedr. Reichardt: Z. Musik **113** (1952) 689–691 [101]. — Leopold Schmidt: Ein „reisender Nordländer" in Eisenstadt 1809: Volk u. Heimat [Eisenstadt] **5** (1952) Nr. 9 S. 3–5 [101]. — Hellmuth Rössler u. Günther Franz: Biogr. Wörterbuch zur Deutschen Gesch. (München 1953) 698–699 m. Schr.-Verz. [3]. — Walther Siegmund-Schultze: Joh. Friedr. Reichardt: Wiss. Z. Martin-Luther-Univ. Halle–Wittenberg, Ges.- u. Sprachwiss. Rhe **3** (1953/54) 731–735 [Ha 2]. — Werner Rackwitz: Joh. Friedr. Reichardt u. das Händelfest 1785 in London: ebda **9** (1960) 507–515 m. 7 Abb. [3]. — Günter Hartung: Reichardts Entlassung: ebda **10** (1961) 971–

998 [3]. — Walter Salmen: Joh. Friedr. Reichardts musikal. Reiseeindrücke in Schlesien: Schlesien **11** (1957) 87–89 [101]; Die altitalien. Vokalpolyphonie u. J. F. Reichardt: Musik u. Altar [Freiburg] **11** (1958/59) 169–171 [25]. — Rolf Pröpper: Die Bühnenwerke Joh. Friedr. Reichardts (1752–1814) **2** (Bonn 1965) (Werkverzeichn.) XXIV, 352 S. [101].

Zum 100. Todestag August Richard: Allg. Musik-Ztg. **41** (1914) 978–979 [15].

Zum 125. Todestag W. Becker: Montagsbl., Wiss. Beil. Magdeburger Ztg. **81** (1939) Nr. 24, S. 185–187 [3]. — Hanns Freydank: Joh. Friedr. Reichardt als Dir. der kgl. Saline zu Halle: Giebichensteiner Heimatbuch auf das Jahr 1940 (Halle 1939) 50–52 m. 1 Bildn. u. 2 Abb. [3]. — Hans Kleemann: Joh. Friedr. Reichardt-Gedenkfeiern in Halle: Signale musik. Welt **97** (1939) 403–404 [101]; dasselbe in: Z. Musik **106** (1939) 765–766 [14]. — Richard Petzoldt: Allg. Musikztg. **66** (1939) 421 m. Bildn. [15]. — Walter Serauky: Dtsch. Erzieher **13** (1939) 313–314 [101].

Zum 200. Geburtstag Musikleben **5** (1952) 333–334 [101].

Zum 150. Todestag Walter Salmen: Einer der „besten Freunde" Goethes: Neue Z. Musik **125** (1964) 382–384 [3].

Weitere Lit. Jul. Friedr. Knüppeln: Büsten berlinischer Gelehrten u. Künstler m. Devisen (Leipzig 1787) 257–260; Nachtr. (Halle 1792) 175–177 [3]. — Karl August Böttiger: Literarische Zustände u. Zeitgenossen **2** (Leipzig 1838) 52–57 [3]. — Rudolf Haym: Die Romantische Schule. Ein Beitr. zur Gesch. des deutschen Geistes. 4. Aufl. (Berlin 1920) 23, 24, 226, 271, 302, 312, 426 [3]. — Konrad Huschke: Musiker, Maler u. Dichter als Freunde u. Gegner (Leipzig 1939) 8, 16, 21, 22, 24, 27, 30–40, 42–49 [101]. — Hugo Riemann: Musik-Lexikon 12. Aufl. (Mainz 1961) Personenteil L-Z S. 480–481 [101].

REICHEL, Georg Christian. Med. — 1747 stud. Med., 1754 medicinae baccalaureus, 1756 bacc. artium et magister, 1759 medicinae licentiatus, 1759 Dr. phil. Univ. Leipzig; 1767 Prof. Med. Univ. Leipzig.

get. 1727, Juni 9, Mühlhausen;
†1771, Jan. 24, Leipzig (Unglücksfall).

Bibliogr. Cat. scient. Papers **5** (1871) 139 (1 Nr.) [3]. — Cat. gén. Bibl. nat. **148** (1938) Sp. 273–274 (4 Nr.) [3]. — Brit. Mus. Gen. Cat. **200** (1963) Sp. 352 (8 Nr.) [3].

Biogr. Dezeimeris: Dict. hist. méd. **3**, 2 (Paris 1837) 792 [3]. — Johannes G. Hartenstein: Georg Christian Reichel (1727–1771), Goethes Leipziger Arzt u. Großonkel von C. G. Carus: Sudhoffs Arch. Gesch. Med. u. Naturwiss. **31** (1938) 188–200 [3].

II **REICHENBACH,** Georg Friedrich von. Mechanik. — 1787 Militärschule Mannheim; 1791–1793 Reise nach England; dann Leutnant in der badischen u. darauf bis 1811 Hauptmann in der bayer. Artillerie; gründete 1809 m. Utzschneider u. Fraunhofer eine opt. Anstalt in München; 1811 Salinenrat; baute 1817 die größte Wassersäulenmaschine in Illsang bei Berchtesgaden; 1820 Dir. des Wasser- u. Straßenbauwesens.

*1772, Aug. 24, Durlach, Baden;
†1826, Mai 21, München.

Bibliogr. Brit. Mus. Gen. Cat. **200** (1963) Sp. 369 (6 Nr.) [3].

Biogr. K. Maximilian von Bauernfeind: Georg von Reichenbach u. seine Leistungen auf den Gebieten der Mechanik u. des Ingenieurwesens (München 1883) 27 S. [91]. — M. Wacker: Über Georg von Reichenbach (Durlach 1883) 31 S. [3]. — Bauernfeind: ADB **27** (1888) 656–667 [3]. — M. Wacker: In: Badische Biogr. **4** (Karlsruhe 1891) 336–342 [3]. — Luise von Kobell: Unter den ersten 4 Königen Bayerns. Nach Briefen u. eigenen Erinnerungen **1** (München 1894) 80 [3]. — Walther von Dyck: Georg von Reichenbach: Internat. Wschr. Wiss., Kunst u. Techn. **2** (1908) Sp. 1473–1488 [3]; Georg von Reichenbach. Deutsches Museum. Lebensbeschreibungen u. Urkunden **1** (München 1912) IV, 140 S. m. Titelbildn. u. Faks., 75 Abb., 8 Taf.; darin: Brief von R. an Gauß, Paris 8. Okt. 1811, von Laplace an R., Paris 10. Juli 1812, von Utzschneider an R., München 24. Dez. 1817 [3; 15]. — Adolf Kistner: Deutsche Meister der Naturwiss. u. Technik **2** (München 1925) 36–58 m. Bildn. [101]. — Conrad Matschoß: Männer der Techn. (Berlin 1925) 220–221 m. Bildn. [101]. — Albert Neuburger: Die uns neue Welten zeigten. In: Pfadfinder der Kultur. Männer u. Taten der Techn. (München 1926) 83–115 [101]. — Ernst Kohler: Georg von Reichenbach. Das Leben eines deutschen Erfinders (München 1933) 140 S. m. 9 Bildn. u. 2 faks. Briefen [101]. — Franz Schnabel: Georg von Reichenbach. Der Schöpfer der techn.-wiss. Mechanik in Deutschland: Mein Heimatland **22** (1935) 185–187 m. Bildn. [3]. — Conrad Matschoß: Große Ingenieure. Lebensbeschreibungen aus der Gesch. der Techn. (München–Berlin 1937) 119–130 m. Bildn. u. Faks. [3]. — Oskar Gromodka: Georg von Reichenbach: Aluminium **23** (1941) 273–275 m. 4 Abb. [88]. — Geist u. Gestalt. Biogr. Beitr. Gesch.

Bayer. Akad. Wiss. **2** (München 1959) 46, 55, 57, 80; **3** (1959) Abb. 65 (Bildn. von J. Stieler) [3]. — H. Mälzer: Allg. Vermess.-Nachr. **69** (1962) 334–336 m. 1 Abb. [89]. — C. R. Preyss: (Vortrag) ebda 41–47 m. 1 Bildn., 1 Abb. [292]. — R. Wagner in: Deutsche Techniker aus 6 Jahrhunderten. Hrsg. von Alfons Kauffeldt (Leipzig 1963) 40–45 m. Bildn. nach S. 32 (Taschenbuch, 28) [14].

Weitere Lit. K. C. von Leonhard: Aus unserer Zeit in meinem Leben **1** (Stuttgart 1854) 523, 527 [3]. — Carl Philipp Friedrich von Martius: Erinnerung an Mitglieder der math.-physikal. Klasse der Bayr. Akad. Wiss. Eine Rede (München 1859) 16–17, 67–68 [3]. — Ignaz Bischoff: 100 Jahre deutscher Präzisionsmechanik 1812–1912. F. Ertel u. Sohn GmbH Reichenbachsches Math.-Mech. Inst. München: Z. Vermess. Wes. **42** (1913) 303–319 [7]. — Ludwig Hartmann: Der Physiker, Astronom, Geodät u. Mitbegründer der bayer. Landesvermessung P. Ulrich Schiegg von Ottobeuren: Stud. Mitt. Gesch. Benedikt. Orden u. seine Zweige **44** (1926) 128–174 [3]. — Moritz von Rohr: Joseph Fraunhofers Leben (Leipzig 1929) 13, 15, 20, 23, 32, 33, 56, 57, 117, 148, 158, 195, 201 [3]. — F.: Ein Praktiker von Weltbedeutung: Z. Welteislehre **2** (1934) 237–238 [101]. — Max Beckh: Deutschlands erste Eisenbahn (Nürnberg 1935) 29, 96 [3]. — Moritz von Rohr: Fr. von Thiersch über Georg Reichenbach u. Joseph Fraunhofer: Forsch. Gesch. Opt. **1** (1936) 74–86 [3]. — Hermann Weinreich: Wassersäulenmaschinen: Unterr.Bl. Math. u. Naturwiss. **42** (1936) 20–22 m. 2 Abb. [101]. — Gut: Reichenbachs Wassersäulenmaschine in Ilsanek: Rdsch. techn. Arb. **17** (1937) Nr. 52 S. 7 m. 1 Abb. [101]. — Franz Kirnbauer: Die Entwicklung des Markscheidewesens im Lande Österreich (Wien 1940) 81, 82, 92, 97, 98, 147 [101]. — Newcomb-Engelmann: Populäre Astronomie. 8. Aufl. (Leipzig 1948) 155, 157, 953, 955, 957 [3]. — Franz Schnabel: Deutsche Gesch. im 19. Jahrhundert 2. Aufl. **3** (Freiburg 1950) 220, 267–269, 308, 324, 433 [101]. — Rolf Riekher: Fernrohre u. ihre Meister. Eine Entwicklungsgesch. der Fernrohrtechn. (Berlin 1957) 145, 146, 147, 151, 152, 154, 155, 157, 160, 178, 185, 187, 188 m. Bildn. S. 146 [3].

Bildn. Das akademische Deutschland **1** (Berlin 1930) 432, 547–548 m. Bildn. S. 548 [3]. — Fritz Vollmar: Schätze im Deutschen Museum. Hrsg. von Hermann Auer u. Friedr. Klemm (Düsseldorf 1968) 58–59 m. 1 Bildn. u. 1 Abb. [3].

II, III **REICHENBACH,** Karl Ludwig Freiherr von. Chemiker, Industrieller. — Dr. phil. Univ. Tübingen; bereiste dann Deutschland u. Frankreich, um Eisenwerke zu studieren; gründete in Villingen ein Eisenwerk; errichtete die ersten Holzverkokungsöfen, 1821 Direktor des Eisenwerkes in Blansko (Mähren); lebte 1836–1867 auf Schloß Reisenberg bei Wien, seit 1867 in Leipzig; 1839 vom König von Württemberg in den Freiherrnstand erhoben.

*1788, Febr. 12, Stuttgart;
†1869, Jan. 19, Leipzig.

Bibliogr. Cat. scient. Papers **5** (1871) 139–140 (56 Nr.); **8** (1879) 720–721 (5 Nr.) [3]. — Cat. gén. Bibl. nat. **148** (1938) Sp. 291–293 (11 Nr.) [3]. — Brit. Mus. Gen. Cat. **200** (1963) Sp. 366–368 (25 Nr.) [3].

Nekr. A. R. von Schrötter: Alm. Akad. Wiss. Wien **19** (1869) 326–369 [Ha 2].

Biogr. Gustav Theodor Fechner: Erinnerungen an die etzten Tage der Odlehre u. ihres Urhebers (Leipzig 1876) 55 S. [3]. — George Deutsch: Karl Freiherr von Reichenbach. Ein Beitr. zur österreich. Industriegesch.: Österreich-Ungar. Rev. **5** (1888) 322–337 [15]. — Ladenburg: ADB **27** (1888) 670–671 [3]. — Kraft: Röntgen u. Reichenbach (Neuentdeckung oder Wiederentdeckung ?): Psych. Studien **23** (1896) 134–138 [15]. — Fritz Desor: Die Röntgenschen X-Strahlen u. von Reichenbachs „Od“: ebda 339–343 [15]. — Willy Reichel: Nochmals das Od Reichenbachs: ebda **24** (1897) 316–318 [15]. — Alexander Bauer: Erinnerungen an den Freiherrn von Reichenbach: K. u. K. Wiener Ztg. **1907**, Nr. 123 u. 125 [300]; Erinnerungen an Freiherrn von Reichenbach. Naturhistor.-biogr. Essays (Stuttgart 1911) 1–26 [14]. — Friedrich Berwerth: Tschermaks mineral. u. petrogr. Mitt. **32** (1913) 153–169 [15]. — Monatsbl. Altertumsver. Wien **11** (1915) 141–142 (Kinderbildn. m. Mutter, gemalt von der Schwester Ludovika Simanowitz 1793) [3]. — A. Bauer: Technisches Museum für Industrie u. Gewerbe. Karl Ludwig Freiherr von Reichenbach (Wien 1917) 18 S. m. Titelbildn. u. Faks. [101]. — Döbling. Eine Heimatkunde des 19. Wiener Bezirkes **2** (Wien 1922) 258, 297; **3** (1922) 489, 490 [300]. — Der Freiherr von Reichenbach: Schwäb. Merkur **1926**, 25. Sept. Sonntagsbeil. Nr. 448 [21]. — M. A. Bloch: Biogr. spraw. **2** (Leningrad 1931) 607–608 [15]. — Karl Hans Strobl· Der Zauberer vom Kobenzl (Freiherr Karl von Reichenbach): Der getreue Eckart [Wien] **9** (1931/32) 75–82 [101; 300]; Ein Zauberer in Mähren u. Wien: Sudetendtsch. Mh. **9** (1937) 518–520, 525–535 [UB Prag]. — Johannes Heinrich Becker: Reichenbach u. das Od: Heilpraktiker **1938**, 66–69 [3]. — Raimund Pissin: Karl Freiherr von Reichenbach u. das Od: Z. Radiaesthesie **7** (1955) 3–12 [101]; Natur u.

Kultur 49 (1957) 160–167 [101]. — Moritz Kohn: Karl Freiherr von Reichenbach. Erforschung von Paraffin (1830) u. Holzteer (1830–1833): J. chem. Educat. 32 (1955) 188–189 [3]. — Friedrich Wilhelm Sertürner: Zur Beurteilung des neuentdeckten Kreosots durch Karl Ludwig Freiherrn von Reichenbach aus Stuttgart (veröff. von M. Habacher): Dtsch. Apotheker-Ztg. 103 (1963) 704–706 [15].

Zum 50. Todestag Ferdinand Schleminzky: Psych. Studien 46 (1919) 1–4 [15]; Med. Bl. 41 (1919) 40–44 [15].

Weitere Lit. Gustav Schröder: X u. Y. Zum Neuen das Neueste aus den Dunkelkammern: Nord u. Süd 82 (1897) 365–379 [3]. — A. Bauer: Reichenbach als Beobachter: Arch. Gesch. Naturwiss. u. Techn. 1 (1909) 135–139 [3]. — E. Roth: Kreosot, Holzessig, Irrigal: Dtsch. zahnärztl. Ztg. 1911, 494–495 [Ha 5]. — Ferdinand Titze: Reichenbach u. das siderische Pendel: Zbl. Okkultismus 22 (1928/29) 145–148 [1a].

Bildn. Chemiker-Ztg. 66 (1942) 388 [101].

II **REIL,** Johann Christian. Med. — 1780–1782 stud. Med. Göttingen u. Halle; 1782 Dr. med., 1787 ao. Prof., 1788–1810 o. Prof. Univ. Halle; 1810–1813 o. Prof. Univ. Berlin.

*1759, Febr. 20, Rhaude, Ostfriesland; †1813, Nov. 22, Halle.

Bibliogr. Cat. scient. Papers 5 (1871) 146 (21 Nr.) [3]. — Cat. gén. Bibl. nat. 148 (1938) Sp. 448 (2 Nr.) [3]. — Brit. Mus. Gen. Cat. 200 (1963) 508–509 (13 Nr.) [3].

Biogr. Henrich Steffens: Johann Christian Reil. Eine Denkschrift (Halle 1815) VI, 146 S. [3]. — Friedlander: Biographie universelle, ancienne et moderne 37 (Paris 1824) 272–274 [3]. — Dezeimeris: Dictionnaire historique de la médecine ancienne et moderne 3, 2 (Paris 1837) 793–795 m. Schr.Verz. [3]. — Hippolyte Kluyskens: Des hommes célèbres dans les sciences et les arts et des médailles qui consacrent leur souvenir 2 (Gand 1859) 359–368 [14]. — Bandorf: ADB 27 (1888) 701–702 [3]. — E. Roth: Reichsmedizinalanz. 35 (1910) 47–48 [F 1]. — G. Mamlock: Dtsch. med. Wschr. 39 (1913) 2257–2258 m. Abb. der Büste von Reil [3]. — Max Neuburger in: Verh. Ges. Dtsch. Naturforscher u. Ärzte, 85. Versammlung Wien 1913 1 (Leipzig 1913) 86–115 [3]. — Paul Richter: Berliner klin. Wschr. 50 (1913) 2119 m. 1 Bildn. [3]. — K. Sudhoff: Joh. Christian Reil im Befreuungsjahr 1813: Münchener med. Wschr. 60 (1913) 2578–2582 [3]. — Rudolf Beneke: J. C. Reil. Gedächtnisrede ... Friedrichs-Univ. ... Erinnerungsfeier 22. Nov. 1913. Nebst 4 bisher ungedruckten Aufsätzen Reils (Halle 1913) 68 S. [3]. — H. Boruttau: Klin.-therap. Wschr. 20 (1913) 1413–1414 [3]. — Erich Ebstein: Einige Dokumente von Joh. Chr. Reil, seiner Frau u. Tochter: Thür.-Sächs. Z. Gesch. u. Kunst 19 (1930) 219–223 [3]. — K. Riehm: Joh. Christ. Reil. Ein unbekannter Vorkämpfer für Volksgesundheit: Ärztebl. Sachsen, Sachsen-Anh., Thür. 1937, 173–174 [101]; dasselbe: Giebichensteiner Heimatbuch 1939 (1938) 54–60 m. 1 Bildn. [3]. — Weert Albers: Joh. Christian Reil, ein Klassiker der Med. in: Ostfriesland. Ein Kalender für Jedermann 30 (Norden 1943) 51–54 m. Abb. der Reil-Büste von Max Lange [45]. — Erich Witte: Joh. Christian Reil. Zu seinem 140. Todestage: Med. Mschr. 7 (1953) 727–730 m. Lit.Verz. [3; 101]. — Ingeborg Petzold: Joh. Christian Reil, Begründer der modernen Psychotherapie?: Sudhoffs Arch. Gesch. Med. Naturwiss. 41 (1957) 159–179 m. Lit.Verz. [3]. — Hans Joachim Schreckenbach: Goethes Autographen-Sammlung. Katalog (Weimar 1961) 185, Nr. 1333 (Quittung für Nikolaus Meyer über 12 Reichstaler Kurkosten. o. O. 23. Juni 1794); 185, Nr. 1334 (Brief an Joh. Wolfg. von Goethe o. O. 13. Sept. 1805); 186, Nr. 1335 (Manuskript zu dem Gedicht „An Elisens Grab") [3]. — A. Lewis: J. C. Reil: innovator and battler: J. Hist. behaviour Sci. 1 (1965) 178–190.

Zum 125. Todestag Johannes Moeller: Ärztebl. Mitteldeutschl. 1939, 8, 11 m. Bildn. [101]. — Karl Franz Hoffmann: Hippokrates 10, 1 (1939) 209–210 [3].

Zum 200. Geburtstag Gedenkschrift zum 200jähr. Geburtstag Dr. Johann Christian Reil. Zur Erinnerung an die Reilfeiern am 7. März 1959 in Rhaude, Westrhauderfehn u. Leer in Ostfriesland (Westrhauderfehn 1959) 76 S. m. 16 Abb. [101]; darin: 12–28 Hans Heinz Eulner: Joh. Chr. Reil 1759–1813; 29–42 Gerhard Ohling: Johann Reil der Vater. Lebensbild eines Pfarrers zur Zeit des Ancien Régime; 43–66 Werner Piechocki: Joh. Chr. Reil als Stadtphysikus in Halle; 67–76 Hans-Heinz Eulner: Verzeichn. der Schriften von Joh. Chr. Reil. — W. H. G. Armytage: An early psychiatrist, Johann Christian Reil: Brit. med. J. 1959, I, 581–582 [15]. — W. R. Bett: Johann Christian Reil (1759–1813) of the „Island of Reil": Medical Press 241 (1959) 154 [1]. — H. Dietsch: Johann Christian Reil als Zeuge seiner Zeit: Med. Welt 1960, 1113–1116 [101]. — Gustav Donalies: Zu einer Gedenkfeier in Bernburg a. d. S.: Nervenarzt 30 (1959) 372–373 [3]. — H. H. Eulner: Hallesche Straßennamen als Denkmäler hallescher Mediziner. 7. Johann Christian Reil: Hallesche Mh. 1959, H. 2, S. 68–75 m. Bildn., Faks. u. 3 Abb. [3]; Johann Christian Reil: Z. ärztl. Fortbildung 49 (1960) 472–474 [Ha 2]; Johann Christian Reil: Neue Z.

ärztl. Fortbildung N.F. **3** (1960) 472–474 [101]. — Werner Piechocki: Reil u. Halle 1. Eine Denkschr. Reils: Hallesche Mh. **6** (1959) 58–61; 2. Die Lazarette 1806/07: ebda 102–107 m. Bildn.; 3. Das Bad: ebda 231–236 m. 4 Abb.; 4. Das Theater: ebda 359–364 m. Abb. einer Büste von Reil u. des Grabes im Zoo [Ha 2]. — Wiemann: Goethe u. Reil: Ostfriesland, Z. Kultur, Wirtsch. u. Verkehr **1959**, H. 1, S. 1–5 [45]. — Rudolph Zaunick, ed.: Johann Christian Reil 1759–1813. Vier auf der Reil-Feier in Halle am 25. Febr. 1959 gehaltene Vorträge von H. H. Eulner, J. H. Scharf, K. Pönitz u. W. Piechocki samt versch. bibliogr. Anhängen u. Joh. Chr. Reils hirnanatom. Atlas: Nova Acta Leopoldina N.F. **22** (1960) Nr. 144, 159 S. m. Bildn., Faks., Abb. u. Bibliogr. [Ha 2].

Zum 150. Todestag Richard Carstensen: Med. Welt **1964**, 1385–1386 [101].

Weitere Lit. C. H. Freiherr vom Hagen: Die Franzosen in Halle 1806–1808 (Halle 1871) 20–21 [3]. — Georg Friedr. Louis Stromeyer: Erinnerungen eines deutschen Arztes **1** (Hannover 1875) 210, 218 [3]. — Otto Taschenberg: Gesch. der Zool. u. der zool. Sammlungen der Univ. Halle 1694–1894: Abh. naturwiss. Ges. Halle **20** (1894) 14, 55 [Ha 2]. — Aus den Tagebuch-Aufzeichnungen Ernst Ludwig Heims aus den Jahren 1795–1834. Mitgeteilt u. erl. von Georg Sigerist: Arch. Brandenburgia **7** (Berlin 1901) 17, 21, 48, 49 [3]. — Ergänzungen zu den Briefen u. Aktenstücken zur Gesch. Preußens unter Friedrich Wilhelm III . . . hrsg. von Franz Rühl (Leipzig 1904) 158, 160, 269 (Publ. Ver. Gesch. Ost- u. Westpreußen, 5) [3]. — Briefwechsel des jungen Börne u. der Henriette Herz. Hrsg. von Ludw. Geiger (Oldenburg u. Leipzig 1905) 79–83, 85–88, 90–92 u. öfter [3]. — Werner: Schellings Verhältnis zur Med. u. Biol. (Paderborn 1909) 155–162 (Phil. Diss. Univ. Leipzig) [3]. — Max Lenz: Gesch. der Kgl. Friedr. Wilh. Univ. Berlin **4** (Halle 1910) 28, 32, 47, 76, 128, 263, 264 [3]. — Konrad Wutke: Aus der Vergangenheit des Schlesischen Berg- u. Hüttenlebens. Ein Beitr. zur Preuß. Verwaltungs- u. Wirtschaftsgesch. (Breslau 1913) 452 [101]. — G. Nathanael Bonwetsch: Gotthilf Heinrich Schubert in seinen Briefen. Ein Lebensbild (Stuttgart 1918) 54 [3]. — Alfred Noll: Was die Gelehrten einst von der sogen. Lebenskraft hielten (Leipzig 1918) 20 [101]. — Erich Ebstein: Ärzte-Briefe aus 4 Jahrhunderten (Berlin 1920) 65–68 [101]. — Alfred Martin: Die Reilsche Badeanstalt in Halle m. ihrem Kur- u. Badebetrieb: Z. physikal. u. diätet. Therapie **26** (1922) 131–138 m. Lit.Verz. [3]. — Erna Arnhold: Goethes Berliner Beziehungen (Gotha 1925) 152, 160 [3]. — Norman Balk: Die Friedr.-Wilhelms-Univ. zu Berlin. Mit einer Darst. des Berliner Bildungswesens bis 1810 (Berlin 1926) 56, 60 [101]. — W. Serlo: Bergmannsfamilien XI. Die verwandtschaftl. Zusammenhänge der berühmten Bergleute Gerhard, von Oeynhausen, von Dechen u. anderer: Glückauf **64** (1928) 1515–1516 [64]. — Arthur Kronfeld: Einige Bemerkungen über die ersten psychotherapeut. Veröff., insbes. J. C. Reil: Allg. ärztl. Z. Psychotherapie u. psych. Hygiene **1** (1928) 11–23 [14]. — Johannes Werner: Die Schwestern Bardura. Bilder aus dem Gesellschafts-Kunst- u. Geistesleben der Biedermeierzeit 2. Aufl. (Jena 1929) 48, 50 [3]. — [Stengel]: Wilhelm-von-Humboldt-Gedächtnis-Ausstellung im Märkischen Museum. Lebensbilder aus der Gesch. der Berliner Univ., Berlin, 9. Apr.–15. Mai [1935] (Berlin o. J.) 43 [101]. — Klaus Tepperberg: „Die Lebenskraft" bei Johann Christian Reil (Bleicherode 1935) 31 S. (Diss. Univ. Halle) [3]. — Paul Diepgen u. Edith Heischkel: Die Med. an der Berliner Charité bis zur Gründung der Univ. (Berlin 1935) 65, 73, 123–124, 126, 128 [3]. — Arnold Boldt: Über die Stellung u. Bedeutung der „Rapsodien über Anwendung der psych. Curmethode auf Geisteszerrüttungen" von J. Chr. Reil in der Gesch. der Psychiatrie (Berlin 1936) 120 S. m. Abb. der Büste Reils [11]. — Peter G. Hesse: Der Lebensbegriff bei den Klassikern der Naturforschung (Jena 1943) 102 [101]. — Bernhard Milt: Franz Anton Mesmer u. seine Beziehungen zur Schweiz (Zürich 1952) 118–119 [15]. — Ernest Harms: Modern psychotherapy, 150 years ago: Brit. J. Psychiatr. (London) **103** (1957) 804–809 [1a]. — Freimaurer-Museum: Der Freimaurer Goethe u. Reil: Vereinigte Großloge [Frankfurt/M] **1958**, 219–220 [292]. — H. Kirste: Ein ungelöstes Rätsel Goethes: Münchener med. Wschr. **103** (1961) 2349–2350 [3].

Bildn. Richard N. Wegner: Das Anatomenbildn. Seine Entwicklung im Zusammenhang m. der anatom. Abb. (Basel 1939) 140, 141, 183 (Bildn. Nr. 91 nach einem Gemälde von J. F. A. Tischbein S. 133) [3]. — Wiss. Z. Martin-Luther-Univ. Halle-Wittenberg, math.-nat. R. **8** (1958/59) 457 [Ha 2].

II **REIMARUS,** Johann Albert Heinrich. Med., Naturforsch. — 1752 stud. Univ. Göttingen, 1753 Leiden; 1757 Dr. med. Leiden; dann prakt. Arzt in Hamburg; 1796–1813 Prof. Physik u. Naturgesch. Gymn. in Hamburg.

*1729, Nov. 11, Hamburg;
†1814, Juni 6, Ranzau, Holstein.

Genealog. Wilhelm Albers: Ahnentafel des Joh. Alb. Heinr. Reimarus: Z. Zentralst. niedersächs. Familiengesch. **12** (1930) 48–51 [14].

Bibliogr. Cat. scient. Papers **5** (1871) 147 (6 Nr.) [3]. — Kurt Loewenfeld: Bibliogr. des. J. A. H. Reimarus: Imprimatur **4** (1933) 157–167 m. Schr.- u. Lit.Verz. [3]. — Cat. gén. Bibl. nat. **148** (1938) Sp. 472 (2 Nr.) [3]. — Brit. Mus. Gen. Cat. **200** (1963) Sp. 530–531 (16 Nr.) [3].

Briefe Aus einer alten Kiste. Originalbriefe, Handschriften u. Documente aus dem Nachlasse eines bekannten Mannes (Leipzig 1853) 88–111 (Briefe Nr. 21–32 von Reimarus), 111–157 (Briefe Nr. 33–51 von S. Reimarus geb. Hennings) [15]. — Lichtenbergs Briefe. Hrsg. von Albert Leitzmann u. Carl Schüddekopf **1–3** (Leipzig 1901, 1902, 1904) Nr. 213, 233, 239, 291, 295, 306, 317, 366, 623, 672, 675, 752 [3].

Biogr. Johann Otto Thieß: Versuch einer Gelehrtengesch. von Hamburg ... **1** (Hamburg 1780) 118–119 m. Schr.Verz. [3]. — D. Veit: Joh. Alb. Heinr. Reimarus nach zurückgelegten 50 Jahren seiner med. Laufbahn. Ein biogr. Beitr. zur Feier des 29. Apr. (Hamburg 1807) 162 S. [3]. — Christoph Daniel Ebeling: Memoriae Johannis Alberti Henrici Reimari physices et historiae naturalis in Gymnasio Hamburgensi (Hamburg 1815) 50 S. m. Schr.-Verz. [15]. — Hans Schröder: Lexikon der hamburgischen Schriftsteller bis zur Gegenwart **6** (Hamburg 1873) 199–205 m. Schr.Verz. [3]. — Kirchenpauer: Eröffnungsrede zur 49. Verslg. dtsch. Naturforscher u. Ärzte in Hamburg: Allg. Wiener med. Ztg. **21** (1876) 346–347 [15]. — K.: ADB **27** (1888) 704–709 [3]. — Schmidt in: Handwörterbuch der Staatswiss. **6** (Jena 1901) 383–384 [3]. — Hans Schimank: Zur Gesch. der exakten Naturwiss. in Hamburg (Hamburg 1928) 83 86, 91, 98–117 m. Bildn. [101]. — Edmund Kelter: Hamburg u. sein Johanneum im Wandel der Jahrhunderte 1529–1929 (Hamburg 1928) 87 [15]. — G. H. Sieveking: Die Grabstätte des Joh. Alb. Hinrich Reimarus: Hamburg. Geschichts- u. Heimatbl. **7**, 1933 (1934) 84–85 [3]. — Hans-Joachim Schreckenbach: Goethes Autographen-Sammlung. Katalog (Weimar 1961) 186, Nr. 1338 (Excerpt aus einer Reisebeschreibung von Vancouver unter der Überschrift „Korallen auf einem Berge noch in ihrer natürl. Lage“ mit dem Vermerk über seine Excerpte) [3].

Zum 200. Geburtstag Johann Albert Henrich Reimarus. Vorträge gehalten anläßl. der ... Gedächtnisfeier ... von Heinr. Sieveking, Franz Reiche u. Nicolaus Peters (Hamburg 1930) 35 S. m. Bildn. [18]. — K. F. Hoffmann: Wiener med. Wschr. **79** (1929) 1500 [3]. — Franz Reiche: Joh. Alb. Heinr. Reimarus als Arzt: Z. Zentralstelle niedersächs. Familiengesch. Hamburg **12** (1930) 1–5 [3; 14]. — Hans Schimank: Hamburger Fremdenblatt **101** (1929) Nr. 311 Nov. 9, S. 1–2 [18].

Weitere Lit. [Karl Gottlob Küttner]: Reise durch Deutschland, Dänemark, Schweden, Norwegen u. einen Teil von Italien in den Jahren 1797, 1798, 1799 **1** (Leipzig 1801) 164 [3]. — Karl August Böttiger: Literarische Zustände u. Zeitgenossen **2** (Leipzig 1838) 15–32 [3]. — Wilhelm Lang: Graf Reinhard. Ein deutsch-französ. Lebensbild 1761–1837 (Bamberg 1896) siehe Reg. [3]. — Susebach: Über den ersten Blitzableiter in Göttingen: Protokolle üb. die Sitzungen des Vereins für die Gesch. Göttingens **3**, 2 (Göttingen 1902/03–1906/07) 97–113 [7]. — Erich Marcks: Hamburg u. das brügerl. Geistesleben in Hamburg (Hamburg 1907) 17 S. [15]. — Johannes Kießner: Beziehungen Goethes zu Hamburg (Hamburg 1912) 44, 47, 54–55 [15]. — Heinrich Sieveking: Georg Heinrich Sieveking. Lebensbild eines Hamburgischen Kaufmanns aus dem Zeitalter der französ. Revolution (Berlin 1913) siehe Reg. [14]. — S. Ruppel: Gebäudeblitzschutz: Elektrotechn. Z. **1913**, 643–647 [101]. — R. Kobert: Aus der Gesch. der Tollkirsche u. der Pupillenerweiterung durch Gifte. In: Aus stiller Arbeit (Rostock 1916) 53 [28]. — Percy E. Schramm u. Ascan W. Lutteroth: Verzeichn. gedruckter Quellen zur Gesch. Hamburgischer Familien (Hamburg 1921) 91 [101]. — Gotthold Ephraim Lessing: Sämtl. Schriften. Hrsg. von Karl Lachmann. 3. Aufl. **23** (Berlin u. Leipzig 1924) Reg. S. 203 [3]. — Adolf Meyer: Joachim Jungius' geistesgeschichtl. Gestalt. In: Naturforschg. u. Naturlehre im alten Hamburg (Hamburg 1928) 42, 49–52, 53, 59, 60 m. Bildn. S. 90/91 [3]. — Wolfgang Promies: Georg Christoph Lichtenberg in Selbstzeugnissen u. Bilddokumenten (Reinbek bei Hamburg 1964) 104, 106, 118 m. Bildn. S. 105 [101].

REINELT, Paul. Math., Theol. — 1727 im Benediktinerorden in Braunau; 1731 Priesterweihe; Ökonomieinspektor in Braunau u. St. Margaret, während dieser Tätigkeit auch dort Prof. Math.

*1701, Nov. 13, Leipa;

†1778, März 20, St. Margaret.

Biogr. B. Maiwald: Paul Reinelt, ein Mathematiker aus Leipa: Mitt. Nordböhm. Exkursions-Klubs **36** (1913) 1–3 [Ha 2].

III **REIS,** Johann Philipp. Physik. — Sohn eines Bäckers; 1848 im Hasselschen Inst. in Frankfurt/M.; 1850 trat er in Frankfurt/M. in ein Farbengeschäft ein, trieb nebenbei Math. u. Naturwiss.; 1858

Lehrer am Garnierschen Inst. in Friedrichsdorf bei Homburg, wo er 1860 das erste Telephon konstruierte.

*1834, Jan. 7, Gelnhausen;

†1874, Jan. 14, Friedrichsdorf.

Bibliogr. Cat. scient. Papers **12** (1902) 610 (1 Nr.) [3]. – [Arthur Richel]: Stadtbibl. Frankfurt/M. Katalog der Abt. Frankfurt 2 Lit. zur Familien- u. Personengesch. (Frankfurt 1929) 463–464 [3]. – Brit. Mus. Gen. Cat. **200** (1963) Sp. 671 (3 Nr.) [3].

Brief Ungedruckter Brief [ohne Zeitangabe, wahrscheinl. 1854] von Philipp Reis, dem Erfinder des Telephons, an seine Gelnhäuser Freunde: Nassovia **1917**, 126–127 [43].

Genealog. Julius Frey: Die Ahnentafel des Telephonerfinders Philipp Reis: Arch. Sippenforsch. **10** (1933) 380–384 [3]. – Heinrich Oehler: Schwäbische Ahnen des Telephonerfinders Philipp Reis: Südwestdtsch. Bl. Familien- u. Wappenkunde **5** (1953) 257; **6** (1954) 273–276 [24].

Biogr. Philipp Reis: Über Telephonie durch den galvan. Strom: Jber. physik. Ver. Frankfurt/M. **1860/1861**, 57–64 [Ha 2]. – „Dr. Reis demonstriert sein Telephon u. giebt dabei eine Erklärung u. Gesch. dieses Instrumentes": Amtl. Ber. Verslg. Dtsch. Naturforscher Ärzte Gießen **39** (1865) 84 [Ha 2]. – Schenk: Philipp Reis, der Erfinder des Telephons (Frankfurt/M. 1878) 16 S. m. 9 Abb. [Min. Post- u. Fernmeldewes. Bonn]. – Silvanus P. Thompson: Philipp Reis, inventor of the telephone. A biographical sketch with documentary testimony, translations of the original papers of the inventor and contempory publications (London 1883) IX, 182 S. m. 2 Taf., Titelbildn. [14]. – I. H. F. Petersen: Philipp Reis: Dtsch. Schulpraxis **4** (1884) 165–166 [15]. – Adolph Poppe: Erinnerung an Philipp Reis, den Schöpfer des Grundgedankens der Telephonie: Didaskalia **64** (1886) 806–807, 811–812 [30]; Erfinder-Lose. Philipp Reis u. das Telephon: Gartenlaube **1893**, 235–239 m. 1 Bildn., 3 Abb. [14]. – W. Stricker: ADB **28** (1889) 113–114 [3]. – Versammlung wegen Errichtung eines Denkmals für den Erfinder des Telephons: Jber. Physikal. Ver. Frankfurt/M. **1897–1898** (1899) 24–27 m. Bild. u. Faks. [Ha 2]. – Eugen Hartmann: Das Telephon, eine dtsche Erfindung: ebda 79–99 m. Titelbildn. u. 14 Abb. [Ha 2]. – Ein Lebensbild von Philipp Reis, Erfinder des Telephons. Nach Familienpapieren gezeichnet (Homburg v.d.H. 1899) 24 S. m. Bildn. [14]. – Eugen Hartmann: Das Telephon, eine dtsche Erfindung: Umschau **4** (1900) 46–51, 64–70 m. Bildn. u. Faks. [14]. – C. Musmacher: Kurze Biographien berühmter Physiker (Freiburg/Br. 1902) 253–256 [1]. – Albert Neuburger: Zum 50jähr. Jubil. des Fernsprechers. Aus dem Leben des Erfinders: Didaskalia **1911**, 1002–1003 [30]. – Franz Maria Feldhaus: Deutsche Techniker u. Ingenieure (Kempten u. München 1912) 194 [101]. – Eugen Hartmann: Philipp Reis (Neurode, Berlin 1913) 23 S., Bildn. S. 5 [14]. – Albert Neuburger: Erfinder u. Erfindungen (Berlin, Wien 1913) 143–153 m. 1 Bildn. S. 156 [3]. – F. M. Feldhaus: Der Telephon-Pionier Ph. Reis: Gesch. Bl. Techn., Industr. u. Gewerbe **3** (1916) 43–44 [101]. – Ein Denkmal für Philipp Reis: ebda **6** (1919) 217–218 [101]. – Hanauer Gesch.-Bl. N.F. **3–4** (1919) 159–161 m. Bildn. [3]. – Karl Siebert: Hanauer Biogr. aus 3 Jahrhunderten: Hanauer Gesch.Bl. N.F. **3/4** (1919) 159–161 m. Bildn. [3]. – Heinrich Wiesenthal: Führende Männer (Leipzig 1924) 58–63 m. Abb. der Plakette [101]. – Conrad Matschoß: Männer der Techn. (Berlin 1925) 221–222 [101]. – A. Kistner: Deutsche Meister der Naturwiss. u. Techn. **2** (München 1925) 97–116 [101]. – E. Feyerabend: 50 Jahre Fernsprecher in Deutschland (Berlin 1927) 10–18 m. 2 Bildn., 5 Abb.; Anlage 1: Curriculum vitae des Lehrers Johann Philipp Reis in Friedrichsdorf bei Homburg (29. Juni 1868) 205–207 [3]. – Philipp Reis aus Gelnhausen: Werkbl. Frankenbund **4** (1930) 150–152 [101]. – rt: Johann Philipp Reis. 70 Jahre Telephon: Techn. u. Ind. u. Schweiz. Chemikerztg. **1931**, 165–167 [LB Bern]. – Albert Varel: 75 Jahre Fernhören. Eine Erinnerung an Philipp Reis: Das Werk [Düsseldorf] **16** (1936) 589–590 m. 4 Abb. [101]. – Hg.: Funk **15** (1938) 271–272 m. 1 Bildn., 1 Abb. [101]. – Otto Urbach: Rdsch. Dtsch. Techn. **19** (1939) Nr. 16, S. 7 [101]. – Albrecht Freund: . . . Zur 65. Wiederkehr seines Todestages: Mittelschule **53** (1939) 8 [101]. – Paul Adolf Kirchvogel in: Lebensbilder aus Kurhessen u. Waldeck 1830–1930 **2** (Marburg 1940) 329–334 m. Abb. seiner Büste u. Lit.Verz. [3; 14]. – Rudolf Thiel: Ruhm u. Leiden der Erfinder (Berlin 1942) 106–117 [3]. – C. Traxdorf: Philipp Reis. Sein Lebensweg u. Lebenswerk: Dtsch. Postgesch. **4** (1943) 84–91 m. 1 Bildn., 8 Abb., 1 Ahnentaf. [3]. – Arbeit u. Wehr **14** (1944) Nr. 2, S. 8 [101]. – Bedeutende Deutsche Bäckersöhne. Johann Philipp Reis, der Erfinder des Telefons: Bäcker-Ztg. **4** (1950) Nr. 5 S. 99 m. Abb. der Denkmals-Büste in Gelnhausen [101]. – Hans Peugler: Ausbau **4** (1951) 321–328 m. 3 Abb. [101]. – Willy Möbus: Philipp Reis: Elektrotechn. Z. Ausg. B. Elektrotechniker **4** (1952) 334 m. Bildn. [1]. – F. Lobell: Orion **7** (1952) 190–191 m. 1 Bildn., 1 Abb. [101]. – Physiker-Anekdoten. Ges. u. mitget. von Kollegen. Illustr. von Erika Brüche. F. 2 (Mosbach 1953) 46 [101]. – Fritz Volze: Welt der Schule **6** (1953) 103–104 m. Bildn. [101]. – Egon Larsen: Abenteuer der Techn. Ein Buch von Erfindern u. Erfindungen (Frankfurt/M. 1954)

133–139 m. 1 Abb. [101]. — Hermann Klamfoth: Philipp Reis, der Erfinder des Telefons: Techn. Gemeinsch. **2** (1954) Nr. 2 S. **43** m. 1 Bildn., 1 Abb. [3]. — M. J. Riedl: Philipp Reis eröffnete das 20. Jahrhundert 40 Jahre zu früh: Dtsch. Post [Frankfurt] **7** (1955) 366–368 [292]. — Rudolf Eger: Genie ohne Erfolg. Schicksale großer Erfinder (Einsiedeln **1957**) 143–168 m. 1 Bildn., 5 Abb., Faks.Brief vom 18. Okt. 1863 an F. J. Pisko [101]. — Julius Frey: Heimat-Jahrb. Kreis Gelnhausen **1961**, 87–89 m. 1 Bildn., 2 Abb. [292]. — Wolfgang Bartsch: Das Ohr der Welt stammt aus Friedrichsdorf: Hessen-Jahrb. **3** (1961) Nr. 5, S. 15–17 m. 3 Abb. [101]. — Hans Joachim Altmannsperger: Philipp Reis. Ein Beitr. zur 1. öff. Vorführung des Reisschen Telephons im Physikal. Verein zu Frankfurt/Main vor 100 Jahren am 26. Okt. 1861: Z. Post- u. Fernmeldewesen (Starnberg) **13** (**1961**) 745–748 m. 1 Bildn., 4 Abb. [101]. — Hadlich: Der Lebensweg des Telefonerfinders Philipp Reis: Heimat-Jahrb. Kreis Gelnhausen **1963**, 42–45 m. 1 Taf., Lit.Verz. [101]. — Silvanus P. Thompson: Philipp Reis. Erfinder des Telephons. Eine biogr. Skizze m. dokumentarischen Zeugenaussagen, Übersetzungen der Originalarbeiten des Erfinders u. zeitgenöss. Veröff. (Übersetzung Guntram Fricke): Arch. dtsch. Postgesch. **1963**, H. 1, S. 3–67 m. Abb. [292].

Zum 80. Geburtstag Hans Dominik: Braunschw. GNC-Mschr. **2** (1914) 1–5 [15].

Zum 50. Todestag Hessenland **37** (1925) 55 m. Abb. des Reliefs.

Zum 100. Geburtstag Karl Ammon: Gesch.-bl. Stadt u. Kreis Gelnhausen Nr. **25/26** (1934) 97–99 [3]. — Ernst Feyerabend: Europ. Fernsprechdienst **34** (1934) 3–6 m. 1 Bildn., 1 Abb. [3]. — Hans Schmitt: Erholung **25** (1934) 7–8 [Le 1]. — H. Schneider: Praxis Landschule **42** (1934) 405–407 [101]. — M. Seddig: Philipp Reis u. das Telephon [gekürzte Wiedergabe seines Vortrages]: Jber. physik. Verein Frankfurt/M. **110**, 1933/34 (1934) 28 [Ha 2]. — Richard Wachsmuth: Forsch. u. Fortschr. **10** (1934) 27–28 [Ha 2]. — Elektr. Nachr.-Techn. **11** (1934) 1–3 m. 1 Bildn., 1 Abb. [101]. — Von dem Hasselschen Inst. in Frankfurt/M. Zur Schulzeit von Philipp Reis: Gesch.bl. Stadt u. Kreis Gelnhausen **25/26** (1934) 99–102 [3].

Zum 125. Geburtstag W. Lammert: Sozialbbl. **11** (1959) 22 [3]. — H. Schulze-Manitius: Techn. Gemeinschaft **7** (1959) 37 m. 1 Bildn., 1 Abb. [3].

Weitere Lit. Die Telephonie: Aus der Natur **21** (1862) 470–474 [15]. — Die Wunderleistungen des Telegraphen: Didaskalia **40** (1862) Nr. 129 vom 10. Mai [30]. — Rb: P. Reis. Über Telephonie durch den galvan. Strom: Fortschr. Physik 1861 **17** (Berlin 1863) 171–173 [3]. — Der Musiktelegraph: Gartenlaube **1863**, 807–809 m. 1 Abb. [3]. — Illustr. Ztg., Leipzig **40** (1863) 286 [14]. — von Legat: Über die Reproduction von Tönen auf electrogalvan. Wege: Dinglers polytechn. J. **169** (1863) 23–29 [15]. — Über Fortpflanzung der Töne auf willkürlich weite Entfernungen mit Hülfe der Elektrizität: ebda **168** (1863) 185–187 [15]. — Ernest Saint-Edme: Telegraphe acustique ou téléphone de M. Reis: Cosmos [Paris] **24** (1864) 349–352 [15]. — Rb.: Ph. Reis. Über das verbesserte Telephon: Fortschr. Physik 1863 **19** (1865) 96 [3]. — Paul Reis: Das Telephon u. sein Anrufapparat nach seiner histor. Entwicklung u. seiner prakt. Anwendung (Mainz 1878) 52 S. [36]. — Der wirkl. Erfinder des Telephons. Zum Kapitel der Erfinderschicksale: Kleine Chronik **2** (1880) Nr. 50 S. 5–7 [30]. — Die Gesch. u. Entwicklg. des elektr. Fernsprechwesens **2** (Berlin 1880) 6–12 [11]. — Franz Holthof: Erfindung u. Entwicklg. des Telephons: Ber. Freies Dtsch. Hochstift (Frankfurt/M.) **1883/1884** (1884) 27–34 [Ha 2]. — Otto Jentsch: Unter dem Zeichen des Verkehrs (Stuttgart, Leipzig 1904) 111–123 m. Bildn. u. Faks. [14]. — Georg Biedenkapp: Bahnbrecher des Weltverkehrs (Berlin 1904) 174–186 [1]. — U. U.: Weder Reis noch Bell die Erfinder des Telephons: Umschau **9**, 35 (1905) 695–696 [14]. — Theodor Karrass: Gesch. der Telegraphie **1** (Braunschweig 1909) 452–460 [88]. — Hans Dominik: Aus der Gesch. des Fernsprechers: Gartenlaube **1909**, 1011–1013 m. Bildn. [14]. — Georg Schwarz: 50 Jahre elektr. Telephonie (Tauberbischofsheim 1912) 45 S. m. 16 Fig. (Wiss. Beil. Jahresber. Gymn. Tauberbischofsheim für 1911/12) [3]. — Oskar Grosse: 40 Jahre Fernsprecher (Berlin 1917) 1–7 [101]. — Artur Fürst: Das Weltreich der Techn. **1** (Berlin 1923) 155, 157 [14]. — Albert Neuburger: Die Wunder der Fernmeldetechn. (Leipzig 1924) 69–120 m. Bildn. u. Abb. [14]. — August Rotth: Das Telephon u. sein Werden (Berlin 1927) 20–51 [82]. — Carl Graf von Klinckowstroem: Wer hat das Telephon erfunden?: Dtsch. Techn. **1** (1933) 208 [101]. — Hermann Heiden: Rund um den Fernsprecher (Berlin-Siemensstadt 1938) 8–15 m. 1 Bildn., 1 Abb. [11]. — Friedrich Elarth: Der sprechende Draht: Neue Gartenlaube **1940**, 190–191 [101]. — Philipp Reis u. sein Werk: Elektro-Techn. **1941**, Nr. 9 S. 80 [101]. — Theodor Heinrich Mayer: Klang in die Ferne. In: Vom Gedanken zur Tat (München 1941) 252–269 [101]. — K. Gundlfinger: Philipp-Reis-Gedenkstunde 26. Okt. 1951: Arch. Post- u. Fernmeldewesen **4** (1952) 117–122 m. 3 Abb. [101]. — 75 Jahre Fernsprecher in Deutschland: ebda 919–926 m. Abb. der Büste von Ph. Reis, 5 Abb. [101]. — Rudi Göbel: Vor 75 Jahren. Das 1. Telephon in Höchst. Philipp Reis u. seine epochemachende

Erfindung: Farben-Post 7 (1960) Nr. 11 S. 12 [Farbwerke Hoechst]. — Johann Philipp-Reis-Feier: Jber. physik. Ver. Frankfurt/M. 136. Vereinsjahr 1962, 31–33 [Ha 2]. — Die Gedenkfeier für Philipp Reis, den Erfinder des Telephons, am 26. Okt. 1961 (Frankfurt/M. 1962) 55 S., 1 Bildn. [292].

Bildn. Illustr. Ztg., Leipzig **72** (1879) 108 [14]. — Klaus Gerwin: Techn. Jahrhundert (Dortmund 1957) 14 (Jugendbildn.) [14]. — Philipp Reis nach einer Selbstfotographie von 1862: VDI-Nachr. **20** (1966) Nr. 39 S. 11 [101]. — Adolf Wißner in: Schätze im Deutschen Museum in München. Hrsg. von H. Auer u. F. Klemm (Düsseldorf 1968) 112–113 m. 1 Bildn. u. 1 Abb. [3].

II **REPSOLD,** Johann Georg. Mechanik. — Seit 1789 in Hamburg: 1795 Geometer, 1796 Hydrotechniker, 1798 Spritzenmeister, 1809 Leiter des städtischenLöschwesens (Oberspritzenmeister); daneben Besitzer einer Privatsternwarte, auch einer Werkstätte zur Anfertigung opt. u. physikal. Instrumente.

*1771, Sept. 23, Wremen/Hannover; †1830, Jan. 14, Hamburg.

Genealog. Deutsches Geschlechterbuch (Geneal. Handbuch bürgerlicher Familien) **44** (1923) 312–314 m. Bildn. [3].

Bibliogr. Cat. scient. Papers **5** (1871) 164 (1 Nr.) [3].

Briefwechsel P. Riebesell: Briefwechsel zwischen C. F. Gauß u. J. G. Repsold: Mitt. math. Ges. Hamburg **6** (1928) 398–431 m. 2 Bildn., 1 Abb., 10 Fig. [3].

Weitere Lit. O. C. Gaedechens: J. G. Repsold: Hamburgische Münzen u. Medaillen **1** (Hamburg 1850) 253–255 [14]. — Rudolf Wolf: Gesch. der Astronomie (München 1877) 565, 570, 575, 590, 593, 600, 630 (Gesch. der Wiss. in Deutschland. Neuere Zeit, 16) [3]. — Beneke: ADB **28** (1889) 233–235 [3]. — Joh. A. Repsold: Über J. G. Repsolds Heliotrope: Z. Instrumentenkde **17** (1897) 1–7 m. 3 Abb. [3]. — O. Knopf: Repsoldsche Instrumente auf der von Kuffnerschen Sternwarte in Wien: ebda **18** (1898) 69–71 m. 1 Abb.; **19** (1899) 18–24 m. 3 Abb. [3]. — P. J. Möbius: Über die Anlage zur Math. (Leipzig 1900) 94 m. Bildn. [14; 15]. — Wilhelm Schur: Beitr. zur Gesch. der Astron. in Hannover. Festschr. zur Feier 150jähr. Bestehen Ges. Wiss. Göttingen (Berlin 1901) 140 [3]. — J. A. Repsold: Zur Gesch. der astron. Meßwerkzeuge von Peurbach bis Reichenbach 1450–1830 (Leipzig 1908) 132 S. [15]. — Burt L. Newkirk: Investigation of the Repsold measuring apparatus: Publ. Lick-Observatory **7** (1913) 135–157 [15]. — L. Ambronn: Beitr. zur Gesch. der Feinmechanik: Beitr. Gesch. Techn. u. Industr. **9** (1919) 11, 21–24 [101]. — Hans Schimank: Zur Gesch. der exakt. Naturwiss. in Hamburg (Hamburg 1928) 80, 119–124, 127, 131 m. Bildn. [101].

II **RESSEL,** Joseph. Techn. — 1816 Forstagent in Krain, 1821 Forstinspektor, zuletzt Ingenieur bei der österr. Kriegsmarine in Triest; erfand 1827 die Schiffsschraube.

*1793, Juni 29, Chrudim, Böhmen; †1857, Okt. 10, Laibach.

Genealog. Johannes Ressel: Stammbaum der Familie Ressel: Frankfurter Bl. Familiengesch. **7** (1914) 12 [14]. — Anton Ressel: Von den väterl. Vorfahren Josef Ressels, des Erfinders der Schiffsschraube: Familiengeschichtl. Bl. **26** (1928) Sp. 287–290 [3].

Bibliogr. Brit. Mus. Gen. Cat. **201** (1963) Sp. 236 (2 Nr.) [3].

Nekr. Joseph Ressel, der Erfinder der Schrauben-Dampfschiffahrt: Illustr. Ztg., Leipzig **30** (1858) 191–193 m. Bildn. [14].

Biogr. Österr. Vjschr. Forstwesen **13** (1863) 138–168 [UB Wien]. — Edmund Reitlinger: Joseph Ressel, der Erfinder des Schrauben-Dampfers. Festschr. zur Enthüllungsfeier des Ressel-Denkmales in Wien am 18. Jänner 1863 (Wien 1863) 43 S. [TH Wien]. — Fr. Hofmann: Joseph Ressel u. Wilhelm Bauer. Eine Schicksals-Parallele: Gartenlaube **1863**, 124–128 [3]. — Richard Heß: Lebensbilder hervorragender Forstmänner (Berlin 1885) 288–290 m. Schr.- u. Lit.Verz. [3]. — Der Erfinder der Schiffsschraube: Prakt. Schulmann **42** (1892) 530–534 [15]. — Anton Ressel: Josef Ressel, der Erfinder der Schiffsschraube: Jahrb. Dtsch. Gebirgs-Ver. Jeschken- u. Isergebirge **1914**, 15–26 [14]; Mitt. Ver. Heimatkde Jeschken-Isergau **11** (1917) 93–96 [14]. — Stefan Schmid: Dem Andenken Josef Ressels: Vereinsschr. Forst-, Jagd- u. Naturkde **1918/19**, 104–108 [Ha 2]. — R. Hübner: Erfinderlos: Mschr. Bürgerkde u. staatsbürgerl. Erziehung **1** (1924) 116–119 [101]. — Conrad Matschoß: Männer der Techn. (Berlin 1925) 223 [101]. — Alfred Birk in: Sudetendtsch. Lebensbilder **1** (1926) 268–270 m. Bildn. [3]. — Theodor Pöschl: Josef Ressel: Hochschulwissen **5** (1928) 52–53 [101]. — Alfred Birk in: Ringendes Volkstum (Karlsbad, Leipzig 1931) 82–85 [14]. — Karl Tanzer: Österreichs Erfinder. Lebensbilder aus dem Reiche der Techn. (Wien 1934) 14–19 [101]. — Mario Tedeschi: Ricerche storiche su Guiseppe Ressel e l'applicazione dell'elica navigazione: Boll. Soc. Adriatica Sci. nat. Trieste **34** (1935) 213–239 [Ha 2]. — Jan Vaněček: Počátky paroplvby a význam Resslovy vrtule pro jejé vývoj (Prag 1938)

206 S. m. 105 Abb. [UB Prag]. — Bruno Paul Schaumburg: Männer aus eigener Kraft (Leipzig 1938) 208–234 m. Bildn., 1 Abb., 1 Faks. [101]. — Dtsch. Techn. **6** (1938) 309 m. Bildn. [101]. — Theodor Heinrich Mayer: Vom Gedanken zur Tat (München 1941) 243–251 [101]. — Franz Eduard Mayer: Pioniere der Techn. (Wien 1944) 17–21 m. Bildn. [101]. — Erich Kurzel-Runtscheiner in: Österreichische Naturforscher u. Techniker (Wien 1950) 158–159 m. 1 Bildn. [3]; derselbe in: Neue Österreichische Biogr. ab 1815 **9** (Wien 1956) 84–91 m. 1 Bildn. u. Lit.Verz. [3]. — Maria Habacher: Österreichische Erfinder. Werk u. Schicksal (Wien 1964) 20–24 m. 2 Abb. u. Faks., Lit.Verz. [101].

Zum 100. Geburtstag M. Weinberg: Illustr. Ztg., Leipzig **101** (1893) 41-42 m. Abb. der Büste Ressels in Mariabrunn [14]. — L. Zels: Josef Ressel. Denkschr. hrsg. vom Comité für die Centenarfeier Josef Ressels (Wien 1893) [TH Wien]. — Österreichische Forstztg. **11** (1893) 133–134, 139–140, 145–146, 151–152 m. Abb. der Porträtbüste S. 151 [Forstakad. Tharandt]. — Die Centenarfeier: Allg. Forst- u. Jagdztg. **69** (1893) 311–315, 385–389, 424 [Forstakad. Tharandt].

Zum 100. Todestag Rudolf Eger: Genie ohne Erfolg. Schicksale großer Erfinder (Einsiedeln 1957) 117–142 m. 1 Bildn., 3 Abb. [101]. — Gutsche: Schiffbautechn. **7** (1957) 703 [101]. — Hubert Kuhn: Josef Ressel als Forstmann: Allg. Forstztg. [Wien] **68** (1957) 305–308 m. Bildn. [101; 300]; Elektrotechn. u. Maschinenbau **74** (1957) 542–546 [101]. — Erich Kurzel-Runtscheiner: Z. Österr. Ing.- u. Archit.Ver. Wien **102** (1957) 226–228 [TH Wien]; Josef Ressel. Schicksal u. Leistung: VDI-Nachr. **11** (1957) Nr. 21, S. 12 m. 1 Bildn., 1 Abb. [101]; Josef Ressel, ein Pionier der Techn.: Schweizer Bauztg. **75** (1957) 645–646 [LB Bern]. — Vladimir Murko: Josef Ressel. Sein Leben u. Wirken [slowen.] (Ljubljana 1957) 208 S. m. 2 Bildn., 15 Abb., 5 Faks. [LB Graz]; Joseph Ressel 1793–1857. Inventor of the ressel Screw. Forester and Economist (Ljubljana 1957) 67 S. m. Titelbildn. [B 4]; Neues über Josef Ressel: Schiff u. Hafen **9** (1957) 994–995 [101]. — Zdeněk Pluhař: Die Bronzespirale. Eine Schicksalssymphonie [Ressel-Roman] (Berlin 1957) 484 S. m. Bild. u. Faks. [3; 14]. — Georg Schnadel: Schiff u. Hafen **9** (1957) 793–794 m. Bildn., Faks., 2 Abb. [101]. — Helmut Völker: Josef Ressels techn. Leistungen: Elektrotechn. u. Maschinenbau **74** (1957) 547–551 m. 1 Bildn., 2 Abb. [TH Wien]. — August Wess: Josef Ressel. Ein Pionier für die Einführung der Schiffsschraube: Bl. Technikgesch. **19** (1957) 1–31 m. 1 Bildn., 10 Abb., 3 Taf., Lit.Verz. [101; 300]. — Walter Alois Woeber: Die Erfindung der Schiffsschraube im Licht der modernen Äquivalenzlehre: Z. Österr. Ing. u. Archit.Ver. **102** (1957) 228–231 m. 1 Bildn., 4 Abb. [TH Wien]. — Hansa, Z. Schiffahrt, Schiffbau Hafen **94** (1957) 2263–2264 [18]. — E. K. R.: Universum, Natur u. Techn. [Wien] **12** (1957) 647–648 m. 1 Abb. [101]. — Verkehr [Wien] **13** (1957) 1201 m. 1 Abb. [300].

Weitere Lit. Stephan Ritter von Keeß u. W. C. W. Blumenbach: Systemat. Darst. der neuesten Fortschr. in den Gewerben u. Manufacturen **1** (Wien 1829) 711, 790; **2** (1830) 222, 421, 589, 601 [3]. — Joseph Ressel, der Erfinder der atmosphär. Briefpost: Illustr. Ztg., Leipzig **37** (1861) 336 [14]. — Heinrich Ritter von Littrow: Gutachten über die Priorität Josef Ressels in der Anwendung des Schraubenpropellers auf die Dampfschiffahrt als Referat dem Comité für das Ressel-Monument mitgetheilt (Triest 1862) 15 S. [TH Wien]. — Friedrich Hofmann: Eine deutsche Klage: Gartenlaube **1866**, 702–704 [3]. — Wiederherstellung des verfallenen Resselschen Grabsteines zu Laibach: Österr. Mschr. Forstwesen **28** (1878) 539 [UB Wien]. — Richard Geißler: Der Schraubenpropeller (Berlin 1918) 4, 65 [11]. — Alfred Birk: Ressels Dampffuhrwerk: Z. Österr. Ing.- u. Archit.Ver. **76** (1924) 159 m. 1 Abb. [89]. — Wilhelm Bauer: Deutsche Kultur von 1830 bis 1870 (Potsdam 1937) 94 m. Bildn. u. Faks. Handschr. (Handb. Kulturgesch., Abt. 1, 7) [3]. — Hans Hartmann: Deutsche Forscher in Böhmen: Dtsch. Allg. Ztg. **1938** Nr. 495 vom 22. Okt. [1]. — Hermann Klöpfel: Joseph Ressel u. seine Schiffsschraube: Schifffahrt **1** (1954) m. Bildn., Denkschrift-Faks., 2 Abb. [101].

Bildn. Franz Bendt, in: Das 19. Jahrhundert in Bildn. hrsg. von Karl Werckmeister **3** (Berlin 1899) 374–375 m. Bildn. Nr. 270 [3]. — Umschau **3** (1899) 780 m. Faks. [14].

II, III **REUSS,** August Emanuel Ritter **von.** Paläontol. — 1827 stud., Dr. med. Prag; 1834–1849 Physikus u. Brunnenarzt zu Bilin; 1849 o. Prof. Mineral. Univ. Prag; 1863 o. Prof. Univ. Wien.

*1811, Juli 8, Bilin;

†1873, Nov. 26, Wien.

Sohn von Franz Ambrosius Reuss (1761–1830).

Genealog. Zur Genealogie der Familie Reuß: Elsaß-Lothringen, Heimatstimmen **5** (1927) 733–734 [1].

Bibliogr. Cat. scient. Papers **5** (1871) 173–175 (96 Nr.); **8** (1879) 735–736 (33 Nr.); **11** (1896) 154 (4 Nr.) [3]. — Cat. gén. Bibl. nat. **149** (1938) Sp. 800–801 (5 Nr.) [3]. — Brit. Mus. Gen. Cat. **201** (1963) Sp. 340 (7 Nr.) [3].

Nekr. H. B. Geinitz: Leopoldina **9** (1874) 67–72 [Ha 2]. – Gustav C. Laube: Mitt. Ver. Gesch. Dtsch. in Böhmen **12** (1874) 193–205 m. Schr.Verz. [3]. – Schrötter von Kristelli: Alm. Akad. Wiss. Wien **24** (1874) 129–152 m. Schr.Verz. [Ha 2]. – Lotos **24** (1874) 51–52 [Ha 2]. – Verh. geol. Reichsanst. Wien **1873**, 280–282 [Ha 2]. – Quart. J. geol. Soc. London **30** (1874) Proc. XLVII–XLVIII [Ha 2].

Biogr. Constant von Wurzbach: Biogr. Lexikon des Kaiserthums Oesterreich **25** (Wien 1873) 350–354 m. Schr.- u. Lit.Verz. [3]. – Wiener med. Wschr. **61** (1911) Sp. 1885–1886 [3]. – von Gümbel: ADB **28** (1889) 303–305 [3].

Weitere Lit. Bericht über die österr. Lit. der Zool., Botan. u. Paläontol. (Wien 1855) 204, 206, 224, 227, 233, 237, 241 [Ha 2]. – Carl Jelinek: Das ständisch-polytechn. Inst. zu Prag. Progr. zur 50jähr. Erinnerungsfeier (Prag 1856) 251–253, 344 [1]. – Friedrich Katzer: Geol. von Böhmen (Prag 1892) Bildn. S. XXII/S. 1 [3]. – Otto H. Schindewolf: Grundlagen u. Methoden der paläontol. Chronologie (Berlin–Zehlendorf 1944) 83 m. Bildn. S. 88 [3].

II **REUSS,** Christian Friedrich. Med. — 1769 Dr. med.; 1771 ao. Prof., 1796 o. Prof. Med. Univ. Tübingen.

*1745, Juli 7, Kopenhagen.

†1813, Okt. 19, Tübingen.

Bibliogr. Cat. gén. Bibl. nat. **149** (1938) Sp. 801–803 (6 Nr.) [3]. – Brit. Mus. Gen. Cat. **201** (1963) Sp. 340–341 (11 Nr.) [3].

Biogr. Dezeimeris: Dict. hist. méd. **3**, 2 (Paris 1837) 798–800 [3]. – Biogr. geneal. Blätter aus u. über Schwaben (Stuttgart 1879) 722 [3]. – G. Hauber: Die Hohe Karlsschule. In: Herzog Karl Eugen von Württemberg u. seine Zeit (Eßlingen 1909) 210–211 [15].

II **REUSS,** Franz Ambrosius. Mineral., Geol. — Dr. med.; fürstl. Lobkowitzscher Brunnenarzt zu Bilin in Böhmen.

*1761, Okt. 3, Prag;

†1830, Sept. 9, Bilin.

Bibliogr. Cat. scient. Papers **5** (1871) 175–176 (8 Nr.) [3]. – Cat. gén. Bibl. nat. **149** (1938) Sp. 812–814 (14 Nr.) [3]. – Brit. Mus. Gen. Cat. **201** (1963) Sp. 343–344 (23 Nr.) [3].

Brief Hans-Joachim Schreckenbach: Goethes Autographen-Sammlung. Katalog (Weimar 1961) 189 Nr. 1363 (Brief an Johann Wolfgang von Goethe, Bilin 18./19. Juli 1813) [3].

Biogr. Constant von Wurzbach: Biogr. Lexikon des Kaiserthums Oesterreich **25** (Wien 1873) 354–356 m. Schr.Verz. [3]. – von Gümbel: ADB **28** (1889) 307–308 [3]. – Ferdinand Pemsel: Dr. Franz Ambros Reuß. Eine Skizze seines Lebens u. Schaffens (Bilin 1930) 20 S. [101]. – Fossilium Catalogus I: Animalia. Pars 72: K. Lambrecht †, W. et A. Quenstedt: Palaeontologi, Catalogus bio-bibliographicus ('s-Gravenhage 1938) 358 [3].

Weitere Lit. Friedrich Hoffmann: Gesch. der Geognosie (Berlin 1838) 120–121 [3]. – K. C. von Leonhard: Aus unserer Zeit in meinem Leben **1** (Stuttgart 1854) 127–128; **2** (1856) 208 [3]. – Karl Alfred von Zittel: Gesch. der Geol. u. Paläontol. bis zum Ende des **19.** Jahrhunderts (München–Leipzig 1899) 88, 126, 202, 205, 260 (Gesch. Wiss. Deutschl., 23) [3]. – Radim Kettner: Über die Entwicklung der Geol. in Böhmen [tschech.] In: Festschr. Prirod Klub (Prag 1931) 130–131 [UB Prag]. – Wilh. Pleyer u. Johanna Tetzner: Goethe in Teplitz 1810/1812 (Teplitz–Schönau 1932) 27 m. Bildn. [14]. – Johann Drescher: Bilin-Sauerbrunn u. Umgebung (Bilin o. J.) 40–41 [14].

II **REYHER,** Samuel. Math., Naturwiss. — 1656 Mag. Phil. Univ. Leipzig; 1666 Dr. iur. Leiden; dann Univ. Kiel: 1665 ao. Prof. Math., 1673 ao. Prof. Rechte u. 1683 o. Prof. Rechte.

*1635, Apr. 19, Schleusingen;

†1714, Nov. 22, Kiel.

Bibliogr. Cat. gén. Bibl. nat. **150** (1938) 173–175 (18 Nr.) [3]. – Brit. Mus. Gen. Cat. **201** (1963) Sp. 555–556 (24 Nr.) [3].

Biogr. Philbert: Biographie universelle, ancienne et moderne. Suppl. **79** (Paris 1846) 18–19 [3]. – Ein Meteorologe des 17. Jahrhunderts: Natur **32** (1883) 413–414 [Ha 2]. – Emil Wohlwill: Neue Beitr. zur Vorgesch. des Thermometers: Mitt. Gesch. Med. Naturwiss. **1** (1902) 61, 62, 149, 152, 153, 154 [3]. – E. Ebstein: War Reyher der Erfinder der Logarithmenrechenstäbe ?: Gesch.-Bl. Techn., Industr. u. Gewerbe **1** (1914) 112 [15]. – Arthur Haseloff: Kunst u. Kunstforsch. an der Univ. Kiel im 17. Jahrhundert. Festschr. 275jähr. Bestehen Christian-Albrechts-Univ. Kiel (Leipzig 1940) 414–422 [14]. – Carl Rodenberg: Die Anfänge der Christian Albrechts-Univ. Kiel (Neumünster 1955) 254–256, 260–262, 275–277, 347–377 u. öfter; Bildn. S. 337 [3]. – Ernst Zinner: Deutsche u. Niederländ. astron. Instrumente des **11.** bis 18. Jahrhunderts (München 1956) 222, 491 [Ha 2].

II, III **RHAETICUS,** Georg Joachim. Math. — Stud. Math. in Zürich; 1535 Mag. phil., 1537–1542 Prof. Math. Univ.

Wittenberg; dann in Nürnberg, Leipzig, Polen u. Ungarn; 1539 in Frauenburg bei Kopernikus.

*1514, Febr. 15, Feldkirch, Vorarlberg; †1576, Dez. 4, Kaschau, Ungarn.

Bibliogr. Cat. gén. Bibl. nat. **150** (1938) Sp. 378–381 (13 Nr.) [3]. — Brit. Mus. Gen. Cat. **117** (1962) Sp. 22–23 (18 Nr.) [3].

Biogr. Joh. Friedr. Weidler: Historia astronomiae (Wittenberg 1741) 355–357 [3]. — Geschichte der Astronomie. Von den ältesten bis auf gegenwärtige Zeiten **1** (Chemnitz 1792) 245–247 [3]. — Abraham Gotthelf Kästner: Gesch. der Math. **1** (Göttingen 1796) 621–626, 708; **2** (1797) 602–608; 368, 592–595 (Gesch. Künste u. Wiss. 7) [3]. — Delambre: Biographie universelle, ancienne et moderne **34** (Paris 1823) 538–539 [3]. — Rudolf Wolf: Gesch. der Astron. (München 1877) 209, 237–238, 239, 242, 343, 345–346 (Gesch. Wiss. Dtschl. Neuere Zeit, 16) [3]. — S. Günther: ADB **28** (1889) 388–390 [3]. — M. Curtze: Zur Biogr. des Rheticus: Altpreuss. Mschr. **31** (1894) 491–496 [15]. — Karl Sudhoff: Rheticus u. Paracelsus: Verh. naturforsch. Ges. Basel **16** (1903) 349–362; **15** (1904) 329–333 [Ha 2]. — Walter Friedensburg: Gesch. der Univ. Wittenberg (Halle 1917) 228–230, 233, 309 [Ha 2]. — Gerhard Kowalewski: Große Mathematiker (München, Berlin 1938) 54–55 [3]. — Alfred Hooper: Makers of mathematics (New York 1948) 163, 166, 178, 179, 190 [83]. — Georg Klaus: Bemerkungen über das Verhältn. von Kopernikus u. Rheticus: Wiss. Z. Univ. Berlin, gesellsch.- u. sprachwiss. Rhe **3** (1953/54) 5–11; auch: Urania **17** (1954) 161–165 [3].

Weitere Lit. Franz Beckmann: Rheticus über Preußen u. seine Gönner in Preußen: Z. Gesch. u. Altertumskde Ermland **3**, 1864–1866 (1866) 1–27 [14]. — Leopold Prowe: Nicolaus Coppernicus (Breslau 1883) siehe Reg. [3]. — Karl Hunrath: Des Rheticus Canon Doctrinae triangulorum u. Vietas Canon Mathematicus: Abh. Gesch. Math. **9** (1899) 211–240 [3]. — Ernest Lebon: Histoire abrégée de l'Astronomie (Paris 1899) 21, 263 [11]. — E. Gerland: Der Kompass bei den Arabern u. im christl. Mittelalter: Mitt. Gesch. Med. u. Naturwiss. **6** (1907) 16, 17 [3]; Zur Gesch. der Magnetisierung von Kompaßnadeln m. Hilfe von natürl. Magneten: Verh. Dtsch. Physik. Ges. **10** (1908) 382 [Ha 2]. — Edmund O. von Lippmann: Zur Gesch. der Vergiftung durch Kohlenoxyd: Chemiker-Ztg. **33** (1909) 633–634 [3]. — Emil Wohlwill: Galilei u. sein Kampf für die copernicanische Lehre **1** (Hamburg, Leipzig 1909) 12, 13, 16, 17, 37 [3]. — Wilhelm Voß: Handschriftl. Bemerkungen in alten Büchern: Sterne **11** (1931) 179–184 [101]. — Ernst Zinner: Die Fränkische Sternkunde im 11. bis 16. Jahrhundert: Ber. u. Festber. 100jähr. Bestehen naturforsch. Ges. Bamberg **27** (1934) 26, 33–36, 96 [Ha 2]; Gesch. u. Bibliogr. der astron. Lit. in Deutschland zur Zeit der Renaissance (Leipzig 1941) 31–34, 40, 45, 47, 65, 195, 197–201, 214, 216, 240, 288, 311 [3]; Entstehung u. Ausbreitung der Coppercanischen Lehre (Erlangen 1943) Reg. S. 585 [101; Ha 2]; Astron. Instrumente des 11. bis 18. Jahrhunderts (München 1956) 35, 202, 224, 358, 388, 490 [Ha 2]. — Edward Rosen: Three Copernican treatises . . . Translated with introduction and notes (New York 1939) 211 S. [15]. — Rembert Ramsauer: Nicolaus Coppernicus, Wandler des Weltbildes (Berlin 1943) 73, 76 [3]. — Erwin Hoff: Zur geistesgeschichtl. Beurteilung u. Bedeutung des Kopernikan. Gedankens in Vergangenheit u. Gegenwart: Burg [Krakau] **4** (1943) 86–142 [101].

II **RIBBENTROP,** Heinrich Gottlieb Friedrich. Geol. — 1798 Bergkommissar; 1799 Bergassessor; 1803 Bergrat in Blankenburg; 1805 Kammerrat; 1809 Oberbergmeister in Alfeld; 1814 wieder Berg- u. Kammerrat in Blankenburg; 1826 Oberbergrat u. seit 1832 Berghauptm. u. Dir. aller braunschweig. Berg- u. Hüttenwerke in Braunschweig.

*1776, März 31, Graßleben bei Helmstedt; †1834, Apr. 20, Braunschweig.

Lit. von Gümbel: ADB **28** (1889) 406 [3]. — Deutsches Geschlechterbuch **72** (1931) 369–370 (Lippisches Geschlechterbuch 1) [3]. — Walter Serlo: Männer des Bergbaus (Berlin 1937) 121 [3].

II **RICHMANN,** Georg Wilhelm. Physik. — Sohn eines schwedischen Hauptmanns; stud. in Reval, Halle u. Jena; Hauslehrer der Söhne des Grafen Ostermann in St. Petersburg; 1735 Adjunkt, 1741 ao. Mitgl., 1745 o. Mitgl. Akad. Wiss. St. Petersburg.

*1711, Juli 11 a. St., Pernau, Livland; †1753, Juli 26 a. St., St. Petersburg.

Bei elektr. Versuchen vom Blitz erschlagen.

Biogr. Elias Friedrich Schmersahl: Neue Nachrichten von jüngst verstorbenen Gelehrten **1** (Leipzig 1754) 566–571 [3]. — Johann Gottlieb Wilhelm Dunkel: Histor.-Critische Nachrichten von verstorbenen Gelehrten u. deren Schriften **2**, 1 (Dessau, Köthen 1755) 173–175 [3]. — Friedrich Konrad Gadebusch: Livländische Bibl. **3** (Riga 1777) 22–29 [3]. — Friedrich Carl Gottlob Hirsching: Histor.

litterar. Handbuch berühmter u. denkwürdiger Personen, welche im 18. Jahrhundert gelebt haben 9 (Leipzig 1807) 232–235 [3]. – Johann Georg Meusel: Lexikon der vom Jahr 1750 bis 1800 verstorbenen teutschen Schriftsteller 11 (Leipzig 1811) 261–263 [3]. – Christian Gottlieb Jöcher: Allgem. Gelehrten-Lexikon. Forts. u. Ergänzungen ... 6 (Bremen 1819) 2050–2052 m. Schr.Verz. [3]. – Johann Friedrich von Recke u. Karl Eduard Napiersky: Allgem. Schriftsteller- u. Gelehrten-Lexikon der Provinzen Livland, Estland u. Kurland 3 (Mitau 1831) 531–534 [3]. – L. Stieda: ADB 28 (1889) 442–444 [3]. – P. N. Menschutkin: Die Arbeiten M. W. Lomonossows in der Physik u. Chemie [russ.] (Leningrad 1936) 63, 68, 129, 164, 168, 169 [12].

II **RICHTER,** Jeremias Benjamin. Chem. – 1789 Dr. phil. Univ. Königsberg; 1794 Bergsekretär, 1796 Bergprobierer beim Oberbergamt Breslau; 1800 Assessor bei der Bergwerks- u. Hüttenadministration Berlin, sowie „Arkanist“ am Farblaboratorium der königl. Porzellanfabrik Berlin.

*1762, März 10, Hirschberg, Schlesien; †1807, Apr. 4, Berlin.

Bibliogr. G. H. Heß: Über J. B. Richters Arbeiten: J. prakt. Chem. **24** (1841) 420–438 [Ha 15]. – On the scientific labours of J. B. Richter: Philos. Mag. (3) **21** (1842) 81–96 [1a]. – Cat. scient. Papers **5** (1871) 194–195 (9 Nr.) [3]. – Cat. gén. Bibl. nat. **151** (1938) Sp. 649 (2 Nr.) [3]. – Brit. Mus. Gen. Cat. **202** (1963) Sp. 666 (7 Nr.) [3].

Nekr. J. B. Trommsdorff: J. Pharmaz. **16,** 2 (1808) 467–468 [3].

Biogr. Parisot: Biographie universelle, ancienne et moderne. Suppl. **79** (Paris 1846) 893–895 [3]. – Carl Loewig: J. B. Richter, der Entdecker der chem. Proportionen. Eine Denkschr. (Breslau 1874) 56 S. [1a]. – Ladenburg: ADB **28** (1889) 466–467 [3]. – L. Darmstaedter u. R. Oesper: J. B. Richter: J. chem. Educat. **5** (1928) 785–790 [Le 1]. – Walter Herz in: Schlesische Lebensbilder **4** (1931) 235–240 m. Lit.Verz. [3]. – M. A. Bloch: Biogr. spraw. **2** (Leningrad 1931) 610–611 [15]. – Georg Lockemann: Jeremias Benjamin Richter in seiner Bedeutung für Naturwiss. u. Techn.: Techn.-Gesch. **30** (1941) 107–115 m. 6 Abb. [3]. – Hermann Schüller: J. B. Richter, ein vergessener deutscher Chemiker: Europ. Wiss.-Dienst **3** (1943) Nr. 9 S. 23–25 [101]. – J. R. Partington: Jeremias Benjamin Richter and the law of reciprocal proportions I: Ann. of Sci. **7** (1951) 173–198 m. Bildn. [1]; II: ebda **9** (1953) 289–314 [1]. – Wilhelm Ostwald: J. B. Richter in: Günther Bugge: Das Buch der großen Chemiker **1** (Weinheim 1955) 369–377 m. Bildn. u. Faks.; **2** (1955) 488 Lit.Verz. [3]. – Ferenc Szabadváry: Jeremias Benjamin Richter: Z. Chem. **2** (1962) 65–68 m. Bildn. u. Faks., 2 Abb. [101].

Zum 100. Todestag Paul Schwartzkopf: Chemiker-Ztg. **31** (1907) 471–475 [3].

Zum 150. Todestag Spauszus: Urania [Jena] **20** (1957) 198–199 m. Bildn. [101].

Weitere Lit. Hermann Kopp: Gesch. der Chem. 1–4 (Braunschweig 1843–1847) siehe Reg. [3]. – Wilhelm Ostwald: Der Werdegang einer Wiss. 7 gemeinverständl. Vortr. aus der Gesch. der Chem. (Leipzig 1908) siehe Reg. [3]; Die Forderung des Tages (Leipzig 1910) 318–323 [3]. – Thor Ekecrantz: Gesch. der Chem. (Leipzig 1913) 99, 106, 166 [3]. – Die Kultur der Gegenwart, ihre Entwicklg. u. ihre Ziele. Hrsg. von Paul Hinneberg Tl. 3, 3. Abt. Bd. 2 (Leipzig–Berlin 1913) 24, 27–28 [3]. – A. W. Hofmann: Chem. Erinnerungen aus der Berliner Vergangenheit. Zwei akad. Vorträge (1882) ... (Berlin 1918) 25, 69 [3]. – Eduard Färber: Die geschichtl. Entwicklung der Chem. (Berlin 1921) 96–97, 105, 109, 126, 211 [101]. – Charles M. van Deventer: Grepen uit der Historie der Chemie (Haarlem 1924) 240, 241, 242, 255, 403, 416 [1a]. – W. Herz: Chem. Forsch. u. Lehre in Schlesien: Schles. Mh. **6** (1929) 231–239 m. Bildn. [15]. – Max Speter: Guyton de Morveau, der unbekannte Entdecker der Grundtatsache des J. B. Richterschen Neutralitätsgesetzes: Chemiker-Ztg. **54** (1930) 1005–1007 [15]. – Fritz Ferchl: Von Libau bis Liebig. Chemikerköpfe u. Laboratorien (Mittenwald 1930) [15]. – Wolfgang Ostwald: Über die andere geschichtl. Wurzel der Kolloidwiss.: Kolloid-Z. **84** (1938) 258–265 [101]. – J. R. Partington u. McKie: Historical studies on the phlogiston theory IV: Ann. Sci. **4** (1939) 130–135 [11]. – Paul Walden: Drei Jahrtausende Chem. (Berlin 1944) 147–150 m. Bildn. S. 116/117 [3]. – Henry M. Leicester and Herbert S. Klickstein: A source book in chemistry 1400–1900 (New York–Toronto–London 1952) 205–208 [3]. – Walter Ruske: Berliner Chemiker aus 4 Jahrhunderten: Z. Chem. **1** (1961) 73–84 [3]. – Henry Guerlac: Some Daltonian doubts: Isis **52** (1961) 544–554 [16]. – Ferencz Szabadvary and Ralph E. Oesper: The birth of the Stoichiometry: J. chem. Educat. **39** (1962) 267–270 [7]. – J. Erik Jorpes: Jac Berzelius. His life and work (Stockholm 1966) 37–38, 42 [3].

II, III **RICHTER,** Reinhard. Paläontol. – Dr. phil.; 1837–1840 Lehrer Realsch. u. Progymn. Saalfeld; 1853 Rektor dieser Schulen; 1876 Dir. herzogl. Realsch. 1. Ordn. Saalfeld; 1881 i. R.

*1813, Okt. 28, Reinhardtsbrunn, Thür.;

†1884, Okt. 16, Jena.

Bibliogr. Cat. scient. Papers **5** (1871) 195 (14 Nr.); **8** (1879) 745–746 (20 Nr.); **11** (1896) 174 (2 Nr.); **18** (1923) 191 (2 Nr.) [3]. – Cat. gén. Bibl. nat. (1938) Sp. 696 (1 Nr.) [3]. – Brit. Mus. Gen. Cat. **202** (1963) Sp. 684–685 (2 Nr.) [3].

Nekr. Geinitz: S.-Ber. naturwiss. Ges. Isis (Dresden) **1884** (1885) 66–67 [Ha 2]; Leopoldina **21** (1885) 118–120 m. Schr.Verz. [Ha 2]. – E. E. Schmid, K. Th. Liebe: Neues Jahrbuch Mineral., Geol. Paläontol. **1** (1885) H. 3 S. 1–5 [15].

Biogr. von Gümbel: ADB **28** (1889) 497–499 [3]. – Fossilium Catalogus I: Animalia. Pars 72: K. Lambrecht †, W. et A. Quenstedt, Palaeontologi, Catalogus bio-bibliographicus ('s-Gravenhage 1938) 360 [3; Ha 2].

II–VI **RICHTHOFEN,** Ferdinand Paul Wilhelm Freiherr **von.** Geogr. – Stud. Univ. Breslau u. Berlin; Dr. phil.; 1856–1860 an der geol. Reichsanstalt Wien tätig; begleitete 1860 die preuß. Expedition nach Ostasien, bereiste 1862–1868 Kalifornien, 1868–1872 China; 1873 Präsident der geogr. Ges. Berlin; 1875 o. Prof. Geol. Bonn, 1883 o. Prof. Geogr. Univ. Leipzig, seit 1886 o. Prof. Univ. Berlin; 1881 korresp., 1899 o. Mitgl. Preuß. Akad. Wiss. Berlin. – Begründer der modernen Geomorphologie.

*1833, Mai 5, Karlsruhe (Pokój), Schlesien;

†1905, Okt. 6, Berlin.

Werke Ferdinand Freiherr von Richthofen: Triebkräfte u. Richtungen der Erdkunde im 19. Jahrhundert: Rektoratsrede Univ. Berlin (Berlin 1903) 55 S. [3]. – Ferdinand von Richthofens Aufenthalt in Japan. Aus seinen Tagebüchern: Mitt. Ferdinand-von-Richthofen-Tag 1912 (Berlin 1912) 19–196 [15].

Genealog. W. von R.: Die Wappen der Grafen, Freiherren u. Herren von Richthofen: Dtsch. Herold **41** (1910) 183–185 [3].

Bibliogr. Cat. scient. Papers **5** (1871) 196 (22 Nr.); **8** (1879) 747 (14 Nr.); **11** (1896) 175 (4 Nr.); **12** (1902) 616 (1 Nr.); **18** (1923) 191 (5 Nr.) [3]. – Cat. gén. Bibl. nat. **151** (1938) Sp. 710–712 (13 Nr.) [3]. – Brit. Mus. Gen. Cat. **202** (1963) Sp. 693–695 (21 Nr.) [3].

Nekr. Erich von Drygalski: Ferdinand Freiherr von Richthofen. Gedächtnisrede (Leipzig 1906) 17 S. m. Titelbildn. [15]. – Alfred Hettner: Ferdinand von Richthofens Bedeutung für die Geogr.: Geogr. Z. **12** (1906) 1–11 [3]. – L. Lóczy: Z. Ungar. Geol. Ges. [ungar.] **36** (1906) 175–181 m. Bildn. [14]. – Siegfried Passarge: Jber. Schles. Ges. vaterländ. Cultur **83**, 1905 (1906) Allg. Ber. I–X [Ha 2]. – Sieger: Dtsch. Rdsch. Geogr. u. Statistik **28** (1906) 228–232 m. Bildn. [Ha 2]. – Hermann Wagner: Nachr. Ges. Wiss. Göttingen, Geschäftl. Mitt. **1906**, 71–81 [3]. – Wahnschaffe: Z. Dtsch. geol. Ges. **57** (1905) Mber. 401–416 m. Titelbildn. u. Faks. [15]. – G. St.: Illustr. Ztg., Leipzig **125** (1905) 549 m. 1 Bildn. [3]. – Gedächtnisfeier . . . 29. Okt. 1905: Z. Ges. Erdkunde Berlin **1905**, 673–697 m. Bildn. u. Faks. [Ha 2].

Biogr. W. Wolkenhauer: Dtsch. Rdsch. Geogr. u. Statistik **5** (1882) 43–44 m. Bildn. [3]. – Felix Lampe: Naturwiss. Wschr. **18** (1903) 361–370 [3]. – Sidney Powers: Proc. Amer. Acad. Arts Sci. **51** (1916) 921–923 [Ha 2]. – Ernst Thiessen in: Schlesische Lebensbilder **1** (Breslau 1922) 233–244 m. Bildn. [3]. – Albrecht Penck: Dtsch. Rdsch. **57** (1930) 154–157 [3]. – Ewald Banse: Große Forschungsreisende (München 1933) 218–228 m. Bildn. u. Faks. [3]. – Georg Wegener in: Die Großen Deutschen. Neue Deutsche Biogr. **5** (Berlin 1937) 478–488 m. Bildn. 472/473 [14]. – Fossilium Catalogus I: Animalia. Pars 72: K. Lambrecht †, W. et A. Quenstedt: Palaeontologi, Catalogus bio-bibliographicus ('s-Gravenhage 1938) 361 [3]. – E. Thiessen: Atlantis **15** (1943) 17–20 m. 1 Bildn., 1 Skizze des Forschers [3]. – Theodor Heuss: Deutsche Gestalten. Studien zum 19. Jahrhundert (Stuttgart, Tübingen 1951) 296-304 [101]. – G. R. Crone: The men behind modern geography 6: Ferdinand von Richthofen and Friedrich Ratzel: Geogr. Mag. **23** (1951) 370–372 m. Bildn. von Richthofen [12]. – Georg Wegener † u. Hermann von Wißmann in: Die Großen Deutschen. Deutsche Biogr. **5** (Berlin 1957) Erg.Bd. S. 390–398 m. 1 Bildn. S. 400 [3]. – Otto Nisch: Im Schatten der großen chines. Mauer. In: Große Schlesier hrsg. von Alfons Hayduk (München 1957) 161–164 m. 1 Abb. [101]. – Geist u. Gestalt. Biogr. Beitr. Gesch. Bayer. Akad. Wiss. **2** (München 1959) 281, 283, 286 [3]. – Heinz Sanke: Gesellschaftl.-geogr. Anschauungen der großen Geographen Berlins u. ihrer Univ. In: Forschen u. Wirken. Festschr. 150-Jahr-Feier Humboldt-Univ. Berlin **1** (Berlin 1960) 329–337 [3]. – Gerhard Engelmann: Die Geogr. an der Univ. Leipzig im 19. Jahrhundert: Petermanns geogr. Mitt. **109** (1965) 38–40 m. Bildn. [3].

Zum 60. Geburtstag Festschr. Ferdinand von Richthofen am 5. Mai 1893. Dargebracht von seinen Schülern (Berlin 1893) 418 S. m. Titelbildn. u. Faks., Abb. u. Karten [Ha 19].

Zum 100. Geburtstag Meister u. Schüler. Ferdinand von Richthofen an Sven Hedin. Zur 100. Wiederkehr des Geburtstages von Ferdinand von R. . . . hrsg. von Ernst Thiessen (Berlin 1933) 148 S. m. Bildn. S. 16 [14]. — Otto Baschin: Naturwiss. **21** (1933) 512–516 [3]. — Erich von Drygalski: Z. Ges. Erdkunde [Berlin] **1933**, 88–97 [3]. — Sven Hedin: Bull. geolog. Soc. China [Peking] **12** (1933) 315–321 [1]. — Alfred Philippson: Forsch. u. Fortschr. **9** (1933) 194–195 [3]. — Georg Wegener: Petermanns geogr. Mitt. **79** (1933) 135–136 [3].

Zum 50. Todestag Paul Platen: Naturwiss. Rdsch. **9** (1956) 79 [3; Ha 2]; Z. Erdkundeunterr. **7** (1955) 271–274 m. Bildn. u. Faks. [3]. — Friedrich Solger: Wiss. Z. Humboldt-Univ. Berlin, naturwiss. Rhe **5** (1955/56) 107–111 [3].

Weitere Lit. Baron F. von Richthofens geol. Untersuchungen 1868 in China: Petermanns geogr. Mitt. **15** (1869) 321–323 [3]. — K. F. Peters: F. von Richthofens Werk über China: Allg. Ztg. Augsburg Beil. **1877**, Nr. 150 vom 30. Mai S. 2269–2270; Nr. 189 vom 8. Juli S. 2857–2858 [Ha 2]. — Freiherr F. von Richthofens Reise von Peking nach Sz'tshwan Okt. 1871 bis Mai 1872: Petermanns geogr. Mitt. **19** (1873) 137–146, 216–224, 293–306 [Ha 2]. — Friedrich von Hellwald: Baron Richthofens Forschungen in Asien: Ausland **50** (1877) 981–985, 1001–1005, 1021–1025 [3]. — Ferdinand von Richthofens „China": Ausland **56** (1883) 392–395, 481–484 [3]. — Ferdinand von Richthofen über die Erweiterung des geogr. Horizontes u. die geogr. Forschung: ebda 882–883 [3]. — F. Lampe: Der internat. Geographenkongress: Umschau **3** (1899) 779–783 m. Bildn. u. Faks. S. 780 [15]. — S. Günther: Der gegenwärtige Standpunkt der Lehre von der Glacialerosion: Mitt. Gesch. Med. Naturwiss. **1** (1902) 200 [3]. — Ansprache von F. von Richthofen bei der Gedächtnisfeier für Adolf Bastian am 11. März 1905: Z. Ges. Erdkunde Berlin **1905** Nr. 3 S. 175–181 [Ha 2]. — Max C. P. Schmidt: Franz Junghuhn. Biogr. Beitr. zum 100. Geburtstag (Leipzig 1909) 98, 99–100, 117, 118, 154, 349–350, 351–354, 366 [3]. — Wilhelm Scherning: Der Ferdinand-von-Richthofen-Tag in Berlin 10. u. 11. Okt. 1912: Petermanns geogr. Mitt. **58** (1912) 316 [3]. — Otto Baschin: F. von Richthofen als preuß. Staatsbeamter: Mitt. F.-von-Richthofen-Tag **1912**, 71–78 [15]. — Arnold Heim: Ein verbessertes Richthofensches „Horizontalglas": Zbl. Mineral., Geol. Paläontol. **1914**, 252–254 [15]. — P. D. Fischer: F. von Richthofen u. die Schantung-Gesellschaften: China-Arch. **1** (1916) 65–68 [14]. — Ernst Haeckel: Entwicklungsgesch. einer Jugend. Briefe an die Eltern 1852–1856 (Leipzig 1921) 140, 143, 169 [3]. — Tornier: Rückblick auf die Palaeontol.: S.-Ber. Ges. naturforsch. Freunde Berlin **1925** (1927) 85–86 [Ha 2]. — Georg Wegener: F. von Richthofen, der Erforscher Chinas: Atlantis **2** (1930) 577–587 m. Bildn. m. Faks. u. 4 eigenhänd. Skizzen Richthofens [14] — [Stengel]: Wilhelm-von-Humboldt-Gedächtnis-Ausstellung im Märkischen Museum. Lebensbilder aus der Gesch. der Berliner Univ. Berlin, 9. Apr.–15. Mai 1935 (Berlin 1935) 44 [101]. — B. Knochenhauer: Das Gutachten Ferdinand von Richthofens über den Comstockgang u. seine Bedeutung für die Gegenwart: Z. prakt. Geol. **47** (1939) 42–53 m. 4 Abb. [3]. — Ernst Thiessen: Ferdinand von Richthofen u. seine Schule: Europ. Wiss.-Dienst **2** (1942) Nr. 10 S. 4–7 [101]. — Robert Mertens: Eduard Rüppell. Leben u. Werk eines Forschungsreisenden (Frankfurt/M. 1949) 132, 265 [F 1]. — Percy Ernst Schramm: Deutschland u. Übersee (Braunschweig 1950) 96 [101]. — Sven Hedin: Große Männer, denen ich begegnete **2** (Wiesbaden 1951) 100–114 m. Bildn. [101]. — Helmut Hölder: Geol. u. Paläontol. in Texten u. ihrer Gesch. (Freiburg–München 1960) 223, 288, 289, 292, 294, 295, 296, 300, 315, 318 [101].

Nachlaß Gelehrten- u. Schriftstellernachlässe in den Bibliotheken der DDR **1** (Berlin 1959) 73, Nr. 505 [101].

Bildn. A. Kirchhoff: Illustr. Ztg., Leipzig **86** (1886) 377 [14]. — Umschau **3** (1899) 780 [14]. — Georg Stamper in: Das 19. Jahrhundert in Bildn. **4** (Berlin 1900) 695–696 m. Bildn. Nr. 470 [3]. — Sven Hedin: 50 Jahre Deutschland (Leipzig 1938) 16 [101]. — Bildnisse berühmter Mitglieder der Deutschen Akad. Wiss. Berlin (Berlin 1950) Taf. 79 [3].

III–VI **RIECKE,** Eduard Carl Viktor. Physik. — 1866–1868 stud. Univ. Tübingen, 1869 u. 1870 Univ. Göttingen; 1871 Dr. phil., 1871–1876 Ass. von Wilhelm Weber, 1871 PDoz., 1873 ao. Prof., seit 1881 o. Prof. u. Dir. physikal. Inst. Univ. Göttingen.

*1845, Dez. 1, Stuttgart;
†1915, Juni 11, Göttingen.

Genealog. Biogr. geneal. Blätter aus u. über Schwaben (Stuttgart 1879) 748 [3].

Bibliogr. Cat. scient. Papers **8** (1879) 748 (9 Nr.); **11** (1896) 177–178 (23 Nr.); **18** (1923) 199–200 (42 Nr.) [3]. — Cat. gén. Bibl. nat. **151** (1938) Sp. 838–839 (10 Nr.) [3]. — Brit. Mus. Gen. Cat. **202** (1963) Sp. 875 (2 Nr.) [3].

Nekr. Ambronn: Dtsch. Mechaniker-Ztg. **1915**, H. 16, 135–136 [3]. — August Schmidt: Württemberg. Nekrol. **1915** (Stuttgart 1919) 83–93 m. Lit.Verz. [3]. — H. Th. Simon: Physik. Z. **16** (1915) 217–218 m. Bildn. u.

Faks. [15]. —A. Sommerfeld: Jahrb. Bayer. Akad. Wiss. **1916**, 115–118 [Ha 2]. — W. Voigt: Physik. Z. **16** (1915) 219–221 [15]. — E. Wiechert: Gedächtnisrede ... öff. Sitzg. Ges. Wiss. Göttingen am 13. Mai 1916: Nachr. Ges. Wiss. Göttingen, Geschäftl. Mitt. **1916** 45–56 [Ha 2]. — Umschau **19** (1915) 519 m. Bildn. [Ha 2].

Biogr. Die physikal. Inst. der Univ. Göttingen. Festschr. hrsg. von der Göttinger Vereinigung zur Förderung der angew. Physik u. Math., im Anschluß an die Einweihung der Neubauten am 9. Dez. 1906 (Leipzig, Berlin 1906) 1–7, 20–37, 44, 48–68 [3]. — Richard Meyer: Victor Meyer (Leipzig 1917) 456 m. Bildn. S. 217 [3]. — Johannes Reinke: Mein Tagewerk (Freiburg/Br. 1925) 116, 122, 131–132, 147, 151 [3]. — E. Goldstein: Aus vergangenen Tagen der Berliner Physikal. Ges.: Naturwiss. **13** (1925) 38 m. Bildn. u. Faks. [3].

Bildn. Illustr. Ztg., Leipzig **108** (1897) 103 [14].

II–IV **RIEMANN,** Georg Friedrich Bernhard. Math. — 1846–1847, 1849–1851 stud. Univ. Göttingen, 1847–1849 Univ. Berlin; 1851 Dr. phil., 1854 PDoz., 1857 ao. Prof., 1859 o. Prof. Math. Univ. Göttingen; 1859 korresp., 1866 auswärtiges Mitgl. Preuß. Akad. Wiss.; 1859 o. Mitgl. Göttinger Ges. Wiss.; 1863 o. Mitgl. Bayer. Akad. Wiss.; 1866 korresp. Mitgl. Pariser Akad.; 1866 auswärtiges Mitgl. Roy. Soc. London.

*1826, Sept. 17, Breselenz im Hannöverschen;

†1866, Juli 20, Selasca am Lago Maggiore.

Werke Bernhard Riemanns Gesammelte math. Werke u. wiss. Nachtrag. Hrsg. unter Mitwirkung von R. Dedekind von H. Weber (Leipzig 1876) VIII, 526 S. (Lebenslauf 507–526) [3]. —Nachträge hrsg. von M. Noether u. W. Wirtinger (Leipzig 1902) VIII, 116 S. [3]. — B. Riemann: Über die Hypothesen, welche der Geom. zugrundeliegen. Neu hrsg. u. erl. von Herm. Weyl (Berlin 1919) V, 47 S. [101]. — Carl Ludwig Siegel: Über Riemanns Nachlaß zur analyt. Zahlentheorie: Quellen u. Studien Gesch. Math. **2** (1932) 45–80 [3]. — Bernhard Riemann: Gesammelte math. Werke u. wiss. Nachtrag ... 2. Aufl. m. Nachtr. Introduced by Hans Lewy (New York 1953) 692 S. [101].

Genealog. Richard Müller: Aus den Ahnentafeln deutscher Mathematiker. Zum 100. Todestag von Carl Friedrich Gauß: Familie u. Volk **4** (1955) 8–10, 214 [101].

Bibliogr. Cat. scient. Papers **5** (1871) 200 (10 Nr.); **8** (1879) 749 [3]. — R. C. Archibald: Bibliographia de Mathematicis: Scripta math. **2** (1933/34) 186 [B 87]. — Cat. gén. Bibl. nat. **151** (1938) Sp. 931–932 (6 Nr.) [3]. — Brit. Mus. Gen. Cat. **202** (1963) Sp. 948 (8 Nr.) [3].

Nekr. Ernst Schering: Nachr. Ges. Wiss. Göttingen **1867**, 305–314 [3]. — Proc. Roy. Soc. London **16** (1868) LXIX–LXX (Obituary notices of fellows deceased) [11].

Biogr. M. Cantor: ADB **28** (1889) 555–559 [3]. — A. Sommerfeld: Klein, Riemann u. die math. Physik: Naturwiss. **7** (1919) 300–303 [3]. —W. Ahrens: Mathematiker-Anekdoten. 2. Aufl. (Leipzig, Berlin 1920) 16–17 m. Bildn. (Math.-Physik. Bibl., 18) [101]. — Ganesh Prasad: Some great mathematicians of the 19th century. Their lives and their works **1** (Benares 1933) XIV–XV, 291–344 m. Bildn. u. Schr.Verz. [1a]. — Eric Temple Bell: Men of mathematics (London 1937) 538–565 u. öfter [1]. — Karl Strubecker: Erläuterungen zur Habilitationsvorlesung von B. Riemann: Physik. Bl. **10** (1954) 307–313 [3]. — Anonym: ebda 297 [3]. — Gottfried Köthe in: Die Großen Deutschen. Deutsche Biogr. **3** (Berlin 1956) 395–405 m. Bildn. [3]. — Geist u. Gestalt. Biogr. Beitr. Gesch. Bayer. Akad. Wiss. **2** (München 1959) 13, 16, 17, 22, 25, 30, 31, 36, 39 [3]. — H. H. Kritzinger: Die Überwelt des Geistigen u. Bernhard Riemann: Metaphysik (Hannover) **4** (1961) 101–103 [7].

Zum 100. Geburtstag R. Courant: Bernhard Riemann u. die Math. der letzten 100 Jahre: Naturwiss. **14** (1926) 813–818, 1265–1277 [3]. — Friedrich Drenckhahn: Weltall **26** (1926 /27) 140–144 m. 1 Bildn. [3]. — Walther von Dyck: Verh. Ges. Dtsch. Naturforscher Ärzte **89** (1926) 1041–1042 [Ha 2].

Weitere Lit. Wilhelm Tobias: Grenzen der Philosophie constatirt gegen Riemann u. Helmholtz, vertheidigt gegen von Hartmann u. Lasker (Berlin 1875) 18, 51, 56, 62, 96 [3]. — Friedr. Zöllner: Wiss. Abh. **2** (Leipzig 1878) VII–VIII, Bildn. u. Faks. 180/181, Urteil von Frau Elise Riemann über das Bild [3]. F. Klein: Riemann u. seine Bedeutung für die Entwicklung der modernen Math.: Z. math. u. naturwiss. Unterr. **26** (1895) 55–66 [15], Jber. Dtsch. Mathematiker-Ver. **4**, 1894–1895 (1897) 71–87 [15]. — E. T. Whittaker: A history of the theories of aether and electricity from the age of Descartes to the close of the 19th century (London, Dublin 1910) 261–263 u. öfter [3]. — Friedrich Schulze: B. G. Teubner 1811–1911 (Leipzig 1911) 305 m. Bildn. S. 296 [3]. — Adolf Krazer: Zum Gedächtnis an Friedrich Prym: Verh. physikal.-med. Ges. Würzburg **44** (1916) 168, 169, 170 [Ha 2]. — Leo Koenigsberger: Mein Leben (Heidelberg 1919) 25, 53, 54, 125, 147, 205 [3]. — P. Zühlke: Nachruf auf Paul Lindner: S.-Ber. Berliner Math. Ges. **16** (1917) 55–57 [15].

— Egmont Colerus: Von Pythagoras bis Hilbert (Berlin–Wien–Leipzig 1948) 325–345 [3]. — Alfred Hooper: Maker of Mathematics (New York 1948) 46, 47, 382 [83]. — Heinrich Tietze: Gelöste u. ungelöste math. Probleme aus alter u. neuer Zeit **1** (München 1949) 145, 189, 215, 240; **2** (1949) 63, 140, 170–180, 181–183, 272, 281 m. Bildn. u. Faks. Taf. XVIII S. 193 [15]. — Friedrich Herneck: Bahnbrecher des Atomzeitalters. Große Naturforscher von Maxwell bis Einstein (Berlin 1965) 212, 243, 244, 403 [3].

Bildn. Franz Bendt in: Das 19. Jahrhundert in Bildnissen **5** (Berlin 1901) 838–839 m. Bildn. Nr. 557 [3]. — Die Großen Deutschen im Bild. Hrsg. von Alfred Hentzen u. Niels von Holst (Berlin 1936) 381 (Stahlstich von Weger 1863) [3].

II **RIES** (Riese, Ryse), Adam. — Rechenmeister u. Beamter beim Münzwesen in Annaberg; vor 1515 schon in Annaberg: Bergbeamter, 1528–1530 Rezeßschreiber, später Gegenschreiber.
*1492, Staffelstein bei Bamberg;
†1559, März 30, Annaberg.

Werke Adam Riesen Rechenbuch auff Linien u. Ziphren in allerley Handthierung, Geschäfften vnnd Kauffmannschaft... Franck[furt] bey Chr. Egen. Erben 1574. Faks. (Darmstadt 1955) 111 Bl. [101].

Genealog. Willy Roch: Die Kinder des Rechenmeisters Adam Ries (Staffelstein 1960) 36 S. (Veröff. Adam-Ries-Bund, 1) [22].

Bibliogr. Brit. Mus. Gen. Cat. **202** (1963) Sp. 966–967 (10 Nr.) [3].

Biogr. Max Allihn: Daheim **14** (1878) 500–502 m. 1 Abb. [3]. — M. Cantor: ADB **28** (1889) 576–577 [3]. — Moritz Lilie: Gartenlaube **1892**, 347 m. kl. Bildn. [3]. — Emil Finck: Über Land u. Meer **70** (1893) 806–807 m. Abb. der Büste [15]; Illustr. Ztg., Leipzig **101** (1893) 552–553 m. Abb. des Ries-Denkmals in Annaberg 1893 [14]. — P. Schumann: Universum **11**, 1 (1895) Sp. 870–872 [14]. — E. Bruhn: Kompaß **5** (1909) Nr. 12, S. 227–229 [24]. — Rud. Reuther: Hausvater **18** (1909) 124–126 [14]. — E. Bruhn: Natur u. Heimat [Godesberg] **1916** Sp. 31–36 [1a]. — W. Ahrens: Mathematiker-Anekdoten. 2. Aufl. (Leipzig, Berlin 1920) 1–2 (Math.-Physik. Bibl., 18) [101]. — Ludwig Roll: Propyläen **19** (1921/22) 195–196 [101]. — Fritz Stremel: Fränk. Alb **15** (1928) 72 [15]. — Johannes Mahrenholz: Anekdoten aus dem Leben deutscher Mathematiker (Leipzig, Berlin 1936) 1–6 (Math.-physik. Bibl. R. 1, 18) [101]. — Johannes Biereye: Erfurt in seinen berühmten Persönlichkeiten (Erfurt 1937) 90 [3]. — Hans Falckenberg: Deutsche Math. **3** (1938) 3–8 [3]. — Bach: Vom silbernen Erzgebirge. Kreis Annaberg **2** (Schwarzenberg 1939) 292 [3]. — Fritz Deubner: Adam Ries. Rechenmeister zu Annaberg. Bearb. u. ergänzt von Jochem Vondrák: Volksstimme **8** (1953) Nr. 20 vom 24. Jan. S. 3 m. Abb., Bildn. u. Faks. [14]. — Heinrich Mahler: Pädag. Wegweiser **7** (1954) Nr. 16 S. 1–2 [7]. — Gerda Schäcke u. Willi Saemann: Adam Riese, Rechenmeister auff Sanct Annenbergk: Math. u. Physik in der Schule **2** (1955) 393–401 m. 3 Abb., 1 Brief-Faks.; 537–542 m. 7 Abb. [3]. — Karl Menninger: Der Rechenmeister Adam Riese u. seine Zunft: Lebendiges Wissen. Ausgew. Vortr. über unsere Forschungen in Natur u. Geisteswelt (Stuttgart 1955) 261–267 [292]. — Jürgen von Platen: Büromarkt **13** (1958) 1316 [101]. — K. Müller: Der math.-naturwiss. Unterr. **11** (1958/59) 450–452 m. 1Bildn., 1 Abb. [101]. — Wilhelm Wenk: „Nach Adam Ries": Ruperto-Carola Jg. 12 Bd **27** (1960) 171–174 m. 1 Bildn. m. 2 Faks. [3]. — Fritz Deubner: Adam Ries, der Rechenmeister des deutschen Volkes: Z. Gesch. Naturwiss. Techn. Med. **1** (1960/62) Nr. **3** S. 11–44 m. 1 Abb. [3]; Adam Ries in: Von Adam Ries bis Max Planck. Hrsg. von Gerhard Harig (Leipzig 1961) 9–14 m. Bildn. (Taschenbuch Enzyklopädie, 11) [14]. — Gerhard Korb: Mein Ahne Adam Ries (Regensburg 1962) 36 S. m. 6 Abb. (Die Fundgrube. Sonderh. A) [101].

Zum 400. Geburtstag Bruno Berlet: Adam Riese, sein Leben, seine Rechenbücher u. seine Art zu rechnen. Die Coß von Adam Riese (Leipzig-Frankfurt 1892) VIII, 62 S. m. Bildn. u. Faks. [3]. — A. Rebhuhn: Über das Schicksal eines Manuskripts von Adam Riese: Pädagog. Ztg. [Berlin] **17** (1892) Nr. 11 S. 46 [11]. — C. Ziegler: Adam Ries, der deutsche Rechenmeister: Aus der Schule — für die Schule **4** (1892) 149–151 [15].

Zum 375. Todestag Adam Riese: Dtsch. Lehrerinnenztg. **51** (1934) 130–133 [101]. — Willy Roch: Aus der Gesch. der Riesenburg: Glückauf, Z. Erzgebirgsver. **54** (1934) 104–105 [14].

Zum 450. Geburtstag Fr. W. Landgraeber: Prakt. Wissen [Graz] **17** (1942) 58–59 [LB Graz]. — Rudolf Schütze: Dtsch. Volkserzieher **7** (1942) 220–222 [101]. — M.: Adam Riese, der Begründer des Rechenunterrichts: Dtsch. Erzieher **4** (1942) Nr. 4 S. 15 [101].

Zum 400. Todestag Heinrich Besuden: Westermanns pädag. Beitr. **11** (1959) 137–142 m. 1 Bildn., 6 Abb. [101]. — Fritz Deubner: ... nach Adam Ries. Leben u. Wirken des großen Rechenmeisters (Leipzig–Jena 1959) 135 S. m. Abb. [14]; Sächs. Heimatbl. **5** (1959) 602–608 m. 1 Bildn., 1 Abb. [3]; Natur u. Heimat [Dresden] **8** (1959) 120–123 m. Bildn., Abb., Denkmal [14]. — Georg Matziol: Sammler-Lupe **14** (1959) 235 m. 1 Bildn. u. 2 Abb. [StB

München]. — J. Ohrtmann: Schlewig-Holsteinische Schule **13** (1959) Nr. 12 S. 7–8 [8]. — Fritz Opitz: Berliner Lehrer-Ztg. **13** (1959) 128–129 [101]. — W. Roch: Adam Riese. Des deutschen Volkes Rechenmeister. Sein Leben, sein Werk u. seine Bedeutung (Frankfurt 1959) 79 S. m. 8 Abb., 5 Faks. [101]. — Willy Roch: Der Rechenmeister Adam Ries, seine Kinder u. Enkel: Familie u. Volk **8** (1959) 253–255 [101]; Adam Riesens Rechenbücher. Mit Lit.Verz.: Z. Bibliothekswesen u. Bibliogr. **6** (1959) 104–113 [14]. — Hans Schemmel: Wiss. u. Fortschr. **9** (1959) 269–271 m. 9 Abb. [3]. — Aug. Schmitt: Unser Bayern **8** (1959) Nr. 3 S. 17–18 m. Bildn. [12]. — Karl Strubecker: Physik. Bl. **15** (1959) 112–120 m. Bildn. [3]. — Kurt Vogel: Adam Ries. Der deutsche Rechenmeister: Abh. u. Ber. Dtsch. Museum **27** (1959) H. 3 S. 1–37 m. Bildn. u. Handschr.Probe [Ha 2]. — Friedrich Wallisch: Neue Schau **20** (1959) 114–115 [101]. — J. M. H.: Allg. Dtsch. Lehrerztg. **11** (1959) 132–133 m. Bildn. u. Gedicht m. Faks. [101]; Gedenkfeier in Staffelstein: Bayer. Gemeindeztg. **10** (1959) Sp. 1–3 [12]. — Glaube u. Gewissen **5** (1959) 71 [3]. — Sprechen u. Spuren [Tostedt] **10** (1959) 225–230 [292].

Weitere Lit. Robert Wuttke: Ein Gutachten Adam Rieses über die wirtschaftl. Folgen einer Erhöhung des Silberpreises in Sachsen: Blätter f. Münzfreunde Jg. **30** (1894) Nr. 199 Sp. 1912–1917 [14]. — H. Wieleitner: Die 7 Rechnungsarten m. allgem. Zahlen (Leipzig–Berlin 1912) 49 (Math. Bibl., 7) [101]. — Robert Huth: Die Beziehungen des Rechenmeisters Adam Riese zu Erfurt: Mitt. Ver. Gesch. u. Altertumskde Erfurt **38** (1917) 98 [3]. — Martin Schips: . . . nach Adam Ries: Mittelschule. Beil. Schweizer Schule, math.-naturwiss. Ausg. **3** (1917) 28–32 [UB Basel]. — Martin Sommer: Die Coß von Adam Riese: Glückauf, Z. Erzgebirgsver. **49** (1929) 76–78 m. 2 Faks.Abb. [101]. — Ernst Hauck: Erste Bekanntschaft m. Adam Ries: Neue Dtsch. Schule **3** (1929) 333–336 [101]. — Martin Sommer: Die Coß von Adam Riese (Schwarzenberg/Sa 1929) 19 S. [101]. — Ernst Zinner: Die fränkische Sternkunde im 11. bis 16. Jahrhundert: Ber. u. Festber. 100jähr. Bestehen naturforsch. Ges. Bamberg **27** (1934) 39, 97 [Ha 2]. — Holzschn. eines unbekannten Meisters vom Titelblatt des Werkes: Adam Riese, Rechnung auf der Linichen u. Feder, Leipzig 1550. Dresden, Sächs. Landesbibl. in: Sächs. Köpfe (Dresden 1939) 16 [3]. — Albin Franz Scherhaufer: Die Handschrift des Meisters der Rechenkunst Adam Riese vom Jahre 1550. In: Mainlande, Gesch. u. Gegenwart, Schweinfurter Tagbl. **7** (1956) Nr. 8 vom 30. Apr. S. 29–30 [Bibl. Histor. Ver. Schweinfurt]. — Fritz Deubner: Adam Ries oder Adam Riese?: Math. Physik in der Schule **4** (1957) 397–398 [101].

Denkmal Abb. seines Denkmals in Annaberg/Sa.: Braunschweiger GNC-Mschr. **14** (1927) 344 [15].

RIGGENBACH, Nikolaus. Mechan. — 1840–1842, 1844–1853 in der Keßlerschen Maschinenfabrik in Karlsruhe mit dem Bau von Lokomotiven beschäftigt; seit 1853 Leitung der Maschinenwerkstätten der neuen Schweizer. Zentral-Eisenbahn-Ges., deren Hauptwerkstätte in Olten war; ihm verdankt man die Entwicklung der Zahnradbahn; 1870 erste Probefahrt der Rigibahn; Bau weiterer Bergbahnen folgte.

*1817, Mai 21, Gebweiler, Elsaß;
†1899, Juli 25, Olten, Schweiz.

Nekr. Zum Andenken an Herrn Nikolaus Riggenbach. Trauerreden (Olten 1899) 17 S. m. Bildn. [UB Basel]. — R. von Reckenschuß: Z. Österr. Ing. u. Archit.Ver. **51** (1899) 498–499 [210]. — Illustr. Ztg., Leipzig **113** (1899) 183 m. Bildn. [15]. — Mutter Erde **3** (1899) 97-98 m. Bildn. [14]. — Über Land u. Meer **82** (1899) 766 m. Bildn. [14].

Biogr. Georg Stephenson: Nikolaus Riggenbach, geschildert in seinem Leben u. Wirken als Mensch u. Erfinder. Nebst einer Gesch. der Eisenbahnen, der Lokomotive u. der Sicherheitslampe. In: Biographien berühmter Erfinder u. Entdecker **1** (Stuttgart 1860) [91]. — N. Riggenbach: Erinnerungen eines alten Mechanikers 2. Aufl. (St. Gallen 1887) 159 S. [15]; 3. Aufl. (Basel 1890); frz. (Lausanne 1896). — F. M. Feldhaus: ADB **53** (1907) 385–395 [3]; Gesch. Bl. Techn., Ind. u. Gewerbe **5** (1918) 241 [15]. — W. Dehaas: Nikolaus Riggenbach. Der Vater der Zahnradbahnen. In: Pioniere der Technik. 8 Lebensbilder großer Männer der Tat. Hrsg. von Hans Günther (Zürich 1920) 121–166 m. 1 Bildn., 8 Abb. (Raschers Jugendbücherei, 3) [101]. — Richard Hennig: Buch berühmter Ingenieure (Berlin 1923) 82–103 m. Bildn. S. 80 [14]. — Heinrich Wiesenthal: Führende Männer **4** (Leipzig 1924) 31–38 m. Bildn. [101]. — Conrad Matschoß: Männer der Techn. (Berlin 1925) 226 m. Bildn. [101]. — Nikolaus Riggenbach, Erfinder der Zahnradbahn u. Erbauer der Vitznau-Rigibahn (1817–1899): Pro Juventute **23** (1942) 350–355 m. 3 Abb. [ZB Zürich]. — Heinz Balmer: Aus der Gesch. des Lokomotiv- u. Eisenbahnbaus in der Schweiz: Eisenbahn-Amateur **1966**, 8 S. m. Denkmal.

Zum 100. Geburtstag Karl Keller: Nikolaus Riggenbach: Beitr. Gesch. Technik u. Ind. **7** (1917) 110–126 m. 1 Bildn., 4 Abb. [101].

Zum 125. Geburtstag Verkehrstechn. **23** (1942) 191 [89].

Zum 50. Todestag Fritz Bolle: Köpfe u. Begriffe. Nikolaus Riggenbach: Orion **4** (1949) 540–542 m. 1 Bildn. [101].

Weitere Lit. K. Sachs: Der Anteil der Schweiz an der Entwicklung des Lokomotiv- u. Triebwagenbaus. In: Die Schweiz u. die Forschung **2** (Bern 1943) 303–378 m. Bildn. [101]. — Rudolf Redtenbacher: Biogr. Skizze u. Festbericht. Erinnerungsschr. zur 70jähr. Geburtstagsfeier F. Redtenbachers (München 1879) 47 [14]. — John Fuhlberg-Horst: Die Eisenbahn (Langensalza 1933) 42–49 m. 1 Bildn. u. 5 Abb. [3]. — Artur Fürst: Das Weltreich der Techn. Entwicklung u. Gegenwart **2** (Leipzig 1924) 305 m. 1 Abb. S. 307 [3]. — August Feierabend: Die Rigieisenbahn: Illustr. Ztg., Leipzig **54** (1870) 471–474 m. 2 Abb. [15]. — Georg Biedenkapp: Bahnbrecher des Weltverkehrs (Berlin 1904) 160–173 [1].

RITSERT, Carl. — Direktor der Zukkerfabrik zu Worms; Fabrikant zu Bessungen bei Darmstadt.
*1810, April 7, Darmstadt;
† 1859, Sept. 21, Darmstadt.

Genealog. Deutsches Geschlechterbuch **96** (1937) 247 m. Bildn. S. 239 [3].

II **RITTER,** Albrecht. Mineral., Geol. — Erst Hofmeister, 1717 Substitut, 1721 Subconrector, 1723 Conrector u. 1740 Prorector des kgl. Stiftscollegiums Ilfeld; Mitgl. Leopoldina.
* 1682, Mai 12, Holzhausen (Gotha);
† 1755, Ilfeld.

Bibliogr. Cat. gén. Bibl. nat. **152** (1938) Sp. 648–649 (8 Nr.) [3]. — Brit. Mus. Gen. Cat. **203** (1963) Sp. 512–513 (27 Nr.) [3].

Biogr. Latein. Gratulationsgedicht an Brückmann, in: Franz Ernst Brückmann: Magnalia Dei in locis subterraneis oder unterirdische Schatz-Cammer aller Königreiche u. Länder . . . Th. **1** (Braunschweig 1727) Bl. 8–9 [15]. — J. Gottl. Bidermann: Acta scholastica **2** (1742) 568; **5** (1745) 93 [3]. — C. C. Leonhard, J. H. Kopp u. C. L. Gärtner: Propaedeutik der Mineral. (Frankfurt/M. 1817) 301 [15]. — von Gümbel: ADB **28** (1889) 670 [3]. — Bruno von Freyberg: Die geol. Erforschung Thüringens in älterer Zeit (Berlin 1932) 93, 94, 95, 97 [3]. — Fossilium Catalogus I. Animalia. Pars 72: K. Lambrecht †, W. et A. Quenstedt, Palaeontologi, Catalogus bio-bibliographicus ('s-Gravenhage 1938) 362 [3].

II **RITTER,** Carl. Geogr. — 1798–1814 Erzieher im Holwegschen Hause in Frankfurt/M.; dann bis 1819 in Göttingen privatisiert; 1819 Prof. Gesch. Gymn. Frankfurt/M.; 1820 Prof. Geogr. allgem. Kriegsschule Berlin u. dazu 1820 ao. Prof., 1825 o. Prof. Univ. Berlin; 1822 o. Mitgl. Preuß. Akad. Wiss. Berlin.
*1779, Aug. 7, Quedlinburg;
†1859, Sept. 28, Berlin.

Bibliogr. Cat. scient. Papers **5** (1871) 216 (28 Nr.) [3]. — Cat. gén. Bibl. nat. **152** (1938) Sp. 651–660 (55 Nr.) [3]. — Brit. Mus. Gen. Cat. **203** (1963) Sp. 517–521 (69 Nr.) [3]. — Adalbert Plott: Bibliogr. der Schriften Carl Ritters: Erde **94** (1963) 13–36 [3].

Briefwechsel Aus Karl Ritters Leben u. Briefen: Histor.-polit. Bl. kathol. Deutschland **70** (1872) 109–132, 190–222 [3]. — Alfred Kirchhoff: Aus Karl Ritters Reisebriefen von Nama- u. Damaraland: Dtsch. Kolonialztg **3** (1886) 541–544 [15]. — Ein Brief von Gutsmuths an Karl Ritter. Mitget. von C. Euler: Mschr. Turnwesen [Berlin] **6** (1887) 281–283 [11]. — Correspondance entre H. F. Amiel et Charles Ritter: Bibliothèque universelle et Revue suisse [Lausanne] **73** (1914) 5–25, 329–351 [BUP Genf]. — Graf Karl von Klinckowstroem: Goethe u. Ritter (m. Ritters Briefen an Goethe): Jahrb. Goethe-Ges. 8 (1921) 135–151 [3].

Biogr. Gelehrtes Berlin im Jahre 1825. Verzeichn. im Jahre 1825 in Berlin lebender Schriftsteller u. ihrer Werke (Berlin 1826) 218 m. Schr.Verz. [3]. — Deutsches Stammbuch. Autogr. Album der Gegenwart. Hrsg. von Franz Schlodtmann (Bremen 1853) Bl. 94. — Arnold Henry Guyot: Carl Ritter. An address to the Society: J. Amer. geogr. and statistic. Soc. **2** (1860) 25–63 [15]. — H. Bögekamp: Karl Ritter. Eine kurze Charakteristik seines Wirkens (Berlin 1860) III, 35 S. [14]. — Proc. Roy. Soc. London **10** (1860) XLII–XLIII [Ha 2]. — Männer der Zeit. Biogr. Lexikon der Gegenwart **1** (Leipzig 1862) Sp. 867–870 [15]. — G. Kramer: Carl Ritter. Ein Lebensbild nach seinem handschriftl. Nachlaß (Halle 1864) VIII, 482 S. m. Titelbildn. u. Faks.; 2. Aufl. **1** (Halle 1875) VI, 458 S., **2** (1875) 320 S. [3]. — Gaea **1** (1865) 166–171 m. Bildn. [14]. — Ausland **38** (1865) 97–104 m. Bildn. [14]. — W. L. Gage: The life of Carl Ritter (New York 1867) VIII, 242 S. [3]. — A. Kirchhoff: Humboldt, Ritter u. Peschel, die drei Hauptlenker der neueren Erdkunde: Dtsch Rev. **2**, 2 (1878) 32–37 [3]. — Friedrich Ratzel: ADB **28** (1889) 679–697 [3]. — Ernst Deutsch: Das Verhältnis Carl Ritters zu Pestalozzi u. seinen Jüngern (Leipzig

1893) 33 S. (Phil. Diss. Univ. Leipzig) [3]. — Karl Ritter u. Oskar Peschel: Rhein. Bl. Erziehg. u. Unterr. **70** (1896) 34–49 [1a]. — Adolph Harnack: Gesch. Preuß. Akad. Wiss. Berlin **1** (Berlin 1900) 666, 718, 749, 751, 753, 763–764, 775, 836, 839, 844–845, 885–886, 914–915, 933, 955, 961, 964, 968 [3]. — Ewald Banse: Lexikon der Geogr. 2. Aufl. **2** (Leipzig 1933) 377–378 [3]. — [Stengel]: Wilhelm von Humboldt-Gedächtnis-Ausstellung im Märkischen Museum. Lebensbilder aus der Gesch. der Berliner Univ., Berlin 9. Apr.–15. Mai 1935 (Berlin 1935) 45 [101]. — Heinrich Schmitthenner: Carl Ritter u. Goethe: Geogr. Z. **43** (1937) 161–175 [3]. — Zeugnisse deutscher Frömmigkeit von der Frühzeit bis heute. Hrsg. von Otto Eberhard (Leipzig 1938) 215–216 [101]. — Kurt Brüning in: Große Männer Niedersachsens (Hannover 1939) 53 [101]. — Hans Butzmann: Erzieher u. Geograph. Karl Ritter aus Quedlinburg: Der Goldene Reiter **2** (1939) 210–211 m. Bildn. u. Faks. [101]. — Hans Dörries: Große deutsche Geographen: Atlantis **13** (1941) 201–204 m. Bildn. u. Faks. [101]. — G. R. Crone: The men behind modern geography 3: Karl Ritter: Geogr. Mag. **22** (1950) 457–459 m. Bildn. [12]. — Heinrich Schmitthenner: Studien über Carl Ritter (Frankfurt/M. 1951) 100 S. m. Bildn., Faks. (Frankfurter geogr. Hefte **25**, 4 (1951)) [Ha 2]. — Gabriele Schwarz: Joh. Gottfr. von Herder u. Karl Ritter, eine geistesgeschichtl. Parallele: Jahrb. TH Hannover **1952**, 149–159 [89]. — Otto Schlüter: Carl Ritters Werk: Erde [Berlin] **5** (1953) 60–64 [3]. — Günther Franz in: Hellmuth Rößler u. Günther Franz, Biogr. Wörterbuch zur Deutschen Gesch. (München 1953) 712 [3]. — Karl Leutner in: Leutner, Deutsche, auf die wir stolz sind (Berlin 1955) F. 1, S. 156–159 m. Bildn.; 2. Aufl. 1960 [14]. — Heinrich Schmitthenner in: Die Großen Deutschen. Deutsche Biogr. **3** (Berlin 1956) 189–200 m. Bildn. [3]. — Hanno Beck: Carl-Ritter-Forschungen: Erdkunde, Arch. wiss. Geogr. **10** (1956) Lfg. 3 S. 227–233 m. Lit.Verz. [3]. — Heinz Sanke: Gesellschaftl.-geogr. Anschauungen der großen Geographen Berlins u. seiner Univ. In: Forschen u. Wirken. Festschr. 150-Jahr-Feier Humboldt-Univ. Berlin **1** (Berlin 1960) 329–337 m. Bildn. [3]. — Hanno Beck: Die Streitfälle Fröbel–Ritter u. Peschel–Klöden: Petermanns geogr. Mitt. **105** (1961) 111–116 [Ha 2].

Zum 100. Geburtstag J. Chavanne: Dtsch. Rdsch. Geogr. u. Statistik **1** (1879) 580–583 m. Bildn. u. Faks. [3]. — Hermann Däbritz: Pädagog. Bl. Lehrerbildg. **9** (1880) 119–126 [3]. — Alfred Kirchhoff: Gegenwart **16** (1879) 195–198 [14]. — J. Löwenberg: Illustr. Ztg., Leipzig **73** (1879) 67–68 m. Bildn. u. Faks. [14]. — F. Marte: Was bedeutet Carl Ritter für die Geogr. ?: Z. Ges. Erdkunde Berlin **14** (1879) 374–400 [Ha 2]. — Richard Mayr: Ritter u. Peschl: Z. Schulgeogr. **1** (1880) 97–105 [3]. — Nachtigal u. a.: Carl-Ritter-Feier. Festsitzg. am 11. Okt. . . .: Verh. Ges. Erdkunde Berlin **6** (1879) 285–295 [Ha 2]. — Friedrich Ratzel: Beil. Allg. Ztg. **1879** Nr. 219 S. 3209–3211; Nr. 221 S. 3241–3242; Nr. 223 S. 3265–3267; Nr. 227 S. 3329–3332 [37]. — L. Stieda: Über den Briefwechsel Ritter u. Hausmann: S.-Ber. gel. Estn. Ges. [Dorpat] **1879** (1880) 187–193 [3]. — Carl Ritters Briefwechsel m. Johann Friedrich Ludwig Hausmann. Zur Säcularfeier von C. Ritters Geburtstag hrsg. von J. E. Wappäus (Leipzig 1879) V, 173 S. [15]. — O. Zimmermann: Prakt. Schulmann **28** (1879) 556–571 [15]. — Daheim **15** (1879) 709–712 m. Bildn. u. Faks. [3].

Zum 150. Geburtstag Richard Bitterling: Geogr.Anz. **30** (1929) 233–247 m. 2 ungedruckten Briefen [3]. — Hans Dörries: Carl Ritter u. die Entwicklung der Geogr. in heutiger Beurteilung: Naturwiss. **17** (1929) 627–631 [3]. — Otto Schroeter: Preuss. Lehrer-Ztg. **1929** Nr. 95 S. 2 [101]. — Karl Simon: Geograph u. Erzieher. Carl Ritter als Persönlichkeit: Zeitwende **6**, 2 (1930) 158–168 [3]; Carl Ritter als Erzieher: Neue Dtsch. Schule **3** (1929) 607–614 [101].

Zum 100. Todestag Hanno Beck: Zeichnungen von Carl Ritter: Erde **90** (1959) 240–241 m. 6 Abb. [3]; Die Ritterforschungen Karl Simons: ebda 241–250 m. Lit.Verz. [3]; Beitr. zur Kenntn. der Lit. über Karl Ritter: ebda 251–253 [3]. — Lothar Döring: Carl Ritter u. die Schulgeogr.: Geogr. Rdsch. **11** (1959) 197–204 m. Lit.Verz. [3]. — Ernst Kirsten: C. Ritters „Vorhalle europäischer Völkergeschichten“: Erde **90** (1959) 167–183 [3]. — Edgar Lehmann: Carl Ritters kartogr. Leistung: ebda 184–222 m. 3 Karten [3]. — Ernst Plewe: Carl Ritter. Hinweise u. Versuche zu einer Deutung seiner Entwicklung: ebda 98–166 [3]. — Helmut Preuß: Johann August Zeune in seinem Einfluß auf Carl Ritter: ebda 230–240 m. Lit.Verz. [3]. — Wolfgang Tichy: Carl Ritters Schriften zur Kunst: ebda 223–229 [3]. — Der Vorstand der Ges. Erdkunde Berlin: ebda 97 m. Bildn. nach einer Zeichng. von Franz Krüger Berlin 1831 m. Faks. [3]. — Georges Lobsiger: A l'occasion du centenaire de la mort de Karl Ritter: Actes Soc. helv. Sci. nat. **139** (1959) 199–200 [Ha 2]; auch: Geographica Helvetica **14** (1959) 321–322 [25]. — Chr. van Paassen: Carl Ritter anno 1959: Tijdschr. koninkl. Nederl. Aardrijkskund. Genootsch. Amsterdam, Leiden (2) **76** (1959) 327–351 [Ha 2]. — Ernst Plewe: Geogr. Taschenbuch **1958/1959**, 501–503 [3]. — J. Sch.: Wirtsch. u. Wiss. **1959** Nr. 25 S. 4 m. Bildn. [15]. — H. Sölken: Über die Herkunft des Wortes „Zucker“: Z. Zuckerind. **9** (84) (1959) 462–465 m. 1 Bildn. u. Lit.Ang. [Ha 4]. — Carl Troll: Das Alexander von Humboldt-/

Carl Ritter-Gedächtnisjahr 1959: Erdkunde **13** (1959) 1–5 m. 2 Bildn. [3].

Weitere Lit. Johann Gottfried Lüdde: Die Gesch. der Methodologie der Erdkunde (Leipzig 1849) 79, 101, 103, 145, 162, 163, 170, 171, 183, 200 [15]. — K. C. von Leonhard: Aus unserer Zeit in meinem Leben **2** (Stuttgart 1856) 17–18 [3]. — Karl F. W. Jessen: Botanik der Gegenwart u. Vorzeit in culturhistor. Entwicklung (Leipzig 1864) 46, 352 [3]. — Travaux et publications relatives à la géographie en général, à la physique du globe et à la géographie historique. Ethnologie. Année géogr. (Paris) **2** (1864) 396, 398–406 [BPU Genf]. — Parallele zwischen Alexander von Humboldt u. Karl Ritter: Ausland **1865,** 551–552 [3]. — Eduard Rüppell: Schaumünzen zum Angedenken von Bewohnern Frankfurts u. Münzen u. Medaillen auf geschichtl. Begebenheiten Frankfurts: Arch. Frankfurts Gesch. u. Kunst N.F. **4** (1869) 184–185 [3]. — Eduard Hermann Oberländer: Der geogr. Unterr. nach den Grundsätzen der Ritterschen Schule histor. u. methodolog. beleuchtet (Grimma 1869) 18–29 [15]; 4. Aufl. (1887) 21–35 [15]. — J. Spörer: Ein Streifzug durch das Gebiet der geogr. u. histor. Lit.: Geogr. Jahrb. **3** (Gotha 1870) 326–420; 2. Streifzug . . . ebda **4** (1872) 184–272 [3]. — Oscar Peschel: Neue Probl. der vergleichenden Erdkunde als Versuch einer Morphol. der Erdoberfl. (Leipzig 1870) 1–3; 3. Aufl. (1878) 1, 3, 40, 106, 122, 163 [3]. — J. Spörer: Zur histor. Erdkunde. Darin: Ritter u. die Erdkunde nach der Auffassung A. Kirchhoffs: Petermanns geogr. Mitt. **17** (1871) 292–297 [Ha 2]. — A. Kirchhoff: Zur Verständigung über die Frage der Ritterschen Methode in unserer Schulgeogr.: Z. Gymnasial-Wesen **25** (1871) 10–35 [15]. — Alex. G. Supan: Über den Begriff u. Inhalt der geogr. Wiss. u. die Grenzen ihres Gebietes: Mitt. geogr. Ges. Wien **19** (1876) 58–59 [Ha 2]. — O. Peschel: Gesch. der Erdkunde bis auf Alexander von Humboldt u. Carl Ritter 2. Aufl. (München 1877) 598, 621, 707, 708, 719, 775, 782, 810, 811, 812, 813 [3]. — Ferdinand von Richthofen: China-Ergebn. eigener Reisen u. darauf gegründeter Studien **1** (Berlin 1877) 3, 20a, 23, 27a, 43, 173, 192a, 199, 218, 227a, 228, 485, 498, 565a, 668a, 671a [3]. — Oscar Peschel: Abh. zur Erd- u. Völkerkunde (Leipzig 1877) 371–418 [3]. — Hermann Wagner: Der gegenwärtige Standpunkt der Methodik der Erdkunde: Geogr. Jahrb. **7** (Gotha 1878) 550–636; **8** (1880) 523–598 [3]. — Wilhelm Cramer: Streifzüge auf dem Gebiete der Geogr. u. des geogr. Unterrichts 2: Zentralorgan Interessen Realschulwesen **6** (1878) 303–304 [3]. — Ein Brief von Bethmann-Hollweg über Karl Ritter u. die Erweckungen nach den Freiheitskriegen (Berlin, 2. Febr. 1862): Dtsch.-evang. Bl. **3** (1878) 93–96 [3]. — [Friedr. Wilh.] Reinhardt: Karl Ritter u. der gegenwärtige Standpunkt der geogr. Methode (Neubrandenburg 1880) 24 S. (Progr. Gymn. Neubrandenburg) [3]. — Friedr. Ratzel: Anthropo-Geogr. oder Grundzüge der Anwendung der Erdkunde auf die Gesch. (Stuttgart 1882) 6, 23, 25, 41, 43, 44, 45, 46, 49, 51, 55, 56, 70, 88, 181, 222, 232, 244, 245 [3]. — F. G. Hahn: Über Galtons isochronic passage chart u. eine Idee Karl Ritters: Ausland **55** (1882) 521–523 [3]. — W. Götz: Zeigt sich die „allgem. Geogr." als Wiss. ?: ebda **56** (1883) 844–846 [Ha2]. — W. Cramer: Zur Gesch. u. Kritik der „allgem. Erdkunde" Carl Ritters (Gebweiler 1883) 20 S. (Progr. Realgymn. Gebweiler) [3]. — G. Geilfus: J. M. Ziegler von Winterthur: Neujahrsbl. Stadtbibl. Winterthur **1885** (1884) St. 222, S. 16–17 [3]. — Emil Wisotzki: Zur Methodik Carl Ritters (Stettin 1885) 11 S. (Progr. Realgymn. Stettin) [3]. — Josef Wimmer: Histor. Landschaftskunde (Innsbruck 1885) 5, 8, 293–308 [14]. — K. von Fritsch: Carl Ritters Zeichnungen des Lophiskos auf der Nea Kaimeni, Santoria: Mitt. Verein Erdkunde Halle **1885,** 27–39 [Ha 2]. — Emil von Oven: Eine von Karl Ritter eigenhändig gezeichnete Karte des Zillerthals: Jber. Frankfurter Verein Geogr. Statistik **51** (1886–1887) u. **52** (1887–1888) (1888) 55–58 [Ha2]. — Hermann Oberländer: Der geogr. Unterr. nach den Grundsätzen der Ritterschen Schule, histor. u. methodolog. beleuchtet. 4. Aufl. hrsg. von Ludwig Gäbler (Grimma 1887) X, 281 S. [14]. — Emil Hözel: Das geogr. Individuum bei Karl Ritter u. seine Bedeutung für den Begriff des Naturgebietes u. der Naturgrenze: Geogr. Z. **2** (1896) 378–396, 433–444 [3]. — Emil Wisotzki: Zeitströmungen in der Geogr. (Leipzig 1897) 267–352 [3]. — Alfred Hettner: Die Entwicklung der Geogr. im 19. Jahrhundert: Geogr. Z. **4** (1898) 309–312 [3]. — Alfred Dove: Peschels Stellung in der Geogr. In: Ausgew. Schriftchen vornehml. histor. Inhalts (Leipzig 1898) 467–478 [3]. — Alwin Wünsche: Die geschichtl. Bewegung u. ihre geogr. Bedingtheit bei Carl Ritter u. bei seinen hervorragendsten Vorgängern in der Anthropo-Geogr. (Leipzig 1899) IX, 167 S. (Phil. Diss. Univ. Leipzig) [3]. — Filippo Porena: A proposito di un recente articolo a sulla geografia comparata secondo il Ritter e il Peschel: Riv. geogr. ital. **8** (1901) 481–495 [12]. — S. Mehedinti: La géographie comparée d'après Ritter et Peschel: Annales de Géogr. **10** (1901) 1, 2, 3 [Ha 19]. — Friedrich Ratzel: Die Erde u. das Leben. Eine vergleichende Erdkunde **1** (Leipzig, Wien 1901) 47, 51–53 m. Bildn. [3]. — Bruno Schulze: Charakter u. Entwicklung der Länderkunde Karl Ritters (Halle 1902) 61 S. (Phil. Diss. Univ. Halle) [3]. — Siegmund Günther: Entdeckungsgesch. u. Fortschritte der wiss. Geogr. im 19. Jahrhundert (Berlin 1902) 168–179 [11]. — Konrad Kretschmer: Histor. Geogr. von Mitteleuropa (München u.

Berlin 1904) 4–6 [3]. — Otto Richter: Der teleologische Zug im Denken Carl Ritters (Borna–Leipzig 1905) XVIII, 105 S. (Phil. Diss. Univ. Leipzig 1904) [3]. — Hermann Habenicht: Die klass. Periode der Geogr. in Gotha: Gothasches Tagebl. **59** (1907) 16. Febr., Bl. 2 [39]. — Joseph Zingel: Gesch. der Wetterauischen Ges. für die gesamte Naturkunde (Hanau 1908) 12–13, 16, 21–22, 172 [15]. — Rudolf Hänsch: Johann Christoph Guths Muths' Bedeutung für die Methodik des geogr. Unterr.: Aus der Schule — für die Schule **21** (1909) 210–217, 254–260 [12]. — Eduard Fueter: Gesch. der neueren Historiographie (München, Berlin, 1911) 496–497 [3]. — P. Schwarz: Die Zuckerpressen von Ahwāz: Islam **6** (1916) 269–279 [3]. — X. Y.: Von der Erde als „Erziehungshaus der Menschheit" im Sinne Karl Ritters: Mschr. kathol. Lehrerinnen **29** (1916) 418–425, 474–478 [101]. — P. Wagner: Methodik des erdkundl. Unterrichts. 2. Aufl. **1** (Leipzig 1925) 3–7 [3]. — Arthur Richel: Stadtbibl. Frankfurt/M. Katalog der Abt. Frankfurt **2** (Frankfurt 1929) 472 [3]. — Freiwillige Robinsonade. Ritters Flucht aus der Einsamkeit: Woche **32** (1930) 150–151 m. 1 Bildn., 6 Abb., 1 Karte [101]. — Bernhard Lepsius: Das Haus Lepsius. Vom geistigen Aufstieg Berlins zur Reichshauptstadt. Nach Tagebüchern u. Briefen (Berlin 1933) 48, 77, 108, 116, 119, 152, 245 [3]. — Hermann Lautensach: Wesen u. Methoden der geogr. Wiss.: Handb. geogr. Wiss. **6**, 1 Allg. Geogr. **1** (1933) 24 m. Bildn. [3]. — Franz Schnabel: Deutsche Gesch. im 19. Jahrhundert **3** (Freiburg 1934) 113–115, 126, 132, 204 [3]. — Johannes Ludolf Müller: Die Erziehungsanst. Schnepfenthal 1784–1934. Festschr. 150jähr. Bestehen der Anstalt (Schnepfenthal 1934) 53, 64, 84–85 m. Bildn.; Zögling von 1785–1796 [3]. — Kart Bürger: Der Landschaftsbegriff. Ein Beitr. zur geogr. Erdraumumfassung (Dresden 1935) 12–19 [3]. — Paul Weiglin: Berliner Biedermeier. Leben, Kunst u. Kultur in Alt-Berlin zwischen 1815 u. 1848 (Bielefeld, Leipzig 1942) 104 [3]. — Robert Mertens: Eduard Rüppell. Leben u. Werk eines Forschungsreisenden (Frankfurt/M. 1949) 88, 134, 158, 265 [101]. — Paul Herrmann: Zeigt mir Adams Testament. Wagnis u. Abenteuer der Entdecker. 2. Aufl. (Hamburg 1957) 439 [14]. — Hanno Beck: Geogr. u. Reisen im 19. Jahrhundert: Petermanns geogr. Mitt. **101** (1957) 2–7 m. 1 Bildn. [3]. — Carl Troll: The work of Alexander von Humboldt and Carl Ritter: Advancement of Sci. **16** (1960) 441–452 [1]. — Gerhard Engelmann: Deutscher National-Atlas. Entwurf von Heinrich Berghaus, Ablehnung durch Carl Ritter: Forsch. u. Fortschr. **34** (1960) 161–164 [3]. — Ernst Plewe: Heinrich Barths Habilitation im Urteil von Carl Ritter u. August Boeckh: Die Erde [Berlin] **94** (1963) 5–12 [Ha 2]. — Rudolf Völkel: Carl Ritter. Wegbereiter einer goetheanischen Geogr.: Die Kommenden **18** (1964) Nr. 5, S. 19–20 m. Bildn.; Nr. 6 S. 21, 24–25 [292]. — Gerhard Engelmann: Frühe thematische Karten zur ökonom. Geogr.: Geogr. Ber. **9** (1965) 234 [3].

Nachlaß Gelehrten- u. Schriftstellernachlässe in den Bibliotheken der DDR **1** (Berlin 1959) 73, Nr. 511 [3].

Bildn. Wilhelm Bölsche in: Das 19. Jahrhundert in Bildn. **1** (Berlin 1898) 40–41 m. Bildn. Nr. 42 [3]. — Die Großen Deutschen im Bild. Hrsg. von Alfred Hentzen u. Niels von Holst (Berlin 1936) 269 [3]. — Bildnisse berühmter Mitgl. der Dtsch. Akad. Wiss. Berlin (Berlin 1950) Taf. 27 [3].

II **RITTER,** Franz. — Stud. Theol. u. Math. in Altdorf; Mag. Philos.; Pfarrer in Stöckelsberg bei Altdorf. Er war einer der ersten, der die Transversal-Teilung des Kreises auf Instrumenten bekanntmachte.

*Nürnberg;

†etwa 1641.

Lit. Abraham Gotthelf Kästner: Gesch. der Math. **2** (Göttingen 1797) 423–424 [3]. — Cat. gén. Bibl. nat. **152** (1938) Sp. 677–678 (5 Nr.) [3]. — Ernst Zinner: Astron. Instrumente des 11. bis 18. Jahrhunderts (München 1956) 77, 151, 491–492, 603, 615 [Ha 2]. — Brit. Mus. Gen. Cat. **203** (1963) Sp. 527 (3 Nr.) [3].

II, VI **RITTER,** Johann Wilhelm. Physik; Elektrochem. — 1791–1795 Apotheker u. Astronom in Liegnitz; 1795 stud. Univ. Jena; lebte bis 1804 als Lehrer u. Forscher teils in Jena, teils in Gotha u. Weimar; seit 1804 als o. Mitgl. Bayer. Akad. Wiss. in München.

*1776, Dez. 16, Samitz bei Hainau, Schlesien;

†1810, Jan. 13, München.

Bibliogr. Cat. scient. Papers **5** (1871) 217–219 (5 Nr.) [3]. — Cat. gén. Bibl. nat. **152** (1938) Sp. 696 (1 Nr.) [3]. — Brit. Mus. Gen. Cat. **203** (1963) Sp. 536 (5 Nr.) [3].

Briefe Carl von Klinckowstroem: Drei Briefe von Johann Wilhelm Ritter: Der grundgescheute Antiquarius **1** (1920) 120–130 m. 1 Faks. [3].

Biogr. Fragmente aus dem Nachlasse eines jungen Physikers. Ein Taschenbuch für Freunde der Natur. Hrsg. von J. W. Ritter **1** (Heidelberg 1810) CXXIV, 228 S.; **2** (1810) 269 S. [3]; dasselbe: Ausgewählt von Friedrich von der Leyen (Wiesbaden 1946) 77 S.

(Insel-Bücherei Nr. 532) [101]. — Friedlander: Biographie universelle, ancienne et moderne 38 (Paris 1824) 136–138 [3]. — Clemens Alois Baader: Lexikon verstorbener baierischer Schriftsteller des 18. u. 19. Jahrhunderts 2, 2 (Augsburg, Leipzig 1825) 34–38 m. Schr.-Verz. [3]. — Carl Philipp Friedrich von Martius: Erinnerung an Mitgl. der math.-physik. Classe Bayer. Akad. Wiss. Eine Rede (München 1859) 23–24, 46–47 [15]; Erinnerung an frequentierende Mitgl. der physik.-math. Classe. Akadem. Denkreden (Leipzig 1866) 577–578 [3]. — W. Beetz: Der Antheil der Bayer. Akad. Wiss. an der Entwicklung der Electricitätslehre. Vortrag . . . 25. Juli 1873 (München 1873) 31 S. [3]. — Karsten: ADB 28 (1889) 675– 678 [3]. — Wilhelm Ostwald: Joh. Wilh. Ritter, der Begründer der wiss. Elektrochem.: Elektrotechn. Z. **15** (1894) 569–572 [105]; Abh. u. Vortr. allgem. Inhaltes (Leipzig 1904) 359–383 (Rede am 5. Okt. 1894 in Berlin) [3]. — Hermann Michel: Mitt. Gesch. Med. Naturwiss. 8 (1909) 547–548 [3; 11]. — Friedrich von der Leyen: Süddtsch. Mh. 7, 1 (1910) 845–847 [3]. — Carl von Klinckowstroem: Joh. Wilh. Ritter u. der Elektromagnetismus: Arch. Gesch. Naturwiss. u. Techn. 9 (1922) 68–85 [3]. — Conrad Matschoß: Männer der Technik (Berlin 1925) 228–229 [101]. — K. Oesterreich: Joh. Wilh. Ritter, der Erfinder des elektr. Sammlers: Dinglers polytechn. J. **342** (1927) 8–9 [15]. — Paul Hoffmann: Achim von Arnim über Joh. Wilh. Ritter: Arch. Gesch. Math., Naturwiss. u. Techn. **10** (1927) 357–362 [3]. — Paul Hahn in: Schlesische Lebensbilder **3** (Breslau 1928) 202–210 m. Lit.Verz. [3]. — Hans Schimank: Joh. Wilh. Ritter. Der Begründer der wiss. Elektrochem. Ein Lebensbild aus dem Zeitalter der Romantik: Dtsch. Museum, Abh. u. Ber. **5** (1933) 175–203 m. 6 Abb., Schr.Verz. [3]; Mitt. Gesch. Med., Naturwiss. u. Techn. **32** (1933) 303 [Vortrags-Auszug] [3]. — Paul Hahn: Joh. Wilh. Ritter u. die Naturphilosophie: Elektrotechn. Z. **65** (1944) 322 [101]. — F. Lobell: Der Physiker der Romantik: Orion **6** (1951) 959-961 m. 2 Abb. [101]. — A. E. Herbert Meyer: Joh. Wilh. Ritter, der Entdecker der UV-Strahlen: Strahlentherapie **88** (1952) 481–482 m. 1 Bildn., 1 Abb. [3; 101]. — Walter Salmen: Die Musik im Weltbilde J. W. Ritters: Schlesien, Vjschr. Kunst, Wiss. **2** (1957) 179–180 [101]. — Kurt Poppe: Joh. Wilh. Ritter, der Physiker der Romantik: Die Drei **29** (1959) 29–38 [24]. — Walther Gerlach in: Geist u. Gestalt. Beitr. Gesch. Bayer. Akad. Wiss. **2** (München 1959) 72–73 [3]. — Kurt Poppe: Der Münchener Kreis der Spätromantik u. der Siderismus Joh. Wilh. Ritters: Die Drei **30** (1960) 180–196 [24]. — Dorothee Hüffmeier: Johann Wilhelm Ritter, Naturforscher oder Naturphilosoph?: Sudhoffs Arch. Gesch. Med. Naturwiss. **45** (1961) 225–234 m. Lit.Verz. [3].

Zum 150. Geburtstag Carl von Klinckowstroem: Mitt. Gesch. Med. Naturwiss. **25** (1926) 198–200 [3].

Zum 150. Todestag Friedrich Klemm: Joh. Wilh. Ritter, der Begründer der Elektrochem.: Dtsch. Museum, Abh. u. Ber. **28** (1960) 37–43 m. faks. Brief an Carl von Hardenberg vom 1. Febr. 1807 [3].

Weitere Lit. Carl Erenbert von Moll: Mitt. aus seinem Briefwechsel **3** (Augsburg 1834) 612–663 [3]. — Heinrich Steffens: Was ich erlebte. Aus der Erinnerung niedergeschrieben **4** (Breslau 1841) 87–88 [3]. — Emil Du Bois-Reymond: Untersuchungen über thierische Elektrizität **1** (Berlin 1848) XX, LI, 365–372 [3]. — August Beck: Ernst II, Herzog zu Sachsen-Gotha u. Altenburg als Pfleger u. Beschützer der Wiss. u. Kunst (Gotha 1854) **49**, 364–370 [3]. — Adolf Peters: General Dietrich von Miltitz, sein Leben u. sein Wohnsitz. Nebst 4 noch ungedruckten Briefen an ihn von Novalis (Meißen 1863) 32–33, 35–37 (in: Jber. Sächs. Landesschule Meißen) [3]. — Siegmund Günther: Gesch. der anorgan. Naturwiss. (Berlin 1901) 34–38, 41, 42, 188, 189, 190, 191, 196, 197, 205, 658 (Das 19. Jahrhundert in Deutschlands Entwicklg., 5) [3]. — Albert Neuburger: Histor. Notiz zur Wasserzersetzung: Physik. Z. **5** (1904) 124–126 [15]. — W. Olshausen: Friedrich von Hardenbergs Beziehungen zur Naturwiss. seiner Zeit (Leipzig 1905) 76 S. (Phil. Diss. Univ. Leipzig 1904) [3]. — Julius Schiff: Goethes chem. Berater u. Freunde: Dtsch. Rdsch. **1911/12, 3** (1912) 453–469 [3]. — Carl Graf von Klinkkowstroem: Joh. Wilh. Ritter u. die Wünschelrute: Wünschelrute **1913**, Nr. 33 vom 25. Nov., S. 3 [91]. — Roy Temple House: Goethe and the Chemists: Popular Sci. monthly **82** (1913) 332–337 [15]. — G. Nathanael Bonwetsch: Gotthelf Heinrich Schubert in seinen Briefen. Ein Lebensbild (Stuttgart 1918) 18, 39, 51, 69, 72, 81–82, 222, [3]. — Rudolf Haym: Die Romantische Schule. Ein Beitr. zur Gesch. des deutschen Geistes. 4. Aufl. (Berlin 1920) 666, 673–680 [3]. — H. Beckmann: Zur Gesch. des Akkumulators u. der Akkumulatorenfabrik AG: Beitr. Gesch.Techn. u. Ind., Jahrb. VDI **14** (1924) 242–246 [3]. — Wilhelm Erman: Paul Erman. Ein Berliner Gelehrtenleben 1764–1851 (Berlin 1927) 61, 106, 144 A, 126, 127–128, 141, 153 [3]. — Hugo Döbling: Die Chem. in Jena zur Goethezeit (Jena 1928) 162 (Z. Ver. Thür. Gesch. N.F. Beih. 13) [3]. — Carl Graf von Klinckowstroem u. Rudolf Freiherr von Maltzahn: Handbuch der Wünschelrute. Gesch., Wiss. u. Anwendung (München, Berlin 1931) 67–69, 92 [3]. — Walter Schellhas: 750 Jahre Freiberg. Sachsens Berghauptstadt (Freiberg 1937) 44 unnum. S. [101]. — Paul Walden: Drei Jahrtausende Chem. (Berlin 1944) 165–166 [3]. — George Urdang: Goethe and Pharmacy (Madison

Wisc. 1949) 43, 69 [38]. – Helmut Gernsheim and Alison Gernsheim: The history of photography (London, New York, Toronto 1955) 24, 25, 32 [3]. – Wolfgang Baier: Quellendarstellungen zur Gesch. der Fotogr. (Leipzig 1965) 30–33 [3]. – J. Erik Jorpes: Jac. Berzelius. His Life and Work (Stockholm 1966) 99 (Bidrag till Kungl. Svenska Vetenskapsakademiens Historia, 7) [3].

RITTINGER, Peter Franz Ritter von. Techn., Erzaufbereitung. — Stud. Univ. Olmütz u. bis 1839 Bergakad. zu Schemnitz; 1840 Pochwerksinspektor; 1848 Kunstmeister bei den staatl. Bergbauunternehmungen; 1849 Bergoberamtsvorsteher in Joachimsthal; 1850 Sektionsrat im Ministerium für Landeskultur u. Bergwesen Wien; 1864 Ministerialrat im Finanzministerium. Er erfand die Waschtrommel, den Spitzkasten u. eine einachsige Pumpe, erbaute 1849 Wassersäulenmaschinen zur Förderung u. Wasserhebung.

*1811, Jan. 23, Neutitschein/Mähren;
†1872, Dez. 7, Wien.

Lit. von Gümbel: ADB 28 (1889) 702–703 [3]. – Walter Serlo: Männer des Bergbaus (Berlin 1937) 122–123 [3].

V **RITZ,** Walther. Physik. – 1899–1900 stud. Zürich; 1900–1902 stud., 1902 Dr. phil.; 1908 PDoz. Univ. Göttingen.

*1878, Febr. 22, Sion, Valais (Schweiz);
†1909, Juli 7, Göttingen.

Biogr. A. Hagenbach: J. J. Balmer u. W. Ritz: Naturwiss. 9 (1921) 451–455 m. 2 Bildn. [3].

Werke Gesammelte Werke. Oeuvres. Edited by Pierre Weiß (Paris 1911) XXII, 541 S. [Brit. Mus.].

Nekr. Verh. Schweiz. naturforsch. Ges. 92 (1909) 104.

II, III **ROCHLEDER,** Friedrich. Pflanzenchem. – 1836–1842 stud. Med. Univ. Wien; 1842 Dr. med.; dann stud. Chem. in Prag u. Gießen; 1845 Prof. techn. Chem. Akad. Lemberg; 1849 Prof. Chem. Univ. Prag, seit 1870 o. Prof. Chem. Univ. Wien.

*1819, Mai 15, Wien;
†1874, Nov. 5, Wien.

Bibliogr. Cat. scient. Papers 5 (1871) 246–248 (65 Nr.); 8 (1879) 765–766 (31 Nr.) [3]. – Cat. gén. Bibl. nat. 153 (1938) Sp. 1060 (1 Nr.) [3]. – Brit. Mus. Gen. Cat. 204 (1963) Sp. 795 (4 Nr.) [3].

Nekr. H. Hlasiwetz: Alm. Akad. Wiss. Wien 25 (1875) 195–212 m. Schr.Verz. [3]; Ber. Dtsch. chem. Ges. 8 (1875) 1702–1712 [3]. – Joseph Stephan: Alm. Akad. Wiss. Wien 25 (1875) 173–175 [3].

Biogr. Ernst Philippi in: Österreich. Naturforscher, Ärzte u. Techniker (Wien 1957) 43–45 m. 1 Bildn. [3]. – Anschütz: ADB 28 (1889) 726–727 [3].

Weitere Lit. Edward Kremers: Phytochemical literature: J. Amer. Pharmac. Assoc. 23 (1934) 803–806 [15].

ROEDER, Johann Christoph. Bergbau. — 1763 Geschworener am Rammelsberger Bergwerk; 1767 Obergeschworener, 1777 Bergvogt, 1786 Vizeoberbergmeister, 1799 Oberbergmeister; 1810 i. R.

*1730, Febr. 15, Clausthal;
†1813, Juni 21, Goslar.

Lit. Walter Serlo: Männer des Bergbaus (Berlin 1937) 123 [3].

II, III **RÖMER,** Carl Ferdinand. Geol. – 1840 stud., Dr. phil. Univ. Berlin; 1845–1848 naturwiss. Reise nach den Vereinigten Staaten von Nordamerika; 1848–1856 PDoz. Univ. Bonn; 1856 o. Prof. Mineral. u. Geol. Univ. Breslau; Geh. Bergrat; 1869 korresp. Mitgl. Preuß. Akad. Wiss. Berlin.

*1818, Jan. 5, Hildesheim;
†1891, Dez. 14, Breslau.

Bruder von Friedrich Adolph Römer.

Bibliogr. Cat. scient. Papers 5 (1871) 264–266 (75 Nr.); 8 (1879) 773–775 (42 Nr.); 11 (1896) 203 (22 Nr.); 18 (1923) 258–259 (28 Nr.) [3]. – Cat. gén. Bibl. nat. 159 (1938) Sp. 349–352 (12 Nr.) [3]. – Brit. Mus. Gen. Cat. 205 (1963) Sp. 266–267 (17 Nr.) [3].

Nekr. W. Dames: Neues Jahrb., Mineral., Geol. u. Palaeontol. 1892, 1 (Anh.) 1–32 m. Schr.Verz. [15]. – Archibald Geikie: Quart. J. geol. Soc. London 48 (1892) Proc. S. 58–60 [Ha 2]. – Hintze: Chronik Univ. Breslau 6 (1892) 106–111 [15]. – Paul Kumm: Schr. naturforsch. Ges. Danzig N.F. 8 (1892) 116–145 [Ha 2]. – G. Limpricht: Jber. Schles. Ges. vaterländ. Cultur 69, 1891 (1892) 23–27

[Ha 2]. — Sprengell: Jh. naturwiss. Verein Lüneburg **12**, 1890–1892 (1893) 40–42 [Ha 2]. — C. Struckmann: Leopoldina **28** (1892) 31–32, 43–46, 63–67 m. Schr.Verz. [Ha 2]. — H. Trautschold: Bull. Soc. Imp. Naturalistes Moscou N.S. **6** (1893) 132–135 [3]. — C. von Voit: S.-Ber. Bayer. Akad. Wiss. München, math.-physik. Kl. **22**, 1892 (1893) 201–202 [3]. — Amer. J. Sci. (3) **43** (1892) 168 [3]. — Ber. Senckenberg. naturforsch. Ges. **1892**, XXIV [Ha 2]. — Geogr. Jahrb. **16** (1893) 493 [3]. — Geol. Mag. [London] N.S. **9** (1892) 92–94 [7]. — Leopoldina **27** (1891) 207 [Ha 2]. — Mem. and Proc. Manchester Lit. Philos. Soc. (4) **5** (1892) 190–191 [Ha 2]. — S.-Ber. naturwiss. Ges. Isis Dresden **1891**, 1 S. 33 [Ha 2].

Biogr. Frederic W. Simonds: A geologist of the last century. Ferdinand von Roemer, the father of the geology of Texas. His life and work: Geol. Mag. (4) **9** (1902) 412–417 m. Bildn. u. Faks. [15]; auch: Amer. Geologist **29** (1902) 131–140 m. Bildn. [1]. — Carl Hintze: ADB **53** (1907) 451–458 [3]. — Georg Gürich in: Schlesische Lebensbilder **1** (Breslau 1922) 277–279 [3]. — Das akadem. Deutschland **1** (Berlin 1930) 109 [3]. — Fossilium Catalogus I: Animalia. Pars 72: K. Lambrecht †, W. et A. Quenstedt, Palaeontologi, Catalogus biobibliographicus ('s-Gravenhage 1938) 364 [3]. — Gerald P. R. Martin: Ein Brief Ferdinand Roemers (1818–1891) an Friedrich Rolle 1827–1887): Ber. naturhistor. Ges. Hannover **1961**, 11–14 m. Faks. [Ha 2].

Weitere Lit. Karl Alfred von Zittel: Gesch. der Geol. u. Paläontol. bis Ende des 19. Jahrhunderts (München, Leipzig 1899) 218, 219, 224, 312, 345, 497, 504, 509, 511, 512, 583, 602, 604, 617, 674, 695, 700, 802, 806, 808, 823 [3]. — George P. Merrill: Contributions to the history of american geology: Annual Report of the Board of Regents of the Smithson. Instn. **1904**, 487 [14]. — John Mason Clarke: James Hall of Albany. Geologist and palaeontologist 1811–1898. 2. ed. (Albany 1923) 172, 445, 472 [1a]. — G. Tornier: Rückblick auf die Palaeontologie: S.-Ber. Ges. naturforsch. Freunde Berlin **1925** (1927) 86 [Ha 2]. — Otto Wilckens: Geol. der Umgegend von Bonn (Berlin 1927) 256 [3]. — [Alfred Müldner]: Über das Leben u. Wirken von Ferdinand Oswald: Z. Geschiebeforsch. u. Flachlandsgeol. **17** (1941) 118–120 [15]. — Karl Andrée: Aus der Gesch. der Dtsch. geol. Ges. Festvortrag: Z. Dtsch. geol. Ges. **100**, 1948 (1950) 6, 20 m. Bildn. [15]. — Helmut Hölder: Geol. u. Paläontol. in Texten u. ihrer Gesch. (Freiburg-München 1960) 285, 298, 306 [101].

II, III **RÖMER,** Friedrich Adolph. Geol. — 1831 Bergamts-Justizbeamter; Dr. phil.; 1844 Bergamtsassessor; 1851–1867 Direktor Bergakad. Clausthal; Bergrat.

*1809, Apr. 14, Hildesheim;

†1869, Nov. 25, Clausthal.

Bruder von Ferdinand Römer.

Bibliogr. Cat. gén. Bibl. nat. **159** (1938) Sp. 352–353 (7 Nr.) [3]. — Brit. Mus. Gen. Cat. **205** (1963) Sp. 217 (6 Nr.) [3].

Nekr. Heinrich von Dechen: Verh. naturhistor. Ver. preuss. Rheinlande **27** (1870) S.-Ber. 23–35 [Ha 2]. — Ferdinand Römer: Z. Dtsch. geol. Ges. **22** (1870) 96–102 [15].

Biogr. Gümbel: ADB **29** (1889) 120–122 [3]. — Walter Serlo: Männer des Bergbaus (Berlin 1937) 123–124 [3]. — Fossilium Catalogus I: Animalia. Pars 72: K. Lambrecht †, W. et A. Quenstedt, Palaeontologi, Catalogus bio-bibliographicus ('s-Gravenhage 1938) 364 [3]. — E. Böckh, H. J. Martini, A. Pilger: Geol. Jahrb. (Hannover) **76** (1959) XXI–XXVIII m. Bildn. u. Schr.- u. Lit.Verz. [89].

Bildn. Das akad. Deutschland **1** (Berlin 1930) 611 [3]. — Die Deutschen Techn. Hochschulen (München 1941) 96 [14].

III–VI **RÖNTGEN,** Wilhelm Conrad. Physik. — 1868 Dr. phil. Zürich; 1870 Ass. bei Kundt Univ. Würzburg, 1872 Univ. Straßburg; 1874 PDoz. Univ. Straßburg; 1875 Prof. in Hohenheim; 1876 ao. Prof. Univ. Straßburg; 1879 o. Prof. Physik Univ. Gießen, 1888 Univ. Würzburg, 1899–1920 Univ. München; 1895 Entdeckung der von ihm X-Strahlen genannten Röntgenstrahlen; 1901 Nobelpreis für Physik.

*1845, März 27, Lennep, Rheinland;

†1923, Febr. 10, München.

Werke Wilhelm Conrad Röntgen: Grundlegende Abh. über die X-Strahlen . . . (Leipzig 1954) 42 S. (Klassische Arb. dtsch. Physiker, H. 1) [101]. — W. C. Röntgen: Über eine neue Art von Strahlen: Münchner med. Wschr. **101** (1959) 1237–1239, 1468–1469, 1511–1516 m. Abb. [3].

Genealog. Wilhelm Blank: Ahnentafel des Physikers Wilhelm Konrad Röntgen. In: Ahnentafeln berühmter Deutscher (Leipzig 1929–1932) 159–161 m. 1 Taf. [3].

Bibliogr. Cat. scient. Papers 8 (1879) 776 (3 Nr.); **11** (1896) 204–205 (20 Nr.); **12** (1902) 625 (1 Nr.); 18 (1923) 260 (26 Nr.) [3]. — Cat. gén. Bibl. nat. **155** (1939) Sp. 560 (1 Nr.) [3]. — Brit. Mus. Gen. Cat. **205** (1963) Sp. 230 (17 Nr.) [3].

Briefwechsel Ludwig Hartmann: Ein unbekannter Briefwechsel Röntgens m. Heinrich Hertz: Natur u. Kultur **23** (1926) 331–333 [101]. — Ludwig Zehnder: Röntgens Briefe an Zehnder. Mit den Beitr.: Gesch. seiner Entdeckung der Röntgenstrahlen u. Röntgens Einstellung zur Renaissance der klass. Physik (Zürich **1935**) 198 S. m. 3 Bildn., 8 Fig., 2 Faks. [ZB Zürich]. — P. Günther: Röntgen als Briefschreiber: Angew. Chem. **50** (1937) 77–79 [3]. — H. Schimank: Aus Röntgens Briefwechsel: Rdsch. techn. Arbeit **17** (1937) Nr. 38, S. 8 [101]. — Briefe großer Naturforscher u. Mathematiker. Ges. u. erl. von Max Bense (Köln **1943**) 228–241 (R. an Zehnder Weilheim. 15. Mai 1921; R. an Zehnder Würzburg 25. Dez. 1896, 11. Jan. 1897, 29. Jan. 1897, 21. Nov. 1897) [3]. — Begegnung mit Prof. Röntgen. Auszug aus einem Brief des Bocholter Augenarztes Dr. Otto Münch: Unser Bocholt **4** (1953) 230 [60]. — E. Streller: Ein Brief W. C. Röntgens an Kamerlingh-Onnes (vom 8. Jan. 1899): Röntgen-Bl. **7** (1954) 379–380 [101].

Nekr. Behnken: Z. VDI **67** (1923) 218 [15]. — Friedr. Dessauer: Hochland **20** (1923) 218–219 [3]. — A. Eiselsberg: Gedächtnisrede . . .: Wiener klin. Wschr. **36** (1923) 432–435 [3]. — F. Exner: Alm. Akad. Wiss. Wien **73**, 1923 (1924) 140–143 [Ha 2]. — W. Friedrich: Strahlentherapie **15** (1923) 855–863 m. Bildn. [3]; Physik. Z. **24** (1923) 353–360 m. Bildn. [101]. — Georg Gehlhoff: Z. techn. Physik **4** (1923) 280–283 [15]. — Ludwig Hartmann: Natur u. Kultur **20** (1923) 145–149 [101]. — R. Jaksch-Wartenhorst: Gedächtnisrede . . .: Fortschr. Geb. Röntgenstrahlen **31** (1923) 103–104 [15]; auch: Med. Klinik **19** (1923) 558–559 [101]. — A. F. Joffe: Uspechi fisič. Nauk **4** (1924) H. 1, S. 1–10 [1]. — Ka: Elektrotechn. Z. **44** (1923) 184 [101]. — Peter Paul Koch: Dtsch. biogr. Jahrbuch **5** (1923) 317–326 m. Titelbildn. [3]; Z. techn. Physik **4** (1923) 273–279 m. Bildn., Schr.Verz. [15]. — Walter König: Ansprache . . . Gießen am 10. Nov. 1923: Fortschr. Geb. Röntgenstrahlen **32** (1924) 189–191 [15]. — M. von Laue: Verh. Dtsch. physik. Ges. (3) **4** (1923) 8–10 [15]. — Ernst Lecher: Wiener med. Wschr. **73** (1923) Sp. 370–371 m. Bildn. u. Faks. [3]. — Lehmann: Z. ärztl. Fortbildg. **20** (1923) 148–149 [3]. — M. Levy-Dorn: Z. techn. Physik **4** (1923) 284–288 [15]. — Alfredo Pochettino: Atti Accad. Sci. Torino **58**, 1922/1923 (1923) 252–258 [Ha 2]. — Heinrich Prelinger: Elektrotechn. u. Maschinenbau **41** (1923) 145–146 [101]. — Ferdinand Sauerbruch: Münchener med. Wschr. **70** (1923) 273–275 [3]. — A. Sommerfeld: Jahrb. Bayer. Akad. Wiss. **1922/1923** (1924) 83–89 [Ha 2]. — W. Wien: Ann. Physik (4) **70** (1923) 332 m. 1. Bildn. [3]. — L. Zehnder: Schweizer Bau-Ztg. **81** (1923) 158–160 m. 1 Bildn. [StB u. UB Bern]. — Jahrb. Ludwig-Maximilians-Univ. München 1919–1925 (München 1928) 45–46 [15].

Biogr. C. Musmacher: Kurze Biographien berühmter Physiker (Freiburg 1902) 256–257 [1]. — Robert Fürstenau: In: Illustr. Helden-Bibliothek H. 14 (Berlin **1913**) 40 S. m. 1 Bildn., 17 Fig. [101]. — R. A. Millikan: Science (New York) N. S. **41** (1915) 462–463 [3]. — Hans F. Helmolt: Das Ehrenbuch des Deutschen Volkes (Königstein u. Leipzig 1923) 265–267 [101]. — E. Wagner: Röntgen-Gedächtniszimmer in Würzburg: Fortschr. Geb. Röntgenstrahlen **31** (1923/24) 565 [15]. — Heinrich Wiesenthal: Führende Männer **2** (Leipzig 1924) 23–30 m. Bildn. [101]. — L. J. Spencer: Biographical notices of mineralogists recently deceased: Mineral. Mag. (London) **20** (1924) 252–275 [7]. — Arthur Schuster: Biographical Byways: Nature [London] **115** (1925) 342–343 [15]. — Conrad Matschoß: Männer der Technik (Berlin 1925) 232 [101]. — P. Riebensahm: W. C. Röntgen u. die Technik: Ergebn. techn. Röntgenkunde **1** (1930) 1–3 [3]. — M. A. Bloch: Biogr. spraw. **2** (Leningrad 1931) 616–618 m. Bildn. [15]. — Ludwig Zehnder: Röntgen u. seine Würzburger Zeit: Würzburger Univ.-Alm. **1931/32** (Würzburg 1931) 11–21 [15]. — Aus der Vergangenheit der Univ. Würzburg. Festschr. 350jähr. Bestehen der Univ. Hrsg. von Max Buchner (Berlin 1932) 673 [3]. — Pequenas biograficas. Guillermo Roentgen: El libio y el pueblo (Mexico) **11** (1933) Nr. 1 S. 7–8 [BPU Genf]. — Neudecker: Erinnerungen an W. C. von Röntgen: Bayerland **45** (1934) H. 3 [12]. — Röntgen-Anekdoten: Umschau **39** (1935) 244–245 m. 2 Bildn. u. 4 Abb. [3]. — L. Zehnder: Persönliches über W. C. Röntgen u. seine Entdeckung: ebda 237–240 [3]. — E. H. G. Atzrott: Hippokrates **7** (1936) 792–793 [14]. — W. Rees: Wilh. Conrad Röntgen, ein Sohn des Bergischen Landes: Rhein. Heimatbl. **13** (1936) 190–193 [101] — C. J. Gauß: Würzburger Univ.-Alm. **1936/37**, 15–20 m. 1 Bildn., 1 Abb. [101]. — Otto Glasser: The life of Wilhelm Conrad Roentgen as revealed in his letters: Scient. monthly **45** (1937) 193–206 m. 2. Bildn., 7 Abb., Brief-Faks. vom 6. Juli 1922 [15]. — Freund: Mittelschule **52** (1938) 51 [101]. — The Nobel prize-winners and the Nobel foundation 1901–1937. Ed. by Thomas Watson Mac Callum and Stephen Taylor (Zürich 1938) 31–32 m. Bildn. S. 393 [ETH Zürich]. — Franz Rodens: Rheinische Wiss. u. rheinische Gelehrte: Dtsch. Erzieher [Düsseldorf] **1940**, H. 9, S. 66–67 [101]. — Rudolf Baumgardt: Jahrb. Frankenbund **3** (1940) 110–116 [101]. — Kraß: Dtsch. Rentenversicherung **13** (1941) 50–51 [101]. — Wilhelm Lorey: Röntgens Berufung nach Gießen u. seine Gießener Zeit mit einem Rückblick auf die Entwicklung der Physik in Gießen:

Fortschr. Geb. Röntgenstrahlen 64 (1941) 59–72, 353–355 [15]. – Ernst Wölfflin: Über die Beziehungen W. C. Röntgens zur Schweiz. Zur Erinnerung an seinen letzten Aufenthalt vor 20 Jahren: ebda 67 (1943) 40–47 m. 3 Bildn. [15]. – A. Zuppinger: Veska-Z. 9 (1945) 107–109 [UB Basel]. – M. von Laue: Naturwiss. 33 (1946) 3–7 [3]. – L. Schönbauer: Wiener klin. Wschr. 58 (1946) 137–141 [101]. – Walter Gerlach: W. C. Röntgen u. die Röntgenstrahlen: Forsch. u. Fortschr. 21/23 (1947) 51–53 [Ha 2]. – Ernst Wölfflin: Die berühmten Ärzte (Genf 1947) 200–201 m. Bildn. [35]. – H. Rohde: Röntgen-Gedenkblatt: Arch. Metallkunde 1 (1947) 2–3 m. Bildn. [3]. – Gonzalo Esguerra Gomez: Tribut to Wilhelm Conrad Roentgen: Amer. J. Roentgenol. 60 (1948) 96–103 [1]. – Wilhelm Rees: Neues zum Werdegang Wilhelm Conrad Röntgens: Röntgen-Blätter 1 (1948) 158–161 m. Abb. [101]. – Wolfgang Brendler: Persönl. Erinnerungen an W. C. Röntgen: ebda 1–7 m. 1 Bildn. u. Faks. [101]. – Hans Falkenhagen: Die Naturwissenschaft in Lebensbildern großer Forscher (Stuttgart 1948) 184–187 [3]. – C. W. Röntgen: Funk-Techn. 3 (1948) 123–124 [101]. – W. Friedrich: W. C. Röntgen u. die Physik: Fortschr. Geb. Röntgenstrahlen 71 (1949) 5–8 [15]. – Siegfried Schönborn: Bei W. C. Röntgen daheim u. draußen: Röntgen-Bl. 2 (1949) 133–136 m. 1 Bildn. [101]. – Ernst Wölfflin: Begebenheiten aus den letzten Lebensjahren W. C. Röntgens: Fortschr. Geb. Röntgenstrahlen 72 (1949/50) 614–618 [15]. – Walther Gerlach: W. C. Röntgen u. die Röntgenstrahlen: Kulturaufbau 1950, 300–303 [101]. – Ausbau 3 (1950) 625–630 m. 1 Bildn., 2 Abb. [101]. – F. M.: Augenoptiker 1950, Nr. 4 S. 5 m. Abb. der Röntgen-Büste von Ernst Kunst [101]. – Aufstieg 1950, Nr. 3 S. 79017–79018 [101]. – Friedrich Dessauer: Wilhelm Conrad Röntgen. Die Offenbarung einer Nacht (Frankfurt 1951) 219 S. m. 4 Bildn., 4 Abb., 1 Faks., 11 Fig. [101]; 4. Aufl. (Frankfurt 1958) 303 S. [101]. – Juraj Körbler. In: Temelji medicine 6 (Zagreb 1951) 113–143 m. Bildn. u. Faks., 6 Abb. – Theodor Heuß: Deutsche Gestalten. Studien zum 19. Jahrhundert (Stuttgart, Tübingen 1951) 427–435 [101]. – Karl Conrath: W. C. Röntgen. In: Kurt Hackenberg: Das Bergische Land. Dtsch. Industrielandschaft (Wuppertal–Elberfeld 1951) 148–149 m. Bildn. [62]. – Otto Glasser: W. C. Röntgen als Physiker: Röntgen-Bl. 5 (1952) 147–153 [101]. – – Hans Hartmann: Schöpfer des neuen Weltbildes. Große Physiker unserer Zeit (Bonn 1952) 13–25 m. Bildn. [3]. – Rudolf Baumgardt: Das Fundament. Schöpferische Menschen des 19. Jahrhunderts (Darmstadt 1952) 239–247 m. Bildn. [101]. – Theodor Heuß: Röntgenstrahlen (Hamburg) 1952, S. 5–8 [18]. – G. Gruber: Dtsch. Schwestern-Ztg. 6 (1953) 82–85 m. Bildn. [101]. – Erich Schneider: Von Röntgen zu Einstein. Von Planck zu Heisenberg. Nobelpreisträger der Physik u. ihre Entdeckungen (Berlin, München 1953) 14–19 [3]. – Fritz Volze: Welt der Schule 6 (1953) 257–258 m. Bildn. [101]. – O. K. Eggert: W. C. Röntgen in Würzburg: Prakt. Tierarzt 1954, 108–109 m. 1 Abb., 1 Bildn. [101]. – H. Unger: Wilh. Conrad Röntgen. 2. Aufl. (Hamburg 1954) 307 S. [14]. – Klamfoth: Techn. Gemeinsch. 3 (1955) 164–165 m. 1 Bildn., 1 Abb. [3]. – Karl Leutner in: Leutner, Deutsche auf die wir stolz sind (Berlin 1955) F. 1, S. 308–311 m. Bildn. [14]; 2. Aufl. (Berlin 1960) 328–331 [14]. – Karl Reger in: Via Regia. Nobelpreisträger auf dem Wege ins Atomzeitalter (München–Wien 1955) 160–175 m. Bildn. [3]. – J. Schindler: W. C. Röntgen u. die Schweiz: Schweiz. Mschr. Zahnheilkde. 65 (1955) 954–958 [101]. – Franz Ludwig Neher: Blick ins Unsichtbare. Weg u. Wirken Wilhelm C. Röntgens u. die Entdeckungsgeschichte der Röntgenstrahlen (Reutlingen 1956) 181 S. [101]. – Rudolf K. Goldschmidt-Jentner: Vollender u. Verwandler (Hamburg 1957) 147–159 (Fischer-Bücherei 182) [14]. – Ernst Wölfflin: Persönliche Erinnerungen an W. C. Röntgen: Ciba-Symposium 5 (1957) H. 4, S. 111–119 m. 2 Abb. u. 2 Bildn. [101]. – Czesław Murczyński u. Marie Sypniewski: Wilhelm Konrad Röntgen (Die Gesch. einer großen Entdeckung) (Warszawa 1957) 240 S., 42 Abb. (poln.) [Bibl. Narodowa Warszawa]. – Theodor Heuß: Universitas 1 (1957) 337–341 [14; 21]. – Margret Boveri: Wilh. Conrad Röntgen in: Die Großen Deutschen. Deutsche Biogr. 4 (Berlin 1957) 156–165 m. Bildn. [3]. – Ernst Streller: W. C. Röntgen u. seine Vaterstadt Lennep: Romerike Berge, Z. Heimatpflege Bergisch-Land 7 (1957/58) 78–83 [101]. – G. Buchheim: Techn. Gemeinsch. 6 (1958) 83–84 m. 1 Bildn., 1 Abb. [3]. – Max Planck: Persönl. Erinnerungen. In: Physikal. Abh. u. Vorträge 3 (Braunschweig 1958) 363 [3]. – Ulrich Schanze: Nachr.-Techn. 3 (1959) 474–475 [101]. – Armin Hermann: Große Physiker. Vom Werden des neuen Weltbildes (Stuttgart 1959) 68–69 m. Bildn. [101]. – Geist u. Gestalt. Biogr. Beitr. Gesch. Bayer. Akad. Wiss. 2 (München 1959) 91–92, 104, 108, 115, 190; 3 (1959) Bildn., Abb. 179 [3]. – A. H. Cannon: W. C. Röntgen: Quart. Bull. Northwestern Univ. med. School 33 (1959) 146–151 [1]. – Otto Glasser: W. C. Röntgen u. die Gesch der Röntgenstrahlen. 2. Aufl. (Berlin–Göttingen–Heidelberg 1959) XI, 381 S. m. 1 Bildn., 112 Abb. m. 1 Beitr. von Margret Boveri: Persönliches über W. C. Röntgen S. 117–175 [3]. – Herbert Böttger: W. C. Röntgen, Eine neue Art von Strahlen (1895): Neue Z. ärztl. Fortbildg. 48 (1959) 610–611 m. 1 Abb., 1 Faks. [101]; W. C. Röntgen in seiner Rektoratsrede vom 2. Jan. 1894: IXth Intern. Congr. Radiol. **1959**, 1576–1580 m. Bildn. [101]. — W. E. Hilgers: Eine Erinnerung an Wilh. Conrad Röntgen: Röntgen-Bl. **13** (1960) 157–158 m. 1 Abb. [101]. — H. Lossen: Ein Gedenken: Radiologia clinica (Basel) **32** (1963) 170–174 [101]. — Rudolf Mosebach: W. C. Röntgen in Gießen: Gießener Hochschulbl. **10** (1963) H. 2/4 S. 1–2 m. Abb. des Denkmals [Ha 2]; W. Hanle: Röntgens physik. Entdeckungen: ebda 2–4 m. 1 Bildn., 1 Abb. des Grabsteins [Ha 2]. — B. G. Brogdon: Invest. Urol. **2** (1964) 200–202. — Günter Wendel: Neue Dokumente von u. über W. C. Röntgen. In: Beitr. zur Gesch. der Naturwiss., Techn. u. Med. (Leipzig 1964) 137–146 m. 1 Faks.Brief von Röntgen vom 12. Jan. 1897 [101]. — Walter Beier: Wilh. Conrad Röntgen (Leipzig 1965) 48 S. m. 6 Abb. (Biogr. hervorragender Physiker) [101]. — Heinz Otremba: W. C. Röntgen. Ein Leben im Dienste der Wiss. Eine Dokumentation (Würzburg 1965) 66 S. m. Abb. (Privatdr.) [101]. — Ernst Wölfflin in: Die berühmten Ärzte. Hrsg. von René Dumesnil u. Hans Schadewaldt. 2. Aufl. (Köln 1966) 241–242 m. 1 Bildn., 1 Taf. [101]. — Friedrich Herneck in: Bahnbrecher des Atomzeitalters. Große Naturforscher von Maxwell bis Heisenberg (Berlin 1965) Reg. S. 488, Bildn. S. 33 [3].

Entdeckung der Röntgenstrahlen Fritz Desor: Die Röntgenschen X-Strahlen u. von Reichenbachs Od: Psychische Studien **23** (1896) 339–343 [15]. — Kraft: Röntgen u. Reichenbach: ebda 134–138 [15]. — O. Lummer: Über die von Prof. W. C. Röntgen entdeckte neue Art von Strahlen: Mechaniker **4** (1896) 17–18 [11]. — G. Schröder: Von Galvani bis Röntgen: Allg. konserv. Mschr. **53**, 2 (1896) 935–948 [3]. — Die Entdeckung Röntgens: Arch. Post u. Telegr. **24** (1896) 118–121 [3].

Zum 60. Geburtstag Heinz Wirthwein: Weltall **5** (1905) 258–260 [3].

Zum 70. Geburtstag W. C. Röntgens grundlegende Abhandlungen über die X-Strahlen. Hrsg. von der Physikal.-med. Ges. zu Würzburg (Würzburg 1915) 43 S. m. Bildn. [101]. — O. Lehmann: Verh. naturwiss. Ver. Karlsruhe **26** (1916) 105–125 [Ha 2]. — A. Sommerfeld: Physik. Z. **16** (1915) 89–93 [101]; Z. VDI **59** (1915) 293–295 [3]. — W. Wien: W. C. Röntgen. Zu seinem 70. Geburtstage. In: W. Wien. Aus der Welt der Wiss. Vorträge u. Aufsätze (Leipzig 1921) 41–47 [15].

Zum 75. Geburtstag Paul Krause: Fortschr. Geb. Röntgenstrahlen **27** (1919) 448–451 m. Titelbildn. [15].

25 Jahre Röntgenstrahlen Franz M. Groedel: Westdtsche Ärzte-Ztg. **1921**, Nr. 1 S. 11, 29–33 [F 1]. — Alban Köhler: Fortschr. Geb. Röntgenstrahlen **27** (1919) 654 [15]; Illustr. Ztg., Leipzig **155** (1920) 504–505 m. 1 Taf. [3]. — W. Wien: Naturwiss. **8** (1920) 961–962 m. Bildn. u. Faks. [3].

Zum 80. Geburtstag Paul Wittke: Propyläen **22** (1924/25) 205 [101].

Zum 10. Todestag Leopold Freund: Med. Klinik **29** (1933) 242–243 [3]. — C. Kayser: Z. ärztl. Fortbildung **30** (1933) 89–90 m. Bildn. [3]. — Ludwig Zehnder: Persönl. Erinnerungen an W. C. Röntgen u. über die Entwicklung der Röntgenröhren: Helvetica Physica Acta **6** (1933) 608–629 [UB Basel]. — Prakt. Arzt N.F. **18** (1933) 82–83 [3].

Zum 20. Todestag Theodor Becker: Münchner Mosaik **6** (1943) 36–37 m. Bildn. [12]. — Otto Hedrich: Agfa Röntgenbl. **13** (1943) 2–6 m. Bildn. u. Faks. [101]. — G. Imming: Dentist. Reform **47** (1943) 31–32 [101]. — Radio-Handel u. Export (Wien) **1943**, 27 [UB Wien]. — Prager illustr. Wschau **5** (1943) Nr. 52 S. 12 [101].

Zum 100. Geburtstag R. Grashey: Fortschr. Geb. Röntgenstrahlen **71** (1949) 1–5 [15]. — Heinz Lossen: W. C. Röntgen zum 27. März 1945. Mit Abdruck der 3. Mitt. Röntgens „Über eine neue Art von Strahlen“ (Baden-Baden 1948) 80 S. m. 3 Abb. [3]. — Wolfgang Riezler: Zum 100. Geburtstag W. C. Röntgens u. zum 50. Jahrestag der Entdeckung der Röntgenstrahlen: Med. Klinik **41a** (1946) 65–70 m. 7 Abb. [3]. — Praxis (Bern) **34** (1945) 269 [6].

50 Jahre Röntgenstrahlen George L. Clark: J. Amer. ceram. Soc. **29** (1946) 177–186. — René Gilbert: Alma mater (Genf) **3** (1946) Nr. 16, S. 2–18 m. 8 Fig. [BPU Genf]. — A. Hedfeld: Röntgen-Photogr. **1** (1947) 2–8 [101]. — Maria Dorothea Hertz: Erinnerungsfeier in Hamburg: Physik. Bl. **2** (1946) H. 2, S. 8–10 [3]. — Hermann Hille: Amer. J. Roentgenol. **55** (1946) 643–647 [1]. — Joseph Schumacher: Med. Klinik **41** (1946) 424–425 [3]. — Ludwig Zehnder: Radiologia clin. **14** (1945) 1–9 [101].

Zum 105. Geburtstag W. Hanle: Röntgen als Mensch u. Forscher: Nachr. Gießener Hochschulges. **19** (1950) 82–91 [3]. — Theodor Heuß: Physik. Bl. **6** (1950) 49–51 [3]. — A. Weyer: Du u. die Welt **1** (1950) Juni S. 2–3 m. 1 Bildn., 3 Abb. [101].

Zum 30. Todestag Friedrich Ekert: Zahnärztl. Praxis **4** (1953) Nr. 7 S. 12 [292]. — Otto Hedrich: Heilberufe **5** (1953) 39–41 m. 1 Abb. [3]. — H. Schroeder: Mschr. Feinmechanik u. Optik **70** (1953) 24 [3].

Zum 110. Geburtstag Dtsch. Export **1955**, H. 6, S. 10 m. Bildn. [3].

70 Jahre Röntgenstrahlen Josef Becker: Ruperto-Carola Jg 17, Bd **38** (1965) 217–225 m. 2 Bildn., Faks., 7 Abb. [101]. — E. Brüche:

Physik.Bl. **21** (1965) 528–529 [3]. – H. Th. Schreus: Naturwiss. **52** (1965) 471–472 [Ha 2]; Die Heimat spricht zu Dir: Mitt.bl. Bergische Gesch. Ver. **32** (1965) Nr. 9 [61]. – Tegen de Tuberc. (Den Haag) **61** (1965) 161–165 m. Bildn. u. Abb. [Genf]. – T. Ziekenverpleging **19** (1966) 19 [UB Leiden].

Röntgen-Museum Fritz Spreckmann: Radiography **16** (1950) 124–125 [15]. – H. Radermacher: Röntgen- u. Labor-Praxis **4** (1951) 1–3 m. 1 Abb. [101]. – Röntgen-Bl. **8** (1955) 121–125 [101]. – Nachr. Chem. Techn. **4** (1956) 185 [101]. – Ernst Streller: Röntgen- u. Labor-Praxis **13** (1960) 132–136 m. 3 Abb. [101]; **14** (1961) 360–364 m. Bildn., 3 Abb. [101]. – Meta Gertrud Gosch: Radiography **27** (1961) 52–53 m. Abb. [1]. – Morris D. Owen: Australasian Radiol. **10** (1966) 292–295 m. 4 Abb. – Ernst Streller: Therapiewoche **16** (1966) 1638–1641 m. 1 Bildn., 2 Abb. [101].

Weitere Lit. Johannes Reinke: Mein Tagewerk (Freiburg/Br. 1925) 62 [3]. – Paul Peter Gotthardt: Münchens Bedeutung für die Entwicklung der Röntgenologie: Bayerland **44** (1933) 639–640 m. 1 Bildn., Abb. der Röntgen-Plakette [101]. – L. Grebe: Die Entdeckung der Röntgenstrahlen: Med. Klinik **29** (1933) 243–244 [3]. – Hermann Kerschensteiner: 100 Jahre Münchner Ärztlicher Verein: Bayerland **44** (1933) 609–610, 611–621 [12]. – W. Gerlach: W. C. Röntgen, der Forscher u. sein Werk in der Auswirkung für die Entwicklung der exakten Naturwiss.: Strahlentherapie **47** (1933) 3–11 m. Bildn. [3]; Zur Frage der Entdeckung der Röntgenstrahlen: Ergebn. techn. Röntgenkunde **4** (1934) 156–162 m. 2 Abb. [101]. – G. W. C. Kaye: Some pre-X-ray pionieers (1602–1895): Radiography **2** (1935) Nr. 13, S. 13–17 [B 22]. – I. Tandberg u. R. Thoraeus: Röntgenstrålarnas upptäckt-elt 40-årsminne: Tekniks Tidskr. **65** (1935) 437–439 m. Bildn. u. Faks. [17]. – F. Kraissl jr.: The evolution of the X-Ray Tube: J. chem. Educat. **12** (1935) 553–558 [7]. – J. Stark: Zur Gesch. der Entdeckung der Röntgenstrahlen: Physik. Z. **36** (1935) 280–283, 536–537 [101]. – Oskar Rößler: Zur Entdeckung der nach Röntgen benannten Strahlen: Süddtsch. Apotheker-Ztg. **75** (1935) 400 [101]. – R. F. Michell and L. G. Cole: Historical notes on X-ray cinematography: J. Soc. motion-picture and television engineers **24** (1935) 333–345 m. 3 Abb. [Bosch, Stuttgart]. – Heinrich Konen: Physikal. Plaudereien. Gegenwartsprobl. u. ihre techn. Bedeutung (Bonn 1937) 20, 21, 63, 65, 165, 267, 341, 368 m. Bildn. S. 335 [3]. – E. Weil: Some bibliographical notes on the first publication on the Roentgen Rays: Isis **29** (1938) 362–365 m. 1 Abb. [16]. – Georg Geißler: Europäische Dokumente aus 5 Jahrhunderten (Leipzig 1939) 764–766 [101]. – Georg Kaufmann: Feldzug gegen den Tod. Kampf u. Sieg deutscher Ärzte (Essen 1939) 189–190 m. Bildn. S. 192 [101]. – Martin Müller: Weg der Heilkunst. Vom Entwicklungsgang der Med. in alter u. neuer Zeit. 2. Aufl. (München 1948) 221–223 [3]. – William H. Woglom: Discovers for medicine (New Haven 1949) 160–174 [Wellcome hist. med. Libr. London]. – Hugo Glaser: Pioniere der Heilkunst (Wien 1950) 157–164 m. Bildn. [101]. – Der Nobelpreis für Physik 1901 Röntgen: Physik.Bl. **7** (1951) 6–7 m. Bildn. [15]. – Remscheid ehrt Röntgen: Kommunalpolit. Informationsbrief **5** (1951) 552 [101]. – Gedenkfeier für W. C. Röntgen: Romerike Berge, Z. Heimatpflege Bergisch-Land **2** (1951/52) 136–138 [101]. – Zvonimir Günsberger: W. C. Röntgen. In: Temelji medicine **6** (Zagreb 1951) 113–171. – Conrad Röntgen entdeckt die X-Strahlen: Familienfreund A **1952**, 328 m. 1 Abb. [101]. – R. Glocker: Röntgens Entdeckung u. ihre Bedeutung für Medizin, Naturwiss. u. Techn.: Strahlentherapie **87** (1952) 1–6 [3]. – André Rescanières: Leçon in augurale sur la vie et la méthode de Röntgen: J. Radiol., Electrol. **37** (1956) 55–62 [1]. – E. Berghoff: Zur Gesch. der Entdeckung der Röntgenstrahlen: Wiener med. Wschr. **106** (1956) 71 [3]. – George Manes: The discovery of X-rays: Isis **47** (1956) 236–238 [1]. – Konrad Weiß: Röntgens Entdeckung im Echo des med. Wiens: Radiologia Austriaca **9** (1957) 67–71 m. 1 Bildn., 3 Abb. [3]. – Wilhelm Wenk: Forschung – Wagnis u. Abenteuer: Ruperto-Carola **25** (1959) 187–197 m. Abb. der Büste S. 195 [3]. – J. Zakovsky: Die zwei ersten Veröff. zu Röntgens Entdeckung der neuen Strahlen: Röntgenstrahlen (Hamburg) 7 (1959) 19–27 [18]. – Alfred Romer: Accident and Prof. Röntgen: Amer. J. Physics **27** (1959) 275–277 [7]. – W. C. Röntgen: Zur Gesch. der Physik an der Univ. Würzburg. Festrede zur Feier des 312. Stiftungstages an der Julius-Maximilians-Univ. ... 2. Jan. 1894 (Rektoratsrede). (Neuherausgabe von Richard Seifert) (Hamburg 1959) IX, 51 S. [18]. – Hamilton Bailey and W. Bishop: Notable names in medicine and surgery (London 1959) 143–144 m. Bildn. [Ha 2]. – Walther Gerlach: Die Bedeutung der Entdeckung der Röntgenstrahlen für die Entwicklung der Physik: Münchener med. Wschr. **101** (1959) 1240–1242 m. 1 Abb. [3]. – K. Walther: In memoriam Ernst Wölfflin. Der letzte Freund Wilhelm Röntgens: Ärztl. Praxis **13** (1961) 118 m. Bildn. [101]. – G. W. C. Kaye: Röntgen and his forerunners: Radiography **27** (1961) 406–412 [1]. – Max von Laue in: Max von Laue, Gesammelte Schriften u. Vorträge **3** (Braunschweig 1961) 193–197 [101]. – Karl Hermann Pleiß: Die Staatsangehörigkeitsverhältnisse Wilhelm Conrad Röntgens: Röntgen-Labor-Praxis **14** (1961) 123–

127 [101]. — Ernst Streller: De gustibus (non) est disputandum: Röntgen-Labor-Praxis **15** (1962) 95–97 m. 4 Abb. [101]. — Alfred B. Gavott: J. chem. Educat. **39** (1962) 360–361 [7]. — H. Ellegast u. B. Thurner: Die Anfänge der Röntgenologie in Wien: Fortschr. Geb. Röntgenstrahlen **96** (1962) 145–158 m. 4 Bildn., 13 Abb. [15]. — K. Kuhn: Erinnerungen an die Vorlesungen von W. C. Röntgen u. L. Grätz: Physik. Bl. **18** (1962) 314–316 [3]. — Heinz Lossen: W. C. Röntgens „Neue Art von Strahlen" u. die klin. Zahnheilkunde: Zahnärztl. Mitt. **52** (1962) 1260–1269 [3]. — W. Hanle: Röntgens physikal. Entdeckungen: Gießener Hochschulbl. **10** (1963) H. 2/4 S. 2–4 m. 1 Bildn., Abb. des Grabsteins [3]. — H. Th. Schreus: Röntgens Entdeckung weder Zufall noch Geheimnis: Med. Welt **1963**, 2248–2251 [3]. — Philatelic personalities: Brit. J. clin. Pract. **17** (1963) 509 m. Abb. [1]. — B. Bugyi: Orv. Hetil. **104** (1963) 365–367 m. 2 Bildn., 1 Abb. [15]. — R. Rizzoli: Röntgen e la scoperta dei raggi X: Ann. radiol. diagnost. (Bologne) **37** (1964) 1–25 m. 1 Bildn. [1]. — H. Th. Schreus: Einige kritische Bemerkungen zu Röntgens Entdeckung: Der Radiologe **4** (1964) 26–28 [1]; W. C. Röntgen, Entdecker neuer Strahlen. Ein kritisches Essay (Düsseldorf 1964) 68 S. m. 1 Bildn., 3 Abb. [101]. — Wolfgang Baier: Quellendarstellungen zur Gesch. der Fotografie (Leipzig 1965) 415–418 m. Bildn. S. 633 [101]. — Hanns Langendorff: Die fortschreitenden Erkenntnisse der biol. Strahlenforsch. seit der Entdeckung der Röntgenstrahlen. Vortrag Remscheid-Lennep 16. Apr. 1966 (o. O. 1966) IV, 6 Abb.

Bildn., Denkmal, Gedenktafel Kurzer Sinnspruch m. Faks.Unterschr. u. Bildn. in: Das Goldene Buch des Deutschen Volkes an der Jahrhundertwende (Leipzig 1899) 68 Wiss. [15]. — Franz Bendt in: Das 19. Jahrhundert in Bildn. **5** (1901) 777–778 m. Bildn. Nr. 519 [3]. — Das akad. Deutschland **1** (Berlin 1930) 144, 342, 420 m. Bildn. S. 422 [3]. — Menschen der Zeit (Leipzig 1930) 55 [3]. — Hubert Klees: Theodor Georgii (München 1930) Abb. der Büste Röntgens Taf. 35 [101]. — Paul Krause: Röntgen-Gedächtnis-Heft anläßl. der Enthüllungsfeier des Röntgendenkmals in Lennep am 29. u. 30. Nov. 1930 (Jena 1931) 169 S. m. 1 Bildn., 12 Abb. [101]. — Bericht über die Einweihung des Röntgendenkmals in Lennep: Fortschr. Geb. Röntgenstrahlen **43** (1931) 513–515 m. 1 Abb. [15]. — Die Großen Deutschen im Bild. Hrsg. von Alfred Hentzen u. Niels von Holst (Berlin 1936) 408 (Bronzebüste von R. Felderhoff) [3]. — Ernst Streller: Beitrag zur Gesch. verschiedener Röntgenbüsten: Röntgenbl. **8** (1955) 147–155 m. 1 Bildn., 9 Abb. [101]. — Wilhelm Conrad Röntgen in der Walhalla: Münchener med. Wschr. **101** (1959) 1275 m. 2 Abb. Bayer. Ärztebl. **14** (1959) 181–184 m. 2 Abb.; 241–242 [101]; Röntgen-Bl. **12** (1959) 241–243 m. 1 Abb. [101]. — Ber. Physik-med. Ges. Würzburg N.F. **68**, 1956–1957 (1959) Titelbildn. [Ha 2]. — Hans von Braunbehrens: Ansprache anläßl. der Enthüllung einer Gedenktafel für Wilh. Conrad Röntgen in Würzburg: Bayer. Ärztebl. **15** (1960) Nr. 1, S. 3–4 [101]. — Ernst Streller: Einige Porträtphotographien W. C. Röntgens: Röntgen-Bl. **13** (1960) 196–203 m. 11 Bildn. [101]. — W. Hanle: Röntgen-Denkmal in Gießen: Physik.-Bl. **19** (1963) 9 m. 1 Abb. [3]. — Kurt Goetschi in: Schätze im Deutschen Museum (Düsseldorf 1968) 122–123 m. 1 Bildn. u. 1 Abb. [3].

RÖSSLER, Balthasar. Markscheider zuerst in Annaberg, dann in Marienberg, 1630 in Gräßlitz (m. dem Titel Schichtmeister); 1649 Markscheider in Freiberg/Sa u. seit 1663 Bergmeister in Altenberg.

*1605, Dez. 22, Heinrichsgrün bei Elnbogen in Böhmen;

†1673, Altenberg im Erzgebirge.

Bibliogr. Cat. gén. Bibl. nat. **156** (1939) Sp. 488 (1 Nr.) [3]. — Brit. Mus. Gen. Cat. **205** (1963) Sp. 260 (1 Nr.) [3].

Biogr. Otto Günther [Hrsg.]: Fortsetzung u. Ergänzungen zu Christian Gottlieb Jöchers allgem. Gelehrten-Lexiko **7** (Leipzig 1897) 259 [3]. — Otto Vogel: Zur Gesch. der magnetischen Erzanreicherung: Chemiker-Ztg. **31** (1907) 1084–1085 [3]. — Walter Serlo: Männer des Bergbaus (Berlin **1937**) 124 [3]. — Franz Kirnbauer: Die Entwicklung des Markscheidewesens im Lande Österreich: Bl. Technikergesch. **7** (1940) 53, 55, 60, 61, 63, 104, 145 [101]. — C. Schiffner: Männer des Metallhüttenwesens (Freiberg 1942) 131–132 [101].

ROLLE, Carl Eduard. Chem. — Dr. phil.; bis 1873 Leiter der Paraffin- u. Mineralölfabrik Gerstewitz bei Weißenfels; Pionier der deutschen Braunkohlenschwelindustrie (Rolle-Ofen).

*1829, Nov. 3, Quenstedt bei Aschersleben;

†1875, Febr. 8, Bonn.

Biogr. Adolf Thau: Kohlenschwelung (Halle 1938) III m. Bildn., 4, 12, 142 [3]; Rolle u. Voigt, zwei Pioniere der deutschen Schwerindustrie: Braunkohle **38** (1939) 39–41 m. 2 Bildn. [3].

III, II **ROSE,** Gustav. Mineral. — 1816 Berg-Eleve in Königshütte (Oberschlesien); 1820 Dr. phil., 1823 Doz., 1826 ao. Prof., 1839 o. Prof. Mineral. Univ. Berlin; außerdem 1822 Beamter u. 1856 Dir. mineral. Museums Univ. Berlin; 1834 o. Mitgl. Preuß. Akad. Wiss. Berlin.

*1798, März 18, Berlin;

†1873, Juli 15, Berlin.

Bruder von Heinrich Rose.

Genealog. Erik Amburger: Aus dem akadem. Berlin. Versippung im Kreise der Mitgl. der Akad. Wiss.: Nachr. Herold Berlin **9/10** (1951) 45–46 [101]. — K. F. Hoffmann: Das Berliner Apothekergeschlecht Rose: Ärztl. Praxis **13** (1961) 1882 [101].

Bibliogr. Cat. scient. Papers **5** (1871) 275–279 (123 Nr.); **8** (1879) 780–781 [3]. — Cat. gén. Bibl. nat. **155** (1939) Sp. 956–957 (5 Nr.) [3]. — Brit. Mus. Gen. Cat. **207** (1963) 131–132 (10 Nr.) [3].

Nekr. Crum Brown: Proc. Roy. Soc. Edinburgh **8** (1875) 312–313 [Ha 2]. — Franz von Kobell: S.-Ber. Bayer. Akad. Wiss. **1874**, H. 1, S. 73–76 [Ha 2]. — C. Rammelsberg: Ber. Dtsch. chem. Ges. **6** (1873) 1573–1577 [3]; Z. Dtsch. geol. Ges. **25** (1873) I–XIX [15]. — G. vom Rath: Ann. Physik u. Chem. **150** (1873) 646–652 [3]. — Anton Schrötter, Ritter von Kristelli: Alm. Akad. Wiss. Wien **24** (1874) 174–176 [Ha 2]. — Amer. J. Sci. (3) **6** (1873) 238–240 [Ha 2]. — Proc. Roy. Soc. [London] **24** (1876) III–V [11]. — Quart. J. geol. Soc. London **30** (1874) XLVIII–L [25]. — Verh. geol. Reichsanst. **1873**, 307–308 [Ha 2].

Biogr. Männer der Zeit. Biogr. Lexikon der Gegenwart **2** (Leipzig 1862) Sp. 269–270 [15]. — Gedenken des 50jähr. Doktorjubil.: Ber. Dtsch. chem. Ges. **3** (1870) 984 [3]. — von Gümbel: ADB **29** (1889) 175–177 [3]. — Adolf Harnack: Gesch. Preuß. Akad. Wiss. Berlin **1** (Berlin 1900) 752, 813, 816, 818, 914, 941, 965, 986, 1044, 1048 [3]. — M. A. Bloch: Biogr. spraw. **2** (Leningrad 1931) 620–621 [15]. — K. Spangenberg in: Handwörterbuch Naturwiss. 2. Aufl. **8** (Jena 1933) 615–616 [3]. — Walter Serlo: Männer des Bergbaus (Berlin 1937) 124–125 [3]. — Fossilium Catalogus I: Animalia. Pars 72: K. Lambrecht †, W. et A. Quenstedt, Palaeontologi, Catalogus biobibliographicus ('s-Gravenhage 1938) 367 [3; Ha 2]. — Walter Ruske: Berliner Chemiker aus 4 Jahrhunderten: Z. Chem. **1** (1961) 73–84 [3].

Weitere Lit. A. Philippe: Gesch. der Apotheker bei den wichtigsten Völkern der Erde. Aus dem Französ. übersetzt von Herm. Ludwig. 2. Aufl. (Jena 1858) 715, 720, 816, 818, 851 [39]. — K. A. von Zittel: Gesch. der Geol. u. Paläontol. bis Ende des 19. Jahrhunderts (München, Leipzig 1899) 217, 224, 423, 244, 503, 546, 557, 559, 729 [3]. — Otto Braus: Akadem. Erinnerungen eines alten Arztes an Berlins klin. Größen (Leipzig 1901) 34 [15]. — Maurice de Tribolet: Les progrès de la minéralogie depuis le milieu du XIIIme siècle (Neuchâtel 1904) 18 [LB Bern]. — A. W. Hofmann: Chem. Erinnerungen aus der Berliner Vergangenheit. Zwei akad. Vortr. (1882). (Berlin 1918) 28, 34, 73 [3]. — P. Groth: Entwicklungsgesch. der mineralog. Wiss. (Berlin 1926) 120, 126, 154, 159, 177, 185–186, 189, 226, 251 [3]. — J. Erik Jorpes: Jac. Berzelius. His Life and Work (Stockholm 1966) 32, 68, 70, 78 (Bidrag till Kungl. Svenska Vetenskaps akademiens Historia, 7) [3].

II, III **ROSE**, Heinrich. Chem. — Zuerst Apotheker; 1819–1821 Ausbildung zum Chemiker bei Berzelius; 1821 Dr. phil. Univ. Kiel; 1822 Doz., 1832 ao. Prof., 1835 o. Prof. Chem. Univ. Berlin; 1832 o. Mitgl. Preuß. Akad. Wiss. Berlin.

*1795, Aug. 6, Berlin;

†1864, Jan. 27, Berlin.

Bruder von Gustav Rose.

Genealog. Georg Edmund Dann: Deutsche Apothekerfamilien, 2: Die Familie Rose: Pharmaz. Ztg. **71** (1926) 629–632 [15]. — Erik Amburger: Aus dem akadem. Berlin. Versippung im Kreise der Akad. Wiss.: Nachr. Herold Berlin **9/10** (1951) 45–46 [101].

Bibliogr. Cat. scient. Papers **5** (1871) 279–292 (284 Nr.); **8** (1879) 781 (2 Nr.) [3]. — Cat. gén. Bibl. nat. **155** (1939) Sp. 957–958 (6 Nr.) [3]. — Brit. Mus. Gen. Cat. **207** (1963) Sp. 133 (14 Nr.) [3].

Briefwechsel R. Henneberg: Aus dem Briefwechsel Liebigs an Heinrich Rose: Z. angew. Chem. **32** (1919) [3].

Nekr. C. Rammelsberg: Gedächtnißrede auf Heinrich Rose: Abh. Akad. Wiss. Berlin **1865** (1866) 1–31 [Ha 2]. — G. von Rath: S.-Ber. naturwiss. Ges. Isis (Dresden) **1863** (1864) 29–31 [Ha 2]. — Moniteur sci. **6** (1864) 385–389 m. 1 Bildn. [12].

Biogr. Gelehrtes Berlin im Jahre 1825 (Berlin 1826) 222–223 [3]. — Männer der Zeit. Biogr. Lexikon der Gegenwart **2** (Leipzig 1862) Sp. 332 [15]. — C. Fr. Ph. von Martius: Akademische Denkreden (Leipzig 1866) 519–522 [3]. — Anschütz: ADB **29** (1889) 177–181 [3]. — Adolf Harnack: Gesch. Preuß. Akad. Wiss. Berlin **1** (Berlin 1900) 752, 765–766, 784, 812–813, 815–816, 914, 964, 968, 986, 1044, 1047 [3]. — M. A. Bloch: Biogr. spraw. **2** (Leningrad 1931) 621–622 [15]. — Georg Urdang: Berühmte Berliner Apotheker: Pharmaz. Ztg. **86** (1950) 408–412 [3]. — Wilhelm Prandtl: Deutsche Chemiker in der 1. Hälfte des 19. Jahrhunderts (Weinheim

1956) 287–301 m. 2 Bildn. [3]. — Walter Ruske: Berliner Chemiker aus 4 Jahrhunderten: Z. Chem. **1** (1961) 73–84 [3].

Weitere Lit. A. Philippe: Gesch. der Apotheker bei den wichtigsten Völkern der Erde. Aus dem Französ. übersetzt von Herm. Ludwig. 2. Aufl. (Jena 1858) 715, 720, 721, 725, 728, 761, 1064 [39]. — Karl Alfred von Zittel: Gesch. der Geol. u. Paläontol. bis Ende des 19. Jahrhunderts (München u. Leipzig 1899) 731, 751 [3]. — Otto Braus: Akadem. Erinnerungen eines alten Arztes an Berlins klin. Größen (Leipzig 1901) 203 [15]. — Kurt Joël: Berlin u. die Chem.: Vossische Ztg. **1903** Nr. 253 [11]. — Maurice de Tribolet: Les progrès de la minéralogie depuis le milieu du XIIIme siècle (Neuchâtel 1904) 30 [LB Bern]. — A. W. Hofmann: Chem. Erinnerungen aus der Berliner Vergangenheit. Zwei akadem. Vorträge (1882) (Berlin 1918) 28; 73, 75; 35, 41–48 [3]. — Mary Elvira Weeks: The discovery of the elements (Easton, Pa. 1935) 68, 83 m. Bildn., 115, 145 [14]. — Wilhelm Prandtl: Deutsche Chemiker in der 1. Hälfte des 19. Jahrhunderts (Weinheim 1956) 287–301 m. 2 Bildn. [3]. — J. Erik Jorpes: Jac. Berzelius. His Life and Work (Stockholm 1966) 32, 68, 70, 78, 86, 88, 90–91, 119 (Bidrag till Kungl. Svenska Vetenskapsakademiens Historia, 7) [3].

Bildn. Illustr. Ztg., Leipzig **42** (1864) 128 [14]. — H. G. Söderbaum: Jacobus Berzelius **2** (Upsala 1929) 244 [15].

II **ROSENMÜLLER,** Johann Christian. Anatom., Geol. — 1786 stud., 1792 Mag.art., 1794 Dr. med., 1794 Prosektor, 1802 ao. Prof., 1804 o. Prof. Anatom. u. Chirurgie Univ. Leipzig; auch prakt. Arzt u. Universitätsphysicus (bis 1809).

*1771, Mai 7, Hessberg bei Hildburghausen;
†1820, Febr. 28, Leipzig.

Bibliogr. Cat. scient. Papers **5** (1871) 294 (7 Nr.) [3]. — Cat. gén. Bibl. nat. **155** (1939) Sp. 1119–1120 (9 Nr.) [3]. — Brit. Mus. Gen. Cat. **207** (1963) Sp. 290–291 (14 Nr.) [3].

Briefe Walter von Brunn: Zehn Briefe von Johannes Friedrich Merkel d. J. (1781–1833) an Johann Christian Rosenmüller (1771–1820): Sudhoffs Arch. **33** (1941) 347–356 [3].

Biogr. Heinrich Gottlieb Kreußler: Autobiogr. Leipziger Gelehrten (Leipzig 1810) 53–55 m. Bildn. [14]. — Dezeimeris: Dict. hist. méd. **4** (Paris 1839) 21–23 [3]. — Renauldin: Biographie universelle, ancienne et moderne. Suppl. **79** (Paris 1846) 452–454 [3]. — Pagel: ADB **29** (1889) 221–222 [3]. — Fossilium Catalogus I: Animalia. Pars 72: K. Lambrecht †, W. et A. Quenstedt, Palaeontologi, Catalogus bio-bibliographicus ('s-Gravenhage 1938) 367 [3; Ha 2].

Weitere Lit. Karl Friedrich Burdach: Rückblick auf mein Leben. Selbstbiogr. (Leipzig 1848) 215, 322 [3]. — K. A. von Zittel: Gesch. der Geol. u. Paläontol. bis Ende des 19. Jahrhunderts (München u. Leipzig 1899) 126, 192, 311 [3]. — F. Marchand: Das patholog. Inst. der Univ. Leipzig (Leipzig 1906) 3–4 [15]. — Carl Rabe: Gesch. der Anatomie an der Univ. Leipzig (Leipzig 1909) siehe Reg. S. 125 [3]. — B. von Freyberg: Die geol. Erforschung Thüringens in älterer Zeit (Berlin 1932) 156 [3]. — H. Killian u. G. Krämer: Meister der Chirurgie u. die Chirurgenschulen im deutschen Raum (Stuttgart 1951) 75 [3].

Bildn. Richard N. Wegner: Das Anatomenbildn. Seine Entwicklg. im Zusammenhang m. der anatom. Abbildung (Basel 1939) 142–143, 150, 159 m. Bildn. Nr. 89 [3].

II **ROTHMANN,** Christoph. Astron. — Von etwa 1577 an Astron. des Landgrafen Wilhelm IV von Hessen-Cassel; 1590 besuchte er Tycho Brahe auf Hveen.

*1550, Bernburg;
†1605, Bernburg.

Bibliogr. Brit. Mus. Gen. Cat. **207** (1963) Sp. 850 (1 Nr.) [3].

Weitere Lit. Wilhelm Schur: Beitr. Gesch. Astron. Hannover. Festschr. Feier 150jähr. Bestehen Ges. Wiss. Göttingen (Berlin 1901) 94–95 [3]. — Jos. Rompel: Kritische Studie zur ältesten Gesch. der Chinarinde: Jber. Gymn. Stella matutina Feldkirch **14** (1904/05) 56 [3]. — Wilhelm Lührs: Ein Beitr. zur Gesch. der Transversalteilungen u. des „Nonius“: Z. Vermessungswesen **1910**, 177–191, 209–223, 241–254 [11]. — S. Günther: Wann entstand die erste wiss. Theorie des Polarlichtes?: Mitt. Gesch. Med. u. Naturwiss. **14** (1915) 235 [3].

III–VI **ROTHPLETZ,** Friedrich August Geol. — 1871–1875 stud. in Heidelberg, Leipzig u. Zürich; 1875–1880 Sektionsgeol. Sächs. geol. Landesanst.; 1882 Dr. phil. Univ. Leipzig; 1884 PDoz., 1895 Prof. Univ. München; Mitgl. bayer. Akad. Wiss.

*1853, Apr. 25, Neustadt a. d. Hardt;
†1918, Jan. 27, Oberstdorf/Allgäu.

Bibliogr. Cat. scient. Papers **9** (1896) 227–228 (8 Nr.); **12** (1902) 634 (2 Nr.); **18** (1923) 319 (40 Nr.) [3]. — Cat. gén. Bibl. nat. **156** (1939) Sp. 754–756 (11 Nr.) [3]. — Brit. Mus. Gen. Cat. **207** (1963) Sp. 853–854 (12 Nr.) [3].

Nekr. O. Ampferer: Verh. geol. Reichsanst. Wien **1918**, 59–62 [Ha 2]. — F. Broili: Neues Jahrb. Mineral., Geol. u. Paläontol. **1919**, IXL–LVIII m. Bildn. u. Schr.Verz. [15]; Mitt. geogr. Ges. München **13**, 1918/19 (1919) 359–363 m. Bildn. [Ha 2]; Jahrb. Bayer. Akad. Wiss. **1918**, 59–65 [Ha 2]. — A. Dreyer: Bayerland **29** (1918) 191–192 m. Bildn. [101]; Mitt. Dtsch. u. Österr. Alpenver. N.F. **34** (1918) 19–20 [14]. — Pompeckij: Mitt. Markscheidewesen **1918**, 38–39 [Ha 2]; Z. Dtsch. geol. Ges. B Mber. **70** (1918) 15–35 [15]. — Jos. Reindl: Geogr. Anz. **19** (1918) 159 [3]. — Petermanns geogr. Mitt. **64** (1918) 83 [Ha 2]. —Jahrb. Ludwig-Maximilian-Univ. München 1914–1919 (München 1927) 66–67 [3; 15].

Biogr. Wilhelm Salomon in: Dtsch. biogr. Jahrb. **2**, 1917–20 (Berlin, Leipzig 1928) 317–319 [3]. — Karl Tavernier: Berühmte u. bemerkenswerte Neustädter: Bayerland **40** (1929) 498 [12]. — Daniel Häberle: Pfälz. Mus. **47** (1930) 16–17 m. Bildn. [3]. — Fossilium Catalogus I: Animalia. Pars 72: K. Lambrecht †, W. et A. Quenstedt, Palaeontologi, Catalogus bio-bibliographicus ('s-Gravenhage 1938) 368 [3; Ha 2]. — Geist u. Gestalt. Biogr. Beitr. Gesch. Bayer. Akad. Wiss. **2** (München 1959) 272, 273, 274 [3].

IV–VI **RUBENS**, Heinrich. Physik. — 1883–1884 stud. Darmstadt, 1884–1886 Univ. Berlin, 1886–1888 Univ. Straßburg; 1889 Ass. Physik. Inst., 1892 PDoz. Univ. Berlin; 1895 Doz., 1900 Prof. TH Berlin; 1903 Prof. Physik Militärtechn. Akad. Berlin; 1906 o. Prof. Physik Univ. Berlin; 1907 o. Mitgl. Preuß. Akad. Wiss.

*1865, März 30, Wiesbaden;
†1922, Juli 17, Berlin.

Bibliogr. Cat. gén. Bibl. nat. **158** (1939) Sp. 664 (2 Nr.) [3].

Nekr. James Franck: Nachr. Ges. Wiss. Göttingen. Geschäftl. Mitt. **1922/23** (Berlin 1923) 5–6 [3]; Verh. Dtsch. physik. Ges. (3) **3** (1922) 76–91 [15]. — James Franck u. Robert Pohl: Physik. Z. **23** (1922) 377–382 m. Bildn. u. Faks. [101]. — Henning: Z. VDI **66** (1922) 830 [3]. — Joseph Larmor: Nature [London] **110** (1922) 740–741 [7]. — Max von Laue: Dtsch. Biogr. Jahrb. **4**, 1922 (Berlin, Leipzig 1929) 228–230, Totenliste S. 368 [3]. — Max Planck: S.-Ber. Preuß. Akad. Wiss. Berlin, Physik.-math. Kl. **1923**, CVIII–CXIII [Ha 2]. — Hellweg **2** (1922) 595 [101]. — Wilhelm Westphal: Heinrich Rubens: Naturwiss. **10** (1922) 1017–1020 m. Bildn. u. Faks. [3]. — E. Regener: Regener u. die Experimentierkunst: ebda 1021–1024 [3]. — G. Hertz: Rubens u. die Maxwellsche Theorie: ebda 1024–1027 [3]. — O. von Baeyer: Die Entdeckung der langwelligen Strahlung des Quecksilberdampfes durch Rubens: ebda 1027–1030 [3]. — J. Franck u. R. Pohl: Rubens u. die Quantentheorie: ebda 1030–1033 [3]. — G. Hettner: Die Bedeutung von Rubens Arbeiten für die Plancksche Strahlungsformel: ebda 1033–1038 m. Schr.Verz. 1038–1040 [3].

Biogr. Festsitzung zur Feier des 90jähr. Bestehens der physik. Ges. zu Berlin 25. Jan. 1935: Verh. Dtsch. physik. Ges. (3) **16** (1935) 1–17, darin: Max Planck: Persönl. Erinnerungen 11–16 [101]. — Friedrich Herneck: Bahnbrecher des Atomzeitalters. Große Naturforscher von Maxwell bis Heisenberg (Berlin 1965) 93, 165, 166, 200, 217, 236, 292, 299, 305, 337, 338, 441, 446 [3].

Bildn. Umschau **19** (1915) 257 [Ha 2]. — Aus der Gesch. der Berliner Physik. Physiker-Bildserie **1** (Leipzig 1935) Nr. 21 [3].

III **RÜHMKORFF**, Heinrich Daniel. Techn. — 1825 Arbeiter in der Werkstatt von Ch. Chevalier in Paris; 1840 Gründung eines eigenen mech. Geschäfts; Herstellung elektromagnetischer Apparate; 1851 Erfinder des Funkeninduktors.

*1803, Jan. 15, Hannover;
†1877, Dez. 19, Paris.

Bibliogr. Cat. scient. Papers **8** (1879) 798 (1 Nr.) [3].

Nekr. Ann. Soc. Meteorol. ital. (Roma) **1** (1878) 151 [1a].

Biogr. Illustr. Ztg., Leipzig **44** (1865) 5 m. Bildn. S. 6 [14]. — K.: ADB **29** (1889) 615 [3]. — C. Musmacher: Kurze Biographien berühmter Physiker (Freiburg i. Br. 1902) 196 [1]. — Festschr. 27. Hauptverslg. dtsch. Ver. Förderung math. u. naturwiss. Unterr. 4.–8. Apr. 1925 in Hannover (Hannover 1925) Bildn. [101]. — Umschau **30** (1926) 1066 m. Bildn. u. Faks. [3]. — Kurt Brüning in: Große Männer Niedersachsens (Hannover 1939) 29–30 (Niedersachsen, Gestalten u. Zeiten H. 9/10) [101]. — Dtsch. Techn. **9** (1941) 523 m. Bildn. [101]. — Lothar Arends: Heinrich Daniel Rühmkorff erfand vor 100 Jahren den Funkeninduktor: Phywe-Nachr. Ausg. A **15** (1951)|101–102 [101]. — L. Croon: H.D.R., sein Geburtshaus in Hannover: Nachr.-Bl. techn.-wiss. Ver. Hannover **8** (1957) 65–66 [89].

Zum 100. Geburtstag H. D. Rühmkorff, ein deutscher Erfinder (Leipzig u. Hannover 1903) 36 S. m. Titelbildn. u. Faks., 11 Abb. [3].

Weitere Lit. Georg Dettmar: Die Entwicklung der Starkstromtechn. in Deutschland **1** (Berlin–Charlottenburg 1940) 257 m. Bildn. [14].

RÜLEIN VON CALW (Kalbe), Ulrich. Bergbau. — Stud. in Leipzig besonders Math. u. an einer anderen Univ. Med.; seit 1497 Stadtphysikus von Freiberg. 1514 u. 1517 regierender Bürgermeister von Freiberg; 1496 m. der Stadtplanung des neugegr. Annaberg, 1521 m. der von Marienberg beauftragt.

*zw. 1465 u. 1469 in Calw;

†1523, Datum u. Ort unbekannt.

Bibliogr. Brit. Mus. Gen. Cat. **208** (1963) Sp. 966 (2 Nr.) [3].

Biogr. Andr. Moller: Theatrum Freibergense Chronicum. Beschreibung der Stadt Freyberg in Meissen (Freiberg 1653) 136, 285, 352, 496; Annalen: 141, 169, 175 [3]. — Gustav Bauch: Zu Christoph Scheurls Briefbuch: Neue Mitt. histor.-antiquar. Forsch. **19** (1898) 404 (vom 18. Aug. 1507) [3]. — C. Täschner: Der Arzt, Bürgermeister u. Bergbauschriftsteller Ulrich Rülein von Kalbe: Mitt. Freiberger Altertumsver. **50** (1915) 71–73 [3]. — Otto Clemen: Der Freiberger Stadtphysikus Ulrich Rülein von Kalbe: Neues Arch. Sächs. Gesch. **41** (1920) 135–139 [3]. — Karl Lüdemann: Ulrich Rülein von Kalbe, der Verfasser des ersten deutschen Buches über den Bergbau: Mitt. Freiberger Altertumsver. **64** (1934) 67–75 [3]. — Walter Schellhas: 750 Jahre Freiberg, Sachsens Berghauptstadt (Freiberg 1937) S. (4) [14]. — Otto Eduard Schmidt: Landesver. Sächs. Heimatschutz **26** (1937) 111–114 [3]. — Wilhelm Pieper: Bergfreiheit **20** (1955) 368–376 m. 5 Abb. [101]. — Gerhard Eis: Ein unbekannter med. Text von Ulrich Rülein von Calbe: Med.-Mschr. **10** (1956) 391–394 [3]. — Hans Prescher: Sächs. Naturforscher, 3: Heimatkundl.-Bl. Dresden **1956**, H. 14/15 S. 89–90 [14]. — Hans Baumgärtel: Ulrich Rülein von Calw: Bergakademie [Freiberg] **15** (1963) Nr. 1, S. 57–58 m. Abb. [14].

Zum Bergbaubüchlein Frank Dawson Adams: The birth and the development of the geological sciences (London 1938) 298–299, 301–302 [3]. — Adolf Wißner: Die ersten gedruckten techn. Bücher: Dtsch. Technik **8** (1940) 481–484 m. 7 Abb. [101]. — Hans-Georg Schäfer: Chem. Lehre u. Forschung in Freiberg: Bergakademie [Freiberg] **7** (1955) 250 [3]. — Wilhelm Pieper: Ulrich Rülein von Calw u. sein Bergbüchlein (Berlin 1955) 216 S. m. 80 Abb. (Freiberger Forschungsh. D 7) [3]. — Judy Mendels: Das „Bergbüchlein" u. seine Nachfolger: Z. Dtsch. Philolog. **75** (1956) 83–94 [101]. — Walter Nehm: Materialien zur Gesch. des sächs. Markscheidewesens: Mitt. Markscheidewesen **65** (1958) 21–33 [Ha 2]. — Helmut Wilsdorf: Montanethnographie u. Museum. In: 75 Jahre Museum für Volkskunde zu Berlin 1889–1964 (Berlin 1964) 199 [3].

RÜMELIN, Johannes. Med. — 1602 stud. Philos. Ulm; 1604 dort Mag.; 1605 stud. Med. Basel; 1607 Dr. med.; dann Physikus in Ulm; 1617 Stadtphysikus in Schorndorf; um 1628 Physikus in Aalen, dann in Augsburg.

*1583, Juli 28, Ulm;

†1632, Augsburg.

Bibliogr. Brit. Mus. Gen. Cat. **208** (1963) Sp. 976 (1 Nr.) [3].

Biogr. Walther Pfeilsticker: Johannes Rümelin: Arch. Gesch. Med. **22** (1929) 174–188 m. Bildn. S. 216; Nachtr. 382–392 [3]. — Karl Schadelbauer: Zu Johannes Rümelin u. Stephan Michelspacher: ebda **24** (1931) 123–127 [3]. — W. B. McDaniel: The Affair of the „1613". Printing of Johannes Rümelins Catoptron: Trans. Stud. Coll. Physicians Philadelphia (4) **6** (1938) 60–72 m. 2 Abb. [3].

Bildn. Richard N. Wegner: Das Anatomenbildn. Seine Entwicklg. im Zusammenhang m. der anatom. Abb. (Basel 1939) 122, 183 m. Bildn. Nr. 77 nach einem Stich von Lucas Kilian S. 121 [3].

II **RÜMKER,** Carl Ludwig Christian. Astron. — Stud. Baufach in Berlin; 1806 in Hamburg; 1807 als Offizier in engl. Diensten; 1819–1820 Direktor der Navigationsschule in Hamburg; 1821 in Australien u. dort bis 1830 Astronom Sternwarte in Paramatta; 1830–1857 Direktor Sternwarte in Hamburg; seit 1857 in Lissabon lebend.

*1788, Mai 28, Neubrandenburg;

†1862, Dez. 21, Lissabon.

Bibliogr. Cat. scient. Papers **5** (1871) 328–333 (230 Nr.) [3]. — Cat. gén. Bibl. nat. **159** (1940) Sp. 63 (1 Nr.) [3]. — Brit. Mus. Gen. Cat. **208** (1963) Sp. 977 (9 Nr.) [3].

Nekr. Proc. Roy. Soc. London **13** (1864) XVI–XIX [7].

Biogr. C. Fr. Ph. von Martius: Akadem. Denkreden (Leipzig 1866) 504–506 [3]. — S. Günther: ADB **29** (1889) 656–657 [3]. — Hans Schimank: Zur Gesch. der exakten Naturwiss. in Hamburg (Hamburg 1928) 123 [101]. — Bernhard Lepsius: Das Haus Lepsius. Vom geistigen Aufstieg zur Reichshauptstadt. Nach Tagebüchern u. Briefen (Berlin 1933) 317 [3].

II, III **RÜPPEL** (Rüppell), Wilhelm Peter Eduard Simon. Forschungsreisender. — 1826 Dr. med. Univ. Gießen; 1822–1828 u. 1831–1834 naturhistor. Reisen nach dem Orient aus eigenen Mitteln (Ägypten, Äthiopien); dann Privatmann in Frankfurt/M.

*1794, Nov. 20, Frankfurt/M.;
†1884, Dez. 10, Frankfurt/M.

Bibliogr. Cat. scient. Papers **5** (1871) 337–339 (50 Nr.) [3]. — Cat. gén. Bibl. nat. **159** (1940) Sp. 165–166 (6 Nr.) [3]. — Brit. Mus. Gen. Cat. **208** (1963) Sp. 979–980 (7 Nr.) [3].
Briefwechsel Wilhelm Stricker: Aus Rüppels Briefwechsel: Jber. Frankfurter Verein Geogr. Statistik **51** (1886–1887) u. **52** (1887–1888) 1888 S. 59–67 [Ha 2].

Nekr. Michele Lessona: Atti R. Accad. Sci. Torino **21**, 1885–1886 (1885) 266–272 m. Schr.Verz. [Ha 2]. — Heinrich Schmidt: Gedächtnisrede ...: Ber. Senckenberg. naturforsch. Ges. **1885** (1886) 95–160 m. Titelbildn. u. Schr.Verz. [Ha 2]. — Wilhelm Stricker: Denkrede ... am 4. März 1885: Jber. Frankfurt. Ver. Geogr. Statistik **48**, 1883/1884 (1885) 28–40 [Ha 2]. — W. Wolkenhauer: Dtsch. Rdsch. Geogr. u. Statistik **7** (1885) 377–379 m. Bildn. u. Faks. [3]; Geogr. Nekrologie: Geogr. Jahrb. **12** (1888) 388–389 [3]. — Ausland **58** (1885) 453–454 [3]. — Bl. Münzfreunde **6** (1885–1888) Sp. 1116–1117 [14]. — Globus **47** (1885) 127 [Ha 2]. — Ibis (London) (5) **3** (1885) 336–338 [1]. — Kleine Chronik **7** (1884) Nr. 25 S. 1–2; Nr. 26 S. 1–4; Nr. 27 S. 5–6 [30]. — Leopoldina **20** (1884) 224 [Ha 2]. — Proc. Roy. Geogr. Soc. 8 (1886) 654 [Ha 2]. — Zool. Garten **25** (1884) 376 [Ha 2].

Biogr. Eduard Rüppel: Schaumünzen, welche zum Angedenken von Bewohnern Frankfurts oder in dieser Stadt geborenen Personen gefertigt wurden: Arch. Frankfurts Gesch. u. Kunst **7** (1855) 65–67 m. Abb. der Medaille Taf. IV, Fig. 8 [3]. — Gaea **23** (1887) 46–52 [Ha 2]. — Geogr. Jahrbuch **12** (1888) 388 [3]. — W. Stricker: ADB **29** (1889) 707–714 [3]. — A. Knoblauch: Ber. Senckenberg. naturforsch. Ges. Frankfurt/M. **48** (1918) 54–57 [Ha 2]. — Rudolf Richter: Erinnerungen an E. Rüppell: Natur u. Volk **66** (1936) H. 6 [Ha 2]. — Robert Mertens: Eduard Rüppell. Leben u. Werk eines Forschungsreisenden (Frankfurt/M. 1949) 388 S. m. 7 Bildn., 1 Faks., 38 Abb. [101]. — Herta Schmidt: Eduard Rüppell, ein Forschungsreisender: Natur u. Volk **80** (1950) 352 [Ha 2].

Zum 100. Geburtstag Johannes Rein: Jber. Frankfurter Ver. Geogr. u. Statistik **57–59**, 1892–93 bis 1894–95 (1896) 93–107 [15].

Zum 150. Geburtstag Robert Mertens: Natur u. Volk **77** (1947) 46–50 m. Bildn. [Ha 2].

Weitere Lit. W. Stricker: Gesch. der Heilkunde u. der verwandten Wiss. in Frankfurt (Frankfurt 1847) 319–325 [F 1]. — K. C. von Leonhard: Aus unserer Zeit in meinem Leben **2** (Stuttgart 1856) 181–183 [3]. — Fr. Embacher: Lexikon der Reisen u. Entdeckungen (Leipzig 1882) 254–255 [F 1]. — P. C.: Rüppell-Tiere im Zool. Garten: Natur u. Museum **55** (1925) 401–403, 448–453 [Ha 2]. — W. Behrmann: ebda **57** (1927) 41–42 [Ha 2]. — [Arthur Richel]: Stadtbibl. Frankfurt/M. Katalog der Abt. Frankfurt **2** (Frankfurt 1929) 493 [3]. — Joachim Steinbacher: Kritisches Verzeichn. von Eduard Rüppells u. Ph. J. Cretzschmars Vogel-Typen: Senckenbergiana **30** (1949) 99–120 [Ha 2]. — Erwin Stresemann: Hemprich u. Ehrenberg „Reisen zweier naturforschender Freunde im Orient, geschildert in ihren Briefen aus den Jahren 1819 bis 1826“: Abh. Dtsch. Akad. Wiss. Berlin, math.-nat. Kl. **1954**, Nr. 1 S. 66, 70, 73, 83, 98, 107, 108, 124, 125, 136, 153 [Ha 2].

Bildn. N. Allg. Geogr. u. Stat. Ephemeriden **28** (1829) Titelbildn. [3]. — Friedrich Clemens Ebrard: Die Stadtbibl. in Frankfurt/M. (Frankfurt 1896) Taf. XIII [3]. — Bernard Müller: Bilderatlas zur Gesch. der Stadt Frankfurt/M. (Frankfurt 1916) 117 [101]. — W. Kallmorgen: Das Gesicht des Arztes. Die Ärzte-Porträtsammlung der Dr. Senckenbergischen Stiftung im Städelschen Kunstinst. in Frankfurt/M.: Dtsch. Ärztebl. **66** (1936) 58–63 [101].

IV, V **RUHMER,** Ernst Walter. Physik. — 1897–1900 stud. Univ. Berlin, bis 1901 Univ. Gießen; Inhaber eines physikal. Privatlabor. in Berlin.

*1878, Dez. 15, Berlin;
†1913, Juni, Berlin.

Bibliogr. Brit. Mus. Gen. Cat. **209** (1963) Sp. 73 (1 Nr.) [3].

II **RUMPH** (Rumphius), Georg Eberhard. Botan., Zool. — Ging als Arzt nach Ostindien, 1652 auf Amboina, dort Konsul u. Oberkaufmann; 1669/1670 erblindet.

*1627, Hanau;
†1702, Juni 15, Amboina.

Bibliogr. Cat. gén. Bibl. nat. **159** (1940) Sp. 86–89 (8 Nr.) [3]. — Brit. Mus. Gen. Cat. **209** (1963) Sp. 187 (14 Nr.) [3].

Biogr. Christian Gottlieb Jöcher: Allgemeines Gelehrten-Lexicon **3** (Leipzig 1751) Sp.

2310 [3]. — Andreas Elias Büchner: Academiae Leopoldino-Carolinae Nat. Cur. Historia (Halae 1755) 495 [Ha 2]. — N. F. Eloy: Dictionnaire historique de la médecine et moderne . . . 4 (Mons 1778) 136–137 [3]. — J. Gaertner: Georg Eberhard Rumph: Hanauisches Mag. 8 (1785) 337–344 m. Schr.Verz. [3]. — Joh. Friedrich Blumenbach: Introductio in historiam medicinae litterariam (Göttingen 1786) 273 [3]. — Du Petit-Thouars: Biographie universelle, ancienne et moderne **39** (Paris 1825) 317–322 [3]. — Georges Evrard Rumph in: Dict. sci. méd., biogr. méd. **7** (1825) 73–74 [3]. — Aug. Wilh. Ed. Th. Henschel: Vita G. E. Rumphii (Breslau 1833) XIV, 215 S. m. 3 Abb. u. Schr.Verz. S. 137–215 [3]. — A. P. Leupe: Georgius Everardus Rumphius, Ambonsch natuurkundige der zeventiende eeuw: Verh. Kon. Akad. Wetensch. **12** (1871) Abh. 3, 63 S. [Ha 2]. — E. Wunschmann: ADB **29** (1889) 663–667 [3]. — Rudolph Zaunick: Eine handschriftl. Mitt. von G. E. Rumph über die Korallenbauten: Mitt. Gesch. Med. u. Naturwiss. **14** (1915) 330–332 [3]. — Encyclopädie van Nederlandsch-Indie. 3. Aufl. ('s-Gravenhage, Leiden 1919) 640–645 [3]. — Karl Siebert: Hanauer Biographien aus 3 Jahrhunderten. G. E. Rumphius: Hanauer Gesch.Bl. N. F. **3/4** (1919) 168–171 m. 1 Bildn. [3]. — J. Hickson: The life and work of Georg Everard Rumphius: Mem. and Proc. Manchester Liter. and Philos. Soc. **7**, 1925–1926 (1926) 17–28 m. Bildn. [Ha 2]. — P. C. Bloys van Treslong: Origineele bescheiden van en over Everhardus Rumphius: Tijdschrift voor Indische Taal-, Land- en Volkenkunde **69** (1929) 426–433 [Bibl. 's-Gravenhage]. — George Sarton: Rumphius, Plinius Indicus (1628–1702): Isis **27** (1937) 242–257 m. 1 Bildn., 8 Fig. [Ha 2]. — Fossilium Catalogus I: Animalia. Pars 72: K. Lambrecht †, W. et A. Quenstedt, Palaeontologi, Catalogus bio-bibliographicus ('s-Gravenhage 1938) 371 [3]. — F. A. Schöppel: Rumphius: Nachr. Dtsch. Ges. Natur- u. Völkerkunde Ostasien **52** (1939) (14)–(18) [Ha 2]. — G. Ballentijn: Rumphius, de blinde Ziener van Ambon (Utrecht 1944) 192 S. [F 1]. — (Georg Eberhard) Rumphius Memorial Volume. Ed. by H. C. D. de Wit (Baarn 1959) V, 462 S. m. 40 S. Fotos [UB Leiden]. — Rudolph Zaunick: Georg Eberhard Rumph u. Cosimo III von Medici: Physis (Firenze) **3** (1961) 125–136 m. 3 Faks. [12].

Zum 200. Todestag Rumphius Gedenkboek 1702–1902 (Haarlem 1902) IX, 221 S. m. Bildn., Faks., 8 Abb., 3 Taf., Schr.Verz. [3]; darin: M. Greshoff: Inleiding VII–IX m. 2 Abb. der Rumphius-Medaille; J. E. Heeres: Rumphius Levensloop 1–16 m. 1 Bildn., 1 Abb.; F. De Haan: Rumphius en Valentijn las geschiedschrijvers van Ambon 17–25; J. Verwijnen: Eene Bladzijde uit de Geschiedenis der Vestiging van het Nederlandsch Gezag in de Ambonsche Kwartieren 26–45 m. 1 Abb.; J. P. Lotsy: Over de in Nederland aanwezige botanische Handschriften van Rumphius 46–58 m. 7 Abb., 1 Faks.; K. Goebel: Rumphius als botanischer Naturforscher 59–88; Richard Semon: Einige neue Ambonesische Raritäten 94–97 m. 1 Abb.; J. G. de Man: Over de Crustacea in Rumphius' Rariteitkamer 98–104; R. Horst: Over de „Wawo“ van Rumphius 105–108 m. 1 Abb.; E. von Martens: Die Mollusken u. die übrigen wirbellosen Thiere in Rumpfs Rariteitkamer 109–136; Arthur Wichmann: Het Aandeel van Rumphius in het mineralogisch en geologisch onderzoek van den Indischen Archipel 137–164; G. P. Rouffaer en W. C. Muller: Eerste Proeve van een Rumphius-Bibliographie 165–221. — C. Hartwich: Zur Erinnerung an Georg Eberhard Rumphius: Apotheker-Ztg. **17** (1902) 410–412 [1]. — Heinrich Heusohn: Eine Denkmünze auf den Naturforscher Georg Eberhard Rumphius: Frankfurter Münzztg. **1–3** (1901–1903) 374–375 m. 2 Abb.; 392–395 m. 1 Bildn. [15]. — B. Schorler: Gesch. der Floristik bis auf Linné: Abh. Naturwiss. Ges. Isis Dresden **1902** (1903) 14 [Ha 2]. — A. Wichmann: Geogr. Anz. **3** (1902) 81–82 m. Bildn. [Ha 2]. — Henri Londervan: Dtsch. Erde (Gotha) **1** (1902) 49–50 [Ha 2].

Weitere Lit. J. K. Hasskarl: Neuer Schlüssel zu Rumphs Herbarium amboinense: Abh. naturforsch. Ges. Halle **9** (1866) 143 [Ha 2]. — P. Harting: George Everard Rumphius: Album der natuur (Haarlem) **34** (1885) 1–15 m. Bildn. [UB Amsterdam]. — Ernst Rettig: Ameisenpflanzen–Pflanzenameisen: Beih. Botan. Centralbl. **17** (1904) 90 [3]. — J. J. Smith: Die Orchideen von Ambon (Batavia 1905) 125 S. — Arnold Jacobi: Das Tier im Bilde: Dresdner Anzeiger, Sonntagsbeil. **9** (1909) 93–94, 97–98 [14]. — H. Harms: Kokosnuß-Perlen: Naturwiss. Wschr. N.F. **9** (1910) 544 [Ha 2]. — F. W. Foxworthy: The Almaciga Tree. Agathis alba (Lam): The Philippine J. Sci. Manila **1910 A 5**, Nr. 3 S. 173–175 [ETH Zürich]. — G.: Der Pfeilgiftbaum von Java: Kosmos **8** (1911) 345 [Ha 2]. — Ernst Friedel: Beitr. zum Fischaberglauben: Z. Ver. Volkskde **25** (1915) 86–89 [3]. — K. Goebel: Das Rumphius-Phänomen u. die primäre Bedeutung der Blattgelenke: Biol. Zbl. **36** (1916) 49–116 [Ha 2]. — H. Harms: Rumphius. Herbarium Amboinense: Naturwiss. Wschr. N.F. **19** (1920) 711–713 [Ha 2]. — F. Tobler: G. E. Rumpf u. die Biol. der Mangrove: Biol. Zbl. **43** (1923) 312–315 [Ha 2]. — Godée Molsbergen: Rumphius' Schelpen te Florence: Mededeel. Nederl. Hist. Inst. Rome (2) **1** (1931) 163–167, 239 [3]. — A. W. Tschirch u. E. O. von Lippmann: Pharmacohistoria: Handbuch der Pharmacognosie **1, 3** (Leipzig 1933) 1718–1721 m. 1 Bildn., 1 Abb. [3]. — H. Engel: Alphabetical list of Dutsch zoological cabinets and menageries. In: Bijdragen tot de dierkunde (Amsterdam) **27** (1939) 247–346 [UB Amsterdam]. — Percy Ernst Schramm: Deuschland u. Übersee (Braunschweig 1950) 38 [101].

Bildn. [Peter van der Aa], XX Icones clarissimorum medicorum philosophorum . . . (Leiden o. J.) Fol. A 9 (Bildn.) [14]. — Leo Stern: Zur Gesch. u. wiss. Leistung der Dtsch. Akad. der Naturforscher. Festgabe zur 300-Jahrfeier der Leopoldina (Halle 1952) 21 [Ha 2].

II, III **RUNGE,** Friedlieb Ferdinand. Chem. — Zuerst Apotheker; 1819 Dr. med. Univ. Jena; 1822 Dr. phil. Univ. Berlin; dort auch PDoz.; nach längerem Aufenthalt in Paris ao. Prof. Technol. Univ. Breslau; dann im Dienst der preuß. Seehandlung in Berlin u. Oranienburg beschäftigt; 1834 fand er im Steinkohlenteer das Anilin; seit 1854 Pensionär.

*1795, Febr. 8, Billwärder bei Hamburg;

†1867, März 25, Oranienburg.

Bibliogr. Cat. scient. Papers **5** (1871) 336–337 (26 Nr.); **8** (1879) 799 (1 Nr.); **12** (1902) 640 (1 Nr.) [3]. — Cat. gén. Bibl. nat. **159** (1940) Sp. 109 (5 Nr.) [3]. — Brit. Mus. Gen. Cat. **209** (1963) Sp. 224 (11 Nr.) [3].

Biogr. Anschütz: ADB **29** (1889) 684–686 [3]. — Hermann Schelenz: F. F. Runge: Pharmaz. Zentralhalle **48** (1907) 301–312 m. 1 Bildn., 1 Abb., 324–333 [3]; Chemiker-Ztg. **32** (1908) 268–269 [3]. — Ber. Dtsch. Chem. Ges. **49** (1916) 1773–1774 (Runge-Anekdote) [3]. — Walter Obst: F. F. Runge, ein Genie der med. Chem.: Z. med. Chem. **5** (1927) 68–69 [101]. — F. F. Runge, ein großer deutscher Chemiker des vorigen Jahrhunderts: Mschr. Textil-Ind. **45** (1930) 251–253 m. 1 Bildn., 1 Abb. [101]. — M. A. Bloch: Biogr. spraw. **2** (Leningrad 1931) 626 [15]. — Max Rehberg: Friedlieb Ferdinand Runge. Der Entdecker der Teerfarben. Sein Leben u. sein Werk (Oranienburg 1935) 104 S. m. 3 Bildn., 16 Abb., Faks.-Brief, Schr.Verz. [101]; Ein großer märkischer Chemiker: Brandenburger Land **2** (1935) 193–198 m. Bildn., 2 Abb. [101]. — E. O. von Lippmann: F. F. Runge u. Goethe: Der dtsch. Chemiker (Beil. angew. Chem.) **1** (1935) 10–11 m. Bildn. [101]. — G. Kränzlein: Zum 100jähr. Gedächtn. der Arbeiten von F. F. Runge: Angew. Chem. **48** (1935) 1–3 m. Bildn. u. Schr.Verz. [101]. — Der Anilinentdecker F. F. Runge: Pharmaz. Ztg. **80** (1935) 526–527 m. Abb. des Reliefs auf dem Grabmal [101]. — Gedenkfeier für F. F. Runge in Oranienburg: Fettchem. Umschau **42** (1935) 102–103 m. Bildn., 139–140 m. Abb. des Grabsteins [101]. — Berthold Anft: Friedlieb Ferdinand Runge, sein Leben u. sein Werk (Berlin 1937) 207 S. (Math.-nat. Diss. Berlin) [15]; F. F. Runge: Pharmazeut. Ztg. **82** (1937) 1161–1163 [15]. — Hans Schimank: Die Chem. im Zeitalter Runges: Der dtsch. Chemiker (Beil. angew. Chem.) **3** (1937) 45–50 [101]; F. F. Runge, ein deutscher Chemiker: Rdsch. Dtsch. Techn. **18** (1938) Nr. 23, S. 10–11 [101]. — Berthold Anft: F. F. Runge: Pharmaz. Zentralhalle **79** (1938) 649–656 [3]; Pharmaz. Ind. **5** (1938) 62–66 [101]; Chemiker-Ztg. **62** (1938) 268–270 m. Abb. des Reliefs vom Grabmal [101]; Runge, Goethe u. die Entdeckung des Koeffins: Pharmaz. Ind. **8** (1941) 277–280 [Ha 24]. — Karl Leutner in: Leutner, Deutsche auf die wir stolz sind (Berlin 1955) 202–205 m. Bildn.; 2. Aufl. (1960) [14]. — Berthold Anft: A forgotten chemist of the 19th century: J. chem. Educat. **32** (1955) 566–574 m. 4 Abb. [Le 1]. — Pál Rom: Gyógyszerész **11** (1956) 81–84 [UB Budapest]. — G. Anders: Wiss. u. Fortschr. **6** (1956) 60 m. 1 Abb. [101]. — Kurt F. Gaede: F. F. Runge. Zur Begündung der Teerchem. vor 130 Jahren: Chem. in der Schule **10** (1963) 196–198 m. Bildn. [3].

Zum 100. Geburtstag Karl Suppe: Friedlieb Ferdinand Runge, Prof. der Gewerbekunde. Ein Gedenkblatt . . . zum 8. Febr. 1894 (Oranienburg 1894) 15 S. [1a].

Zum 75. Todestag Hanns Bornemann: Brandenburgischer Bauernkalender **1942**, 46–50 m. 4 Abb. [101]. — Hubert Heinz: Chemiker-Ztg. **66** (1942) Nr. 17/18 S. 183–184 [15] — A. Kufferath: Zellwolle, Kunstseide, Seide **47** (1942) 137 m. 1 Abb. [101]. — Ferdinand Runge, A. W. von Hofmann u. die Teerfarbenchemie: Chem. Ind. **65** (1942) 70–71 [101]. — Dtsch. Ärztebl. **72** (1942) 140 [101]. — Prakt. Wissen [Graz] **17** (1942) 159 [LB Graz].

Weitere Lit. Hoffmann von Fallersleben. Mein Leben. Aufzeichnungen u. Erinnerungen **1** (Hannover 1868) 328, 329; **4** (1868) 122, 241, 243 [3]. — Zum Denkmal in Oranienburg: Ber. Dtsch. chem. Ges. **2** (1869) 325–326; **5** (1872) 839, 1119–1121 [Ha 2]. — Ferdinand Winckler: Das Wesen der Bleicherei, Färberei u. Druckerei (Ratibor 1871) 107–115 [BU Wrocław]. — Giacomo Ciamician: Über die Entwicklung der Chem. des Pyrols im letzten Vierteljahrhundert: Ber. Dtsch. chem. Ges. **37** (1904) 4200–4255 [3]. — Hermann Schelenz: Coffeinum citricum: Pharmaz. Ztg. **55** (1910) 86–87 [15]. — Ernst von Meyer: Gesch. der Chem. von den ältesten Zeiten bis zur Gegenwart. 4. Aufl. (Leipzig 1914) 407, 451, 462 [3]. — R. Kobert: Aus der Gesch. der Tollkirsche u. der Pupillenerweiterung durch Gifte. In: Aus stiller Arbeit (Rostock 1916) 41–62 [28]. — Heinrich Schmidt: Gesch. der Entwicklungslehre (Leipzig 1918) 410–411 [3]. — Erna Arnhold: Goethes Berliner Beziehungen (Gotha 1925) 186, 436 [3]. — Max Wald: Otto Unverdorben, der Entdecker des Anilins 1826 (Dahme 1926) 7 [101]. — O. Schlenk: Die Entdeckung des Anilins vor 100 Jahren: Z. angew. Chem. **39** (1926) 758, 759 [3]. — Albert Neuburger: Gläserne Spinnen. In: Pfadfinder der Kultur. Männer u. Taten der Technik (München 1926) 158–193 [101]. — Hans Heller: Chemie, Analyse, Technologie der Fettsäuren, des Glycerins u. der Türkirschrotöle 2. Aufl. (Leipzig 1929) 356 (Ubbelohdes Handbuch der Chem. u. Technol. der Öle u. Fette 3, 1) [3]. — Paul Walden: Goethe als Chemiker u. Techniker (Berlin 1932) 76 [3]. — Goethe u. Dr. „Gift": Med. Welt **6** (1932) 323–324 [3]. — Walter Schäfer: Die industrielle Wirtschaft. Zwischen Schorfheide u. Spree (Berlin 1940) 189–190 m. Bildn. S. 191 [101]. — Hans Steen: Licht in die Hütten: Neue Gartenlaube **1940**, S. 680 [101]. — Berthold Anft: Über die Priorität der Entdeckung des Chinins: Pharmaz. Ind. **7** (1940) 378–381 m. Abb. des Reliefs vom Grabdenkmal [101]. — Paul Walden: Dreitausend Jahre Chemie (Berlin 1944) 171, 180–181, 192 [3]. — George Urdang: Goethe and Pharmacy (Madison Wisc. 1949) **33**, **38**, **39**, 40, 69 m. Bildn. [38]. — Ciba-Rdsch. **1966** Nr. 3, S. 2–3 m. Bildn. [1].

II **RYFF**, Peter. Med., Math. — Dr. med., prakt. Arzt in Basel; seit 1586 Prof. Math. Univ. Basel.

*1552, Mai 8, Basel;

†1629, Mai 19, Basel.

Bibliogr. Brit. Mus. Gen. Cat. **210** (1963) Sp. 264 (4 Nr.) [3].

Biogr. Christian Gottlieb Jöcher: Allgemeines Gelehrten-Lexicon **3** (Leipzig 1751) 334 [3]. — Athenae Rauricae. Sive Catalogus Professorum Academiae Basiliensis (Basiliae 1778) 412–413 [3]. — Albrecht Burckhardt: Gesch. der med. Fakultät zu Basel 1460–1900 (Basel 1917) 32, 129, 150, 164, 472, 474 [3]. — Ernst Zinner: Gesch. u. Bibliogr. der astronom. Literatur in Deutschland zur Zeit der Renaissance (Leipzig 1941) 306, 319, 399 [3]; Astron. Instrumente des 11. bis 18. Jahrhunderts (München 1956) 154, 495 [Ha 2].

S

II **SACHS VON LEWENHAIMB**, Philipp Jacob. Med. — 1646–1649 stud. Univ. Leipzig, 1649–1651 in der Niederlande, Frankreich, Italien; 1651 Dr. med. Univ. Padua; dann prakt. Arzt u. 1671 Stadtphysicus in Breslau.

*1627, Aug. 26, Breslau;

†1672, Jan. 7, Breslau.

Bibliogr. Brit. Mus. Gen. Cat. **210** (1963) Sp. 835–836 (8 Nr.) [3].

Biogr. I. D. M. D. [Johann Dan. Major]: Memoria Sachsiana, Imperiali Naturae Curiosorum Societati, ac posteris commendata, Kiliae holsatorum. Lipsae 1675. Als App. in: Miscellanea Curiosa medico-physica Acad. Nat. Curiosorum. Decuria I, Bd. 4/5 (Lipsiae et Francofurti 1676) 76 S. [u. 4 S. Reg.] [3]. — Andreas Elias Büchner: Academia Leopoldino Carolinae Nat. Cur. Historia (Halae 1755) 464 [Ha 2]. — Philippe-Jacques Sachse de Lewenheimb: Dictionnaire des sciences médicales **7** (1825) 85 [14]. — J. Graetzer: Lebensbilder hervorragender schlesischer Ärzte aus den letzten 4 Jahrhunderten (Breslau 1889) 60–61 [Ha 2]. — Markgraf: ADB **30** (1890) 142–143 [3]. — Emil Neisser: Zum 300. Geburtstage des Breslauer Stadtarztes Philipp Sachs von Löwenheim, zugl. ein Beitr. zur Gesch. des med. Zeitungswesens: Schles. Ärztekorresp. **31** (1927) 161–164 [101].

II **SALTZMANN** (Salzmann), Johann. Med. — Stud. Univ. Straßburg u. Paris; 1706 Dr. med., 1708 Prof. Anatom. (später Chirurgie) Univ. Straßburg; 1720–1732 dort Universitäts-Bibliothekar; 1729 Mitgl. Akad. Wiss. Berlin.

*1679, Juni 29, Straßburg;

†1738, Febr. 4, Straßburg.

Bibliogr. Cat. gén. Bibl. nat. **162** (1941) Sp. 143 [3].

Biogr. Johann Georg Scherz: [Programma in J. S. funere] (Argentorati 1738) 7 unnumm. S. [BNU Straßburg]. — N. F. J. Eloy: Dictionnaire historique de la médecine ancienne et moderne **4** (Mons 1778) 169 [3]. — Dezeimeris: Dict. hist. méd. **4** (Paris 1839) 59–60 [3]. — A. Dechambre: Dictionnaire encyclopédique des sciences médicales (3) **6** (1878) 423–424 [L 5]. — Friedrich Wieger: Geschichte der Med. u. ihrer Lehranstalten in Straßburg (Straßburg 1885) 63, 64, 80, 84, 85,

90, 114, 118 [3]. – Pagel: ADB **30** (1890) 299–300 [3]. – Pgl. in: Biogr. Lexikon der hervorragenden Ärzte. 2. Aufl. **4** (Berlin, Wien 1932) 964 [3].

II–IV **SANDBERGER,** Karl Ludwig Fridolin **von.** Mineral. – Dr. phil.; Sekretär des Vereins für Naturkunde u. 1849 Dir. Naturhist. Museums Wiesbaden; 1855 Prof. Geol. Polytechn. Karlsruhe; 1863–1896 o. Prof. Mineral. Univ. Würzburg; dann in München lebend.

*1826, Nov. 22, Dillenburg/Nassau; †1898, Apr. 11, Würzburg.

Bruder von Guido Sandberger.

Bibliogr. Cat. scient. Papers **5** (1871) 389–390 (45 Nr.); **8** (1879) 824–826 (60 Nr.); **11** (1896) 274–276 (44 Nr.); **12** (1902) 648 (5 Nr.); **18** (1923) 431–433 (101 Nr.) [3]. – Mitt. Bad. geol. Landesanst. **1**, 2 (1891) 1227–1230 [16]. – Richard Kukula: Bibliogr. Jahrb. der Dtsch. Hochschulen (Innsbruck 1892) 788–789; (1893) 212 [3]. – Alm. Bayer. Akad. Wiss. **1897**, 84–85 [3]. – Cat. gén. Bibl. nat. **162** (1941) Sp. 537–538 (8 Nr.) [3]. – Brit. Mus. Gen. Cat. **212** (1964) Sp. 540 (12 Nr.) [3]

Briefe Gerald Martin: Aus den Briefen Fridolin Sandberger: Jahrb. Nassauischer Ver. Naturkde **97** (1964) 6–28 m. Bildn. u. Faks. [Ha 2].

Nekr. J. Beckenkamp: Gedächtnisrede auf C. L. F. von Sandberger: S.-Ber. physik.-med. Ges. Würzburg **1898**, 80–94, 94–117 (Schr.Verz.), 117–118 (Vortr.Verz.) [Ha 2]; C. L. F. von Sandberger: Biogr. Jahrb. u. Dtsch. Nekr. **3** (Berlin 1900) 121 [3]. – Ernst Blumenthal: Ber. Senckenberg. naturforsch. Ges. Frankfurt/M. **1897–1898** (1898) VIII [Ha 2]. – Pryn: Nachr. Bl. Dtsch. malakozool. Ges. **30** (1898) 174–176 [3; 15]. – C. Voit: S.-Ber. Bayer. Akad. Wiss., math.-phys. Kl. **29**, 1899 (1900) 307–314 [Ha 2]. – William Whitaker: Quart. J. Geol. Soc. London **55** (1899) Proc. LVII–LVIII [Ha 2]. – Jahrb. Nassauischer Ver. Naturkde **51** (1898) XXXIII–XXXIV [Ha 2]. – Leopoldina **34** (1898) 112 [Ha 2]. – Nature [London] **58** (1898) 16 [7]. – Oesterr. Z. Berg- u. Hüttenwes. **46** (1898) Beil. Nr. 7, 80–81 [89]. – Science **7** (1898) 710 [15]. – Természettudomanyi Közlöny **31** (1899) 707 [UB Budapest]. – Verh. geol. Reichsanst. **1898**, 199–200 [Ha 2].

Biogr. Rothpletz: ADB **53** (1907) 701–702 [3]. – Fossilium Catalogus I. Animalia. Pars 72: K. Lambrecht †, W. et A. Quenstedt, Palaeontologi, Catalogus bio-bibliographicus ('s-Gravenhage 1938) 375 [3; Ha 2]. – Albert Maucher in: Geist u. Gestalt. Biogr. Beitr. Gesch. Bayer. Akad. Wiss. **2** (München 1959) 274 [3].

Weitere Lit. Friedrich Schöndorf: Verzeichn. der im Naturhist. Museum zu Wiesbaden befindl. Originale. Abt. für Geol. u. Paläontol. 2. Originale zu G. et F. Sandberger: Die Versteinerungen des rhein. Schichtensyst. in Nassau (Wiesbaden 1850–1856): Jahrb. Nassauischer Ver. Naturkde **61** (1908) 39–71 [Ha 2]. – Adolf Sandberger: Joseph Viktor Scheffel u. Fridolin von Sandberger: Mein Heimatland **27** (1940) 99–102 [3]. – Fritz Kutscher: 100-jähr. Bestehen des Standardwerkes der Gebr. Sandberger über nassauische Versteinerungen: Notizbl. Hess. Landesamt Bodenforsch. Wiesbaden **85** (1957) 19–23 [Ha 2].

Bildn. Jahrb. Nassauischer Ver. Naturkde **80**, 1 (1929) 20 [Ha 2].

II, III **SANDBERGER,** Guido. Geol. – 1843 Dr. phil. Univ. Heidelberg; 1845 Collaborator; 1847–1861 Lehrer der Naturwiss., dann Konrektor Realgymn. Wiesbaden.

*1821, Mai 29, Dillenburg/Nassau; †1880[1], Jan. 22.

Bruder von Fridolin Sandberger.

Bibliogr. Cat. scient. Papers **5** (1871) 390–391 (34 Nr.) [3]. – Cat. gén. Bibl. nat. (1941) Sp. 538 (3 Nr.) [3]. – Brit. Mus. Gen. Cat. **212** (1964) Sp. 540 (5 Nr.) [3].

Biogr. von Gümbel: ADB **30** (1890) 340 [3]. – Fossilium Catalogus I: Animalia. Pars 72: K. Lambrecht †, W. et A. Quenstedt, Palaeontologi, Catalogus bio-bibliographicus ('s-Gravenhage 1938) 375 [3; Ha 2].

Weitere Lit. Quart. J. geol. Soc. London **11** (1855) Proc. XXVI–XXVII [Ha 2]. – Neues Jahrb. Mineral., Geol. Paläontol. **1860**, 794 [15; 25]. – Fritz Kutscher: 100-jähr. Bestehen des Standardwerkes der Gebrüder Sandberger über nassauische Versteinerungen: Notizbl. Hess. Landesamt Bodenforsch. Wiesbaden **85** (1957) 19–23 [Ha 2].

SANDMEYER, Traugott. Chem. – 1872–1875 Lehrzeit als Feinmechaniker, dann kleine eigene Werkstätte in Zürich; 1882 ständiger Vorlesungsass. bei Victor Meyer, später bei A. Hantzsch am Eidgen. Polytechnikum Zürich; 1888–1919 Chemiker bei der Fa Joh. Rud. Geigy u.

---

[1] **in P. III 1869 als Todesjahr.**

Co Basel, seit 1901 auch im Verwaltungsrat; 1891 Dr. phil. h. c. Univ. Heidelberg; 1915 Dr. techn. h. c. ETH Zürich.

*1854, Sept. 15, Wettingen;

†1922, Apr. 9, Zollikon, □ Zürich.

Sandmeyersche Reaktion.

Biogr. Hans Hagenbach: Traugott Sandmeyers Forschungen u. Erfindungen: Helvetica chimica acta **6** (1923) 134–186 (Bibliogr. 181–186) [101]. — Traugott Sandmeyer, a pioneer of chemical science and technology (Basel 1955) 19 S. [Ha 2].

Nekr. Conzetti: Chemiker-Ztg. **46** (1922) 549–550 [15]. — H. E. Fierz: J. Soc. chem. Ind. **41** (1922) 187–189. — Heinrich Meyer: Vjschr. naturforsch. Ges. Zürich **67** (1922) 413–417 m. Bildn. u. Faks. [Ha 2].

SANDMEYER, Wilhelm. Physiol. — 1888 Dr. med., 1888–1890 Ass., 1891 hab., 1896 Prof. Univ. Marburg; seit 1896 Arzt für Stoffwechselerkrankungen Berlin.

*1863, Sept. 28, Marten;

†

Lit. Medicinisches Deutschland. Hrsg. von K. Barton **2** (Berlin 1901) o. S. (m. Bildn. u. Faks.) [1]. — Franz Gundlach: Catalogus Professorum academiae Marburgensis. Die akad. Lehrer der Philipps-Univ. in Marburg von 1527 bis 1910 (Marburg 1927) 248 [3].

II **SARTORIUS,** Georg von. Med. — Dr. med.; 1812 Arzt am Militärhospital Mainz, 1813 im Feldzug Chirurgien major bei der französ. Armee; seit 1829 Inspektor der Mineralbäder in Aachen u. bald darauf auch Arzt am Bürgerhospital in Aachen.

*1787, Jan. 11, Graz, Steiermark;

†1856, Febr. 6, Aachen.

Lit. Cat. scient. Papers **5** (1871) 408 (1 Nr.) [3]. — Carl Barnabas: Bürgerwappen in Friedberg: Friedberger Geschichtsbl. **9** (1929) 72–73 m. Abb. des Wappens [101]. — Leopold von Bessel: Das Haus Theaterstr. 15 in Aachen, seine Gesch., Ausstattung u. früheren Bewohner: Z. Aachener Gesch.-Ver. **66/67,** 1954/55, (1955) 292–324 m. 9 Bildn., 4 Abb. [3].

II, III **SARTORIUS VON WALTERSHAUSEN,** Wolfgang Freiherr. Mineral., Geol. — Dr. phil. Univ. Göttingen; 1834–1837 u. 1838–1843 geol. Reisen nach Sibirien (auf eigene Kosten), 1845 nach den Hebriden, 1846 nach Island (in Begleitung von R. Bunsen), 1859 nach Russland, 1869–1870 nach Sizilien; 1846 Prof. Mineral. u. Geol. Univ. Göttingen.

*1809, Dez. 17, Göttingen;

†1876, Okt. 16, Göttingen.

Werke Wolfgang Sartorius, Freiherr von Waltershausen: Der Aetna. Nach den Manuscripten des Verstorbenen hrsg., bearb. u. vollendet von Arnold von Lasaulx 1: Reisebeschreibung Sartorius' u. Geschichte der Eruptionen (Leipzig 1880) XX, 371 S., Titelbildn. m. Faks., 16 Taf. (Gedenkblatt XI–XVI) [3].

Geneal. Otto Sartorius: Sartorius-Familien-Forschungen: Ekkehard **11** (1935) 166 [3].

Bibliogr. Cat. scient. Papers **5** (1871) 409 (14 Nr.); **8** (1879) 835 (8 Nr.); **11** (1896) 285 (Biogr.); **12** (1902) 650 (1 Biogr.) [3]. — Cat. gén. Bibl. nat. **163** (1943) Sp. 395–396 (9 Nr.) [3]. — Brit. Mus. Gen. Cat. **213** (1964) Sp. 374 (11 Nr.) [3].

Nekr. Martin Duncan: Quart. J. geol. Soc. London **33** (1877) Proc. 62–64 [Ha 2]. — J. B. Listing: Nachr. Ges. Wiss. Göttingen **1876,** 3 S. 547–559 [3]. — vom Rath: Verh. naturhist. preuß. Rheinlande u. Westf. **37** (1880), S.-Ber. niederrhein. Ges. Natur- u. Heilkde Bonn 154–156 [Ha 2]. — Oratio Silvestri: In memoria di Carlo Sainte Claire-Deville e Wolfgango Sartorius di Waltershausen: Boll. Vulcanis. Ital. [Roma] **3** (1876) 135–140 [12].

Biogr. von Gümbel: ADB **30** (1890) 394–395 [3]. — Leo Koenigsberger: Mein Leben (Heidelberg 1919) 92, 93 [3]. — Fossilium Catalogus I: Animalia. Pars 72. K. Lambrecht †, W. et A. Quenstedt, Palaeontologi. Catalogus bio-bibliographicus ('s-Gravenhage 1938) 376 [3; Ha 2].

II **SCHAEFFER,** Jacob Christian. Bot., Zool., techn. Naturwiss. — 1741 Prediger, seit 1779 Superintendent der evangel. Gemeinde in Regensburg; 1760 Magister Univ. Wittenberg, 1763 Dr. theol. Univ. Tübingen.

*1718, Mai 30, Querfurt;

†1790, Jan 5, Regensburg.

Bruder von Johann Gottlieb Schaeffer.

Genealog. Otto Fürnrohr: Die Naturforscher-Familie Schäffer in Regensburg: Ber. naturwiss. Verein Regensburg **11,** 1905/06 (1908) 120–139, besonders 121–123 (m. Bildn., Stammtaf.) [Ha 2].

Bibliogr. Cat. gén. Bibl. nat. **164** (1943) Sp. 673–683 (69 Nr.) [3]. — Brit. Mus. Gen. Cat. **214** (1964) Sp. 112—115 (70 Nr.) [3].

Nekr. Friedrich Schlichtegroll: Nekrolog auf das Jahr 1790 1 (Gotha 1791) 65–77 [3]

Biogr. [C. G. Salzmann]: Denkwürdigkeiten aus dem Leben ausgezeichneter Teutschen des 18. Jahrhunderts (Schnepfenthal 1802) 112–115 [3]. — Johann Georg Meusel: Lexikon der vom Jahre 1750 bis 1800 verstorbenen Schriftsteller **12** (Leipzig 1812) 71–79 m. Schr.- u. Lit.Verz. [3]. — Walckenaar: Biographie universelle, ancienne et moderne **41** (Paris 1825) 66–69 [3]. — E. Wunschmann: ADB **30** (1890) 531–532 [3]. — Max Heuwieser: Auszug aus dem Fremdenbuch des Museums des berühmten Naturforschers Jakob Christian Schaeffer in Regensburg: Verh. histor. Ver. Oberpfalz u. Regensburg **61**, 1909 (1910) 109–132 [3]. — M. Ed. Bonnet: Un livre peu connu de J.-C. Schaeffer sur l' emploi de divers végétaux pour fabrication du papier (1765–1771) (Dijon 1911) 4 S. (aus: Bull. de la Société syndicale des Pharmaciens de la côte d' or). — Sebastian Killermann: Z. Pilzkunde **3** (1924) H. 3, S. 49–53 [101]; Jakob Christian Schaeffers Papierversuche (1765–1772): Papier-Fabrikant **25** (1927) 665–670 m. Bildn. [101]. — S. Killermann: Sankt Wiborada **3** (1936) 93–96 [3]. — Kurt Arnold Findeisen: Erfinder des Holzschliffpapiers. Jacob Christian Schäffer (1718–1790) u. Gottlob Keller (1816–1895): Mitt. Landesver. Heimatschutz **26** (1937) 158–164 [3]. — Fossilium Catalogus I: Animalia. Pars 72: K. Lambrecht †, W. et A. Quenstedt, Palaeontologi, Catalogus bio-bibliographicus ('s-Gravenhage 1938) 380 [3; Ha 2]. — Die Briefsammlung des Nürnberger Arztes Christoph Jacob Trew (1695–1769) in der UB Erlangen. Bearb. von El. Schmidt-Herrling (Erlangen 1940) 519 [3]. — H. Bockwitz: Herr Möller aus Leipzig zu Besuch bei Pastor Schaeffer in Regensburg 1786: Wbl. Papierfabrikation **75** (1947) 150 [101]. — Wilhelm Herzberg: Die Schäfferschen Papierversuche (Hagen–Kabel 1949) 62 S. m. 1 Bildn., 1 Abb. [3].

Weitere Lit. Physikal. Arbeiten der einträchtigen Freunde in Wien. Aufges. von Ignaz Edler von Born **2**, 3 (Wien 1788) 218–225 m. Schr.Verz. [3]. — C. A. Hoh: Papier ohne Lumpen: Journal für Fabrik, Manufaktur, Handlung u. Mode **21** (1801) 199–208 [14]. — Samuel Baur: Gallerie histor. Gemählde aus dem 18. Jahrhundert **1** (Hof 1804) 27–32 [15]. — E. W. Martius: Erinnerungen aus meinem 90jähr. Leben (Leipzig 1847) 116–117 [3]. — Albert Neuburger: Erfinder u. Erfindungen (Berlin–Wien 1913) 14–19 m. Bildn. [3]. — G. Tornier: Rückblick auf die Paläontol.: S.-Ber. Ges. naturforsch. Freunde Berlin **1924** (1926) 34 [Ha 2]. — Albert Neuburger: Zwei Mitteldeutsche als Erfinder des Holzpapiers: Mitteldtsch. Mh. **10** (1926/27) 546–549 m. 2 Bildn. [15]. — Heinrich Huber: Goethe in Regensburg: Oberpfalz **25** (1931) 132–136, 157–163 m. Faks.-Eintragung Goethes in das Fremdenbuch Schaeffers [101]. — Hans A. Bockwitz: Die Chronik der Feldmühle (Leipzig 1935) 74–76, 83, 84 m. Bildn., Abb., Farbtaf. [3]. — Armin Renker: Von Schäffer zu Keller. Der Weg vom Hadern- zum Zellstoffpapier im 18. u. 19. Jahrhundert: Papier-Fabrikant, Techn.-wiss. Teil **36** (1938) 311–316, 317–324 m. 5 Bildn., 8 Abb. [101]. — Rudolf Thiel: Wespentechnik: Woche **41** (1939) Nr. 21, S. 31–32 m. 2 Abb.; Nr. 22, S. 30–32 [101]. — Rudolf Thiel: Ruhm u. Leiden der Erfinder (Berlin 1942) 81–89 [3]. — Claus Nissen: Die botan. Buchillustration **1** (Stuttgart 1951) 182; **2** (1951) 162 [3]. — Armin Renker: Jacob Christian Schäffer in der Gesch. der Papierherstellung: Gutenberg-Jahrbuch (Mainz) **33** (1958) 30–36 m. Bildn., 1 Abb., Schr.-Verz. [3].

II **SCHAEFFER,** Johann Gottlieb. Med., Physik. — Zuerst Apotheker in Schmölln u. seit. 1741 Regensburg; 1745 Dr. med. Univ. Altdorf; dann Arzt in Regensburg, Stadtphysikus, Leibarzt des Fürsten von Thurn u. Taxis u. des Bischofs von Regenburg.

*1720, Sept. 13, Querfurt;

†1795, Febr. 1, Regensburg.

Bruder von Jacob Christian Schäffer.

Genealog. Otto Fürnrohr: Die Naturforscher-Familie Schäffer in Regensburg: Ber. naturwiss. Verein Regensburg **11**, 1905/06 (1908) 120–139, besonders 124–125 (m. Bildn., Stammtaf.) [Ha 2].

Bibliogr. Brit. Mus. Gen. Cat. **214** (1964) Sp. 116 (4 Nr.) [3].

Biogr. Pagel: ADB **30** (1890) 533 [3]. — Seitz in: Biogr. Lexikon der hervorragenden Ärzte aller Zeiten u. Völker. 2. Aufl. (Berlin, Wien 1934) 49–50 m. Schr.Verz. [3]. — Die Briefsammlung des Nürnberger Arztes Christoph Jacob Trew (1695–1769) in der UB Erlangen. Bearb. von El. Schmidt-Herrling (Erlangen 1940) 519–520 [3]. — Roy Jansen: Medical heritage: Pennsylvania med. J. **65** (1962) 370–371 m. Bildn. [1].

III–V **SCHAER,** Eduard. Pharmaz. — 1866–1867 stud. Univ. Bern, 1869–1870 Univ. Berlin, London u. Paris; 1873 Doz., 1874 Tit. Prof., 1881 o. Prof. Pharmaz. Polytechn. Zürich; 1892 o. Prof. Univ. Straßburg; 1892 Dr. med. h. c. Zürich.

*1842, Dez. 7, Bern;

†1913, Okt. 2, Erlengut bei Erlenbach, Züricher See.

Bibliogr. Cat. scient. Papers 8 (1879) 845 (8 Nr.); **11** (1896) 298 (12 Nr); **12** (1902) 653 (1 Nr.); **18** (1923) 482–483 (31 Nr.) [3]. – Brit. Mus. Gen. Cat. **214** (1964) Sp. 128 (4 Nr.) [3].

Nekr. C. Hartwich: Verh. Schweiz. naturforsch. Ges. **1914**, 1, 106–125 m. Bildn. u. Schr.Verz. [Ha 2]. – Leopold Rosenthaler: Chemiker-Ztg. **37** (1913) 1269 [3]. – Herm. Schelenz: Mitt. Gesch. Med. u. Naturwiss. **13** (1914) 168 [3]. – W. Will: Ber. Dtsch. chem. Ges. **46** (1913) 3251 [3]. – Zürcher Wochenchronik **1913**, Nr. 44, S. 519–521 m. Bildn. [ZB Zürich].

Zum 70. Geburtstag Apotheker-Ztg. **27** (1912) 967–968 [3].

Biogr. Burkhard Reber: Galerie d'éminents thérapeutistes et pharmacognostes contemporains (Genève 1897) 39–41 (m. Bildn.), 363–364 [BPU Genf]. – Emil Eidenbenz: Gesch. der zürcherischen Pharmazie seit 1798 (Zürich 1918) 82 S. (Festschr. Feier 50jähr. Bestehen Apothekerverein Kanton Zürich) [ZB Zürich]. – Histor.-Biogr. Lexikon der Schweiz **6** (Neuenburg 1931) 117 [3]. – O. Zekert: W. A. Lampadius, W. Meißner u. E. Schaer: Wiener pharmaz. Wschr. **75** (1942) 314–317 [101].

II, III **SCHAFHÄUTL,** Karl Emil Franz **von** (Pseudonym: Pellisov). Geol., Paläontol. — Nach Studien an der Univ. Landshut 1827 Scriptor an der Univ. Bibl. München; ging 1834 nach England; 1835 Dr. phil., 1838 Dr. med. Univ. Dublin; 1841 wieder in München, wo er 1842 Mitglied der Akad. Wiss. u. 1843 an der Univ. Prof. Geognosie, Bergbaukunde u. Hüttenkunde wurde.

*1803, Febr. 16, Ingolstadt;

†1890, Febr. 25, München.

Bibliogr. Cat. scient. Papers **5** (1871) 437–439 (57 Nr.); 8 (1879) 844 (4 Nr.); **11** (1896) 298 (1 Nr.); **18** (1923) 486 (Biogr.) [3]. – Alm. Bayer. Akad. Wiss. **1884**, 293–304; **1890**, 127–128 [3]. – Cat. gén. Bibl. nat. **164** (1943) Sp. 763 (3 Nr.) [3]. – Brit. Mus. Gen. Cat. **214** (1964) Sp. 154 (13 Nr.) [3].

Nekr. von Voit: S.-Ber. Bayer. Akad. Wiss., math.-physik. Kl. **20**, 1890 (1891) 397–415 [Ha 2]. – Chemiker-Ztg. **14** (1890) 328 [3]. – Humboldt **9** (1890) 141 [Ha 2]. – Illustr. Ztg., Leipzig **94** (1890) 260 [14]. – Leopoldina **26** (1890) 59 [Ha 2]. – Nature [London] **41** (1890) 448 [Ha 2]. – Österr. Z. Berg- u. Hüttenwesen, Beil. **38** (1890) 40 [Solbad Hall]. – Természettudományi Közlöny **23** (1891) 636 [F 1]. – Tidskr. Physik Chem. **29** (1890) 224 [UB II Kopenhagen].

Biogr. Illustr. Ztg., Leipzig **25** (1855) 69–70 m. Bildn. [15]. – Männer der Zeit. Biogr. Lexikon der Gegenwart **1** (Leipzig 1860) Sp. 150–152 [14]. – A. Rothpletz: ADB **53** (1907) 729–731 [3]. – Ludwig Hartmann: Karl Emil von Schafhäutl. Eine Darst. seines Lebens u. seiner physikal. Forschungen: Histor.-polit. Bl. kathol. Deutschland **167** (1921) 559–570, 595–607 [3]. – Fossilium Catalogus I: Animalia. Pars 72: K. Lambrecht †, W. et A. Quenstedt, Palaeontologi, Catalogus biobibliographicus ('s-Gravenhage 1938) 379–380 [3].

Weitere Lit. Richard Kukula: Allg. dtsch. Hochschulen-Almanach (Wien 1888) 746–749 [3]. – K. A. von Zittel: Gesch. der Geol. u. Paläontol. bis Ende des 19. Jahrhunderts (München, Leipzig 1899) 220, 247, 249, 367, 525, 623, 627, 702, 716, 748 [3]. – Ludwig Hartmann: Plinganser. Ein vaterländ. Trauerspiel von K. E. von Schafhäutl: Histor.-polit. Bl. kathol. Deutschland **170** (1922) 150–159, 193–203 [3]. – Erich Stenger: Aus der Frühzeit der Photogr. II: Photogr. Ind. [Berlin] **24** (1926) H. 14, S. 356–357 [101]. – Der erste Schallstärkemesser: Rdsch. techn. Arbeit **15** (1935) Nr. 14, S. 4 m. Abb. [101]. – Wolfgang Baier: Quellendarst. zur Gesch. der Fotografie (Leipzig 1965) 105, 114 [3].

II, II Erg., IV, VI **SCHEELE,** Carl Wilhelm. Chem. — Ab 1757 Lehre als Apotheker in Gothenburg; 1765 Apotheker-Gehilfe in Malmö, 1767 in Stockholm, 1773 in Upsala; 1775 Verwalter u. seit 1777 Besitzer der Apotheke in Köping; 1775 Mitgl. Akad. Wiss. Stockholm.

*1742, Dez. 9, Stralsund;

†1786, Mai 21, Köping/Schweden.

Werke Carl Wilhelm Scheele: Sämmtl. physische u. chem. Werke ges. u. in deutscher Sprache hrsg. von Sigismund Friedrich Hermbstädt **1** (Berlin 1793) XXXII, 264 S., 1 Taf. (m. Biogr. von Crell S. XIX–XXXII); **2** (1793) 446 S. [3]. – C. W. Scheele: Chemical Essays, trans. from the Transact. of Academy of Sciences at Stockholm with additions, with a sketch of the life of C. W. Scheele by J. G. Mac Intosh (London 1901) 294 S. [Kgl. Bibl. Stockholm]. – Carl Wilhelm Scheele: Collected Papers. Transl. from the Swedish and German by L. Dobbin (London 1931) VI, 367 S. [Brit. Mus.].

Genealog. Danmarks Adels-Aarbog **12** (1914) 411–416 m. Abb. vom Wappen (UB I Kopenhagen]. – Deutsches Geschlechterbuch **40** (1923) 415–416 m. Bildn. [3], ebda **67** (1929) 426–463 m. Wappen u. Bildn. [3]. – Fr. W. Alexander von Scheele: Über Wappen norddeutscher Familien Scheel, Scheele, Schele, von Scheel u. von Scheele: Dtsch. Herold **60** (1929) 73–77 m. 4 Abb. [3]. – Deutscher Wappenkalender **12** (1938) 499–501 m. Abb. S. 483 [3].

Bibliogr. Gustav H. J. Dahl: Scheeleiana: Svensk Farmac. Tidskr. **39** (1935) 365–369, 405–407, 421–424, 437–438; **40** (1936) 137–141, 213–218, 238–242, 269–271; **42** (1938) 357–359 [Farmac. Inst. Stockholm]. – Otto Zekert: Carl Wilhelm Scheeles Veröffentl. in den Abh. der kgl. schwed. Akad. Wiss.: Arch. Pharmaz. Ber. Dtsch. pharmaz. Ges. **281** (1943) 1–8 [3]. – Cat. gén. Bibl. nat. **164** (1943) Sp. 1013–1015 (9 Nr.) [3]. – Brit. Mus. Gen. Cat. **214** (1964) Sp. 310–311 (21 Nr.) [3].

Briefe Carl Wilhelm Scheele. Nachgelassene Briefe u. Aufzeichnungen. Hrsg. von A. E. Nordenskjöld (Stockholm [1892]) XLIII, 491, 6 S. m. Titelbildn., 1 faks. Brief, 2 Taf., Lebensbeschr. VII–XXXIV, Schr.- u. Lit.-Verz. XXXV–XLIII [3]. – Edv. Hjelt: Från ett besök hos C. W. Scheele år 1782. Ett bref från Joh. Gadolin: Öfversigt Finska Vetenskaps-Soc. Förhandl. **54**, 1911–1912 (1912) Afd. A Nr. **5**, S. 1–4 m. Abb. [Ha 2]. – Zwölf Briefe von Carl Wilhelm Scheele: Pharmaz. Mh. **5** (1924) 165–169, 181–185 [101]. – Wilhelm Brachmann: Unbekannte Scheele-Briefe [Neudruck von 8 Briefen, die C. W. Scheele 1778–1781 an den Botaniker Friedrich Ehrhart (1742–1795) in Hannover schrieb]: Dtsch. Apotheker-Ztg. **96** (1956), Beil. Gesch. Pharmaz. Nr. 29, S. 10–13; Nr. 40, S. 22–24; Nr. 51, S. 26–27 [15; 101]. – Uno Boklund: A lost letter from Scheele to Lavoisier: Lychnos **1957–1958**, S. 39–62 m. 1 Abb. [UB Basel].

Biogr. L. Crell: Einige Nachrichten von den Lebensumständen Carl Wilhelm Scheelens: Chem. Ann. **1** (1787) 175–192 [3]. – C. G. Sjöstén: Åminnelse-tal, hallit ... öfver Carl Vilhelm Scheele den 14. Oct. 1799 (Stockholm 1801) 84 S. [14]. – [C. G. Salzmann]: Denkwürdigkeiten aus dem Leben ausgezeichneter Teutschen des 18. Jahrhunderts (Schnepfenthal 1802) 233–235 [3]. – Guérard fils: Biographie universelle, ancienne et moderne **41** (Paris 1825) 90–92 [3]. – F. M. Franzén: Minne af chemisten C. W. Scheele: Svenska akad. handl. ifrån år **1796**, D 12 (Stockholm 1829) 533–544 [Kgl. Bibl. Stockholm]. – J. F. Sacklén: Sveriges Apotekarehistoria (Nyköping 1833) 253–260 [Kgl. Bibl. Stockholm]. – A. E. Nordenskjöld: Pharmaceut. Tidskr. **1862**, 177–182 [Kgl. Bibl. Stockholm]. – Paul-Antoine Cap: Études biographiques pour servir à l'histoire des sciences **2** (Paris 1864) 233–272 [BPU Genf]. – Alfred-Etienne Leconte: Notice biographique ... (Lyon 1885) 4 p. [BN Paris]. – P. T. Cleve: Carl Wilhelm Scheele. Ett minnesblad på hundrade årsdagen af hans död (Köping 1886) 54 S., 1 Faks., 8 Abb. [Kgl. Bibl. Stockholm]. – A. Gautier: Biographies scientifiques: Rev. scient. (3) Jg **23**, Bd. **11** (1886) 769–783 m. 5 Abb. [15]. – Poleck: Jber. Schles. Ges. vaterländ. Cultur **1886** (1887) XXIX–XXX [Ha 2]. – A. E. Nordenskjöld: Gaea **29** (1893) 425–438 [Ha 2]. – Edv. Hjelt: C. W. Scheele von einem Zeitgenossen geschildert: Chemiker-Ztg. **37** (1913) 277–278 [3]. – Otto Zekert: K. W. Scheele. Histor. Studie: Pharmaz. Mh. **1** (1920) 121–133, 137–145, 152–160, 168–176 [101]. – Charles M. van Deventer: Grepen mit de Historie der Chem. (Haarlem 1924) 199, 293, 302, 325, 326, 491, 499 [1a]. – Otto Zekert: Pharmaz. Mh. **10** (1929) 114 [101]; Pharmaz. Ztg. **74** (1929) 636–640 [101]. – Buch der großen Chemiker. Hrsg. von Günther Bugge **1** (Berlin 1929) 280–289 m. Bildn. [3]. – Fritz Ferchl: Von Libau bis Liebig. Chemikerköpfe u. Laboratorien (Mittenwald 1930) 61–68 (Monogr. zur Gesch. der Pharmaz., 2) [15]. – M. A. Bloch: Biogr. spraw. **2** (Leningrad 1931) 643–645 m. Abb. des Denkmals [15]. – Otto Zekert: Carl Wilhelm Scheele. Sein Leben u. seine Werke **1** (Mittenwald 1931) 33 S.; **2** (1932) 40 S.; **3–7** (1934) 303 S. [14; 101]. – F. Henrich in: Handwörterbuch der Naturwiss. 2. Aufl. **8** (Jena 1933) 1033 [3]. – S. Gullström: C. W. Scheele (Stockholm 1934) 24 S. [Kgl. Bibl. Stockholm]. – Peter Pooth: Carl Wilhelm Scheele: Pommersche Jb. **28** (1934) 91–133 m. 4 Stammtaf., Lit.Verz. [3; 15]. – M. E. Weeks: The discovery of the elements (Easton, Pa 1935) 44–46 m. Bildn. [14]. – Bengt Hildebrand: Scheele forskning och Scheele litteratur: Lychnos (Uppsala) **1936**, 76–102 [Kgl. Bibl. Stockholm]. – Otto Zekert: Carl Wilhelm Scheeles Laufbahn in Schweden: Dtsch. Apotheker-Ztg. **51** (1936) 759–761 [3]. – Georg Lockemann: Scheele als Mensch u. Forscher: Forsch. u. Fortschr. **12** (1936) 234–235 [Ha 2]; auch in: Pharmaz. Ztg. **81** (1936) 604–608 m. Bildn. [101]. – Peter Pooth: Pommersche Jb. **33** (1939) 63–78 [3]. – Rudolf Winderlich: Unterr.Bl. Math. Naturwiss. **45** (1939) 262–265, 284–287 [101]. – Das geistige Pommern. Große Deutsche aus Pommern (Stettin [1939]) Nr. 101, S. 57 [14]. – Philipp Lenard: Große Naturforscher. 4. Aufl. (München 1941) 126–133 m. 2 Bildn. [3]. – Otto Zekert: Deutsche Apotheker (Berlin, Wien 1942) 25–41 m. Bildn., Faks. [14]; 2. Aufl. u. d. T.: Berühmte Apotheker (Stuttgart 1955) 56–77 m. Bildn., 2 Denkmälern u. Faks. [14]. – Holzhauer: Zahnärztl. Mitt. **33** (1942) 499 [101]. – Rudolf Winderlich: Z. komprimierte u. flüssige Gase **37** (1942) 129–130 [101]. – Walter Zimmermann: Süddtsch. Apotheker-Ztg. **82** (1942) 399–401 [16]. – Karl Leutner in: Deutsche, auf die wir stolz sind (Berlin 1955) F. 1, S. 78–81 m. Bildn.; 2. Aufl. (1960) [14]. – Georg Lockemann in: Günther Bugge,

Das Buch der große Chemiker 1 (Weinheim 1955) 274–290 m. Bildn., Abb., Lit.Verz. [3]. — Georg Anders: Wiss.u . Fortschr. 6 (1956) 373 m. Bildn. [101]. — Drogist 2 (1956) Nr. 8, S. 26–27 m. 1 Bildn., 1 Abb. [101]. — George Urdang: The apothecary chemist Carl Wilhelm Scheele. A pictorial biography. 2nd ed. (Madison 1958) 66 S. m. Abb. [L 5]. — Sten Söderberg: Carl Wilh. Scheele, den världsberömde Apotekaren: Industria (Stockholm) 55 (1959) Nr. 9, S. 59, 96, 98, 100, 102 [TH Bibl. Stockholm]. — Otto Zekert: Carl Wilhelm Scheele: Apotheker-Chemiker-Entdecker (Stuttgart 1963) 149 S. m. 32 Abb. (Große Naturforscher, 27) [101].

Zum 100. Todestag F. A. Flückiger: Arch. Pharmaz. (3) 24 (1886) 368–392, 417–444 m. Bildn. [14].

Zum 150. Geburtstag Carl Wilhelm Scheele: Efterlemnade bref och anteckningar, utg. of A. E. Nordenskjöld (Stockholm 1892) XL, 490 S. m. Titelbildn., 4 S. faks. Briefe [14]. — Lennart Smith: Förh. Fysiogr. Sällskapetets Lund 7, 1937 (1938) Vetenskap. Medd. 80–98 m. Bildn. u. Faks. [Ha 2].

Zum 150. Todestag Paul Diergart: Dtsche u. schwed. Scheele-Gedenkfeiern: Mitt. Gesch. Med., Naturwiss. u. Techn. 36 (1937) 126 [3]. — K. Pejml: Ein Apothekergenie [tschech.]: Časopis českoslov. lékárnictva 16 (1936) Nr. 7, S. 143–149 m. 2 Abb. [UB Prag]. — Ernst H. Riesenfeld: Svensk kem. Tidskr. 48 (1936) 131–134 [18]. — Hermann Ulbrich-Hannibal: Dtsch. Apotheker-Ztg. 51 (1936) 721–723 m. 2 Abb. [3]; Werk [Düsseldorf] 16 (1936) 229–230 [61]. — Otto Zekert: Carl Wilhelm Scheele. Gedenkschr. (Wien 1936) 57 S. m. 1 Bildn. [3]. — Otto Zekert: Pharmaz. Mh. 17 (1936) 105–106 [101]. — Carl-Wilhelm-Scheele-Gedenkfeier in Stralsund: Dtsch. Apotheker-Ztg. 51 (1936) 742–745 [3]. — Dtsch. Chemiker 2 (1936) 30–31 [101].

Zum 200. Geburtstag Helmer Bäckström: Nordisk Tidskr. Fotografi 26 (1942) 221–224 m. 2 Abb. [UB Lund]. — Vincenzo Bianchi: Boll. chim. farmac. (Milano) 81 (1942) 159–160 [UB Bern, Pharmaz. Inst.]; Sapere (Milano) 9 (1943) 99 m. Bildn., 2 Abb. [Bibl. Canton Lugano]. — Fröhner: Zivilversorgung 48 (1943) 234 m. Bildn. [101]. — K. F. Hoffmann: Zahnärztl. Rdsch. 51 (1942) 1537–1538 [3]. — Axel Jermstad: Norges Apotekerforen. Tidsskr. (Oslo) 50 (1942) 430–437 m. Bildn. [Farmaceut. Inst. Bibl. Stockholm]. — H. Loewe: Chemiker-Ztg. 66 (1942) 567–572 [3]. — Erik Ohlsson: Svensk farmac. Tidsskr. 47 (1943) 1–11 [Farmaceut. Inst. Bibl. Stockholm]. — Peter Pooth: Bollwerk 14. (1943) 10–11 m. Bildn. u. Abb. [101]. — Hans Schlesch: Arch. Pharmaci og Chemi (Kopenhagen) 50 (1943) 75–85 [1]. — M. Schofield: Pharmac. J. 149 (1942) 21 [Le 1]. — K. Steiger: Schweizer Apotheker-Ztg. 80 (1942) 691–696 [101]. — M. Ussanowitsch: Chem. u. Ind. [russ.] 20 (1942) 276–279. — H. Valentin: Süddtsch. Apotheker-Ztg. 82 (1942) 392–393 [101]. — Edouard Vincent: Ann. Chim. analyt. (4) 25 (1943) 29–31 m. Bildn., Faks.-Ms., 2 Abb. [Ha 4]. — Paul Walden: Forsch. u. Fortschr. 18 (1942) 359–360 [3]; Chemie 55 (1942) 379–380 [101]; Z. anorg. u. allg. Chem. 250 (1942/43) 230–235 [3]. — K. R. Webb: Chemistry and Ind. 62 (1943) 139–141 [89]. — Rudolf Winderlich: Aus der Heimat 55 (1942) 157–162 [Ha 2]. — Otto Zekert: Wiener pharmaz. Wschr. 75 (1942) 354–358 [101]; Dtsch. Apotheker-Ztg. 57 (1942) 384–388 [3]; Scientia Pharmaceutica 13 (1942) H. 11/12, 49–61 m. 35 Abb. [101]. — Chem. Ind. 66 (1943) H. 1, S. 11 [11]. — Dtsch. Techn. 11 (1943) 32 m. Bildn. [101]. — Farben-Chemiker 14 (1943) 7–8 [101]. — Pharmaz. Ind. 10 (1943) 71 [101]. — Technik-Industrie u. Schweizer Chemiker-Ztg. 25 (1942) 289–293 [LB Bern].

Zum 210. Geburtstag Ferdinand Schmidt: Dtsch. Apotheker-Ztg. 92 (1952) 971–972 m. Bildn. [101]; Pharmazie 8 (1953) 352–353 m. Bildn. [3].

Weitere Lit. Johann Friedrich Gmelin: Gesch. der Chem. seit dem Wiederaufleben der Wiss. bis an das Ende des 18. Jahrhunderts (Göttingen 1799) 256–261, 401–403 u. öfter [3]. — Vicq-d'Azyr: Éloges historiques 2 (Paris 1805) 19–47 [3]. — Ferdinand Hoefer: Histoire de la Chimie ... (Paris 1842/43); 2. Aufl. (Paris 1866–1869) [BPU Genf]. — Hermann Kopp: Gesch. der Chem. (Braunschweig 1843–1847) siehe Reg. [3]; Die Entwicklung der Chem. in der neueren Zeit (München 1873) siehe Reg. S. 853 [3]. — A. Philippe: Gesch. der Apotheker bei den wichtigsten Völkern der Erde. Aus dem Französ. übersetzt von Hermann Ludwig 2. Aufl. (Jena 1858) 48, 346, 533, 536, 608, 617, 618, 620, 687, 690, 691, 692, 694, 695, 696, 697, 787, 1025 [39]. — C. W. Blomstrand: Minnesteckning öfver Carl Wilhelm Scheele: Lefnadsteckningar öfver Kongl. svenska vetenskaps akademiens efter år 1854 aflidna ledamöter 3 (1886) 1–38 [Bibl. Stockholm]. — Edward Thorpe: Essays in historical chemistry (London, New York 1894) 53–69 [15]; 2. Aufl. (London 1911). — Friedrich Dannemann: Grundriß einer Gesch. der Naturwiss. 1 (Leipzig 1896) 167–174 [15]. — Siegmund Günther: Gesch. der anorg. Naturwiss. im 19. Jahrhundert (Berlin 1901) 10, 11, 180, 225, 252, 708 [3]. — F. Fittica: Über die Entdeckung des Sauerstoffs u. die Verabschiedung des Phlogistons: Dtsch. Revue 28, 3 (1903) 351–356 [3]. — Hermann Schelenz: Gesch. der Pharmaz. (Berlin 1904) 555–558, 560, 603, 612, 815 [3]. — Albert Ladenburg: Vortr. über die Entwicklungsgesch. der Chem. von Lavoisier bis zur Gegenwart 4. Aufl.

(Braunschweig 1907) 10, 11, 17, 19–21, 25, 83, 84, 121 [3]. — Julius Berendes: Das Apothekerwesen, seine Entstehung u. geschichtl. Entwicklung bis zum 20. Jahrhundert (Stuttgart 1907) 174, 190 [3]. — Matthew Moncrieff Pattison Muir: A history of chem. theories and laws (New York 1907) 39–43, 209 [25]. — Aus der Gesch. der schwed. Med.: Reisebericht des Komitees zur Veranstaltg. ärztl. Studienreisen 7 (Berlin 1908) 96–114 [3]. — S. M. Jörgensen: Die Entdeckung des Sauerstoffs. Aus dem Dänischen von Vilhelm Ostwed u. Max Speter (Stuttgart 1909) 111–172 (Slg. chem. u. chem.-techn. Vortr., 14) [15]. — F. D. Chattaway: The discovery of chlorine by Scheele: Chem. News **101** (1910) 25–26 [89]. — Friedrich Dannemann: Die Naturwiss. in ihrer Entwicklg. u. in ihrem Zusammenhange **2** (Leipzig 1911) 186, 309, 401 [3]; 2. Aufl. **3** (Leipzig 1922) 155–162, 168, 293 [3]. — Georg Lockemann: Zum 100jähr. Jubil. von Avogadros Hypothese: Arch. Gesch. Naturwiss. Techn. **3** (1911) 357–364 [3]. — Die Kultur der Gegenwart, ihre Entwicklg. u. ihre Ziele, hrsg. von Paul Hinneberg Teil 3, Abt. 3, Bd 2, 1. u. 2. Abschn.: Gesch. der Chem. von Ernst von Meyer (Leipzig, Berlin 1913) 10, 12, 13, 302, 328, 479, 492, 514 [3]. — Kirstine Meyer: Die Entwicklung des Temperaturbegriffs im Laufe der Zeiten (Braunschweig 1913) 127–129 (Die Wiss., 48) [15]. — Ernst von Meyer: Gesch. der Chem. von den ältesten Zeiten bis zur Gegenwart. 4. Aufl. (Leipzig 1914) 116–122, 132, 153, 359 u. öfter [14]. — Schrohe: Karl Wilhelm Scheele, der fruchtbarste Säureforscher: Dtsch. Essigindustrie **19** (1915) 253–256 m. 2 Abb. [101]. — F. Henrich: Ernst von Meyer †: Mitt. Gesch. Med. u. Naturwiss. **15** (1916) 280 [3]. — W. Herz: Grundzüge der Gesch. der Chem. (Stuttgart 1916) 45–46, 49, 67 [3]. — Nordiska Museet. Farmaceutiska afdelingen. Rum 113–114. Vägledning utarbetad af Karl Ahlberg och Axel Kockum. Medicinalia från Carl Wilhelm Scheeles apotek af Axel Kockum (Stockholm 1916) 68 S. m. 34 Abb. [Kgl. Bibl. Stockholm]. — Hugo Bauer: Gesch. der Chem. **1** (Berlin, Leipzig 1921) 3. Aufl. S. 60, 66, 68, 72, 74, 76, 79, 80, 82, 85, 89, 95 [14]. — Eduard Färber: Die geschichtl. Entwicklg. der Chem. (Berlin 1921) 62–64, 70–71, 75, 77, 83, 86, 148, 150, 232 [101]. — William A. Tilden: Famous chemists. The men and their works (London 1921) 53–62 [Brit. Mus.]. — Paul Diergart: Die angebl. Entdeckung des Sauerstoffs vor 150 Jahren: Köln. Ztg. **1924**, Nr. 575 vom 15. Aug. [38]. — Lexikon deutscher Familien **2** (Nürnberg 1925) 47–48 [3]. — Arthur Tröndle: Gesch. des Atmungs- u. Ernährungsproblems bei den Pflanzen (Zürich, Leipzig 1925) 21–22 (m. Bildn.), 103 (Veröff. Schweizer Ges. Gesch. Med. u. Naturwiss., 4) [101]. — Ludwig Darmstaedter: Naturforscher u. Erfinder (Bielefeld, Leipzig 1926) 82–84 [3]. — I. Koppel: Beitr. zur Entdeckungsgesch. des Wolframs: Chemiker-Ztg. **50** (1926) 969–971 [3]. — Albert Neuburger: Vom Schattenriß zum sprechenden Film. In: Pfadfinder der Kultur. Männer u. Taten der Techn. (München 1926) 194–230 m. 5 Abb. [101]. — H. G. Söderbaum: Some notes of Carl Wilhelm Scheele: Skandinav. Arch. Physiol. **49** (1926) 60–74 [3]. — Josef Maria Eder: Unrichtige Angaben über die Gesch. der Photogr. in der naturwiss. Lit.: Naturwiss. **15** (1927) 653–654 [3]. — Richard Meyer: Vorlesungen über die Gesch. der Chem. (Leipzig 1927) 6–7, 31, 56–58, 62, 110, 403 [101]. — Otto Zekert: Probl. aus der Gesch. der Chem.: Pharmaz. Mh. **8** (1927) 126–137, 146–162, 166–174 [Le 1]. — Ch. M. van Deventer: Carl Scheele's synthese van Cyaankalium: Chem. Weekbl. **25** (1928) 101–102 [Le 1]. — Eric John Holmyard: Makers of Chemistry (Oxford 1931) 164, 186–189, 197, 207, 208, 242, 274 [15]. — Max Speter: Carl Wilhelm Scheeles Essig „Pasteurisier-Methode“ (1782): Dtsch. Essigind. **35** (1931) 106 [101]. — Josef Maria Eder: Gesch. der Photogr. 4. Aufl. **1**, 1 (Halle 1932) 130–133 m. Bildn. [3]. — Ferchl: Der dtsch. Apotheker als Kulturträger Deutschlands: Ekkehard **9** (1933) 111–112 [3]. — Richard Koch: Phlogistontheorie u. Animismus: Techn.-Ind. u. Schweiz. Chemiker-Ztg. **17** (1934) 177–178 [UB Basel]. — Max Speter: Carl Wilhelm Scheeles Sauerstoffinhalierungseinrichtungsvorschläge (1786): Draeger-Hefte **175** (1934) 2730 m. 1 Abb. [Ha 2]. — Fritz Ferchl u. Armin Süßenguth: Kurzgesch. der Chem. (Mittenwald 1936) 122, 123, 125, 136, 137, 138, 139, 140, 146, 147, 156, 164, 171, 178, 195 (m. Bildn. u. Faks.) [3]. — Wolfram Leonhardi: Zur Gesch. der Tinte: Chemiker-Ztg. **60** (1936) 125–127 [3]. — Felix Strauhal: Scheeles Arbeiten u. ihre Bedeutung für die prakt. Chem.: Angew. Chem. **49** (1936), Beil.: Der dtsch. Chemiker **2** (1936) 58–59 [101]. — Scheeles Tod: Angew. Chem. **50**, 2 (1937), Beil.: Der dtsch. Chemiker **3** (1937) 36 [101]. — Julius Ruska: Über die Anfänge der wiss. Chem.: Forsch. u. Fortschr. **13** (1937) 380 [Ha 2]. — Mémoires de Karl Wilhelm Scheele u. a.: Halogènes et composés oxygènes du Chlore (Paris 1938) 147 [1a]. — Rudolf Winderlich: Wie lernt man Chem.? (Braunschweig 1939) 22, 23, 25, 26, 29, 30, 32, 36, 82, 121 [101]. — Carl Wilhelm Scheele, der ausschließl. 1. Entdecker der Gas-Sorb-Eigensch. der Holzkohle (1773, 1777): Beil. zu Draeger-Heft 204 von Jan./März 1940, S. 5–10 m. Bildn. [Ha 2]. — C. G. van Arkel: De rol van apothekers in de ontwikkelungs geschiedenis van de scheikunde: Pharmac. Weekbl. **77** (1940) 969–972 [TH Delft]. — Paul Walden: Überwindung der Antike in der Chem.: Angew. Chem. **53** (1940) 151–152

[101]. — Johan Nordström: Några bortglömda brev och tidskriftbidrag av Carl Wilhelm Scheele: Lychnos (Stockholm) **1942**, 177–233 [UB Basel]. — K. Keil: K. W. Scheele u. die Entdeckung des Sauerstoffs: Z. angew. Meteorol. **59** (1942) 288–290 [101]. — H. Valentin: Carl Wilhelm Scheele im Lichte der Phlogistontheorie: Süddtsch. Apotheker-Ztg. **82** (1942) 392–393 [16]. — Karl Franz Hoffmann: Der Entdecker des Sauerstoffs: Propyläen **40** (1942) 19–20 [101]. — W. Lohmann: Drei dtsch. Forschern zum Gedenken: Dtsch. Mineralwasser-Ztg. **47** (1943) 9–10 [101]. — Paul Walden: 3 Jahrtausende Chem. (Berlin [1944]) 127–129 [3]. — Mary Elvira Weeks: Discovery of the elements. 5. Aufl. (Easton, Pa. 1948) 54–55, 99–102, 322–323, 438–439, 455–456 m. 1 Bildn., 1 Abb. [14]. — Lauritz Gentz: Carl Wilhelm Scheeles utseende. In: Die Vortr. der Hauptverslg. der Internat. Ges. Gesch. Pharmaz. in Hamburg–Harburg Juni 1949 (Eutin 1950) 27–32 [101]. — Georg Lockemann: Gesch. der Chem. in kurzgef. Darst. **1** (Berlin 1950) 115–129 m. Bildn. (Slg. Göschen, 264) [14]. — Edward Kremers and George Urdang: History of Pharmacy 2. Aufl. (Philadelphia, London, Montreal 1951) 462, 464, 470, 474, 573 [1]. — Henry M. Leicester and Herbert S. Klickstein: A source book in Chemistry (New York, Toronto, London 1952) 101–112 m. 2 Abb. [3]. — Physiker-Anekdoten. Ges. u. mitget. von Kollegen. Illustr. von Erika Brüche. F. 2 (Mosbach 1953) 48 [101]. — Lauritz Gentz: Apotekarexamina från C. W. Scheele år 1837: Svensk farmac. Tidskr. **58** (1954) 533–544 [Univ. Bern, Pharmaz. Inst.]. — Lauritz Gentz: Carl Wilhelm Scheeles „Chem. Abh. von der Luft u. dem Feuer" u. seine Mitwelt. Eine Übersicht (Eutin 1955) 55 S. m. Abb. (Veröff. Internat. Ges. Gesch. Pharmaz. N.F. **6**) [24]; C. W. Scheele och hans samtid: Svensk farmac. Tidskr. **59** (1955) 869–872 [Univ. Bern, Pharmaz. Inst.]. — Helmut Gernsheim and Alison Gernsheim: The history of photography (London–New York–Toronto 1955) 23, 24, 25, 30, 32 [3]. — Schmelz: Berühmte Apotheker: Dtsch. Apotheker-Ztg. **95** (1955) 580–581 [101]. — Lauritz Gentz: Scheele, Lavoisier u. die moderne Chem.: Pharmaz. Ztg. **101** (1956) 955–956 [101]. — G. E. Dann: Scheele u. Klaproth, eine vergleichende Betrachtung: Svensk farmac. Tidskr. **62** (1958) 433–437 [Univ. Bern, Pharmaz. Inst.]. — Lauritz Gentz: Hur sg̊ C. W. Scheele ut?: ebda 373–394 [Univ. Bern, Pharmaz. Inst.]; Referat in: Dtsch. Apotheker-Ztg., Geschichtsbeil. **11** (1959) Nr. 1, S. 4–6 m. 7 Bildn. [101]. — Erik Ohlsson: Ur den organìska kemèns historia: Svensk. pharmac. Tidskr. **63** (1959) 373–376 m. 1 Abb. [Pharmaz. ZB Bern]. — Gustav Erdmann u. Herbert Ewe: Stralsund. Chronik einer Stadt im sozialist. Aufbau. 2. Aufl. (Stralsund 1960) 22 m. Bildn. [14]. — R. Sachtleben, A. Hermann: Große Chemiker. Von der Alchemie zur Großsynthese (Stuttgart 1960) 20 m. Bildn. [101]. — J. R. Partington: The discovery of oxygen: J. chem. Educat. **39** (1962) 123–125 [Le 1]. — Wannenmacher: Oesterr. Apotheker-Ztg., Beil.: Scientia pharmaceutica **17** (1963) 352–354 [1; 101]. — Uno Boklund: Varför Scheele måste börja tala engelska: Svensk farmac. Tidskr. **68** (1964) 967–979 m. 14 Abb. [Pharmaz. ZB Bern]. — Wolfgang Baier: Quellendarst. zur Gesch. der Fotogr. (Leipzig 1965) 25, 36, 39, 335, 363 m. Bildn. S. 562 [3]. — J. Eric Jorpes: Jac. Berzelius. His life and work (Stockholm 1966) 17–18, 29, 36, 49, 60, 65, 82, 103, 108 (Bidrag till Kungl. Svenska Vetenskaps-akademiens Historia, 7) [3].

Bildn. Titelkupfer in: Allg. J. Chem., hrsg. von Scherer **5** (Leipzig 1801) [3]. — Arch. Chem. u. Meteorol. Hrsg. von K. W. S. Kastner **1** (Nürnberg 1830) Titelbildn. [14]. — Sveriges Historia från äldsta tid till våra dagar (Stockholm 1879) D 5, S. 393 [14]. — Paul Diergart: Bronzestatue von K. W. Scheele in Köping: Mitt. Gesch. Med. u. Naturwiss. **12** (1913) 128 [3]. — S. Gullström: Carl Wilhelm Scheele. Einige Irrtümer früherer Biographen. Das gefundene Porträt. In: Die Vorträge der Hauptversammlung der Ges. für Gesch. der Pharmaz. u. Internat. Kongr. für Gesch. der Pharmaz. Basel Mai 1934 (Mittenwald o. J.)179–188 m. 3 Bildn., 2 Abb. [101]. — Umschau **40** (1936) 413 (Plakette) [14]. — Die Großen Deutschen im Bild. Hrsg. von Alfred Hentzen u. Niels von Holst (Berlin 1936) 200 [3]. — Pharmazie **6** (1951) 274–275 m. Bildn. (Plakette) [3].

II, III **SCHEERER,** Karl Johann August Theodor. Mineral., Chem. — 1830–1832 stud. Bergakad. Freiberg; 1833–1839 Hüttenmeister in der Blaufarbenfabr. in Modum (Norwegen); 1840 Dr. phil. Univ. Berlin; 1841–1847 Lektor metallurg. Praktik u. Fabriklehre Univ. Christiania; 1848–1873 Prof. Chem. Bergakad. Freiberg; 1862 Bergrat; seit 1873 emer. in Dresden lebend.

*1813, Aug. 23, Berlin;

†1875, Juli 19, Dresden.

Bibliogr. Cat. scient. Papers **5** (1871) 447–451 (111 Nr.); **8** (1879) 846–847 (18 Nr.); **11** (1896) 300 (1 Nr.) [3]. — Cat. gén. Bibl. nat. **164** (1943) Sp. 1023–1024 (3 Nr.) [3]. — Brit. Mus. Gen. Cat. **214** (1964) Sp. 318 (15 Nr.) [3].

Nekr. H. B. Geinitz: Leopoldina **11** (1875) 117–120 [Ha 2]. — von Kobell: S.-Ber. Akad. Wiss. München, math.-physik. Kl. **6** (1876) 113–116 [Ha 2].

Biogr. Bernhard von Cotta: Die Geol. der Gegenwart (Leipzig 1866) XXXIV, 6, 28, 58, 369, 370 [3]. – Max Ring: Erinnerungen **1** (Berlin 1898) 104 [3]. – J. B. Halvorsen: Norsk Forf. Lex. **5** (1901) 81–82 [14]. – C. Schiffner: Aus dem Leben alter Freiberger Bergstudenten **1** (Freiberg 1935) 246–247 m. Bildn. [3; 14]. – Männer des Metallhüttenwesens (Freiberg 1942) 141–142 m. Bildn. [101]. – Hans-Georg Schäfer: Chem. Lehre u. Forschung in Freiberg: Bergakademie [Freiberg] **7** (1955) 255 m. Bildn. [3]. – Walter Schellhas: Erinnerungen eines alten Freiberger Bergstudenten: Blende **1955**, Febr. S. 3–9 [105].

Bildn. Frederick Gleason Corning: A student reverie (New York 1920) Taf. 16 nach S. 24 [14].

II **SCHEFFELT,** Michael. Math. – Ausbildung zum Kaufmann im Geschäft des Vaters in Ulm, dann als socher in Nürnberg u. auf Reisen tätig; seit 1675 ernstlich mit Math. beschäftigt; 1716 hält er Vorlesungen über Arithmetik u. Geometrie in Ulm; dort 1717 zum Lektor Arithmetices ernannt.

*1652, Febr. 20, Ulm;
†1720, Juli 11, Ulm.

Bibliogr. Cat. gén. Bibl. nat. **164** (1943) Sp. 1043 (1 Nr.) [3]. – Brit. Mus. Gen. Cat. **214** (1964) Sp. 333 (5 Nr.) [3].

Biogr. Albrecht Weyermann: Nachrichten von Gelehrten, Künstlern u. anderen merkwürdigen Personen aus Ulm (Ulm 1798) 462–463 [3]. – M. Cantor: ADB **30** (1890) 676 [3].

Weitere Lit. [Hermann] Keefer: Michael Scheffelts mech. Maß-Stab aus dem 17. Jahrhundert: Besondere Beil. Staatsanzeiger Württemberg **1911**, Nr. 3 [24]. – Ernst Zinner: Deutsche u. niederländ. astron. Instrumente des 11. bis 18. Jahrhunderts (München 1956) 184, 194, 195, 499 [Ha 2].

II **SCHEIBLER,** Johann Heinrich. Akustik. – Seidenfabrikant in Krefeld, der sich durch akust. Beob. u. Erfindungen bekannt machte.

*1777, Nov. 11, Montjoie,
†1838, Nov. 20, Krefeld.

Genealog. Westdeutsche Ahnentafeln **1** (Weimar 1939) 307–314, 328–359 m. Bildn. [3]. – Walter Scheibler: 300 Jahre Familie Scheibler im Rheinland: Mitt. Westdtsch. Ges. Familienkde [Köln] **44** (1957) Sp. 257–266, 345–350 [38].

Bibliogr. Cat. gén. Bibl. nat. **164** (1943) Sp. 1113 (2 Nr.) [3]. – Brit. Mus. Gen. Cat. **214** (1964) Sp. 373 (7 Nr.) [3].

Biogr. Robert Eitner: ADB **30** (1890) 702–704 [3]. – Rudolf Kirch: Heimat [Krefeld] **3/4** (1931) 170–172 [72]. – Bemerkungen zum vor. Aufsatze: ebda **13** (1934) 44–48 m. Bildn. [72]. – Hermann Waltz: Allg. Musikztg. **61** (1934) 160–161 (m. Schr.Verz.) [15].

SCHEIBLER, Carl Bernhard Wilhelm. Zuckerchem. – 1853–1857 Ass., 1861 Dr. phil. Univ. Königsberg; 1859–1866 Chemiker der Pommerschen Provinzialzuckersiederei Stettin; 1866–1878 Leiter des Versuchslabor des Vereins für die Rübenzuckerind. Berlin, dazu 1868–1882 Doz. landw. Technol. am landwirtsch. Lehrinst. (spätere Landw. Hochsch.); 1880 Titel Prof.; 1877–1882 Mitgl. des Patentamts; seit 1877 Herausgeber der von ihm gegründeten „Neue Zeitschr. für Zuckerind.“

*1827, Febr. 16, Gemeret bei Eupen;
†1899, Apr. 2, Berlin.

Bibliogr. Cat. scient. Papers **5** (1871) 452 (7 Nr.); **8** (1879) 847–848 (23 Nr.); **11** (1896) 301 (7 Nr.); **18** (1923) 498–499 (23 Nr.) [3].

Nekr. P. Degener: Ber. Dtsch. chem. Ges. **33** (1900) 3839–3846 m. Bildn. u. Faks. [3]. – Ernst Glanz: Neue Z. Rübenzucker-Ind. **42** (1899) 145–160 m. Bildn. u. Schr.Verz. [Ha 4]. – C. Liebermann: Ber. Dtsch. chem. Ges. **32** (1899) 981–985 [3]. – Chemiker-Ztg. **23** (1899) 309–310 [3]. – Leopoldina **35** (1899) 77–78 [Ha 2]. – Z. Ver. Dtsch. Zuckerind. **49** (36) (1899) 69, 75–85 m. Bildn. u. Schr.Verz. [Ha 4].

Zum 70. Geburtstag Edmund O. von Lippmann: Dtsch. Zuckerind. **22** (1897) Sp. 250–252 [3].

Biogr. Das deutsche Jahrhundert in Einzelschriften Teil 1: A. Wilhelmy: Gesch. der Chem. im 19. Jahrhundert (Berlin 1901) 505–506 [15]. – Paul Lindenberg: Dtsch. Zuckerind. **66** (1941) 672–674 [Ha 4]. – Ernst Birke: Aus den Anfängen der Tuchindustrie in Polen (1854): Dtsch.-poln. Begegnungen **1963**, 169–172 [292].

II **SCHEINER,** Christoph. Math., Astron. – Zuerst im Jesuitenorden in Ingolstadt, dann in Freiburg/Br.; 1610–1616 Prof. Math. u. hebräische Sprachen in Ingolstadt; Reisen nach Rom u. seit 1617 Rektor des Jesuitenkollegiums in Neiße (zugleich Beichtvater des Erzherzogs Karl).

*1575, Wald bei Mindelheim, Schwaben;

†1650, Juli 18, Neiße.

Bibliogr. Cat. gén. Bibl. nat. **164** (1943) Sp. 1162–1164 (11 Nr.) [3]. — Brit. Mus. Gen. Cat. **214** (1964) Sp. 393–394 (14 Nr.) [3].

Briefe Le opere di Galileo Galilei **15** (Firenze 1904) 395 S. [darin 3 Briefe: S. 47 u. S. 183 an P. Gassendi; S. 184 an A. Kircher] [Bibl. naz. Centr. Firenze]. — René Descartes: Briefe 1629–1650. Hrsg. von Max Bense (Köln, Krefeld 1949) 61, 66 [101].

Biogr. Johann Friedrich Weidler: Historia astronomiae (Wittenberg 1741) 433–435 [3]. — N. F. J. Eloy: Dictionnaire historique de la médecine ancienne et moderne **4** (Mons 1778) 205 [3]. — Johannes Nepomuk Mederer: Annales Ingolstadtiensis academiae **2** (Ingolstadt 1782) 200–202 [15]. — Weiss: Biographie universelle, ancienne et moderne **41** (Paris 1825) 99–101 [3]. —S. Günther: ADB **30** (1890) 718–720 [3]. — Anton von Braunmühl: Christoph Scheiner als Mathematiker, Physiker u. Astronom (Bamberg 1891) V, 92 S. m. 4 Bildn., 1 Faks.Brief, 8 Abb. (Bayer. Bibliothek, 24) [3]. — Joh. Schreiber: P. Christoph Scheiner S. J. u. seine Sonnenbeobachtungen: Natur u. Offenbarung **48** (1902) 1–20, 78–93, 145–158, 202–221 [25]. — C. Musmacher: Kurze Biogr. berühmter Physiker (Freiburg/Br. 1902) 52–54 [1]. — Gottfried Huber: Christoph Scheiner, Mathematiker u. Astronom: Weltall **24** (1925) 149–151 [3]. — Emil-Heinz Schmitz: Augenoptiker **8** (1953) Nr. 7, S. 14–15 [101]. — Hans Stoll: Christoph Scheiner, ein schwäbischer Astronom: Schwäb. Bl. Heimatpfl. u. Volksbildg. **9** (1958) H. 2, S. 45–49 [101].

Weitere Lit. Carl Joseph Bouginé: Handbuch der allg. Litterargesch. **5** (Zürich 1790) 152–153 [3]. — Carl Prantl: Gesch. der Ludwig-Maximilians-Univ. in Ingolstadt, Landshut, München **1** (München 1872) 444; **2** (1872) 500–501 [3]. — Rudolf Wolf: Gesch. der Astron. (München 1877) 255, 319, 361, 391–394, 587, 650 (Gesch. Wiss. in Deutschland, Neuere Zeit, 16) [3]. — J. C. Poggendorff: Gesch. der Physik (Leipzig 1879) 197, 199, 200, 201, 203, 641 [3]; Neudruck (Leipzig 1964) [101]. — August Heller: Gesch. der Physik **1** (Stuttgart 1882) 303, 321, 340–343, 352, 353, 358, 363, 388; **2** (1884) 66, 110, 111 [3]. — Antonio Favaro: Di alcune relazioni tra Galileo Galilei e Federico Gesi, illustrate de documenti inediti: Bull. bibliogr. storia sci. mat. fis. **17** (1884) 223 [15]. — Ernest Lebon: Histoire abrégée de l'astronomie (Paris 1899) 28, 127, 265 [11]. — Thomas Specht: Gesch. der ehem. Univ. Dillingen (1549–1804) u. der damit verbundenen Lehr- u. Erziehungsanstalten (Freiburg 1902) 319–320 m. Bildn. [3]. — Johann Schreiber: Die Jesuiten des 17. u. 18. Jahrhunderts u. ihr Verhältnis zur Astron.: Natur u. Offenbarung **49** (1903) 138–142 [25]. — Ed. Pergeus: Geschichtliches über das Netzhautbildchen u. den Optikuseintritt: Klin. Mbl. Augenheilkunde **42** (1904) 137–143 [3]. — Emil Wohlwill: Galilei-Studien II. Der Abschied von Pisa: Mitt. Gesch. Med. u. Naturwiss. **5** (1906) 443 [3]. — S. Günther: Zum Gedächtnis A. von Braunmühls: ebda **7** (1908) 364 [3]. — E. Wohlwill: Zur Gesch. der Entdeckung der Sonnenflecken: Arch. Gesch. Naturwiss. Gesch. **1** (1908) 445–452 [15]; Galilei u. sein Kampf für die copernicanische Lehre **1** (Hamburg 1909) 237, 396, 472; **2** (Leipzig 1926) 102, 105, 145, 163, 195, 393 [3]. — Walther von Dyck: Georg von Reichenbach. Deutsches Museum. Lebensbeschreibungen u. Urkunden **1** (München 1912) 50 m. Fig. Nr. 29 [3]. — Josef Schaff: Gesch. der Physik an der Univ. Ingolstadt. Phil. Diss. Erlangen (Erlangen 1912) 11, 38, 64, 86, 91, 104, 108–110, 128, 131, 196, 210, 221 [3]. — S. Günther: Emil Wohlwill: Mitt. Gesch. Med. u. Naturwiss. **11** (1912) 246 [3]. — Giuseppe Boffitto: Gli strumenti della scienza e la scienza degli strumenti con l'illustrazione della tribuna di Galileo (Firenze 1929) 97, 111 [11]. — Ernst Zinner: Die Gesch. der Sternkunde von den ersten Anfängen bis zur Gegenwart (Berlin 1931) 414, 474, 475, 507–510, 514, 562, 567, 600 [15]. — Hermann Hoffmann: Der Breslauer Mathematiker Theodorus Horetus S.J. (1602–1667): Jber. Schles. Ges. vaterländ. Kultur **107**, 1934 (1935) 115–118 (Brief von Ch. Scheiner, Neiße 5. Apr. 1642) [Ha 2]. — Albert König: Die Fernrohre u. Entfernungsmesser 2. Aufl. (Berlin 1937) 34, 56 m. Bildn. S. 83 [101]. — Ernst Zinner: Gesch. u. Bibliogr. der astron. Lit. in Deutschland zur Zeit der Renaissance (Leipzig 1941) 46, 79, 354, 360, 361, 363, 364, 369 [3]; Entstehung u. Ausbreitung der Coppernicanischen Lehre (Erlangen 1943) 337, 346–356, 484–496 u. öfter [101]. — René Fülöp-Miller: Macht u. Geheimnis der Jesuiten (Wiesentheid 1947) 434, 490–492, 496 m. Bildn. nach S. 560 [3]. — Newcomb-Engelmann: Populäre Astronomie 8. Aufl. (Leipzig 1948) 259, 261, 266, 269–270, 273, 397, 943 [3]. — Ernst Zinner: Astron. Instrumente des 11. bis 18. Jahrhunderts (München 1956) 64, 210, 212, 216–217, 287, 327, 499, 500, 527, 615, 618 [Ha 2]. — Rolf Riekher: Fernrohre u. ihre Meister (Berlin 1957) 32, 33, 34, 35, 64, 263 m. Bildn. u. Abb. [3]. — Wolfgang Baier: Quellendarst. zur Gesch. der Fotogr. (Leipzig 1965) 12–14 [3].

VI **SCHELENZ,** Hermann. Pharmaz. — Stud. Univ. Greifswald; 1875–1893 Besitzer der Apotheke in Rendsburg; seit 1895 in Kassel als Historiker der Pharmaz. schriftstellerisch tätig; 1920 Dr. med. e. h. Univ. Freiburg/Br.

*1848, Apr. 9, Kempen, Posen;
†1922, Sept. 28, Kassel.

Bibliogr. Cat. scient. Papers **12** (1902) 654 (1 Nr.); **18** (1923) 500 (2 Nr.) [3]. — Cat. gén. Bibl. nat. **165** (1943) Sp. 6 (3 Nr.) [3]. — Brit. Mus. Gen. Cat. **214** (1964) Sp. 402 (2 Nr.) [3].

Nekr. Hanns Fischer: Pharmaz. Zentralhalle **63** (1922) 538 [3]. — George Urdang: Ber. Dtsch. pharmaz. Ges. **32** (1922) 225–228 [Ha 17]. — Otto Zekert: Pharmaz. Mh. **4** (1923) 137 [101]. — Walter Zimmermann: ebda 137–141 m. Schr.Verz. — H. Thoms: ebda 141–142 [101]. — Pharmaz. Mh. **3** (1922) 134–136 [101]. — Pharmaz. Ztg. **67** (1922) 841–842 m. Bildn. [101].

Biogr. H. Schelenz zu seinem 50jähr. Berufsjubil.: Pharmaz. Ztg. **59** (1914) 291 [27]. — Giulio Conci: Sulla storia della farmacia: Arch. stor. sci. **6** (1925) 91–92 [Ha 2]. — Curt Schelenz: Erinnerungen an meinen Vater. In: Festschr. zum 80. Geburtstag von Josef Anton Häfliger. Bearb. von G. E. Dann (Eutin 1953) 8–15 m. Bildn. (Veröff. Intern. Ges. Gesch. Pharmaz., 1) [101]. — Wolfgang Schneider: Herm. Schelenz u. seine „Gesch. der Pharmazie“: Pharmaz. Ind. **16** (1954) 309–310 m. Bildn. u. Lit.Ang. [101]. — Johannes Valentin: Die Entwicklung der pharmaz. Chem. an der Ernst-Moritz-Arndt-Univ. Greifswald. In: Festschr. zur 500-Jahrfeier der Univ. Greifswald **2** (Greifswald 1956) 477 m. Bildn. u. Faks. [3].

Zum 70. Geburtstag Paul Diergart: Z. angew. Chem. **31** (1918) III, S. 168 [Ha 2]. — Hanns Fischer: Pharmaz. Zentralhalle **59** (1918) 87–90 [3]. — Hermann Peters: Pharmaz. Ztg. **63** (1918) 167 [101].

Zum 100. Geburtstag Georg Edmund Dann: Pharmaz. Ztg. 84 (1948) 149–151 m. Bildn. [3].

II **SCHELHAMMER,** Günther Christoph. Med., Botan. — Stud. Univ. Jena, Leipzig, Leiden; dann wiss. Reisen nach England, Frankreich, Italien; 1677 Dr. med.; 1679 Prof. Botan. Univ. Helmstedt; 1689 Prof. Anatom., Chirurgie u. Botan. Univ. Jena; 1695 o. Prof. Med. Univ. Kiel, dort auch herzogl. Leibarzt.

*1649, März 13, Jena;
†1716, Febr. 11, Kiel.

Bibliogr. Cat. gén. Bibl. nat. **165** (1943) Sp. 15–17 (15 Nr.) [3]. — Brit. Mus. Gen. Cat. **214** (1964) Sp. 407–409 (38 Nr.) [3].

Briefe H. Böttger: Leibniz u. Schelhammer korrespondieren über Akustik u. Gehörsinn: Nachr.-Bl. Dtsch. Ges. Gesch. Med. Nr. **10** (1958) 14 [101].

Biogr. Virorum clarissimorum ad Güntherum Christophorum Schelhammerum epistolae selectiores rem litterariam, philosophiam naturalem ac medicinam potissimum spectantes. Rec. . . . Chrn. Steph. Scheffelius (Vismariae et Sundii 1727) XVI, 387 S. u. unnummeriert. [Ha 2]. — J. P. Niceron: Mémoires pour servir à l’histoire des hommes illustres dans république des lettres **33** (1736) 122–141 [Ha 2]. — Christian Stephan Scheffel: Fasciculus epistolarum selectorum a viris clarissimis ad Günther Christoph Schelhammer (Lipsiae 1740) [XV], 387, [XXXVI] S., darin: Vita Schelhammeriana S. 1–111 m. Schr.Verz. [3]. — Joh. Peter Niceron: Nachrichten von den Begebenheiten u. Schriften berühmter Gelehrten . . . **18** (Halle 1758) 192–207 m. Schr.-Verz. [3]. — N. F. J. Eloy: Dictionnaire historique de la médecine ancienne et moderne . . . **4** (Mons 1778) 206–208 m. Schr.Verz. [3]. — Christian Gottfried Gruner: Alm. für Aerzte u. Nichtaerzte auf das Jahr 1785 (Jena 1785) 8 [3]. — Joh. Friedr. Blumenbach: Introductio in historiam medicinae litterariam (Göttingen 1786) 295 [3]. — Carl Joseph Bouginé: Handbuch der allg. Litterargesch. **3** (Zürich 1790) 410 [3]. — Beuchot: Biographie universelle, ancienne et moderne **41** (Paris 1825) 101–103 [3]. — Dezeimeris: Dict. hist. méd. **4** (Paris 1839) 89–92 [3]. — Karl Friedr. Sal. Liskovius: Physiol. der menschl. Stimme für Ärzte u. Nichtärzte (Leipzig 1846) 74–75 [15]. — Pagel: ADB **30** (1890) 755–756 [3]. — Georg Baku: Der Streit über den Naturbegriff am Ende des 17. Jahrhunderts: Z. Philos. u. philos. Kritik N.F. **98** (1891) 162–190 [3]. — Adam Politzer: Gesch. der Ohrenheilkunde **1** (Stuttgart 1907) 210–215 [15]. — Pagel in: Biogr. Lexikon der hervorragenden Ärzte aller Zeiten u. Völker. 2. Aufl. **5** (Berlin, Wien 1934) 62 [3]. — Festschr. zum 275-jähr. Bestehen der Christian-Albrechts-Univ. Kiel (Leipzig 1940) 171, 173, 184, 185, 359 [14]. — Ernst Giese u. Benno von Hagen: Gesch. der med. Fakultät der Friedr.-Schiller-Univ. Jena (Jena 1958) 182, 183, 184, 185, 186, 189, 194, 196, 229, 263 [3].

II–V **SCHELL,** Wilhelm Joseph Friedrich Nikolaus. Math. — Stud. in Marburg

u. Berlin; 1851 Dr. phil., 1851 PDoz., 1856 o. Prof. Univ. Marburg; 1861–1901 o. Prof. theoret. Mechanik u. synthet. Geom. TH Karlsruhe.

*1826, Okt. 31, Fulda;

†1904, Febr. 13, Karlsruhe.

Bibliogr. Cat. scient. Papers **5** (1871) 453 (8 Nr.) [3]. — Cat. gén. Bibl. nat. **165** (1943) Sp. 28 (3 Nr.) [3]. — Brit. Mus. Gen. Cat. **214** (1964) Sp. 415 (2 Nr.) [3].

Nekr. J. Lüroth: Jber. Dtsch. Math.-Verein. **14** (1905) 113–121 m. Bildn., Faks., Schr.Verz. [15; Ha 2]. — Nikolaus Hatzidakis: ebda 394–395 [15; Ha 2]. — Ph. Losch in: Biogr. Jb. u. Dtsch. Nekrol. **9** (Berlin 1906) 160, Totenliste 99* [3]. — Leopoldina **40** (1904) 39 [Ha 2].

Biogr. Centralbl. Bibliothekswes. **2** (1885) 101 [3]. — Richard Kukula: Bibliogr. Jahrb. der Dtsch. Hochschulen (Innsbruck 1892) 800 [3]. — Progr. TH Karlsruhe **1904/1905**, S. 83–84 [90]. — Franz Gundlach: Catalogus Professorum Academiae Marburgensis. Die akad. Lehrer der Philipps-Univ. in Marburg von 1527 bis 1910 (Marburg 1927) 379 [3].

II–IV **SCHELLBACH,** Karl Heinrich. Math. — 1825 stud. Univ. Halle; 1834 Dr. phil. Univ. Jena; 1834–1841 Lehrer am Werderschen Gymn. Berlin, 1841–1889 Prof. Math. u. Physik am Friedrich-Wilhelms-Gymn. Berlin; seit 1843 zugl. Lehrer Math. an der allg. Kriegsschule Berlin; 1855–1880 Leiter des math.-pädag. Seminars.

*1805, Dez. 25, Eisleben;

†1892, Mai 29, Berlin.

Bibliogr. Cat. scient. Papers **5** (1871) 453 (21 Nr.); **8** (1879) 849 (2 Nr.); **11** (1896) 302 (6 Nr.); **18** (1923) 501 (1 Nr.) [3]. — Brit. Mus. Gen. Cat. **214** (1964) Sp. 416 (10 Nr.) [3].

Nekr. Felix Müller: Gedächtnisrede: Leopoldina **29** (1893) 49–50, 75–76, 90–92, 104–106, 125–128 [Ha 2]; dasselbe: (Berlin 1893) 35 S. m. Bildn. [1a]. — F. Poske: Z. physikal. u. chem. Unterr. **5** (1891/92) 301–303 [14].

Biogr. Felix Müller: Chronik des von dem Herrn Prof. Schellbach geleiteten Seminars 1855–1880 (Berlin 1880). — Felix Müller: Rückblick auf Karl Schellbachs wiss. Leben. Nebst 2 Schriften aus seinem Nachlaß u. Briefen von Jacobi, Joachimsthal u. Weierstraß (Leipzig 1905) 86 S. m. Titelbildn. (Abh. Gesch. math. Wiss. H. 20, St. 1) [3]. — G. Holzmüller: Karl Schellbach u. seine Stellung zur Frage der Differential- u. Integralrechn. auf höh. Schulen: Unterrichtsbl. Math. u. Naturwiss. **12** (1906) 86–90 [3]. — M. Cantor: ADB **53** (1907) 747–748 [3]. — Leo Koenigsberger: Mein Leben (Heidelberg 1919) 28–30, 32, 136, 187 [3]. — W. Ahrens: Mathematiker-Anekdoten. 2. Aufl. (Leipzig, Berlin 1920) 24–27 m. Bildn. (Math.-physik. Bibl., 18) [101]. — Johannes Mahrenholz: Anekdoten aus dem Leben deutscher Mathematiker (Leipzig, Berlin 1936) 40–44 (Math.-physik. Bibl., R. 1, Nr. 18) [101]. — Kurt-R. Biermann: Johann Peter Gustav Lejeune Dirichlet. Dokumente für sein Leben u. Wirken (Berlin 1959) 57, 75, 76 (Abh. Dtsch. Akad. Wiss., Kl. Math., Physik, Techn. **1959**, Nr. 2) [3].

II **SCHERER,** Alexander Nicolaus **von.** Chem. — 1783–1789 Besuch der Domschule in Riga; 1789 stud. Univ. Jena; 1794 dort Dr. phil.; dann Mitbegründer Naturforsch. Ges. in Jena; 1799 Bergrat in Weimar; 1799 o. Prof. Physik Univ. Halle; 1800 chem. Leiter der Steingutfabr. des Barons von Eckardtstein bei Potsdam; 1803 Prof. Chem. u. Pharmaz. Univ. Dorpat, 1804 an der medico-chirurg. Acad. St. Petersburg; 1807 ao., 1815 o. Mitgl. Akad. Wiss. St. Petersburg; später Staatsrat u. geadelt.

*1771, Dez. 30 a. St., St. Petersburg;

†1824, Okt. 16 a. St., St. Petersburg.

Bibliogr. Cat. scient. Papers **5** (1871) 456–457 (13 Nr.) [3]. — Cat. gén. Bibl. nat. **165** (1943) Sp. 157 (6 Nr.) [3]. — Brit. Mus. Gen. Cat. **214** (1964) Sp. 518 (10 Nr.) [3].

Briefwechsel Briefwechsel des Herzogs-Großherzogs Carl August mit Goethe. Hrsg. von Hans Wahl **1** (Berlin 1915) 214, 215, 216–217, 218, 219, 220, 221, 222, 234, 237, 239, 246, 250, 261, 268, 434, 435, 436, 438, 439, 440, 445 [3]. — Goethes Briefwechsel m. Christian Gottlob Voigt **1** (Weimar 1949) 341 [3]. — Hans-Joachim Schreckenbach: Goethes Autographen-Sammlung. Katalog (Weimar 1961) 205, Nr. 1482 (Brief an unbek. Empfänger, nach 1804, St. Petersburg) [3].

Nekr. Ostsee-Provinzen-Bl. **1824**, 4. Nov., S. 191 [28]. — Neuer Nekr. der Deutschen **2**, 2, 1824 (Ilmenau 1826) 1208–1211 [3]. — Ztg. für die elegante Welt **25** (1825) Sp. 299–302 [14].

Biogr. Johann Georg Meusel: Das gelehrte Teutschland **7** (Lemgo 1798) 104–105; **10** (1803) 567–568; **11** (1805) 664; **15** (1811) 291; **20** (1825) 91 [3]. — von Recke u. Napiersky: Allg. Schriftsteller- u. Gelehrten-Lexikon der Provinzen Livland, Esthland u. Kurland **4** (Mitau 1832) 53–57 m. Schr.- u. Lit.Verz. [3]. — L. Stieda: ADB **31** (1891) 99–102 [3]. —

Edward Kremers: J. Amer. pharmaceut. Assoc. **19** (1930) 1245–1247 [15]. — Rudolf Möller: Beitr. zur Biogr. A. N. Scherers: Schriftenr. Gesch. Naturwiss., Techn. Med. **2** (1965) Nr. 6, S. 37–55 m. Bildn., Faks., 1 Faks.-Brief vom 12. Febr. 1803 [101].

Weitere Lit. Johann Christoph Hoffbauer: Gesch. der Univ. Halle bis zum Jahre 1805 (Halle 1805) 468, 469 [3]. — G. Merkel: Darstellungen u. Characteristiken aus meinem Leben **2** (Leipzig 1840) 144–147 [3]. — Julius Schiff: Goethes chem. Berater u. Freunde: Dtsch. Rdsch. **151** (1912) 453–469 [3]. — Roy Temple House: Goethe and the Chemists: Popular Sci. monthly **82** (1913) 332–337 [15]. — Robert Stein: Weitere naturwiss. Philosophien: Mitt. Gesch. Med. u. Naturwiss. **16** (1917) 428 [3]; Sprachlogik bei chem. Namen: Z. physik. u. chem. Unterr. **30** (1917) 195–199 [101]; Zeitgenöss. Kritik über Fourcroys chem. Übersichtstaf. u. deren deutsche Übersetzungen: Mitt. Gesch. Med. u. Naturwiss. **17** (1918) 85, 86, 87, 88, 89, 92, 93 [3]. — Hugo Semel: Die Univ. Dorpat (1802–1918). Skizzen zu ihrer Gesch. (Dorpat 1918) 135–136 [3]. — Hugo Döbling: Die Chem. in Jena zur Goethezeit (Jena 1928) 29 (Z. Ver. Thür. Gesch. N.F., Beih. 13) [3]. — Fritz Chemnitius: Die Chem. in Jena von Rotfinck bis Knorr (1629–1921) (Jena 1929) 30, 83–87 [101]. — Max Speter: Beitr. zur Wiegengesch. der Achard'schen Rübenzuckerindustrie: Alexander Nicolaus „Aktenstükke" u. Nachrichten den Runkelrüben-Zukker betreffend" (1799–1802): Dtsch. Zuckerind. **57** (1932) 28–32; **58** (1933) 31–37 [3; Ha 4]. — H. M. Leicester: The spread of the theory of Lavoisier in Russia: Chymia (Philadelphia) **5** (1959) 138–144 m. Bildn. S. 141 [1a].

II, III **SCHERER,** Johann Joseph. Med., Chem. — 1836 Dr. med. Univ. Würzburg; 1836–1838 prakt. Arzt u. Badearzt in Wipfeld (Unterfranken); 1839–1841 auf wiss. Reisen, dann $1\frac{1}{2}$ Jahre in Liebigs Laboratorium in Gießen; 1842 ao. Prof., 1847 o. Prof. med. Chem. Univ. Würzburg.

*1814, März 13, Aschaffenburg;
†1869, Febr. 16, Würzburg.

Bibliogr. Cat. scient. Papers **5** (1871) 457–458 (33 Nr.); **8** (1879) 851 (2 Nr.) [3]. — Brit. Mus. Gen. Cat. **214** (1964) Sp. 531 (8 Nr.) [3].

Nekr. Johannes Rudolf Wagner: Gedächtnisrede: Verh. physik.-med. Ges. Würzburg N.F. **2** (1872) S.-Ber. XXXIII–XXXIX [3]. — R. Wagner: Ber. Dtsch. chem. Ges. **2** (1869) 108–110 [Ha 2]. — Jber. Leistg. u. Fortschr. ges. Med. **4**, 1869 (1870) 429 [3].

Biogr. Anschütz: ADB **31** (1890) 115–116 [3]. — Ernst Haeckel: Entwicklungsgesch. einer Jugend. Briefe an die Eltern 1852–1856 (Leipzig 1921) 7, 9, 30, 53, 75, 79, 83 [3]. — Ludwig Gehring: Personen u. Ereignisse von 1848 bis zur Gegenwart der Würzburger Chronik (Würzburg 1927) 548 S., Bildn. vor 321 (Würzburger Chronik, 4) [14]. — Georg Stikker: Entwicklungsgesch. der med. Fakultät an der Alma mater Julia. Aus: Aus der Vergangenheit der Univ. Würzburg. Festschr. zum 350jähr. Bestehen der Univ. (Berlin 1932) 616, 657, 672, 707, 723 [3].

II **SCHERFFER,** Karl. Math., Physik. — Jesuit u. Priester; 1748–1750 Lehrer Math. u. Aufseher der Sternwarte in Graz; seit 1751 Lehrer der Anfangsgründe der Math. u. Physik Univ. Wien; nach Aufhebung des Ordens dort o. Prof. höh. Math.

*1716, Nov. 3, Gmünden, Oberösterreich;
†1783, Juli 25, Wien.

Bibliogr. Cat. gén. Bibl. nat. **165** (1943) Sp. 199–200 (10 Nr.) [3]. — Brit. Mus. Gen. Cat. 214 (1964) Sp. 541–542 (16 Nr.) [3].

Lit. Ernst Zinner: Astron. Instrumente des 11. bis 18. Jahrhunderts (München 1956) 500 [Ha 2].

II–IV **SCHERING,** Ernst Christian Julius. Math. — 1852 stud., 1857 Dr. phil., 1860 ao. Prof., 1868 o. Prof. Univ. Göttingen.

*1833, Juli 13, Sandbergen bei Lüneburg;
†1897, Nov. 2, Göttingen.

Bibliogr. Cat. scient. Papers 8 (1879) 851 (8 Nr.); **11** (1896) 303 (9 Nr.); **18** (1923) 506 (4 Nr.) [3]. — Cat. gén. Bibl. nat. **165** (1943) Sp. 206–207 (5 Nr.) [3].

Nekr. F. Klein: Jber. Dtsch. Math. Verein. **6** (1899) 25–27 m. Schr.Verz. [15]. — Wilhelm Schur: Astron. Nachr. **145** (1898) Sp. 31–32 [3]; Vjschr. astron. Ges. **33** (1898) 2–5 m. Bildn. [15]. — W. H. and G. Chisholm Young: Nature [London] **57** (1898) 416 [Ha 2]. — Nature [London] **57** (1898) 32, 85 [Ha 2]. — Boll. Bibliogr. e Storia Sci. Mat. **1** (1898) 26–29 m. Schr.Verz. [15]. — J. reine u. angew. Math. **119** (1898) 86 [3]. — Leopoldina **33** (1897) 161–162 [Ha 2].

Biogr. P. J. Möbius: Anlage zur Math. (Leipzig 1900) 172 m. Bildn. 190/191 [14]. — Wilhelm Schur: Beitr. zur Gesch. Astron. in Hannover. Festschr. zur Feier des 150jähr. Bestehens der Ges. der Wiss. Göttingen (Berlin 1901) 148–149 m. Bildn. [3]. — Die physik. Inst. der Univ. Göttingen. Festschr. zur Erinnerung der Neubauten am 9. Dez. 1905 (Leipzig, Berlin 1906) 132–134 [3].

II–IV **SCHERK,** Heinrich Ferdinand. Math. — 1818 Stud. in Breslau; 1823 Dr. phil. Univ. Berlin; 1824 PDoz. Univ. Königsberg; 1826 ao. Prof., 1831–1833 o. Prof. Math. Univ. Halle; 1833–1852 o. Prof. Math. u. Astron. Univ. Kiel; 1852 entlassen; Lehrer am Blochmannschen Inst. Dresden; 1854 Vorsteher der höh. Gewerbeschule in Bremen, 1858 Lehrer an der Handelsschule, 1863–1873 Prof. an der Hauptschule Bremen.

*1798, Okt. 27, Posen;

†1885, Okt. 4, Bremen.

Bibliogr. Cat. scient. Papers **5** (1871) 458–459 (11 Nr.); 8 (1879) 851 (2 Nr.); 18 (1923) 506 [3].

Nekr. W. Müller-Erzbach: Abh. naturwiss. Verein Bremen **9** (1887) 257–264 [Ha 2]. — G. D. E. Weyer: Heinr. Ferdinand Scherk. Gedächtnisschr. (Kiel 1886) 19 S. m. Schr.-Verz. 17–19 [8]. — Leopoldina **21** (1885) 212–213 [Ha 2].

Biogr. Eduard Alberti: Lexikon der Schleswig–Holstein–Lauenburgischen u. Eutinischen Schriftsteller von 1829 bis Mitte 1866 **1**, **2** (Kiel 1866) 325–326 m. Schr.Verz.; **2** (Kiel 1886) 212 [3]. — Carstens: ADB **31** (1890) 118–119 [3]. — Wilhelm Schur: Beitr. Gesch. Astron. in Hannover. Festschr. zur Feier des 150jähr. Bestehen der Ges. Wiss. Göttingen (Berlin 1901) 141 [3]. — W. O. Focke in: Bremische Biogr. des 19. Jahrhunderts (Bremen 1912) 436–437 [Staatsbibl. Bremen]. — Friedrich Volbehr u. Richard Weyl: Prof. u. Doz. der Univ. Kiel 1665–1954 (Kiel 1956) 138 [Ha 2].

II **SCHEUBEL** (Scheubelius, Scheybl), Johann. Math. — Prof. Math. Univ. Tübingen.

*1494, Aug. 18, Kirchheim, Württemberg;

†1570, Febr. 20.

Bibliogr. Cat. gén. Bibl. nat. **165** (1943) Sp. 255 (2 Nr.) [3]. — Brit. Mus. Gen. Cat. **214** (1964) Sp. 574 (5 Nr.) [3].

Biogr. H. Staigmüller: Johannes Scheubel, ein deutscher Algebraiker des 16. Jahrhunderts: Abh. Gesch. Math. **9** (1899) 429–469 [1]. — Johann Gottlieb Friedrich von Bohnenberger: Biographien der 8 württemberg. Mathematiker: Württ. Vjh. Landesgesch. N. F. **12** (1903) 242 [3; 24]. — Astrol. Rdsch. **17** (1925) 175 [101]. — G. Tornier: Rückblick auf die Palaeontol.: S.-Ber. Ges. naturforsch. Freunde Berlin **1924** (1926) 11 [Ha 2]. — Ernst Zinner: Entstehung u. Ausbreitung der Coppernicanischen Lehre. In: S.-Ber. physik.-med. Sozietät Erlangen (Erlangen 1943) 441 [101].

II **SCHEUCHZER,** Johann Jacob. Arzt, Naturforscher u. Historiker. — 1692 stud. Univ. Altdorf; 1694 Dr. med. Univ. Utrecht; 1696 2. Stadtarzt in Zürich; 1704 Mitgl. Royal Society London; 1710 Prof. Math. Carolinum Zürich, zugleich 1733 Oberstadtarzt u. Prof. Physik.

*1672, Aug. 2, Zürich;

†1733, Juni 23, Zürich.

Bibliogr. Cat. gén. Bibl. nat. **165** (1943) Sp. 257–263 (43 Nr.) [3]. — Brit. Mus. Gen. Cat. **214** (1964) Sp. 575–579 (70 Nr.) [3].

Briefwechsel Hans Fischer: Aus der Korrespondenz der beiden Zürcher Naturforscher Conrad Gesner (1516–1565) u. Johann Jakob Scheuchzer (1672–1733) m. engl. Freunden: Atlantis **18** (1946) 370–374 m. 4 Abb. [101]. — Hans-Joachim Schreckenbach: Goethes Autographen-Sammlung. Katalog (Weimar 1961) 205, Nr. 1483 (Stammbucheintrag für Friedemann Andreas Zülich, 5. Febr. 1719 Zürich) [3]. — Theodor Zwinger III. Briefe m. J. J. Scheuchzer 1700–1724. Mit ausgew. Partien hrsg. von Marie-Luise Portmann (Basel, Stuttgart 1964) 301 S. (Basler Veröff. Gesch. Med. Biol., 19) [Ha 2].

Nekr. [Bourguet]: Éloge historique abrégé de Jean Jacques Scheuchzer, Docteur en médecine, Professeur en mathématique et en phisique à Zürich: Mercure Suisse **1733**, Août 83–95 [ZB Zürich].

Biogr. N. F. J. Eloy: Dictionnaire historique de la médecine ancienne et moderne ... **4** (Mons 1778) 211–213 [3]. — Leonhard Meister: Helvetiens berühmte Männer **1** (Zürich, Winterthur 1782) 92–99 m. Bildn. [15]. — [Johann Ludwig Meyer]: J. J. Scheuchzer ([Zürich] 1796) 8 S. m. 1 Abb. (Njbl. Chorh. Zürich) [3]. — Cuvier: Biographie universelle, ancienne et moderne **41** (Paris 1825) 116–119 [3]. — J. J. Siegfried: Die beiden Scheuchzer: Verh. techn. Ges. Zürich **1852/53** (1853) 31–66 [ZB Zürich]. — Rudolf Wolf: Biogr. zur Kulturgesch. der Schweiz **1** (Zürich 1858) 181–228 [3]. — Jakob Sterchi: Kurze Biogr. hervorragender Schweizer Naturforscher (Bern 1881) 8–16 [LB Bern]. — G. von Wyß: ADB **34** (1892) 710–715 [3]. — Chr. Walkmeister: Johann Jakob Scheuchzer u. seine Zeit: Ber. über die Thätigkeit St. Gallischen Naturwiss. Ges. **1895–1896** (1897)

364–401 [Ha 2]. — Franz Xaver Hoeherl: Johann Jacob Scheuchzer. Der Begründer der physischen Geogr. des Hochgebirges (München 1901) VIII, 108 S. Phil. Diss. München (Münchener geogr. Studien St. 10) [12; 3]. — M. Schips: Aus dem Leben eines Zürcher Naturforschers vor 200 Jahren: Schweizer Heimkalender (Zürich) **20** (1927) 104–109 [ZB Zürich]. — Rudolf Steiger: Johann Jakob Scheuchzer. Tl 1: Werdezeit (bis 1699) (Zürich 1927) 152 S. m. Schr.- u. Lit.Verz. (Diss. Phil. I Univ. Zürich) [15]. — Ludwig Darmstaedter: Johann Jacob Scheuchzer: Aus der Heimat **41** (1928) 328–330 m. Bildn. [101]. — Historisch-Biographisches Lexikon der Schweiz **6** (Neuenburg 1931) 166–167 m. Bildn. nach einem Stich von T. Laub [3]. — Franz Wolf: Der Begründer der phys. Geogr. des Hochgebirges (Zum 200. Todestage J. J. Scheuchzers): Mitt. Dtsch. u. Österr. Alpenver. N.F. **49** (1933) 148 [101]. — Rudolf Steiger: Verzeichn. des wiss. Nachlasses von J. J. Scheuchzer. I. A. der ZB Zürich bearb.: Vjschr. naturforsch. Ges. Zürich **78** (1933) 75 S. [Ha 2]. — Aloys Dreyer: J. J. Scheuchzer: Dtsch. Alpenztg. **28** (1933) 217–221 m. 1 Bildn., 5 Abb. [101]. — F[ranz] Schwerz: J. J. Scheuchzer u. seine med. Erklärung der Bibel: Praxis, Schweiz. Rdsch. Medizin **22** (1933) 319–320 [Stadt- u. UB Bern]. — L. Tolmer: Notes d'histoire des sciences. Les Querelae Piscium de J. Scheuchzer (1708) ou „Les poissons indigués d'être pris pour des minéraux": Bull. Soc. Linnéenne Normandie (8) **7** (1934) 49*–51* [25]. — Scherzinger: Scheuchzers urweltl. Mensch u. andere irrige Ansichten über Versteinerungen: Bodensee-Chronik **25** (1936) 48 [101]. — Eduard Fueter in: Große Schweizer (Zürich 1938) 235–240 m. Bildn. S. 241 [101]. — Fossilium Catalogus I: Animalia Pars 72: K. Lambrecht †, W. et A. Quenstedt, Palaeontologi, Catalogus bio-bibliographicus ('s Gravenhage 1938) 381 [3; Ha 2]. — Große Schweizer Forscher. Erst- u. Frühausgaben ihrer Werke aus dem 16. bis 19. Jahrhundert. Mit Geleitwort von Eduard Fueter (Zürich 1939) 133 S.; Bildn. Taf. 3 nach S. 62 [14]. — Eduard Fueter in: Große Schweizer Forscher (Zürich 1939) 94–98 m. Bildn. u. Lit.Verz. [3]. — Emil Walter: J. J. Scheuchzer, ein Zürcher Universalgelehrter: Volkshochschule **14** (1945) 193–197 m. 5 Abb. [ZB Zürich]. — B. Peyer: J. J. Scheuchzer im europ. Geistesleben seiner Zeit: Gesnerus **2** (1945) 23–34 [Ha 2]. — U[lrich] Münzel: Die balneolog. Tätigkeit Conrad Gessners u. J. J. Scheuchzers in Baden: Schweizer Apoth. Ztg. **84** (1946) 786 [UB Basel]. — Hans Fischer: Conrad Gessner u. J. J. Scheuchzer: Vjschr. naturforsch. Ges. Zürich **91** (1946) 162–196 m. 8 Abb. [Ha 2]. — Die „Physica Sacra" von J. J. Scheuchzer: Atlantis **18** (1946) 375–376 m. 1 Bildn., 14 Taf. [101]. — Leonie Flab-Lichtenberg: J. J. Scheuchzer: Natur u. Nahrung **48** (1950) H. 11/12, S. 1–2 [Ha 2]. — Margrit Koch: J. J. Scheuchzer als Erforscher der Geol. der Alpen: Vjschr. naturforsch. Ges. Zürich **97** (1952) 195–202 m. 1 Abb. [Ha 2]. — Bernhard Milt: Ein gerichtsmed. toxikol. Gutachten des Zürcher Stadtarztes Dr. Johann Scheuchzer aus dem Jahr 1737: Gesnerus **10** (1953) 79–86 [Ha 2]. — C. O. van Regteren-Altena: A second fossil from Scheuchzer's collection in the Teyler-Museum (Haarlem): Centaurus **5** (1958) 370–372 m. 1 Abb. [1]. — Richard Weyl: J. J. Scheuchzers „Physica Sacra", eine Erwerbung des Geol.-Paläontol. Inst.: Gießener Hochschulbl. **8** (1960) 10–12 m. 1 Bildn., 3 Abb. [101].

Weitere Lit. Pietro Antonio Gaetani: Museum Mazzuchelianum, seu Numismata virorum doctrina praestantium . . . Tl. **2** (Venetiis 1763) 297; Taf. 171,7 [15]. — Carl Joseph Bouginé: Handb. der allg. Litterargesch. **4** (Zürich 1791) 677–678 [3]. — C. G. Salzmann: Denkwürdigkeiten aus dem Leben ausgezeichneter Teutschen des 18. Jahrhunderts (Schnepfenthal 1802) 105–106 [3]. — Karl Morell: Die Helvetische Ges. Aus den Quellen dargest. (Winterthur 1863) 99–110 [3]. — Rudolf Peppmüller: Zu den Quellen des Schillerschen Wilhelm Tell: Arch. Literaturgesch. **1** (1870) 461–485 [3]. — Rudolf Wolf: Gesch. der Astron. (München 1877) 103, 247, 696, 699 [3]. — Rudolf Wolf: Gesch. der Vermessungen in der Schweiz als histor. Einleitung zu den Arbeiten der schweiz. geodät. Commission bearb. 4. Die Arbeiten der Scheuchzer (Zürich 1879) 47–56 m. Titelbildn. [ZB Zürich]. — K. A. von Zittel: Gesch. der Geol. u. Paläontol. bis Ende des 19. Jahrhunderts (München, Leipzig 1899) 22, 24, 25, 158, 183, 189, 274, 308, 363, 365, 715, 819 (Gesch. Wiss. in Deutschl., Neuere Zeit, 23) [3]. — August Böhm von Böhmersheim: Gesch. der Moränenkunde (Wien 1901) 5, 6, 9, 10, 38, 82, 250 (Abh. Geogr. Ges. Wien 3, 4) [3]. — S. Günther: Die geophysikal. u. kartogr. Arbeiten des Schweizers M. A. Cappeler: Mitt. Gesch. Med. u. Naturwiss. **7** (1908) 136, 138, 140, 141, 143 [3]. — R.: Bergsport u. Gesundheit: Schweizer. Bl. Gesundheitspflege N.F. **23** (1908) Nr. 23, S. 255 [UB Basel]. — A. Dreyer: Der Alpinismus u. der Dtsch.-Österr. Alpenverein (Berlin 1909) 17, 20, 22, 24, 39 [LB Graz]. — Eugen Oberhummer: Die ältesten Karten der Westalpen: Z. Dtsch. u. Österr. Alpenver. **40** (1909) 20 [3]. — Karl Frank: Die Entwicklungstheorie im Lichte der Tatsachen (Freiburg/Br. 1911) 5–6 [15]. — Konrad Lötscher: Die Erforschung der Flora von Engelberg in: Angelomontana, Blätter aus der Gesch. von Engelberg (Gossau 1914) 489, 491 [Stiftsbibl. St.Gallen]. — Peter Xaver Weber: Moritz Kappeler (1685–1769): Geschichtsfreund (Mitt. histor. Ver. fünf Orte) **70** (1915) 157–249 (passim) [ZB Zürich]. —

Wilhelm Lehner: Die Eroberung der Alpen (München 1924) 65–69 m. Taf., 86, 120, 328 [14]. — W. N. Edwards: Guide to an exhibition illustrating the early history of palaeontology (London 1931) 18, 55 [F 1]. — B. von Freyberg: Die geol. Erforschung Thüringens in älterer Zeit (Berlin 1932) 141, 142 [3]. — Robert Lauterborn: Der Rhein. Naturgesch. eines deutschen Stromes 1, 2 (1934) 169–176 [Ha 2]. — F. Schwerz: Die wiss. Ges. in Zürich am Ende des 17. Jahrhunderts: Zürcher Monats-Chronik **3** (1934) Nr. 8, S. 185 [ZB Zürich]. — S. Tschulok: Über Darwins Selektionslehre. Histor.-kritische Betrachtungen: Beibl. Vjschr. naturforsch. Ges. Zürich **81** (1936) Nr. 26, S. 12, 13 [Ha 2]. — F. D. Adams: The birth and the development of the geological sciences (London 1938) 261 [3]. — Leo Weiß: Die polit. Erziehung im alten Zürich (Zürich 1940) 113, 127, 133 m. Bildn. [101]. — Eduard Fueter: Gesch. der exakt. Wiss. in der schweiz. Aufklärung (Aarau, Leipzig 1941) siehe Reg. S. 335 (Veröff. Schweizer. Ges. Med. u. Naturwiss., 12) [101]. — Walter Staub: Der Anteil der Schweiz an der Entwicklung der Geol. in: Die Schweiz u. die Forsch. **1**, 1 (Bern 1943) 40–41 [3; 101]. — F. E. Lehmann: Der Anteil der Schweiz an der Entwicklung der Zool.: ebda 33–34 [3; 101]. — Gustav Senn: Der Anteil der Schweiz an der Entwicklung der Botanik: ebda 10 [3; 101]. — H. Buess: Schweizer Ärzte als Forscher, Entdecker u. Erfinder. Hrsg. von Ciba AG Basel (Basel o. J.) 39–40 m. Bildn., Schr.- u. Lit.Ang. [101]. — Claus Nissen: Die botan. Buchillustration **1** (Stuttgart 1951) 57, 91, 181, 182, 197, 222, 251; **2** (1951) 162 [3]. — Rudolf Fritsch: Über einen der repräsentativsten Drucke des Spätbarock im alemannischen Raum (J. J. Scheuchzers Kupfer-Bibel, Bd 1–4, Augsburg–Ulm 1731–1735): Bibliophile, Beibl. zum Antiquariat **14** (1958) 47–48 [101]. — Frank Westphal: Über Andrias scheuchzeri: Aus der Heimat **66** (1958) 51-56 [Ha 2; 101]. — Helmut Hölder: Geol. u. Paläontol. in Texten u. ihrer Gesch. (Freiburg–München 1960) 130, 133, 134, 326, 364–367, 426 [101]. — S. Rocchietta: Appunti per una storia della documentazione bibliografica. Un medico svizzero del XVIII secolo Gian Giacomo Scheuchzer pionere della bibliografia scientifica: Minerva medica (Torino) **53** (1962) 1254 [1].

Bildn. Henricus Pfenninger: Imagines nomine illustrium ex Helvetia virorum (o. O. u. J.) Nr. 23 [14]. — 20 Icones clarissimorum medicorum philosophorum liberales artes profitentium aliorumque (Leiden o. J.) Fot. A, 10 [14]. — Ludwig Bechstein: 200 deutsche Männer in Bildn. u. Lebensbeschreibungen (Leipzig 1854) ohne Seitenzählg. [14]; 2. Aufl. (1857) [159] [3]. — Eduard Achilles Gessler: Die alte Schweiz in Bildern. Ein Bilderbuch zur Schweizergesch. von den Anfängen bis 1798 (Zürich 1943) 257 [14]. — Hermann Bühler: Die Alpenvereinsbücherei München (München 1934) 11 [3].

II **SCHICKARD,** Wilhelm. Math., Orientalist. — Absolviert Klosterschule u. Stift zu Tübingen (dort 1613 Repetent); 1614 Diaconus in Nürtingen; 1619 Prof. der hebräischen Sprache u. 1631 der Math. Univ. Tübingen.

*1592, Apr. 22, Herrenberg, Württ.; †1635, Okt. 23, Tübingen.

Bibliogr. Wilhelm Heyd: Bibliogr. der Württemberg. Gesch. **2** (Stuttgart 1896) 591; **4**, 2 (1915) 419 [3]. — Cat. gén. Bibl. nat. **165** (1943) Sp. 324–330 (25 Nr.) [3]. — Brit. Mus. Gen. Cat. **214** (1964) Sp. 620–621 (31 Nr.) [3].

Briefe Epistolae W. Schickardi et Matthias Berneggeri mutuae (Argentorati 1673) 225 S. [14].

Nekr. Zacharias Schaeffer: Wilh. Schikkardi . . . memoria et eulogium (Tubingae 1636) 37 S. [24].

Biogr. Paul Freher: Theatrum virorum eruditione clarorum (Nürnberg 1688) 1528–1530 m. Schr.Verz. [3]. — Christian Friedrich Schnurrer: Biogr. u. litterarische Nachrichten von ehemaligen Lehrern der hebräischen Literatur in Tübingen (Ulm 1792) 160–226 [21]. — A. G. Kaestner: Gesch. der Math. **4** (Göttingen 1800) 103–108 [3]. — Laboudérie: Biographie universelle, ancienne et moderne **41** (Paris 1825) 124–130 [3]. — Christian Friedrich Schnurrer: Universitatis Litterarum Tubingensis nuper cancellarii orationum academicarum (Tubingae 1828) darin: 155–168 Adumbratio vitae ac morum viri immortalis Wilhelmi Schickard; 169–180 De professoribus orientalium litterarum post Schikkardum Tubingensibus [3]. — Eberhard E. von Georgii-Georgenau: Biogr.-genealog. Blätter aus u. über Schwaben (Stuttgart 1879) 794–795 [3]. — S. Günther: ADB **31** (1890) 174–175 [3]. — Jordan: Ein schwäbischer Geodät aus dem 17. Jahrhundert: Z. Vermessungs-Wes. **20** (1891) 532–536 [25]. — [David Christoph] Seybold: 200 hochachtbare Württemberger (Stuttgart 1892) 58 [3]. — C. Regelmann: Die Schickhartsche Landesaufnahme Württembergs in den Jahren 1624 bis 1635: Württemb. Jahrb. Statistik u. Landeskde **1893**, 57–70 m. 4 Faks., 1 Karte [3]. — Steiff: Wilhelm Schickhart u. seine Landesaufn. Württembergs 1624–1635: Z. Vermess. Wes. **28** (1899) 401–405, 537-549 [11]. — Joh. Gottlieb Friedrich von Bohnenberger: Biogr. der 8 württemb. Mathematiker: Württ. Vjh. Landesgesch. N.F. **12** (1903) 248–252 [3; 24]. — Albert Georgi: Berühmte württemb. Astron.

u. Geodäten, 3: Wilhelm Schickhard: Nachr. Württ. Vermessungstechn. Ver. **2** (1910/11) 59–67; **4** (1912) 1–9 [24]. — Ernst Müller: W. Schickards Rechenmaschine aus dem Jahre 1623: Tübinger Bl. **44** (1957) 44–45 m. 1 Bildn., 2 Faks. [3]. — Franz Hammer: Nicht Pascal sondern ... Wilh. Schickard erfand die Rechenmaschine. 20 Jahre vor Pascal konstruierte Sch. schon eine Vierspezies-Rechenmaschine: Büromarkt **13** (1958) 1023–1025 m. Bildn. vom J. 1632, 2 Abb. [101].

Weitere Lit. Henning Witte: Memoriae philosophorum, oratorum, poetarum, historicorum et philologorum ... Decas III (Frankfurt 1677) 367–380 m. Schr.Verz. [3]. — [Joh. Heinr. Zedler]: Großes vollständiges Universal-Lexikon aller Wiss. u. Künste **34** (Leipzig, Halle 1742) Sp. 1522–1524 [3]. — Andreas Christoph Zeller: Ausführl. Merkwürdigkeiten der Würtembergischen Univ. u. Stadt Tübingen (Tübingen 1743) 504 [3]. — August Friedrich Bök: Gesch. der Eberhard-Carls-Univ. zu Tübingen im Grundrisse (Tübingen 1774) 113–115 [3]. — David Christoph Seybold: Vaterländ. Historienbüchlein (Tübingen 1801) 210 [21]. — H. F. Eisenbach: Beschreibung u. Gesch. der Stadt u. Univ. Tübingen (Tübingen 1822) 203–204 [3]. — Karl Pfaff: Gesch. des Fürstenhauses u. Landes Wirtemberg **3**, 1 (Stuttgart 1839) 328 [3]. — Klüpfel: Die Univ. Tübingen in ihrer Vergangenheit u. Gegenwart (Leipzig 1877) 36 [3]. — Gustav Hellmann: Beitr. zur Gesch. der Meteorol. **3** (1922) Anh. S. 48 [3]. — Reinhold Scholl: Bildnissammlung Univ. Tübingen 1477–1927 (Stuttgart 1927) **49** Nr. 182 [101]. — Ernst Zinner: Gesch. u. Bibliogr. der astron. Lit. in Deutschland zur Zeit der Renaissance (Leipzig 1941) 47, 51, 52, 61, 62, 70, 389, 390, 393, 407 [3]; Entstehung u. Ausbreitung der Coppernicanischen Lehre (Erlangen 1943) 381, 391, 453, 508 [101]; Astron. Instrumente des 11. bis 18. Jahrhunderts (München 1956) 202–204, 210–212 u. öfter [Ha 2].

II–VI **SCHIFF,** Hugo. Chem. — 1857 Dr. phil., 1857 PDoz. Univ. Bern; seit 1863 am Istituto di studi superiori Florenz, wo er 1869 das chem. Univ. Labor. begründete; Unterbrechung seiner Tätigkeit 1876–1879 Prof. Univ. Turin.

*1834, Apr. 26, Frankfurt/M.;
†1915, Sept. 8, Florenz.

Bruder von Moritz Schiff.

Bibliogr. Cat. scient. Papers **5** (1871) 462–464 (65 Nr.); **8** (1879) 854–856 (57 Nr.); **11** (1896) 308–309 (46 Nr.); **18** (1923) 513–515 (78 Nr.) [3]. — Cat. gén. Bibl. nat. **165** (1943) Sp. 382 (2 Nr.) [3]. — Brit. Mus. Gen. Cat. **214** (1964) Sp. 654 (2 Nr.) [3].

Nekr. I. Guareschi: Atti R. Accad. Sci. Torino **52**, 1916–1917 (1917) 333–352 [Ha 2]. — William McPherson: Science **43** (1916) 921–922 [3]. — H. Wichelhaus: Ber. Dtsch. chem. Ges. **48**, 2 (1916) 1566–1567 [3]. — Chemiker-Ztg. **40** (1916) 37–38 [3]. — Umschau **19** (1915) 779 [15].

Biogr. Angelo de Gubernatis: Dizionario biografico degli scrittori contemporanei (Firenze 1879) 928 [15]. — Jahrbuch der Chem. Hrsg. von Richard Meyer **25** (1916) 39, 40 [15].

III, IV **SCHIFF,** Moritz. Physiol. — 1840–1844 stud. in Heidelberg, Berlin, Göttingen; 1844 Dr. med. Univ. Göttingen; dann prakt. Arzt in Frankfurt, dort auch wiss. Mitarbeiter für Ornithologie am Senckenbergianum; 1856 Prof. vergleichende Anatom. Univ. Bern; 1863 Prof. Physiol. Istituto di studi superiori in Florenz; 1876 Prof. Physiol. Univ. Genf.

*1823, Jan. 28, Frankfurt/M.;
†1896, Okt. 6, Genf.

Bruder von Hugo Schiff.

Bibliogr. Cat. scient. Papers **5** (1871) 464–465 (48 Nr.); **8** (1879) 856 (34 Nr.); **11** (1896) 306–307 (16 Nr.); **12** (1902) 636 (3 Nr.); **18** (1923) 512 (35 Nr.) [3]. — Cat. gén. Bibl. nat. **165** (1943) Sp. 382–383 (6 Nr.) [3]. — Brit. Mus. Gen. Cat. **214** (1964) Sp. 655 (12 Nr.) [3].

Nekr. Arthur Biedl: Wiener klin. Wschr. **9** (1896) 1008–1010 [3]. — C. de Candolle: Mém. Soc. phys. et d'hist. nat. Genève **32** (1896–1897) LIII–LVIII [Ha 2]. — August Knoblauch: Ber. Senckenberg. naturforsch. Ges. Frankfurt/M. 1896–1897 (1897) IX–X [Ha 2]. — P. Langlois: Rev. sci. (4) **6** (1896) 548–552 [15]. — F. V. Ovsjannikov: Istvěst. Akad. nauk (Bull. Acad. Sci. St. Pétersbourg) (5) **5** (1896) LXV–LXVI [Ha 2]. — J. L. Prevost: Revue médicale de la Suisse romande **16** (1896) 585–599 [UB Augsburg]. — Illustr. Ztg., Leipzig **107** (1896) 495–496 m. Bildn. [15]. — Leopoldina **32** (1896) 182–183 [Ha 2]. — Riv. sper. Freniatr. Med. legale **22** (1896) 898 [1]. — Wiener med. Wschr. **46** (1896) 1878 [3].

Biogr. Angelo de Gubomatis: Dizionario biografico degli scrittori contemporanei (Firenze 1879) 927 [15]. — Documents pour servir à l'histoire de l'Université de Genève **3** (1883) 81–87, **4** (1896) 334–345 [BPU Genf]. — J. Richard Ewald: ADB **54** (1908) 8–11 [3]. — A. Cevidalli: M. Schiff et la docimasie hépatique: Arch. ital. Biol. **55** (1911) 35–40 [15]. — Biogr. Lexikon der hervorragenden Ärzte aller Zeiten u. Völker. 2. Aufl. **5** (1934)

72–73 m. Schr.- u. Lit.Verz. [3]. — Harry Friedenwald: Notes on Moritz Schiff: Bull. Inst. Hist. Med. Johns Hopkins Univ. **5** (1937) 589–602 [1]. — John Briquet: Biographie des botanistes à Genève de 1500 à 1931: Ber. Schweiz. bot. Ges. **50a** (1940) 429 [Ha 2]. — Marlene Jantsch: Der Kropf u. seine Behandlung. Eine geschichtliche Übersicht (Wien 1948) 7–8 m. Bildn. (Beitr. Gesch. Med., 5) [3].

SCHIMPER, Karl Friedrich. Botan. — 1822–1824 stud. Theol. Univ. Heidelberg; widmet sich dann ausschließlich dem Studium der Botanik, das er durch Beobachtungen auf verschiedenen Reisen durchführte. Seinen Lebensunterhalt erwarb er sich durch Privatunterricht u. durch Spenden guter Freunde; lebt 1828 in München, 1843 in Mannheim, seit 1849 in Schwetzingen, abgesehen von einem kurzen Aufenthalt 1854–1855 in Jena.

*1803, Febr. 15, Mannheim;

†1867, Dez. 21, Schwetzingen.

Bibliogr. Cat. scient. Papers **5** (1871) 467 (7 Nr.); **8** (1875) 857 (2 Nr.); **12** (1902) 656 (1 Nr.); **18** (1923) 521 (1 Nr.) [3].

Briefe Cäcilie Mettenius: Alexander Brauns Leben nach seinem handschriftl. Nachlaß dargest. (Berlin 1882) 80–87, 101, 109, 110, 111, 118–119 (Brief von Schimper an Braun, Schwetzingen 19. Febr. 1928), 167, 170–177, 189–194, 203–204, 300–320, 477–478, 612–616, 668–670 (Briefe von Braun an Schimper, Berlin 28. Febr. 1864 u. vom 22. Apr. 1864) [3]. — Max Hildebrandt: Ein Brief Charpentiers an Karl Schimper [vom 30. Nov. 1837]. Mit einer Einleitung veröff.: Naturwiss. Wschr. N.F. **14** (1915) 71–74 [Ha 2].

Nekr. W. Hofmeister: Bot. Ztg. **26** (1868) Sp. 33–40 [3]; Aufruf für einen Grabstein: ebda Sp. 544, 831 [3]. — Melchior Meyr: Freundesstimmen über Karl Schimper: Flora (Regensburg) N.R. **26** (1868) 17–21; Matth. Trettenbacher: ebda 22–24 [Ha 2]; auch in: Beil. Allg. Ztg. (Augsburg) **1868**, Nr. 66, S. 1002–1003 u. Nr. 67, S. 1019–1020 [12; 37]. — Anonym: Beil. Allg. Ztg. (Augsburg) **1867**, Nr. 363 vom 29. Dez., S. 5810–5811 [12; 37].

Biogr. H. von Leonhardi: Einige Nachrichten über Dr. Carl Friedrich Schimper: Lotos **5** (1855) 145–151 [Ha 2]. — [Bartholomä]: Carl Friedrich Schimper. Erinnerungsbl. der math. Ges. zu Jena 4. Sammlg. (Jena 1870) 16–33 [27]. — M. Seubert in: Bad. Biogr. **2** (Heidelberg 1875) 257 [3]. — Julius Sachs: Gesch. der Botanik vom 16. Jahrhundert bis 1860 (München 1875) 175–182 [3]. — Ludwig Eyrich [als Vorrede zu Karl Friedr. Schimpers Vortrag über die Classification u. Succession der Organismen]: Jber. Mannheimer Ver. Naturkunde für die Jahre 1883 u. 1884, **50/51** (1885) 37–64 m. Schr.Verz. [Ha 2]. — Georg Heinrich Otto Volger: Leben u. Leistungen des Naturforschers Karl Schimper 3. Aufl. (Frankfurt/M. 1889) 56 S. [1a]. — E. Wunschmann: ADB **31** (1890) 274–277 [3]. — J. Marcou: Life, letters and works of Louis Agassiz **1** (London–New York 1896) 16, 24, 56, 86, 87; **2** (1896) 23, 88, 111, 205, 209 [14]. — Adalbert Geheeb: Meine Erinnerungen an große Naturforscher. Selbsterlebtes u. Nacherzähltes (Eisenach 1904) 6–15 [31]. — R. Lauterborn: Karl Schimper u. die „Findlingsblöcke" bei Mannheim: Mannheimer Geschichtsbl. **8** (1907) Sp. 41–43 [15]. — Walther May: Große Biologen. Bilder aus der Gesch. der Biol. (Leipzig, Berlin 1914) 93 [101]. — Ludwig Darmstaedter: Naturforscher u. Erfinder (Bielefeld, Leipzig 1926) 138–139 m. Bildn. u. Faks. S. 72/73 [3]. — Robert Lauterborn: Der Rhein. Naturgesch. eines deutschen Stromes **1**, 2 (Freiburg 1934) 269–324 m. Titelbildn. u. Faks. [3]. — Franz Schnabel: Karl Schimper. Der deutsche Naturforscher: Mein Heimatland **23** (1936) 88–92 m. Bildn. [3]. — Fossilium Catalogus I: Animalia. Pars 72. K. Lambrecht †, W. et A. Quenstedt, Palaeontologi, Catalogus bio-bibliographicus ('s-Gravenhage 1938) 382 [3; Ha 2]. — L[udwig] Jost: Eine unbekannte Schrift Karl Schimpers: Ber. Dtsch. bot. Ges. **58** (1940) 306–327 [15]. — Ernst Lehmann: Karl Fr. Schimper: Süddtsch. Apotheker-Ztg. **83** (1943) Nr. 11/12, S. 41–42 [16]. — Manfred Krelz: Schimperiana. Glossen u. Dokumente: Z. Gesch. Oberrhein **100** (1952) 715–740 m. Brief-Beilagen [101]. — F. H. Holler: Karl Friedrich Schimper: Kosmos **49** (1953) 69–70 m. Bildn. [3]. — Adolf Strigel: Karl Friedrich Schimper: Ruperto-Carola **5** (1953) 184–185 m. Bildn. [16]. — Troll: Karl Friedrich Schimper u. das Problem der Blattstellungen: S.-Ber. Heidelberg. Akad. Wiss. Jh. **1943/55** (1959) 167 [Ha 2]. — Edmond Grin: Der Schellingianer K. F. Schimper. Ein verkannter dtsch. Gelehrter im 19. Jahrhundert u. sein Einfluß auf den Lausanner Philosophen Charles Secrétan: Philos. Jahrb. Görres-Ges. **67** (1959) 305–317 m. Lit.Ang. [14]. — Helmut Hölder: Geol. u. Paläontol. in Texten u. ihrer Gesch. (Freiburg–München 1960) 326, 330 [101].

II, III **SCHIMPER,** Wilhelm Georg. Botan. — Nach badischem Militärdienst 1828–1831 naturwiss. Studien in München; 1831–1832 Reise nach Südfrankreich u. Algier; bis 1834 in Europa (Schweiz, Elsaß); 1835 Reise nach Kairo,

Alexandrien u. schließlich Abessinien, wo er bis zu seinem Tode blieb.

*1804, Aug. 19, Mannheim;

†1878, Okt., Adoa/Abessinien.

Bruder von Karl Friedrich Schimper.

Bibliogr. Cat. scient. Papers **5** (1871) 467 (2 Nr.); **11** (1896) 311 (1 Nr.); **12** (1902) 656 [3].

Nekr. A. de Bary: Bot. Ztg. **37** (1879) Sp. 239–240 [3]. — Gardeners Chronicle [London] **11** (1879) 752 [90].

Biogr. Heinrich von Maltzan: AbaKaissi, der abessinische Räuberfürst: Gartenlaube **1872,** 636–638 [3]. — M. Seubert: Bad. Biogr. **2** (Heidelberg 1875) 258 [3]. — Julius Sachs: Gesch. der Botanik vom 16. Jahrhundert bis 1860 (München 1875) 213 [15]. — E. Wunschmann: ADB **31** (1890) 279–281 [3]. — J. Marcou: Life, letters and works of Louis Agassiz **1** (London, New York 1896) 24 [14]. — Adalbert Geheeb: Meine Erinnerungen an große Naturforscher. Selbsterlebtes u. Nacherzähltes (Eisenach 1904) 16–21 [31]. — Bildn. in: Alte Straßburger Universitätsreden (Frankfurt 1932)Taf. 11 [3]. — E[rich] H[aarmann]: Wilhelm Schimper: Geol. Rdsch. **33** (1942) 474 [Ha 56.] — Georg Cufodontis: Wilhelm Georg Schimper, ein Pionier der botan. Erforschung Äthiopiens: Phyton. Annales rei botanicae **3** (1951) 84–89 [LB Graz].

SCHIMPER, Wilhelm Philipp. Bryologie, Phytopaläontol. — 1822–1826 Gymn. Buchsweiler; 1826–1832 stud. Univ. Straßburg; 1835 Kustos, 1839 Konservator u. 1866 Direktor am Naturwiss. Museum in Straßburg; 1840 Bacc., 1848 Dr. ès sci.; 1862–1879 Prof. Geol. u. Paläontol. Univ. Straßburg.

*1808, Jan. 12, Dosenheim bei Buchsweiler (Elsaß);

†1880, März 20, Straßburg.

Neffe von Wilhelm G. Schimper.

Bibliogr. Cat. scient. Papers **5** (1871) 467–468 (23 Nr.); **8** (1879) 857 (6 Nr.); **11** (1896) 311 (2 Nr.); **12** (1902) 656 (4 Nr.) [3]. — Cat. gén. Bibl. nat. **165** (1943) Sp. 587–591 (20 Nr.) [3]. — Brit. Mus. Gen. Cat. **214** (1964) Sp. 809 (12 Nr.) [3].

Nekr. A. de Bary: Botan. Ztg. **38** (1880) Sp. 441–450 [15]. — E. Desor: Neues Jahrb. Mineral., Geol. Palaeont. **1880,** 2 S. 1–7 [15]. — [Robert Etheridge]: Quart. J. geol. Soc. London **37** (1881) Proc. 49–50 [Ha 2]. — Charles Grad: Bull. Soc. Hist. nat. Colmar **20/21,** 1879/80 (1880) 351–392 m. Schr.Verz., Titelbildn. [Ha 2]; Rev. scient. (3) **1** (1881) 110–120 [15]. — K[arl] M[üller]: Natur **29** (1880) 232–233 [Ha 2]. — Emil Seytter: Gaea **17** (1881) 682–686 [Ha 2]. — Voulot: Ann. Soc. Emulation Départ. des Vosges-Epinal **1880,** 166–170 [13]. — Leopoldina **16** (1880) 180–181 m. Teil-Schr.Verz. [Ha 2].

Biogr. The Naturalist. J. of the West Riding Consolidated Naturalist's Soc. (London) **5** (1879/80) 155. — von Gümbel: ADB **31** (1890) 277–279 [3]. — K. A. von Zittel: Gesch. der Geol. u. Paläont. bis Ende des 19. Jahrhunderts (München, Leipzig 1899) 516, 615, 783, 786 [3]. — Adalbert Geheeb: Meine Erinnerungen an große Naturforscher (Eisenach 1904) 22–26 [31]. — J. Gasser: Ein elsässischer Naturforscher. Wilhelm Philipp Schimper: Elsass-Land, Lothr. Heimat **11** (1931) 304–308 m. Bildn. [13]. — Robert Lauterborn: Der Rhein. Naturgesch. eines deutschen Stromes **1,** 2 Abt. 1 (1934) 272, 300 [Ha 2]. — Fossilium Catalogus I: Animalia. Pars 72: K. Lambrecht †, W. et A. Quenstedt, Palaeontologi, Catalogus bio-bibliographicus ('s-Gravenhage 1938) 382 [3; Ha 2]. — Claus Nissen: Die botan. Buchillustr. **1** (Stuttgart 1951) 151, 221, 245, 252; **2** (1951) 163 [3].

Bildn. Alte Straßburger Universitätsreden (Frankfurt/M. 1932) Taf. XI nach S. 41 [15].

SCHINZ, Heinrich Rudolf. Med., Zool. — Stud. Univ. Würzburg u. Jena; 1798 Dr. med. Univ. Jena; 1804–1833 Lehrer der Naturwiss. am med. Inst. Zürich; 1833 ao. Prof. Univ. Zürich, zugl. Lehrer am Gymn. u. an der Industrieschule Zürich (1833–1837 deren Rektor).

*1777, März 30, Uetikon bei Zürich;

†1861, März 8, Zürich.

Genealog. Hans R. Schinz: 4 Jahrhunderte Familie Schinz. Ein Beispiel zürcherischer Gelehrtentradition: Atlantis **18** (1946) 393–399 m. 5 Bildn. [101].

Bibliogr. Cat. scient. Papers **5** (1871) 469–470 (16 Nr.); **11** (1896) 311 (1 Nr.); **12** (1902) 657 (1 Nr.); **18** (1923) 522 (Biogr.) [3]. — Cat. gén. Bibl. nat. **165** (1943) Sp. 629–630 (5 Nr.) [3]. — Brit. Mus. Gen. Cat. **214** (1964) Sp. 834–835 (17 Nr.) [3].

Nekr. [Hans Locher-Balber]: Neujahrsbl. naturforsch. Ges. Zürich **1863,** 1–18 m. Bildn. [F 1]. — C. R. Soc. Suisse Sci. naturelles **45** (1861) 157–166 [Ha 2].

Biogr. Anonym: An die zürcherische Jugend auf das Jahr 1863. Von der naturforsch. Ges. [Zürich] (o. O., o. J.) 18 S. m. Titelbildn. [15]. — O[tto] Hunziker: Gesch. der schweizer. Volksschule . . . mit Lebensabrissen der bedeutenderen Schulmänner **3** (Zürich 1882) 103–106, 246 [ZB Zürich]. — Briefwechsel zwischen Johann Rudolf Steinmüller u. Hans

Konrad Escher von der Lint (St. Gallen 1889) 105, 111, 112, 130, 141, 152, 155, 158, 159, 161, 163, 182, 193, 196, 197, 226, 227, 237, 246, 274, 276, 297, 305, 333, 359 [3]. — Hunziker: ADB **31** (1890) 303–305 [3]. — Vjschr. naturforsch. Ges. Zürich **41** (1896) Festschr. Tl. 1, S. 81–84 m. Bildn. [Ha 2]. — Pestalozzi u. seine Zeit im Bilde (Zürich 1928) 11, 15 m. Bildn. auf Taf. 27 [14]. — Histor.-Biogr. Lexikon der Schweiz **6** (Neuenburg 1931) 187–188 m. 1 Bildn. [3]. — [Maurice Soubier]: Portraits d'ornithologistes suisses, 4: Heinrich Rudolph Schinz: Bull. ornithol. romand (Genf) **1**, 4 (1935) 126–128 m. 1 Bildn. [14]. — Das kleine Buch der Vögel u. Nester (Leipzig [1936]) 44–46 (Insel-Bücherei, 100) [3]. — Leo Weiß: Die politische Erziehung im alten Zürich (Zürich 1940) 163, 169 m. Bildn. S. 170 [101].

II–IV **SCHLAEFLI,** Ludwig. Math. — 1834 stud. Theol. Univ. Bern; 1837 theol. Abschlußexamen; 1836–1847 Lehrer der Math. an der Bürgerschule in Thun; 1843–1844 Reise nach Rom mit J. Steiner u. C. W. Borchardt; 1848 PDoz., 1853 ao. Prof., 1872–1891 o. Prof. Math. Univ. Bern.

*1814, Jan. 15, Graßwyl/Kanton Bern; †1895, März 20, Bern.

Werke Gesammelte math. Abh. **1** (Basel 1950) 392 S. m. Titelbildn.; **2** (1953) 381 S.; **3** (1956) 402 S. [101].

Bibliogr. Cat. scient. Papers **5** (1871) 472–473 (29 Nr.); **8** (1879) 860–861 (23 Nr.); **11** (1896) 312 (3 Nr.); **18** (1923) 525 (3 Nr.) [3]. — Brit. Mus. Gen. Cat. **214** (1964) Sp. 874 (3 Nr.) [3].

Briefwechsel Briefwechsel zwischen Jacob Steiner u. Ludwig Schläfli. Hrsg. von J[ohann] H[einrich] Graf. Festgabe der Bernischen naturforsch. Ges. (Bern 1896) 208 S. (Mitt. naturforsch. Ges. Bern **1896**, 261–264) [LB Bern]. — Briefwechsel zwischen Ludwig Schläfli u. Arthur Cayley. Hrsg. von J[ohann] H[einrich] Graf. Festgabe der Univ. Bern (Bern 1905) 42 S. [LB Bern]. — J. H. Graf: La correspondance entre Ludwig Schläfli et des Mathématiciens Italiens de son époque: Boll. bibliogr. e storia sci. mat. **17** (1915) 36–40, 81–86, 113–122; **18** (1916) 21–35, 49–64, 81–83, 113–121; **19** (1917) 9–14, 43–49, 65–73 [15]. — J. H. Graf: Briefwechsel Ludwig Schläflis m. C. W. Borchardt: Mitt. naturforsch. Ges. Bern **1915**, 50–69 [101].

Nekr. Brioschi: Atti R. Accad. Lincei Rendiconti Cl. Sci. fis., mat. nat. (5) **4**, 1 (1895) 310–312 [Ha 2]. — J. H. Graf: Mitt. naturforsch. Ges. Bern **1895** (1896) 120–178 m. Bildn. u. Faks., Anhang 179–203; **1897**, 19 [Ha 2]. — J. reine u. angew. Math. **115** (1895) 350 [3]. — Illustr. Ztg., Leipzig **104** (1895) 439–440 m. Bildn. [15].

Biogr. J. H. Graf: Ludwig Schläfli (Bern 1896) 86 S. m. Bildn. u. Faks. [LB Bern]; Die Exhumierung Jakob Steiners u. die Einweihung des Grabdenkmals Ludwig Schläflis: Mitt. naturforsch. Ges. Bern **1897**, 8–24 [LB Bern]. — M. Cantor: ADB **54** (1908) 29–31 [3]. — Friedr. Haag: Die Sturm- u. Drangperiode der Bernischen Hochschule (Bern 1919) 612–614 [LB Bern]. — Leo Koenigsberger: Mein Leben (Heidelberg 1919) 40, 64 [3]. — W. Rytz: L. Schläfli als Botaniker: Mitt. naturforsch. Ges. Bern **1919** (1920) 213–220 [Ha 2]. — Sévérin Bays: Discours d'ouverture du Président annuel: Louis Schläfli: Verh. Schweiz. naturforsch. Ges. **107**, 2 (1926) 36–39 [Ha 2]. — Arthur Linder: Ludwig Schläflis Vorstellung über den physikal. Raum: Commentarii math. helvet. **3** (1931) 148–150 [15]. — Otto Schlaginhaufen: Der Schädel des Mathematikers L. Schläfli: Mitt. naturforsch. Ges. Bern **1931** (1932) 35–66 m. Bildn. [Ha 2]. — J. J. Burckhardt in: Große Schweizer Forscher (Zürich 1939) 224–225 m. Bildn. [3]; Der math. Nachlaß von Ludwig Schläfli an der Schweizer Landesbibl.: Mitt. naturforsch. Ges. Bern **1942** (1943) 1–22 [Ha 2]; Kurze Mathematiker-Biographien: Ludwig Schläfli (Basel 1948) 23 S., 2 Bildn., Faks. (Beih. Elemente Math., 4) [101].

II–IV, VI **SCHLÖMILCH,** Oscar Xaver. Math. — 1842 Dr. phil., 1844 PDoz., 1845 ao. Prof. Univ. Jena; 1849 o. Prof. Polytechnikum Dresden (spätere TU Dresden); 1874–1885 Geh. Schulrat im Sächs. Kultusministerium Dresden.

*1823, Apr. 13, Weimar; †1901, Febr. 7, Dresden.

Bibliogr. Cat. scient. Papers **5** (1871) 487–492 (179 Nr.); **8** (1875) 864–865 (43 Nr.); **11** (1896) 315–316 (19 Nr.); **18** (1923) 531 (1 Nr.) [3]. — Cat. gén. Bibl. nat. **165** (1943) Sp. 930–931 (1 Nr.) [3]. — Brit. Mus. Gen. Cat. **215** (1964) Sp. 116–117 (17 Nr.) [3].

Nekr. Moritz Cantor: Bibl. math. (3) **2** (1901) 260–281 m. Bildn., Faks., Schr.Verz. 263–281 [15]; Biogr. Jahrb. u. dtsch. Nekrolog **6** (1904) 119–122 [14]. — A. Fuhrmann: Cbl. Bauverwaltung **21** (1901) 82 [88]. — Georg Helm: Z. Math. u. Physik **46** (1901) 1–7 m. Titelbildn., Faks. [3]. — Martin Krause: Ber. Verh. Sächs. Ges. Wiss., math.-physik. Cl. **53** (1901) 509–520 [Ha 2]. — Gartenlaube **1901**, Nr. 10, 2. Beil. S. 2 m. Bildn. [14]. — Illustr. Ztg., Leipzig **116** (1901) 227 [3].

Biogr. E. G. Gersdorf: Leipziger Repertorium der dtsch. u. ausländ. Literatur 8, 1 (Leipzig 1850) 127 [3]. — Wilhelm Scheffler: Sachsens TH zu Dresden (Dresden 1899) 28 m. Bildn. [14]. — Friedrich Schulze: B. G. Teubner 1811–1911 (Leipzig 1911) 278–284 m. Faks.Brief vom 1. Jan. 1854 u. Bildn. nach S. 316 [3]. — [Bernhard Pattenhausen]: Robert Helmert u. seine Verdienste um die neuere Entwicklung der Erdmessung: Mitt. Ver. Erdkunde Dresden 3 (1921), H. 2, S. 91 (Schl. als Lehrer von H.) [Ha 2]. — Ein Jahrhundert Sächs. TH 1828–1928 (Dresden 1928) 139 m. Bildn. [14].

II **SCHLOENBACH,** Karl Ludwig. Geol. — 1791–1809 Ober-Gradiermeister zu Elmen bei Schönebeck; dann Bergingenieur u. Salineninspektor (1815 Obersalineninspektor) der Saline Sülbeck bei Eimbeck bis 1817, dann zusätzlich auch der Salinen Rothenfelde u. Salzderhelden; 1830 Salinendirektor, 1850 i. R.

*1767, Apr. 28, Berlin;
†1850, Nov. 4, Rothenfelde.

II **SCHLOSSBERGER,** Julius Eugen. Physiol. Chem. — 1840 Dr. med. u. chir. Univ. Tübingen; 1841–1842 Assistenzarzt Katharinenhospital Stuttgart u. Leibarzt des Grafen Solm-Hoogstraaten; weitere Ausbildung in Wien, Paris u. bei Liebig in Gießen; 1845 1. Ass. chem. Labor. von Gregory in Edinburgh; 1847 Prof. Chem. Univ. Tübingen.

*1819, Mai 31, Stuttgart;
†1860, Juli 9, Tübingen.

Bibliogr. Cat. scient. Papers 5 (1871) 492–494 (62 Nr.); 8 (1879) 867 (3 Nr.); 12 (1902) 658 (1 Nr.) [3]. — Cat. gén. Bibl. nat. 165 (1943) Sp. 959 (1 Nr.) [3]. — Brit. Mus. Gen. Cat. 215 (1964) Sp. 132 (5 Nr.) [3].

Nekr. Reusch: Jh. Verein vaterländ. Naturkunde Württ. 19 (1863) 26–30 [Ha 2].

Biogr. Dictionnaire encyclopédique des sciences médicales, publ. sous la direction de Raigé-Delorme et Amédéo Dechambre (3) 7 (Paris 1874) 470–471 [L 5]. — Biogr. genealog. Blätter aus u. über Schwaben (Stuttgart 1879) 828–830 [3]. — Lepsius: ADB 31 (1890) 531–533 [3]. — Pagel in: Biogr. Lexikon der hervorragenden Ärzte aller Zeiten u. Völker 5 (Berlin, Wien 1934) 88 [3]. — Alfred Götze: Ester: Muttersprache 54 (1939) 337–338 [101]. — Hans Simmer: Aus den Anfängen der physiol. Chem. in Deutschland. G. K. L. Sigwart (1784–1864) u. J. E. Schloßberger (1819–1860): Sudhoffs Arch. Gesch. Med. Naturwiss. 39 (1955) 216–236 m. 2 Abb. [3].

II **SCHLOTHEIM,** Ernst Friedrich, Freiherr **von.** Paläontol. — Stud. Jura Univ. Göttingen, Bergfach in Freiberg; 1793 Beisitzer, 1805 dirigierender Rat, 1817–1828 Präsident des Kammerkollegiums in Gotha; zugleich seit 1822 Oberaufseher des herzogl. Museums, später Oberhofmarschall u. Wirkl. Geheimer Rath.

*1764, Apr. 2, Almenhausen, Grafschaft Schwarzburg;
†1832, März 28, Gotha.

Bibliogr. Cat. scient. Papers 5 (1871) 495 (12 Nr.) [3]. — Cat. gén. Bibl. nat. 165 (1943) Sp. 986 (3 Nr.) [3]. — Brit. Mus. Gen. Cat. 215 (1964) Sp. 144 (4 Nr.) [3].

Briefe, Nachlaß Julius Schuster: Aus unveröff. Dokumenten zur Gesch. der Mineral., Geol. u. Paläontol. Histor. Miniaturen 3. Ernst Friedrich von Schlotheim u. der Übergang seiner Petrefakten-Sammlung an den preuß. Staat. In: Aus der Handschriften-Abt. der Preuß. Staatsbibl. Abh. u. Nachbildungen von Autographen (Berlin 1922) 103–109 m. Bildn. u. Faks. (Brief von Schl. an J. J. Nöggerath, Gotha, 24. Okt. 1824) [3]. — Gelehrten- u. Schriftstellernachlässe in den Bibliotheken der DDR 1 (Berlin 1959) 78 Nr. 547 [3].

Biogr. Karl Friedrich Burdach: Rückblick auf mein Leben. Selbstbiogr. (Leipzig 1848) 355 [3]. — K. C. von Leonhard: Aus unserer Zeit in meinem Leben 1 (Stuttgart 1854) 189, 422 [3]. — von Gümbel: ADB 31 (1890) 550–551 [3]. — Gottlob Schneider: Gothaer Wegweiser 2. Aufl. (Gotha 1900) 47 [15]. — Fossilium Catalogus I: Animalia. Pars 72. K. Lambrecht †, W. et A. Quenstedt, Palaeontologi, Catalogus biobibliographicus ('s Gravenhage 1938) 383 [3; Ha 2]. — Bruno von Freyberg: Johann Gottlob Lehmann (1719–1767). Ein Arzt, Chemiker, Metallurg, Bergmann, Mineraloge u. grundlegender Geologe (Erlangen 1955) 106, 111, 155 (Erlanger Forsch., Reihe B, Naturwiss. 1) [101].

Zum 100. Todestag B. von Freyberg: Aus der Heimat (Stuttgart) 45 (1932) 288–292 m. Bildn. [101].

Weitere Lit. August Beck: Ernst II, Herzog zu Sachsen-Gotha u. Altenburg als Pfleger u. Beschützer der Wiss. u. Kunst (Gotha 1854) 96–97, 142 [3]. — Hermann Proescholdt: Gesch. der Geol. in Thüringen: Progr. Realsch. Meiningen (Meiningen 1881) 27–28 [3]. —

K. A. von Zittel: Gesch. der Geol. u. Paläontol. bis Ende des 19. Jahrhunderts (München, Leipzig 1899) 87, 178, 180, 183, 184, 185, 186, 213, 613, 699, 780, 819 [3]. — Heinrich Schmidt: Gesch. der Entwicklungslehre (Leipzig 1918) 322–323, 327 [3]. — G. Tornier: Rückblick auf die Paläontol.: S.-Ber. Ges. naturforsch. Freunde Berlin **1924** (1926) 60 [Ha 2]. — Gotha. Das Buch einer deutschen Stadt 1 (Gotha 1927) 219, 320, 353, 370–371, 376–377 m. Bildn.Taf. 49 [101]. — B. von Freyberg: Die geol. Erforschung Thür. in älterer Zeit (Berlin 1932) passim, Bildn. S. 80 [3]. — Ernst Müller: Schwäbische Profile (Tübingen 1949) 279 [101]. — Conrad Vollmer: Funde, Forscher u. Frühmenschen (Leipzig 1958) 7–12 m. Bildn. S. 16 [3]. — Hanns Freydank: A. von Humboldt u. der Bergbau: Z. Erzbergbau u. Metallhüttenwesen **12** (1959) 381–388 m. Bildn. [3]. — Helmut Hölder: Geol. u. Paläontol. in Texten u. ihrer Gesch. (Freiburg–München 1960) 314, 355, 415, 432, 435, 436, 439 [101.]

II **SCHMIDEL** (Schmiedel), Casimir Christoph. Botan — Stud. in Gera, Halle u. Jena Arzneikunde u. Naturwiss.; 1742 Dr. med. Univ. Jena; 1743 zweiter, 1760 erster Prof. Med. Univ. Erlangen; zugleich 1763 Leibarzt des Markgrafen von Ansbach; 1771 Scholarch des Gymn. Ansbach; Geh. Hofrat u. Präsident des Medizinalkollegiums.

*1718, Nov. 21, Bayreuth;
†1792, Dez. 18, Ansbach.

Bibliogr. Cat. gén. Bibl. nat. **166** (1944) Sp. 302–305 (14 Nr.) [3]. — Brit. Mus. Gen. Cat. **215** (1964) Sp. 257–258 (21 Nr.) [3].

Biogr. Friedrich Börner: Nachrichten von den vornehmsten Lebensumständen u. Schriften jetztlebender berühmter Ärzte u. Naturforscher **2** (1752) 783; **3**, 3 (1755) 432; **3**, 5 (1764) 776–778 m. Schr.Verz. [3]. — Andreas Meyer: Biogr. u. litterarische Nachrichten von den Schriftstellern, die gegenwärtig in den Fürstentümern Anspach u. Bayreuth leben (Erlangen 1782) 315–322 m. Schr.Verz. [3]. — Christian Gottfried Gruner: Almanach f. Ärzte u. Nichtärzte auf das Jahr 1785 (Jena 1785) 9 [3]. — Johann Georg Meusel: Lexikon der vom Jahr 1750 bis 1800 verstorbenen teutschen Schriftsteller **12** (Leipzig 1812) 311–315 m. Schr.Verz. [3]. — Biographie universelle, ancienne et moderne **41** (Paris 1825) 184–185 [3]. — W. Heß: ADB **31** (1890) 700 [3]. — F. Leydig: Abh. naturhist. Ges. Nürnberg **15** (1905) 325–355 [Ha 2]. — Fossilium Catalogus I: Animalia. Pars 72: K. Lambrecht †, W. et A. Quenstedt, Palaeontologi, Catalogus bio-bibliographicus ('s-Gravenhage 1938) 384 [3; Ha 2]. — Richard N. Wegner: Christoph Jacob Trew (1695–1769): Mitt. Gesch. Med. Naturwiss. u. Techn. **39** (1940) 226 [3]. — Hans Krauß: Die Leibärzte der Ansbacher Markgrafen (Neustadt 1941) 29–30 (Familiengeschichtl. Schriften 7) [101]. — Helmut Prang: Johann Heinrich Merck (Wiesbaden 1949) 22, 266 [101]. — Bruno von Freyberg: Johann Gottlob Lehmann (1719–1767). Ein Arzt, Chemiker, Metallurg, Bergmann, Mineraloge u. grundlegender Geologe (Erlangen 1955) 139, 143, 151, 152 (Erlanger Forsch., Reihe B Naturwiss. 1) [101].

II **SCHMIDT** (Schmid), Erasmus. Philolog., Math. — 1590–1592 Studium der alten Sprachen, Math. u. Naturwiss. Univ. Wittenberg; dort 1596 Adjunkt, 1597 Prof. griech. Sprache, 1614 Prof. Math.

*1560, Apr. 27, Delitzsch;
†1637, Sept. 22, Wittenberg.

Genealog. Paul Robert: [Leichenrede für Magdalene Schmid, Erasmi Schmides Töchterlein, † 16. Aug. 1637] (Wittenberg 1639) [14].

Bibliogr. Cat. gén. Bibl. nat. **166** (1944) Sp. 410–413 (14 Nr.) [3]. — Brit. Mus. Gen. Cat. **215** (1964) Sp. 315–316 (25 Nr.) [3].

Biogr. Gottfried Suevus: Academia Wittenbergensis ab anno fundationis ... ad annum 1655 ... (Wittenberg 1655) [3]. — Theophil Spizelius: Templum honoris reseratum sive illustrium aeri huius theologorum et philologorum imagines ac elogia (Augustae Vind. 1673) 344–349 m. Bildn. u. Schr.Verz. [14]. — Adolphus Clarmundus: Vitae clarissimorum virorum d. i. Lebensbeschreibung etlicher hauptgelehrten Männer. 3. Aufl. **3** (Wittenberg 1710) 174–188 m. Schr.Verz. u. Bildn. [14]. — Jacob Brucker: Ehrentempel der dtsch. Gelehrsamkeit ... (Augsburg 1747) 181–184 m. Bildn. [14]. — Conrad Bursian: Gesch. der class. Philologie in Deutschland von den Anfängen bis zur Gegenwart (München, Leipzig 1883) 238–240 [3]. — Heinr. Klenz: ADB **32** (1891) 27–28 [3]. — Ernst Zinner: Gesch. u. Bibliogr. der astron. Lit. in Deutschland zur Zeit der Renaissance (Leipzig 1941) 47, 324, 332, 358, 380, 404 [3]. — Ernst Zinner: Astron. Instrumente des 11. bis 18. Jahrhunderts (München 1956) 69, 521 [Ha 2].

II **SCHMIDT,** Georg Christoph. — Weimarischer Hofmechanikus in Jena.

*etwa 1740, Gattenhöfen bei Rothenburg/Tauber;
†1811, Juli 29, Jena.

Lit. Johann Georg Meusel: Das gelehrte Teutschland 7 (Lemgo 1798) 222 [3]. – Brit. Mus. Gen. Cat. **215** (1964) Sp. 340 (1 Nr.) [3].

III, IV, VI **SCHMIEDEBERG,** Johann Ernst Oswald. Pharmakol. – 1860–1865 stud., 1866 Dr. med., 1866 Ass., 1867 PDoz., 1868 Doz., 1869 ao. Prof., 1871 o. Prof. Pharmakol. Univ. Dorpat; 1872–1919 o. Prof. Univ. Straßburg; 1884 LLD Edinburgh, 1889 Dr. h. c. Bologna.

*1838, Okt. 11, Laidsen, Kurland;
†1921, Juli 12, Baden-Baden.

Bibliogr. Cat. scient. Papers **8** (1879) 873 (6 Nr.; **11** (1896) 327 (12 Nr.); **12** (1902) 661 (5 Nr.); **18** (1923) 551 (8 Nr.) [3]. – Richard Kukula: Bibliogr. Jahrb. der Dtsch. Hochschulen (Innsbruck 1892) 819; (1893) 220 [3]. – Brit. Mus. Gen. Cat. **215** (1964) Sp. 449 (6 Nr.) [3].

Nekr. R. Gottlieb: Münchener med. Wschr. **68** (1921) 1119–1121 [3]. – Hans H. Meyer: Wiener klin. Wschr. **34** (1921) 360–361 [3]; Arch. exper. Pathol. Pharmakol. **92** (1922) I–XVII [3]; Naturwiss. **10** (1922) 105–107 [3]. – [B.] Naunyn: Arch. exper. Pathol. Pharmakol. **90,** 5 (1921) I–VII [3]. – E. Rost: Med. Klinik **17** (1921) 953–954 [3].

Biogr. J. Pagel: Biogr. Lexikon der hervorragenden Ärzte des 19. Jahrhunderts (Berlin, Wien 1901) Sp. 1513–1514 [3]. – B. Naunyn: Oswald Schmiedeberg zum 11. Okt. 1908: Arch. exper. Pharmakol. Suppl. Bd **1908** (Festschr. O. Schm. zum 70. Geburtstag) 1–7 m. Titelbildn. u. Faks., Schr.Verz. S. V–X [3]. – [Hermann Schelenz]: Mitt. Gesch. Med. u. Naturwiss. **17** (1918) 303–304 [3]. – Wilhelm von Waldeyer-Hartz: Lebenserinnerungen (Bonn 1920) 144, 147, 157 [3]. – Adolf Strümpell: Aus dem Leben eines deutschen Klinikers (Leipzig 1925) 14, 44–45, 52 [3]. – Hans Horst Meyer: Dtsch. biogr. Jahrb. **3** (1927) 224–228, Totenliste S. 315 [3]. – Roderich von Engelhardt: Die Deutsche Univ. Dorpat in ihrer geistesgeschichtl. Bedeutung (München 1933) 170–172, 272, 285, 286–288, 304, 312, 313, 452, 457 m. Bildn. S. 285 (Schr. Dtsch. Akad., 13) [3]. – Wolfgang Heubner: Histor. Notiz über die Entdeckung der Synapsen im autonomen Nervensyst. m. Hilfe des Nikotins: Arch. exper. Pathol. Pharmakol. **204** (1947) 33–35 [3]; Ein halb Jahrhundert Pharmakol.: ebda 21–22, 24, 32 [3]. – Sir Henry Dale: Rede auf der Tagung der Brit. Physiol. Ges. in London (Nov. 1962) anläßl. der Verleihung der Schmiedeberg-Plakette: ebda **246** (1963) 1–6 [3].

Bildn. Illustr. Ztg., Leipzig **108** (1897) 577 [14]. – Alte Straßburger Universitätsreden (Frankfurt 1932) Taf. 8 nach S. 40 [3]. – Fritz Lange: Die Sprache des menschl. Antlitzes (München, Berlin 1937) 85 [3].

II **SCHMIEDER,** Sigismund. – Dr. med.; prakt. Arzt in Oschatz, Pirna u. Lommatzsch in Sachsen.

*1685, Nov. 24, Löwenhain bei Meißen;
†1717, Okt. 15, Lommatzsch.

Bibliogr. Brit. Mus. Gen. Cat. **215** (1964) Sp. 455–456 (6 Nr.) [3].

Biogr. Jean Pierre Niceron: Mémoires pour servir à l'histoire des hommes illustres dans la république des lettres **1** (Paris 1729) 116–118 [14]; dasselbe dtsch. u. d. T.: Johann Peter Niceron: Nachrichten von den Begebenheiten u. Schriften berümter Gelehrten, mit einigen Zusätzen hrsg. von Siegmund Jacob Baumgarten (Halle 1749) 393–395 [14].

II, III, VI **SCHÖNBEIN,** Christian Friedrich. Chem. – 7 Jahre Lehrzeit in einer chem. Fabr. in Böblingen; 1820 in der chem. Fabr. von J. G. Dingler; bald darauf Leitung der chem. Arbeiten in der Fabr. von F. N. Adam in Hennhofen bei Erlangen; 1821 stud. Univ. Tübingen, dann Univ. Erlangen; 1824–1825 Lehrer der Physik u. Chem. an der Erziehungsanst. in Keilhau bei Rudolstadt; dann in einem Inst. in Epsom/England, 1 Jahr in London, dann Paris; 1829 Prof. Chem. u. Physik Basel, ab 1852 nur für Chem.; 1835 Dr. phil. Basel; 1840 Ehrenbürger von Basel.

*1799, Okt. 18, Metzingen bei Reutlingen;
†1868, Aug. 29, Gut Sauersberg bei Baden-Baden.

Bibliogr. Cat. scient. Papers **5** (1871) 523–534 (315 Nr.); **8** (1879) 879–881 (52 Nr. u. Biogr.); **12** (1902) 662 (Biogr.); **18** (1923) 564 (1 Nr.) [3]. – Wilhelm Heyd: Bibliogr. der Württemb. Gesch. **2** (Stuttgart 1896) 605; **4,** 2 (1915) 431; **8** (1956) 579 [3]. – Cat. gén. Bibl. nat. **167** (1945) Sp. 233–234 (6 Nr.) [3]. – Brit. Mus. Gen. Cat. **215** (1964) Sp. 737–738 (14 Nr.) [3].

Briefwechsel 20 Briefe gewechselt zwischen Jöns Jakob Berzelius u. Christian Friedrich Schönbein in den Jahren 1836–1847. Hrsg. von Georg W. A. Kahlbaum (Basel 1898) 97 S. [14]. – The letters of Faraday and Schoenbein 1836–1862. With notes, comments and references to contemporary letters ed. by Georg W. A. Kahlbaum and Francis V.

Darbishire (Basel, London 1899) XVI, 377 S. m. 2 Titelbildn. u. 2 Faks. [Ha 2]. — Justus von Liebig u. Christian Friedrich Schönbein. Briefwechsel 1853–1868. Mit Anm., Hinweisen u. Erläuterungen versehen u. hrsg. von Georg W. A. Kahlbaum u. Eduard Thon (Leipzig 1900) XXI, 278 S. (Monogr. Gesch. Chem., 5) [14].

Nekr. Eduard Hagenbach[-Bischoff]: Christian Friedrich Schoenbein. Progr. für die Rectoratsrede der Univ. Basel (Basel 1868) 64 S. u. XXII S. Schr.Verz. [3]. — E. Hagenbach: Ann. Rep. Smithsonian Inst. **1868** (1869) 185–188, 189–192 [Ha 2]. — von Kurr.: Ver. vaterländ. Naturkunde Württemberg **26** (1870) 56–61 [Ha 2]. — Peter Merian: Verh. naturforsch. Ges. Basel **5** (1873) 341–352 [Ha 2]. — Caterina Scarpellini: Poche paroli a ricordare l'illustre Prof. Schoenbein di Basilea [Roma 1868] 4 S. (aus: Bull. ozonometrico-meteorologico del mese di settembre 1868) [14]. — Scoutetten: Mém. Acad. Imp. Metz **49**, 2, 1867–1868 (1869) 3–32 [Ha 2]. — Warren de la Rue: J. Chem. Soc. London N.S. **7** (1869) X–XIII [Ha 2]. — Amer. J. Pharmac. **40** (1868) 576 [15]. — Arch. sci. physiques et natur. [Genf] N.S. **33** (1868) 136–146 [15]. — Allg. Ztg. (Augsburg) **1868**, Beil., Nr. 255 vom 11. Sept. 1868, S. 3872–3873 [37]. — Illustr. Ztg., Leipzig **52** (1869) 23–24 m. Bildn. [3]. — Jber. Schles. Ges. vaterländ. Cultur **46** (1868) 298–299 [3]. — Leopoldina **35** (1899) 145–148 m. Schr.Verz. [Ha 2]. — Schwäb. Chronik **1868**, 2987–2988 [24]. — Verh. Schweiz. naturforsch. Ges. Einsiedeln **52** (1868) 207–220 [Ha 2].

Biogr. Lepsius: ADB **32** (1891) 256–259 [3]. — Georg W. A. Kahlbaum u. Ed. Schaer: Christian Friedrich Schönbein 1799–1868 **1** (Leipzig 1899) XIX, 230 S. m. Bildn.; **2** (1901) XII, 311 S. (Monogr. Gesch. Chem., 4, 6) [14]. — J[ules] Piccard: Les travaux et les découvertes chimiques de Schoenbein: Verh. naturforsch. Ges. Basel **12** (1900) Anh. 28–40 [Ha 2]. — Eduard Färber: Prometheus **29** (1918) 413–416 m. Bildn. [3]. — H. Heller: Mitt. Gesch. Med. u. Naturwiss. **18** (1919) 194–195 [3]. — Ralph E. Oesper: Christian Friedrich Schönbein: J. chem. Educat. **6** (1929) 432–440 m. 1 Abb. (Life and Character); 677–685 (Experimental Labors) [Le 1]. — Theodor Kunzmann: Die Bedeutung der wiss. Tätigkeit von Justus von Liebig, Friedr. Wöhler u. Christian Friedr. Schönbein für die Entwicklg. der dtsch. chem. Industr. (Berlin 1930) 90 S. (Phil. Diss. Berlin 1930) [3]. — Vaube: Chr. Friedr. Schönbein. Gesch. u. Tragweite der Nitrocellulose: Nitrocellulose **1** (1930) 1–2 [101]. — Histor.-Biogr. Lexikon der Schweiz **6** (Neuenburg 1931) 231 m. Bildn. [3]. — A. Usteri: Faraday u. Schönbein: Goetheanum **10** (1931) 362 [15]. — F. Henrich in: Handwörterb. der Naturwiss. 2. Aufl. **8** (Jena 1933) 1109 [3]. — I. F. S.: 100 Jahre Ozon. Zum 140. Geburtstage Christian Friedrich Schönbeins: Techn. Bl., Wschr. Dtsch. Bergwerksztg. **29** (1939) 549–550 [E 4]. — Eduard His: Basler Gelehrte des 19. Jahrhunderts (Basel 1941) 86–94 m. Bildn. [3]. — Otto Schmid: Schwäbische Lebensbilder **2** (Stuttgart 1941) 415–430 m. Bildn. [3]. — Gertrud Woker: Der Anteil der Schweiz an der Entwicklung der chem. Wiss. In: Die Schweiz u. die Forsch. **2** (Bern 1942) 10–12 [101]. — Ernest H. Huntress: Christian Friedrich Schönbein: Proc. Amer. Acad. Arts Sci. Boston **77** (1948/49) 50 [Ha 2]. — Eduard Färber: in Günther Bugge, Das Buch der großen Chemiker **1** (Weinheim 1955) 458–468 m. Bildn. u. Faks.; Lit.Verz. **2** (1955) 494–495 [3]. — Wilhelm Prandtl: Deutsche Chemiker in der 1. Hälfte des 19. Jahrhunderts (Weinheim 1956) 195–241 m. 2 Bildn., 1 Abb. [3]. — Walter Gerlach, Rudolf Pummerer in: Geist u. Gestalt. Biogr. Beitr. Gesch. Bayer. Akad. Wiss. **2** (München 1959) 87, 133 [3]. — Hans Dahn in: Prof. der Univ. Basel aus 5 Jahrhunderten (Basel 1960) 128 m. Bildn. S. 129 [Ha 2].

Zum 100. Geburtstag Albert Geßler: Christian Friedrich Schönbein. Ein Festspiel zu seinem 100. Geburtstag: Basler Jahrb. **1900**, 228–246 [StB u. UB Bern]. — Georg W. A. Kahlbaum: Aus Christian Friedrich Schönbeins Leben: ebda S. 205–227 [StB u. UB Bern]. — Georg W. A. Kahlbaum: Burschenschaftl. Bl. **14** (1899/1900) 57–60 m. Bildn., 82–84 [3]. — Richard Lorenz: Die Schönbein-Feier in Basel: Z. Elektrochem. **6** (1899) 333–336 [15]. — E. Thon: Schwäb. Chronik **1899**, 2349–2350 [24]. — Der Basler Chemiker Christ. Friedr. Schönbein. 100 J. nach seiner Geburt gefeiert von der Univ. u. der naturforsch. Ges.: Verh. naturforsch. Ges. Basel **12** (1899) Anh. 1–58 (Ansprachen von Hagenbach, Kahlbaum, Piccard, Schaer) [Ha 2].

Weitere Lit. Bence Jones: The life and letters of Faraday. 2. ed. **1** (London 1870) VIII, 385 S.; **2** (1870) 491 S., darin Letters from F. to Sch.: 231, 257–263, 281–284, 292, 302, 334, 341, 355, 364, 369, 371, 372, 376, 403, 405, 422, 433, 450 [15]. — Jacob Moleschott: Für meine Freunde. Lebenserinnerungen (Gießen 1894) 312 [Ha 2]. — S. J. von Romocki: Gesch. der Explosionsstoffe **2** (Berlin 1896) 107–128 m. Titelbildn. [11]. — J. Piccard: Robert Bunsen. Vortr. (20. Nov. 1902): National-Ztg. Basel **1902**, Nr. 281 vom 29. Nov. [UB Basel]. — Wilhelm Ebstein: Die Gicht des Chemikers J. Berzelius u. anderer hervorragender Männer (Stuttgart 1904) 63 S. [7]. — Paul Diergart: Über Begriff u. Wortgesch. von Ozon: Mitt. Gesch. Med. Naturwiss. **6** (1907) 350–352 [3]. — Ernst Cohen: Das Lachgas. Eine chem.-kulturhistor. Studie (Leipzig 1907) 87, 88, 92 m.

Bildn. [15]. — Julius Ephraim: Die Schießbaumwoll-Patente von Chr. Fr. Schönbein. In: Beitr. aus der Gesch. der Chem. Hrsg. von Paul Diergart (Leipzig, Wien 1909) 573–579 m. Bildn. [15]. — Schönbeinfeier des Württ. Bezirksver. des Ver. dtsch. Chemiker in Metzingen am 10. Okt. 1909: Z. angew. Chem. **23** (1910) 913–916 [15]. — Gertrud Woker: Die Katalyse. Die Rolle der Katalyse in der analyt. Chem. 1. Allg. Teil (Stuttgart 1910) 646 S., siehe Reg. S. 640 [15]. — Georg Lockemann: Zum 100jähr. Jubil. von Avogadros Hypothese: Arch. Gesch. Naturwiss. u. Techn. **1911**, 357–364 [3]. — Jan von Zawidzki: Über ein Schönbeinsches Dokument zur Illustration katalyt. Lichtwirkungen: Arch. Gesch. Naturwiss. u. Techn. **6** (1913) 433–438 m. 1 Abb. [3]. — Ernst von Meyer: Gesch. der Chem. von den ältesten Zeiten bis zur Gegenwart. 4. Aufl. (Leipzig 1914) 371–372, 384, 492, 547 [3]. — Ewald Fonrobert: Das Ozon (Stuttgart 1916) 1, 2, 3, 4, 5, 18, 25, 28, 34, 40, 52, 57, 60, 63, 65, 71, 74, 80, 81, 91, 93, 95, 96, 100, 105, 107, 110, 126, 129, 131, 149, 218, 221, 223, 231 [3]. — Eduard Färber: Die geschichtl. Entwicklung der Chem. (Berlin 1921) 148, 218, 237 [101]. — Richard Meyer: Vorlesungen über die Geschichte der Chem. (Leipzig 1922) 104, 106–107, 247, 324, 421, 429 [3]. — Albert Neuburger: Gläserne Spinnen. In: Pfadfinder der Kultur. Männer u. Taten der Techn. (München 1926) 158–193, 277–289 [101]. — Richard Du Moulin Eckart: Gesch. der dtsch. Univ. (Stuttgart 1929) 128 [101]. — A. Mittasch u. E. Theis: Von Davy u. Döbereiner bis Deacon, ein halbes Jahrhundert Grenzflächenkatalyse (Berlin 1932) 104, 120, 129, 143–166, 180, 239, 241, 244 m. Bildn. u. Faks. S. 176 [101]. — Bernhard Lepsius: Das Haus Lepsius (Berlin 1933) 54 [Ha 1]. — Fritz Ferchl u. A. Süssenguth: Kurzgesch. der Chem. (Mittenwald 1936) 181, 184, 194 [3]. — A[lwin] Mittasch: Über Ganzheit in der Chem.: Angew. Chem. **49** (1936) 417–420 (aus einem Brief Schönbeins an Schelling vom 25. Mai 1854) [101]. — Zeugnisse deutscher Frömmigkeit von der Frühzeit bis heute. Hrsg. von Otto Eberhard (Leipzig 1938) 185 [101]. — Paul G. Ehrhardt u. Paul Wolff: Zellwolle, vom Wunder ihres Werdens (Frankfurt/M. 1938) 26 [3]. — A. Mittasch: Zur Gesch. der Schönbeinschen Reaktionen $N_2 + 2\ H_2O \rightarrow$ $\rightarrow NH_4NO_2$: Chemiker-Ztg. **62** (1938) 168–169 [3]. — Adolf Reitz: Von der Alchemie zur Chem. Der Anteil schwäb. Geistes an der chem.-techn. Entwicklung: Schwabenland **16** (1940) H. 3, S. 17–20 m. Bildn. u. Faks. von Sch. [24]. — Günther Bugge: Schieß- u. Sprengstoffe u. die Männer, die sie schufen (Stuttgart 1942) 43–49 m. Bildn. [101]. — G. zur Megede: Zwei dtsche Chemiker des 19. Jahrhunderts: Christian Friedrich Schönbein, der Erfinder der Schießbaumwolle u. Eilhard Mitscherlich, der Begründer der kristallogr. Chem.: Dtsch. Wiss. Dienst **4** (1943) Nr. 15/16, S. 5 [101]. — M. Schofield: Schönbein and his Nitro-Cellulose: Brit. Plastics and moulded Products Trader **16** (1944) 543–544 [Le 1]. — Edgar Bonjour: Die Univ. Basel von den Anfängen bis zur Gegenwart 1460–1960 (Basel 1960) 362, 392, 410, 415, 422–423, 464–465, 476, 729, 734, 737, 741–742, 744, 748–749 [3]. — Wolfgang Baier: Quellendarst. zur Gesch. der Fotografie (Leipzig 1965) 157 [3]. — Was nicht in den Annalen steht. Chemiker-Anekdoten. Hrsg. Josef Hausen. 3. Aufl. (Weinheim 1964) 82 [101].

Bildn. Das 19. Jahrhundert in Bildn. Hrsg. von Karl Werckmeister **3** (Berlin 1899) 343–344, Bildn. Nr. 253 [3].

SCHÖNBERG, Abraham von. Begründer der bergmännischen Fachschule. — Stud. in Jena u. Wittenberg, unternahm Reisen u. widmete sich dem Bergbau in Annaberg u. Schneeberg; 1663 Kommissionsrat, 1668 Vizeberghauptmann, 1676 Oberberghauptmann; 1681 Kreishauptmann, 1697 Wirkl. Geheimrat; 1702 schuf er eine Anstalt in Freiberg, an der Berg- u. Schmelzwissensch. erlernt werden konnten (Vorläufer der Bergakademie).

*1640, März 11, Freiberg/Sa.;
†1711, Nov. 4, Freiberg/Sa.

Bibliogr. Cat. gen. Bibl. nat. **167** (1945) Sp. 234 (2 Nr.) [3]. — Brit. Mus. Gen. Cat. **215** (1964) Sp. 738 (1 Nr.) [3].

Biogr. Johann David Köhler: Münz-Belustigung **12** (Nürnberg 1740) 201–208: Eine rar gewordene Gedächtniß-Müntze, auf Abraham von Schönberg, Königl. Pohlnischen u. Churfürstl. Sächs. Geheimbden Rath u. Ober-Berg-Hauptmann, von A 1698 [15]. — Constantin Täschner: Bergakademisches [aus Freiberg]: Mitt. Freiberg. Altertumsver. **50** (1915) 73–74 [Ha 2]. — W. Serlo: Männer des Bergbaus (Berlin 1937) 132 [3]. — 400 Jahre Oberbergamt Freiberg: Z. Berg-, Hütten- u. Salinenwesen **1942**, 10–11 m. Bildn. S. 22 [3]. — Walther Fischer: 400 Jahre Sächs. Oberbergamt Freiberg (1542–1942): Z. Dtsch. geol. Ges. **95** (1943) 147–148 [Ha 56]. — Hans-Georg Schäfer: Chem. Lehre u. Forschung in Freiberg: Bergakademie [Freiberg] **7** (1955) 251 [3]. — Walter Schellhas: Der kursächs. Oberberghauptmann Abraham von Schönberg: Anschnitt **14** (1962) Nr. 5–6, S. 20–29 m. 3 Bildn., 1 Faks., 8 Abb. [101]. — W. Schellhas: Oberberghauptmann Abraham von Schönberg u. der Wiederaufbau des kursächs. Montanwesens nach dem 30jähr. Krieg: Bergakademie [Freiberg] **15** (1963) 244-245 m. Bildn. [14].

II **SCHÖNBERGER** (Schonberger), Georg. — Jesuit; lehrte 9 Jahre Math. in Freiburg/Br.; Prorektor, dann Rektor in Olmütz.

*1596, Innsbruck;

†1645, Aug. 1, Hradisch, Mähren.

Lit. N. Sotvellus: Bibliotheca scriptorum Societatis Jesu (Romae 1676) Pars I, S. 294 [12]. — Ernst Zinner: Gesch. u. Bibliogr. der astron. Literatur in Deutschland zur Zeit der Renaissance (Leipzig 1941) 48, 49, 363, 388, 396 [3]; Astron. Instrumente des 11. bis 18. Jahrhunderts (München 1956) 69, 76, 129, 499, 527 [Ha 2].

II **SCHÖNFELD,** Victorin. Math., Med. — 1556 Dr. med., 1557 Prof. Math., 1566 Prof. Med. Univ. Marburg.

*1525, Bautzen;

†1591, Juni 31, Marburg.

Biogr. Paul Freher: Theatrum virorum eruditione clarorum. Tomus posterior (Nürnberg 1688) 1293 m. Bildn. S. 1284 [3]. — Christian Gottlieb Jöcher: Allg. Gelehrten-Lexikon **4** (Leipzig 1751) Sp. 322 [3]. — Michael Conrad Curtius: Fasti rectorum et prorectorum Marburgensium ab incunabulis academiae (Marburg 1777) XX [3]. — Friedrich Wilhelm Strieder: Grundlage zu einer Hessischen Gelehrten- u. Schriftsteller-Gesch. **13** (Cassel 1802) 169–170 m. Schr.Verz. [3]. — J.: Dictionnaire des sciences médicales, Biographie médicale **7** (Paris 1825) 157 [15]. — Wilhelmus Dilichius: Urbs et academia Marpurgensis (Marburg 1867) 88–89 [3]. — Reinhold Bechstein: Aus dem Kalender-Tagebuche des ... Victorin Schönfeld 1555–1563. Ein Beitr. zur Universitäts- u. Culturgesch. des 16. Jahrhunderts. 2. Ausg. (Rostock 1875) 24 S. [14]. — A. Dechambre: Dictionnaire encyclopédique des sciences médicales (3) **7** (1879) 510 [L 5]. — Georg Winter: ADB **32** (1891) 303 [3]. — Julius Köstlin: Die Baccalaurei u. Magistri der Wittenberger philos. Fakultät 1548–1560 (Halle 1891) 5 (24. Aug. 1554 Baccalaureus) [3]. — Catalogus Professorum Academiae Marburgensis. Die akadem. Lehrer der Philipps-Univ. in Marburg von 1527 bis 1910. Bearb. von Franz Gundlach (Marburg 1927) 365 [3]. — Pagel in: Biogr. Lexikon der hervorragenden Ärzte aller Zeiten u. Völker. 2. Aufl. **5** (Berlin, Wien 1934) 121 [3].

II **SCHÖPF,** Johann David. Med., Naturforsch. — Besuch des Gymn. Hof; 1770 stud., 1776 Dr. med. Univ. Erlangen; 1777–1783 Feldarzt bei den Ansbacher Truppen in Nordamerika; dann ausgedehnte Reisen durch Amerika, Westindien, Florida, Bahama-Inseln; 1784 in London u. Bayreuth; 1785 Hof- u. Militärarzt sowie Landphysicus in Bayreuth; 1789 Leibarzt des Markgrafen, 1795 Präsident des Medizinalkollegiums in Ansbach u. 1797 auch des in Bayreuth.

*1752, März 8, Wunsiedel;

†1800, Sept. 10, Ansbach.

Bibliogr. Cat. gén. Bibl. nat. **167** (1945) Sp. 339 (4 Nr.) [3]. — Brit. Mus. Gen. Cat. **215** (1964) Sp. 796–797 (8 Nr.) [3].

Biogr. Johann August Vocke: Geburts- u. Todten-Almanach Ansbachischer Gelehrten, Schriftsteller u. Künstler **1** (Augsburg 1796) 194–199 [3]. — Johann Georg Meusel: Das gelehrte Teutschland oder Lexikon der jetzt lebenden teutschen Schriftsteller **7** (Lemgo 1798) 282–283; **10** (1803) 617–618; **11** (1805) 679; **12** (1806) 380 [3]. — Georg Wolfgang Augustin Fikenscher: Gelehrtes Fürstenthum Baireut **8** (Nürnberg 1804) 160–175 m. Lit.Ang. u. Schr.Verz. 18 Nr.; Zusatz in **11** (1805) 84 [14]. — Johann Georg Meusel: Lexikon der vom Jahr 1750 bis 1800 verstorbenen teutschen Schriftsteller **12** (Leipzig 1812) 364–367 m. Schr.Verz. [3]. — Clemens Alois Baader: Lexikon verstorbener baierischer Schriftsteller des 18. u. 19. Jahrhunderts **1, 2** (Augsburg, Leipzig 1824) 217–220 m. Schr.Verz. [3]. — Dezeimeris: Dict. hist. méd. **4** (Paris 1839) 111–112 [14]. — Friedrich Ratzel: ADB **31** (1891) 350–352 [3]. — G. H. Williams: Johann David Schoepf and his contribution to North American geology: Bull. geol. Soc. America **5** (1894) 591–593 [7]. — Julius Meyer: Dr. Johann Schöpf, der fränkische Naturforscher. Zum 100jährigen Todestage: Bayerland **12** (1901) Nr. 6, S. 68–70 m. Bildn. [12]. — Franz Leydig: Horae Zoologicae. Zur vaterländ. Naturkunde sachl. u. geschichtl. Bemerkgn. (Jena 1902) 236 [3]. — George Perkins Merrill: Contributions to the history of American geology: Ann. Rep. Board Regents Smithsonian Instn., Ann. Rep. U.S. Nat. Mus. **1904** (1906) 208 [Ha 2]. — Thomas Stettner: Mittelfränkische Naturforscher von 1720–1820: Bl. histor. Ver. Mittelfranken (Ansbach) **2** (1924) Nr. 2, S. 1–16 [101]. — Max Meisel: A bibliography of American National History I (1924) 227; III (1929) 355 [3; 14]. — Carroll Lane Fenton and Mildred Adams Fenton: Giants of Geology (New York 1925) 124 [7]. — Albert Schleebach: Die Entwicklung der chem. Forsch. u. Lehre an der Univ. Erlangen 1743–1820 (Bayreuth 1937) 26 [3]. — Thomas

Stettner: Von Blumen, Bäumen, Botanikern (Ansbach 1937) 19 [101]. — Fossilium Catalogus I: Animalia. Pars 72: K. Lambrecht †, W. et A. Quenstedt, Palaeontologi, Catalogus bio-bibliographicus ('s-Gravenhage 1938) 386 [3; Ha 2]. — Hans Krauß: Die Leibärzte der Ansbacher Markgrafen (Neustadt/Aisch 1941) 31 (Familiengeschichtl. Schriften, 7) [101]. — Werner Schultheiß: Franken in Übersee: Jahrb. Fränkische Landesforsch. **11/12** (1953) 326 [3]. — Eva Beard: Doctor-Naturalist on Tour 1783–1784: Amer.-German Rev. **25** (1958) H. 1, S. 27–29 m. Bildn., 1 Abb. [3].

Bildn. Sammlung von Bildnissen gelehrter Männer H. **15** (Nürnberg 1795) Bildn. von Bock [ohne Seitenzählg.] [37].

II **SCHONER** (Schöner), Andreas. Astron. — Unterricht bei seinem Vater; dann Univ.-Studium; lebte in Neuburg/Donau, Kassel u. anderen Orten; befreundet mit dem Landgrafen Wilhelm IV. von Hessen-Kassel.

*1528, Nürnberg;

†1590, Kassel.

Sohn von Johann Schoner (1477–1547).

Bibliogr. Brit. Mus. Gen. Cat. **215** (1964) Sp. 761 (3 Nr.) [3].

Lit. S. Günther: ADB **32** (1891) 294–295 [3]. — Ernst Zinner: Gesch. u. Bibliogr. der astron. Literatur in Deutschland zur Zeit der Renaissance (Leipzig 1941) 48, 217, 227, 234, [3]; Astron. Instrumente des 11. bis 18. Jahrhunderts (München 1956) 66, 68, 73, 108, 121, 129, 152, 186, 210, 214, 242, 360, 527, 529, 539, 614 [Ha 2].

II **SCHONER** (Schöner), Johann. Astron., Geogr. — 1494 Stud. Philos. u. Theol. Univ. Erfurt; Prediger am St. Jacob in Bamberg; 1526–1546 Prof. Math. am Gymn. in Nürnberg.

*1477, Jan. 16, Karlstadt bei Würzburg;

†1547, Jan. 16, Nürnberg.

Vater von Andreas Schoner (1528–1590).

Bibliogr. Cat. gén. Bibl. nat. **167** (1945) Sp. 268–271 (23 Nr.) [3]. — Brit. Mus. Gen. Cat. **215** (1964) Sp. 761–764 (35 Nr.) [3].

Biogr. Johann Gabriel Doppelmayr: Histor. Nachricht von den Nürnbergischen Mathematicis u. Künstlern (Nürnberg 1730) 45–50 [3]. — K. A. Barack: Eine Privatdruckerei des Mathematikers Johannes Schoner: Anz. Kunde dtsch. Vorzeit **6** (1859) Sp. 85–87 [3]. — Henry Stevens: Johann Schöner, Professor of mathematics at Nuremberg (London 1888) XLV, 206 S. [14]. — S. Günther: ADB **32** (1890) 295–297 [3]. — Emil Reicke: Aus dem Leben des Johann Schöner, ersten Prof. für Math. u. Geogr. in Nürnberg: Abh. naturhist. Ges. Nürnberg **17** (1907) 41–59 [15; Ha 2]. — Karl Schottenloher: Johann Schöner u. seine Hausdruckerei: Zbl. Bibliothekswesen **24** (1907) 145–155 [3]. — David Eugene Smith: A note on Johannes Schonerus: Bibl. math. (3) **11** (1910/11) 79–80 m. Faks. [15]. — Josef Schock: Johannes Schöner: Jahrb. Österreich. Ex-Libris Ges. **14** (1916) 19–23 m. 1 Abb. [UB Wien]. — Georg Schoener: Ein Zeitgenosse Luthers, Melanchthons u. Dürers: Arch. Stamm- u. Wappenkunde **19**, 1918–1919 (1919) 9–10 [3]. — Fridolin Solleder: Herzog Ottheinrichs Frage an die Sterne. Zur Lebensgesch. des Johannes Schöner u. der Herren von Croaria. In: Staat u. Volkstum (Diessen 1933) 281–317 m. Bildn. [101]. — W. Schultheiß: Der fränkische Humanist Johannes Schöner u. Amerika: Fränkische Bl. Geschichtsforsch. u. Heimatpflege, Beil. zum Fränk. Tag Bamberg **1** (1949) Nr. 5, S. 17–18 m. Abb. [22].

Globen, Kartographie Friedrich Wilhelm Ghillany: Der Erdglobus des Martin Behaim vom Jahre 1492 u. der des Johann Schöner vom Jahre 1520 (Nürnberg 1842) 18 S., 2 Taf. (Jber. techn. u. landwirtsch. Lehranstalten 1841/42) [75]. — M. Jomard: Les monuments de la géographie. Recueil d'anciennes cartes européennes et orientales. En Facs. de la Grandeur des originaux (Paris [1854–1857]) Nr. 15–16, 1 Taf. m. 3 Abb. [55×70 cm] [3]. — Die ältesten Erdgloben: Z. wiss. Geogr. **1** (1880) 179 [15]. — Franz von Wieser: Magalhâes-Straße u. Austral-Continent auf den Globen des J. Schöner. Beitr. zur Gesch. der Erdkunde im 16. Jahrhundert (Innsbruck 1881) VII, 124 S. m. 5 Karten [3; 14]. — J. Luksch: Zwei Denkmale alter Kartographie: Mitt. geogr. Ges. Wien **29** (1886) 364–373 m. 2 Karten [Ha 2]. — Charles Henry Coote: Johann Schöner, professor of mathematics at Nurenberg. A reproduction of his globe 1523. Ed. with an introduction and bibliography (London 1888) XLV, 206 S. [14]. — Franz R. von Wieser: Der verschollene Globus des Johannes Schöner von 1523: S.-Ber. philos.-histor. Cl. Akad. Wiss. Wien **117** (1889) Abh. 5, S. 1–18 m. 1 Taf. [3]. — A. E. Nordenskiöld: Facsimile-Atlas to the early history of cartography with reproduction of the most important maps in the XV and XVI centuries (Stockholm 1889) 42, 82a, 93b, 76b, 77a, 80a, 100a,b, 106a,b m. 2 Abb. [14]. — Sophus Ruge: Die Entwicklung der Kartogr. von Amerika bis 1570: Erg.-H. 106 zu Petermanns Mitt. **1892**, 41–42, 44, 54 m. Abb. [3]. — Matteo Fiorini: Erd- u. Himmelsgloben, ihre Gesch. u. Konstruktion. Nach dem Italien. bearb. von Siegm. Günther (Leipzig 1895) 23, 25, 36, 37, 38, 39, 40, 41, 43, 49, 55, 56, 57, 75 [3]. — Konrad Kretschmer: Der Globus Johannes Schöners vom Jahre 1520. In: Beitr. zur Alten Gesch. u. Geogr. Festschr. für Heinr. Kiepert (Berlin 1898) 111–123 [3]. — W[alter] Ruge: Älteres kartogr. Material in dtsch. Bibliotheken: Nachr. Ges. Wiss. Göttingen, philol.-histor. Kl. **1904**, 68, 69 [15]. — Giulio Ceradini: A proposito dei due globi Mercatoriani 1541–1551. Appunti critici sulla storia della geografia nei secoli XV e XVI (Milano 1906) 337–379, 444–447, 552–554, 555–559, 562–564 u. öfter (Opere del Giulio Ceradini, 1) [3]. — Karl Schottenloher: Hans Seilers Verhältn. zu Johannes Schöners Erdglobus vom Jahre 1520: Mitt. German. Nationalmus. **1917** (1920) 65–71 [Ha 2]. — Edward Luther Stevenson: Terrestrial and celestial globes, their history and construction including a consideration of their value as aids in the study of geography and astronomy **1** (New Haven 1921) 82–88, 110 m. Bildn. u. Abb. (Publ. Hispanic Soc. Amer., 86) [3]. — Johann Schöner: Globuskarte m. dem Schiffkurs der Magelhaes'schen Weltumseglung in den Jahren 1519–1522. Holzschnittkarte vom Jahre 1523 (31×71). Verkleinerter Faks.Druck 27×57 cm (München 1925) 1 Bl. [12]. — George E. Nunn: The lost globe gores of Johann Schöner 1523–1524: Geogr. Review **17** (1927) 476–480 [Ha 2]. — Ernst Vatter: Der Globus des Johannes Schöner von 1515 aus dem Besitze der Frankfurter Stadtbibl.: Frankfurter geogr. H. **11** (1937) 160–179 m. 4 Taf. [Ha 2]. — Bonacker: Ein Streifzug durch die Welt der Globen: Globusfreund (Wien) **9** (1960) 13–20 [300]. — Oswald Muris, Gert Saarmann: Der Globus im Wandel der Zeiten. Eine Gesch. der Globen (Berlin 1961) 74, 78–85, 110, 153 m. Bildn. (Abb. 22), Globus (Abb. 24) [14]. — Wilhelm Bonacker: Der Erdglobus von Johannes Schöner aus dem Jahre 1520: Mitt. Ver. Gesch. Stadt Nürnberg **51** (1962) 441–442 m. Lit.Verz. [3].

Weitere Lit. Heinrich Pantaleon: Deutsche Nation Heldenbuch **3** (Basel 1570) 183–184 [3]. — [Joh. Heinr. Zedler]: Großes vollst. Universal-Lexicon aller Wiss. u. Künste **35** (Leipzig, Halle 1743) Sp. 991–992 m. Schr.Verz. [3]. — Abraham Gotthelf Kästner: Gesch. der Math. **1** (Göttingen 1796) 540; **2** (1797) 592–595 (Gesch. der Künste u. Wiss., 7) [3]. — [Franz Adolf de Varnhagen]: J. Schoener e P. Apianus: Influencia de om e outro e de verios de seus contemporaneos na adopçào de nome America (Vienna 1872) 61 S. [1a]. — Rudolf Wolf: Gesch. der Astron. (München 1877) 101, 122, 144, 231, 239, 268, 388 (Gesch. Wiss. Deutschland. Neuere Zeit, 16) [3]. — Leopold Prowe: Nicolaus Coppernicus **1**, 1 (Berlin 1883) 219; **1**, 2 S. 219, 390, 391, 392, 394, 395, 396, 428, 429, 514, 516, 517 [3]. — L. Gallois: Les géographes allemands de la renaissance (Paris 1890) 70–101 m. 3 Taf. (Bibliothèque Faculté des Lettres de Lyon, 13) [3]. — Henry Harrisse: The discovery of North America (Paris 1892) 295–296, 308–309, 312–313, 315–322, 484–488, 519–528, 565–567, 583–584, 587–588, 592–594 u. öfter [14]. — Konrad Kretschmer: Die Entdeckung Amerikas in ihrer Bedeutung für die Gesch. des Weltbildes (London, Berlin, Paris 1892) passim [3]. — Josef Fischer: Der „Deutsche Ptolemäus" aus dem Ende des 15. Jahrhunderts. Hrsg. m. einer Einleitung (Straßburg 1910) 41–44 m. Taf. [15]. — C. Schoy: Über einige dem Arabischen entlehnte Benennungen in den exakten Wiss.: Mitt. Gesch. Med. u. Naturwiss. **16** (1917) 126 [3]. — Karl Sitzmann: Kirchehrenbach: Fränk. Schatzgräber **2** (1924) 9–12 m. Bildn. von Sch., der dort gestorben ist [101]. — Ernst Zinner: Die fränk. Sternkunde im 11. bis 18. Jahrhundert: Ber. u. Festber. zum 100jähr. Bestehen naturforsch. Ges. Bamberg **27** (1934) 8–10, 13–15, 21–24, 28–33, 77–80, 99–100 u. öfter (m. Bildn.-Taf. 3 u. Schr.Verz.) [Ha 2]. — Ernst Zinner: Gesch. u. Bibliogr. der astron. Lit. in Deutschland zur Zeit der Renaissance (Leipzig 1941) siehe Reg. S. 445 [3]. — Ernst Zinner: Entstehung u. Ausbreitung der Coppernikanischen Lehre: S.-Ber. physik.-med. Sozietät Erlangen **74** (1943) siehe Reg. S. 587 [101]. — Hellmuth Helwig: Astronomen als Buchbinder: Allg. Anzeiger Buchbindereien **61** (1948) 156 [101]. — Ernst Zinner: Astron. Instrumente des 11. bis 18. Jahrhunderts (München 1956) siehe Reg. S. 663 [Ha 2]. — [Werner Schultheiß]: Martin Behaim u. die Nürnberger Kosmographen-Ausstellung anläßl. des 450. Todestages von Martin Behaim im German. Museum (Nürnberg 1957) 7, 16–17 [Ha 117]. — Paul Hermann: Zeigt mir Adams Testament. Wagnis u. Abenteuer. 2. Aufl. (Hamburg 1957) 121, 128 [14].

Bildn. Nicolaus Reusner: Icones sive imagines virorum literis illustrium (Argentorati 1590) 127–129 m. Bildn. [3]. — Jean Jac. Boissard: Icones qunquaginta virorum illustrium et eruditione praestantium ad vivum efficiae cum eorum vitis descriptis **2** (1598) 278–281 m. Bildn. [15]. — Die Gemälde von Lucas Cranach. Hrsg. von Max J. Friedländer u. Jakob Rosenberg (Berlin 1932) Nr. 266 [vom Jahre 1529, im Musée des Beaux Arts, Bruxelles] [3]. — Werner Rittich: Lucas Cranach, der Künstler u. seine Leistung: Kunst u. Volk N.F. **5** (1937) H. 6, S. 158–163, 186–187 m. Bildn. [101]. — Ernst Zinner: Die ältesten Räderuhren u. modernen Sonnenuhren: 28. Ber. naturforsch. Ges. Bamberg **1939**, Abb. 51, S. 64 (Sch. zitiert auch S. 84, 85) [Ha 2].

SCHONER, Lazarus. Math. — Magister in Wittenberg; 1569 in Schmalkalden, 1570 an der Stadtschule in Hersfeld; 1575 Pädagogiarch u. bis 1578 Prof. Philos. Univ. Marburg; bis 1586 1. Rektor in Corbach; 1586–1588 Prof. Math. u. Pädagogiarch in Herborn; 1588– etwa 1593 Rektor der Schule in Lemgo.

*um 1543, Neustadt/Saale;

†1607.

Bibliogr. Cat. gén. Bibl. nat. **167** (1945) Sp. 272 (3 Nr.) [3]. — Brit. Mus. Gen. Cat. **215** (1964) Sp. 916 (4 Nr.) [3].

Biogr. Petrus Nigidius: Elenchus professorum academiae Marpurgensis vita defunctorum ... (Marburg 1591) 66 [3]. — Johann Gabriel Doppelmayr: Histor. Nachricht von den Nürnbergischen Mathematicis u. Künstlern (Nürnberg 1730) 81 [3]. — Friedrich Wilhelm Strieder: Grundlage zu einer Hessischen Gelehrten- u. Schriftsteller-Geschichte **13** (Kassel 1802) 185–188 m. Schr.-Ang. [3]. — Joh. Herm. Steubing: Gesch. der hohen Schule Herborn (Hadamar 1823) 196, 198 [3]. — Wilhelmus Dilichus: Urbs et academia Marpurgensis (Marburg 1867) 118 [3]. — Franz Gundlach: Catalogus Professorum Academiae Marburgensis. Die akadem. Lehrer der Philipps-Univ. in Marburg von 1527 bis 1910 (Marburg 1927) 33 m. Lit.Ang. [3].

II **SCHOPENHAUER,** Arthur. Philos. Nach Reisen durch Frankreich u. England studiert er 1809–1811 an der Univ. Göttingen Naturwiss. (bei Blumenbach Naturgesch. u. Mineral., bei Thibaut Math.), Gesch. (bei Heeren) u. besonders Philos. (bei Gottlob Ernst Schulze), 1811 Univ. Berlin (bei Fichte); 1813 Dr. phil. Univ. Jena; 1813 in Weimar (Umgang m. Goethe); 1814–1818 in Dresden, dann Reise nach Rom u. Neapel; 1820–1831 gehört er als PDoz. der Univ. Berlin an; 1822–1825 in Italien; seit 1831 als Privatmann in Frankfurt/M.

*1788, Febr. 22, Danzig;

†1860, Sept. 21, Frankfurt/M.

Sohn der Schriftstellerin Johanna Schopenhauer (1766–1838).

Genealog. Rudolf Borch: Die Vorfahren Schopenhauers: Familiengesch. Bl. **24** (1926) 119 [3]. — Walther Rauschenberger: Ahnentafeln berühmter Deutscher **4** (1938) 189–196 [101].

Bibliogr. Cat. gén. Bibl. nat. **167** (1945) Sp. 329–337 (48 Nr.) [3]. — Hans Stäglich: J. W. von Goethe u. Arthur Schopenhauer. Eine chronol. geordnete Bibliogr. einschlägiger Literatur. 3. erg. Aufl. (Bonn 1960) 64 S. [14]. — Brit. Mus. Gen. Cat. **215** (1964) Sp. 968–983 (295 Nr.) [3].

Briefwechsel Arthur Schopenhauers sämtl. Werke. Hrsg. von Paul Deussen: **14, 15.** Der Briefwechsel Arthur Schopenhauers. 1. Band (1799–1849) Hrsg. von Carl Gebhardt (München 1929) XVI, 652 S.; 2. Band (1849–1860) Hrsg. von Arthur Hübscher (München 1933) XI, 842 S. [101].

Biogr. Helen Zimmern: Arthur Schopenhauer. His life and his philosophy (London 1876) X, 249 S. m. Titelbildn. [14]. — Wilhelm Gwinner: Schopenhauers Leben. 2. Aufl. (Leipzig 1878) XX, 635 S. m. 2 Stahlstichen (Sch. im 21. u. 70. Lebensj.) [14]; 3. Aufl. (1910) XV, 439 S. m. 4 Portr. u. 1 Taf. [14]. — Hugo Liepmann: ADB **32** (1891) 333–346 [3]. — Kuno Fischer: Schopenhauers Leben, Werke u. Lehre. 2. Aufl. (Heidelberg 1898) XVI, 535 S. [14]. — P. J. Möbius: Schopenhauer (Leipzig 1904) XII, 282 S. m. 13 Bildn., Titelbildn. [14]. — Johannes Volkelt: Arthur Schopenhauer. Seine Persönlichkeit, seine Lehre, sein Glaube (Stuttgart 1900) XIV, 392 S. m. Titelbildn. u. Faks. [14]; 5. Aufl. (1923) XVI, 437 S. m. Titelbildn. u. Faks. [14]. — E. Ebstein: Arthur Schopenhauer als Student in Göttingen (Okt. 1809 bis Sept. 1811): Hannov. Gesch.Bl. **4** (1901) 68–76 [3]. — W. Asher: Arthur Schopenhauers Brille: Wschr. Therap. u. Hyg. Auge Nr. 11 (1902) [1]. — A[dolphe] Bossert: Schopenhauer als Mensch u. Philosoph. Dtsch. Bearb. von Frdr. Norden (Dresden 1905) XI, 383 S. m. Titelbildn. [14]. — Wilhelm Ebstein: Arthur Schopenhauer, seine wirkl. u. vermeintl. Krankheiten (Stuttgart 1907) 39 S. [14]. — Fritz Mauthner: Schopenhauer (München, Leipzig 1911) VII, 129 S. [14]. — Ernest Seillière: A. Schopenhauer (Paris 1911) 240 S. m. Titelbildn. (Les grands écrivains étrangers) [14]. — Hans Weichelt: Schopenhauer (Leipzig 1926) 131 S. [14]. — Heinrich Hasse: Schopenhauer (München 1926) 516 S. m. Titelbildn. [14]. — Josef Braunstein: Schopenhauer u. die Alpen: Naturfreund (Wien) **32** (1928) 118–124 m. Bildn. u. Faks. [300]. — Heinrich Zimmer in: Die Großen Deutschen **3** (Berlin 1935) 236–251 m. 1 Bildn., 1 Faks., 1 Abb. [101]. — Franz Hotzen: Schopenhauer in der Anekdote: Propyläen **32** (1935) 406 [101]. — Walther Schneider: Schopenhauer. Eine Biogr. (Wien 1937) 422 S. m. Titelbildn., 4 Bildn., 1 faks. Brief, Stammtaf. [14]. — Arthur Hübscher: A. Schopenhauer. Ein Lebensbild (Leipzig 1938) 130 S., 2 Handschriftproben, Titelbildn., 3 Bildn. [14]. —

F. Kolbeck: Aus dem Fremdenbuche des Werner-Museums der Bergakad. Freiberg: Bl. Bergakad. Freiberg 22 (1940) 13 [3]. — Rudolf Borch: Schopenhauer. Sein Leben in Selbstzeugn., Briefen u. Berichten (Berlin 1941) 372 S. m. 6 Bildn., Stammtaf. [14]. — Will Durant: Die großen Denker (Zürich 1945) 287–329 m. 2 Bildn. [3; 14]. — Otto Weiner: Arthur Schopenhauer am Bodensee: Bodenseehefte 12 (1961) 381–383 [24]. — A. Werner: Schopenhauer in Berlin: Bär von Berlin 14 (1965) 71–86 [109].

Schopenhauer u. die Naturwissenschaften Viktor Engelhardt: Schopenhauers Stellung zur exakten Naturwiss.: Naturwiss. Wschr. 18 (1903) 129–144 [Ha 2]. — Otto Weide: Die Materie bei Schopenhauer (Butzbach 1904) 44 S. (Phil. Diss. Univ. Gießen 1904) [15]. — Karl Schewe: Schopenhauers Stellung zu der Naturwiss. (Berlin 1905) 131 S. (Phil. Diss. Univ. Berlin 1905) [14]. — Adolf Kewe: Schopenhauer als Logiker (Berlin 1907) 107 S. (Phil. Diss. Univ. Rostock 1907) [14]. — Albert Schneider: Der Begriff der Materie bei Kant u. Schopenhauer (Karlsruhe 1907) 55 S. (Phil. Diss. Univ. Heidelberg 1907) [14]. — Kurt Graeser: Lamarck u. Schopenhauer: Z. Ausbau Entwicklungslehre 2 (1908) 321–325 [25]. — Rohland: Schopenhauer als Chemiker u. Physiker: Arch. Gesch. Naturwiss. u. Techn. 3 (1911) 263–268 [3]. — Rudolph Zaunick: Goethe u. Schopenhauer in ihrer Stellung zur Farbenlehre: Mitt. Gesch. Med. u. Naturwiss. 17 (1918) 177 [3]. — Wilhelm Ostwald: Goethe, Schopenhauer u. die Farbenlehre (Leipzig 1918) VI, 145 S. [14]. — Albert Steffen: Über Schopenhauers Verhältn. zu Goethes Farbenlehre: Goetheanum (Dornach) 6 (1927) 169–171 [12]. — Erich Stenger: Aus der Frühgesch. der Photogr.: Schopenhauer u. die Photogr.: Dtsch. Kamera-Alm. 19 (1929) 11–31 m. 1 Bildn. [101]. — S. Friedländer: Warum verwarf der Farbenlehrer Goethe die Farbenlehre des Goetheaners Schopenhauer?: Schopenhauer-Jahrb. 19 (1932) 287–290 [3]. — Karl Wagner: Goethes Farbenlehreu. Schopenhauers Farbentheorie: ebda 22 (1935) 92–176 [3]. — Ferruccio Zambonini: Schopenhauer u. die moderne Naturwiss.: ebda 44–91 [3]. — M. Diersche: Schopenhauers Naturforschen: Unsere Welt 30 (1938) 145–149 [91]. — Alwin Mittasch: Arthur Schopenhauers Stellung zur Chem. seiner Zeit: Forsch. u. Fortschr. 15 (1939) 167–170 [3]; Schopenhauer u. die Chem. (Heidelberg 1939) IV, 92 S. (aus: Jahrb. Schopenhauer-Ges. 26) [14]. — Franz Riedinger: Die Ableitung von Naturgesetzen aus den Gesetzen des Raumes u. der Zeit: Schopenhauer-Jahrb. 32 (1945–1948) 241–247 [3]. — Obdulio Fernandez: Schopenhauer u. die Chem.: Farm. nueva (Madrid) 12 (1947) 63–66. — Kurt Bloch: Schopenhauer u. die moderne Naturwiss.: Naturwiss. 37 (1950) 145–150 [3]. — François Rostand: Schopenhauer et les démonstrations mathématiques: Rev. Hist. Sci. appl. 6 (1953) 203–230 [7]. — E. S. Russell: Schopenhauer's contribution to biological theory. In: Singer-Festschr. 2 (1953) 203–210. — V. Ronchi: Schopenhauer con Goethe e contro Goethe in tema di colore: Physis (Florenz) 1 (1959) 279–293 [12]. — Hans Eberhard Fischer: Schopenhauer u. die Abstammungslehre: Forsch. u. Fortschr. 34 (1960) 321–326 [3].

Schopenhauer u. die Medizin Otto Juliusburger: Die Bedeutung Schopenhauers für die Psychiatrie: Allg. Z. Psychiatrie 69 (1912) 618–638 [3]; Schopenhauer u. die Psychotherapie der Gegenwart: ebda 87 (1927) 301–317 [3]. — H. Vorwahl: A. Schopenhauer u. die Med.: Dtsch. med. Wschr. 59 (1933) 1801–1802 [3]. — Karl Vajda: Med. Beziehungen im Leben u. in den Werken Schopenhauers: Med. Welt 8 (1934) 1820–1822, 1833–1834 [3]. — H. von Mettenheim: Erlebnisse eines alten Arztes: Sudhoffs Arch. Gesch. Med. 31 (1938) 247–253 [3]. — Lovro Dojmi: Schopenhauer u. das vegetative Nervensyst.: Wiener med. Wschr. 91 (1941) 61–65 [3]. — Kurt Bloch: Die Bedeutung Schopenhauers für die moderne Med.: Die Medizinische **1952**, 1571–1575 [Ha 65]. — B. Juhn: Schopenhauer als Mediziner: Wiener med. Wschr. 110 (1960) 824–825 [3]. — Hartwig Kuhlenbeck: Schopenhauers Bedeutung für die Neurologie: Nervenarzt 32 (1961) 177–182 [3].

Bildn. Illustr. Ztg., Leipzig 31 (1858) 361–364 m. Bildn. [14]. — Woldemar von Seidlitz: Allg. histor. Porträtwerk (München 1888) Ser. 10/11 Taf. 97 [14]. — Umschau 15 (1911) 833 [14]. — Carl Gebhardt: Schopenhauer-Bilder. Grundlagen einer Ikonographie. Hrsg. von der StB Frankfurt/M. (Frankfurt/M. 1913) 60 S. [14]. — Westermanns Mh. Jg 62, Bd 123 (1917) 332, 379 [14]. — Richard Euringer: Schopenhauers Büste: Form u. Sinn (Augsburg) 1 (1925) 347–348 [12]. — Die Großen Deutschen. Hrsg. von Willy Andreas u. Willi von Scholz 3 (1936) 256 [101]. — Gerhard Küntzel, Beate Leber: A. Schopenhauer. Ausstellung zum 100. Todestag (Frankfurt/M. 1960) 102 S. m. Bildnissen u. faks. Handschriftenproben [14].

Die Literatur über **Schopenhauers Philosophie** wurde nicht aufgenommen.

III, IV **SCHORLEMMER,** Carl. Chem. — Sohn eines Schreinermeisters; Besuch der Realschule u. Höh. Gewerbeschule Darmstadt; 1853 Lehre in der Apotheke zu Groß-Umstadt; 1856 Gehilfe in der Schwan-Apotheke Heidelberg; 1858 stud. Univ. Gießen; 1859 am Owens College

Manchester, zuerst Ass., seit 1874 Prof. org. Chem.; Dr. phil. h. c.; 1871 Mitgl. der Royal Society London; Freund von Marx u. Engels.

*1834, Sept. 30, Darmstadt;
†1892, Juni 27, Manchester.

Bibliogr. Cat. scient. Papers **5** (1871) 538 (4 Nr.); **8** (1879) 883–884 (30 Nr.); **11** (1896) 338–339 (29 Nr.); **18** (1923) 572 (2 Nr. u. Biogr.) [3]. — Cat. gén. Bibl. nat. **167** (1945) Sp. 366–367 (5 Nr.) [3]. — Istorija estestvoznanija. Bibliografičeskij ukazatel'. 1917–1947 [russ.] (Moskva 1949) 175; 1948–1950 (Mosvka 1955) 160 [15]. — Brit. Mus. Gen. Cat. **216** (1964) Sp. 7 (13 Nr.) [3].

Nekr. Harold B. Dixon: Memoirs and Proc. Manchester Lit. Philos. Soc. (4) **7** (1893) 191–198 m. Schr.Verz. [Ha 2]. — István Lengyel: Természettud. Közl. **25** (1893) 639 [F 1]. — H. E. Roscoe: Nature [London] **46** (1892) 394–395 [15]. — Adolf Spiegel: Ber. Dtsch. Chem. Ges. **25** (1892) 1107–1123 m. Bildn. [Ha 2]. — Amer. chem. J. **14** (1892) 477–480 [7]. — Amer. J. Pharmac. **64** (1892) 600 [UB Basel]. — J. Soc. chem. Ind. **11** (1892) 593–594 [89]. — J. chem. Soc. Transact. **63** (1893) 756–763 m. Schr.Verz.; **65** (1894) 1059 [Ha 2]. — Leopoldina **28** (1892) 158 [Ha 2]. — Proc. Roy. Soc. London **52** (1893) Obit. Not. VII–IX [Ha 2]. — Tidsskr. Physik og Chem. **32** (1893) 95 [UB II Kopenhagen].

Biogr. The opening of the Schorlemmer organic-laboratory in the Owens-College: J. Soc. chem. Ind. **14** (1895) 552–555 [89]. — P. J. H.: Carl Schorlemmer. In: Dictionary of National Biography **50** (London 1897) 439–440 [3]. — Albert Ladenburg: Vortr. über die Entwicklungsgesch. der Chem. von Lavoisier bis zur Gegenwart. 4. Aufl. (Braunschweig 1907) 274 [3]. — Hans von Liebig, in: Hessische Biographien **1** (Darmstadt 1918) 111–113 m. Schr.Verz. u. Lit.Ang. [3]. — Sir Henry Roscoe: Ein Leben der Arbeit. Erinnerungen. Autor. Übers. von Rose Thesing (Leipzig 1919) 100–101 [3]. — M. A. Bloch: Karl Schorlemmer zum Gedächtnis [russ.]: Priroda **24** (1935) H. 12, S. 86–90 m. Bildn. [16]. — M. Paruschew: Chimija i industrija (Sofija) **21** (1943) 212–215 [zum 50. Todestag] (bulg.) [Sofia]. — Siegfried Unger: Karl Marx, Friedrich Engels u. ihre Freundschaft mit Carl Schorlemmer: Wiss. Z. Univ. Rostock, math.-naturwiss. R. **2** (1951/52) H. 3, 133–137 [3]. — Kurt Hager: Karl Schorlemmer, der Freund von Marx u. Engels: Einheit (Z. Theorie u. Praxis des wiss. Sozialism.) **1952** H. 7, 630–633 [3]. — Eva-Maria Schürmann: Karl Schorlemmer. Der große Chemiker, ein Freund u. Mitkämpfer von Marx u. Engels: Wissensch. u. Fortschr. **3** (1953) 210–211 m. Bildn. [14]. — Miroslaw Paruschew: Carl Schorlemmer: Chimija i industrija (Sofija) **1957**, H. 7-8, S. 40–42 (bulg.) [Sofia]. — Karl Heinig: Aufbau **1957**, H. 7, 105–107 [3]; Carl Schorlemmer, Chemiker u. Kommunist 1. Ranges: Forum **1958**, wiss. Beil. Nr. 47, S. 1–4 m. Bildn. [3]; Chimija w Škole **14** (1959) Nr. 6 (m. Bildn.); Zum 125. Geburtstag von Carl Schorlemmer: Chem. Techn. **11** (1959) 277–284 m. Bildn. [3]. — Kurt Hager: Die Weltanschauung Carl Schorlemmers. In: Forschen u. Wirken. Festschr. 150-Jahr-Feier Humboldt-Univ. Berlin **3** (Berlin 1960) 3–11 [3]; auch: Mitt. Bl. Chem. Ges. DDR **7** (1960) 1-6 [Ha 2]. — Friedrich Asinger: Das wiss. Lebenswerk Carl Schorlemmers: Mitt. Bl. Chem. Ges. DDR **7** (1960) 21–23 m. Bildn. [Ha 2]. — Karl Heinig: Ein unveröff. Manuskr. Carl Schorlemmers zur Gesch. der Chem.: Z. Gesch. Naturwiss. Techn. u. Med. **1** (1960) H. 1, S. 62–71 [101]; Carl Schorlemmer. In: Von Adam Ries bis Max Planck. 25 große deutsche Mathematiker u. Naturwissenschaftler. Hrsg. von G. Harig (Leipzig 1961) 89–94 m. Bildn. 32/33 [101]. — Miroslaw Paruschew: Carl Schorlemmer in Bulgarien: Z. Gesch. Naturwiss. Techn. u. Med. **1** (1962) H. 4, S. 34–36 [101]. — Mikuláš Teich: Neue Materialien über Carl Schorlemmer. In: Beitr. zur Gesch. der Naturwiss., Techn. u. Med. (Leipzig 1964) 108–130 m. 9 Faks. [101].

II **SCHOTT,** Kaspar. Physik. — 1627 Eintritt in den Jesuitenorden, von dem er zur Vollendung seiner Studien nach Palermo geschickt wurde, wo er mehrere Jahre Moraltheorie u. Math. lehrte. Während eines Urlaubs in Rom schließt er Freundschaft mit Athanasius Kircher; seit 1656 Prof. Math. Gymn. Würzburg, zugleich Kirchenkommissar u. Beichtvater des Fürsten.

*1608, Königshofen bei Würzburg;
†1666, Mai 22, Würzburg.

Bibliogr. Cat. gén. Bibl. nat. **167** (1945) Sp. 403–406 (27 Nr.) [3]. — Brit. Mus. Gen. Cat. **216** (1964) Sp. 29–31 (32 Nr.) [3].

Biogr. N. Sotvellus: Bibliotheca Scriptorum Soc. Jesu (Romae 1676) Pars I, S. 282 [12]. — Christian Gottlieb Jöcher: Allg. Gelehrten-Lexicon . . . **4** (Leipzig 1751) Sp. 340 [3]. — Mercier de Saint-Léger (Barthélemy Mercier, Abbé de Saint-Léger): Notice raisonnée des ouvrages de Gaspar Schott, jésuite, contenant des observations curieuses sur la physique expérimentale, l'histoire naturelle et les arts (Paris 1775) 108 S. [Bibl. nat. Paris]. — Notice raisonnée des ouvrages de Gaspar Schott, jésuite, contenant des observations curieuses sur la physique expérimentale, l'-

histoire naturelle et les arts: J. encyclopédique ou universel (Liège) **1785**, Nr. 7 S. 18–25 [7]. — Carl Joseph Bouginé: Handb. der allg. Litterargesch. **3** (Zürich 1790) 161 [3]. — W-s in: Biographie universelle, ancienne et moderne **41** (1825) 230–234 [3]. — K. P. O. E.: Gaspar Schott: Notes and Queries (London) (4) **1** (1868) 165-166 [1a]. — August Heller: Gesch. der Physik **2** (Stuttgart 1884) 88, 90, 122, 123, 124, 128, 143, 144-146, 170, 325 [3]. — K.: ADB **34** (1892) 739–740 [3]. — Augustin et Aloys de Backer: Bibliothèque des écrivains de la Compagnie de Jesus **1** Bibliogr. **7** (Brüssel u. Paris 1896) Sp. 904–912 [3]. — Th. Beck: Kaspar Schott (1608–1666): Z. VDI **46** (1902) 1499–1508 m. 14 Fig. [15]. — Franz Leydig: Horae zoologicae. Zur vaterländ. Naturkunde ergänzende sachl. u. geschichtl. Bemerkungen (Jena 1902) 253 [3]. — L[udwig] Darapsky: Altes u. Neues von der Wünschelrute (Leipzig 1903) 37–38 [1a]. — Robert Hofmann: Die Geogr. an der Univ. Würzburg (Dettelbach 1912) 30–40 (Phil. Diss. Würzburg) [3]. — Bernhard Duhr: Der erste Experimentator an lebenden Tieren in Würzburg: Bayerland **29** (1918) 363–365 [12]. — Carl Graf v. Klinckowstroem u. Rudolf Freiherr v. Maltzahn: Handb. der Wünschelrute. Gesch., Wiss. u. Anwendung (München u. Berlin 1931) 62 [3]. — Rudolf Oertel: Filmspiegel (Wien 1941) 32 [101]. — Ernst Zinner: Astron. Instrumente des 11. bis 18. Jahrhunderts (München 1956) 530 [Ha 2]. — Wolfgang Baier: Quellendarst. zur Gesch. der Fotogr. (Leipzig 1965) 13, 222, 223 [3].

II **SCHRAGEMÜLLER** (Schragmüller), Johann Conrad. Physik. — 1627 Rektor u. Prediger in Höningen (Leiningen); 1628 stud., 1633 o. Prof. Physik Univ. Marburg; 1634 Dr. theol.; seit 1639 oberste Pfarrstelle in Speyer u. dort Schulinspektor.

*1605, Grünstadt, Grafschaft Leiningen;

†1675, März 10, Speyer.

Bibliogr. Cat. gén. Bibl. nat. **167** (1945) Sp. 543–544 (3 Nr.) [3]. — Brit. Mus. Gen. Cat. **216** (1964) Sp. 103 (1 Nr.) [3].

Biogr. Christian Gottlieb Jöcher: Allgemeines Gelehrten-Lexicon **4** (Leipzig 1751) Sp. 346 [3]. — Michael Conrad Curtius: Fasti Rectorum et Prorectorum Marburgensium ab incunabulis Academiae (Marburg 1777) XXXIII [3]. — Georg Friedr. Carl Robert: De iure praelaturae academiae Marburgensi competente commentatio. Marburger Rektoratsprogramm 1797, S. 19 [4]. — Friedrich Wilhelm Strieder: Grundlage zu einer Hessischen Gelehrten- u. Schriftsteller-Gesch. **13** (Kassel 1802) 203–207 m. Schr.Verz.; **17** (Marburg 1819) 385 [3]. — Wilhelm Diehl: Stipendiatenbuch der hessen-darmstädtischen Univ. Gießen u. Marburg für die Zeit von 1605 bis 1774 (Hirschhorn 1907) 21 [3]. — Die Univ. Gießen von 1607 bis 1907. Beitr. zu ihrer Gesch. Festschr. zur 3. Jahrhundertfeier **1** (Gießen 1907) 455 [3]. — Catalogus Professorum Academiae Marburgensis. Die akadem. Lehrer der Philipps-Univ. in Marburg von 1527 bis 1910. Bearb. von Franz Gundlach (Marburg 1927) 390 m. Lit.Ang. [3].

Bildn. Gießener Hochschulblätter **5** (1957) Nr. 2, S. 6 [101].

II **SCHRANK,** Franz von Paula **von.** Bot., Physik, Mineral. — 1769–1773 Lehrer an der Jesuitenschule in Linz; 1774 Subdiaconus in Passau, 1775 Diaconus u. Priester in Wien; 1776 Dr. theol.; 1776 Prof. Physik u. Math. Lyceum Amberg, dann für Rhetorik in Burghausen; 1784 Prof. Landwirtsch., Botan., Forstwiss. u. Bergbaukunde Univ. Ingolstadt; 1799 auch der Zool. Univ. Ingolstadt; dann Prof. Botan. Univ. Landshut; 1809 Mitgl. Akad. Wiss. München u. Dir. Botan. Gartens München.

*1747, Aug. 21, Varnbach/Inn;

†1835, Dez. 23, München.

Werke Franz von Paula von Schrank: Baiersche Reise (München 1786) XII, 277 S. m. Titelbildn. u. Kupfern [14]. — Franz von Paula von Schrank: Reise nach den südl. Gebirgen von Baiern, in Hinsicht auf botan., mineralog. u. ökon. Gegenstände . . . (München 1793) XVI, 418, 10 S. [14].

Bibliogr. Cat. scient. Papers **5** (1871) 545–546 (47 Nr.); **8** (1879) 885 (3 Nr.) [3]. — Cat. gén. Bibl. nat. **167** (1945) Sp. 571–573 (13 Nr.) [3]. — Brit. Mus. Gen. Cat. **216** (1964) Sp. 119–121 (37 Nr.) [3].

Biogr. Carl Joseph Bouginé: Handb. der allg. Litterargesch. **4** (Zürich 1791) 696 [3]. — E. G. Gersdorf: Repertorium der gesamten deutschen Literatur **3** (1836) Anh. S. 1 [3]. — Parisot: Biographie universelle, ancienne et moderne. Suppl. **80** (Paris 1847) 379–382 m. Schr.Verz. [3]. — K.C. von Leonhard: Aus unserer Zeit in meinem Leben **1** (Stuttgart 1854) 524, 527 [3]. — Carl Philipp Friedrich von Martius: Erinnerung an Mitgl. der math.-physik. Cl. Bayer. Akad. Wiss. Eine Rede (München 1859) 11–12 [15]. — E. Wunschmann: ADB **32** (1891) 450–452 [3]. — Hans Scharold: Franz von Paula Schrank, ein bayer. Naturforscher. Zu seinem 100. Todesjahr: Bayer. Bl. Gymnasial-Schulwesen **71** (1935) 106–124 [3]. — S. Killermann: Franz von Paula Schrank. Der Münchner Botaniker um die Wende des 18./19. Jahrhunderts: Z. Pilzkunde **21** (1937) 16–19 m. Bildn. [101]. — M. Seidel: Der Münchner Botaniker Paula von Schrank: ebda 24 [101]. — Fossilium Catalogus I: Animalia. Pars 72: K. Lambrecht †, W. et A. Quenstedt, Palaeontologi, Catalogus bio-bibliographicus ('s-Gravenhage 1938) 387 [3; Ha 2].

Weitere Lit. Joh. Gistl: Kritische Revisionen u. Ergänzungen zu Schranks „Enumeratio Insectorum Austriae, Fauna boica usw." Aus dem bisher noch ungedruckten Nachlasse des sel. Schrank: Faunus [München] N.F. **1** (1837) 5–19 [12]. — G. A. Pritzel: Thesaurus literaturae botanicae . . . (Leipzig 1872) 288 [3]. — Oswald Warmuth: Gesch. der Moorkultur in Bayern unter Kurfürst Karl Theodor m. besonderer Berücksichtigung der Kolonisierung. Auf archival. Grundlage bearb. (München 1908) 14[14]. — G. Tornier: Rückblick auf die Palaeontologie: S.-Ber. Ges. naturforsch. Freunde Berlin **1924** (1926) 60–61 [Ha 2]. — Walter Horn u. Sigmund Schenkling: Index Litteraturae Entomologicae Ser. I. **3** (Berlin–Dahlem 1928) 1091–1093 [14]. — Claus Nissen: Die botan. Buchillustration **1** (Stuttgart 1951) 215; **2** (1951) 167 [3].

Bildn. Jahrb. Bayer. Akad. Wiss. (München 1958) 40 (Bildn. von Zottmayer) [3]. — Geist u. Gestalt. Biogr. Beitr. Gesch. Bayer. Akad. Wiss. **3** (München 1959) Abb. 37 [3].

II **SCHREBER,** Johann Christian Daniel **von.** Naturforsch. — 1758 stud. Univ. Halle; 1760 Dr. med. Univ. Upsala; 1761 Arzt Pädagogium Bützow; 1764 Mitgl. u. Sekretär ökonometr. Ges. Leipzig; 1769 o. Prof. Med. Univ. Erlangen.
*1739, Jan. 17, Weißensee, Thür.;
†1810, Dez. 10, Erlangen.

Bibliogr. Cat. gén. Bibl. nat. **167** (1945) Sp. 584–589 (28 Nr.) [3].

Biogr. Andreas Meyer: Biogr. u. litterar. Nachrichten von den Schriftstellern, die gegenwärtig in den Fürstenthümern Anspach u. Bayreuth leben (Erlangen 1782) 334–338 m. Schr.Verz. [3]. — J. D. A. Hoek: Biogr.-litterar. Nachrichten von Oekonomen u. Kameralisten (Gießen, Marburg 1784) 76–80 m. Schr.-Verz. [15]. — Carl Joseph Bouginé: Handb. der allgem. Litterargesch. **4** (Zürich 1791) 697 [3]. — Georg Wolfgang Augustin Fikenscher: Vollständige akad. Gelehrten-Geschichte der . . . Univ. zu Erlangen von ihrer Stiftung bis auf die gegenwärtige Zeit **2** (Nürnberg 1806) 85–96 m. Schr.- u. Lit. Verz., 238, 343 [3]. — Durau: Biographie universelle, ancienne et moderne **41** (Paris 1825) 238–240; Suppl. **80** (Paris 1847) 382–384 [3]. — E. Wunschmann: ADB **32** (1819) 465–466 [3]. — Seitz in: Biogr. Lexikon der hervorragenden Ärzte aller Zeiten u. Völker **5** (Berlin, Wien 1934) 135 [3].

Weitere Lit. Johann Georg Krafft: Schreiben an einen Freund von dem gegenwärtigen Zustande der hochfürstl. Friedrich-Alexander-Univ. Erlangen (Ansbach 1770) 15, 22 [29]. — Akad. Nachrichten auf das Jahr 1773 u. 1774 (Erlangen o. J.) 38 [15]. — Friedrich Ekkard: Litterar. Handb. von allen bisher bekannten höhern Lehr-Anstalten in u. außer Teutschland . . . **2** (Erlangen 1782) 95, 97 [3]. — Christian Gottfried Gruner: Almanach für Aerzte u. Nichtaerzte auf das Jahr 1785 (Jena 1785) 9 [3]. — Friedrich Samuel Mursinna: Annalen der deutschen Univ. (Marburg 1798) 80, 82 [3]. — Carl Erenbert von Moll: Mittheilungen aus seinem Briefwechsel **3** (Augsburg 1834) 819–827 [3]. — Ernst Wilhelm Martius: Erinnerungen aus meinem 90jähr. Leben (Leipzig 1847) 135, 138, 143–151 [3; 15]. — Johann Daniel Ferdinand Neigebauer: Gesch. der Kaiserl. Leopoldino-Carolinischen Dtsch. Akad. der Naturforscher während des 2. Jahrhunderts ihres Bestehens (Jena 1860) 147–149 [Ha 2]. — G. A. Pritzel: Thesaurus literaturae botanicae . . . (Leipzig 1872) 288 [3]. — Oscar Grulich: Gesch. der Bibl. u. Naturaliensammlung der Kaiserl. Leopoldin.-Carolinischen Dtsch. Akad. der Naturforscher (Halle 1894) 89–104 [Ha 2]. — Max Güntz: Handb. der landwirtsch. Lit. **2** (1897) 159–174 m. Bildn. u. Schr.Verz. [Ha 4]. — Franz Leydig: Horae Zoologicae. Zur vaterländ. Naturkunde ergänzende sachl. u. geschichtl. Bemerkungen (Jena 1902) 238 [3]. — Ferdinand Henrich: Aus Erlangens chem. Vergangenheit: S.-Ber. physik.-med. Soz. Erlangen **38** (1906) 132–133 [3]. — Franz Poche: Über den Inhalt u. die Erscheinungszeiten der einzelnen Teile, Hefte etc. u. die versch. Ausgaben des Schreberschen Säugetierwerkes (1774–1855): Arch. Naturgesch. **77** (1911) Suppl. **4**, 124–183 [3]. — Albert Schleebach: Die Entwicklung der chem. Forschung u. Lehre an der Univ. Erlangen von ihrer Gründung 1743 bis zum Jahre 1820 (Nürnberg o. J.) 25–27 (Diss. Univ. Erlangen) [101]. — Claus Nissen: Die botan. Buchillustration **1** (Stuttgart 1951) 162, 172, 173, 182, 186, 197; **2** (1951) 167 [3]. — William G. Niederland: Schreber, Father and son: Psychoanalyt. Quart. (New York) **28** (1959) 151–169 [Genf OMS].

Bildn. Oekon. Encyklopädie oder allgem. System der Staats-Stadt-Haus- u. Landwirtsch. 2. Aufl. **6** (Berlin 1784) Titelbildn., Kupferdruck [3].

II **SCHRECKENFUCHS,** Erasmus Oswald. Astron. — Stud. Univ. Wien,

Ingolstadt u. Tübingen; dann Lehrer der hebräischen Sprache Univ. Tübingen, später in Basel auch der Math., Astron. u. Rhetorik; schließlich Übersiedlung nach Freiburg/Br.

*1511, Merckenstein, Österreich;
†1579, Freiburg i. Br.

Bibliogr. Cat. gén. Bibl. nat. **167** (1945) Sp. 592–594 (9 Nr.) [3]. — Brit. Mus. Gen. Cat. **216** (1964) Sp. 135 (6 Nr.) [3].

Biogr. Heinrich Pantaleon: Teutscher Nation Heldenbuch **3** (Basel 1570) 412–413 m. Bildn. [3]. — Melchior Adam: Vitae germanorum philosophorum **3** (Frankfurt 1663) 299–300 [3]. — Joh. Friedrich Weidler: Historia astronomiae ... (Wittenberg 1741) 366–367 [3]. — Christian Gottlieb Jöcher: Allg. Gelehrten-Lexicon **4** (Leipzig 1751) 348 [3]. — Franz Constantin Florian von Khautz: Versuch einer Gesch. der Oesterreich. Gelehrten (Frankfurt, Leipzig 1755) 184–203 [3]. — Gesch. der Astronomie. Von den ältesten bis auf gegenwärtige Zeiten **1** (Chemnitz 1792) 260–262 [3]. — Rudolf Wolf: Biogr. zur Kulturgesch. der Schweiz **2** (Zürich 1859) 5, 11, 18, 26 [3]. — Rudolf Thommen: Gesch. der Univ. Basel 1532–1632 (Basel 1889) 364 [3]. — S. Günther: ADB **32** (1891) 467–468 [3]. — H. Bosmans: Un exemplaire du Cosmographicus Liber de Pierre Apian, Edition d'Anvers 1533, donné à la Bibliothèque de l'Université de Louvain: Ann. Soc. sci. Bruxelles **41** (1922) I 203–207 [15]. — Ernst Zinner: Gesch. u. Bibliogr. der astron. Literatur in Deutschland zur Zeit der Renaissance (Leipzig 1941) 40, 45, 46, 207, 216, 220, 226, 232, 233, 243, 247, 257, 261 [3]; Entstehung u. Ausbreitung der Coppernican. Lehre: S.-Ber. physik.-med. Soz. Erlangen **74** (1943) 290, 291, 294, 390, 433, 438, 439; Deutsche u. niederländ. astron. Instrumente des 11. bis 18. Jahrhunderts (München 1956) 42, 154, 162, 209, 530 [Ha 2].

Bildn. Nicolaus Reusner: Icones sive Imagines virorum literis illustrium (Argentorati 1590) 372–375 m. Bildn. [3]. — Jean Jac. Boissard: Icones quinquaginta virorum illustrium ... **2** (Leiden 1598) 282–285 m. Bildn. [15].

II **SCHROECK,** Lucas. Med., Naturforsch. — Stud. Med., 1669 Licentiat der Med., 1671 Dr. med. Univ. Jena; dann Hospitalarzt, seit 1712 Stadtphysikus Augsburg; 1687 kaiserl. Leibmedicus; 1676 Mitgl., 1681 Adjunkt, 1693 Präsident der Leopoldina.

*1646, Sept. 20, Augsburg;
†1730, Jan. 3, Augsburg.

Bibliogr. Cat. gén. Bibl. nat. **167** (1945) Sp. 705–707 (15 Nr.) [3]. — Brit. Mus. Gen. Cat. **216** (1964) Sp. 223–224 (24 Nr.) [3].

Nekr. Philipp Jacob Crophius: Sostrum optimum ... [Gedicht auf den Tod von Lucas Schroeck] (Augspurg 1730) [37]. — Samuel Urlsperger: Das Arcanum Eines Christlichen Medici ... Lucas Schroeck ... Leichenpredigt ... (Augspurg 1730) [37]. — Neue Zeitungen von gelehrten Sachen **1** (Leipzig 1730) 139–141 [15].

Biogr. Georg Detharding: Viro ... Lucae Schroeckio ... Quo de Methodo subveniendi submersis per Laryngotomam (Rostock 1714) [37]. — Memoria viri perillustris magnifici atque excellentissimi D. Lucae Schroeckii. In: Acta physico-medica Academiae Caesareae Leopoldino–Carolinae **3** (Norimbergae 1733) App. 185–208 m. Bildn.; Ed. sec. (Norimbergae 1752) [3]. — Memoria viri perillustris et magnifici L. Schroeckii (Altdorfii Noric. 1733) Bildn. [37]. — Christian Gottlieb Joecher: Allg. Gelehrten-Lexicon **4** (Leipzig 1751) Sp. 352–353 [3]. — N. F. J. Eloy: Dictionnaire historique de la médecine ancienne et moderne **4** (Mons 1778) 224–225 [3]. — Carl Joseph Bouginé: Handb. der allg. Litterargesch. **3** (Zürich 1790) 11 [3]. — F[ranz] A[nton] Veith: Bibliotheca Augustana ... de vita et scriptis eruditorum **9** (Augsburg 1792) 49 [3]. — Georg Wilhelm Zapf: Augsburgische Bibliothek ... **1.2** (Augsburg 1795) 427–430 [3]. — Dictionnaire des sciences médicales, Biographie médicale **7** (Paris 1825) 168 m. Schr.Verz. [15]. — Clemens Alois Baader: Lexikon verstorbener baierischer Schriftsteller des 18. u. 19. Jahrhunderts **2**, 2 (Augsburg u. Leipzig 1825) 117–118 [3]. — Dezeimeris: Dict. hist. méd. **4** (Paris 1839) 119–120 [3]. — Pagel: ADB **32** (1891) 501 [3]. — Seitz in: Biogr. Lexikon der hervorragenden Ärzte aller Zeiten u. Völker. 2. Aufl. **5** (Berlin, Wien 1934) 139–140 [3]. — Hans Gottlieb Jaeger: Lucas Schroeck der Jüngere (1646–1730) u. seine Jubiläumsschrift „Hygeia Augustana, Augsburg 1682". Ein Beitr. zur Standesgesch. des dtsch. Arztes im 17. Jahrhundert (München 1942) 88 S. m. Bildn. (nach dem Leben gezeichnet u. in Kupfer gestochen von Georg Kilian 1725 (Med. Diss. Univ. München) [11; 101].

II **SCHRÖTER,** Johann Hieronymus. Astron. — Stud. Jura, nebenher Math., Physik, Astron. Univ. Göttingen; 1792 Dr. iur.; dann Referendar in Hannover; 1778–1813 Oberamtmann in Lilienthal bei Bremen. Hier baute er aus eigenen Mitteln eine Sternwarte, die großes Ansehen genoß u. vom König von England gefördert wurde. Nach der Zerstörung der Sternwarte im Kriege 1813 zog er sich nach Erfurt zurück.

*1745, Aug. 30, Erfurt;

†1816, Aug. 29, Erfurt.

Bibliogr. Cat. scient. Papers **5** (1871) 552 (14 Nr.) [3]. — Cat. gén. Bibl. nat. **167** (1945) Sp. 857–859 (15 Nr.) [3]. — Brit. Mus. Gen. Cat. **216** (1964) Sp. 290–291 (14 Nr.) [3].

Briefwechsel Hans-Joachim Schreckenbach: Goethes Autographen-Sammlung. Katalog (Weimar 1961) 211, Nr. 1529 (Brief an unbekannten Empfänger, Lilienthal, 5. Febr. 1812) [3]. — Dieter B. Herrmann: Unbekannte Briefe von Johann Hieronymus Schroeter an Georg Christoph Lichtenberg (Berlin–Treptow 1965) 27 S. m. 2 Bildn., 1 Faks., 1 Karte (Archenhold-Sternwarte Berlin–Treptow, Vortr. u. Schr., 21) [11]; Zum Briefwechsel zwischen G. Chr. Lichtenberg u. J. H. Schroeter: Mitt. Archenhold-Sternwarte Berlin–Treptow **73** (1965) 7–11 [101].

Biogr. Herrn Schröters . . . Beschreibung seiner Sternwarte, Bestimmung der Polhöhe von Bremen u. Lilienthal u. Beobachtungen von Jupitertrabanten-Verfinsterungen: Astron. Jahrb. für 1785 (1785) 220–225 [3]. — Johann Georg Meusel: Das gelehrte Teutschland **7** (Lemgo 1798) 325–328 m. Schr.Verz. [3]. — Franz von Zach: Monatl. Corresp. zur Beförderung der Erd- und Himmelskunde **3** (1801) 476–506, 581–591, 602, 617 [3]. — J. H. von Mädler: Gesch. der Himmelskunde von der ältesten bis auf die neueste Zeit **1** (Braunschweig 1873) 294, 352, 492; **2** (1873) 32–34, 53–55, 115, 284–286, 440, 512, 514 [3]. — Rudolf Wolf: Gesch. der Astron. (München 1877) 542, 667–668, 671–672, 674, 675, 676, 683 (Gesch. Wiss. in Dtschld., Neuere Zeit, 16) [3]. — Sirius **12** (1879) 208–211 [3]. — Hermann J. Klein: Über J. H. Schröter: Ausland **52** (1879) 401–403 [3]. — Hermann A. Schumacher: Die Lilienthaler Sternwarte. Ein Bild aus der Gesch. der Himmelskunde in Deutschland: Abh. naturwiss. Ver. Bremen **11** (1890) 39–170 m. Bildn. u. Schr.Verz. [Ha 2]. — S. Günther: ADB **32** (1891) 570–572 [3]. — Ernest Lebon: Histoire abrégée de l'Astronomie (Paris 1899) 84, 86, 91, 132, 134, 265 [11]. — Wilhelm Schur: Beitr. zur Gesch. der Astron. in Hannover. Festschr. Feier 150jähr. Bestehen Ges. Wiss. Göttingen (Berlin 1901) 113–117 m. Bildn. [3]. — Johannes Biereye: Erfurt in seinen berühmten Persönlichkeiten (Erfurt 1937) 99 [3]. — H. B. Brenske: Johann Hieronymus Schröter, der Amateurastronom von Lilienthal. In: Von Bremer Astronomen u. Sternfreunden. Zur Einweihung der Sternwarte der Olbers-Ges. . . 11. Okt. 1958 hrsg. von Walter Stein (Bremen 1958) 65–74 m. 1 Abb. [101]. — Dieter B. Herrmann: Johann Hieronymus Schroeter im Urteil seiner Zeit: Sterne **41** (1965) 136–143 m. Bildn., 1 Abb., 1 Faks.Brief vom 18. Aug. 1795 an G. Chr. Lichtenberg [101].

Bildn. Allg. dtsch. Bibliothek **111** (1792) Titelbildn. [14].

II, III **SCHROETTER,** Anton Ritter von Kristelli. Chem. — 1822 stud. Med. Univ. Wien; seit 1824 Math. u. Naturwiss.; 1830 Prof. Physik u. Chem. Johanneum Graz; 1843 Prof. techn. Chem. Polytechnikum Wien, 1845–1868 dort Prof. allgemeine Chem.; 1847 Mitgl., 1850 Sekretär Akad. Wiss. Wien; 1868 Hofrat u. Hauptmünzdirektor (bis 1874); 1857 geadelt.

*1802, Nov. 26, Olmütz;

†1875, Apr. 15, Wien.

Bibliogr. Cat. scient. Papers **5** (1871) 552–554 (60 Nr.); 8 (1879) 889 (3 Nr.); **11** (1896) 346 (2 Nr. u. Biogr.) [3]. — Cat. gén. Bibl. nat. **167** (1945) Sp. 870–871 (16 Nr.) [3]. — Brit. Mus. Gen. Cat. **216** (1964) Sp. 296–297 (5 Nr.) [3].

Nekr. Abel: J. chem. Soc. **1876,** 1 S. 622–625 [Ha 2]. — von Kobell: S.-Ber. Bayer. Akad. Wiss. München, math.-physik. Cl. **6** (1876) 118–119 [Ha 2]. — Adolf Lieben: Ber. Dtsch. chem. Ges. **9** (1876) 90–108 m. Schr.-Verz. [3]. — J. Loschmidt: Alm. Akad. Wiss. Wien **25** (1875) 216–234 m. Schr.Verz. [Ha 2]. — Schneider: J. prakt. Chem. **12** (1875) 449–455 [15]. — Joseph Stephan: Alm. Akad. Wiss. Wien **25** (1875) 177–180 [Ha 2].

Biogr. Constant von Wurzbach: Biogr. Lexikon des Kaiserthums Oesterreich **32** (Wien 1876) 1–7 [3]. — Lepsius: ADB **32** (1891) 575–577 [3]. — Alexander Bauer: Erinnerungen: Österr. Chemiker-Ztg. **10** (1907) 17–22 [TH Wien]. — Z. Österr. Ing.- u. Archit.Ver. **89** (1937) 207–208 [101]. — Josef Gicklhorn: Anton Schrötter von Kristelli. Forscher u. Organisator in Chem. u. Industrie: Österreich. Naturforscher u. Techniker (Wien 1950) 55–57 m. Bildn. [3]. — Erich Kurzel-Runtscheiner: Erfindungen aus Österreich (Wien 1950) 16 [101].

Weitere Lit. Becke, Eder, Wegscheider: Mitteilung [Gutachten, ob Schr. von K. der Entdecker des roten Phosphors sei]: Anz. Akad. Wiss. Wien, math.-nat. Kl. **59** (1922) 256–257 [3]; Kommissionsber., betr. die Entdeckung des roten Phosphors: ebda **68** (1931) 247–256 [Ha 2]. — Alchimisten am Wiener Hof 1867: Köln. Volksztg. **1928,** 2. Mai Nr. 328, 4 Sp.

Bildn. Josef Hyrtl u. Anton Schrötter: Illustr. Ztg., Leipzig **27** (1856) 279–282 m. Bildn. [14]. — Richard Meister: Gesch. Akad. Wiss. Wien 1847–1947 (Wien 1947) Taf. 27 [14].

SCHUBERT, Johann Andreas. Maschinenbau. — Sohn eines kleinen Bauern; 1824–1828 Ausbildung auf der Bauschule der Akad. der bildenden Künste Dresden (durch einen Gönner ermöglicht); 1828 Lehrer, 1832 Prof. Techn. Bildungsanstalt (jetzige TU) Dresden; 1834 Besuch in England; 1834 Gründer des Dresdner Gewerbevereins; 1836 erster Direktor der von ihm gegründeten Aktien-Maschinenbau-Anstalt in Uebigau bei Dresden; hier wurde die „Saxonia" gebaut, die erste dtsche Lokomotive, die 1839 von Dresden nach Leipzig fuhr; beteiligt am Bau des ersten Personendampfschiffes (1837); 1847 Berechnung der Göltzschtalbrücke bei Reichenbach/Sa.

*1808, März 19, Wernesgrün/Vogtland; †1870, Okt. 6, Dresden.

Bibliogr. Brit. Mus. Gen. Cat. **216** (1964) Sp. 349–350 (8 Nr.) [3].

Nekr. Wiss. Beil. Leipziger Ztg. **1870,** 463–467 [3].

Biogr. C. Matschoß: Johann Andreas Schubert u. die erste in Deutschland erbaute Lokomotive: Z. VDI **52** (1908) 460–462 m. Bildn., 1 Abb. [3]. — P. M. Rachel: Altdresdner Familienleben in der Biedermeierzeit (Dresden 1915) 121–122 [3]. — G. Biermann: Wernesgrün, der Geburtsort des Erbauers der ersten Lokomotive in Deutschland: Frischauf **4** (1929) 6–7 [Stadtarchiv Plauen]. — Herbert Pönicke: Ein Kapitel Industriegesch. Dresdens. Beitr. zur Lebensgesch. des Dresdner Bürgers Andreas Schubert: Dresdner Geschichtsbl. **42** (1934) 139–144 m. Bildn. [14]. — Ewald Rannacher: Ein großer Sohn des Vogtlandes: Vogtland **3/4** (1934/35) 105–107, 116–118, 144–145 m. 7 Abb. [Stadtarchiv Plauen]. — Herbert Pönicke: Ein Pionier deutscher Arbeit. Johann Andreas Schubert, der Erbauer der ersten deutschen Lokomotive (Dresden 1935) 48 S. m. Bildn. u. 4 Abb. [3]; Zur Gesch. der Elstertalbrücke. Ein Beitr. zur Biogr. des Vogtländers Joh. Andreas Schubert: Plauener Sonntagsanz. **1935,** Nr. 1920, S. 3 [Stadtarchiv Plauen]. — E. Rannacher: Ein großer Sohn des Vogtlandes: Das schöne Sachsen **5** (1935) 15 m. Bildn. [15; 101]. — Bloß: Joh. Andr. Schubert, ein Bahnbrecher der sächs. Industrie: Sächs. Industrie [Dresden] **32** (1936) 409–411 m. Bildn. u. 2 Abb. [101]. — Ewald Rannacher: Andreas Schubert, der Erbauer der 1. dtsch. Lokomotive: Vogtländ. Anzeiger u. Tagebl. **148** (1936) Beil. „Beschaulich Daheim" Nr. 139 (1936) 7. Juni S. 17/18 [Stadtarchiv Plauen]; Ein Meister der Techn. aus dem Vogtland: Über den Alltag. Unterhaltungsbeil. der Klingenthaler Ztg. **66** (1936) Nr. 130, 6. u. 7. Juni 1939 [Stadtarchiv Plauen]. — Herbert Pönicke: 100 Jahre deutscher Dampfkesselbau in Uebigau (Dresden–Uebigau 1936) 8–9, Bildn. S. 11 [101]. — Ewald Rannacher: Andreas Schubert von Wernesgrün: Vogtländ. Erzähler. Heimatbeil. Auerbacher Ztg./Rodewischer Tageblatt 31. Mai 1936, 7. Juni 1936, **1936,** Nr. 22–23 m. 2 Abb. [Stadtarchiv Plauen]. — Alfred Hahn: Andreas Schubert, der Erbauer der 1. dtsch. Lokomotive in: Dresden im Wandel der Zeiten **2** (Dresden 1937) 87–89 [14]. — Herbert Pönicke: Johann Andreas Schubert, der Erbauer der 1. dtsch. Lokomotive: Zivilversorgung **42** (1937) Nr. 8, S. 199–200 [1]; Joh. Andreas Schubert (1808–1870) (Leipzig 1938) 361–368 m. Bildn. [Denkmalstaf. in Wernesgrün] (Sächs. Lebensbilder, 2) [3; 14]. — Otto Sättler: Berühmte Vogtländer: J. A. Schubert: Vogtl. Anz. **1939,** Nr. 60 Jubil.bl. — Johannes Richter: Johann Andreas Schubert, H. Böhme (Heidenau 1941) Bl. 1–5 [14]. — Schubert, ein berühmter Vogtländer: Vogtländ. Ztg. u. Tagebl. **1943,** Nr. 273 aus: Das Flügelrad in Sachsen (Dresden) **1942.** — Adolf Grafe: Zwei Pioniere der sächs. Eisenbahntechn.: Das Flügelrad in Sachsen. Hrsg. von Reichsbahndirektion Dresden (Dresden 1942) 33–35 J. A. Schubert (m. Bildn.), 35–37 Theodor Kunz (m. Bronzetaf.) [14; 101]. — Oskar Schwär: J. A. Schubert in: Große Sachsen bäuerlicher Herkunft (Dresden 1944) 27–29 [14]. — Ein Pionier deutscher Arbeit: Sächs. Neueste Nachr. **2** (1953) Nr. 121, S. 3 m. Bildn. [14]. — Herbert Pönicke: Johann Andreas Schubert, der schöpferische Geist der sächs. industriellen Revolution (Meisenheim am Glan 1956) 68 S. m. Titelbildn. (Beitr. zur mitteldtsch. Landes- u. Volkskunde, 1) [14]. — Kurt Arnold Findeisen: Auf meines Vogtlandes Höhen (Plauen 1959) 45–65 (Museumsreihe, 18) [14]. — Peter Beyer: Vom Werden der Göltzschtal- u. Elstertalbrücke: Veröff. Heimatmuseum Burg Mylau, Kreismus. Kreis Reichenbach **2** (1963) 13–29 m. Bildn. [14]. — A. Weichold in: Deutsche Techniker aus 6 Jahrhunderten. Hrsg. von Alfons Kauffeldt (Leipzig 1963) 68–73 m. Bildn. S. 33 (Taschenbuch Enzyklopädie 28) [14; 101].

Zum 150. Geburtstag Gottfried Brendel: Johann Andreas Schubert als Bauingenieur. Ein kurzer Beitr. zur Gesch. der Bauingenieurkunst: Bauplanung Bautechn. **12** (1958) 321–322 m. 1 Abb. [3]. — Rudolf Donnerhack: Zum 150. Geburtstag eines vogtländischen Pioniers der Technik: Kulturelle Rdsch. des Stadt- u. Landkreises Plauen **1958,** H. 4 [14]. — Elfriede Rehbein: J. A. Schubert. Der Erbauer der 1. dtsch. Lokomotive: Wissen u. Leben **3** (1958) 198–199 m. Bildn. [14]. —

Theo Schönfelder: Wernesgrün u. der 150. Geburtstag A. Schuberts u. Otto Hübner: J. A. Schubert, ein Pionier der Techn., ein Sohn unserer Heimat in: Kulturspiegel Kreis Auerbach i. V. März **1958**, S. 28–30 [14]. — Hans Schulze-Manitius: J. A. Schubert: Dtsch. Architektur **7** (1958) H. 1, S. 44 m. 2 Abb. [14]; Schiffsbautechn. **8** (1958) 114–115 m. 1 Bildn., 1 Abb. [14; 101]; Dtsch. Eisenbahntechn. **6** (1958) 140 m. 2 Abb. [14]. — A. Weichold: J. A. Schubert. Ein Revolutionär auf dem Gebiet der techn. Wiss.: Hochschulztg. TH Dresden **1958**, Nr. 2, 3 [14]. — Gerhard Wiesner: Johann Andreas Schubert, ein Leben für Techn., Wiss. u. Fortschritt: Sächs. Heimatbl. **4** (1958) 79–87 m. Bildn., 5 Abb. [3; 14]; J. A. Schubert zu seinem 150. Geburtstag: Natur u. Heimat **7** (1958) 68–72 m. Bildn. [14]. — Johann Andreas Schubert. Ein Leben für Techn., Wiss. u. Fortschritt: Sächs. Heimatbl. **1958**, S. 79 [Stadtarchiv Plauen]. — H. M. S.: VDI-Nachr. **12** (1958) Nr. 8, S. 13–14 m. Bildn., 3 Abb. [101].

Weitere Lit. [Julius] [Ambrosius] Hülsse: Die königl. polytechn. Schule (Techn. Bildungsanst.) zu Dresden (Dresden 1853) 54 S. (vor allem S. 11) [15]. — Moritz Rühlmann: Vorträge über Gesch. der techn. Mechanik (Leipzig) 1885 408-409 [14]. — Hugo Fischer: Einführung u. Entwicklung der Dampfschiffahrt auf der Elbe im Königreich Sachsen: Civilingenieur **1890**, Sp. 257–296 [88]. — Ludwig Neumann u. P. Ehrhardt: Erinnerungen an den Bau u. die ersten Betriebsjahre der Leipzig–Dresdener Eisenbahn: ebda Sp. 233–236 [88]. — Wilhelm Scheffler: Sachsens TH zu Dresden (Dresden 1899) 20 m. Bildn. S. 21 [14]. — Curt Fischer: 75 Jahre Gesch. der Sächs.-Böhm. Dampfschiffahrts-Ges. Dresden 1836–1911 (Berlin 1911) 14–15 [14]. — Der Erbauer der ersten Lokomotive, ein Vogtländer: Vogtländ. Anz. **139** (1927) Nr. 85, S. 27 [Stadtarch. Plauen]. — Walter Ludwig: Die math.-naturwiss. Abt. In: Ein Jahrhundert Sächs. Techn. Hochsch. 1828–1928 Festschr. (Dresden 1928) 137 [14]. — Franz Stübing u. Walther Gensel: 100 Jahre Gewerbeverein zu Dresden. Festschr. am 7. Jan. 1934 (Dresden 1934) 44 m. Bildn. [14; 101]. — Herbert Pönicke: Sachsens Entwicklung zum Industriestaate (1830–1871) (Dresden 1934) 23 m. Bildn. S. 9 [3]. — Herbert Pönicke: Pioniere der sächs. Industrie vor 100 Jahren: Hochschulblatt Sachsen **12** (1937) Nr. 6, S. 247 m. Bildn. [101]. — Martin Heinrich Hammitzsch: Staatsbauschule, Hochbau u. Tiefbau Dresden 1837–1937. Denkschr. (Dresden 1937) Bildn. S. 26 [14]. — Sächsische Köpfe (Dresden 1939) 80, Bildn. [3]. — Kurt Ewald: 20000 Schriftquellen zur Eisenbahnkunde (Kassel 1941) 266, 292, 294 [3]. — Lore Windisch: Ein Ruhmesblatt aus der Gesch. der TH: Dresdner Vorschau **1953**, März-Nr., S. 27–31 m. Bildn. [14]. — Max Rank: Die Revolution 1848/49 im Vogtland (Plauen 1955) 39 m. Bildn. [14].

II **SCHUBERT,** Gotthilf Heinrich **von.** Arzt, Naturforscher. — Besuch des Gymn. in Greiz, dann in Weimar (dort Bekanntschaft mit Herder); 1799 stud. Theol. Univ. Leipzig; 1800 stud. Naturwiss. Univ. Jena, 1803 dort Dr. med.; 1803–1805 prakt. Arzt in Altenburg; 1805 in Freiberg (bei A. G. Werner) u. dann in Dresden; 1809–1816 Direktor Realsch. in Nürnberg; 1816–1818 Prinzen-Erzieher beim Erb-Großherzog Ludwig von Mecklenburg-Schwerin in Ludwigslust; 1819–1827 Prof. allg. Naturgeschichte Univ. Erlangen; 1828–1853 Prof. Univ. München.

*1780, Apr. 26, Hohenstein/Erzgebirge; †1860, Juli 1, Laufzorn bei München.

Werke G. H. Schubert: Anthologie aus den Werken. Mit Biogr. (Hildburghausen, New York um 1850) (Meyers Groschenbibl. 226) [3; 15]. — G. H. Schubert: Vermischte Schriften. Tl. **1** (Erlangen 1857) VIII, 248 S.; Tl. **2** (1860) VIII, 339 S. [14].

Genealog. Theodor Gustav Werner: Gotthilf Heinrich von Schubert: Archivblätter der Nachkommen Gotthilf Werner u. Gotthilf Heinrich von Schubert **1** (Hildesheim 1929) 6–16 m. Verzeichn. der Nachkommen u. 1 Bildn. [3]. — Theodor Gustav Werner: Familiengeschichtl. Festschr. zum 150. Geburtstage des Naturphilosophen G. H. von Schubert: ebda **2/3** (1930) 1–40 m. Bildn. [14]. — Heinrich Seiler: Die Schubertfeier in München am 26. Apr. 1930: ebda **4/5** (1931) 41–44 m. Abb. der Büste [3]. — Arthur Schubert: Von den Vorfahren Gotthilf Heinrich von Schuberts: ebda **6/7** (1934) 89; Gotthilf Heinrich von Schuberts u. seiner Frau Briefe aus u. über Pähl, ihren Sommeraufenthaltsort am Ammersee: ebda 94–96 m. Bildn. u. Faks. [3].

Bibliogr. Cat. scient. Papers **5** (1871) 558 (7 Nr.) [3]. — Cat. gén. Bibl. nat. **167** (1945) Sp. 914–918 (48 Nr.) [3]. — Brit. Mus. Gen. Cat. **216** (1964) Sp. 340–344 (82 Nr.) [3].

Briefwechsel Sulpiz Boisserée **1** (Stuttgart 1862) 846–847, 866 (2 Briefe Schuberts an Melchior Boisserée in Bonn aus München 3. Jan. 1846 u. 16. Apr. 1850) [3]. — Briefe an Joh. Heinr. Kürtz von G. H. von Schubert, K. von Raumer, Tholuck u. a. hrsg. von N. Bonwetsch (Leipzig 1910) 1–18 [15]. — Friedr. Ranke: Mitteilungen über F. G. Wetzel: Euphorion **18** (1911) 741–746 (Briefe Schuberts an Emil von Herder 1800–1855) [3]. —

Hermann Zeltner: Neue Schellingiana (Briefe Schellings an G. H. von Schubert erstmals abgedruckt): Z. Religions- u. Geistesgesch. **6** (1954) 215–226 [100]. — Hans-Joachim Schreckenbach: Goethes Autographen-Sammlung. Katalog (Weimar 1961) 211, Nr. 1531, 1532; 212, Nr. 1533, 1534 (Briefe Schuberts an Johann Wolfgang von Goethe: Freiberg 12. Mai 1806; Bärenwalde 30. Aug. 1807; Dresden 28. Sept. 1807; Dresden 2. Dez. 1808), Nr. 1535 (Brief an Friedrich Wilhelm Heinrich von Trebra: Bärenwalde 26. Sept. 1810) [3].

Nekr. Friedrich Heinrich Ranke: G. H. von Schubert. Mitt. über die letzten Tage desselben (Berlin 1860) 20 S. [14]; Evang. Kirchen-Ztg. **66/67** (1860) Sp. 729–738 [3]. — Die letzten Tage von G. H. Schubert: Sächs. Kirchen- u. Schulbl. **10** (1860) Sp. 275–277 [3]. — H. J. Koenen: Gedachtenis-rede op G. H. von Schubert. Eene voorlezing (Amsterdam 1861) 48 S. m. Faks. [UB Amsterdam]. — C. Fr. Ph. von Martius: Akad. Denkreden (Leipzig 1866) 442 [3]. — Andreas Wagner: Denkrede auf Gotthilf Heinrich von Schubert (München 1861) 54 S. m. Schr. Verz. (Vortr. Bayer. Akad. Wiss.) [3].

Autobiogr. Christian Gottfried Gruner: Variae lectiones in Aemilium Macrum ex Nic. Marscali Enchiridio decerptae. Mit Selbstbiogr. von G. H. Schubert (Jenae 1803) 15 S. [14]. — Deutsches Stammbuch. Autogr. Album der Gegenwart. Hrsg. von Franz Schlodtmann (Bremen 1853) [Bl. 100]. — Gotthilf Heinrich von Schubert. Der Erwerb aus einem vergangenen u. die Erwartungen von einem zukünftigen Leben. Eine Selbstbiogr. **1** (Erlangen 1854) 406 S.; **2** (1855) 518 S.; **3** (1856) 749 S. [3].

Biogr. Johann Georg Meusel: Das gelehrte Teutschland **15** (Lemgo 1811) 386, **20** (Lemgo 1825) 299–300 m. Schr.Verz. [3]. — O. L. B. Wolff: Encyklopädie der dtsch. Nationalliteratur **7** (Leipzig 1842) 44–46 [3]. — Joh. Bapt. Heindl: Galerie berühmter Pädagogen, verdienter Schulmänner ... aus der Gegenwart **2** (München 1859) 401–412 [14; 15]. — Männer der Zeit. Biogr. Lexikon der Gegenwart **1** (Leipzig 1862) Sp. 53–55 [15]. — Friedrich Lübker: Lebensbilder aus dem letztverflossenen Jahrhundert deutscher Wiss. u. Literatur (Hamburg 1862) 433–487 [3]. — C. Schneider: G. H. von Schubert. Ein Lebensbild (Bielefeld 1863) IV, 214 S. (Sonntags-Bibl. N.F. 1) [14]. — M. Schick: G. H. von Schubert. Ein Lebensbild aus der 1. Hälfte des 19. Jahrhunderts (Tübingen 1864) 62 S. — Reliquien von G. H. von Schubert: Evang. Kirchenztg. **92** (1873) Sp. 473–478, 501–504 [3]. — Gotthilf Heinrich von Schubert: Vorbilder u. Bilder aus dem Leben (Erlangen 1882) VIII, 339 S. (u. a. Briefe von Joh. Rudolf Roth 295–300, 314–320, 323–324, 325–328) [3]. — Elisabeth Klee: Gotthilf Heinrich von Schubert: Wiss. Beil. Leipziger Ztg. **1885**, Nr. 56, 11. Juli, S. 329–333; Nr. 57, 15. Juli, S. 337–340 [3]. — W. Heß: ADB **32** (1891) 631–635 [3]. — Adolf Gründler: Gotthilf Heinrich von Schubert u. Ernst Moritz Arndt. Zwei Lebensbilder (Halle 1895) 1–89 (Schroedels Jugendbibl. Histor. Abt. Nr. 8) [3]. — Siegfried Kadner: Gotthilf Heinrich von Schubert: Jahrb. evang.-luth. Landeskirche Bayern [Erlangen] **1903**, 36–51 [12]. — F. Dietze: Hohenstein u. sein großer Sohn G. H. von Schubert: Bunte Bilder aus dem Sachsenlande 7. Aufl. **2** (1905) 360–363 m. Bildn. [14]. — Gotthilf Heinrich von Schubert: Der alte Glaube **11**, 1909/10 (1910) Sp. 965–970 [15]. — G. Nathanael Bonwetsch: Gotthilf Heinrich Schubert in seinen Briefen. Ein Lebensbild (Stuttgart 1918) XXIV, 460 S. m. Titelbildn., 11 Bildn. [3]. — Hans Dahmen: Gotthilf Heinrich Schuberts Wiederkehr: Christl. Welt **40** (1926) Sp. 1053–1058 [3]; E. Th. A. Hoffmann u. G. H. Schubert: Lit.-wiss. Jahrb. Görres-Ges. **1** (1926) 62–111 [3]. — Erinnerungen alter Erzgebirgler (8). Aus dem Leben Gotthilf Heinrich Schuberts: Glückauf, Z. Erzgebirgsver. **51** (1931) 30–31 [101]. — Emma Lothar-Reinsch: Gotthilf Heinrich von Schubert, Naturforscher u. Naturphilosoph 1780–1860. In: Lebensläufe aus Franken **5** (Erlangen 1936) 349–358 m. Schr.- u. Lit.Verz. [3]. — Gotthilf Heinrich von Schubert: Aquarium **11** (1937) 141–142 [101]. — Eyßel: Naturforscher u. Christ. Zum 80. Todestage G. H. von Schuberts: Dtsch. Pfarrerbl. [Essen] **44** (1940) 280 [101]. — Fr.: G. H. von Schubert, Naturforscher u. Christ: Der Sonntag **6** (1951) Nr. 21, S. 86 [14]. — Friedr. Wilh. Kantzenbach: Zur Entwicklungsgesch. Gotthilf Heinrich Schuberts: Z. bayr. Kirchengesch. **25** (1956) 68–70 [101]. — H. Schwarzenberger: Ein Wissenschaftler unserer Heimat: Die Spindel **3** (1956) Mai [14]. — Benno Romeis in: Geist u. Gestalt. Biogr. Beitr. Gesch. Bayer. Akad. Wiss. **2** (München 1959) 232; **3** (1959) Abb. 88 (Lithogr. von A. Schreiner) [3]. — A. L. Janse de Yonge: Gotthilf Heinrich von Schubert: Nederl. Tijdschr. Psychol. en haar Grenzgeb. N. R. D **15** (1960) Afl. 6 S. 461–471 [Den Haag].

Zum 100. Geburtstag Emil Frommel: Daheim **16** (1880) 480–483 m. Bildn. [3]. — Gotthilf Heinrich von Schubert, Dr. theol. u. Dr. med., Königl. Baierscher, Geheimer Rath u. Mitgl. der Akad. Wiss. zu München, Ritter hoher Orden: Sächs. Volkskalender **1880**, 39–44 m. Bildn. [15]. — Marie Zeller: G. H. von Schuberts Jugendgeschichte (Stuttgart 1880) 131 S. m. Bildn. nach Gerh. von Kügelgen (Dtsch. Jugend- u. Volksbibl., 80) [14]. — Marie Zeller: G. H. von Schuberts Tagewerk u. Feierabend (Stuttgart 1881) 126 S. (Dtsch. Jugend- u. Volksbibl., 90).

Zum 150. Geburtstag Paul Feldkeller: Der Arzt u. Naturphilosoph G. H. Schubert: Leipziger popul. Z. Homöopathie **61** (1930) 218–220 [101]. — R. F. Merkel: Der romantische Naturphilosoph G. H. Schubert: Unterhaltgs-Beil. Münchener neueste Nachr. **3** (1930) Nr. 24 vom 2. Juli S. 96 [12].

G. H. Schubert **u. Naturphilosophie u. Romantik** Spiridion Wukadinović: Über Kleists Käthchen von Heilbronn: Euphorion Erg.-H. **2** (1895) 19–21, 26, 30, 32 [3]. — Max Morris: Heinrich von Kleists Reise nach Würzburg (Berlin 1899) V, 45 S.; darin Kap. 3: Das Käthchen von Heilbronn u. Gotthilf Heinrich Schubert 34-43 [15]. — Franz Schultz: Der Verfasser der Nachtwachen von Bonaventura. Untersuchungen zur deutschen Romantik (Berlin 1909) 39, 170, 179–193, 208, 231–232, 243, 244, 245, 291, 311 [3]. — Wilhelm Lechner: G. H. von Schuberts Einfluß auf Kleist, Justinus Kerner u. E. T. A. Hoffmann. Beitr. zur dtsch. Romantik (Borna-Leipzig 1911) IX, 91 S. (Phil. Diss. Münster 1911) [14]. — Franz Rudolf Merkel: Der Naturphilosoph G. H. Schubert u. die dtsch. Romantik (München 1913) VII, 151 S. m. Titelbildn. m. Faks. [14]. — Julius Schiff: Der Naturphilosoph Gotthilf Heinrich Schubert: Mitt. Gesch. Med. Naturwiss. **18** (1919) 17–23 [3]. — Julius Schiff: Die romantischen Naturforscher J. W. Ritter u. G. H. Schubert: Nord u. Süd Jg. 44, Bd. **174** (1920) H. 552 S. 295–305 [14]. — Christoph Bernoulli u. Hans Kern: Romantische Naturphilosophie (Jena 1926) 110–158, 421–423 m. Bildn. (Gott–Natur. Schriftenreihe zur Neubegründung der Naturphilos. 5) [3]. — Hans Dahmen: Die Kultur- u. Kunstphilos. Gotth. Heinr. Schuberts: Z. Ästhetik u. allg. Kunstwiss. **20** (1926) 325–332 [3]. — Gustav Osthus: G. H. Schuberts philos. Anfänge, unter bes. Berücks. von Schellings Einfluß (Borna–Leipzig 1929) 80 S. (Phil. Diss. Erlangen 1930) [3]. — Olga Freiin von Koenig-Fachsenfeld: Wandlungen des Traumproblems von der Romantik bis zur Gegenwart (Stuttgart 1935) 21–26 [11]. — E. Hönncher: Der Mediziner Gotthilf Heinrich Schubert u. die Psychol. der Romantik: Klin. Wschr. **15** (1936) 1366–1368 [3]. — Hans Kern: Die Seelenkunde der Romantik (Berlin 1937) 61 S.; darin 31–37 G. H. von Schuberts Psychologie der Sehnsucht [3]. — Ernst Busch: Die Stellung Gotthilf Heinrich Schuberts in der dtsch. Naturmystik u. in der Romantik: Dtsch. Vjschr. Lit.-Wiss. u. Geistesgesch. **20** (1942) 305–339 [3]. — Ursula Thomas: Heinrich von Kleist u. Gotthilf Heinrich Schubert: Mh. Dtsch. Unterr. **51** (1959) 249–261 [1a].

Weitere Lit. Christoph Johann Gottfried Haymann: Dresdens Schriftsteller u. Künstler (Dresden 1809) 3, 6, 11, 15, 18, 457 [3]. — Conversations-Lexikon der neuesten Zeit u. Lit. **4** (Leipzig 1834) 212–216 [14]. — Europa, Chronik der gebildeten Welt **1860**, Sp. 1017–1019 [15]. — Franz Seitz: Über die Pflege der Leibesübungen auf den dtsch. Universitäten. Rede (München 1861) 32–35 m. Schr.Verz. [12]. — Chr. Ernst Luthardt: Erinnerungen aus vergangenen Tagen (Leipzig 1889) 117, 138–139 [3]. — Hermann Schmidt: Ernst von Bandel (Hannover 1892) 20, 68, 90, 204 [7]. — Franz Lorinser: Aus meinem Leben **1** (Regensburg 1892) 189–191 [14]. — Luise von Kobell: Unter den 4 ersten Königen Bayerns **1** (München 1894) 118 [3]. — Rudolf Bendixen: Bilder aus der letzten religiösen Erweckung in Deutschland (Leipzig 1897) 63–80 [28]. — Justinus Kerner: Briefwechsel mit seinen Freunden **1** (Stuttgart, Leipzig 1897) 241, 252, 376; **2** (1897) 8, 11–12, 21, 98–99, 137, 148, 215, 363, 405, 483 [Briefe Nr. 403, 546, 603, 710, 721, 731, 786, 820] [3]. — Die Tagebücher des Grafen August von Platen. Aus der Handschr. des Dichters hrsg. von G. von Laubmann u. L. von Scheffler **2** (Stuttgart 1900) 383–390, 398–412, 431–472, 627–633, 640–642 u. öfter [3]. — Bernhard Richter: Die Entwicklung der Naturschilderung in den deutschen geogr. Reisebeschreibungen m. bes. Berücksichtigung der Naturschilderung in der 1. Hälfte des 19. Jahrhunderts: Euphorion Erg.-H. **5** (1901) 53–55, 73, 77, 87, 89, 90, 91 [3]. — G. Fliedner: Freiherr von u. zum Stein u. Gotthilf Heinrich von Schubert an Theodor Fliedner: Z. Kirchengesch. **30** (1909) 467–469 [3]. — Rudolf Schlösser: Kleine Platen-Studien: Studien vergl. Literaturgesch. **9** (1909) 158–162 [3]. — Max Lenz: Gesch. der Kgl. Friedrich-Wilhelms-Univ. zu Berlin **4** (Halle 1910) 310, 324 [3]. — Rudolf Schloesser: August Graf von Platen. Ein Bild seines geistigen Entwicklungsganges u. seines dichterischen Schaffens **1** (München 1910) 260–262 [3]. — Karl Goedeke: Grundriß zur Gesch. der Deutschen Dichtung 2.Aufl. **10** (Dresden 1913) 179–183 m. Schr.- u. Lit. Verz. [3]. — Johannes Orth: Der psychol. Begriff des Unbewußten in der Schellingschen Schule ⟨Novalis, G. H. Schubert, K. F. Burdach, C. G. Carus⟩ (Ludwigshafen 1914) IX, 149 S. (Phil. Diss. Heidelberg 1914) [14]. — Theodor Reik: G. H. Schuberts „Die Symbolik des Traumes“ 1814: Internat. Z. ärztl. Psychoanalyse **3** (1915) 295–298 [101]. — Otto Leixner u. Frdr. Klippgen: Sächs. Ruhmeshalle (Leipzig 1916) 84–85 m. Bildn. [14]. — Adolf Hantzsch: Hervorragende Persönlichkeiten in Dresden u. ihre Wohnungen: Mitt. Ver. Gesch. Dresden **25** (1918) 144, 169–170 [3]. — Damals in Weimar! Erinnerungen u. Briefe von u. an Johanna Schopenhauer. Hrsg. von H. H. Houben (Leipzig 1924) 132–133, 136, 143 [3; 14]. — Gustav Spiegel: „Gesch. der Seele“. Eine Würdigung der Psychol. der „Goetheanisten“ Karl Gustav Carus u. Gotthilf H. Schubert: Die Drei **7** (1927/28) 737–752

[101]. — Gustav Spiegel: „Goetheanismus". „Die Hauptmotive der Seele" von Gotthilf Heinrich Schubert: Die Drei 8 (1928/29) 306–312 [101]. — Wilhelm Frels: Deutsche Dichterhandschriften von 1400 bis 1900 (Leipzig 1934) 270 [3]. — Führer durch die wiss. Sammlungen des Staates im Wilhelminum zu München (München 1934) **147** [12]. — Werner Leibbrand: Der göttl. Stab des Äskulap (Salzburg, Leipzig 1939) 381–382 [101]. — Otto Eberhard: Zeugnisse deutscher Frömmigkeit von der Frühzeit bis heute (Leipzig 1938) 43–45 [101]. — Peter Krebs: Die Anthropologie des G. H. von Schubert (Köln 1940) 140 S. m. Schr.- u. Lit.Verz. (Phil. Diss. Köln 1940) [3]. — Peter G. Hesse: Der Lebensbegriff bei den Klassikern der Naturforsch. Seine Entwicklung bei 60 Denkern u. Forschern bis zur Goethezeit (Jena 1943) 137–138 [101]. — Robert Bossard: F. A. Carus u. G. H. von Schubert für die Psychologie des Traumes: Schweiz. Z. Psychol. **5** (1946) 281–300 [101]. — Wolfgang Liepe: Der Schlüssel zum Weltbild Hebbels: Gotthilf Heinrich Schubert: Mh. Dtsch. Unterr. **43** (1951) 117–132 [101]; Hebbel zwischen G. H. Schubert u. L. Feuerbach: Dtsch. Vjschr. Literaturwiss. u. Geistesgesch. **26** (1952) 447–477 [3].

Bildn. Illustr. Ztg., Leipzig **35** (1860) 54 m. Bildn. S. 53; **75** (1880) 58–59 m. Büste [14]. — Gustav Könnecke: Bilderatlas zur Gesch. der dtsch. Nationalliteratur (Marburg 1887) 296 m. Bildn.; 2. Aufl. (1895) 408 m. Bildn. m. Faks. [14]. — H. Engel: Die größten Geister über die höchsten Fragen. 3. Aufl. (Konstanz 1903) 112 [14]. — August von Platen, Briefwechsel hrsg. von Paul Bernstein **2** (München, Leipzig 1914) 148 [14]. — Glückauf-Kalender für das Erzgebirge 27. 4.—3. 5. **1930** (Denkmal in Hohenstein-Ernstthal) [101]. — Karl Josef Friedrich: Julius Thaeter, der Kupferstecher, großer deutscher Künstler (Leipzig, Hamburg 1942) 100 (Stich nach eigener Zeichn. von Thaeter vom 30. Dez. 1854) [14].

II **SCHÜBLER,** Gustav. Botanik. — 1810 Dr. med. Univ. Tübingen; dann prakt. Arzt in Stuttgart; 1812–1817 Lehrer Physik, Naturgesch., auch Agrikulturchem. u. Botanik am Fellenbergschen Inst. zu Hofwyl; seit 1817 o. Prof. Botanik u. Naturwiss. Univ. Tübingen.

*1787, Aug. 17, Heilbronn;
†1834, Sept. 8, Tübingen.

Bibliogr. Cat. scient. Papers **5** (1871) 559–562 (79 Nr.); **12** (1902) 665 (1 Nr.) [3]. — Brit. Mus. Gen. Cat. **216** (1964) Sp. 384–385 (9 Nr.) [3].

Nekr. Gustav Schübler: Flora von Wüttemberg (Tübingen 1834) Vorwort von D. Kern m. Nekr. 1–6 [Ha 2]; nochmals in: Linnaea **9**, 1834 (1835) Litt. Ber. 137–140 [3]. — Neuer Nekrolog der Deutschen **12**, 2 (1834) 665–670 [3]. — Med. Corresp.Bl. württ. ärztl. Ver. **4** (1835) 240–242 [21].

Biogr. K. C. von Leonhard: Aus unserer Zeit in meinem Leben **2** (Stuttgart 1856) 179 [3]. — E. Wunschmann: ADB **32** (1891) 639–640 [3]. — Robert von Mohl: Lebens-Erinnerungen 1799–1875 **1** (Stuttgart u. Leipzig 1902) 192, 215 [3].

Weitere Lit. H. F. Eisenbach: Beschreibung u. Gesch. der Stadt u. Univ. Tübingen (Tübingen 1822) 407–409 [3]. — G. A. Pritzel: Thesaurus literaturae botanicae . . . (Leipzig 1872) 289 Nr. 8436–8453 [3]. — Siegmund Günther: Ein Beitr. zur Vorgesch. der modernen Gewitterkunde: S.-Ber. Bayer. Akad. Wiss., math.-physik. Kl. **1910**, 4, 22 S. [Ha 2]; Bemerkungen zur Gesch. der Phänologie: Arch. Gesch. Naturwiss., Techn. **3** (1912) 247–249 [3]. — Ernst Lehmann: Zur Gesch. der schwäb. Floristik: Württemberg-Hohenzollern in Zahlen **6** (1951) 162–163 [101].

II **SCHÜBLER,** Johann Jacob. — Seit 1713 Architekt in Nürnberg; 1734 abw. Mitgl. Preuß. Akad. Wiss. Berlin.

*1689, get. Febr. 21, Nürnberg;
†1742, Sept. 11, Nürnberg.

Bibliogr. Cat. gén. Bibl. nat. **167** (1945) Sp. 944–946 (6 Nr.) [3].

Biogr. Georg Andreas Will: Nürnbergisches Gelehrten-Lexicon **3** (Nürnberg u. Altdorf 1757) 592–596 m. Schr.Verz.; 8 (1808) Erg.Bd. 143–146 m. Schr.Verz. [3]. — Ernest Lebon: Histoire abrégée de l'Astronomie (Paris 1899) 100, 265 [11]. — Heinrich Gürsching: Johann Jacob Schübler. Ein Nürnberger Baumeister des Barockzeitalters: Mitt. Ver. Gesch. Nürnberg **35** (1937) 17–57 [3]. — Hans Reuther: Johann Jacob Schübler u. Balthasar Neumann: Mainfränk. Jahrb. Gesch. u. Kunst **7** (1955) 345–352 m. 1 Abb. [101]. — Ernst Zinner: Astron. Instrumente des 11. bis 18. Jahrhunderts (München 1956) 72, 530 [Ha 2].

II **SCHÜZENBACH,** Karl Sebastian. Chem. Techn. — 1811 in einem Bankgeschäft tätig; 1817 erfindet er eine Methode der Schnellessigfabrikation; 1824 Gründung einer Farben- u. Bleizuckerfabrik in Freiburg, 1839 einer Zuckerfabrik in Waghäusel (1837 Versuchsfabr. in Ettlingen).

*1793, Apr. 16, Endingen bei Freiburg/Br.;

†1869, Febr. 14, Baden-Baden.

Bibliogr. Cat. scient. Papers **5** (1871) 581 (1 Nr.) [3].

Nekr. Z. Ver. Rübenzucker-Ind. **19** (1869) 270–272 m. Bildn. [Ha 4]. — Landwirtsch. Zbl. Dtschld. **17**, 2 (1869) 133 [Ha 4].

Biogr. Leisewitz: ADB **33** (1891) 152 [3]. — Schüzenbach u. die Schnellessigfabrikation 1817–1917: Dtsch. Essigindustr. **21** (1917) 109–110 [101]. — Schrohe: Erinnerungen an Sebastian Schüzenbach. Einiges über die Einführung der Schnellessigbereitung in Deutschland, Finnland, Estland, Polen, besonders aber in Schweden u. Norwegen. Berzelius, Palmstedt, Wagenmann, Magnus, Mitscherlich, Heinrich u. Gustav Rose: Dtsch. Essigindustr. **22** (1918) 191–192, 198–200, 207–209, 214–216, 223–225, 229–232 [101].

II **SCHULZE,** Johann Heinrich. Arzt, Polyhistor. — 1704 stud., 1717 Dr. med. Univ. Halle; 1708 Lehrer am Pädagogium Halle; 1720 Prof. Med. u. 1729 auch griech. u. arab. Sprachen Univ. Altdorf; seit 1732 o. Prof. Med., Beredsamkeit u. Altertümer Univ. Halle; Mitgl. der Leopoldina; 1729 abw. Mitgl. Preuß. Akad. Wiss. Berlin.

*1687, Mai 12, Colbitz bei Magdeburg;

†1744, Okt. 10, Halle.

Bibliogr. Cat. gén. Bibl. nat. **168** (1946) 144–148 (27 Nr.) [3]. — Brit. Mus. Gen. Cat. **216** (1964) Sp. 622–624 (26 Nr.) [3].

Nekr. Fridericus Wideburg: Elogium Joh. Heinr. Schulze (Halle 1745).

Biogr. Joh. Jac. Baier: Biographiae professorum medicinae in Academia Altorfina (Nürnberg u. Altdorf 1728) 182–195 m. Bildn. u. Schr.Verz. [3]. — Gabriel Wilhelm Goetten: Das Jetzt-lebende Gelehrte Europa **1** (Braunschweig 1735) 345, 425–440; **2** (1736) 812; **3** (Zelle 1739) 305–325, 770–773 [3]. — Christian Gottlieb Jöcher: Allgem. Gelehrten-Lexikon **4** (Leipzig 1751) 382–384 [3]. — Andreas Elias Büchner: Academiae Leopoldino-Carolinae Nat. Cur. Historia (Halae 1755) 495 [Ha 2]. — Georg Andreas Will: Nürnbergisches Gelehrten-Lexicon **3** (Nürnberg u. Altdorf 1757) 605–615 m. Schr.Verz.; **8** (Altdorf 1806) 151–158 m. Schr.Verz. [3]. — Christian Gottfried Gruner: Almanach für Ärzte u. Nichtärzte auf das Jahr 1785 (Jena 1785) 10 [3]. — Carl Joseph Bouginé: Handbuch der allgem. Litterargesch. **3** (Zürich 1790) 519–520 m. Schr.Verz. [3]. — Biographie universelle, ancienne et moderne **41** (Paris 1825) 256–259 [3]. — A. J., L. J.: Jean-Henri Schulze: Dict. sci. méd. Biogr. méd. **7** (1825) 172–175 m. Schr.Verz. [3]. — Dezeimeris: Dict. hist. méd. **4** (Paris 1839) 126–128 [3]. — August Andrae: Chronik der Ärzte des Regierungs-Bezirkes Magdeburg **1** (Magdeburg 1861) 198–205; **2** (1862) 210 [3]. — Pagel: ADB **33** (1891) 4–5 [3]. — J. M. Eder: Johann Heinrich Schulze. Der Lebenslauf des Erfinders des ersten photogr. Verfahrens u. des Begründers der Gesch. der Med. (Wien 1917) 79 S. m. 3 Bildn., 1 Faks., 1 Abb., S. 5–8 Lit., 8–9 Bildnisse [3]. — G.: Biogr. Lexikon der hervorragenden Ärzte aller Zeiten u. Völker **5** (Berlin, Wien 1934) 166 [3]. — Artur Kreiner: Der Nürnberger-Altdorfer Prof. Joh. Heinr. Schulze, ein Mitbegründer der Photographie: Nürnberg. Schau **3** (1941) 183–184 m. Bildn. [101].

Schulze als Mitbegründer der Photographie Drecker: Kurzer Abriß der Geschichte der Photogr. (Aachen 1902) 47 S. [82]. — Hans Stobbe: Chem. Lichtwirkungen: Z. angew. Chem. **21** (1908) 388 [Ha 2]. — Felix Fritz: Zur Gesch. der Entdeckung der Lichtempfindlichk. der Silbersalze: Chemiker-Ztg. **38** (1914) 246–247 [3]. — J. M. Eder: Unrichtige Angaben über die Gesch. der Photogr. in der naturwiss. Literatur: Naturwiss. **15** (1927) 653–654 [3]. — Erich Stenger: Gesch. der Photogr. (Berlin 1929) 1 m. Titelbildn. (Abh. u. Ber. Dtsch. Mus. 1, 6) [14]. — Erich Stenger: Die Photogr. in Kultur u. Techn. (Leipzig 1938) 16–19 m. Bildn. S. 214 [14]. — Fritz Hansen: Deutsche Pioniere der Photogr.: Photo-Fachhändler **12** (1941) 275 m. Bildn. [3]. — Karl R. Berger: Das erste Lichtbild – ein Zufall. Vor 225 Jahren erfand J. H. Schulze die Fotografie: Augenoptiker **7** (1952) Nr. 11, S. 6 m. Bildn., 1 Abb. [101]. — Helmut Gernsheim, Alison Gernsheim: The history of photography (London–New York–Toronto 1955) XXVII, 20, 21, 22, 25, 30, 34 [3]. — Wolfgang Baier: Quellendarst. zur Gesch. der Fotogr. (Leipzig 1965) 21–24 m. Bildn. S. 562 [3].

Bildn. Fr. Rothscholtz: Icones eruditorum Academiae Altdorfinae (Norimbergae 1721) Nr. 87 [14]. — Jacob Brucker: Bildersal heutiges Tages lebender u. durch Gelahrtheit berühmter Schrifft-steller . . . **1** (Augsburg 1741) 5. Zehend [6 unnumm. S.] m. Bildn., 4. Zehend, Schr.Verz. [3]. — Jacob Brucker: Pinacotheca scriptorum nostra aetate literis illustrium. Imagines et elogia. Decas 4 (Augustae Vindelicorum 1745) [14]. — Johann Christoph Dreyhaupt: Beschreibung des . . . Saal-Creyses Th. **2** (Halle 1750) 756, Taf. 33 [14]. — Der Erfinder der Photogr.: Gartenlaube **1895**, 68 m. Bildn. [14]. — Josef

Maria Eder: Gesch. der Photogr. (Halle 1932) 87–89; Stich von Kilian m. Lebenslauf S. 100 [3].

II **SCHUMACHER,** Heinrich Christian. Astron. — 1799–1804 stud. Jura in Kiel u. Göttingen; 1806 Dr. iur. Univ. Göttingen; 1807–1810 in Altona lebend; 1810–1813 ao. Prof. Astron. Univ. Kopenhagen; 1813–1815 Dir. Sternwarte Mannheim; seit 1815 o. Prof. Astron. Univ. Kopenhagen. Wohnort blieb Altona, wo ihm ein eigenes Observatorium erbaut wurde; 1815 Mitgl. Dän. Akad. Wiss., 1826 korresp. Mitgl. Preuß. Akad Wiss. Berlin. Er gründet 1821 die „Astronomischen Nachrichten".

*1780, Sept. 3, Bramstedt (Holstein); †1850, Dez. 28, Altona.

Bibliogr. Bibliotheca Slesvico-Holsatica, Suppl. til Bibliotheca Danica (o. O. 1840) 1128 (5 Nr. m. Diss.) [3]. — Cat. scient. Papers **5** (1871) 576–577 (64 Nr.) [3]. — Cat. gén. Bibl. nat. **168** (1946) Sp. 191–193 (10 Nr.) [3]. — Brit. Mus. Gen. Cat. **216** (1964) Sp. 645–646 (22 Nr.) [3].

Briefwechsel Briefwechsel zwischen C. F. Gauß u. H. C. Schumacher. Hrsg. von C. A. F. Peters **1** (Altona 1860) VII, 439 S.; **2** (1860) VIII, 440 S.; **3** (1861) VIII, 440 S.; **4** (1862) 440 S.; **5** (1863) VIII, 440 S.; **6** (1865) IV, 128 S. [3]. — [Zehn] Briefe von Schumacher u. dessen Wittwe an Herrn Geheimen-Staatsrath Francke: Z. populäre Mitt. Geb. Astron. **3** (Altona 1869) 65–80 [Altona 9. II. 1850, 13. III. 1850, 15. III. 1850, 4. V. 1850, 14. VI. 1850, 14. VIII. 1850, 10. u. 20. IX. 1850; Witwe: 8. u. 13. I. 1851] [3]. — Florian Cajori: Briefe von C. H. Schumacher u. W. Struve an F. R. Haßler in Amerika: Z. Instrumentenkde **47** (1927) 532–536 m. 1 Faks. (Sch. an H. Altona 20. Dez. 1838 u. 15. Okt. 1839) [101]. — Ludwig Hartmann: Unveröff. Briefe u. Dokumente des Physikers Hans Christian Oersted: Arch. Gesch. Math., Naturwiss. u. Techn. **13** (1931) 326–350 (S. 330 an Sch., Kjøbnhavn, 27. May 1820) [3]. — Albrecht Unsöld: Ein bisher unbekannter Brief von C. F. Gauß an H. C. Schumacher (Göttingen, 4. Junius 1848): Abh. Braunschweig. wiss. Ges. **5** (1953) 203–204 [3]. — Hans-Joachim Schreckenbach: Goethes Autographen-Sammlung. Katalog (Weimar 1961) 213, Nr. 1540 (an Johann Gottlob Stimmel, Göttingen 21. Apr. 1809) [3].

Nekr. A. Quetelet: Notice sur Henri-Chrétien Schumacher: Annu. Acad. R. Sci. Lettres Beaux-Arts Belgique **17** (1851) 146–162 m. Schr.Verz. [Ha 2]. — Leipziger Repert. dtsch. u. ausländ. Lit. (hrsg. von E. G. Gersdorf) **9**, 1 (1851) 175–176 [3]. — Olufsen: Biogr. Notizen über den verstorbenen Conferenzrath Schuhmacher: Astron. Nachr. **36** (1853) Sp. 393–404 m. Titelbildn. [3].

Biogr. Friedrich Rassmann: Pantheon deutscher jetzt lebender Dichter u. in die Belletristik eingreifender Schriftsteller (Helmstedt 1823) 309 [3]. — D. L. Lübker u. H. Schröder: Lexikon der Schleswig-Holstein-Lauenburgischen u. Eutinischen Schriftsteller von 1796 bis 1828 Abt. 1, 2 (Altona 1830) 559–561 m. Schr.Verz. [3]. — Eduard Alberti: Lexikon der Schleswig-Holstein-Lauenburgischen u. Eutinischen Schriftsteller von 1829 bis Mitte 1866 **2** (Kiel 1868) 378–380 m. Schr.Verz. [3]. — S. Günther: ADB **33** (1891) 32–33 [3]. — Joh. A. Repsold: H. C. Schumacher: Astron. Nachr. **208** (1919) Sp. 17–34 [3]. — E[ric] T[emple] Bell: Men of mathematics (London 1937) 273, 295 [1]. — R. H.: Heinrich Christian Schumacher: Fluchtstab [Essen] **6** (1955) 95 m. Bildn. u. Faks. [101].

Zum 150. Geburtstag Günther von Stempell: Dtsch. opt. Wschr. **16** (1930) 562–563 [3].

Zum 100. Todestag Joachim Niemeyer: Z. Vermess.Wes. **76** (1951) 23–25 m. Bildn. [93]. — Walter Reek: Heinr. Christian Schumacher 1780–1850. Gedenkschr. zum 100. Todestag. Hrsg. i. A. Dtsch. Verein Vermessungswes. (Hamburg 1951) 79 S. m. Abb. [Masch.-schr.] (Mitt. Blatt Vermessungsamt Hamburg 1951, Sonderh.) [101], darin: Bildn. u. Faks.; H. C. Schumacher an General Müffling (Brief vom 28. März 1820, Faks.) 10; J. Niemeyer: Die männl. Vorfahren u. die Nachkommen H. C. Schumachers 11–13; J. Larink: Schumacher als Mensch u. Astronom 19–25; E. Brennecke: Die Bedeutung des Briefwechsels „Gauß–Schumacher" 26–36; J. Niemeyer: Übersicht über die hauptsächlichsten Veröff. H. C. Schumachers 77–78 (28 Nr.); Veröff. über Schumacher u. seine Arbeiten 79 (21 Nr.) — Schumacher-Gedächtnisfeier in Hamburg: Z. Vermess.Wes. **76** (1951) 122–124 [93]. — H. U. Sandig: Heinr. Christian Schumacher: Sternenwelt **2** (1950) 274–275 m. Bildn. [101]. — W. Voß: H. C. Schumacher u. die Sternwarte in Altona: Sternenwelt **3** (1951) 121–122 m. 1 Abb. [101].

Weitere Lit. Thomas Hansen Erslew: Almindeligt Forfatter Lexicon for ... Danmark fra 1814 till 1840 **3** (1853) 121–124 [14]. — Rudolf Wolf: Gesch. der Astron. (München 1877) 454, 521, 525, 536, 625, 685, 741, 765–767, 780 (Gesch. Wiss. in Dtschl., Neuere Zeit, 16) [3]. — Hermann A. Schumacher: Die Lilienthaler Sternwarte. Ein Bild aus der Gesch. der Himmelskunde in Deutschland: Abh. naturwiss. Ver. Bremen **11** (1890) 167 [Ha 2]. — Ernest Lebon: Histoire abrégée de l'Astronomie (Paris 1899) 91, 96, 265 [11]. — Paul Julius Möbius: Über die Anlage zur Math. (Leipzig 1900) 172 m. Bildn. 164/165 [14]. — Leo Koenigsberger: C. G. J. Jacobi. Festschr. Feier 100. Wiederkehr seines Geburtstages (Leipzig 1904) 40–42, 67–70, 291–294, 436–439 u. öfter [3]. — Correspondance d'Alexandre d'Humboldt avec François Arago (Paris 1904) 126, 167, 248, 304, 317 [3]. — Briefwechsel zwischen Bessel u. Steinheil (Leipzig 1913) 18, 20, 31, 54, 60, 119, 140, 146, 153, 165, 188, 191, 197, 213, 232 [3]. — W. Ahrens: Karl Friedrich Gauß im Spiegel der Zeitgenossen u. der Nachwelt: Braunschweiger GNC-Mschr. 2 (1914) 428–444 [15]. — Kurt Lips: Die mitteleuropäischen Dreiecksvermessungen vor dem Jahre 1861: Mitt. Reichsamt Landesaufnahme **1937**, Nr. 4, S. 305 m. Bildn. u. Faks. [101]. — Kurt-R. Biermann: Thomas Clausen, Mathematiker u. Astronom: J. reine u. angew. Math. **216** (1964) 159, 160, 161, 162 u. öfter m. Bildn. [3].

Nachlaß Gelehrten- u. Schriftstellernachlässe in den Bibliotheken der DDR 1 (Berlin 1959) 81, Nr. 576 [3].

Bildn. Paul Gaimard: Voyages de la commission scientifique du Nord, en Scandinavie, en Laponie, au Spitzberg et au Feröe, pendant les années 1838, 1839 et 1840 sur la corvette La Recherche (Paris 1843–1855) Atlas vol. 1, tabl. 25 [BPU Genf]. — Illustr. Ztg., Leipzig **16** (1851) 198 m. Bildn. [14].

IV, V **SCHUMANN**, Victor. Optik. — 1861–1864 Besuch Höh. Gewerbeschule Chemnitz; 1865–1870 techn. Leiter der Maschinenfabr. August Fomm in Leipzig, 1872–1893 der Maschinenfabr. A. Hogenforst in Leipzig; seit 1893 Privatmann; 1894 Dr. phil. h. c. Univ. Halle.

*1841, Dez. 21, Markranstädt bei Leipzig;
†1913, Sept. 1, Leipzig.

Bibliogr. Cat. scient. Papers **18** (1923) 619 (21 Nr.) [3]. — Cat. gén. Bibl. nat. **168** (1946) Sp. 229 (1 Nr.) [3]. — Brit. Mus. Gen. Cat. **216** (1964) Sp. 674 (1 Nr.).

Nekr. Otto Wiener: Ber. Verh. Sächs. Ges. Wiss. Leipzig, math.-physik. Kl. **65** (1913) 409–427 [Ha 2].

Biogr. Theodore Lyman: The spectroscopy of the extreme ultraviolet. Französ. Übers. von J. Rivière (Paris 1924); 2. Aufl. (London 1928) 3, 16, 27, 32–36, 59, 60, 63, 69, 70, 77, 78, 81, 90, 95, 98, 119 [12]. — Martin Gebhardt: Victor Schumann. Der Begründer der Vakuumspektroskopie: Unterr.Bl. Math. Naturwiss. **49** (1943) 2–5 [101]. — Hans Falkenhagen: Die Naturwissenschaft in Lebensbildern großer Forscher (Stuttgart 1948) 158–160 [3].

Zum 100. Geburtstag Hans Bomke: Victor Schumann. ... des Begründers der Vakuumspektroskopie: Naturwiss. **29** (1941) 729–734 m. Bildn. [3]. — John Eggert: Z. angew. Photogr. **3** (1941) 84 [101].

Nachlaß Gelehrten- u. Schriftennachlässe in den Bibliotheken der DDR **1** (Berlin 1959) 81, Nr. 578 [3].

II **SCHWAB**, Johann Christoph. Philos. — 1778–1793 Prof. Logik u. Metaphysik Carlsschule Stuttgart; 1785 geheimer Sekretär, 1794 württemberg. wirkl. Regierungsrat, 1816 Mitgl. Oberstudien-Direktion in Stuttgart; 1788 auswärt. Mitgl. Preuß. Akad. Wiss. Berlin.

*1743, Dez. 10, Ilsfeld, Württemberg;
†1821, Apr. 15, Stuttgart.

Vater des Dichters Gustav Schwab (1792–1850).

Bibliogr. Cat. gén. Bibl. nat. **168** (1946) Sp. 418–419 (6 Nr.) [3]. — Brit. Mus. Gen. Cat. **216** (1964) Sp. 755 (9 Nr.) [3].

Biogr. Schwäbisches Magazin **1777**, 858 [21]. — Johann Georg Meusel: Das gelehrte Teutschland **7** (Lemgo 1798) 392–396 m. Schr.Verz. [3]. — Neue allg. dtsch. Bibliothek **44** (1799) Bildn. [14]. — Johann Jacob Gradmann: Das gelehrte Schwaben oder Lexicon der jetzt lebenden schwäb. Schriftsteller (Tübingen 1802) 600–604 m. Schr.Verz. [3]. — Weiss: Biographie universelle, ancienne et moderne **41** (Paris 1825) 268–269 [3]. — Wilhelm Traugott Krug: Allgem. Handwörterb. der philos. Wiss. nebst ihrer Literatur u. Gesch. **3** (Leipzig 1828) 613–614 m. Schr.-Verz. [3]. — Christian Bartholmès: Histoire philosophique de l'académie de Prusse depuis Leibniz jusqu' à Schelling **2** (Paris 1851) 276, 414–417 [15]. — Christoph Heinrich Pfaff: Lebenserinnerungen (Kiel 1854) 32 [1a]. — Heinrich Wagner: Gesch. der Hohen Carls-Schule **1** (Stuttgart 1856) 75, 98, 125, 605, 608, 611, 632–637; **2** (1857) 114, 158, 170, 202, 369, 380; **3** (1858) 13, 14, 46, 87–91, 111 [3]. — Karl Klüpfel: Gustav Schwab. Sein Leben u. Wirken geschildert (Leipzig 1858) 1–22 [14]. — Eduard Zeller: Gesch. der dtsch. Philosophie seit Leibniz (München 1873) 521–522 (Gesch. Wiss. Dtschl. 13) [3]. — Heyd: ADB **33** (1891) 157–158 [3]. — Konrad Gaiser: Ein Schwabe als Preisträger der Berliner Akad. Wiss. zur Zeit Friedrichs des Großen. Eine Episode aus der Spätzeit der dtsch. Aufklärung: Z. Württ. Landesgesch. **4** (1940) 91–106 [3].

II, III **SCHWANN,** Theodor. Anatom., Physiol. — Seit 1826 Besuch des ehem. Jesuitengymn. Köln, stud. seit 1829 in Bonn, seit 1831 in Würzburg, seit 1833 in Berlin; 1834 dort Dr. med.; dann Gehilfe am anatom. Museum in Berlin; 1838 Prof. Univ. Loewen; 1848 o. Prof. allg. u. spez. Anatomie, 1858–1880 Prof. Physiol. u. vergl. Anatomie Univ. Lüttich; bis zum Tode in Lüttich lebend.

*1810, Dez. 7, Neuß/Rhein;

†1882, Jan. 11, Köln (bei Besuch seines Bruders).

Werke Theodor Schwann: Mikroskopische Untersuchungen über die Übereinstimmung in der Struktur u. dem Wachstum der Tiere u. Pflanzen. Hrsg. von Hünseler (Leipzig 1910) 242 S. m. Bildn. u. Taf. (Ostwalds Klassiker Nr. 176) [15]. — M. Florkin: Manuscrits inédits de Theodore Schwann: Congr. int. Hist. Sci. **1962**.

Bibliogr. Cat. scient. Papers **5** (1871) 585–586 (13 Nr.); **8** (1879) 903 (1 Nr.); **11** (1896) 362 (Biogr.); **12** (1902) 668 (Biogr.); **18** (1923) 629 (Biogr.) [3]. — Université catholique de Louvain. Bibliographie 1834–1900 (Louvain 1900) 147–148; [Suppl. Bd 4] (Louvain 1908) 20–21 [3]. — Cat. gén. Bibl. nat. **168** (1946) Sp. 503 (6 Nr.) [3]. — Brit. Mus. Gen. Cat. **216** (1964) Sp. 791–792 (9 Nr.) [3].

Nekr. Édouard van Beneden: Bull. Acad. Roy. Sci. Belgique (3) **3** (1882) 133–136 [Ha 2]. — Léon Fredericq: Annu. Acad. R. Séances, Lettres et Beaux-Arts Belgique **51** (1885) 185–236 m. Bildn., Faks. u. Schr.Verz. [Ha 2]. — J. Henle: Arch. mikrosk. Anat. **21** (1882) I–XLIX m. Schr.Verz. [3]; auch Sonderdr. (Bonn 1882) XLIX S. [14]. — A. Kossel: Z. physiol. Chem. **6** (1882) 280–285 [3]. — E. Ray Lankester: Nature [London] **25** (1882) 321–323 [Ha 2]. — Leyden: Dtsch. med. Wschr. **8** (1882) 49 [Ha 2]. — H. Reichenbach: Humboldt, Mschr. ges. Naturwiss. **1** (1882) 144–145 m. Bildn. [15]. — Rudolf Virchow: Dtsch. med. Wschr. **8** (1882) 101–102 [Ha 2]; Arch. pathol. Anat., Physiol. u. klin. Med. **87** (1882) 389–392 [3]. — Berliner klin. Wschr. **19** (1882) 63 [Ha 2]. — Illustr. Ztg., Leipzig **78** (1882) 111 m. Bildn. S. 113 [15].

Biogr. Notices biographiques et bibliographiques concernant les membres et les correspondants ainsi que les associés résidents: Acad. Roy sci., Lettres et Beaux-Arts Belgique 1874 (Bruxelles 1875) XXIX, 107–110 [15]. — Léon Fredericq: Rev. scient. (3) **4** (1884) 641–653 [15]. — E. Gurlt: ADB **33** (1891) 188–190 [3]. — Jac. Moleschott: Für meine Freunde. Lebens-Erinnerungen (Gießen 1894) 97, 292 [Ha 2]. — Heroes of medicine. Theodor Schwann: Practitioner (London) **59** (1897) 498–501 [BPU Genf]. — O. Hertwig, W. Waldeyer: Theodor Schwann zum Gedächtnis: Arch. mikroskop. Anat. **74** (1909) 469–473 m. Abb. des Denkmals in Neuß [3]. — Walther May: Große Biologen. Bilder aus der Gesch. der Biol. (Leipzig, Berlin 1914) 101, 119 [101]. — William A. Locy: Biology and its makers (New York 1908) XXVI, 469 S.; Die Biologie u. ihre Schöpfer. Übers. von E. Vitardi (Jena 1915) 202–207 m. Bildn., 237, 376 [3; 14]. — Ernst Almquist: Große Biologen (München 1931) 43–45 m. Bildn. [14]. — Waldeyer in: Biogr. Lexikon der hervorragenden Ärzte aller Zeiten u. Völker **5** (Berlin–Wien 1934) 173–175 m. Lit.Verz., Bildn.-Taf. 2 nach S. 224 [3]. — P. P. Trippen: Theodor Schwann. Zum 60. Todestage: Stadtanz. Köln. Ztg. **1942**, Nr. 19 vom 11. Jan. [38]. — Index biographique des membres correspondants et associés de l'Académie royale de Belgique de 1769 à 1947 (Bruxelles 1948) 205–206 [Ha 2]. — Carl Sasse: Theodor Schwann. Vom Leben u. Werk eines großen Kölner Entdeckers: Unser Köln. Nachr. Kölner Arbeitsgem. Heimatpflege **7** (1954) Nr. 7, S. 6–7 m. Abb.: Haus in der Kasinostr. m. Gedenktaf. [38]. — Karl Franz Hoffmann: Theodor Schwann, der Begründer der tier. Zellenlehre: Krankendienst **31** (1958) 123–124 [101]. — Georg Uschmann: Der Naturforscher Th. Schwann: Wiss. u. Fortschr. **11** (1961) 489–490 m. Bildn., 1 Abb. [3]. — Jane Oppenheimer: Lives and letters of Theodor Schwann, a review: Bull. Hist. Med. **37** (1963) 78–83 [B 4]. — G. Chr. Hirsch: Theodor Schwann. In: Gesch. der Mikroskopie **1** (1963) 313–321 [Ha 2]. — Armin Geus: Th. Schwann zum Gedenken: Festschr. naturwiss. Ges. Bayreuth 1889/1964 (1964) 55–59 m. 2 Bildn. von Schwann u. Schleiden u. 1 Abb. [Ha 2].

Zum 100. Geburtstag Franz Bosch: Aus der Gesch. der Zellenlehre. Festschr. zum 100jähr. Geburtstage ihres Begründers Theodor Schwann (Düsseldorf 1910) 52 S. m. Titelbildn., Faks., 1 Abb. [61]. — F. Bosch: Theodor Schwann, der Begründer der Zellenlehre: Jber. naturwiss. Verein Krefeld **1910/11** (1911) 59–60 [Ha 2]. — V. von Ebner: Wiener klin. Wschr. **23** (1910) 1404–1406 [3]; ebda **24** (1910) 711–714 [3]. — K. Feri: Ein Beitr. zur Gesch. der Biol.: Wiener med. Wschr. **60** (1910) Sp. 2325–2326 [3]. — K. Gron: Norsk. Magaz. Laegevidensk. Kristiania (5) **9** (1911) 79–83 [7]. — Joseph Nießen: Kathol. Z. Erziehung u. Unterr. **1910**, 529–538 [38]. — Vlad. Růžička: Časopis lekařov českych **1910**, Nr. 49, S. 1504–1506; Nr. 50, S. 1525–1527 [UB Prag]. — Karl Sudhoff: Münchener med. Wschr. **57** (1910) 2703–2705 m. Bildn. u. Faks., Lit.Verz. [3].

Zum 125. Geburtstag Hans Hümmeler: Gläubige Wiss. Leben u. Tagebücher Theodor

Schwanns. Ein Gedenkbl. (Düsseldorf 1936) 110 S. (Religiöse Quellenschriften, 98) [101]. — Hans Peters: Zum Andenken Theodor Schwanns, des großen Biologen: Unsere Welt **27** (1935) 353–357 m. 1 Bildn. [91]. — Max Speter: Theodor Schwanns Entdeckung des Magenschleimhaut-Verdauungsfermentes „Pepsin" vor 100 Jahren: ebda 357–360 [91]; Unbeachtet–Unerkanntes aus u. von den Sauerstoffgeräte-Veröffentlichungen (1853/1876 bezw. 1878/1880) Theodor Schwanns, des berühmten deutsch-belgischen Entdeckers der Tier-Zelle, Physiologen u. Anatomen: Draeger-Hefte Nr. 179 (Juli–Aug. 1935) 2921–2927 m. Bildn. m. Faks. [Ha 2]. — P. Wolter: Dem Andenken des Naturforschers Theodor Schwann: Düsseldorfer Nachr. **1935**, 6. Dez. Nr. 612; 7. Dez. Nr. 614 m. 2 Bildn. [61]; Ein Gedenkblatt für den Naturforscher Theodor Schwann: Wschr. kathol. Lehrerinnen **48** (1935) 819–828 [101].

Zum 150. Geburtstag Marcel Florkin: Naissance et déviation de la théorie cellulaire dans l'œuvre de Théodore Schwann (Paris 1960) 232 S. m. 96 Abb. (Actualités scientifiques et industrielles) [1]. — M. Florkin: Le cas Schwann: Arch. int. Hist. Sci. **13** (1960) 197–209 [L 5]; Le souvenir de Theodore Schwann: Rev. méd. Liège **15** (1960) 79–89 m. Bildn. u. Abb. — Gottwalt Christian Hirsch: Die allgemeine Zelltheorie von Schleiden, Schwann u. Purkinje u. die modernen Forschungen mit dem Elektronen-Mikroskop: Materia medica Nordmark **13** (1961) 229–237 m. Bildn. [Ha 2]. — Rembert Watermann: Theodor Schwann. Leben u. Werk (Düsseldorf 1960) 364 S., 53 Abb. [61]; Über Urgedanken u. Beginnsel zu den wichtigsten Werken Theodor Schwanns: Ärztl. Sammelbl. **49** (1960) H. 11, S. 391–397 m. Bildn. [1]; Theodor Schwanns Beitr. zur Neurologie: Dtsch. Z. Nervenkunde **181** (1960) 309–330 m. Lit.Verz. [3]; Theodor Schwanns materialistische Theorie des Organismus: Med. Mschr. **14** (1960) 678–681 m. Bildn. [3]; Theodor Schwann als Konstrukteur von Rettungsgeräten: Med. Welt **1960**, 2682–2687 m. 1 Bildn., 8 Abb. [3]; Einige Selbstbeobachtungen aus den Tagebüchern Theodor Schwanns: Neue Z. ärztl. Fortbildg. **49** (1960) 947–954 m. Bildn. u. 3 Faks. [101]; Das Kollegheft von Th. Schwann über die von Johannes Müller vorgetragene „Enzyklopädie der Medizin": Neußer Jahrb. Kunst, Kulturgesch. Heimatkde **1960**, 42–46 m. Bildn. [61]; Theodor Schwann, Entdecker des Pepsins u. Begründer der Zelltheorie: Orion (München) **15** (1960) 969–973 m. Bildn. u. 4 Abb. [101]. — Józef Biborski: Teoria komórkava Theodora Schwanna [Zellentheorie Theodor Schwanns]: Wszechświat (Warszawa) **1960**, S. 134–135 [1].

Weitere Lit. Emil Du Bois-Reymond: Gedächtnisrede auf Johannes Müller: Abh. Akad. Wiss. Berlin **1859** (1860) 60, 68, 76, 89, 90, 94, 129, 163 [Ha 2]. — Liber memorialis de l'Université de Liège depuis sa fondation, par Alphonse Le Roy (Liège 1869) Sp. 919–936 [3]. — M. Heidenhain: Schleiden, Schwann u. die Gewebelehre: S.-Ber. Physik.-med. Ges. Würzburg **1899** (1900) 16–36 [Ha 2]. — Manifestation en l'honneur de . . . Th. Schwann. Liège, 23 juin 1878. Liber memorialis publié par la commission organisatrice (Düsseldorf 1879) 236 S. m. Titelbildn. u. Faks. [3]. — [Zur 50jahrfeier der Zelltheorie]: Nature [London] **18** (1878) 297–298 [Ha 2]. — Heidelberger Professoren aus dem 19. Jahrhundert. Festschr. Univ. Zentenarfeier ihrer Erneuerung **2** (Heidelberg 1903) 21–22, 46, 49, 60–61, 85–86, 213 [3]. — J. Riecks: Emmerich-Brentano. Heiligsprechung der stigmatisierten Augustiner-Nonne A. K. Emmerich u. deren 5. Evangelium nach Clemens Brentano (Leipzig 1904) 240–242 [15]. — M. Delbrück u. A. Schrohe: Hefe, Gärung, Fäulnis (Berlin 1904) siehe Reg. S. 232, m. Bildn. [3]. — Karl Braeunig: Mechanismus u. Vitalismus in der Biol. des 19. Jahrhunderts. Ein geschichtl. Versuch (Leipzig 1907) 28, 38 [3]. — Louis Sassani: Les précurseurs français de Schleiden et de Schwann (Paris 1907) 47 S. (Thèse Fac. méd. Paris) [3]. — F. Hünseler: Theodor Schwann u. seine Bedeutung für die organ. Naturwiss.: Mikrokosmos **1–3** (1907–1910) 30–32 [3]. — Eduard Buchner: Nobel-Vortrag (Stockholm 1907) 2, 6 m. Bildn. (Les Prix Nobel en 1907/08) [14]. — Otto Bryk: Entwicklungsgesch. der reinen u. angew. Naturwiss. im 19. Jahrhundert **1** (Leipzig 1909) 461, 480–482, 527, 528, 567, 572, 584, 594, 616, 620 [3; 15]. — J. Nageotte: Le réseau synctial et la gaine de Schwann dans les fibres de Remak: C.R. hebd. Séances et Mém. Soc. Biol. **70** (1911) 917–921 [Ha 2]. — Veritas: Ein pfäffischer Gaunerstreich gegen einen berühmten Naturforscher: Das Freie Wort **10** (1911) 788–792 [15]. — A. Gigon: Aus der Gesch. der Respiration u. der Ernährung: Sammlung klin. Vortr. N.F. Nr. 658 (Leipzig 1912) 355–369 m. Lit.Verz. [3]. — Richard M. Pearce: Research in medicine: Pop. Sci. Monthly **80** (1912) 553–554 [15]. — Gottfried Brückner: Aus der Entdeckungsgesch. der lebendigen Substanz. Entdeckung der Zelle, Zellenbildung u. Zellenvermehrung (Leipzig 1913) 30–34 (Voigtländers Quellenbücher, 32) [101]. — Franz Bosch: Die Begründer der neueren Biol. (Kempten u. München 1914), darin Theodor Schwann, Der Aufbau der Lebewesen in der Darst. der Zellenlehre 33–59 m. Bildn., 2 Fig. [101]. — Alice Oelsner: Zur Gesch. der Theorien über alkoholische Gärung: Prometheus **28** (1917) 615–619 [3]; Entwicklung u. prakt. Bedeutung der Hefeforsch.: Süddtsch. Apotheker-Ztg. **65** (1925) 603–606 [101]. — Franz Rosellen u. Wilhelm Haberling: Theodor Schwann, der

Begründer der Zellenlehre in: Neuß am Rhein. Bearb. u. hrsg. von Gottfried Entner (Düsseldorf 1926) 141–146 m. Bildn., Abb. des Denkmals [101]. – Arnold Rice Rich: The place of R. J. H. Dutrochet in the development of the cell theory: Bull. Johns Hopkins Hosp. **39** (1926) 330–365 [3]. – J. Gebbing: Die Wiederbeseelung der Welt (Leipzig 1934) 176 [101]. – Franz Schnabel: Deutsche Gesch. im 19. Jahrhundert **3** (Freiburg 1934) 232–233 [3]. – F. K. Studnička: Die Grundlagen der Zellenlehre von Theodor Schwann: Anat. Anz. **78** (1934) 246–257 [101]. – Wilhelm Haberling: German Medicine. Transl. by Jules Freund (New York 1934) 83, 88, 98 m. Bildn. S. 85 [Wellcome Library London]. – C. M. Goss: The historical background of Schwanns cell-theory: Yale J. Biol. Med. **10** (1937) 125–144 [25]. – Hans Deutsch-Renner: Die Vorläufer Pasteurs. Ein 100jähr. Jubil. der Keimforsch.: Wiener med. Wschr. **87** (1937) 113–114 [3]. – Hermann Muckermann: Vererbung u. Entwicklung (Berlin, Bonn 1937) 2–3, 28 m. Bildn. [14]. – Paul Engelen: Naturphilos. u. Naturwiss. in der Heilkunde: Med. Welt **12** (1938) 1865 [15]. – Z. S. Kacnel'son: Istorija i filosofija estestvoznanija. Teodor Švann: Priroda (Leningrad) **1938**, Nr. 9, S. 79–88 [1]. – Jean Anker u. Svend Dahl: Werdegang der Biol. (Leipzig 1938) 169, 170, 171 [3]. – Francis Th. Münzer: The discovery of the cell of Schwann in 1839: Quarterly Rev. Biol. **14** (1939) 387–407 m. 15 Fig. [3]. – Bruno Wachsmuth: Romantische Naturwiss. - ihre Grundzüge u. ihr Erlöschen im 19. Jahrhundert: Klin. Wschr. **18** (1939) 998–1004 [101]. – Richard N. Wegner: Das Anatomenbildn. Seine Entwicklung im Zusammenhang mit der anatom. Abb. (Basel 1939) 155, 183 [3]. – Alexander Berg: Die Lehre von der Faser als Baustein des Organismus. Ein Beitr. zur Vorgesch. der Zellenlehre: Klin. Wschr. **18** (1939) 1424–1428 m. 3 Abb. [101]. – Ludwig Aschoff: Zum 100jähr. Gedächtn. an Schleidens u. Schwanns Werk: Dtsch. med. Wschr. **65** (1939) 1131–1133, 1172–1175 [3]. – Theodor Wüller: Über die Gesch. der Entdeckung der geformten Blutbestandteile (Düsseldorf 1940) 21–22 (Diss. med. Akad. Düsseldorf) [3]. – W. J. Schmidt: Theodor Schwanns Gedanken zum molekularen Aufbau der Zelle: Kolloid-Z. **103** (1943) 108–111 [15]. – Michael Nowikoff: Grundzüge der Gesch. der biol. Theorien (München 1949) 114 m. Bildn. S. 113 [14]. – J. D. Buffat: Les cellules de Schwann et la régénération nerveuse: Confinia neurologica **10** (1949/50) 81–88 [UB Basel]. – Paul Kaulhausen: Die Gebrüder Schwann u. Düsseldorf: Das Tor. Düsseldorfer Heimatblätter **21** (1955) 50–52 m. 1 Abb. [61]. – Marcel Florkin: Schwann chez Müller. Ses travaux de l'année 1835 sur la physiologie des muscles: Rev. méd. Liège **11** (1956) 640–646 m. Bildn., Abb., Faks. u. Bibliogr. – Marcel Florkin: Théodore Schwann et les débuts de la médecine scientifique (Paris 1956) (Conf. du Palais de la Découverte, D, Nr. 43) [Libr. Centr. Lausanne]. – V. G. Eliseev: Teodor Švann: Arch. anat., gistol. èmbriol. (5) **34** (1957) 92–96 [3]. – Z. S. Kacnel'son: Teodor Švann i sovremennaja kletočnaja teorija [Theodor Schwann u. die moderne Zellentheorie]: Izvestija Akad. Nauk SSSR (Moskau) **22** (1957) 509–518 [1]. – M. Florkin: La découverte de la pepsine par Theodore Schwann: Rev. méd. Liège **12** (1957) 139–144; Les contributions de Theodore Schwann à l'étude de la fermentation alcoolique et de la putréfaction: ebda 240–247 m. Faks.; Épisodes de la médecine liègeoise. La formulation par Theodore Schwann, de la théorie cellulaire: ebda 298–308 m. Faks.; La place de la théorie cellulaire de Schwann dans l'histoire des doctrines de l'unité organique: ebda 368–375 m. Bildn.; 1838, année de crise dans la vie de Theodore Schwann: ebda 503–510 m. Bildn. u. Faks.; Schwann à Louvain: ebda **13** (1958) 377–386 m. Taf. u. Bildn.; Le nomination de Schwann à Liège: ebda 587–597 m. Bildn.; Schwann et la stigmatisée: ebda 627–638 m. Bildn. u. Abb. – R. Watermann: Der Weg zum Sauerstoffapparat u. dessen Vollendung durch Theodor Schwann: Nachr.-Bl. dtsch. Ges. Gesch. Med. **1958**, Nr. 12, S. 7 [101]. – J. G. Urazov: Zellentheorie Schwanns [russ.]: Vestnik Leningradsk. univ. **13** (1958) Nr. 21, S. 63–72 m. engl. Zus.fassg (Serija biologii, vyp. 4) [3]. – R. Watermann: Arch. ibero-amer. Hist. Med. (Madrid) **11** (1959) 284–286 m. 1 Abb. [L 5]. – M. Florkin: Théorie cellulaire et théorie des cellules: Rev. méd. Liège **14** (1959) 84–96 m. Faks. u. Abb.; La „Theoria" de Théodore Schwann: ebda 205–214; Religion et christologie de Schwann: ebda 272–281 m. Bildn.; La première construction par Théodore Schwann d'un appareil à circuit fermé permettant de vivre dans un milieu irrespirable: ebda 405–414 m. Abb.; Formes améliorées de l'appareil respiratoire de Theodore Schwann et techniques physiologiques de mesure dérivées de leurs principes: ebda 441–448 m. Abb.; Une fête de la science: ebda 511–520 m. Bildn.; Schwann et l'université de Liège: ebda 668– 678 m. Bildn. u. Abb.; Schwann et Liège: ebda 709–719 m. Bildn. u. Abb.; La névrose de Schwann: ebda 742–750 m. Bildn. u. Faks. – Marcel Florkin: Un manuscrit de Schwann montrant que les „Mikroskopische Untersuchungen" constituent le premier d'une œuvre intitulée „Theorie der Zellen", dont le second volume est constitué par une série de manuscrits encore inédits: Bull. Acad. roy. Belgique (Cl. sciences) (5) **48** (1962) 1054–1061 [Ha 2]. – The progenitor of the cellular theory: J. Amer. med. Assoc. **179** (1962) 650–651 [1]. – Gesch. der Mikroskopie. Leben u. Werk großer Forscher **1** Biologie (Frankfurt/

M. 1963) s. Reg. 373 [101]. – E. Mendelsohn: Schwann's mistake: Congr. int. Hist. Sci. **1962**, Bull. signal. Hist. Sci. Techn. **17** (1963) Nr. 7855 [1]. — R. Foregger: Respiratory apparatus of Theodore Schwann: Anesthesiology (Philadelphia) **27** (1966) 187–194 m. Abb. [1].

Bildn. Annuaire de l'Académie royale ... de Belgique **51** (1885) vor S. 185 [Ha 2]. — Wilhelm Bölsche in: Das 19. Jahrhundert in Bildn. **2** (Berlin 1899) 309–310 m. Bildn. Nr. 227 [3]. — Das Denkmal von Theodor Schwann in Neuß: Dtsch. med. Wschr. **35** (1909) 1198 m. Abb. [3]. — Erich Letterer: Allg. Pathol. (Stuttgart 1959) 41, Bildn. m. Faks. [14].

IV, V **SCHWARZSCHILD,** Karl. Astron. — 1891–1893 stud. Univ. Straßburg, 1893–1896 Univ. München; 1896 Dr. phil. Univ. München; 1896 Ass. an der von Kuffnerschen Sternwarte Wien; 1899 PDoz. Astron. Univ. München; 1901 ao. Prof., 1902–1909 Prof. u. Dir. Sternwarte Univ. Göttingen; seit 1909 Dir. Astrophysik. Observ. Potsdam.
*1873, Okt. 9, Frankfurt/M.;
†1916, Mai 11, Potsdam.

Genealog. Siegfried Schwarzschild: Die Familie Schwarzschild, Frankfurt/M.: Jüd. Familienforsch. **5** (1929) 136 [30].

Bibliogr. Cat. scient. Papers **18** (1923) 633 (21 Nr.) [3]. — Cat. gén. Bibl. nat. **168** (1946) Sp. 666–667 (9 Nr.) [3]. — Brit. Mus. Gen. Cat. **216** (1964) Sp. 884 (5 Nr.) [3].

Nekr. Georg Berndt: Frankfurter Ztg. **1916**, Nr. 135 vom 16. Mai, 2. Morgenbl. S. 1–2 [30]. — Otto Blumenthal: Jber. Dtsch. Math.-Verein. **26** (1917) 56–75 m. Bildn. u. Faks., Schr.Verz. 70–75 [15]. — A. S. Eddington: Monthly Notices Royal astron. Soc. **77** (1917) 314–319 [Ha 2]. — A. Einstein: S.-Ber. Preuß. Akad. Wiss. **1916**, 1, S. 768–770 [Ha 2]. — Ludwig Geiger: Allg. Ztg. Judentum **81** (1917) Nr. 44 vom 2. Nov., S. 520–521 m. Bildn. [11]. — Ejnar Hertzsprung: Astrophysic. J. **45** (1917) 285–292 m. Bildn. [15]. — H. Ludendorff: Dtsch. Mechaniker-Ztg. **1916**, 107–108 [101]. — G. Müller: Astron. Nachr. **202** (1916) Sp. 383–384 [3]. — J. A. Parkhurst: Science **44** (1916) 232–234 [3]. — C. Runge: Physik. Z. **17** (1916) 545–547 m. Bildn. [101]. — A. Sommerfeld: Naturwiss. **4** (1916) 453–457 [3].

Biogr. Paul ten Bruggencate: Karl Schwarzschild. Der Schöpfer der heutigen Astrophysik: Forscher u. Wissenschaftler im heutigen Europa (Oldenburg u. Hamburg 1955) 232–239 m. Lit.Ang. [3]. — Abraham A. Fraenkel: Jewish mathematics and astronomy: Scripta math. **25** (1960) 45–46 [3].

Zum 50. Geburtstag Samuel Oppenheim: Vjschr. astron. Ges. **58** (1923) 191–209 [15].

Zum 50. Todestag E. Gerth: Bild u. Ton **19** (1966) 339–341 m. 1 Abb. [101].

Weitere Lit. A. Sommerfeld: Die Quantentheorie der Spektrallinien u. die letzte Arbeit von K. Schwarzschild: Umschau **20** (1916) 941–946 [Ha 2]. — Heinrich Schmidt: Gesch. der Entwicklungslehre (Leipzig 1918) 121 [3]. — Newcomb-Engelmann: Populäre Astron. 8. Aufl. (Leipzig 1948) 127, 190–191, 264, 532, 540, 643, 865, 985–986 [3]. — Wolfgang Baier: Quellendarst. zur Gesch. der Fotogr. (Leipzig 1965) 344, 345, 353 [3].

Bildn. Umschau **20** (1916) 438 m. Bildn. [14]. — Bildn. berühmter Mitgl. der Dtsch. Akad. Wiss. Berlin (Berlin 1950) Taf. 96 [3].

II **SCHWEIGGER,** Johann Salomo Christoph. Physik, Chem. — 1800 Dr. phil. u. PDoz. Math. u. Naturwiss. Univ. Erlangen; 1803 Prof. Math. u. Physik Gymn. Bayreuth; 1811–1816 Prof. höh. Realsch. Nürnberg; 1817–1819 o. Prof. Physik u. Chem. Univ. Erlangen; 1820 o. Prof. Univ. Halle.
*1779, Apr. 8, Erlangen;
†1857, Sept. 6, Halle.

Genealog. Seyler: Das Wappen der Schweigger: Dtsch. Herold **4** (1873) 97 [3]. — Stammtafel der Familie Schweigger. Nach Mitt. aus der Familie zusammengestellt u. ergänzt von Friedr. Eduard Georg Arnold (Erlangen 1917) 1 Taf. [29]. — Lexikon deutscher Familien [Chemnitz] **1** (1924) 25–26 m. Beschreibg. des Wappens [101].

Bibliogr. Cat. scient. Papers **5** (1871) 589–592 (105 Nr.) [3]. — Cat. gén. Bibl. nat. **168** (1946) Sp. 699–700 (3 Nr.) [3]. — Brit. Mus. Gen. Cat. **216** (1964) Sp. 905 (12 Nr.) [3].

Briefwechsel Julius Schiff: J. S. C. Schweigger u. sein Briefwechsel mit Goethe: Naturwiss. **13** (1925) 555–559 [3].

Nekr. Carl Friedr. Philipp von Martius: Denkrede auf J. S. Chr. Schweigger, geh. in ... Bayer. Akad. Wiss. am 28. Nov. 1857 (München 1858) 11 S. In: Vortr. u. Denkreden Bayer. Akad. Wiss. 1855–1862 [14]; auch in: Gelehrte Anzeigen. Hrsg. von Mitgl. der Bayer. Akad. Wiss. **46** (1858) Sp. 81–99 [14].

Biogr. Johann Georg Meusel: Das gelehrte Teutschland **10** (1803) 649; **11** (1805) 692; **15** (1811) 431–432; **20** (1825) 383–385 [3]. — K. C. von Leonhard: Aus unserer Zeit in meinem Leben **1** (Stuttgart 1854) 529; **2** (1856) 28 [3]. — Biogr. geneal. Bl. aus u. über

Schwaben (Stuttgart 1879) 897–898 [3]. — K.: ADB **33** (1891) 335–339 [3]. — M. A. Bloch: Biogr. spraw. **2** (Leningrad 1931) 674 [15]. — Walter Gerlach in: Geist u. Gestalt. Biogr. Beitr. Gesch. Bayer. Akad. Wiss. **2** (München 1959) 78 [3].

Weitere Lit. Hermann J. Klein: Wer ist der Entdecker des Elektromagnetismus?: Gaea **10** (1874) 553–558 [Ha 2]. — August Heller: Gesch. der Physik **2** (Stuttgart 1884) 592, 612, 618–619, 647 [3]. — Otto Taschenberg: Gesch. der Zool. u. der zool. Sammlungen an der Univ. Halle 1694–1894: Abh. nat. wiss. Ges. Halle **20** (1894) 67, 68, 73 [Ha 2]. — Siegmund Günther: Ein Beitr. zur Vorgesch. der modernen Gewitterkunde: S.-Ber. Bayer. Akad. Wiss., math.-physik. Kl. **1910**, 5–7 [Ha 2]. — Julius Schiff: Briefwechsel zwischen Goethe u. Johann Wolfgang Döbereiner (Weimar 1914) XXXII, 12, 13, 66, 79, 108, 120 [3]. — Hugo Döbling: Die Chem. in Jena zur Goethezeit (Jena 1928) 97, 129, 167, 182, 200 (Z. Ver. Thür. Gesch. N.F. Beih. 13) [3]. — A. Mittasch u. E. Theis: Von Davy u. Döbereiner bis Deacon (Berlin 1932) 39, 59, 79, 83, 118, 124 m. Bildn. S. 48 [15; 101]. — Max Speter: Klärung der Multiplikator-Prioritätsfrage Schweigger–Poggendorff: Z. Instrumentenkunde **57** (1937) 29–32 [101]. — Albert Schleebach: Die Entwicklung der chem. Forsch. u. Lehre an der Univ. Erlangen von ihrer Gründung (1743) bis zum Jahre 1820 (Bayreuth 1937) 51–52 (Phil. Diss. Erlangen 1937) [3]. — Wilhelm Prandtl: Deutsche Chemiker in der 1. Hälfte des 19. Jahrhunderts (Weinheim 1956) 39 m. Bildn.; siehe Reg. S. 335 [14]. — Willy Gebhardt: Die Gesch. der Physikal. Institute der Univ. Halle II ⟨1818–1945⟩: Wiss. Z. Martin-Luther-Univ. Halle-Wittenberg, math.-nat. Abt. **10** (1961) 855–859 m. Bildn. [3; 14]. — J. Erik Jorpes: Jac. Berzelius. His life and work (Stockholm 1966) 35, 44, 74, 80 (Bidrag till kungl. Svenska Vetenskapsakademiens Historia, 7) [3].

II **SCULTETUS** (Schultz), Bartholomäus. Astron., Kartograph. — Studierte Univ. Leipzig u. Wittenberg; 1564 Mag. phil. Univ. Wittenberg; 1570–1586 Lehrer an der höh. Schule in Görlitz; 1589 Richter, 1592 Bürgermeister von Görlitz.
*1540, Mai 14, Görlitz;
†1614, Juni 21, Görlitz.

Genealog. Dtsch. Geschlechterbuch **112** (1941) 623–625 m. Bildn., Kupferstich von 1572 [14].

Bibliogr. Brit. Mus. Gen. Cat. **217** (1964) Sp. 900–901 (5 Nr.) [3].

Biogr. G. C. Giese: Histor. Nachricht der Lebensumstände . . . Johann Wilhelm Gehlers, welcher am 30. Apr. 1765 . . . entschlafen ist, . . . wobey zugleich von B. Sculteto . . . einige Nachricht in untengesetzten Anm. ertheilet wird (Görlitz [1765]) 16 S. [14]. — Gräve: Bartholomäus Scultetus, Bürgermeister zu Görlitz: Neues Lausitz. Mag. **3** (1824) 455–505 m. Schr.Verz. [3]. — Depping: Biographie universelle, ancienne et moderne **41** (Paris 1825) 394–395 [3]. — Nouvelle biographie générale **43** (Paris 1847) Sp. 599–600 [3]. — B. Scultetus: Gesammelte Nachrichten über die Pulververschwörung in Görlitz: Neues Lausitz. Mag. **35** (1859) 333–339 [14]. — Johann Carl Otto Jancke: Memorabilia scholastica Gorlicensia, ex ore M. B. Sculteti in Diario eius manuscripto ab anno 1567–1594 posteritati data: ebda **38** (1861) 265–280 [14]. — Jancke: Memorabilien aus Sculteti Diarium: ebda **44** (1868) 266–273 [3]. — B. Scultetus: Registrum Consulum Gorlicensium. Hrsg. von Joh. Carl Otto Jancke: ebda **45** (1869) 301–307 [14]. — S. Günther: ADB **33** (1891) 497–498 [3]. — Ernst Koch: Moskowiter in der Oberlausitz u. Bartholomäus Scultetus in Görlitz. Kulturbilder aus der 2. Hälfte des 16. Jahrhunderts: Neues Lausitz. Mag. **83** (1907) 1–90 (m. Bildn.), **84** (1908) 41–109, **85** (1909) 256–290, **86** (1910) 1–80 [3; 14]. — [Richard] Jecht: B. Scultetus. Ein Gedenkbl. (Görlitz 1914) 13 S. m. Titelbildn. (aus: Görlitzer Nachr. **1914**, Nr. 143) [14]. — Ernst Koch: Kalendermann, Kartograph, Bürgermeister, Historiker [B. Scultetus] (Dresden [1914]) 16 S. [14]; auch in: Dresdner Anzeiger Sonntagsbeil. [**1914**], 98–100, 103–104, 107–108 [14]. — Ernst Koch: Scultetica: Neues Lausitz. Mag. **92** (1916) 20–58 (1. Aus Sculteis verloren gegangenen Schreibkalendern; 2. Die geschichtl. Beigaben zu den Schreibkalendern u. ein bisher unbekannter Brief Scultets) [3; 14]. — Ernst Kroker: B. Scultetus u. seine Karte von Sachsen: Neues Arch. Sächs. Gesch. u. Altertumskde **42** (1921) 270–277 [3]. — A[braham] Ortelius: Catalogus Cartographorum. Bearb. von Leo Bagrow **2** (Gotha 1930) 52–55 (Petermanns Mitt. Erg.-H. 210) [3]. — H[ellmut] Winkler: B. Scultetus, Bürgermeister zu Görlitz (Görlitz 1954) 3 S. m. Bildn. (Mitt. Einstein-Sternwarte Görlitz Nr. 2) [14]. — Martin Reuther: Der Görlitzer Bürgermeister, Mathematiker, Astronom u. Kartograph B. Scultetus u. seine Zeit: Wiss. Z. TH Dresden **5** (1955/56) 1133–1161 m. Bildn., 4 Abb., 6 Karten [3; 14]; Scultetus, der Schöpfer der ersten deutschen Sprachgrenzenkarte: Petermanns geogr. Mitt. **101** (1957) 61–65 m. 2 Karten [3; 14]. — Erich Worbs: Schlesien **5** (1960) 164–169 m. 1 Bildn., 3 Abb. [101].

Weitere Lit. Samuel Großer: Lausitzische Merkwürdigkeiten **4** (1714) 177 [3]. — Programm, durch welches zur Feier des 300-jähr. Jubiläums des städt. evangel. Gymnas. zu

Görlitz am 26. u. 27. Juni 1865 ... einladen (Görlitz 1865) 36–37 [14]. — S. Ruge: Gesch. der sächs. Kartographie im 16. Jahrhundert: Z. wiss. Geogr. 2 (1881) 225 [15]. — Hans Beschorner: Zur ältesten Gesch. der sächs. Kartographie: Neues Arch. Sächs. Gesch. u. Altertumskde **23** (1902) 299, 310–311; **27** (1906) 369 [3]. — Wilhelm Lührs: Ein Beitr. zur Gesch. der Transversalteilungen u. des „Nonius“: Z. Vermess.-Wes. **39** (1910) 187–189 [11]. — Ernst Zinner: Gesch. u. Bibliogr. der astron. Literatur in Deutschland zur Zeit der Renaissance (Leipzig 1941) Reg. S. 446 [3]; Entstehung u. Ausbreitung der Coppernicanischen Lehre (Erlangen 1943) 290, 291, 439, 455, 480 [101]. — Leo Bagrow: Die Geschichte der Kartographie (Berlin 1951) 364 [3]. — Ernst Zinner: Astron.Instrumente des 11. bis 18. Jahrhunderts (München 1956) 532–534 u. öfter [Ha 2]. — B. Scultetus u. seine Karte von Sachsen (1568) u. die Karte des Kreises Freital: Kulturleben, Krs Freital **1956**, Nov. S. 6–8, Dez. S. 4–6 [14].

Bildn. Oberlausitzer Haus-Kalender **1891**, 50.

II **SEEBECK,** Ludwig Friedrich Wilhelm August. Physik. — 1816–1819 Besuch des Gymn. Nürnberg, 1819–1824 des Gymn. zum Grauen Kloster Berlin; 1825–1828 stud. Univ. Berlin; 1829–1832 Lehrer Physik am Friedrich-Werderschen u. 1833 Oberlehrer am Cölnischen Realgymn. Berlin, zugl. Lehrer an der allg. Kriegsschule; 1830 Dr. phil., 1831 PDoz. Univ. Berlin; 1843 Dir. Techn. Bildungsanst. (spätere TU) Dresden; 1849 o. Prof. Physik Univ. Leipzig.

*1805, Dez. 27, Jena;
†1849, März 19, Dresden.

Sohn von Thomas Johann Seebeck.

Bibliogr. Cat. scient. Papers **5** (1871) 619–620 (22 Nr.) [3]. — Brit. Mus. Gen. Cat. **218** (1964) Sp. 307 (8 Nr.) [3].

Nekr. Neuer Nekr. der Deutschen **27** (1849) 221–224 [14].

Biogr. K.: ADB **33** (1891) 559–560 [3]. — C. Musmacher: Kurze Biogr. berühmter Physiker (Freiburg/Br. 1902) 199–201 [1]. — M. A. Bloch: Biogr. spraw. **2** (Leningrad 1931) 676 [15].

Weitere Lit. Wilh. Scheffler: Sachsens TH Dresden 2. Aufl. (Dresden 1899) 19–20 m. Bildn. [14]. — Ludwig Richter: Lebenserinnerungen eines deutschen Malers. Hrsg. von Heinr. Richter (Leipzig [1909]) 390 [15]. — Walter Ludwig: Die math.-naturwiss. Abt. In: Ein Jahrhundert Sächs. TH 1828-1928. Festschr. [Dresden 1928] 138 [14]. — [Martin Heinrich] Hammitzsch: 100 Jahre Staatsbauschule Dresden. Hochbau-Tiefbau 1837–1937 (Dresden 1937) 24 m. Bildn. [14].

Bildn. Illustr. Kalender für **1851** (Leipzig 1851) 105 [3]. — Große Männer Sachsens. Kat. Bildn.-Ausstellung (Dresden 1939) 55 S. [14].

II, IV **SEEBECK,** Thomas Johann. Physik. — Nach dem Stud. der Med. in Berlin u. Göttingen lebte er von 1795 an in Bayreuth; 1802 Dr. med. Univ. Göttingen; 1802–1810 Privatmann in Jena; 1810 in Bayreuth, 1812 in Nürnberg, dann in Berlin, seit 1818 als Mitgl. Preuß. Akad. Wiss.

*1770, März 29/Apr. 9, Reval;
†1831, Dez. 10, Berlin.

Entdecker des Seebeck-Effekts.

Genealog. Georg Adelheim: Das Revaler Bürgerbuch 1710–1786 (Reval 1934) 122.

Bibliogr. Cat. scient. Papers **5** (1871) 620–621 (18 Nr.) [3]. — Cat. gén. Bibl. nat. **169** (1946) Sp. 645 (2 Nr.) [3]. — Brit. Mus. Gen. Cat. **218** (1964) Sp. 308 (2 Nr.) [3].

Briefwechsel Briefe von u. an Hegel **1** (Leipzig 1887) 113–116, 154–157, 160–163 (3 Briefe Seebecks an G. W. F. Hegel: Jena, 29. Juni 1807, 29. Jan. 1808, 13. März 1808) (Hegel, Werke 19, 1) [3]. — Briefwechsel des Herzogs-Großherzogs Carl August mit Goethe. Hrsg. von Hans Wahl **2** (Berlin 1916) 126, 146, 377, 389–390, 405; **3** (1918) 22, 313 [3]. — Goethe u. Seebeck: 30 unbekannte Briefe Goethes veröff. u. erl. von Max Hecker: Jahrb. Goethe-Ges. **10** (1924) 163–189 [3]. — Hans-Joachim Schreckenbach: Goethes Autographen-Sammlung. Katalog (Weimar 1961) 215, Nr. 1559 (an Joh. Wolfg. von Goethe, Jena, 12. Dez. 1806) [3].

Nekr. Allg. Preuß. Staats-Ztg. (Berlin) **1831** Nr. 348 vom 16. Dez., S. 1814 [1]. — Neuer Nekr. der Deutschen **9**, 2, 1831 (1833) 1241 [3]. — J. C. Poggendorff: Gedächtnisrede: Abh. Akad. Wiss. Berlin **1839** (1841) XIX–XXXVIII m. Schr.Verz. [Ha 2].

Biogr. von Recke u. Napiersky: Allg. Schriftsteller- u. Gelehrten-Lexikon der Provinzen Livland, Esthland u. Kurland **4** (Mitau 1832) 172–174 m. Schr.Verz. [3]. — Biographie universelle, ancienne et moderne Suppl. **82** (Paris 1849) 17–24 [3]. — Kuno Fischer: Erinnerungen an Moritz Seebeck. Nebst Anhang: Goethe u. Thomas Seebeck (Heidelberg 1886) VIII, 150 S. m. Titelbildn. [14]. — L. Stieda: ADB **33** (1891) 564–565 [3]. —

H[ans] Streit: Die wiss. Forsch. u. Entdeckungen des älteren Seebeck auf dem Gebiete der Optik u. Wärmelehre (Schlawe 1901) I–XV m. 8 Fig. (Progr. Städt. Progymn. Schlawe, 155) [3; 14]; Seebecks wiss. Forsch. u. Entdeckungen auf dem Gebiete der Elektrizität u. des Magnetism. (Schlawe 1902) I–XXII (Progr. Nr. 159) [3; 14]; Die Fortschr. auf dem Gebiet der Thermoelektrizität von der Entdeckg. bis zur Mitte des vor. Jahrhunderts (Kattowitz 1903) 84 S. (Beil. 5. Jber. Oberrealsch. Kattowitz 1903) [3]. — Paul Th. Falck: Thomas Seebeck, der Entdecker der Thermo-Elektrizität u. der entopt. Farbenfiguren: Balt. Mschr. **71** (1911) 370–378 [15]. — Ludwig Darmstaedter: VDI-Nachr. **7** (1927) Nr. 17, S. 2 [101]. — M. A. Bloch: Biogr. spraw. **2** (Leningrad 1931) 676–677 [15]. — Hans Falkenhagen: Die Naturwiss. in Lebensbildern großer Forscher (Stuttgart 1948) 131, 132, 135 [3]. — Walther Gerlach in: Biogr. Beitr. Gesch. Bayer. Akad. Wiss. **2** (München 1959) 76 [3].

Weitere Lit. K. C. von Leonhard: Aus unserer Zeit in meinem Leben **1** (Stuttgart 1854) 499–500 [3]. — Erinnerungen u. Leben der Malerin Louise Seidler. Aus handschr. Nachlaß zus. gest. u. bearb. von Herm. Uhde (Berlin 1874) 31, 62, 64, 164 [3]. — Karl Theodor Gaedertz: Bei Goethe zu Gaste (Leipzig 1900) 310 [3]. — Edmund O. von Lippmann: Goethes Farbenlehre: Z. Naturwiss. **74** (1901) 41 [Ha 2]. — Carl von Klinckowstroem: Goethe u. Ritter: Jahrb. Goethe-Ges. **8** (1921) 136 [14]. — Damals in Weimar! Erinnerungen u. Briefe von u. an Johanna Schopenhauer. Hrsg. von H. H. Houben (Leipzig 1924) 102, 151, 157 [3]. — Erna Arnhold: Goethes Berliner Beziehungen (Gotha 1925) 165, 184–185, 348, 379, 385 [3]. — Carl von Klinckowstroem: Julius Konrad von Yelin: Mitt. Gesch. Med. u. Naturwiss. **25** (1926) 69 [3]. — Hugo Döbling: Die Chem. in Jena zur Goethezeit (Jena 1928) 52, 56, 57, 59, 60, 68, 110, 127, 167, 205 (Z. Ver. Thür. Gesch. N.F. Beih. 13) [3]. — Josef Maria Eder: Gesch. der Photogr. 4. Aufl. **1**, 1 (Halle 1932) 198–201 [3]. — Ludwig Hartmann: Unveröff. Briefe des Physikers Jean-Baptiste Biot: Archeion **15** (1933) 333, 334 [Ha 2]. — Wolfgang Baier: Quellendarst. zur Gesch. der Fotogr. (Leipzig 1965) 31–32, 42, 107, 147, 361, 367 m. Bildn. S. 562 [3].

III–V **SEELIGER,** Hugo Hans Ritter **von.** Astron. — 1867 stud. Univ. Heidelberg u. Leipzig; 1872 Dr. phil. Univ. Leipzig; 1873 Observator in Bonn, 1874 Leitung der Venusexpedition nach den Aucklandinseln; 1877 PDoz. Univ. Bonn, 1878 Univ. Leipzig; 1881 Dir. Sternwarte in Gotha; 1882 o. Prof. u. Leiter der Sternwarte Univ. München.

*1849, Sept. 23, Biala (Galizien); †1924, Dez. 2, München.

Bibliogr. Cat. scient. Papers **8** (1879) 926 (2 Nr.); **11** (1896) 383 (11 Nr.); **18** (1923) 670–671 (56 Nr.) [3]. — Alm. Bayer. Akad. Wiss. **1884**, 305–306; **1890**, 128–129; **1897**, 185–187; **1909**, 337–341 [3]. — Cat. gén. Bibl. nat. **169** (1946) Sp. 702–703 (9 Nr.) [3]. — Brit. Mus. Gen. Cat. **218** (1964) Sp. 356–357 (9 Nr.) [3].

Nekr. Giuseppe Armellini: Atti R. Accad. Naz. Lincei Cl. sci. fis., mat. nat. (6) **1** (1925) 461–467 [3]. — A. A. Belopolskij: Bull. Acad. Sci. Russie (6) **19** (1925) 293–296 m. Schr.Verz. [russ.] [3]. — E. Großmann: Astron. Nachr. **223** (1925) Sp. 297–304 [15]; Jahrb. Bayer. Akad. Wiss. **1924** (1925) 37–40 [3]. — von Gruber: Jahrb. Bayer. Akad. Wiss. **1925** (1926) 5–12 [3]. — J. Hepperger: Alm. Akad. Wiss. Wien **75**, 1925 (1926) 209–213 [Ha 2]. — Hans Kienle: Naturwiss. **13** (1925) 613–619 [3]; Sterne **5** (1925) 16–17 [101]; Vjschr. astron. Ges. **60** (1925) 2–23 m. Bildn. u. Schr.Verz. [15]. — C. Runge: Nachr. Ges. Wiss. Göttingen, Gesch. Mitt. **1924/25** (1925) 40–43 [Ha 2]. — I. Wimmer: Natur u. Kultur (Wien) **22** (1925) 129–133 m. Bildn. [101]. — Monthly Notices R. astron. Soc. **85** (1924/25) 316–318 [12]. — Nature [London] **115** (1925) 309 [15]. — Populär astron. Tidskr. (Stockholm) **6** (1925) 58–59 m. Bildn. [schwed.] [ETH Zürich]. — Sirius **58** 1925) 2–3 [101].

Biogr. Alexander Wilkens: Hugo von Seeligers wiss. Werk. Festrede öffentl. Sitzg. Bayer. Akad. Wiss. (München 1927) 29 S. [3]. — Konradin Ferrari d'Occhieppo: Neue Oesterr. Biogr. Große Österreicher **11** (1957) 177–184 m. Bildn. [3]. — Georg Faber u. Alexander Wilkens in: Geist u. Gestalt. Biogr. Beitr. Gesch. Bayer. Akad. Wiss. **2** (München 1959) 49, 50, 51, 52, 118; **3** (1959) Abb. 157 (Bildn. von A. Schwarzschild) [3].

Zum 70. Geburtstag Bauschinger: Sirius **47** (1919) 169–170 m. Bildn. u. Faks. [101]. — Vjschr. astron. Ges. **54** (1919) 201–202 [15].

Zum 75. Geburtstag Probleme der Astron. Festschr. (Berlin 1924) IV, 475 S., Titelbildn. m. Faks., 85 Abb., 3 Taf. [14].

Zum 100. Geburtstag F. Schmeidler: Sternenwelt **1** (1949) 208–209 m. Bildn. [101]. — Erich Schoenberg: Z. Naturforsch. **4a** (1949) 474–475 [3].

Weitere Lit. Chronik Univ. München **1882/83** (1883) 36 [3]. — Hermann Kobold: Der Bau des Fixsternhimmels m. besonderer Berücksichtigung der photometr. Resultate (Braunschweig 1906) 32, 56, 57, 111, 144, 156, 161–165, 167, 202–205 (Die Wiss. 11) [15]. — E. T. Whittaker: A history of the theories of aether and electricity from the age of Descartes to the close of the 19th century (London 1910) 92, 93, 265, 266 [3]. — Hans Kienle: Seeligers Beitr. zur Theorie der neuen Sterne: Sirius **47** (1919) 185–190 [101]. — A. Kühl: Zur Bedeutung des Mach-Seeligerschen Kriteriums für Licht- u. Schattengrenzen: ebda 190–199 [101]. — M. S. Eigenson: Lamberts Universe and Seeligers Paradox: C. R. Acad. Sci. USSR **26** (1940) 139–141 [3].

Bildn. Kurzer Sinnspruch m. Faks. Unterschr. u. Bildn. in: Das Goldene Buch des Deutschen Volkes an der Jahrhundertwende (Leipzig 1899) 67 Wiss. [15]. — P. J. Möbius: Über die Anlage zur Math. (Leipzig 1900) 172, Bildn. S. 192 [14]. — Illustr. Ztg., Leipzig **145** (1915) 349 [14]. — Jahrb. Bayer. Akad. Wiss. **1962,** nach S. 144 [Ha 2].

SEGER, Hermann August. Keramik. — Stud. Chem. Gewerbeakad. Berlin; 1868 Dr. phil. Univ. Rostock; 1871 mit Aron Leitung der Dtsch. Töpfer- u. Ziegler-Ztg. u. des zugeh. Labors; gründete mit Aron 1876 die Tonindustrie-Ztg. u. ein Labor; 1878–1890 Leiter der Chem.-Techn. Versuchsanst. bei der Kgl. Porzellan-Manufaktur Berlin.

*1839, Dez. 26, Posen;

†1893, Okt. 30, Berlin.

Bibliogr. Brit. Mus. Gen. Cat. **218** (1964) Sp. 395 (1 Nr.) [3].

Biogr. Amer. Ceramic Soc. Bull. **17** (1938) 463–464 [1a].

Zum 100. Geburtstag R. Rieke: Ber. Dtsch. keram. Ges. **20** (1939) 528–529 [101]; Seger u. die keram. Wiss.; Tonindustr.-Ztg. **63** (1939) 957–958 [101] u. Keram. Rdsch. **47** (1939) 545–547 m. 1 Abb. [101].

Zum 50. Todestag R. Rieke: H. A. Segers Leben u. Wirken: Ber. Dtsch. keram. Ges. **24** (1943) 299–302 [101]; Die Förderung der Kenntn. der keram. Rohstoffe durch Seger: 302–306 [101]. — W. Funk: Segers Einfluß auf die Entwicklung der keram Dekorationsverfahren: ebda 306–312 [101]. — K. Zimmermann: Die Förderung der Ziegelindustrie durch Seger: ebda 312–318 [101]. — Tonindustrie-Ztg. **67** (1943) 275–277 m. Abb. seiner Büste [101].

II **SEGNER,** Johann Andreas **von.** Physik. — Stud. zuerst an ungar. Hochschulen; Prakt. Arzt in Preßburg, weiter Stadt-Physicus in Debreczin; 1725–1730 stud., 1730 Dr. med. Univ. Jena; 1732 dann Mag. u. Doz., 1733 ao. Prof. Univ. Jena; 1735–1755 o. Prof. Naturlehre u. Math. Univ. Göttingen; seit 1756 o. Prof. Naturlehre u. Math. Univ. Halle (Charakter als Geheimrat mit preuß. Adelsdiplom). Nach ihm ist das Segnersche Wasserrad benannt.

*1704, Okt. 9, Preßburg;

†1777, Okt. 5, Halle.

Schwager von Albrecht von Haller.

Bibliogr. Cat. gén. Bibl. nat. **169** (1946) 785–786 (4 Nr.) [3]. — Brit. Mus. Gen. Cat. **218** (1964) Sp. 407–408 (30 Nr.) [3].

Stammbucheintrag Hans-Joachim Schrekkenbach: Goethes Autographen-Sammlung. Katalog (Weimar 1961) 216, Nr. 1561: Stammbucheintrag für Johann Ernst Immanuel Walch, Göttingen, 4. Mai 1747 [3].

Nekr. Thumann: Nachrichten von dem Leben des seligen Herrn Geheimen Raths Johann Andreas von Segner: Wöchentl. Hallische Anzeigen **1777**, Nr. 45 vom 10. Nov. Sp. 705–710 [Stadtarch. Halle].

Biogr. Johann Christoph Strodtmann: Gesch. jeztlebender Gelehrten **12** (Zelle 1747) 329–364 [3]; [Fortsetzung] Das neue gelehrte Europa **5** (Wolfenbüttel 1754) 202–210 [3]. — Friedrich Boerner: Nachrichten von den vornehmsten Lebensumständen ... jetztlebender berühmter Aerzte u. Naturforscher **1** (Wolfenbüttel 1749) 810–826 m. Schr.Verz.; **2** (1752) 774–775; **3, 3** (1755) 412–413, 783–785 [3]. — Johann Stephan Pütter: Versuch einer academ. Gelehrten-Gesch. von der Georg-Augustus-Univ. zu Göttingen **1** (Göttingen 1765) 94–96 m. Schr.Verz.; **2** (1788) 43–44 [3]. — Johann Friedrich Blumenbach: Introductio in historiam medicinae litterariam (Göttingen 1786) **448** [3]. — Denina: La Prusse litteraire sous Frédéric II **3** (Berlin 1791) 320–322 [3]. — [C. G. Salzmann]: Denkwürdigkeiten aus dem Leben ausgezeichneter Teutschen des 18. Jahrhunderts (Schnepfenthal 1802) 277–278 [3]. — Johann Christoph Hoffbauer: Gesch. der Univ. zu Halle bis zum Jahre 1805 (Halle 1805) 468, 469 [3]. — Friedrich Carl Gottlob Hirsching: Histor.-litterar. Handbuch berühmter u. denkwürdiger Personen ... **12,** 1 (Leipzig 1809) 116–130 m. Schr.Verz. [3]. — Johann Georg Meusel: Lexikon der vom Jahr 1750 bis 1800 verstorbenen teutschen Schriftsteller **13** (Leipzig 1813) 43–49 m. Schr.Verz. [3]. — Biographie universelle, ancienne et moderne **41** (Paris 1825) 448–449 [3]. — Dictionnaire sci. méd., Biogr. méd. **7** (1825) 191–192 m. Schr.Verz. [3]. — Siegmund Günther: Note sur Jean André Segner, fondateur de la météorologie mathématique: Bull. bibliogr. storia delle sci. mat. fis. **9** (1876) 217–228 m. 2 Fig. [15]. — ADB **33** (1891) 609–610 [3]. — Conrad H. Müller: Studien zur Gesch. der Math., insbes. des math. Unterrichts an der Univ. Göttingen im 18. Jahrhundert (Leipzig 1904) 29–49 (Phil. Diss. Göttingen 1903) [3]. — Karl Keller: J. A. Segner: Beitr. Gesch. Techn. Industr. **5** (Berlin 1913) 54–72 m. 1 Bildn., 7 Fig., Lit.Verz. [3]. — Conrad Matschoß: Männer der Techn. (Berlin 1925) 245 [101]. — J. A. von Segner: Dtsch. Techn. **6** (1938) 523 [101]. — Nature [London] **174** (1954) 678 [3]. — Willy Gebhardt: Die Gesch. der Physikal. Inst. Univ. Halle: Wiss. Z. Univ. Halle, math.-nat. R. **10** (1961) 853–854 m. Bildn. [3]. — Wolfram Kaiser u. Karl Heinz Krosch: J. A. Segner: ebda **12** (1963) 471–490 m. Bildn. u. 15 Abb. [Ha 2].

Weitere Lit. Carl Joseph Bouginé: Handbuch der allgem. Litterargesch. **4** (Zürich 1791) 714 [3]. — Emil F. Rössler: Die Gründung der Univ. Göttingen. Entwürfe, Berichte u. Briefe der Zeitgenossen (Göttingen 1855) 258, 321, 327, 387, 408 [3]. — Moritz Rühlmann: Allgem. Maschinenlehre **1** (Braunschweig 1862 302 [3]. — Julius Leopold Pagel: Über die Gesch. der Göttinger med. Schule im 18. Jahrhundert (Berlin 1875) 18, 19, 20 (Med. Diss. Berlin) [3]. — August Heller: Gesch. der Physik **2** (Stuttgart 1884) 422, 423–424 [3]. — Moritz Rühlmann: Vortr. über Gesch. der techn. Mechanik (Leipzig 1885) 177, 502–503 [3]. — Wilhelm Schrader: Gesch. der Friedrichs-Univ. zu Halle **1** (Berlin 1894) 196, 289, 315, 331, 334, 350, 408, 547, 562; **2** (1894) 468, 469, 551, 562 [3]. — Wilhelm Schur: Beitr. Gesch. Astron. in Hannover. Festschr. Feier 150jähr. Bestehen Ges. Wiss. Göttingen (Berlin 1901) 100–101 m. Bildn. [3]. — Conrad H. Müller: Studien zur Gesch. der Math. insbes. des math. Unterr. an der Univ. Göttingen im 18. Jahrhundert: Abh. Gesch. math. Wiss. **18** (1904) siehe Reg. 142–143 [3]. — F. Frensdorff: Ein Bericht über Göttingen, Stadt u. Univ. aus dem Jahre 1754: Jahrb. Geschichtsverein Göttingen u. Umgeb. **1**, 1908 (1909) 89, 95 [15]. — Otto Knopf: Die Astronomie an der Univ. Jena von der Gründung der Univ. im Jahre 1558 bis zur Entpflichtung des Verf. im Jahre 1927 (Jena 1937) 109 (Z. Verein Thür. Gesch. u. Altertumskunde, Beih. 19) [3]. — Robert Dubs: Das Segnersche Wasserrad: Experientia **6** (1950) 359–360 m. 2 Fig. [15].

Bildn. Alfred Stix, Heinrich Friedrich Füger (Wien 1925) Taf. 2 [101].

SENCKENBERG, Johann Christian. Med. — Besuch des Gymn. in Frankfurt/M.; später Studium Med. Univ. Halle; 1732–1739 prakt. Arzt in Frankfurt/M.; 1737 Dr. med. Univ. Göttingen; dann vorübergehend Leibarzt des Landgrafen von Hessen-Homburg in Tournay; seit 1740 ständig in Frankfurt/M.; 1751 Land-, 1755 Stadtphysicus, 1757 als Hofrat der Leibarzt des Landgrafen Wilhelm von Hessen-Kassel; 1763 Senckenberg-Stiftung.

*1707, Febr. 28, Frankfurt/M.;
†1772, Nov. 15, Frankfurt/M. (Sturz vom Gerüst).

Genealog. Rudolf Richter u. W. Wann: Natur u. Volk **69** (1939) 474–475 [Ha 2]. — Heinz F. Friedrichs: Joh. Christian Senkenbergs Ahnen- u. Sippengefüge in genealog. u. erbbiolog. Schau: Hess. Familienkunde **3** (1954–1956) Sp. 11–18 m. 1 Taf. [3].

Bibliogr. Cat. gén. Bibl. nat. **170** (1947) Sp. 512 (1 Nr.) [3]. — Brit. Mus. Gen. Cat. **219** (1964) Sp. 19–20 (6 Nr.) [3].

Biogr. C. G. Salzmann: Denkwürdigkeiten aus dem Leben ausgezeichneter Teutschen des 18. Jahrhunderts (Schnepfenthal 1802) 709–711 [3]. — Johann Wolfgang von Goethe: Am Rhein, Main u. Neckar. In: Über Kunst u. Alterthum **1** (1816) H. 1, S. 85–87 [3]. — Schoell: Biographie universelle, ancienne et moderne **42** (Paris 1825) 39 [3]. — Mappes: Johann Christian Senckenberg: Didaskalia, Beil. Frankfurter Journal **1847**, Nr. 61, 62, 63, 64 [30]. — Wilhelm Stricker: Die Aerzte in Goethes Jugendgeschichte: Arch. pathol. Anat., Physiol. u. klin. Med. **26** (1863) 585–588 [3]. — G. L. Kriegk: Die Brüder Senckenberg. Eine biogr. Darst. Nebst Anhang über Goethes Jugendzeit in Frankfurt/M. (Frankfurt/M. 1869) XIV, 380 S. (Joh. Christian S. 213–312) [14]. — Wilhelm Stricker: Zur Charakteristik Johann Christian Senkenbergs: Mitt. Ver. Gesch. u. Altertumskde Frankfurt **4**, 2 (1871) 326–328 [30]; Johann Christian Senckenberg u. seine Zeitgenossen: Kleine Chronik **5** (1882) Nr. 31, S. 4–5 [30]. — R. Jung: ADB **34** (1892) 2–3, 4–5 [3]. — A[ugust] Knoblauch: Senckenberg u. Goethe: Ber. Senckenberg. naturforsch. Ges. **1898/99** (1899) 119–123 [Ha 2]. — Rudolf Jung: Senkenberg u. seine Stiftung: Ber. Senckenbergische naturforsch. Ges. Frankfurt/M. **40** (1909) Wiss. Mitt. 3–20 [Ha 2]. — Fritz Drevermann: Joh. Christian Senckenberg: Natur u. Museum **58** (1928) 493–507 [Ha 2]. — W. Stricker in: Biogr. Lexikon der hervorragenden Ärzte aller Zeiten u. Völker **5** (Berlin, Wien 1934) 226–227 [3]. — August de Bary: Joh. Christian Senckenberg u. seine Stiftung (Frankfurt 1935) 25 S. m. 8 Abb. [101]. — L. Spilger: Aus Senckenbergs botan. Aufzeichnungen (1730/31) über Halle: Hercynia **1** (1937/39) 166–173 [Ha 2]. — August de Bary: 175 Jahre Senckenbergische Stiftung. Wesen u. Persönlichkeit des Stifters: Ärztebl. Hessen-Nassau u. Kurhessen **6** (1938) 359–361 [101]. — August de Bary: Gesch. der Senckenbergischen Stiftung 1763–1938 (Frankfurt/M.

1938) 302 S. m. Titelbildn. u. Faks.; Totenmaske nach S. 64 [14; Ha 2]. — August de Bary: Johann Christian Senckenberg, sein Leben u. Werk: Natur u. Volk **73** (1943) 22–36 m. 4 Abb., 1 Bildn. [Ha 2]. — W. Kramer: „Ich will der Wiss. einen Tempel gründen!“: Natur u. Volk **86** (1956) 432–435 m. 2 Abb. [Ha 2]. — H. H. Eulner: Joh. Christian Senckenberg u. sein Werk: Hess. Ärztebl. **22** (1961) 135–138, 145–154 m. 1 Bildn. u. 8 Abb. [292].

Zum 200. Geburtstag Georg Avellis: J. Chr. Senckenberg: Münchener med. Wschr. **54** (1907) 425–426 m. Bildn. u. Faks. [3]. — Martin Möbius: Beil. Allg. Ztg. **1907**, Nr. 50, S. 396–397 [3]. — Frankfurter Z. Pathol. **1**, 1 (1907) V–VIII m. Titelbildn. u. Faks. [3].

Senckenbergische Naturforschende Gesellschaft Die Jahrhundertfeier der Senckenberg. Naturforsch. Ges. am 22. Nov. 1917 (Frankfurt/M. 1918) VIII, 292 S. m. Abb., Medaille S. 160 (Bericht der Senckenberg. naturforsch. Ges. Nr. 48) [14]. — G. C.: Zur Jahrhundertfeier . . .: Z. ärztl. Fortbildung **14** (1917) 643–644 [3]. — A. Jassoy: Vom Stammbaum der Senckenberg. naturforsch. Ges.: Aus Natur u. Museum **55** (1925) 266–270 [Ha 2].

Zum 250. Geburtstag Adolph Meurer: Ich will der Wiss. einen Tempel gründen: Hess. Hefte **7** (1957) 88–89 [34]. — Bildn. [mit Worten von Senckenberg zu dem Gemälde]: Natur u. Volk **87** (1957) 45 [Ha 2].

200 Jahre Senckenberg-Stiftung Hans-Heinrich Eulner: Senckenbergs Stiftung — ein Denkmal der Med. des 18. Jahrhunderts: Münchener med. Wschr. **105** (1963) 1361–1369 m. 6 Bildn., 4 Abb., Lit. Verz. [3]. — Thomas Rapp: Ärzl. Mitt. (Köln) **60** (1963) 2012-2014 m. Bildn. [101]. — Benno Reifenberg: J. Chr. Senckenberg in seiner Zeit (Frankfurt/M. 1964) 24 S. (Aufsätze u. Reden der Senckenberg. naturforsch. Ges., 13) [101].

Weitere Lit. Sebastian Alexander Scheidel: Gesch. der Dr. Senckenbergschen Stiftshäuser (Frankfurt/M. 1867) 119 S. m. 5 Abb. [F 1]. — Hermann Grotefend: Senckenberg. In: Verzeichn. von Abh. u. Notizen zur Gesch. Frankfurts aus Zeitschr. u. Sammelwerken: Mitt. Ver. Gesch. u. Altertumskde **7** (1885) 64 [30]. — Ferdinand Dreher: Die Beziehungen der Senckenberg u. anderer Frankfurter Familien zu Friedberg in der Wetterau: Hess. Chronik **1** (1912) 211–213 [15]. — Friedrich Bothe: Gesch. der Stadt Frankfurt/M. (Frankfurt/M. 1913) 511–516, 597, 726 [3]. — Martin Möbius: Geist u. Leben im alten u. neuen Frankfurt. Skizzen Frankfurter Hochschullehrer (Frankfurt/M. 1918) 122–128 [F 1]. — Hermann Dechent: Kirchengesch. von Frankfurt/M. seit der Reformation **2** (Leipzig, Frankfurt/M. 1921) 205–210 m. Bildn. [30]. — Oswald Feis: Nachgelassenes Gebet Johann Christian Senckenbergs: Sudhoffs Arch. Gesch. Med. **19** (1927) 297–299 [3]. — F. Drevermann: Das Senckenberg-Museum. In: Festschr. 29. Hauptvers. dtsch. Ver. Förderung math.-naturwiss. Unterr. Frankfurt **1927**, S. 72–87 m. Abb. [F 1]. — Wilhelm Weinreich: Die Bedeutung der Senckenberg. Bibliothek: Natur u. Museum **59** (1929) 608–611 [Ha 2]. — Fritz Drevermann: Das „Senckenbergianum“ u. seine Bedeutung für die Forschung. In: Forschungsinstitute **2** (Hamurg 1930) 154–158 [3]. — S. Spilger: Plantae Dhunae provenientes 1735. Senckenbergs Aufzeichnungen über die Flora von Dhaun im Hunsrück: Decheniana **91** B (1935) 214–225; **100** B (1941) 122–126 [Ha 2]. — Wilhelm Kallmorgen: Das Gesicht des Arztes. Die Ärzte-Porträtsammlung der Dr.-Senckenberg-Stiftung im Städelschen Kunstinst. in Frankfurt/M.: Dtsch. Ärztebl. **66** (1936) 58–63 [101]. — Walter Artelt: Der med. Unterr. im 18. Jahrhundert u. die Stiftungspläne Joh. Christian Senkkenbergs: Ärztebl. Hessen–Nassau u. Kurhessen **6** (1938) 361–368 [101]. — Werner Leibbrand: Der göttl. Stab des Äskulap (Salzburg, Leipzig 1939) 323–333 [101]. — Ludwig Spilger: Senckenberg als Botaniker u. die Flora von Frankfurt zu Senckenbergs Zeiten (Frankfurt/M. 1941) 175 S. (Abh. Senkkenberg. naturforsch. Ges. **458**) [3; Ha 2]. — Rudolf Richter: Zum Beginn des 125. Senkkenberg-Jahres: Natur u. Volk **72** (1942) 1–3 [Ha 2]. — Helmut Prang: Johann Heinrich Merck. Ein Leben für Andere (Wiesbaden 1949) 174, 191, 197 [101].

Bildn. Georg Biermann: Deutsches Barock u. Rokoko **1** (Leipzig 1914) 158 [14]. — Bernard Müller: Bilderatlas zur Gesch. der Stadt Frankfurt/M. (Frankfurt/M. 1916) 116 [101]. — Joh. Wolfg. Goethe: Aus meinem Leben. Dichtung u. Wahrheit. Hrsg. von Otto Heuer **1** (Frankfurt 1921) 208 [14]. — E. Benkard: Zu Johann Christian Senckenbergs Totenmaske: Natur u. Museum **58** (1928) 489–493 m. 3 Abb. [Ha 2]. — Freies Deutsches Hochstift. Festgabe zum Goethejahr 1932. Hrsg. von Ernst Beutler (Halle 1932) 44 [14]. — Fried Lübbecke: Frankfurt/M. (Leipzig 1939) 217 (Berühmte Kunststätten, 84) [3]. — G. H. Klövekorn: Das Porträt des Arztes (Leverkusen 1956) 80 (Gemälde von F. L. Hauck) [14].

SENDEL, Nathanael. Arzt in Elbing.
*1686, Aug. 26, Elbing;
†1757, Apr. 25, Elbing.

Lit. N. Sendel: De causis praecipuis effectuum tragicorum in medicina (Halae Magdeburgii 1712) 32 S. In: Index Cat. Libr. Surgeons-General's Office (1) **12** (1891) 872 [3]. — Walther Horn u. Siegmund Schenkling: Index Litteraturae entomologicae Ser. 1: Die Weltliteratur über die gesamte Entomologie bis inkl. 1863 **4** (Berlin–Dahlem 1929) 1114

[11]. — Fossilium Catalogus I: Animalia. Pars 72: K. Lambrecht †, W. et A. Quenstedt, Palaeontologi, Catalogus bio-bibliographicus ('s-Gravenhage 1938) 395–396 [3; Ha 2]. — Walther Fischer: Mineralogie in Sachsen von Agricola bis Werner (Dresden 1939) 63, 94–103, 137, 218, 235–238 [3]. — Cat. gén. Bibl. nat. **170** (1947) Sp. 514 (2 Nr.) [3]. — Brit. Mus. Gen. Cat. **219** (1964) Sp. 24 (8 Nr.) [3].

II **SENEFELDER,** Alois. Erfinder der Lithogr. — Nach Schulbesuch in München beginnt er ein Jurastudium in Ingolstadt, das er 1791 nach dem Tode des Vaters aufgeben muß. Er versucht sich als dramatischer Dichter u. als Schauspieler, schreibt Bühnenstücke, die in München aufgeführt werden. Nach mehrjährigen Experimenten erfindet er 1796 den Steindruck in München, geht dann nach Offenbach, später nach Wien, 1806 wieder nach München, 1809–1827 Inspektor der lithogr. Anstalt der kgl. Steuer-Kataster-Kommission; dann im Ruhestand.

*1771, Nov. 6, Prag;
†1834, Febr. 26, München.

Bibliogr. Cat. scient. Papers **5** (1871) 644 (1 Nr.) [3]. — Cat. gén. Bibl. nat. **170** (1947) Sp. 546–547 (4 Nr.) [3]. — Brit. Mus. Gen. Cat. **219** (1964) Sp. 88–89 (10 Nr.) [3].

Briefe Briefe über die Erfindung des Steindrucks: Anz. wöchentl. Kunst- u. Gewerbefleiß Bayern **2** (1816) Sp. 748–753, 755–770, 789–797, 803–812; **3** (1817) Sp. 17–23, 81–93, 313–320, 329–336 [3].

Nekr. Neuer Nekrolog der Deutschen **12**, 1 1834 (Weimar 1836) 180–192 [3]. — Aloys Sennefelder, der Erfinder des Steindrucks, ein geborner Böhme: Bohemia (Prag) **1835**, Nr. 9 (20. Jan.) S. 1–2; Nr. 10 (23. Jan.) S. 1–2 [UB Prag]. — Aloys Senefelder, der Erfinder der Lithogr., des Mosaikdruckes u. der Abdrücke von Oehlgemälden: Kunst- u. Gewerbebl. polytechn. Ver. Königreich Bayern (München) **5** (1834) Sp. 46–90 [12]. — E. G. Gersdorf: Repertorium der gesamten deutschen Literatur **1** (Leipzig 1834), Anh. S. 41 [3].

Biogr. Depping: Biographie universelle, ancienne et moderne Suppl. **82** (Paris 1849) 100–102 [3]. — G. R. Nagler: Neues allg. Künstler-Lexikon . . . 3. Aufl. **18** (Leipzig o. J.) (Unveränd. Abdr. der 1. Aufl. 1835–1852) 240–274 [3]. — Ernst Pfeilschmidt: Aloys Senefelder. Ein Lebensbild in der Ruhmeshalle deutscher Erfindungen anläßl. der Enthüllung des Senefelder-Denkmals in München (Dresden 1877) 32 S. (aus Dresdner Anzeiger) [14]. — Constant von Wurzbach: Biogr. Lexikon des Kaiserthums Oesterreich . . . **33** (Wien 1877) 102–108 m. Schr.Verz. [3]. — Eduard Grosse: Alois Senefelder u. die Steindruckerei: Gartenlaube **1892**, 544, 546–548 [3]. — Hyac. Holland: ADB **34** (1892) 8–23 [3]. — Carl Wagner: Alois Senefelder. Sein Leben u. Wirken. Ein Beitr. zur Gesch. der Lithogr. (Leipzig 1914) XVI, 204 S. m. Titelbildn., 1 Stammtaf., 60 Abb. [14]; Arch. Buchgewerbe **51** (1914) 3–12 m. Titelbildn. [14]. — Conrad Matschoß: Männer der Techn. (Berlin 1925) 247–248 m. Bildn. [101]. — C. Kluth: Aus dem Leben Senefelders: Graph. Techn. **6** (1929) 113–114 (Beziehungen zum Dresdner Hof 1818/1819) [3]. — Hugo Eberhardt: Senefelder u. Offenbach/M.: Graph. Techn. **3** (1935) 441–442 m. 2 Abb. [101]. — Erich Metzger: Weltruhm aus bayer. Steinplatten. Alois Senefelder, der dtsch. Erfinder der Steindruckkunst (Leipzig **1938**) 32 S. [101]. — Alois Senefelder: Literatur [Stuttgart] (1938/39) 648 [101]. — Paul Blut: Alois Senefelder u. sein Werk: Graph. Techn. **7** (1939) 54–62 m. 1 Bildn., 5 Abb. [101]. — Rudolf Thiel: Alois Senefelders Weg zur Lithogr.: Woche **41** (1939) Nr. 18, S. 18–22, 38–39 m. Bildn., 5 Abb. [101]. — Bruno Paul Schaumburg: Senefelder. Der Vater der Lithogr. In: Männer aus eigener Kraft (Leipzig 1942) 235–249 m. 1 Bildn., 2 Abb. [101]. — Fritz Hansen: Der Einfluß der Erfindung Senefelders auf das Kulturleben: Graph. Betrieb **17** (1942) 45–48 m. 1 Bildn., 1 Abb. [101]. — Rudolf Thiel: Ruhm u. Leiden der Erfinder (Berlin 1942) 49–78 [3]. — Prager illustr. Wschau **6** (1944) Nr. 8, S. 7 m. Bildn., 2 Abb. [101]. — Georg Krey: Die lithogr. Techniken im Wandel der Zeit: DasBuchgewerbe **1** (1946) 61–62 m. Bildn. S. 61 [14]. — Emil Köditz: Lithogr. u. Steindruck in der Gegenwart: ebda 63–65 m. Tafelbildn. [14]. — H. H. Bockwitz: Phantasie u. Wirklichkeit in Senefelders Leben u. Werk: ebda 65–68 [14]. — Edgar Lehmann: Senefelders Bedeutung für die Kartografie: ebda 68–70 [14]. — Karl Leutner: Alois Senefelder in: Leutner, Deutsche, auf die wir stolz sind (Berlin 1955) F. 1, S.144–147 m. Bildn. [14]; 2. Aufl. 1960 [14]. — Georg Anders: Alois Senefelder: Wissen u. Leben **2** (1957) 877 m. Bildn. [14]. — Erhard J. Knobloch: Der Hohe Besuch. In: Große Sudetendeutsche hrsg. von Josef Schneider (München 1957) 103–107 m. 1 Abb. [101]. — J. Schmädicke in: Deutsche Techniker aus 6 Jahrhunderten hrsg. von Alfons Kauffeldt (Leipzig 1963) 46–51 m. Bildn. nach S. 32 (Taschenbuch, 28) [14].

Zum 100. Geburtstag Ludwig Pietsch: Alois Senefelder. Erfinder der Lithogr. (Berlin 1871) m. 1 Bildn. [1]. — Ferdinand Schlotke: Zum 6. Nov. 1871. Senefelder-Album (Hamburg 1871) 187 S., Titelbildn., faks.

Schriftstück über seine Erfindung, 22 Beil. [14]. — Illustr. Ztg., Leipzig 57 (1871) 337–338 m. Bildn. m. Faks. [14]. — Über Land u. Meer 27 (1871) Nr. 6, S. 5–6 m. Bildn. [15].

Zum 150. Geburtstag Richard Guttmann: Erinnerungen an Alois Senefelder: Neues Wiener Tagebl. (Morgenbl.) 55 (1921) Nr. 318 vom 20. Nov., S. 17–18 [300]. — E. H. Kellner: Senefelder u. seine Kunst in Offenbach: Arch. Buchgewerbe 58 (1921) 24 [15]. — Albert Neuburger: Aloys Senefelders Schicksale u. die Erfindung der Lithogr. In: Neuburger, Erfinder u. Erfindungen (Berlin 1921) 28–35 m. Bildn. [14]. — Julius Reich: Neues Wiener Tagebl. (Morgenbl.) Nr. 320 vom 22. Nov., S. 6 Sp. 1 [300]. — G. Schauenberger: Bayerland 33 (1921) Nr. 4, S. 63 [12]. — Bertha Antonia Wallner: Die Senefelder-Ausstellung in der bayr. Staatsbibl. zu München: Z. Musikwiss. 4 (1921/22) 182–184 [3]. — R. Weyrauch: Antiquitäten-Ztg. 29 (1921) 311–312, 327–328 [101]. — Arthur Zaschke: Bonner Ztg. 1921, Nr. 262 vom 10. Nov., Bl. 2 [5].

Zum 100. Todestag Michael Birkenbihl: Börsenbl. Dtsch. Buchhandel 1934, 22. Febr. S. 170–172 [3]. — Paul Doering: Reproduktion 5 (1934) 17–19 m. 5 Abb. [101]. — Richard Erfurth: Vom Holzschnitt über den Kupferstich zum Steindruck: Preuß. Lehrer-Ztg. 60 (1934) Nr. 25, S. 3 [101], — Hans Garte: Illustr. Ztg., Leipzig 182 (1934) 176–181 m. Bildn. nach 1 Portr. eines unbek. Malers, Totenmaske, 18 Abb. [15; 101]. — Fritz Hansen: Den Manen Senefelders: Kunsthandel 26 (1934) 9–10 m. Bildn. [101]; Schweizer Gutenbergmuseum 20 (1934) H. 1, 10–12 [LB Bern]. — Gustav Hilder: Wie Senefelder den Steindruck erfand: Bibl. der Unterhaltung u. des Wissens 7 (1934) 134–143 m. 1 Bildn., 4 Abb. [101]. — Paul F. Schmidt: Senefelder u. seine Erfindung des Steindrucks: Dtsch. Zukunft 2 (1934) Nr. 8, S. 4 [101]. — W. Schürmeyer: Ein Schauspieler will seine Theaterstücke selbst drucken u. erfindet dabei die Lithogr.: Reclams Universum 51 (1934/35) 566–567 m. Bildn., 2 Abb. [101]. — Edgar C. Smith: Scientific Centenaries in 1934: Nature [London] 133 (1934) 13–15 [3]. — Erich Stenger: A. Senefelder, der Erfinder der Lithogr. u. chem. Druckerei: VDI-Nachr. 14 (1934) Nr. 8, S. 2 m. 1 Bildn., 1 Abb. [101]. — Carl Wagner: Arch. Buchgewerbe u. Gebrauchsgraphik 71 (1934) 51–73 m. 4 Bildn., 18 Abb.; 132–134 m. 1 Abb. [101]. — Umschau 38 (1934) Umschlagbildn. nach einem Oelgem. von Joseph Hauber, München 1829 im Deutschen Museum [101]. — Senefelder u. sein Werk: Graph. Techn. 2 (1934) 53–90 m. 4 Bildn., 54 Abb. [101].

Zum 165. Geburtstag Otto F. Reinhard: Senefelder-Ehrungen u. -Erinnerungen. Worte u. Bildzusammenstellung (Berlin 1936) 24 S. m. Bildn. [12]. — Graph. Jahrbücher 57 (1936) 291–293 [101].

Zum 170. Geburtstag Fritz Hansen: Der Einfluß der Erfindung Senefelders auf das Kulturleben (Berlin 1941) 7 S. m. Bildn. [als Ms. gedr.] [101]. — Otto F. Reinhard: Wanderungen u. Wandlungen eines lithogr. Originalsteines: Graph. Betrieb 16 (1941) 41–43 m. 1 Abb.; Berliner Senefelder-Gedenktage in vergangener Zeit: 488–489 m. 1 Abb. [101]. — Eine Senefelder-Gedenkfeier: Papier-Ztg. 66 (1941) 1286 [101].

Zum 120. Todestag Hermann Klamfoth: Techn. Gemeinschaft 2 (1954) 92 m. 1 Bildn., 1 Abb. [3]. — Glücklicher Erfinder: Börsenbl. Dtsch. Buchhandel 121 (1954) 185–186 m. 1 Bildn., 1 Abb. [3].

Zum 125. Todestag Rolf von Hoerschelmann: Antiquariat 15 (1959/60) 1–4 [3]. — Erwin Kausmann: Form u. Techn. 10 (1959) 82 [101]. — Druckspiegel 14 (1959) 139–144 m. 1 Bildn., 2 Faks., 3 Abb. [3].

Weitere Lit. Über die Erfindung der Steindruckerey: Arch. Geogr., Historie, Staats- u. Kriegskunst 9 (1818) 265–268 [14]. — Österr. National-Encyclopädie. Hrsg. von Gräffer u. Czikann 5 (Wien 1836) 13–15 [14]. — Das Gesammtgebiet der Lithogr. . . . Übers. des Traité théorique et pratique de lithographie par G. Engelmann. Bearb. u. m. Zusätzen vers. von W. Pabst u. A. Kretzschmar (Chemnitz 1840) 1–21 [14]. — Friedr. Eggers: Der Farbensteindruck: Dtsch. Kunstbl. 7 (1856) 29–31, 73–76 [3]. — Franz Maria Ferchl: Uebersicht der . . . Incunabeln-Sammlung der Lithogr. u. der übrigen Senefelderschen Erfindungen . . .: Oberbayer. Arch. vaterländ. Gesch. 16 (1856) 115–203 m. Abb. [3]. — Georg Caspar Nagler: Alois Senefelder u. Simon Schmid als Rivalen in der Gesch. der Erfindung des mechan. Steindruckes, nicht der Lithogr. in höherer Bedeutung (München 1862) 23 S. [12]. — Eine steinerne Schatzkammer der Kunst: Gartenlaube 1865, 282–285 m. Abb. [3]. — Das Buch der Erfindungen, Gewerbe u. Industrien 6. Aufl. (Leipzig, Berlin 1872) 481–488 m. Abb. des Senfelder-Denkmals [15]. — Erinnerungen u. Leben der Malerin Louise Seidler. Aus handschriftl. Nachlaß zsgest. u. bearb. von Hermann Uhde (Berlin 1874) 200 [3]. — Bruns: Senefelder. Zum 100jähr. Gedenktage der Erfindung des Steindrucks: Arch. Post u. Telegr. 24 (1896) 365–370 [101]. — Joseph Amann: Die bayer. Landesvermessung in ihrer geschichtl. Entwicklung 1 (München 1908) 126, 127 [3]. — F. M. Feldhaus: Wie alt ist die Ziehfeder?: Papierztg. (Berlin) 1910, 2532 [201]. — Albert Peter List: Die Techn. der Lithogr. für Künstler (Regensburg [nach 1910]) 12–26 [14]. — Georg Biedenkapp: Lehrerberuf u. Techn.: Kleines Feuilleton der „Frankfurter Ztg." vom 13. Juli 1911, Nr. 192, S. 1–2, zweites Morgenbl. [Industrie- u. Handelskammer Frankfurt/M.]. — Albert Neuburger: Erfinder u. Erfindungen (Berlin, Wien 1913) 28–35 m. 1 Bildn., 2 Abb. [3]. — Franz Fleischmann: Simon Schmid u. Alois Senefelder. Ein Kapitel aus der Erfindungsgesch. der Lithogr.: Beil. Allg. Ztg. **125** (1922) 28–29, 35–36 [37]. — Adolf Kistner: Deutsche Meister der Naturwiss. u. Techn. **2** (München 1925) 21–35 m. Bildn. [101]. — Konrad Friedrich Bauer: Aventur u. Kunst (Frankfurt/M. 1940) 244, 245, 247, 249, 250, 251, 252, 257, 299–301 m. Bildn., 2 Abb. [101]. — Bruno Taube: Die Arbeitstechniken des graph. Gewerbes (Berlin, Leipzig 1948) 136–137 m. Bildn. [14]. — Alwin Engelmann: Der Offsetdruck in der Praxis. 3. Aufl. (Leipzig 1953) 17–18 m. Bildn. m. Faks. [14]. — Alois Nedoluha: Kulturgesch. des techn. Zeichnens: Bl. Technikgesch. **21** (1959) 109–183 m. Bildn. S. 133 [101].

Bildn. Bilderhefte zur Gesch. des Bücherhandels. Hrsg. von Heinrich Lempertz (Köln 1863) Nr. 26 Taf. 3 [15; 38]. — Friedrich Pecht: Gesch. der Münchener Kunst im 19. Jahrhundert (München 1888) 21 [14]. — E. Zimmermann: Gesch. der Lithogr. in Hamburg (Hamburg 1896) Titelbildn. [14]. — H. A. Lier in: Das 19. Jahrhundert in Bildn. **1** (Berlin 1898) 106–107, Bildn. Nr. 92 [3]. — Walter von Zur Westen: Berlins graph. Gelegenheitskunst **2** (Berlin 1912) 110 (Büste) [14]. — Julius Vogel: Otto Greiners graph. Arbeiten in Lithogr. Stich u. Radierung **2** (Dresden 1917) Nr. 23 m. Beschreibung S. 40–41 [3]. — Georg Jacob Wolf: Ein Jahrhundert München 1800–1900 (München 1919) 192 [14]. — Elfriede Bock: Die dtsch. Graphik (München 1922) 287, Abb. 308 [14]. — Die Großen Deutschen im Bild. Hrsg. von Alfred Hentzen u. Niels von Holst (Berlin 1936) 251 m. Steindruck von Hanfstaengl 1834 [3]. — Max Picard: Die Grenzen der Physiognomik (Erlenbach–Zürich, Leipzig 1937) Taf. 29 nach S. 160 [14]. — Graphisches Jahrbuch **1940**, 246 [14]. — Rosemarie Clausen: Die Vollendeten (Stuttgart 1941) Totenmaske [14]. — Wallraf-Richartz-Museum der Hansestadt Köln [Katalog]: **3** (Köln 1942) 128 Nr. 1089 (Bildn. von Johann Anton Ramboux) [14]. — Rudolf Drescher: Der Stein der Armen: Journalist **4** (1958) 256/257 [3]. — Fritz Vollmar in: Schätze im Deutschen Museum. Hrsg. von Hermann Auer u. Friedrich Klemm (Düsseldorf 1968) 60–61 m. 1 Bildn. u. 1 Abb. [3].

Denkmal Notiz über Senefelder-Denkmal: Allg. Ztg. Augsburg Nr. 357 vom 23. Dez. 1874 S. 5620 u. Nr. 244 vom 1. Sept. 1875 S. 3823 [Ha 2]. — Das Senefelder-Denkmal in München: Illustr. Ztg., Leipzig **69** (1877) 485 m. Abb. S. 483 [14]. — F. Eichstätter: Solnhofen u. sein Senefelderdenkmal: Dtsch. Buchhandelsbl. **5** (1904–05) 143–145 m. 1 Abb. [3].

II, III **SENFT,** Karl Friedrich Ferdinand. Naturforsch. — 1819–1829 Gymn. Eisenach; 1829–1834 stud. Theol. Univ. Jena u. Göttingen; 1835–1875 Lehrer Naturwiss. Realgymn. u. Forstschule Eisenach; 1850 Prof.-Titel.

*1810, Mai 6, Möhra;

†1893, März 30, Eisenach.

Bibliogr. Cat. scient. Papers **5** (1871) 644–645 (6 Nr.); 8 (1879) 935 (1 Nr.); **12** (1902) 674–675 (7 Nr.); **18** (1923) 693 (3 Nr.) [3]. — Cat. gén. Bibl. nat. **170** (1947) Sp. 702–703 (6 Nr.) [3]. — Brit. Mus. Gen. Cat. **219** (1964) Sp. 100–101 (11 Nr.) [3].

Nekr. M. Büsgen: Ber. Dtsch. Botan. Ges. **11** (1893) (44)–(45) [3]. — E. Piltz: Zur Erinnerung an Ferdinand Senft in Eisenach (Jena 1894) 14 S. [3]. — E. Roth: Leopoldina **29** (1893) 130–132 m. Schr.Verz. [Ha 2]. — W. Wolkenhauer: Geogr. Nekrologie: Geogr. Jahrb. **19**, 1896 (1897) 388–389 [3].

Biogr. Max Ring: Erinnerungen **2** (Berlin 1898) 222 [3]. — M. A. Bloch: Biogr. spraw. **2** (Leningrad 1931) 680 [15]. — Karl Waldmann: Ferdinand Senft, der Begründer der Boden- u. Verwitterungskunde, ein Erzieher Ernst Abbes (Eisenach 1938) 28 S. [1].

II **SENNERT,** Daniel. Med., Naturforsch. — 1593 stud., 1598 Dr. phil., seit 1602 Prof. Med. Univ. Wittenberg u. kurfürstl. Leibarzt.

*1572, Nov. 25, Breslau;

†1637, Juli 21, Wittenberg.

Bibliogr. Cat. gén. Bibl. nat. **170** (1947) Sp. 750–759 (72 Nr.) [3]. — Brit. Mus. Gen. Cat. **219** (1964) Sp. 133–137 (57 Nr.) [3].

Nekr. August Buchner: Panegyricus, memoriae Danielis Sennerti . . . (Wittebegae 1648) 26 Bl. [14]; (Wittebergae 1648) 20 Bl. [14]. — Paul Rober: Sennertianum Symbolum, Sennertisches Wapenbild . . . [Leichenpredigt auf Daniel Sennert, † 21. Juli 1637, Prof. Dr. der Artzney, Wittenberg] (Wittenbergk 1638) 56 Bl. [14].

Biogr. Balthasar Ostenn: In honorem vera eruditione . . . [Glückwunschgedicht auf D. Sennert bei Erlangung des philos. Doktorgrades in Wittenberg 4. Apr. 1598] (Wittenberg 1598) 1 Bl. [14]. — Lorenzo Crasso: Elogii d'huomini letterati P. 1 (Venetii 1666) 258–261 m. Bildn. u. Schr.Verz. [14]. — Paulus Freherus: Theatrum virorum eruditione clarorum (Noriberga e1688) 1368–1369 [3]. — Christian Gottlieb Jöcher: Allg. Gelehrten-Lexicon **3** (Leipzig 1751) 506–507 [3]. — Johann Peter Niceron: Nachrichten von den

Begebenheiten u. Schriften berühmter Gelehrten **10** (1754) 373–381 m. Schr.Verz. [3]. — N. F. J. Eloy: Dictionnaire historique de la médecine ancienne et moderne ... **4** (Mons 1778) 248–251 [3]. — Christian Gottfried Gruner: Almanach für Aerzte u. Nichtaerzte auf das Jahr 1785 (Jena 1785) 11 [3]. — Carl Joseph Bouginé: Handb. der allg. Litterargesch. **3** (Zürich 1790) 232 m. Schr.Verz. [3]. —Lichtenstädt: Über Daniel Sennerts Werke: Horns Arch. med. Erfahrung **1823**, 2 S. 446–468 [14]. — Daniel Sennert: Dictionnaire sci. méd., biogr. méd. **7** (1825) 199–201 m. Schr.Verz. [3]. — Dezeimeris: Dict. hist. méd. **4** (Paris 1839) 147–148 [3]. — J. Graetzer: Lebensbilder hervorragender schlesischer Aerzte aus den letzten 4 Jahrhunderten (Breslau 1889) 53–59 m. Schr.- u. Lit.Verz. 58–59 [Ha 2]. — Markgraf: ADB **34** (1892) 34–35 [3]. — Gerhard Hennemann: Daniel Sennert, ein deutscher Naturforscher des 17. Jahrhunderts: Volk u. Rasse **17** (1942) 36–37 m. Bildn. [101]. — K. F. Hoffmann: Der Wittenberger Medizinprof. Daniel Sennert: Ärztl. Praxis **14** (1962) 1616 [101].

Sennert u. die Atomistik K. Lasswitz: Die Erneuerung der Atomistik in Deutschland durch David Sennert u. sein Zusammenhang mit Asklepiades von Bithynien: Vjschr. wiss. Philos. **3** (1879) 408–434 [3]. — Georg Lockemann: Die Entwicklung u. der gegenwärtige Stand der Atomtheorie, in Umrissen skizziert (Heidelberg 1905) 7 [15]. — Joseph Güsgens: Joannes Chryostomus Magnenus, ein Naturphilosoph des 17. Jahrhunderts (Bonn 1910) Anh. 2: Adolf Dyroff: Über den Demokritismus des Magnenus, Sennert u. Gassendi (m. Lit.Verz.) [15]. — Ernst Bloch: Die antike Atomistik in der neueren Geschichte der Chem.: Isis **1** (1913) 381, 385 [L 5]. — Carl Siegel: Gesch. der Deutschen Naturphilos. (Leipzig 1913) 16–17 [3]. — Robert Stein: Weitere naturwiss. Philosophen: Mitt. Gesch. Med. u. Naturwiss. **16** (1917) 429 [3]. — Rembert Ramsauer: Die Atomistik des Daniel Sennert als Ansatz zu einer deutschartigschauenden Naturforsch. u. Theorie der Materie im 17. Jahrhundert (Braunschweig 1935) VIII, 123 S. m. Titelbildn. (Phil. Diss. Kiel 1935) [3]. — Karl Lothar Wolf u. Rembert Ramsauer: Daniel Sennert u. seine Atomlehre. Zur Gesch. der Naturanschauung in Deutschl. II: Z. ges. Naturwiss. **1** (1935/36) 357–380 m. 2 Bildn. [3]. — Dietrich Mahnke: Zur Eingliederung Sennerts in die deutsche Naturphilos.: ebda **2** (1936/37) 61–80 [3]. — R. Hooykaas: Die Elementlehre der Jatrochemiker: Janus **41** (1937) 20 [15]. — Rembert Ramsauer: Der Weg der Atomlehre von Joachim Jungius zu Robert Boyle: Mitt. Gesch. Med. Naturwiss. Techn. **36** (1937) 14–15 [3]. — K. L. Wolf: Daniel Sennert, der Begründer der neuen Atomtheorie: Z. ges. Naturwiss. **4** (1938/39) 70–71 [3].

Weitere Lit. Joseph Reber: Des Johann Amos Comenius Entwurf der nach dem göttl. Lichte umgestalteten Naturkunde (Gießen 1896) 70, 232, 356, 372 [3]. — Tiberius von Györy: Morbus Hungaricus. Eine medicohistor. Quellenstudie (Jena 1901) 53–57, 129, 131, 164, 175 [3]. — Franz Strunz: Chem. u. Mineral. bei Joh. Amos Comenius: Chemiker-Ztg. **32** (1908) 731–734 [3]. — Erich Ebstein: Zur Gesch. der Kochprobe auf Eiweiß im Harn: Mitt. Gesch. Med. u. Naturwiss. **11** (1912) 329 [3]. — Ernst Seidel: Europäische Krankheiten als literarische Gäste im vorderen Orient: Arch. Gesch. Naturwiss. Techn. **6** (1913) 372–386 [3]. — Walter Friedensburg: Gesch. der Univ. Wittenberg (Halle 1917) 457–459, 461, 462, 465, 510, 511 [Ha 2]. — Heinrich Schmidt: Gesch. der Entwicklungslehre (Leipzig 1918) 163 [3]. — Ernst Bloch: Das chem. Affinitätsprobl. geschichtl. betrachtet: Isis **8** (1926) 121 [3]. — Friedel Pick: Joh. Jessenius de magna Jessen. Ein Lebensbild aus der Zeit des 30jähr. Krieges (Leipzig 1926) 37, 51, 100, 107, 117, 139, 161, 166, 208, 237 [3]. — Philipp Hildebrand: Zur Gesch. der Hirnsyphilis: Dtsch. med. Wschr. **53** (1927) 1913 [3]. — Wilhelm Ganzenmüller: Die Anschauungen vom Wesen des Glases vom Mittelalter bis zum Beginn des 19. Jahrhunderts: Glastechn. Ber. **16** (1938) 358–365, 392–398 [101]. — Werner Leibbrand: Der göttl. Stab des Äskulap (Salzburg, Leipzig 1939) 291–295 [101]. — Paul Walden: Überwindung der Antike in der Chem.: Angew. Chem. **53** (1940) 151–152 [101]. — Fritz Lejeune: Betrachtungen zur Destillierkunst: Pharmaz. Ind. **8** (1941) 66–74 m. Abb. u. Lit.Verz. [Ha 24]. — K. Lothar Wolf: Theoret. Chem. Eine Einführung vom Standpunkt einer gestalthaften Atomlehre Teil 1 (Leipzig 1941) 1, 12–13, 52, 176–177, 178 [3]. — Hermann Schüller: Forscher zwischen Traum u. Tat. Die Geburt einer Wiss. (Berlin–Ulm 1943) 82–83 m. Bildn. S. 113 [14]. — Paul Walden: Drei Jahrtausende Chem. (Berlin 1944) 97 [3].

Bildn. J. J. Boissard: Icones et effigies virorum doctorum (Francofurti 1645) P. 6, pag. I, 4 (Bildn. Nr. 36) [14]. — Paul Freher: Theatrum virorum eruditione clarorum. T. 2 (Noribergae 1688) 1366 [14].

II **SERTÜRNER,** Friedrich Wilhelm Adam. Pharmaz. — 1799–1803 Lehre beim Hofapotheker Cramer in Paderborn; 1806 Apotheker in der Ratsapotheke Einbeck; 1817 Dr. phil. h. c. Univ. Jena; seit 1820 Apothekenbesitzer in Hameln; entdeckte 1803 in Paderborn das Alkaloid des Opiums, seit 1815 Morphium genannt.

*1783, Juni 19, Neuhaus bei Paderborn, †1841, Febr. 20, Hameln.

Genealog. A. Firnhaber: Familiengeschichtl. Bl. **16** (1918) Sp. 183–184 [3].

Bibliogr. Cat. scient. Papers **5** (1871) 662 (21 Nr.) [3].

Briefe Habacher: Drei Sertürner-Briefe: Dtsch. Apotheker-Ztg. **103** (1963) Nr. 22, S. 706 [101].

Nekr. E. G. Gersdorf: Repertorium der gesammten deutschen Lit. **27** (Leipzig 1841) Miszellen S. 33 [3]. – E. Nolte: Arch. Pharmac. **80** (1842) 1–13 [3]. – Witting: Arch. Pharmac. **95** (1846) 99–106 [3]. – Neuer Nekr. der Deutschen **19**, 1841, Th. 2, Abt. 2 S. 1318 [3].

Biogr. Vüllers: Z. vaterländ. Gesch. u. Alterthumskde (Münster) **57** (1899) 223–225 [3]. – Georg Lockemann: Sertürner: Bericht des Vereins f. Gesch. u. Altertümer der Stadt Einbeck u. Umgegend **9** (1909–1912) 77–81 m. Bildn. u. 2 Abb. [14]. – Conrad Stich: Ber. Dtsch. pharmaz. Ges. **27** (1917) 500–507 m. 1 Bildn., 3 Abb. [101]. – Georg Benkert: Ein Beitr. zum „unbedeutenden" Apotheker: Pharmaz. Ztg. **69** (1924) 147–148 m. Bildn. [101]. – Georg Lockemann: Z. angew. Chem. **37** (1924) 525–532 m. Bildn. [Ha 2]. – Max Grünewald: Ein Westfale als Entdecker des Morphiums: Heimat [Dortmund] **7** (1925) 180–183 [60]. – F. W. Sertürner, der Entdecker des Morphiums. Lebensbild u. Neudr. der Original-Morphiumarbeiten hrsg. von Franz Krömeke. Mit einem Geleitwort von Paul Krause (Jena 1925) X, 93 S. m. Titelbildn. m. Faks., 3 Taf. [3; 14]. – Hermann Coenen: Sertürners Leben: Med. Klinik **24** (1928) 357–360; Hermann Freund: Sertürners Werk: ebda 398–399 [3]. – Hermann Coenen in: Westfälische Lebensbilder **2** (1931) 128–141 m. Bildn. u. Lit.Verz. [3]. – Georg Lockemann: Dem Morphiumentdecker Sertürner zum Gedächtnis: Pharmaz. Industr. **2** (1935) 265–268 m. Faks. eines Briefes von S. vom 18. Sept. 1839 [101]. – Otto Schumann: Morphium. Ein biogr. Roman über den Entdecker des Morphiums (Berlin, Wien 1940) 278 S., Titelbildn. m. Faks., 2 Abb. [101]. – Herbert Müller-Hester: Der Bezwinger des Schmerzens. Ein Lebensbild F. W. Sertürners: Wiener pharmaz. Wschr. **73** (1940) 279–280 [101]. – Otto Zekert: Deutsche Apotheker (Berlin, Wien 1942) 46–51 [14]. – Rudolf Hanslian zu: Otto Schumann: Morphium. Lebensroman des Entdeckers des Morphiums: Apotheker-Ztg. **61** (1949) 55 [101]. – Georg Lockemann: F. W. Sertürner, the discoverer of morphine: J. chem. Educat. **28** (1951) 277–279 [7]. – Otto Zekert: Dtsch. Apotheker-Ztg. **94** (1954) 967–968 [Ha 24]. – Otto Schumann: Morphium. Lebensroman des Entdeckers des Morphiums F. W. Sertürner. Neubearb. (Stuttgart 1955) 260 S. [14]. – Georg Ernst: Wo hat F. W. Sertürner in Einbeck gelebt u. gewirkt?: Zur Gesch. Pharmaz. (Geschichtsbeil. Dtsch. Apothekerztg.) **8** (1956) 2–3 m. Stadtplan [101]. – Josef Kamp: Dtsch. Schwesternztg. **9** (1956) 45 m. Bildn. [101]; Schaumburger Heimatkalender Weserbote (Rinteln) **25** (1957) 40–42 [35]; Dtsch. Hebammen-Z. (Hannover) **10** (1958) 255–256 [35]; Krankendienst **34** (1961) 167–168 [3].

Entdeckung des Morphiums vor 100 Jahren Heger: Pharmaz. Post **1905**, 191–197 m. Bildn. [UB Wien]. – Illustr. Ztg., Leipzig **125** (1905) 28–29 m. Bildn. [3].

Zum 140. Geburtstag Franz Krömeke: Münchener med. Wschr. **71** (1924) 77–78 m. Bildn. [3].

Zum 150. Geburtstag Gerke: Apotheker-Ztg. **48** (1933) 720 [101]; Illustr. Ztg., Leipzig **180** (1933) 802 m. Bildn. [101]; Münchener med. Wschr. **80** (1933) 1060–1061 [3]. – Günther Kerstein: Schmerz-Narkose-Anästhesie **7/8** (1934/36) 49–56 m. 2 Abb. [101]. – Georg Lockemann: Pharmaz. Ztg. **78** (1933) 623–625 m. Bildn. u. Lit.Verz. [101]. – Enrico Samarelli: Un grande iniziaro dimenticato: Vortr. Hauptverslg. Ges. Gesch. Pharmazie Basel 17.–20. Mai 1934 (Mittenwald 1934) 118–135 m. Bildn. [14]. – Sertürner-Gedenkfeier in Hannover: Apotheker-Ztg. **48** (1933) 1286–1287 [101].

Zum 100. Todestag Peter Brauer: Sertürner – ein Außenseiter der Wiss.: Heilpraktiker **9** (1941) 86 [101]. – Eduard Becker: F. W. A. Sertürner, der Entdecker des Morphiums: Z. ärztl. Fortbildg. **38** (1941) 107–108 m. Bildn. [27]. – Hanns Derstroff: Das Principium somniferum: Zahnärztl. Mitt. **32** (1941) 75–76 [101]. – Ferdinand Flury: Schmerz-Narkose-Anästhesie **14** (1941) 1–4 m. Bildn. [Ha 24]. – Reinhard Froehner: Dtsch. tierärztl. Wschr. **49** (1941) 227 [Ha 85]. – Richard Gutzeit: Landarzt **22** (1941) 238–239 [101]. – J. A. Häfliger: Schweizer, Apotheker-Ztg. **79** (1941) 137–142 m. 1 Bildn., 2 Abb. [101]. – Isagoge: Dental-Mag. **14** (1941) Nr. 20, S. 10 [101]. – Josef Kamp: Dtsch. Schwester **9** (1941) 25 [101]; Hygiene-Korresp. **18** (1941) Nr. 3, S. 3–4 [101]; Wege zur Gesundheit **17** (1941) 19–20 [101]. – Richard Kurtics: Die Sertürner-Gedächtnisfeier in Münster: Dtsch. Apotheker-Ztg. **56** (1941) 133–135 m. 1 Abb. [101]. – Georg Lockemann: Forsch. u. Fortschr. **17** (1941) 126–127 [Ha 2]. – Romolo Mazzucco: Centenario della morte di F. G. Sertürner: Farmacista ital. (Roma) **9** (1941) 831. – Reinartz: Krankendienst **22** (1941) 46 [101]. – S. Schuler: Ruhm des Apothekers: Daheim **77** (1940/41) Nr. 21, S. 4 [101]. – C. Stich: Dtsch. Ärztebl. **71** (1940) 80–81 [101]. – Otto Zekert: Arch. Pharmaz. **279** (1941) 109–111 [3]; Wiener pharmaz. Wschr. **74** (1941) 67–69 [101]. – Walter Zimmermann: Süddtsch. Apotheker-Ztg. **81** (1941) 101–103 [16]. – F. W. Sertürner, der Entdecker des

Morphiums: Umschau **45** (1941) 124, Umschlagbildn. [101]. — Die Sertürner-Gedächtnisfeier in Münster: Wiener pharmaz. Wschr. **74** (1941) 75–77 m. Bildn. [101]. — Sertürner, der Entdecker des Morphins: Techn-Ind. u. Schweizer Chemiker-Ztg. **24** (1941) 47 [LB Bern]. — Sertürner, ein deutsches Schicksal: Chem. Ind. **64** (1941) 47 [101]. — Dtsch. Apotheker-Ztg. **56** (1941) 109–110 m. 1 Bildn. u. 2 Abb. [Ha 24].

150 Jahre Morphium Pehlgrimm: Berliner Gesundheitsbl. 4 (1953) 275–276 [101]. — W. R. Bett: Thediscovery of morphine: Chemist and Druggist **162** (1954) 63–64 m. Bildn. [Ds 4]. — Hermann Coenen: Über das Jahr der Morphiumentdeckung Sertürners in Paderborn: Arch. Pharmaz. Ber. Dtsch. pharmaz. Ges. **287** (59) (1954) 165–180 [3]. — H. Häussermann u. H. J. Schecker: Hat Sertürner reines Morphin isoliert? Zur papierchromatograph. Reinheitsprüfung von Alkaloiden. Aus der Ratsapotheke in Einbeck: Arch. Pharmaz. **290** (1957) 509–516 m. 2 Abb., Lit.Verz. [3]. — H. H.: Sertürner-Gedenkfeier in Paderborn am 10. Okt. 1954: Österr. Apotheker-Ztg. **8** (1954) 666–667 [101]. — Walter Kern, Hrsg.: Festschr. über die Sertürner-Gedenkfeier anläßl. der 150. Wiederkehr des Jahres der Erkennung des Morphins als der ersten Alkaloidbase (Stuttgart 1955) 96 S. m. Abb. [101]. — Günther Kerstein: Über den Zeitpunkt der Entdeckung des Morphiums durch Sertürner: Dtsch. Apotheker-Ztg. **94** (1954) 968–969 [Ha 24]; Über die med. Arbeiten des Morphiumentdeckers Sertürner: Wiss. Z. Karl-Marx-Univ. Leipzig, math.-naturwiss. R. **5** (1955/56) 99–100 [3]; Über die China-Arbeiten Sertürners. In: Die Vortr. der Hauptverslg. Internat. Gesch. Pharmaz. Rom 1954, N.F. 8 (Eutin 1956) 111–115 [101]. — Herbert Müller-Hester: Heilkunst **67** (1954) 357–361 m. Lit.Verz. [101]; Pharmaz. Ztg. **90** (1954) 999–1002 m. Bildn., 2 Abb. [3]. — V. Rusik u. H. Záček: Z. historie objevu morfinu [Zur Gesch. der Entdeckung des Morphins]: Farmácia [Bratislava] **24** (1955) 55–56 [1]. — Wolfgang Schneider: Zur 150jähr. Wiederkehr der Erkennung des Morphins als 1. Alkaloidbase: Ärztl. Praxis **6** (1954) Nr. 42, S. 24 [101]; Sertürners Sendung: Pharmaz. Ztg. **90** (1954) 1002–1003 [3]. — J. Valentin: Der erkenntnistheoret. Wandel Sertürners im Jahre 1804: Dtsch. Apotheker-Ztg. **97** (1957) 573–574 [101]; Odkrywca morfiny [Entdecker des Morphins] Fryderyk Wilhelm Sertürner w látach 1805–1806: Acta Poloniae pharmac. **14** (1957) 167–170 [1]. — Martin Weiser: Die Entdeckung des Morphiums vor 150 Jahren: Med. Mschr. **10** (1956) 694–695 [101]. — Der Schmerzbezwinger. Leben u. Werk ... F. W. Sertürner. Zur 150-Jahr-Feier der Erkennung des Morphins als Alkaloidbase: Dtsch. Apotheker-Post (München) **1** (1954) 190–192, 204 [101]. — Sertürner-Gedenkfeier in Paderborn am 10. Okt. 1954: Dtsch. Apotheker-Ztg. **94** (1954) 1015–1020 m. 6 Abb. [Ha 24].

Zum 125. Todestag J. Halmai: The inventor of Morphine: Orv. Hetil. **107** (1966) 895–897 [ungar.] [27]. — Dtsch. Apotheker-Ztg. **106** (1966) 118 [101].

Weitere Lit. Thoms: Nachforschungen über das Grab Sertürners: Z. angew. Chem. **31**, 3 (1918) 100 [101]. — Korresp.bl. ärztl. Kreis- u. Bez.-Verein Sachsen **91** (1920) 272 [15]. — Ernst Gilg u. Paul N. Schürhoff: Aus dem Reiche der Drogen (Dresden 1926) 254–260 m. Bildn. [14]. — Gerke: Sertürner, der Entdecker der Morphins. Festschr. Jubil. Feier Tierärztl. Hochsch. Hannover. In: Dtsch. tierärztl. Wschr. **36** (1928) 102–103 [101]. — Ferchl: Der dtsch. Apotheker als Kulturträger Deutschlands: Ekkehard **9** (1933) 111–112 m. Bildn. von Spitzweg u. 2 Abb. [3]. — Erich Grisar: Rdsch. Dtsch. Techn. **19** (1939) Nr. 38, S. 5 m. Abb. des Sertürner-Reliefs in Münster [101]. — Hans-Joachim Zellissen: Den Schmerz besiegt – vom Gram verzehrt ...: Arbeit u. Wehr **9** (1939) 674 m. Bildn. [101]. — Paul Walden: Dreitausend Jahre Chem. (Berlin[1944]) 170–171 [3]. — George Urdang: Goethe and Pharmacy (Madison Wisc. 1949) 55, 57, 70 m. Bildn. [38]. — Herbert Müller-Hester: Goethe u. die deutsche Apotheke: Apotheker-Ztg. **61** (1949) 30 [15]; Pharmaz. Ztg. **85** (1944) 313–316 m. 1 Bildn.; W. Vershofen: Wem gebührt die Priorität bei der Chinia-Herstellung?: Pharmaz. Ind. **12** (1959) 126–127 [101]. — W. Poethke: Die Entwicklung der Chem. der Arznei- u. Gewürzpflanzen: Die Pharmaz. **6** (1951) 276 m. Bildn. S. 275 [14]. — Günther Kerstein: Sertürner in Einbeck. In: Index Gesch. Med. Naturwiss. u. Techn. **1** (München, Berlin 1953) 19–24 [3]. — Maria Habacher: F. W. Sertürner. Zur Beurteilung des neu entdeckten Kreosots durch Karl Ludwig Freiherr von Reichenbach aus Stuttgart: Dtsch. Apotheker-Ztg. **103** (1963) 704–706 [101]. — Herbert Feltkamp: Gesch. u. Chem. des Morphins: Dtsch. Apotheker-Ztg. **105** (1965) 1589–1592 m. Bildn., 2 Abb. u. Formeln [15].

Denkmal Hermann Coenen: Zur Enthüllung des Sertürner-Denkmals in Neuhaus (Westf.) am 4. Juli 1937: Münchener med. Wschr. **84** (1937) 1743–1747 m. 1 Bildn., Faks., 2 Abb. [3]. — Enthüllung des Sertürner-Denkmals (in Neuhaus, W.): Dtsch. Apotheker-Ztg. **52** (1937) 891–892 m. 3 Abb. [101].

II **SEYFFER,** Karl Felix **von.** Astron. — Stud., Dr. phil. Univ. Tübingen; 1789–1804 ao. Prof. Univ. Göttingen; dann

Vorstand der Sternwarte in Bogenhausen bei München; 1809 zugleich Mitdirektor, 1815 Direktor Statist.-Topogr. Bureau im Ministerium des Auswärtigen; Mitgl. Bayer. Akad. Wiss. München.

*1762, Jan. 25, Bixfeld, Württ.;

†1822, Sept. 17, Bogenhausen bei München.

Bibliogr. Cat. scient. Papers **5** (1871) 669 7 Nr.) [3]. — Cat. gén. Bibl. nat. **171** (1947) Sp. 667–668 (4 Nr.) [3]. — Brit. Mus. Gen. Cat. **219** (1964) (1 Nr.) [3].

Biogr. Joh. Stephan Pütter: Versuch einer academ. Gelehrten-Gesch. von der Georg-Augustus-Univ. zu Göttingen **3** (Hannover 1820) 209–210 m. Schr.Verz. [3]. — Joh. Georg Meusel: Das gelehrte Teutschland im 19. Jahrhundert **7** (Lemgo 1798) 484–485; **20** (Lemgo 1825) 456–457 [15]. — Carl Philipp Friedrich von Martius: Erinnerung an Mitgl. der math.-physik. Classe der Bayer. Akad. Wiss. Eine Rede (München 1859) 14, 65 [15]. — S. Günther: ADB **34** (1892) 107–108 [3]. — Wilhelm Schur: Beitr. Gesch. Astron. in Hannover. Festschr. Feier 150jähr. Bestehen Ges. Wiss. Göttingen (Berlin 1901) 120 [3]. — Götz von Selle: Die Georg-August-Univ. zu Göttingen 1737–1937 (Göttingen 1937) 281 [101]. — Geist u. Gestalt. Biogr. Beitr. Gesch. Bayer. Akad. Wiss. **2** (München 1959) 55, 57 [3].

II **SIBER,** Thaddaeus. Math., Physik. — 1791 Benediktiner im Stift Scheyern; 1797 Priester; 1798 Hilfspriester in Fischbachau, dann kurze Zeit Prof.Gymn. Ingolstadt; 1801 Prof. Physik u. höh. Math. Lyceum Freising, 1803 Lyceum Passau, 1807 dort Direktor; 1810 Prof. Chem., Physik, Math. Lyceum München; seit 1826 o. Prof. Physik Univ. München; Geistl. Rat u. Dr. phil.

*1774, Sept. 8, Schrobenhausen, Bayern;

†1854, März 30, München.

Bibliogr. Cat. scient. Papers **5** (1871) 682 (12 Nr.) [3]. — Cat. gén. Bibl. nat. **172** (1948) Sp. 243 (1 Nr.) [3]. — Brit. Mus. Gen. Cat. **221** (1964) Sp. 841 (3 Nr.) [3].

Autobiogr. Thaddäus Siber: Selbstbiogr. bis zum Jahre 1803. Hrsg. von M. Rottmanner (München 1896) XVIII, 60 S. m. Titelbildn. u. Faks. [14]. — Thaddäus Siber: Mein Lernen u. Lehren. Autobiogr. Aufzeichnungen. Hrsg. von Max Rottmanner: Oberbayer. Arch. vaterländ. Gesch. **65** (1927) 83–225 m. Schr.- u. Lit.Verz. [3].

Nekr. Wilhelm Mair: Neue Münchener Ztg. **1854**, Beil. Nr. 92, S. 935–937 [12]. — Max Manuel: Allg. Ztg., Beil. **1854** vom 17. Aug. S. 3657–3658 [37].

Biogr. Johann Georg Meusel: Das gelehrte Teutschland **20** (Lemgo 1825) 460 [3]. — A. C. Callisen: Medicinisches Schriftsteller-Lexicon ... **18** (Copenhagen 1854) 69 [3]. — Lamont: Denkrede auf die Akademiker Thaddäus Siber u. Georg Simon Ohm (München 1855) 36 S. [3]. — Permaneder: Annales almae litt. universitatis Ingolstadtii olim conditae ... **5** (München 1859) 182, 420, 444–455 [12]. — Carl Fr. Ph. von Martius: Erinnerung an frequentierende Mitglieder der math.-physik. Classe. Akadem. Denkreden (Leipzig 1866) 564 [3]. — M. Knitl: Scheyern als Burg u. Kloster. Ein Beitr. zur Gesch. des Hauses Scheyern-Wittelsbach, sowie zur Gesch. des Benediktiner-Ordens (Freising 1880) 198 [12]. — August Lindner: Die Schriftsteller u. die um Wiss. u. Kunst verdienten Mitglieder des Benediktinerordens im heutigen Königreich Bayern von 1750 bis zur Gegenwart **1** (Regensburg 1880) 236–238; Nachtr. 1884 S. 27 m. Schr.Verz. [12]. — Pagel: ADB **34** (1892) 134 [3]. — Max Rottmanner: Eine Universitäts-Festrede aus dem Jahre 1839: Altbayer. Mschr. **12** (1913) 26–36 [3]. — Laurentius Hanser: Thaddäus Siber als Ordensmann: Stud. u. Mitt. Gesch. Benediktiner-Orden N.F. **16** (1929) 204–208 [3]. — Eugène Susini: Lettres inédites de Franz von Baader **2** (Vienne 1951) 51, 178, 180, 181, 188, 189, 192 [3].

SIDEROCRATES (II **EISENMENGER**), Samuel. Med., Math. — Stud. in Wittenberg; dann prakt. Arzt; 1556 Prof. Math., 1564 Dr. med. Univ. Tübingen; Leibmedicus des Kurfürsten von Köln u. des Bischofs von Straßburg.

*1534, Sept. 28, Bretten, Unterpfalz;

†1585, Febr. 28, Brüssel.

Bibliogr. Cat. gén. Bibl. nat. **172** (1948) Sp. 405 (1 Nr.) [3]. — Brit. Mus. Gen. Cat. **221** (1964) Sp. 953 (4 Nr.) [3].

Biogr. Christian Gottlieb Jöcher: Allg. Gelehrten-Lexicon **2** (Leipzig 1750) Sp. 301–302 [3]. — H. Staigmüller: Württembergische Mathematiker: Württ. Vjh. Landesgesch. N.F. **12** (1903) 243 [3].

III **SIEBOLD,** Philipp Franz Balthasar Jonkheer **von.** Naturforsch., Japanreisender. — 1815 stud., 1820 Dr. med. Univ. Würzburg; dann ärztl. Praxis; 1822 als Stabsarzt nach Java in Diensten der

Ostindischen Kompanie, 1823 nach Japan, wurde 1830 des Landes verwiesen u. kehrte nach Holland (Leiden) zurück, wo er geadelt u. als Berater beim Ministerium der Kolonien angestellt wurde; 1847 Übersiedelung nach Boppard am Rhein, 1853 nach Bonn; bereiste 1859–1862 nochmals Japan; lebte dann in Bonn, Würzburg u. München.

*1796, Febr. 17, Würzburg;
†1866, Okt. 18, München.

Werke Günther Schmid: Philipp Franz von Siebolds Abschied von Europa 1859. Eine unbekannt gebliebene Druckschrift Siebolds: Nippon, Z. Japanol. **10** (1944) 18–22 [101]. – P[hilipp] F[ranz] von Siebold: Reise nach dem Hofe des Sjogun im Jahre 1826. Erläutert von Makoto Saito (Tôkyô 1964) 28 S. m. Titelbildn. [Ha 2].

Genealog. Nederlands Adelsboek ['s-Gravenhage] **20** (1922) 289–292 [UB Amsterdam]. – K. E. von Marchtaler: Die Anfänge u. der württemb. Zweig des Asklepiaden-Geschlechts Siebold: Genealogie u. Heraldik **2** (1949) 221–223, 233–235 [101]. – Johannes Steudel: Die Siebolds. Ein hervorragendes Ärzte-Geschlecht aus dem Dürener Lande (Düren 1954) 40–48 m. 1 Abb. (Büste in Würzburg) [3]. – Hans Körner: Das Würzburger Gelehrtengeschlecht von Siebold. In: Siebold-Realgymn. Würzburg. Festschr. m. Bericht über das 100. Schuljahr 1963/64 (Würzburg 1964) 11–13 m. Bildn. [20].

Bibliogr. Cat. scient. Papers **5** (1871) 688 (3 Nr.) [3]. – Cat. gén. Bibl. nat. **172** (1948) Sp. 517–523 (15 Nr.) [3]. – Werner Dettelbacher: Verzeichn. der Schriften von u. über Philipp Franz von Siebold: Siebold-Realgymn. Bericht über das 97. Schuljahr 1960/61 (Würzburg 1961) 128–134 m. Bildn. u. Faks. [101]. – Brit. Mus. Gen. Cat. **222** (1964) Sp. 69–71 (26 Nr.) [3].

Briefe Briefe aus Philipp Franz von Siebolds Nachlaß im Japaninstitut. Von Kuroda Genji u. H. von Schulz: Yamato **4** (1932) 34–42, 79–90, 153–160 [11]. – Günther Schmid: Über Ph. Fr. von Siebolds Reise nach Japan. Mit Briefen aus den Jahren 1822 bis 1827: Bot. Arch. **43** (1942) 487–530 [3].

Nekr. Zur Erinnerung an Philipp Franz von Siebold: Allg. Ztg. Augsburg, Beil. **1866**, Nr. 317 vom 13. Nov., S. 5209–5210; Nr. 318 vom 14. Nov., S. 5229–5230; Nr. 319 vom 15. Nov., S. 5246–5248; Nr. 320 vom 16. Nov., S. 5261–5262 [37].

Biogr. T. C. L. Wijnmalen: Levenbericht van Philip Franz von Siebold. In: Levensberichten der afgestorven medeleden van der Maatschappij der Neederlandsche Letterkunde (Leiden 1871) 265–288 [Rijksuniv. Leiden]. – A. von Siebold: ADB **34** (1892) 188–192 [3]. – H. ten Kate: Erinnerungen an Philipp Franz von Siebold: Mitt. Dtsch. Ges. Natur- u. Völkerkunde Ostasiens **9** (1903) 1–6 [Ha 2]. – Alexander Freiherr von Siebold: Ph. Fr. von Siebolds letzte Reise nach Japan 1859–1862 (Berlin 1903) IX, 130 S., 2 Bildn., 2 Abb. [15]. – Heinrich Frhr. von Siebold: Ph. Fr. von Siebold. Der Erforscher Japans. Sein Leben u. Wirken. Nach der japan. Denkschr. des Dr. S. Kure dargest. (Leipzig 1909) 79 S. m. Bildn. u. Faks. [14]. – G. Koidzumi: P. F. von Siebold: Bot. Mag. Tokyo **40** (1926) 141–153 [japan.] [F 1]. – Shuzô Kure: Philipp Franz von Siebold. Zyn Leven en Werken. Ter herdenking van zijne verdiensten voor Nippon [Zur 100. Wiederkehr des Datums seiner 1. Ankunft in Japan] (in japan. Sprache) 2. Ausg. (Tokyo 1926) [7]. – Huldigung van Von Siebold: Neerlandia **36** (1932) 86–87 m. 2 Bildn. [UB Amsterdam]. – D. van Hinloppen: Philipp Franz Balthasar von Siebold: Tijdschr. voor geschiedenis **47** (1932) 371–372 [UB Amsterdam]. – Gottlieb Olpp: Charakterköpfe der Tropenmedizin (Berlin 1935) 79–82 m. Bildn. [101]; Dtsch. Kolonialztg. **47** (1935) 266–267 m. Bildn. [101]. – F. M. Trautz: Siebold-Erinnerungen: Ostasiat. Rdsch. **16** (1935) 357–358 [15]. – Johann von Leers: Der Japan-Siebold, die Großleistung eines deutschen Arztes: Dtsch. med. Wschr. **68** (1942) 1151–1153 m. 1 Bildn. u. Lit. [3]. – F. M. Trautz: Philipp Franz von Siebolds Lebensarbeit u. ihr Weiterwirken in Japan: Nippon, Z. Japanol. **8** (1942) 1–16 [101]. – Werner Siebold: Ein Deutscher gewinnt Japans Herz. Lebensroman des Japanforschers Philipp Franz von Siebold (Leipzig 1943) 307 S. [101]. – Hans Körner: Das Würzburger Gelehrtengeschlecht von Siebold. Eine fränk. Medizinerfamilie in der Leopoldina. In: Festschr. zur Gedenkfeier an die vor 300 Jahren in Schweinfurt erfolgte Gründung der Dtsch. Akad. Naturforsch. (Schweinfurt 1952) 44–54 m. Bildn. (Veröff. Histor. Verein Schweinfurt, 2) [Ha 2]. – F. K. Siebold: Ph. Fr. von Siebold. Der Erforscher u. Freund Japans: Mainleite **3** (1952) 42–44 [20]. – Johannes Steudel: Eifel-Jahrb. **1956**, 62–65 m. 1 Abb. [101]. – Hans Körner in: Lebensläufe aus Franken **6** (Würzburg 1960) 508–520 m. Schr.Verz. (Veröff. Ges. Fränk. Gesch.) [101]; Leinen los (München) 8 (1961) 64–67 [12]. – Hartmut O. Rotermund: Philipp Franz von Siebold. Eine Skizze seines Lebens u. Wirkens. In: Siebold-Realgymn. Würzburg. Bericht über das 97. Schuljahr 1960/61 (Würzburg 1961) 120–127 m. Bildn. u. Faks. [20]. – G. F. Straub: Philipp Franz Siebold – „The Japanese": Straub. Clinic. Proc. **28** (1962) 163–166 [Brit. med. Assoc. Libr. London]. – Judith von Siebold: Ein Würzburger entdeckt Japan: Fränkische Heimat **1967**, Nr. 29, S. 114–116 m. Bildn. [101].

Zum 100. Geburtstag J. Gebhardt: Bayerland **7** (1896) 339–341 m. Bildn., 351–354 [12]. — Alexander Frhr. von Siebold: Denkwürdigkeiten aus dem Leben u. Wirken von Th. Fr. von Siebold ... zsgest. von seinem ältesten Sohne (Würzburg 1896) 26 S. m. Titelbildn. u. Faks. (25–26 Verzeichn. der Werke von Siebolds über Japan) [14]. — W. Wolkenhauer: Dtsch. Rdsch. Geogr. Statistik **18** (1896) 375–378 m. Bildn. [Ha 2]. — Festversammlg. zur Feier ...: Mitt. Dtsch. Ges. Natur- u. Völkerkunde Ostasiens **6** (1893–1897) 392–397 m. Verzeichn. seiner Werke über Japan [Ha 2].

Zum 75. Todestag Karl Auer: Österr. botan. Z. **90** (1941) 308–311 m. 2 Bildn. [101]. — K. E.: Ein Arzt als Kulturpionier: Dtsch. Ärztebl. **71** (1940) 414–415 [101]; Ärztebl. Danzig **2** (1941) 325–326 [101]. — Höfker: Mitt. Dtsch. Dendrol. Ges. **54** (1941) 103–104 m. Bildn. [3]. — Kiyonobu Okuno: Westermanns Mh. **86** (1941/42) 292–294 [101]. — D. Schilling: Ein großer Erforscher u. Freund Japans: Zeit im Querschnitt **9** (1941) 321–323 [101]. — Hans Schrepfer: Z. Erdkunde **9**,2 (1941) 758–762 [3]. — F. K. von Siebold: Janus **45** (1941) 208–218 m. 2 Bildn., 2 Abb. [15]; Petermanns geogr. Mitt. **87** (1941) 433–437 [3]. — Judith von Siebold: Münchener med. Wschr. **88** (1941) 1185–1186 m. Bildn. [3]; Zahnärztl. Mitt. **32** (1941) 432–433 [Ha 5]. — Med. Klinik **37** (1941) 1166 [3]. — Ein deutscher Gelehrter als niederländ. Beamter in Japan: Europa Kabel **1** (1941) Nr. 21, S. 11 [UB Amsterdam].

Zum 90. Todestag Wilhelm Lux: Ein fränk. Japanforscher: Stimme Frankens **22** (1956) 81 [StB Bayreuth].

Zum 100. Todestag Hans Körner: „... dem Namen Siebold Ehre machen": Ins Land der Franken fahren (Würzburg) **1**,10 Jg. 1966/67 (1966) 5–16 m. 2 Bildn. u. 6 Abb. 246. — Philipp Franz von Siebhold Gedenkschr. hrsg. von der Dtsch.-Japan. Ges. in Bayern (München 1966) 139 S. m. Bildn., 6 Abb. [101].

Siebold als Japanforscher Theodor Henner: Philipp Franz von Siebold, der große Japanforscher: Altfränk. Bilder **1907** (1908) Rückseite des 2. u. Vorderseite des 3. unnummer. Blattes (m. Bildn.) [75]. — Joseph Schuster: Ph. F. von Siebold u. seine Bedeutung für die japan. Kultur- u. Medizingesch.: Bayerland **23** (1912) Nr. 50, S. 987–989 m. Bildn. [12]. — Karl Haushofer: Der dtsch. Anteil an der geogr. Erschließung Japans u. des subjapan. Erdraums ...: Mitt. geogr. Ges. München **9** (1914) 17–20, 25–31, 58, 77 [Ha 2]. — W. J. J. C. Bijleveld: Verloren glorie. Ihr. Dr. Ph. F. B. von Siebold en zijnen buitenplaats Nippon: Jaarb. geschied. oudheidkde Leiden en Rijnland **17** (1920) 102–129 m. 3 Abb. [UB Amsterdam]. — F. M. Trautz: Ph. F. von Siebold, der Begründer der deutschen Japan-Wiss.: Zeit, Beibl. Zeitspiegel **1924**, Nr. 124–126, 27. Mai–29. Mai [11]. — Bot. Mag. (Tokyo) **40** (1926) 149–153 [japan.] [F 1]. — F. K[ossmann]: Een herdruk van Siebolds Nippon. In: Het Boek, 2. Reeks van het Tijdschrift voor Boek-en Bibliotheekwezen **17** (1928) 319–320 [UB Amsterdam]. — Shuzo Kure: Ph. Fr. v. Siebold u. sein Einfluß auf die japan. Zivilisation der neueren Zeit. In: Feestbundel uitgegeven door het Koninkl. Batav. Genootschap (Weltevreden) **1** (1929) 410–429 [Rijksuniv. Leiden]. — Chôzô Mutô: Ph. Fr. von Siebold u. sein 1. Projekt einer Schule für Handelswiss. in Nagasaki Japan. In: Jubil. Band hrsg. Dtsch. Ges. Natur- u. Völkerkunde Ostasiens **2** (Tokio 1933) 192–195 [101]. — Teiso Esaki: Zur Einführung in Philipp Franz von Siebolds „Fauna Japonica" (Tokyo 1935) 54 S., 2 Bildn., 6 Abb. [japan. u. dtsch. Text] [Rijksmus. Nat. Hist. Leiden]. — F. M. Trautz: Kämpfer u. Siebold: Mitt. Dtsch. Akad. wiss. Erforsch. u. Pflege Deutschtum **12** (1937) 11–24 [3]. — Martin Schwind: Versuch einer Gesch. der geogr. Wiss. in Japan: Z. Erdkunde **7** (1939) 401 [3]. — Gustav Fochler-Hauke: Der dtsch. Anteil an der Erforschung Ostasiens: Z. Erdkunde **8** (1940) 358 [3]. — Doroteo Schilling: Siebold e la scienza occidentale in Giappone: Asiatica **7** (1941) 457–459 m. 1 Bildn. [15]. — K. T. A. Halbertsma: De Beteekenis van de Hollandsche Geneeskunde voor Japan in Haar Historische Ontwikkeling, 4. Philipp Franz von Siebold: Nederl. Tijdschr. Geneeskde **86**, 2 (1942) 834–838 m. Lit.Ang. [15]. — Irene Hübbe: Der wiss. Entdecker Japans: Ewiges Volk **1943**, Nr. 3, S. 9–11 m. 1 Bildn., Wappen, Stammtaf. [101]. — Georg Kerst: Die Anfänge der Erschließung Japans im Spiegel der zeitgenöss. Publizistik (Hamburg 1953) 107–109 m. 1 Karte (Übersee-Schriftenreihe H. 2) [101]. — J. Veith: Physician travellers in Japan: J. Amer. med. Assoc. **192** (1965) 137–140 m. Abb. [1a]. — Walther Heissig: Ein Arzt schloß Türen zum Verständn. Japans auf: Grünenthal Waage **5** (1966) 156–161 m. Bildn. u. Abb. [101].

Weitere Lit. M. W.: Die ethnogr. u. culturhistor. Sammlungen von Ph. Fr. v. Siebold: Beil. Allg. Ztg. **1874**, Nr. 14, S. 193–194; Nr. 15, S. 210–211 [37]. — Luise von Kobell: Unter den 4 ersten Königen Bayerns. Nach Briefen u. eigenen Erinnerungen **2** (München 1894) 5, 27, 107 [3]. — Max Linde: Die Einweihung des Siebold-Zimmers u. der Siebold-Gedächtnis-Ausstellung im Japaninstitut in Berlin am 17. Febr. 1928 (Hamburg 1928) 12 S. [101]. — W. J. J. C. Bijleveld: 4 Mei 1932: Leidsch Jaarboekje (Leiden) **24** (1931/32) 163–164 [UB Leiden]. — J. Rahder: Het ontslag van Ph. F. B. von Siebold: Jaarboekje geschiedenis oudheidkde Leiden en Rijnland **25** (1932–33) 26–35 [UB Amsterdam]. — F. M. Trautz: Schiller–Thunberg–Siebold. In: Goethe-Jahrb. **1936** der Goethe-Ges. in Japan (o. O. o. J.) 24 S. m. 2 Bildn. [101]. — [W. H. Rassers]: Overzicht van de Geschiedenis van het Rijksmuseum voor Volkenkunde 1837–1937 (Leiden 1937) 91 m. Bildn. (1875) S. 12 [Bibl. Rijksuniv. Leiden]. — Deutsche schaffen in aller Welt ... Hrsg. Heinz Otto. 2. Aufl. (Berlin 1942) 107 m. Bildn. [101]. — Percy Ernst Schramm: Deutschland u. Übersee (Braunschweig 1950) 97 [101]. — Claus Nissen: Die botan. Buchillustr. **1** (Stuttgart 1951) 215; **2** (1951) 171 [3]. — Georg Kerst: Die älteste japan. Karte von Ostasien: Petermanns geogr. Mitt. **97** (1953) 33–34 [3]. — Hans Körner: Die Würzburger Siebolds. Ein Beitr. zur Gelehrten-Gesch. des 18. u. 19. Jahrhunderts **2** (Tübingen 1956) 260–393 m. 2 Bildn., 3 Abb. (Phil. Diss. Univ. Tübingen 1955) [21].

Bildn. Illustr. Ztg., Leipzig **32** (1859) 359 m. Bildn. S. 360 [14]. — Ph. Fr. von Siebold: Nippon. Arch. zur Beschreibung von Japan. 2. Aufl. hrsg. von seinen Söhnen **1** (Würzburg, Leipzig 1897) nach S. VIII [14]. — Atlantis [Zürich] **13** (1941) 462 [Karikatur, japan. Zeichng. um 1823] [15].

Familie **SIEMENS**. Das Geschlecht der Siemens läßt sich in Goslar urkundlich bis 1523 zurückverfolgen.

Lit. Stephan Kekulé von Stradonitz: Über das Erfindergeschlecht Siemens: Grenzboten **67** (1908) 278–283 [15].

Werner Siemens (a) u. seine Brüder (b), (c), (d) (siehe unten) waren die Söhne des Landwirts Christian Ferdinand S. († 1840), Pächter des Obergutes Lenthe bei Hannover u. später der Domäne Menzendorf im Fürstentum Ratzeburg.

Im folgenden werden aus der Familie S. aufgeführt:

a) Ernst Werner von S. (1816–1892)
b) Karl Wilhelm von S. (1823–1883)
c) Friedrich August S. (1826–1904)
d) Carl Heinrich S. (1829–1906)
e) Carl Friedrich von S. (1872–1941)
f) Wilhelm von S. (1855–1919)

II–VI **SIEMENS,** Ernst Werner **von** (1888 geadelt). Ingenieur, Physiker. — 1834–1849 im preuß. Heer, seit 1838 als Artillerieoffizier; erfand u. a. 1845 den Funkenchronographen, 1846 den elektr. Zeigertelegraphen u. 1847/48 die Benutzung der Guttapercha zur Isolation unterirdischer u. unterseeischer Kabel; übernahm 1849 die Leitung der von ihm 1847 mit Johann Georg Halske (1814–1890) gegründeten Telegraphenbauanstalt Siemens u. Halske, die er 1867 nach dem Ausscheiden Halskes gemeinsam mit seinen Brüdern weiterführte; entwickelte u. a. (gemeinsam mit Mitarbeitern) 1856 den Doppel-T-Anker, 1873 die Differentialbogenlampe, 1879 die elektrische Eisenbahn u. 1881 die elektr. Straßenbahn; entdeckte 1866 das dynamoelektrische Prinzip (Bau der ersten Dynamomaschine); 1860 Dr. phil. h. c. Univ. Berlin; 1873 o. Mitgl. Preuß. Akad. Wiss. Berlin; Begründer der Physikal.-Techn. Reichsanstalt.

*1816, Dez. 13, Lenthe bei Hannover; †1892, Dez. 6, Charlottenburg.

Werke W. Siemens: Antrittsrede (2. Juli 1874): Monatsber. Preuß. Akad. Wiss. **1874,** 464–467 (Erwiderung von Du Bois-Reymond 475–478) [3]. — Werner Siemens: Wiss. u. techn. Arbeiten. 2. Aufl. **1** Wiss. Abh. u. Vorträge (Berlin 1889) VIII, 422 S. m. Titelbildn. u. Faks.; **2** Techn. Arbeiten (Berlin 1891) X, 601 S. m. 204 Abb. [14]. — Die Elektrotechn. vor 50 Jahren. Werner von Siemens spricht [Auszug aus seinem Vortrag „Über die dynamoelektr. Maschine u. deren Verwendung zum Betrieb von elektr. Eisenbahnen“]: Dtsch. Allg. Ztg. Nr. 37 vom 23. Jan. **1930,** Beil. Kraft u. Stoff Nr. 3 Sp. 1–6 m. Bildn. [11].

Autobiogr. Werner von Siemens: Lebenserinnerungen 2. Aufl. (Berlin 1893) [15]; 4. Aufl. (Berlin 1895) 298 S. m. Titelbildn. u. Faks. [14]; 5. Aufl. (1897); 6. Aufl. (1901); 14. Aufl. (1942); 16. Aufl. (München 1956) 307 S. m. Titelbildn. u. Faks. [101]. — Werner von Siemens: Lebenserinnerungen. Mit einem Geleitwort von Eugen Diesel (Leipzig 1943) 444 S. (Reclams Univ.Bibl. 7545–7547) [14; 101]. — Werner von Siemens: Mein Leben. Die Entwicklung der Siemens-Werke bis zur Gegenwart. Neu hrsg. von Kurt Fleischhack (Zeulenroda 1940) 371 S. m. Titelbildn. [14]; dasselbe: In Auswahl hrsg. von Kurt Fleischhack (Zeulenroda 1942) 175 S. [14].

Genealog. L. Clericus: Die Familie Siemens: Dtsch. Herold **19** (1888) 69–70 [3]. — A. von den Velden: Die Ahnentafeln von Schiller, Moltke, Werner von Siemens: Familiengesch.Bl. **8** (1910) 113–115 m. 1 Taf. [11]. — Hermann Werner Siemens: Ahnentaf. des Erfinders Werner Siemens in: Ahnentafeln berühmter Deutscher [1] (Leipzig 1929–

1932) 38–41, 324, 330 [3]. — Deutscher Wappenkalender **12** (1938) 501–502 m. Abb. S. 485 [3]. — Hermann Werner Siemens: Über unbekannte Ahnen von Werner Siemens: Mitt. Arbeitsgemeinsch. Familiengesch. im Kulturkreis Siemens, Berlin, Nr. 46 (1966) 73–108 [1].

Bibliogr. Cat. scient. Papers **5** (1871) 690 (13 Nr.); **8** (1879) 951 (6 Nr.); **11** (1896) 412–413 (20 Nr.); **12** (1902) 681 (4 Nr.); **18** (1923) 744 (Biogr. u. 12 Nr.) [3]. — Franz M. Feldhaus: Siemens-Bibliogr.: Gesch.bl. Techn., Ind. u. Gewerbe **1** (1914) 10–15 [15]. — Cat. gén. Bibl. nat. **172** (1948) 603–604 (8 Nr.) [3]. — Brit. Mus. Gen. Cat. **222** (1964) Sp. 111–112 (24 Nr.) [3].

Briefe Briefe von August Himly an Siemens. In: Moritz Liepmann: Von Kieler Prof. aus 3 Jahrhunderten (Stuttgart 1916) 317–318 (vom 22. Nov. 1863), 318 (vom 24. Nov. 1863), 321–322 (vom 26. Nov. 1863) [8]. — Vor 50 Jahren. Eine Auswahl von Briefen von Werner Siemens aus dem Jahre 1877 an Karl u. Wilhelm Siemens: Siemens-Jahrb. **1927,** 1–10 m. Titelbildn. [101]. — Vor 50 Jahren. Eine Auswahl von Briefen von Werner von Siemens an die Brüder Carl u. Wilhelm aus dem Jahre 1880: Siemens-Jahrb. **1930,** 5–12 [101]. — Briefe großer Naturforscher u. Mathematiker. Gesammelt u. erläutert von Max Bense (Köln 1943) 197–205 (an Gordon, Berlin 26. Sept. 1857) [3]. — Aus einem reichen Leben. Werner von Siemens in Briefen an seine Familie u. an Freunde. Ausgew. u. hrsg. von Friedrich Heintzenberg (Stuttgart 1954) 355 S. m. Titelbildn., Faks., Stammbaum-Auszug [3]. — Karl Busse: Alexander von Humboldt u. Werner Siemens [Wortlaut eines Briefes von A. v. H. an W. S. in Faks. v. J. 1851]: Siemens-Z. **33** (1959) 424–425 [Ha 2].

Nekr. H. Albrecht: Dtsch. Rdsch. **75** (1893) 132–135 [3]. — W. Berdrow: Beil. Allg. Ztg. **1892,** Nr. 349, S. 1–4 [3]. — E. von Bergmann: Dtsch. med. Wschr. **19** (1893) 1216–1219 [3]; Verh. Ges. Dtsch. Naturforsch. u. Ärzte 65. Verslg. Nürnberg **1** (Leipzig 1893) 23–38 [3]. — E. F. B.: Nature [London] **47,** 1892–1893 (1893) 153–155 m. Bildn. [Ha 2]. — Delbrück: Z. VDI **37** (1893) 57–61 m. Bildn. [15]. — H. Erdmann: Z. Naturwiss. **65** (1892) 379–396 [Ha 2]. — W. de F.: Lumière électrique **46** (1892) 595–596 [25]. — Konrad Haack: Vossische Ztg. **1892,** Sonntagsbeil. Nr. 50 vom 11. Dez. [Sp. 1–4] [11]. — Adolph Kohut: Nord u. Süd **63** (1892) 38–53 m. Bildn. [3]. — August Kundt: Abh. Akad. Wiss. Berlin **1893,** Gedächtnisrede S. 1–21 [3]. — A. R.: Beil. Allg. Ztg. **1893,** Nr. 23, S. 4–6; Nr. 24, S. 4–6 [3]. — A. S.: Mem. and Proc. Manchester Lit. and Philos. Soc. (4) **7** (1893) 244–245 [Ha 2]. — S.: Über Land u. Meer **69** (1893) 281 m. Bildn. u. Faks. [15]. — K. Strecker: Z. physik u. chem. Unterr. **6** (1893) 190–191 [1; 14]. — E. Wiedemann: S.-Ber. physik.-med. Soc. Erlangen **25** (1893) 68–81 [Ha 2]. — W. Wolkenhauer: Georg. Jahrb. **16** (1893) 495 [3]. — H. von Zobeltitz: Daheim **29** (1893) 266–270 m. Bildn. u. Faks. [3]. — Amer. Engineer and railroad J. **67** (1893) 50 [93]. — Ann. télégraph. **19** (1892) 562–563 [201]. - Arch. Post u. Telegr. **20** (1892) 801–807 [3]. — Chemiker-Ztg. **16** (1892) 1879 [3]. — Electrician [London] **30** (1893) 159, 591 [7]. — Electr. Rev. London **31** (1892) 697–699 m. 1 Bildn. [17]. — Gaea **29** (1893) 193–206 m. Bildn. [Ha 2]. — Gartenlaube **1892,** 878 m. Bildn. [3]. — J. télégraphique (Bern) **16** (1892) 316–317 [LB Bern]. — Min. Proc. Instn. Civil Engineers (London) **112** (1893) 339–344 [E 1]. — Proc. Instn. Mechan. Engineers (London) **1892,** 570–571 [7]. — Riv. scient.-industriale delle principali scoperte ed invenzioni fatte nelle scienze e nelle industrie nel 1892 A **24** (1892) 241–242 [Bibl. naz. centr. Firenze]. — Természettudományi Közlöny **25** (1893) 140–149 m. 1 Bildn. [F 1]. — Tidskr. Physik og Chem. **32** (1893) 95–96 [UB II Kopenhagen].

Biogr. Werner Siemens, eine biogr. Skizze: Arch. Post u. Telegr. **6** (1878) 545–549 (nach Telegraphic Journal Nr. 133) [3]. — Illustr. Ztg., Leipzig **77** (1881) 205–206 m. Bildn. [15]. — Gustav van Muyden: Die Gebr. Siemens: Westermanns Mh. **57** (1884/85) 64–77 m. Bildn. [11]. — Max Horwitz: Universum **7,** 1 (1891) 546–547 m. Bildn. [3]. — C. Musmacher: Kurze Biogr. berühmter Physiker (Freiburg i. Br. 1902) 214–218 [1]. — Wilhelm Jaeger: Werner von Siemens (Leipzig 1906) 52 S. m. Titelbildn. [14]; dasselbe: (Leipzig 1923) 52 S. (Slg. Meister, 11) [3]. — Adolf Kistner: Dtsche Physiker u. Chemiker (Kempten–München 1908) 85–110 m. Bildn. (Slg. Kösel, 23) [F 1]. — Karl Burhenne: Die Brüder Siemens ADB **55** (1910) 203–228 [3]. — A. Kistner: Werner von Siemens: Techn. Mh. **2** (1911) 138–144 [89]. — Robert Hessen: Dtsche Männer. 50 Charakterbilder (Stuttgart 1912) 363–371 [1]. — Albert Neuburger: Erfinder u. Erfindungen (Berlin, Wien 1913) 160–188 m. 1 Bildn., Abb. [3]. — Franz M. Feldhaus: Gesch.bl. Techn., Industrie u. Gewerbe **4** (1917) 166–170 [15]. — Hermann Schöler: Werner von Siemens. Helden der Arbeit (Berlin 1920) 176–192 m. 1 Bildn. [3]. — A. Kistner: Dtsche Meister der Naturwiss. u. Techn. **2** (München 1925) 117–141 m. Bildn. [101]. — Conrad Matschoß: Männer der Techn. (Berlin 1925) 251–252 m. Bildn. [101]. — S.: Werner von Siemens: Sendung **2** (1925) Nr. 4, S. 3–4 [101]. — C. Matschoß: Männer der Techn. (Berlin 1925) 250–251 m. Bildn. [14]. — Werner von Siemens als Junge: Kosmos-Taschenkalender dtsch. Jugend **5** (1929/30) 122–124 m. Bildn. [24]. — E. Drude in: Handwörterbuch der Naturwiss. 2. Aufl.

8 (Jena 1933) 1248 [3]. — Heinrich Happe: Werner von Siemens. Leben u. Werk eines deutschen Ingenieurs (Frankfurt 1934) 116 S. m. Bildn. S. 1 u. S. 110 (nach Gemälde von Franz von Lenbach), 24 Abb. [101]. — Heinrich Steinmetz: Scholle 11 (1934/35) 483–490 [101]. — Conrad Matschoß: Werner von Siemens. Die Großen Deutschen. Neue Dtsche Biogr. 3 (Berlin 1936) 561–576 m. 1 Bildn., 6 Abb.; neue Aufl. 1942 [101]; Große Ingenieure. Lebensbeschreibungen aus der Gesch. der Techn. (München–Berlin 1937) 214, 234–249, 259 m. Bildn., Faks. [101]. — Otto Mahr in: Deutsche Männer (Berlin 1938) 330–331 m. Bildn. [101]. — Bruno Paul Schaumburg: Männer aus eigener Kraft (Leipzig 1938) 250–265 m. 1 Bildn., 4 Abb. [101]. — Kurt Brüning u. a.: Große Männer Niedersachsens (1939) 41–43 (Niedersachsen, Gestalten u. Zeiten, H. 9/10) [101]. — Conradine Lück: Männer, Kämpfer, Sieger. Fünf Männer u. ihr Weg (Reutlingen 1940) 99–168 m. Titelbildn. [101]. — Otto Urbach: Werner Siemens (Osnabrück 1941) 80 S. m. Titelbildn. (Schöpferische Niederdeutsche, 3) [101]. — Richard Förster: Allg. Schlosser- u. Maschinenbauer-Ztg. 42 (1941) 103–104 [101]. — Conrad Wandrey: Werner Siemens. Gesch. seines Lebens u. Wirkens 1 (München 1942) 404 S. m. Titelbildn.; faks. Brief an Mathilde Drumann vom 12. Jan. 1847 S. 320 [14]. — Abraham Esau: Werner von Siemens (Berlin 1943) 20 S. m. Titelbildn. u. Faks. (Preuß. Akad. Wiss. Vortr. u. Schriften, 15) [14]. — Theodor Heuß: Deutsche Gestalten. Studien zum 19. Jahrhundert (Stuttgart u. Tübingen 1951) 213–220 [101]. — Rudolf Zeitmann: Werner von Siemens: Mechanik u. Maschinenbau 3 (1952) 73 [101]. — Rudolf Baumgardt: Das Fundament. Schöpferische Menschen des 19. Jahrhunderts (Darmstadt 1952) 183–193 m. Bildn., S. 385 Biogr. [101]. — W. Möbus: Elektrotechn. Z. (B) 5 (1953) 80 m. Bildn. [101]. — Helmut Rößler u. Günther Franz: Biogr. Wörterbuch zur dtsch. Gesch. (München 1953) 781 [3]. — Fritz Volze: Werner von Siemens: Welt der Schule 6 (1953) 177–178 m. Bildn. [101]. — Kurt Busse: Werner von Siemens. Die Großen Deutschen. Dtsch. Biogr. 3 (Berlin 1956) 442–455 m. Bildn., 1 Abb. u. Faks.Brief vom 5. Juni 1869 an Antonie Siemens [3]. — [Herbert] Pö[nicke]: Werner von Siemens in: Mitteldeutsche Köpfe (Frankfurt/M. 1959) 202 [14]. — W. Löser in: Deutsche Techniker aus 6 Jahrhunderten. Hrsg. von Alfons Kauffeldt (Leipzig 1963) 80–85 m. Bildn. vor S. 33 (Taschenbuch, 28) [14]. — Sigfrid von Weiher: Werner von Siemens. Ein Wegbereiter der Deutschen Industrie (München 1966) 48 S. m. 4 Bildn., 15 Abb. (Dtsch. Museum, Abh. u. Ber. 34, 3) [3].

Zum 70. Geburtstag Zentr.-Ztg. Optik u. Mechan. 8 (1887) 1–4 m. Bildn. [J 59].

Zum 100. Geburtstag Richard Aßmann: Werner von Siemens' Arbeiten auf dem Gebiete der kosm. Physik: Naturwiss. 4 (1916) 783–788 [3]. — Bruno Borchardt: Sozialist. Mh. 23 (1917) 41–42 [101]. — E. Budde: Werner Siemens' wiss. Tätigkeit: Dinglers polytechn. J. 331 (1916) 400–405 [3]. — [Conrad] Dieterici: Über das Leuchten der Flamme: Naturwiss. 4 (1916) 777–778 [3]. — Carl Dihlmann: Werner Siemens. Seine Person u. sein Werk. Festrede ... am 13. Dez. 1916 (Berlin 1916) 38 S. m. Titelbildn. [14]. — Hans Dominik: Gartenlaube 1916, S. 995–996 m. 2 Bildn. [14]. — Richard Ehrenberg: Werner Siemens in seiner Bedeutung für die deutsche Volkswirtschaft: Naturwiss. 4 (1916) 823–827 [3]. — Eugen Eichel: Elektr. Kraftbetriebe u. Bahnen 14 (1916) 365–373 m. 4 Bildn. u. 1 Abb. des Denkmals auf 1 Taf., 16 Abb. [101]. — J. A. von Friedensau: Niedersachsen 22 (1916/17) 67–68 m. Bildn. u. Faks. [14]. — Arthur Fürst: Werner von Siemens, der Begründer der modernen Elektrotechn. (Stuttgart, Berlin 1916) 188 S. m. 2 Bildn., 13 Abb. [14]. — H[ans] Görges: Werner Siemens' Verdienste um die Starkstromtechn.: Naturwiss. 4 (1916) 797–803 [3]. — H. Görges: Werner Siemens, sein Leben u. Wirken: Elektrotechn. Z. 38 (1917) 73–78 [3]. — Johannes Heber: Dtsch. Schulpraxis 36 (1916) 393–395, 404–408 [101]. — C[arl] Harries: Werner Siemens u. seine Stellung in der Chem.: Naturwiss. 4 (1916) 788–793 m. 1 Faks.Zeichn. [3]. — F. Heintzenberg: Werner Siemens, der Erfinder der Dynamomaschine: Prometheus 28 (1916) 145–149, 164–167, 186–188 m. 1 Bildn., 1 Faks.-Brief, 8 Abb. [3]; Werner Siemens' Tätigkeit auf dem Gebiete des Seewesens, zugl. ein Beitr. zur Gesch. der Elektrotechn. an Bord: Schiffbau 18 (1916) 117–121 m. 5 Abb. [1]. — [Karl] Helfferich: Rede ... in der TH Charlottenburg am 13. Dez. 1916. In: Reden u. Aufsätze aus dem Kriege (Berlin 1917) 326–330 [3]. — Karl Hochenegg: Gedenkrede auf Werner von Siemens: Z. Österr. Ing.- u. Architektenver. 68 (1916) 949–951 [1]. — W. Hort: Werner Siemens' Stellungnahme zu den techn., wirtschaftl. u. sozialen Entwicklungszügen seiner Zeit: Dinglers polytechn. J. 331 (1916) 417–419 [3]. — Karl Illg: Lese [Stuttgart] 7,2 (1916) 361–362 m. 1 Bildn., 2 Abb. [101]. — Max Jakob: Werner Siemens' Tätigkeit auf mechan.-techn. u. wärmetechn. Gebiet: Naturwiss. 4 (1916) 812–817 [3]. — Adolf Koepsel: Werner Siemens u. sein Lebenswerk: Dinglers polytechn. J. 331 (1916) 394–400 m. 1 Bildn., 1 Abb. [3]. — Adolph Kohut: Werner von Siemens als Artillerieoffizier u. Festungskommandant: Überall 19 (1917) 139–140 [101]. — Otto Kolshorn: Werner von Siemens als Artillerieoffizier: Daheim 53 (1916/17) 20–22 m. 2 Bildn. [14]. — Arthur Korn: Werner von Siemens'

Arbeiten über das Selen: Naturwiss. **4** (1916) 778–783 [3]. — Heinrich Lux: Sozialist. Mh. **23** (1917) 48–49 [101]. — Conrad Matschoß: Z. VDI **60** (1916) 1037–1063 m. 2 Bildn. u. 10 Abb. [3]. — Werner Siemens. Ein kurzgefaßtes Lebensbild nebst einer Auswahl seiner Briefe. Hrsg. von Conrad Matschoß, **1** (Berlin 1916) XI, 191, 314 S. m. Titelbildn., Faks., Bildn. nach S. 191 [Biographie 191 S.; Briefe 1–314, darunter faks. Brief an seinen Bruder Wilhelm vom 4. Dez. 1866 über die Erfindung der Dynamomaschine]; **2** (Berlin 1916) 317–977 m. Titelbildn., Bildn. S. 645 u. S. 736 [Briefe, Forts.] [14]. — Gustav Mie: Werner Siemens als Physiker: Naturwiss. **4** (1916) 771–776 m. 2 Fig. [3]. — J. Miesler: Österreich. Rdsch. **49** (1916) 231–233 [101]. — Oskar von Miller: Elektrotechn. Z. **38** (1917) 145–147 [3]. — Albert Neuburger: Ein Bahnbrecher der Techn.: Reclams Universum **33** (1916) 200–202 m. 1 Bildn., 2 Abb. [101]. — Felix Pinner: Kaufmann u. Leben, Beibl. Z. Handelswiss. **9** (1917) Nr. 10, S. 109–115 [1]. — Friedrich von Pritzbuer: Westermanns Mh. **121**, 2 (1916/17) 622–628 m. Bildn. u. Faks. [14]. — Karl Radunz: Heimat [Kiel] **26** (1916) 257–261 m. 2 Bildn. [101]. — J. A. von Reichenberg: Salonblatt **11** (1916) 1032–1033 m. Bildn. [14]. — August Rotth: Werner von Siemens als Soldat u. Kriegstechniker: Naturwiss. **4** (1916) 817–823 [3]. — Karl Scheel: Werner von Siemens u. die Physikal.-Techn. Reichsanst.: Dinglers polytechn. J. **331** (1916) 405–408 m. Bildn. [3]. — Georg Schmidt: Werner von Siemens' Arbeiten auf dem Gebiete der elektr. Telegr.: ebda 408-416 [3]. — Wilhelm von Siemens: Werner Siemens u. sein Wirkungsfeld: Naturwiss. **4** (1916) 759–771 m. Titelbildn. u. Faks. [3]. — Karl Strecker: Werner Siemens' Verdienste um die Entwicklung der Telegraphie u. Telephonie: Naturwiss. **4** (1916) 803–812 [3]. — Adolf Thomälen: Elektrotechn. Z. **37** (1916) 677–681 m. Bildn. u. Faks. [3]. — Otto Vogel: Werner von Siemens u. die Eisenindustrie: Stahl u. Eisen **36** (1916) 1197–1201, 1246–1255 [101]. — Emil Warburg: Werner Siemens u. die Physikal.-Techn. Reichsanst.: Naturwiss. **4** (1916) 793–797 [3]. — Arch. Post u. Telegr. **45** (1917) 165–169 [3]. — Artillerist. Mh. **1916**, 263–270 [101]. — Mitt. Handelskammer Berlin **14** (1916) 316–317 [101]. — Z. physik. u. chem. Unterr. **30** (1917) 45–47 m. 2 Fig. [101].

Zum 120. Geburtstag M. I. Radovskij: Arch. istorii nauki i techniki **8** (1936) 311–326 [1a]. — Siemens-Z. **16** (1936) 501 m. 1 Abb. [101].

Zum 125. Geburtstag Friedrich Bubendey: 75 Jahre Dynamo: Mittelschule **55** (1941) 247–248 [101]. — V. E. Mertens: Dtsch. zahnärztl. Wschr. **44** (1941) 731 [Ha 2]; Münchener med. Wschr. **88** (1941) 1339 [3].

Zum 50. Todestag F. Bauer: Elektrizitätswirtschaft **41** (1942) 527–530 m. 5 Abb. [101]. — Adolf Biehl: Dtsch. Techn. **10** (1942) 523–526 m. 1 Bildn., 1 Abb., Faks. eines Briefes an Stephan vom 5. Febr. 1879 [101]. — Rudolf Bingel: Siemens-Z. **22** (1942) 109–110 m. Bildn. [101]. — M. F. von Brackel: Europa-Kabel **2** (1942) Nr. 7, S. 3 m. Bildn. [101]. — A. Esau: Europ. Wiss.-Dienst **3** (1943) H. 3, S. 2–5 [101]; Forsch. u. Fortschr. **19** (1943) 127–128 [Ha 2]. — Hans Hartmann: Landmaschinen-Kaufmann **33** (1942) Nr. 25, S. 2 [101]. — Fr. Heintzenberg: Siemens-Mitt. **222** (1943) 8–9 [101]; Aus den letzten Lebensjahren von Werner von Siemens: Velhagen u. Klasings Mh. **57** (1942/43) 617–618 [101]. — W. Hillers: Z. math. u. naturwiss. Unterr. **71** (1940) 267–271 [15]. — Walter Jaekel: Werner Siemens, ein Gelehrter u. ein Techniker zugleich: Helios **48** (1942) Nr. 48/49, S. 33–34 m. 1 Bildn. [101]; Wissen u. Fortschritt **16** (1942) 615 [101]. — M. von Laue: Naturwiss. **30** (1942) 713 [3]. — Ernst Edgar Reimerdes: Der Begründer der modernen Elektrotechn.: Reclams Universum **58** (1942) 449–450 m. 1 Bildn., 1 Gruppenbildn. der 4 Brüder, 1 Abb. [101]. — H. Schulz: Telegraphen-, Fernsprech- u. Fernsehtechn. **31** (1942) 332–334 [101]. — H. Sequenz: Elektrotechn. u. Maschinenbau **60** (1942) 522–525 [101]. — J. Zenneck: Elektrotechn. Z. **63** (1942) 564–565 m. Bildn. u. Faks. [3]. — Dtsch. Molkerei-Ztg. **63** (1942) 755–757 [Ha 4]. — Dtsch.-Schweiz. Wirtschafts-Ztg. **28** (1942) 240–241 [101]. — Dtsch. Uhrmacher-Ztg. **66** (1942) 237 m. 2 Abb. [210]. — Industriebl. [München] **47** (1942) 1201 m. Abb. des Siemens-Denkmals an der TH Charlottenburg [101]. — L'Elettrotecnica [Milano] **30** (1943) 199–200 m. 1 Abb. [89]. — Maschine u. Werkzeug **43** (1942) H. 50, S. 10 [101]. — Neue dtsch. Schule **16** (1942) 549–554 [101]. — Prakt. Wissen [Graz] **17** (1942) 280–285 [101]. — Rundfunkarch. **16** (1943) 65–74 m. Bildn. [101]. — Soziale Zukunft **14** (1942) 110–112 [101]. — Stemmen uit Duitschland [Berlin] **2** (1942) Nr. 27 S. 20–23 m. 6 Abb. [101]. — Weltwirtschaft **30** (1942) 311–312 [7]. — Wirtschaftsbl. Ind.- u. Handelskammer Berlin **40** (1942) 605–606 [1].

Zum 70. Todestag H.-J. Hildebrand: Werner Siemens, Pionier der Elektrotechn.: Energietechn. **12** (1962) 567–569 [3].

Zum 150. Geburtstag E. Brüche: Physik. Bl. **22** (1966) 556–568 m. 5 Abb. [101]. — H. Wüger: Bull. Schweizer elektrotechn. Ver. [Zürich] **57** (1966) 537 m. 1 Abb. [1].

50 Jahre Fa Siemens u. Halske Rudolf Foerster: Zentr. Ztg. Opt. u. Mech. **18** (1897) 235–236 [89]. — Fritz Hansen: Bayer. Gewerbeztg. **10** (1897) 552–555 [12]. — W. Howe: Elektrotechn. Z. **18** (1897) 628–633 [15]. — Emil Schiff: Nation **15** (1897/98) 36–39 [3]. — Adresse der Physikal. Ges. an Siemens u. Halske: Verh. Physik. Ges. **16** (1897) 152–153 [3].

75 Jahre Fa Siemens u. Halske Fritz Hansen: Ein Bahnbrecher auf dem Gebiete der Elektrotechn.: Allg. Rdsch. **19** (1922) 525–526 [101]; Hamburger Techn. Rdsch. (Illustr. Beil. Hamburger Fremdenbl.) **2** (1922) Nr. 42, S. 2 m. Bildn. S. 5 [18]. — Carl Dietrich Harries: Zum Gedenken der 75. Wiederkehr des Gründungstages des Hauses Siemens u. Halske 1847–12. Okt.–1922 (Berlin 1922) VI, 505 S. (Wiss. Veröff. Siemens-Konzern, 2) [101].

75 Jahre Dynamomaschine Georg Eger: Dynamomaschine u. Elektrochem.: Z. Elektrochem. **48** (1942) 1–6 m. 1 Bildn., 1 Faks., 5 Abb. [15]. — Hermann Heiden: Der Begründer der Elektrotechn.: Zivilversorgung **48** (1943) 7–9 m. Bildn. [101]. — Friedrich Heintzenberg: W. von Siemens u. die Entstehung der Dynamomaschine (Berlin 1941) 29 S. m. Titelbildn. nach Gemälde von Franz von Lenbach (Dtsch. Museum, Abh. u. Berichte 13, 4) [14]; Das 1. Jahrzehnt der Dynamomasch.: Wiss. Ver. Siemens-Werke **21**, 1 (1942) 1–14 [11]; Vom Werden der Starkstromtechn.: Naturwiss. **30** (1942) 175–178 m. Bildn. u. 2 Abb. [3]. — J.: Werner Siemens' erstes Patent: Siemens-Z. **22** (1942) 79 [101]. — W. Philippi: Elektrizität im Bergbau **17** (1942) 1–3 m. 4 Abb. [101]. — Hermann von Siemens: Naturwiss. **30** (1942) 173–175 m. Faks. [3]. — Gebändigte Naturkräfte: Dtsch. Wschau **19** (1942) Nr. 2, S. 5 m. 1 Bildn., 2 Abb. [101]. — Dynamous uppfimare: Tysk Revy [Berlin] **5** (1943) 40 m. Bildn. [101].

100 Jahre Elektrotechnik Ottoheinrich Eichhorst: Werner von Siemens u. der elektrodyn. Schallwandler: Technikgesch. (Düsseldorf) **33** (1966) 256–275 m. 6 Abb. [101]. — Ulrich Haier: Langfristige Entwicklung bei elektr. Maschinen: Siemens-Z. **40** (1966) 645–651 m. 5 Abb., 2 Taf. [101]. — E. Leukert: Der Beginn der Starkstromtechn.: VDI-Nachr. **20** (1966) 9 m. 1 Abb. [101]. — Walter Panofsky: Dem Universitätsmechanikus Halske wurde die Sache unheimlich. Vor 100 Jahren eröffnete der 50jährige Werner von Siemens den Weg ins Starkstrom-Zeitalter: Süddtsche Ztg. **1966**, Nr. 297 vom 13. Dez., S. 3 m. Bildn. [19]. — E. Tschanter: 100 Jahre Elektrotechn.: Elektrowelt (B) **11** (1966) 537–539 m. 10 Abb. [1]. — Der Beginn des Zeitalters der Elektrizität: Physik. Bl. **22** (1966) 512–516 m. 1 Abb. [101].

Weitere Lit. Claude Servais Mathias Pouillet: La science mise à la portée de toutes les intelligences. Rapport fait à l'Académie des sciences sur les appareils télégraphiques de M. Siemens (Paris 1850) 16 S. [B. N. Paris]. — Friedrich Bücker: Bei den Dioskuren der Welttelegraphie: Daheim **5** (1868/69) 11–12, 14 [3]. — Emil Du Bois-Reymond: Werner Siemens: Dtsch. Wschr., Organ gemeins. nation. Interessen Österreichs u. Deutschlands Wien **4** (1886) 490–491 [300]. — Ferdinand Rosenberger: Die Gesch. der Physik **3** (Braunschweig 1890) 519, 520, 521, 721, 740, 761, 797, 799–805 [3]. — Max Ring: Erinnerungen **2** (Berlin 1898) **33**, 176 [3]. — Jahrhundertfeier der TH Berlin: Die Woche **1** (1899) 1211 m. Bildn. (Denkmal) [14]. — Richard Ehrenberg: Entstehung u. Bedeutung großer Vermögen, 4: Die Brüder Siemens: Dtsch. Rdsch. **111** (1902) 63–86, 250–278 [3]. — Jubiläum der elektr. Bahnen (31. Mai 1879 Ausstellung der ersten elektr. Straßenbahnanlage): Mitt. Gesch. Med., Naturwiss. **3** (1904) 458–459 [3]. — Georg Biedenkapp: Bahnbrecher des Weltverkehrs (Berlin 1904) 120–143 [14]. — Richard Ehrenberg: Die Unternehmungen der Brüder Siemens **1** (Jena 1906) XXXIV, 510 S. m. Titelbildn. von Werner von Siemens [14]; Thünen-Archiv. Organ für exakte Wirtschaftsforsch. **1** (Jena 1906) 38–73, 289–291; **2** (1907) 18–20, 192–194 [15]. — Conrad Matschoß: Die Berliner Industrie einst u. jetzt: Z. VDI **51** (1907) 731–738 m. 6 Bildn., 13 Abb.; 786–791 m. 2 Bildn., 8 Abb. [3]. — Sonnenburg: Das Wernerwerk der Siemens u. Halske AG: Techn. Mag. **1908**, H. 1, 93–103 m. 1 Bildn., 4 Abb. [BA Clausthal]. — Max Geitel: Entlegene Spuren Goethes (München, Berlin 1911) 188 [3]. — Max Geitel: Von Galvani bis Telefunken. In: Der Stein der Weisen **1** (1914) Nr. 2, S. 7–9 [101]. — H. Barfod: Werner von Siemens u. die ersten Unterseeminen: Prometheus **26** (1915) 737–738 m. 1 Bildn. [3]. — Fritz Hansen: Ein Bahnbrecher auf dem Gebiete der Elektrotechn.: Zentr.-Ztg. Opt. u. Mech. **36** (1915) 306–308 m. Bildn. [101]. — K. Strecker: Maschinen u. Apparate von Werner von Siemens aus dem Besitze des Reichs-Postmuseums: Elektrotechn. Z. **38** (1917) 103–107 m. 15 Abb.; 120–122 m. 13 Abb. [3]. — Franz M. Feldhaus: Zur Gesch. der Dynamomaschine: Z. physik. u. chem. Unterr. **30** (1917) 100–103 m. 1 Abb. [3]. — M. Trott: Werner von Siemens: Schuß u. Waffe **11** (1917/1918) 69–72 [1]. — Ida Altmann-Bronn: Wie Werner Siemens als Freireligiöser beinahe ins Unglück kam: Das Freie Wort **17**, 1917/18 (1918) 464–470 [15]. — Felberg: Die Bedeutung W. von Siemens' für die Telegraphie: Jber. Physik. Ver. Frankfurt/M. **1917/18**, 73–86 [Ha 2]. — Hermann Meyer: 50 Jahre bei Siemens (Berlin 1920) 214 S., Bildn. nach S. 2 [14; 101]. — Ad. Thomälen: Elektr. Bahnen. Ihre Entwicklung bei . . . Siemens u. Halske 1879–1884: Beitr. Gesch. Techn. u. Industr. **11** (1921) 39–62 m. Bildn. [14]. — Ludwig Fischer: Werner Siemens u. der Schutz der Erfindungen. In: Wiss. Veröff. Siemens-Konzern **2** (Berlin 1922) 1–69 [101]. — Werner Siemens als Vorhersager der d'Herellschen Bakteriophagie: Therapie Gegenwart **63** (1922) 118–119 [3]. — Emsmann: Werner von Siemens u. das „bakteriophage Virus": Z. ärztl. Fortbildg. **19** (1922) 124–125 [3]. — Hans F[erdinand] Helmolt: Das Ehrenbuch des Deutschen Volkes (Königstein, Leipzig 1923) 251–262 [15; 101]. — Albert Neuburger: Die Wunder der Fernmeldetechn. (Leipzig 1924) 39–42 (Der Siemens-Schnelltelegraph m. Bildn. S. 45) [14]. — Felix Pinner: Deutsche Wirtschaftsführer (Charlottenburg 1924) 120–127 [3]. — Adolf Strümpell: Aus dem Leben eines deutschen Klinikers (Leipzig 1925) 199 [3]. — E. Goldstein: Aus vergangenen Tagen der Berliner Physikal. Ges.: Naturwiss. **13** (1925) 39–45 m. Bildn. u. Faks. S. 43 [3].— Heinrich Voigt: Nachdenkliches u. Heiteres aus den ersten Jahrzehnten der Elektrotechn. (Leipzig 1925) 55 m. Titelbildn., Faks. [101]. — Albert Neuburger: Die uns neue Welten zeigten. Pfadfinder der Kultur. Männer u. Taten der Techn. (München 1926) 83–115, 256–270 [101]. — F[ranz] M[aria] F[eldhaus]: Werner Siemens' Einzug in Berlin: Gesch.Bl. Techn., Ind., Gewerbe **11** (1927) 309 [15]. — Richard Eickhoff: Politische Profile. Erinnerungen aus 4 Jahrzehnten an ... u. a. (Dresden 1927) 55–63 [101]. — Schulte: Kunst u. Technik: VDI-Nachr. 8 (1928) Nr. 4, S. 1 m. Bildn. nach Lenbach [101]. — Der erfolgreiche Mensch **3**: Der wirtschaftl. u. öffentl. Erfolg hrsg. von Ludwig Lewin (Berlin, Zürich 1928) 477–480 [101]. — Max Osborn: Berlins Aufstieg zur Weltstadt (Berlin 1929) 43, 49, 52 m. 1 Bildn., 2 Abb. [15]. — Werner Ahrens: Werner Siemens u. der elektrotechn. Verein: Siemens-Jahrb. **1929**, 17–34 m. Siemens-Stephan-Gedenkpl., 1 Abb. [101]. — Michael Pupin: Vom Hirten zum Erfinder (Leipzig 1929) 258–259 [3]. — Werner Siemens als Lehrmeister der BVG. Berliner Hochbahn-Pläne vor 50 Jahren: Dtsch. Allg. Ztg. **69** (1930) Nr. 333 vom 20. Juli Sp. 2–3 [11]. — Ernst Senn: Theodor Bilharz (Stuttgart 1931) 39 (Schr. Dtsch. Ausland-Inst., Stuttgart, Rhe D, Bd 5) [3]. — J. Zenneck: W. von Siemens u. die Gründung der Physikal.-Techn. Reichsanst. (Berlin 1931) 26 S. m. Bildn. S. 23 (Dtsch. Museum, Abh. u. Ber. 3,1) [14]. — Karl Burhenne: Werner Siemens als Sozialpolitiker (München 1932) 119 S. m. Titelbildn. [14]. — Bruno Kisch: Werner von Siemens ahnt die Bakteriophagen: Münchener med. Wschr. **80** (1933) 778 [3]. — Bernhard Lepsius: Das Haus Lepsius (Berlin 1933) 239 [3]. — E[rnst] Feyerabend: Der Telegraph von Gauß u. Weber im Werden der elektr. Telegraphie (Berlin 1933) 103–118 m. 1 Bildn. u. Faks., 8 Abb., 1 Faks.Brief [3]. — Gustav Vogt: Lebensbilder bedeutender Schwerhöriger **1** (Berlin 1934) 9–18 [11]. — Max Planck: Persönl. Erinnerungen: Verh. Dtsch. physik. Ges. **16** (1935) 11-16 [101]. — Hanns Derstroff: Ein Fürst der Technik. Werner von Siemens u. sein Werk: Bibl. Unterhaltung u. Wissen **59**, 2 (1935) 151–168m. 1 Bildn., 8 Abb.; **59**, 3 (1935) 158–172 m. 5 Abb. [101]. — Friedrich Natalis: Die erste Dynamomasch. von Werner Siemens im Lichte neuzeitl. Meßtechn.: Wiss. Veröff. Siemens-Konzern **14** (1935) H. 1, S. 1–15 [3; 11]. — G. A. Feiler: Werner von Siemens u. das deutsche Patentwesen: Siemens-Z. **16** (1936) 385–388 [101]; Die Erfindungshalle. Werner Siemens regt die Gründung eines Deutschen Museums an: Siemens-Mitt. **1937**, 227 [Siemens-Arch., München]. — Werner Siemens' erstes Telegraphenpatent: Techn. u. Industr., Schweizer Chemikerztg. **20** (1937) 144–145 [LB Bern]. — H.: Werner Siemens u. die Guttapercha: Siemens-Z. **17** (1937) 231–234 m. Bildn., 4 Abb. [101]. — A.: Ein Jubil. des durch Werner Siemens begründeten Erfindungsschutzes: Siemens-Z. **17** (1937) 389–390 m. 1 Faks. [101]. — A.: Werner Siemens u. die Physikal.-Techn. Reichsanst.: ebda 455 [101]. — Rammelt: Der Niedersachse Werner Siemens: Wbl. Landesbauernsch. Hannover-Braunschw. **91** (1938) 61 m. 1 Bildn., 1 Abb. [101]. — J.: Aus der Gesch. des Hauses Siemens: Siemens-Z. **18** (1938) 265–266 m. 6 Abb., 309–310 m. 2 Abb. [101]. — Bruno Wachsmuth: Der Arzt in der Dichtung unserer Zeit (Stuttgart 1939) 198 [3]. — Hanns Derstroff: Der goldene Löffel in der Zitadelle. Werner von Siemens in der Festung Magdeburg: Goldene Reiter **2** (1939) 126–127 m. 1 Bildn. u. Faks. [101]. — H. C. Dierst: Edison-Marconi-W. von Siemens: Ebertin-Kalender **12** (1939) 63–67 m. 3 Abb. [101]. — F. Heintzenberg: Werner Siemens u. die Gesch. der Technik: Dtsch. Techn. **7** (1939) 294, 298 m. Bildn. [101]; Das Siemens-Archiv u. das Siemens-Museum: Beitr. Gesch. Techn. Ind. **28** (1939) 164–168 [3]. — Los von England. Der dtsch. Abwehrkampf gegen Englands wirtschaftl. Weltmachtstellung in der 1. Hälfte des 19. Jahrhunderts. List, Harkort, Borsig, Siemens. Hrsg. von Wilhelm Ihde (Leipzig 1939) 236 S. [101]; darin: Friedrich Heintzenberg: Werner Siemens, der Begründer des elektrotechn. Zeitalters 1–69. — Georg Dettmar: Die Entwicklung der Starkstromtechn. in Deutschland **1** (Berlin-Charlottenburg 1940) siehe Reg. [14]. — Friedrich Heintzenberg: Zur Gesch. des Doppel-T-Ankers: Siemens-Z. **20** (1940) H. 1, S. 1–5 m. 11 Abb. [101]. — Paul Siebertz: Gottlieb Daimler. Ein Revolutionär der Techn. (München–Berlin 1940) 73, 131, 141, 154 [3]. — Fr. Heintzenberg: Werner Siemens u. die Weltgeltung der dtsch. Elektrotechnik: Siemens-Z. **20** (1940) 33–41 m. 1 Bildn., 2 Abb. [101]. — Wilhelm Hassenstein: Der Übergang vom Schwarzpulver zur Nitrozellulose: Z. ges. Schieß- u. Sprengstoffwesen **36** (1941) 101–102, 121 [101]. —

Die erste Mine im Kieler Hafen 1848. Aus den Lebenserinnerungen von Werner von Siemens: Lübeckische Bl. 83 (1941) 215–220 [101]. – Hans Dominik: Geballte Kraft. Werner von Siemens' Dynamo-Maschine leitet ein neues Zeitalter ein (Berlin 1941) 155 S. m. Titelbildn. u. Faks. [14]. – Paul Weiglin: Berliner Biedermeier. Leben, Kunst u. Kultur in Alt-Berlin zwischen 1815 u. 1848 (Bielefeld, Leipzig 1942) 203 [3]. – E. Holtgreve: Aus der techn. Entwicklung des Obus: Verkehrstechn. **23** (1942) 71–74 m. 2 Abb. [83]. – Dtsch. Warte (Helsinki) **8** (1943) 319–320 [101]. – Herbert Geiger: Intuitive Erkenntnis. Werner von Siemens u. die moderne Medizin: Zeit [Hamburg] **3** (1948) Nr. 7, S. 4 [101]. – Das junge Elektrohandwerk **1** (1949) 173 [101]. – K. Gundlfinger: 100 Jahre Telegraphie in Frankfurt/M. 1849 -1.Apr.-1949. Denkschr. hrsg. von Oberpostdirektion Frankfurt/M. (Frankfurt/M. 1949) 96 S., 12 Taf. [292]. – Friedrich Heintzenberg: Friedrich von Hefner-Alteneck (München 1951) 35 S. m. 1 Bildn., 4 Abb. (Deutsches Museum, Abh. u. Ber. 19,2) [3]. – E. S.: Zum 75jähr. Bestehen der Berliner Stadtrohrpost: Siemens-Z. **26** (1952) Nr. 2 S. 88–90 m. 2 Abb. [88]. – Sigfrid von Weiher: Werner Siemens u. die Einführung der Elektrotechn. in Bergbau u. Hüttenwesen: Bergfreiheit **18** (1953) 388–392 m. 2 Bildn., 7 Abb. [101]. – Rud. Sachtleben: Werner von Siemens begründet die Elektrotechn.: Praxis des Kaufmanns **2** (1954) 1–2 [18]. – Rudolf Eger: Siemens, der Elektrokönig (Einsiedeln, Zürich, Köln 1954) 161 S. [1]. – Hanns Peugler: Werner von Siemens – der Gründer des Hauses Siemens: Ausbau **8** (1955) 3–11 m. 3 Bildn., 3 Abb.; 67–76 m. 2 Bildn. u. 8 Abb.; 131–140 m. 8 Abb. [101]. – AKN: Werner Siemens, der große Elektrotechniker: Dtsch. Post (Frankfurt) **7** (1955) 417–419 m. Abb. [292]. – Wilhelm Jansen: Werner von Siemens u. die moderne Virusforschung: Siemens-Mitt. **30** (1955) Nr. 14, S. 38–39 m. 3 Abb. [101]. – Sigfrid von Weiher: Siemens u. Edison: Siemens-Z. **30** (1956) 521 m. Brief-Faks., Thomas A. Edison an Werner Siemens vom 12. März 1884; Werner Siemens zur Frage des techn. Schulwesens: ebda 603–604 [101]. – E. Popp: Werner von Siemens, der Begründer der Starkstromtechn.: Fernmelde-Praxis **33** (1956) 149–150 m. 1 Bildn., 1 Abb. [101]. – Erich Krumm: Werner von Siemens u. das Dynamoprinzip: Naturlehre **4** (1956) 267–269 m. 1 Bildn. [101]. – Rudolf Danke: Das Siemens-Grundstück in Charlottenburg. Ein Beitr. zu seiner Gesch.: Der Bär von Berlin **6** (1956) 108–134 m. Abb. der Siemens-Villa [14]. – Wilhelm Lehr: Siemens prägte den Begriff „Elektrotechnik": Bosch-Kurier **6** (1957) Nr. 19, S. 19 m. 1 Bildn., 3 Abb. [101]. – fb: Unternehmerbilder: Werner von Siemens – Arbeit u. Brot für Tausende: Bl. vom Hause, Mschr. Werkgemeinschaft Henkel **35** (1957) Nr. 1, S. 13–15 m. 1 Bildn. u. 5 Abb. [61]. – G. Hyckel: Siemens tanzte in Berlin: Ratiborer [Warendorf] **5** (1958) Nr. 53, S. 3 [292]. – Sigfrid von Weiher: Die Entwicklung der englischen Siemenswerke u. des Siemens-Überseegeschäftes in der 2. Hälfte des 19. Jahrhunderts (Freiburg/Br. 1959) 229 S. [Masch.Schr.] (Phil. Diss. Freiburg/Br.) [101]. – Lothar Richter: Der Gefahr begegnen! Agros [Hannover] **1961**, 616–621 [7]. – Walter Brill: Werner Siemens u. das Telefon: Siemens-Z. **35** (1961) 738–740 [Ha 2]. – Manfred Grunwald: Werner von Siemens u. das dynamoelektr. Prinzip: Urania **26** (1963) 747–750 m. 1 Bildn., 4 Abb. [3]. – Gustav Goldbeck: Gebändigte Kraft. Die Gesch. der Erfindung des Otto-Motors (München 1965) 29, 103, 124, 126, 127, 238 [101]. – Sigfrid von Weiher: Johann Georg Halske. In: NDB **7** (1966) 572–573 [3].

Bildn. Der Bär **6** (1880) 388–389 m. Bildn. S. 385 [14]. – Illustr. Ztg., Leipzig **77** (1881) 205–206 m. Bildn.; **142** (1914) 1204; **147** (1916) 939 [14]. – William Pole: The life of Sir William Siemens (London 1888) 7 [14]. – Nord u. Süd **63** (1892) Tafelbildn. [14]. – Kunst für Alle **8** (1893) 125, Bildn. m. Faks. [14]. – Große Berliner Kunstausstellung 1893. Katalog (Berlin 1893) 25, Nr. 2199 [14]. – Ismael Gentz: Portrait-Sammlung von 25 bekannten Persönlichkeiten (Berlin 1895) 9, Taf. 20 m. Faks. [Fürstl. Hofbibl. Donaueschingen]. – Oscar Frölich in: Das 19. Jahrhundert in Bildn. **1** (Berlin 1898) 5 m. Bildn. Nr. 5 [3]. – Carl Pietschker: Carl Gussow u. der Naturalismus in Deutschland (Berlin 1898) 54 [11]. – Die Hundertjahrfeier der TH Berlin (Berlin 1900) 32 [14]. – Die Kunst **1** (1900) 103 Relief von Adolf von Hildebrand [14]. – Weltall **5** (1904) 219 [14]. – Dtsch. Museum von Meisterwerken der Naturwiss. u. Techn. (München 1912) Nr. 29 [15]. – Westermanns Mh. **119, 1** (1915) 54 [14]. – Das U-Boot **1917**, 77 [1 a]. – I[sidor] Kastan: Berlin wie es war. 7. Aufl. (Berlin 1919) 136 [14]. – Siemens-Z. **2** (1922) 456 [14]. – Franz Schnabel: Deutschland in den weltgeschichtl. Wandlungen des letzten Jahrhunderts (Leipzig, Berlin 1925) 208 [14]. – Bilder zur Kunst- u. Kulturgesch. Hrsg. von Rich. Graul (Leipzig 1931) XXXIV Büste von Adolf von Hildebrand 1892 [101]. – Wilhelm Jaeger: Die Entstehung der internat. Maße der Elektrotechn. (Berlin 1932) 7 [14]. – Wolfgang Schade: Europäische Dokumente. Histor. Photos aus den Jahren 1840–1900 (Berlin, Leipzig 1932) 66 [101]. – Kurt Busse: Werner-Siemens-Bildnisse: Siemens-Mitt. **145** (1933) 20–23 [1]. – Aus der Gesch. der Berliner Physik. Bildn.-Sammlg. zur Feier des 90jähr. Bestehens der Berliner Physikal. Ges. Physiker-Bildserie **1** (Leipzig 1935) 2 [101]. – Die Großen Deutschen im Bild.

Hrsg. von Alfred Hentzen u. Niels von Holst (Berlin 1936) 391 [3]. — Heinrich Konen: Physikal. Plaudereien (Bonn 1937) 367, Biogr. 369–370 [14]. — Edwin Redslob: Die Welt vor 100 Jahren. 3. Aufl. (Leipzig 1943) 398, Jugendbildn. S. 399 [14]. — Physik. Bl. 1 (1944) 69; Biogr. Notiz u. Anekdote S. 72; Aus einer Denkschr. [von W. von Siemens] vom Jahre 1883 S. 69–71 [14]. — Bildn. berühmter Mitglieder der Dtsch. Akad. Wiss. Berlin (Berlin 1950) Taf. 54 [3]. — Tradition 5 (1960) 262 [14]. — Georg Siemens: Der Weg der Elektrotechnik. Gesch. des Hauses Siemens. 2. Aufl. 1 (Freiburg/Br., München 1961) Titelbildn. m. Faks. [14]. — Otto Mayr in: Schätze im Dtsch. Museum. Hrsg. von Hermann Auer u. Friedr. Klemm (Düsseldorf 1968) 94–95 m. 1 Bildn. u. 1 Abb. [3].

II, III, VI **SIEMENS,** Carl Wilhelm (Sir William) **von.** Ing., Großindustr. — Stud. 1841–1842 Göttingen; 1842 Eintritt Stolbergsche Maschinenfabrik; 1842 Ziviling. in London; 1858 Leitung der Filiale des Berliner Geschäftes seines Bruders; 1867 Gründung Stahlwerk Birmingham; 1869 Gründung der Landore-Siemens Steel-Works. Viele Erfindungen.

*1823, Apr. 4, Lenthe bei Hannover; †1883, Nov. 19, London.

Bibliogr. Cat. scient. Papers 5 (1871) 689 (11 Nr.); 8 (1879) 950–951 (22 Nr.); 11 (1896) 411–412 (35 Nr.); 12 (1902) 681 (Biogr.); 18 (1923) 744 (Biogr.) [3]. — Cat. gén. Bibl. nat. 172 (1948) Sp. 605–606 (11 Nr.) [3]. — Brit. Mus. Gen. Cat. 222 (1964) Sp. 110–111 (20 Nr.) [3].

Briefe Aus einem reichen Leben. Werner von Siemens in Briefen an seine Familie u. an seine Freunde. Ausgew. u. hrsg. von Friedrich Heintzenberg (Stuttgart 1954) siehe Reg. S. 353 [3].

Nekr. G. Gregor: Z. VDI 27 (1883) Sp. 887–888 [15]. — George W. Maynard: Transact. Amer. Inst. Mining Engineers New York 12 (1884) 645–660 [91]. — J. Munro: J. Soc. Telegr. Engineers and Electricians (London) 13 (1884) 442–462 [89]. — Williams Thomson: Revue scient. (3) 6 (1883) 705–707 [Ha 2]; Nature [London] 29 (1884) 97–99 m. Titelbildn. [15]. — Robert H. Thurston: Science 3 (1884) 34–36 m. Bildn. u. Faks. [Ha 2]. — Hermann Wedding: Verh. Ver. Beförderg. Gewerbefleiß Preußen, S.-Ber. 1884 3 u. 25 [14]. — Aimé Witz: Rev. questions scient. Soc. scient. Bruxelles 15 (1884) 353–379 [UB Basel]. — Chemiker-Ztg. 7 (1883) 1527–1528 [3]. — Electrician [London] 12 (1884) 37–38 [7]. — Glasers Ann. Gewerbe- u. Bauwesen (Berlin) 18 (1886) 38–39 [88]. — J. chem. Soc. London 45 (1884) 624–627 [Ha 2]. — Minutes Proc. Instn. Civil Engineers [London] 77 (1884) 352–355 [7]. — Pharmaceut. J. and Transact. (3) 14 (1884) 404–405 [Ha 2]. — Proc. Meetings Physical. Soc. London (2) 5 (1884) 9–11 [29]. — Proc. Roy. Soc. London 37 (1884) Obit. Not. I–X [Ha 2]. — Quart. J. Roy. meteorol. Soc. London 10 (1884) 102–103 [Ha 2]. — Rivista scient. industr. delle principali scoperte ed invenzioni 16 (1884) 37–39 [Bibl. Naz. Centr. Firenze]. — Természettudományi Közlöny 16 (1884) 515–516 [F 1]. — Transact. Instn. Naval Architecs [London] 25 (1884) 311–312 [7]. — Zentr.-Ztg. Opt. u. Mech. 5 (1884) 1 m. Bildn. [J 59]. — Z. math. u. naturwiss. Unterr. 16 (1885) 313–314 [15].

Biogr. Zentr.-Ztg. Opt. u. Mech. 3 (1882) 205–206 [J 59]. — William Pole: The life of Sir William Siemens (London 1888) XII, 412, 28 p. with portr. and illustr. [enthält Briefe Werners an seinen Bruder] [14]. — William Pole: Wilhelm Siemens (Berlin 1890) VIII, 435 S. m. Titelbildn., 3 Bildn., 2 Abb., 1 Karte [3]. — Pagel: ADB 34 (1892) 213–214; Karl Burhenne: 55 (1910) 213–219 [3]. — Rudolf Lehmann: Erinnerungen eines Künstlers (Berlin 1896) 242–245 [3]. — Georg Biedenkapp: Bahnbrecher des Weltverkehrs (Berlin 1904) 144–159 [14]. — Albert Neuburger: Erfinder u. Erfindungen (Berlin, Wien 1913) 160–188 m. 1 Bildn. [3]. — Conrad Matschoß: Männer der Technik (Berlin 1925) 251–252 m. Bildn. [101]; Große Ingenieure. Lebensbeschreibungen aus der Gesch. der Technik (München, Berlin 1937) 226, 237, 243, 247, 311 [101]. — H. Dickmann: Werk [Düsseldorf] 18 (1938) 502 [61].

Zum 100. Geburtstag V. Engelhardt: Stahl u. Eisen 43 (1923) 457–458 [101]. — A. Rotth: Siemens-Z. 3 (1923) 149–160 m. Bildn. u. Faks. [14]. — Dinglers polytechn. J. 338 (1923) 65–66 m. Bildn. [13]. — VDI-Nachr. 3 (1923) 150 [101].

Zum 150. Todestag Aus der Gesch. der Siemens-Firmen: Siemens-Z. 13 (1933) 354–355 m. 3 Abb. [101]. — VDI-Nachr. 13 (1933) Nr. 46, S. 2 m. Bildn. [101].

100 Jahre Patent Hans-Joachim van den Berg: Die Brüder Friedrich u. Wilhelm Siemens als Erfinder des Regenerativofens. Zur 100. Wiederkehr der Patentanmeldung am 2. Dez. 1856: Stahl u. Eisen 76 (1956) 1612–1615 m. 3 Bildn. u. 1 Faks. [101]. — M. Schofield: Iron and Steel 30 (1957) 44, 68 [1].

Zum 75. Todestag J. N. Aldington: Engineer [London] 205 (1958) 393–395 [89]. — L. Arands: Wilhelm Siemens u. sein elektr. Lichtbogenofen: Elektro-Wärme 16 (1958) 350–353 m. 1 Bildn. u. 7 Abb. [101]. — K. Busse: Siemens-Z. 32 (1958) 797–798 m. Bildn. [101]. — Sir William Siemens exhibition [in Science Museum, South Kensington]: Nature [London] 181 (1958) 741 [Ha 2].

Weitere Lit. Ferdinand Rosenberger: Die Gesch. der Physik **3** (Braunschweig 1890) 687–689 [3]. — E. von Bergmann: Worte der Erinnerung an A. W. von Hofmann u. Werner von Siemens: Ver. Ges. Dtsch. Naturforscher u. Ärzte, 65. Verslg. Nürnberg **1** (Leipzig 1893) 37 [3]. — L. Beck: Gesch. der Eisenindustrie in Wales: Stahl u. Eisen **26** (1906) 1130 [15]; Zum 50jähr. Jubil. des Regenerativofens: ebda 1426–1427 [15]. — Ber. über die Arbeiten von Wilhelm Siemens über Abkühlung (Refrigeration): Z. Sauerstoff- u. Stickstoff-Industrie **7** (1915) 59–60 [101]. — Hanns von Zobeltitz: Ein deutscher Ingenieur in England: Velhagen u. Klasings Mh. **1950/51**, 804–809 [14]. — Eric N. Simons: A pioneer in electricity and regenerative heating: Metallurgia (Manchester) **50** (1954) 29–31 [ETH Zürich]. — Siemens, Edison, Swan: Light and Lighting [London] **51** (1958) 217–218 m. Bildn. von W. Siemens [ETH Zürich].

Bildn. Der Floh [Wien] **15** (1883) Nr. 42, S. 6. — Richard Ehrenberg: Die Unternehmungen der Brüder Siemens **1** (Jena 1906) 154 [14]. — Werner Siemens: Mein Leben. Neu hrsg. von Kurt Fleischhack (Zeulenroda 1940) nach S. 160 [14].

II, IV **SIEMENS,** Friedrich August. Wärmeökonomie. — 1848 in England bei seinem Bruder Wilhelm; 1856 engl. Patent auf eine „Verbesserung an Öfen" (Konstruktion von Regenerativöfen); 1857 in Berlin, 1858 Gasofenpatent für Sachsen; 1859 wieder in England; 1864 in Berlin Gründung eines Ofenbaugeschäfts; 1867 Übernahme der Glasfabrik seines Bruders Hans (nach dessen Tode) bei Dresden, die er 1888 verkaufte; 1901 Dr.-Ing. e. h. TH Dresden.

*1826, Dez. 8, Menzendorf bei Lübeck; †1904, Mai 24, Dresden.

Briefe Aus einem reichen Leben. Werner von Siemens in Briefen an seine Familie u. an Freunde. Ausgew. u. hrsg. von Friedrich Heintzenberg (Stuttgart 1954) 44, 280, 293 [3].

Nekr. Viktor Böhmert: Erinnerungen an Friedrich Siemens in Dresden: Arbeiterfreund **42** (1904) 126–136 [1]. — Dresdner Rdsch. **13** (1904) Nr. 23, S. 3 [14]. — Dtsch. Bauztg. **38** (1904) 271–272 [14]. — Z. Österr. Ing.- u. Archit.-Ver. **56** (1904) Nr. 33, S. 475 m. Bildn. [89].

Biogr. William Pole: The life of Sir William Siemens (London 1888) 12–14 (Friedrich „the Dresden Siemens") [14]. — Dresdner Rdsch. **9** (1900) Nr. 18, S. 1–2 m. Bildn. [14]. — Gesundheits-Ing. **24** (1901) 373–374 [24]. — Conrad Matschoß: Männer der Techn. (Berlin 1925) 249–250 m. Bildn. [101]. — Stahl u. Eisen **55** (1935) 1281 m. Bildn. [101]. — Conrad Matschoß: Große Ingenieure. Lebensbeschreibungen aus der Gesch. der Techn. (München, Berlin [1937]) 214, 226, 238 [101]. — [Herbert] Pö[nicke] in: Mitteldeutsche Köpfe (Frankfurt/M. 1959) 201 [14].

Zum 100. Geburtstag Rotth: Dinglers polytechn. J. **341** (1926) 261 m. Bildn. [3]. — Friedrich Carl Siemens: Z. VDI **70** (1926) 1629–1633 m. Bildn. u. Faks. [3]. — Wgm.: VDI-Nachr. **6** (1926) Nr. 49, S. 2 [101]. — Stahl u. Eisen **46** (1926) 1713 [101].

Zum 25. Todestag E. H.: Der Schöpfer der Dresdner Glasindustrie: Sächs. Dorfztg. u. Elbgaupresse **90** (1929) Nr. 118, Bl. 3 vom 24. Mai 1929 m. Bildn. [14].

Zum 110. Geburtstag u. 80. Jahrestag der Erfindung des Regenerativofens: Siemens-Z. **16** (1936) 501–502 [101].

Zum 125. Geburtstag Sigfrid von Weiher: Bergfreiheit **16** (1951) Nr. 12, S. 19–20 m. Bildn. u. 1 Abb. [105].

Zum 50. Todestag Günther Stein: Die Brüder Siemens u. das Glas: Glastechn. Ber. **27** (1954) 449–456 m. Lit.Verz. [101].

Zur 100. Wiederkehr der Patentanmeldung des Regenerativofens am 2. Dez. 1856: Hans-Joachim van den Berg: Stahl u. Eisen **76** (1956) 1612–1615 m. 3 Bildn. u. 1 Faks. [101]; 100 Jahre Friedrich Siemens Regenerativöfen (Berlin 1956) 77, VII S. m. Titelbildn. u. Abb. [14].

Weitere Lit. Lohnbewegung bei der Firma Siemens, Glasfabriken in Dresden u. Döhlen: Sächs. Arbeiterztg. **19** (1908) Nr. 27 vom 3. 2. 1908, Beil. 2 [14]. — Denkschr. aus Anlaß des 25jähr. Bestehens der AG für Glasindustrie vorm. Friedr. Siemens Dresden (1888–1913) (Dresden 1913) XV S., 54 gez. Bl.; S. V Bildn. m. Faks. [14]. — Die Reform der Geselligkeit dargestellt an den Schöpfungen des Vereins Volkswohl zu Dresden (Dresden 1914) 102 (Dr.-Ing. Siemens. Bildn. nach S. 108) [14]. — Max Erler: An die Arbeiterschaft der AG für Glasindustrie vorm. Friedr. Siemens in Dresden-Döhlen: Keramischer Bund **2** (1927) Nr. 45, S. 2 [betr. Lohnbewegung] [101]. — L. Beck, Zum 50jähr. Jubil. d. Regenerativofens; Stahl u. Eisen **26** (1906) 1421 1427 [15].

Bildn. Richard Ehrenberg: Die Unternehmungen der Brüder Siemens **1** (Jena 1906) Taf. nach S. 336 [14]. — Große Männer Sachsens. Bildnis-Ausstellung Dresden 1939 (Dresden 1939) 40 [14]. — Werner Siemens: Mein Leben. Neu hrsg. von Kurt Fleischhack (Zeulenroda 1940) vor S. 161 [14]. — Will Rinne: Ruhrgeist u. Ruhrstahl (Berlin 1941) 155, 194 [101].

FSC
www.fsc.org
MIX
Papier | Fördert gute Waldnutzung
FSC® C083411

Kolibri 360 GmbH
Ferdinand-Jühlke-Straße 7
99095 Erfurt, Deutschland
produktsicherheit@kolibri360.de